海底科学与技术丛书

全球微板块重磁图集

ATLAS OF GLOBAL MICROPLATES WITH GRAVITY AND MAGNETIC ANOMALIES

李三忠　刘　洁　刘丽军　姜素华/著

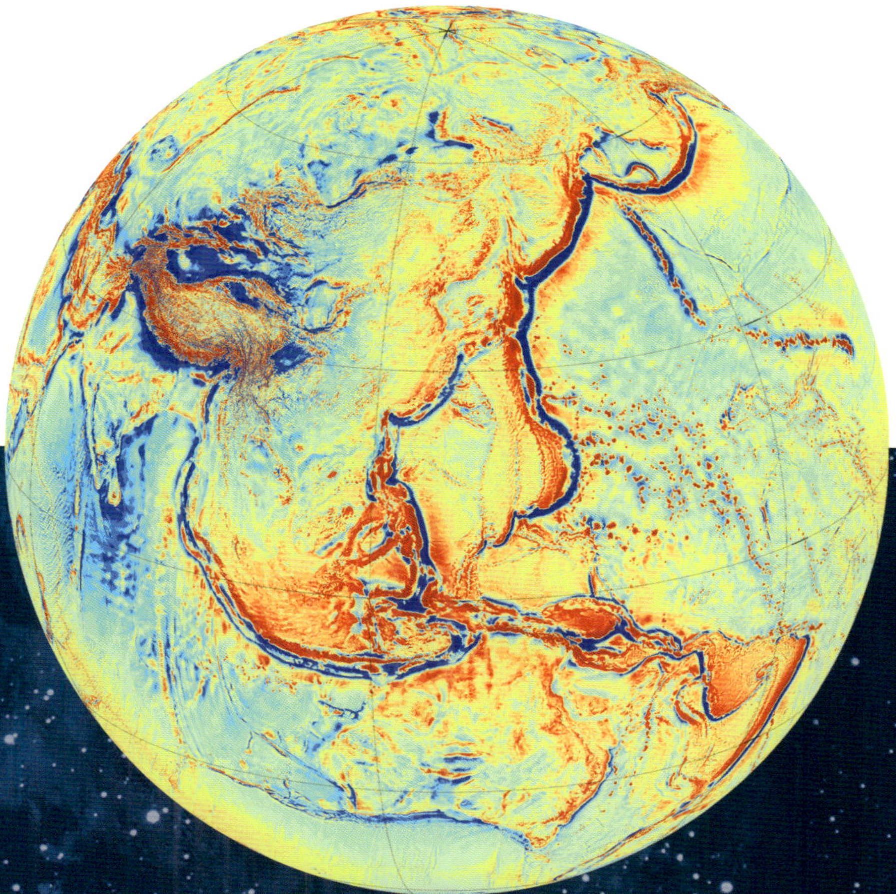

科学出版社
北　京

审图号：GS 京（2022）1488 号

图书在版编目（CIP）数据

全球微板块重磁图集 / 李三忠等著. —北京：科学出版社，2022.11

（海底科学与技术丛书）

ISBN 978-7-03-073855-4

Ⅰ. ①全… Ⅱ. ①李… Ⅲ. ①板块构造—图集 Ⅳ. P541-64

中国版本图书馆 CIP 数据核字（2022）第 220103 号

责任编辑：周 杰 / 责任印制：肖 兴

科学出版社 出版

北京东黄城根北街16号

邮政编码:100717

http://www.sciencep.com

北京汇瑞嘉合文化发展有限公司 印刷

科学出版社发行 各地新华书店经销

*

2022年11月第 一 版 开本：787 × 1092 1/8

2022年11月第一次印刷 印张：44

定价：700.00元

（如有印装质量问题，我社负责调换）

前　言

微板块是指发育于岩石圈乃至下地幔的相对较小、相对刚性、具有统一运动行为的地质体。微板块与大板块有着本质区别，微板块可适用于非板块构造体制下，因此也适用于早期地球，乃至其他星球（包括行星及天然卫星）。实际上，我们2010年在《地学前缘》发表的一篇文章中，首次提出新世纪构造地质学发展的“四深”理念，就是试图将构造地质学研究向深海（Deep Ocean）、深部（Deep Interior）、深空（Deep Space）、深时（Deep Time）拓展。2016年，在国家“四深”创新驱动计划中，深部改为了深地（Deep Earth），深时换为了深蓝（意为高科技，Deep Blue为首位下象棋超越人类的智能机器人名称）。2018年以后，国家自然科学基金委员会战略上转向“三深一系统”（深海、深地、深空和地球系统）的系统性、开拓性、创新性研究，科学新征程、新领域、新境界、新思想等在短短几年内得到快速、无限延伸。人们超越目之所见、脑之所想，思索无限的可能，实现知识的更新。微板块研究在这股科技大潮中也得到了广泛重视，题含“微板块”的国际成果爆发式涌现。

尽管如此，人们依然在问：微板块研究如何适应“三深一系统”的要求？如何在破除传统板块构造理论的三大难题（板块起源、板内变形和板块动力）中发展微板块构造理论？如何识别微板块？这些都是自微板块构造理论框架提出以来，人们试图拓展微板块构造理论的过程中实现微板块构造理论框架、工作方法、研究方式从区域向全球、从现今向深时、从浅层向深部可移植、可复制时要求回答的问题。这里以回答以上问题作为本图集的“前言”内容，不是答案，而是试图引导读者进一步思考。

深空中的微板块构造目前可靠信息较少，但从不均一成分组成微块体的星子堆积、星球流体静压平衡下的球形生长、高压升温熔融后的重力分异，到大碰撞诱发岩浆海后的圈层形成，这个早期星球过程似乎总是表现为非板块体制下、前板块构造体制下独特的微块体演化为星球表层单一块体的快速过程。深空星球难以计数，不同星球处于不同的演化阶段、具有不同的构造体制，它们的微板块发育程度也大相径庭。例如，木卫二欧罗巴星上的冰板块实际都不大，其过程都是微板块构造过程，但机制与地球差异悬殊；再如，曾有人提出火星上的板块构造启动机制可能是大陨石撞击触发的初始微板块构造体制。可见，尽管目前相关研究较少，但深空中的微板块构造问题涉及星球的起始，研究意义重大，是构造理论向星际拓展的重要领域、重要途径和重要方向。某种程度上，深空中微板块构造问题可以解决深时中的微板块构造问题，深时中微板块构造问题也可以启发未来对深空中微板块构造问题的探索。

深海中的微板块构造问题是当今研究最为深入的，在传统板块构造理论建立之初就得到高度重视，所以深海也是微板块问题的发源地。20世纪80年代已有学者发现、区分并命名了深海中的微板块，包括微洋块（Oceanic Micro-block）和微陆块（Continental Micro-block）。尽管如此，微板块在传统板块构造理论中并没有得到系统性、创新性发展。例如，太平洋板块长期被认定为均一洋壳或大洋岩石圈组成的大洋板块，然而大量深海调查发现，太平洋板块是一块由众多微洋块构成的镶嵌式复合型板块，不纯粹由大洋岩石圈组成，也有大陆岩石圈以不同方式卷入其中。特别是，大洋岩石圈板块的生长方式并不完全遵守瓦因–马修斯–莫利（Vine-Mathews-Morley）海底增生模型，其生命历程也不完全符合威尔逊（Wilson）旋回，无论是老Wilson旋回，还是新Wilson旋回，所以微洋块与地幔动力过程的相互作用还需要更多关注。

深地中的微板块构造问题是20世纪90年代以来逐渐成熟的层析成像技术揭示地球深部结构过程中所面临的构造新领域。这打破了传统板块构造理论指导下构造地质学研究只关注岩石圈演化的局限和桎梏，推动构造地质学家与地幔动力学家、层析成像专家、地球化学家紧密结合、交叉创新，以理解跨圈层组成、结构、构造、循环等问题。由此，全球构造不再被简单地认为是全球岩石圈构造，而是真正被理解为跨圈层、跨时长、跨尺度的整体地球构造。微幔块是对地球深部（深地）不同成因微块体的总称，可以起源于大陆克拉通根的拆沉，也可以是俯冲大洋板块的碎片化，也可能由地幔柱过程触发等所致。

地球系统中的微板块构造问题是构造的跨圈层问题，涉及流固耦合、海陆耦合、深浅耦合如何塑造地球宜居性等问题。地球系统也存在演化问题，深时地球系统向现今地球系统转变的过程中，微板块的作用尚不明确。此外，地球系统研究不能局限于研究地球系统本身，要超越地球系统本身，去思考太阳系统对地球系统的作用；也要更深入深空，去寻找深时地球系统的缩影、现今深空宜居地球系统；还要通过对比分析，进而深刻认识地球系统的运行机制和演替进程。

无论何种时空环境的微板块，都要首先解决在研究中如何识别微板块。面对这类问题，实际操作过程中可遵循大板块的划分依据，差别在于微板块尺度小一些。此外，微板块还可以独立存在于深部地幔。对于后者，识别需要依赖层析成像技术。总而言之，微板块的识别从微板块的重力、磁力、地震、热流、组成、密度、结构、构造、演化等角度都可以加以划分。为此，我们编撰了《全球微板块重磁图集》和《全球微幔块层析图集》两本图集，最终目标就是从重磁、层析角度示范微板块的识别途径。

两本图集初稿由李三忠、姜素华、朱俊江、刘洁、曹现志、刘丽军等完成，最终由李三忠完成中文版编辑整理和系统化统稿，由刘丽军教授负责检查通改英文版翻译。其中，本图集具体分工撰写章节如下：第一章由李三忠、姜素华完成；第二章由刘洁、刘丽军、李三忠完成；第三章由李三忠、刘洁、姜素华完成。

在本图集即将付梓之时，编者感谢为此书做了大量内容初期整理工作的其他团队青年教师和研究生们。尤其是，魏董、关雪婷、陈玉彬、刘一诺、王旭等硕士生们为初稿图件的清绘和文献资料整理方面做出了很大贡献。同时，感谢专家和编辑的仔细校改以及提出的许多建设性修改建议，他们仔细一一校对，万分感激。也感谢编者们家人的支持，没有他们的鼓励和帮助，我们不可能全身心投入图集的编撰中。

最后，十分感谢青岛海洋科学与技术试点国家实验室海洋矿产资源评价与探测技术功能实验室对本图集出版的资助。感谢以下项目对《海底科学与技术丛书》出版给予的联合资助：国家自然科学基金项目（91958214、42121005、41976054）及中央财政高校专项基金项目（202172003）、青岛海洋科学与技术国家实验室海洋矿产资源功能实验室专项、山东省泰山学者攀登计划（tspd20210305）、青岛海洋科学与技术国家实验室专项的数字孪生项目（No. 2022QNLM05032）、山东省自然科学基金重大基础研究项目（ZR2021ZD09）、国家自然科学基金委员会国家杰出青年基金项目（41325009）和高等学校学科创新引智计划（B20048）等。

2022年9月

导 言

本图集综合了微板块构造理论、板块构造学、洋底动力学和海洋地球物理学等基础知识，展示了新近资料和全球尺度、区域尺度及典型构造带（包括洋脊增生系统、俯冲消减系统、伸展裂解系统、转换构造系统和碰撞造山系统）的重磁成果，可供高等院校及科研院所大地构造学、构造地质学、海洋地质学等专业的研究生和科研人员学习、了解全球微板块的重磁特征及微板块划分的新成果。

本图集在全球微板块划分的基础上（Harrison，2016；李三忠等，2018，2019a，2019b，2019c，2022；Li et al.，2017，2018a，2018b，2019a，2019b），以全球大地构造格架为纲，通过地质对比研究，展示重磁异常在微板块识别与划分方面的应用，有助于探索全球微板块构造的前沿理论问题和发展趋势，帮助读者认识全球微板块构造演化对地质灾害分布、能源资源分布的制约。本书以 Oasis montaj 软件为成图手段和平台，综合最权威的全球观测数据和经典地区的地质调查资料，突出表达全球范围的微板块构造和典型构造系统的地质特征，形成清晰规范的全球尺度、区域尺度及典型构造带三个尺度的微板块构造重磁异常基础图件。

本图集以三个尺度典型构造的重磁特征为主线：①全球尺度微板块的重磁特征；②中亚造山带、特提斯构造域、西太平洋、东太平洋和北美克拉通区域尺度构造的重磁特征；③红海 – 亚丁湾伸展裂解系统、大西洋洋脊增生系统、新西兰转换构造系统、加勒比海俯冲消减系统、青藏高原和伊朗高原碰撞造山系统典型构造带的重磁特征。本图集力求简明而直观地表达全球微板块地球物理和构造地质研究的最新成果，示范性地让读者利用重磁方法快速识别全球微板块，并检验全球最新的微板块划分方案。本图集包括全球微板块重磁图片及相应的文字说明，集中展示了三大部分内容，分别为：第一部分“地形篇”，从直观的地形及相关地壳厚度视角，介绍典型微板块的表层地貌特征及莫霍面特征等；第二部分“重力篇”，从反映微板块的重力异常特征入手，结合地质构造特征，从全球视角，深入了解典型微板块的重力异常产生机理等；第三部分“磁力篇”，从磁异常特征入手，结合地质构造特征，从全球视角，深入了解典型微板块的磁异常成因机制等。

目 录

全球微板块编图范围及图例……1

第一部分 地形篇

全球尺度地形及莫霍面特征

全球地貌概况……2
全球莫霍面特征……4

区域尺度地形及莫霍面特征

中亚造山带……6
特提斯构造域……10
西太平洋……14
东太平洋……18
北美克拉通……20

典型构造带地形及莫霍面特征

伸展裂解系统（红海-亚丁湾）……22
洋脊增生系统（北大西洋、中大西洋和南大西洋）……24
转换构造系统（新西兰）……30
俯冲消减系统（加勒比海）……32
碰撞造山系统（青藏高原和伊朗高原）……34

第二部分 重力篇

全球尺度重力异常特征

自由空气重力场……38
布格重力场……48
其他重力场……56

区域尺度微板块重力场特征

中亚造山带……60
特提斯构造域……90
西太平洋……104

东太平洋……130
北美克拉通……146
典型构造带微板块重力场特征
伸展裂解系统（红海–亚丁湾）……160
洋脊增生系统（北大西洋、中大西洋和南大西洋）……174
转换构造系统（新西兰）……212
俯冲消减系统（加勒比海）……224
碰撞造山系统（青藏高原和伊朗高原）……240
第三部分　磁力篇
全球尺度磁异常特征
全球尺度磁异常分布……256
区域尺度微板块磁异常特征
中亚造山带……266
特提斯构造域……278
西太平洋……288
东太平洋……296
北美克拉通……302
典型构造带微板块磁力场特征
伸展裂解系统（红海–亚丁湾）……308
洋脊增生系统（北大西洋、中大西洋和南大西洋）……312
转换构造系统（新西兰）……322
俯冲消减系统（加勒比海）……326
碰撞造山系统（青藏高原和伊朗高原）……330
参考文献……336
后记……339

全球微板块编图范围及图例

(图1-1)

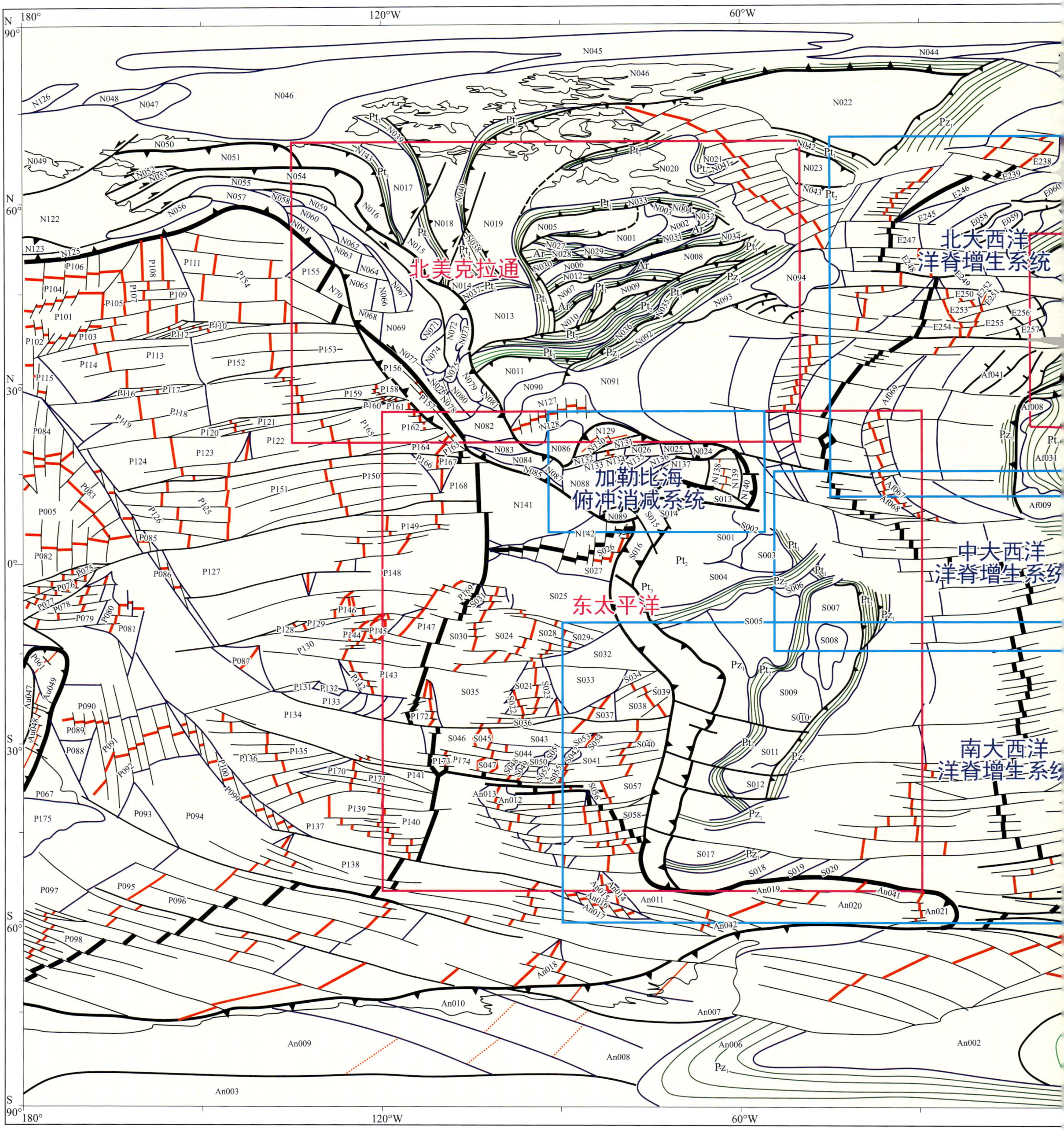

区域尺度范围　典型构造范围　俯

本图集的编图范围见图 1-1，全书使用统一的图例。编图分为三个尺度，首先是全球尺度的，其次是区域尺度的，最后再对典型区块进行精细编图。微板块编号方案采用：先八大板块的英文名称首（或前两个）字母加 999（Af999- 非洲板块，An999- 南极洲板块，Au999- 澳大利亚板块，E999- 欧亚板块，I999- 印度板块，N999- 北美洲板块，P999- 太平洋板块，S999- 南美洲板块），构成现今八大板块各自内部的微板块可根据新老顺序编号为除 999 之外 0~999 的其他 3 位数。例如，非洲板块内部最为古老的微地块（或克拉通）编号为 Af001，依次编下去。这种编号法可容纳 7992 个微板块，应当足够用于对地球形成以来微板块或微地块动态重组的描述，这样也比目前 GPlates 软件中板块的编号合理。

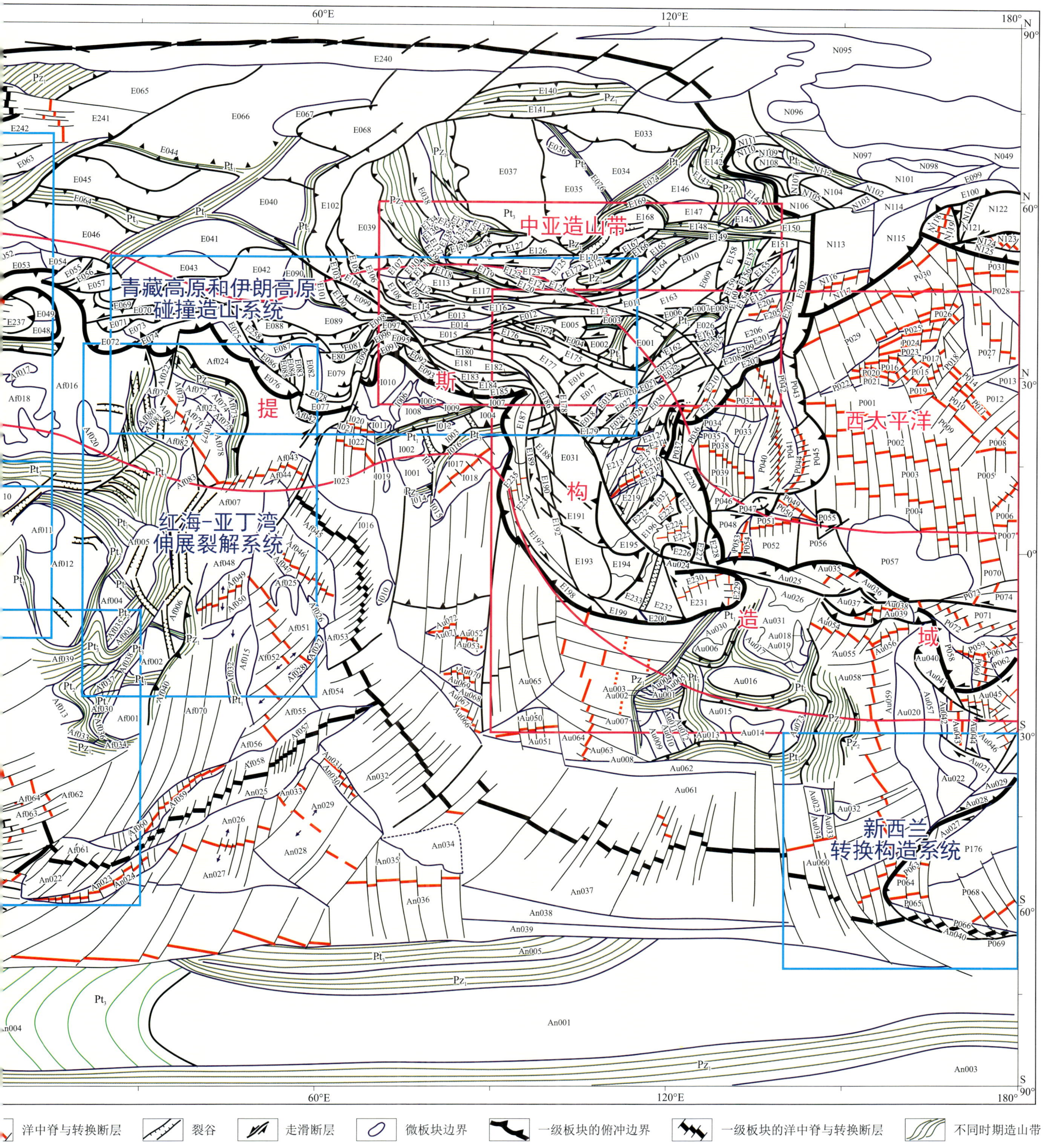

第一部分 地形篇

全球地形图是用航天飞机雷达地形测绘任务（Shuttle Radar Topography Mission，SRTM）的数据生成的。SRTM 项目最新的全球数据集包括 SRTM 30 和 SRTM 15+ 等。新的全球地形（SRTM 30 PLUS 和 Global Topography V19.1）是对广泛使用的全球水深测量（Smith and Sandwell，1997）的重大改进，其中，SRTM 30 PLUS 增加了 50% 的探测次数，并通过使用新开发的航迹线编辑工具维护每个测深源，特别是在全球大陆边缘进行的大量新探测提高了陆缘沉积地区的精确度。

莫霍面特征图采用 Crust 1.0 数据生成。全球地壳模型 Crust 1.0 是地壳模型 Crust 5.1（分辨率为 5° ×5°）和 Crust 2.0（分辨率为 2° ×2°）的升级版，是目前最为详细的全球地壳模型（Laske et al.，2012）。Crust 1.0 由 64 800 个 1° ×1°的经纬度网格组成。根据地壳物性参数的不同，网格在垂直方向上分为：①水层；②冰层；③沉积层上层；④沉积层中层；⑤沉积层下层；⑥上地壳；⑦中地壳；⑧下地壳；⑨莫霍面之下的地幔层 9 层（罗凡等，2020）。Crust 1.0 模型基于每个子层实测的纵波速度，通过纵波 – 横波、纵波 – 密度的曲线关系计算出每个子层的密度、横波速度（V_S）等地壳物性参数。

全球地形（貌）主要记录了中生代以来的板块构造历史和格局（图1-2），主要涉及特提斯洋、古亚洲洋、太平洋、印度洋、大西洋、北冰洋等的构造演化历史。欧亚板块是现今最大的大陆板块，其形态不规则，周围广泛发育汇聚板块边界，复杂多样的地貌形态是大量微小板块长期俯冲碰撞而形成的产物（张国伟等，2011；郑永飞等，2015；Li et al.，2018a；李三忠等，2004，2019b，2019c；赵国春和张国伟，2021）。欧亚板块西部和北部分别被大西洋、北冰洋盆地的伸展裂解边界（洋中脊、扩张中心）围绕；南部为宽阔的古、新特提斯洋增生碰撞造山带（Schettino et al.，2011），其中被誉为“地球第三极”的青藏高原是印度板块与欧亚板块陆陆碰撞的结果，与东部洋洋俯冲形成的“地球第四极”马里亚纳海沟遥相呼应。欧亚板块与北美板块分界以往不很明确，在东北亚陆地上表现为地堑和走滑断层，该地堑和走滑断层也可以视为北美欧亚超级板块一个正在分裂的边界。晚古生代以来，亚洲大陆，特别是东南亚及周边海域，处于全球板块构造运动的汇聚区，其南侧板块俯冲碰撞边界强烈弯曲，呈现出环形

（图1-2）

全球微板块地形图

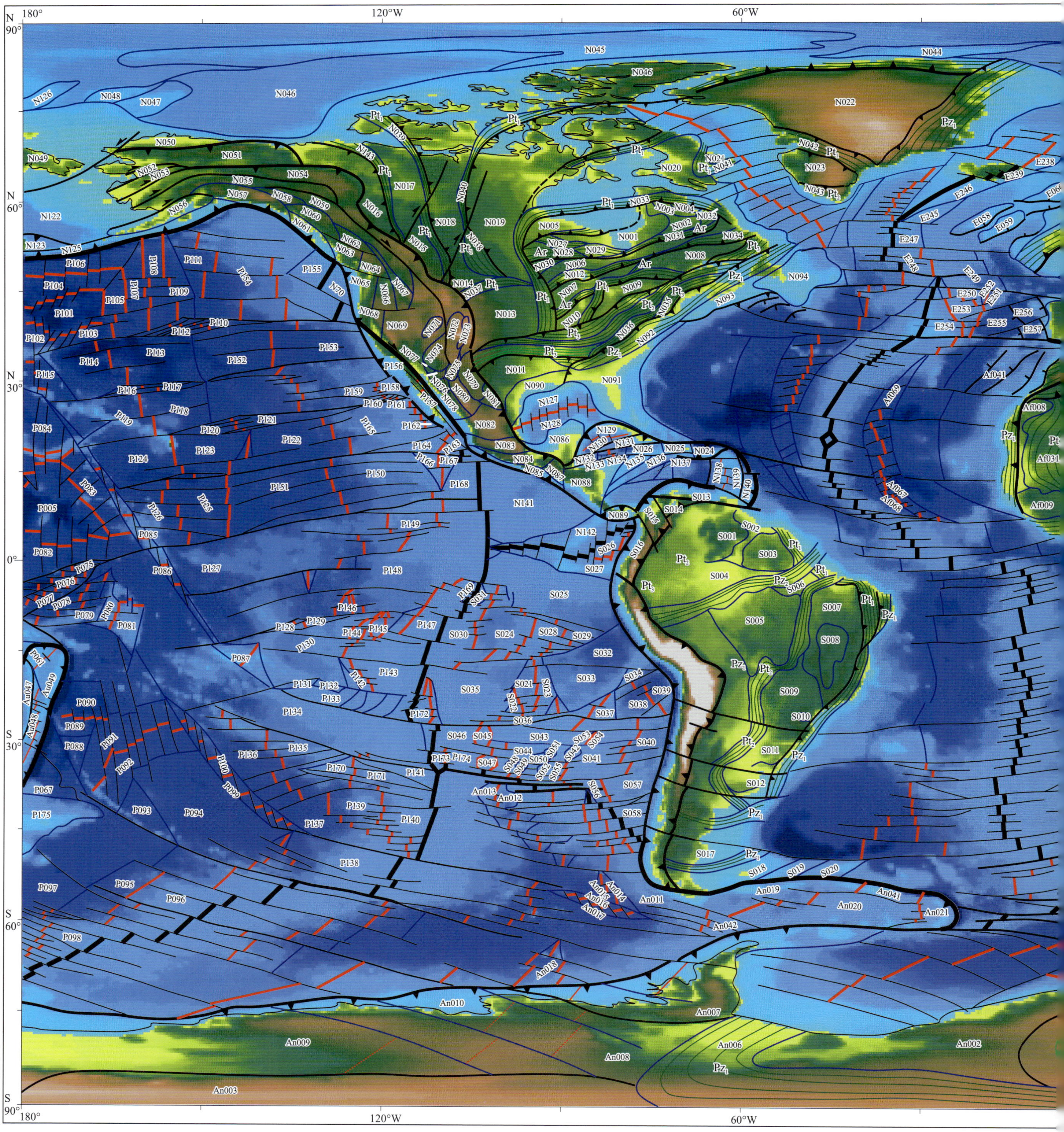

造山的弯山构造特征，涉及弧后盆地扩张、微陆块楔入与逃逸等复杂构造活动。特提斯构造域与西太平洋构造域在空间上的过渡，造成俯冲边界在东南亚交织，形成南海等边缘海盆地（吴福元等，2020）。此外，在太平洋东侧，科迪勒拉－安第斯山脉表现为一条线性造山带，其高耸的地貌特征也与大洋板块俯冲有关，地形独特的分段性也受微板块格局控制。与欧亚大陆相比，非洲、阿拉伯、澳大利亚板块的运动矢量相对一致，现今构造、地貌均较为简单，多数地形与南半球大陆的裂解过程相关。北大西洋盆地和北冰洋盆地持续扩张，洋中脊地形相对紧邻海盆高，可能与岩浆供给相关；从全球视角，这种扩张被北太平洋洋盆周缘收缩所调节。非洲板块三面被洋中脊伸展边界环绕，非洲大裂谷地形可能与非洲地幔柱相关，总体发育在两个穹隆上；而其北部与欧亚板块之间，以阿尔卑斯碰撞造山带和即将消失的洋盆——地中海为界。与上述地形特征主要受控于地球深部动力系统控制不同，在图1-2中，格陵兰、南极洲的地形也显著较高，但这是地球表层系统所致，也就是由冰盖覆盖后均衡所致。

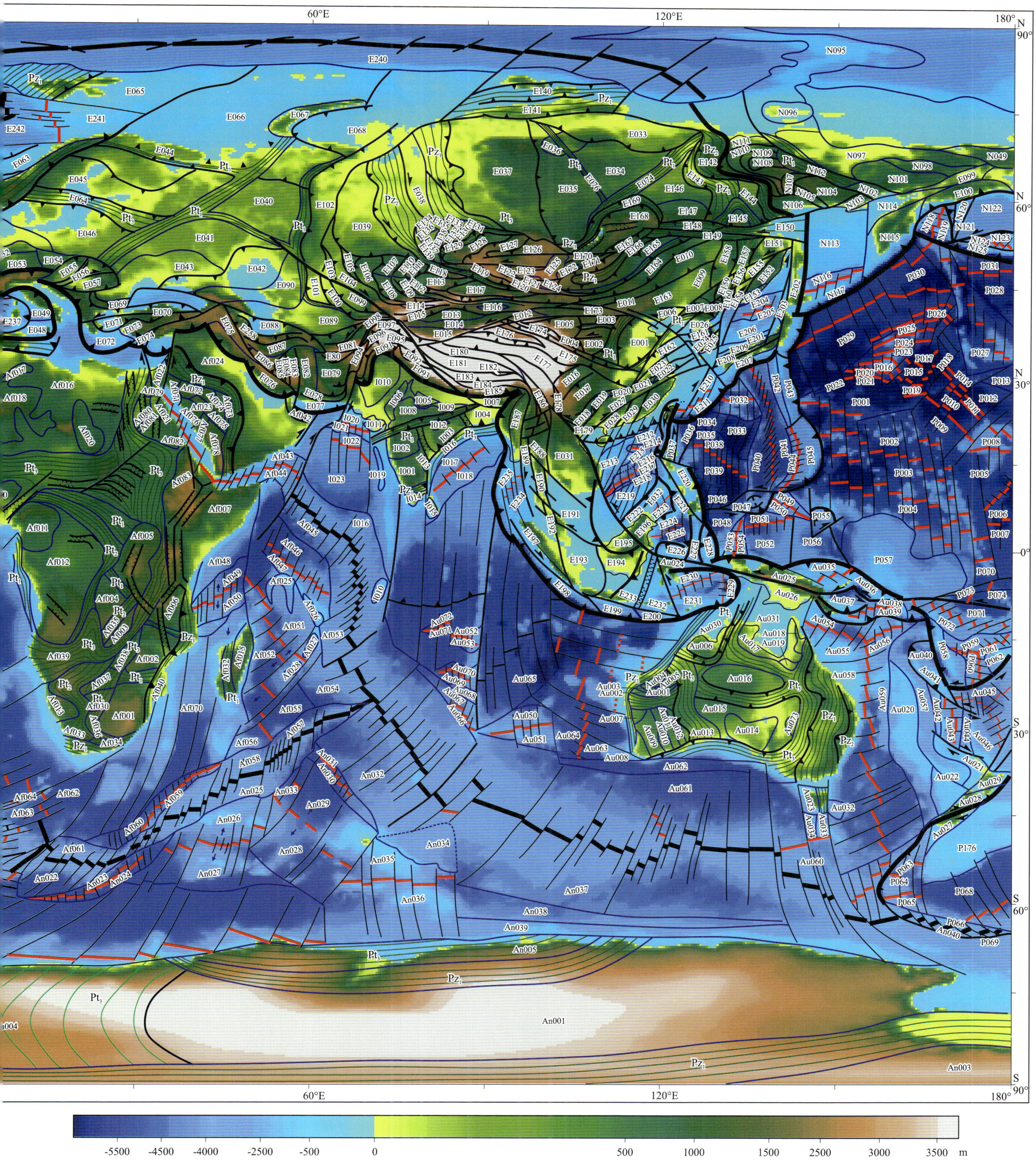

地壳是地球固体圈层的最外层，也是岩石圈上部的重要组成部分，其底界为莫霍洛维奇地震波速不连续面，即莫霍面。莫霍面是地壳和地幔的分界线，其上、下物质化学成分和物理性质的差异性，使地震波折射率、密度等地球物理特性在此处发生突变。因此，地震反射方法和重力测深方法是探测莫霍面的常用技术手段。地壳厚度为莫霍面到地表的距离，其侧向变化实质反映了地壳内部物质的差异。

地壳的厚度存在差异，一般情况下，海拔越高的地方地壳的厚度越大，全球地壳平均厚度17km，陆壳厚度大多在35~40km；高山、高原地区形成较晚，地壳更厚，厚度可超过70km。平原，盆地多叠加发育于克拉通地区，地壳平均厚度在40km左右；洋壳则远比陆壳薄，平均厚度6km。从莫霍面深度图（图1-3）可见：微洋块和微陆块的界限较清晰；微陆块的厚度一般大于30km，微洋块的厚度一般小于20km。

图1-3中，欧亚、北美洲、南美洲、非洲、印度、澳大利亚、南极洲、太平洋等主要板块边界清晰可见。克拉通盆地处于远离板块边界的大陆克拉通内部，广泛分布在上述各大陆板块内部。它们的形成时代主要为古生代，也有部分为中生代和新元古代。

与陆壳或洋壳平均厚度相比，偏厚或偏薄的区域都是构造活跃的区带，或与造山带相关，或与张裂裂谷或盆地相关。裂谷盆地的分布主要与板块构造的分离或俯冲有密切关系，总体可分为两大类：第一类主要形成于泛大陆的裂解时期，在南、北美洲东部分布有一系列中生代裂谷盆地，同时在非洲板块内部由于远源应力场作用或地幔柱作用，形成了西非中生代裂谷系、中非中生代裂谷系和东非古近纪—新近纪裂谷系；第二类是西太平洋型裂谷系，其形成与（古）太平洋板块向欧亚板块之下高倾角俯冲有关，如中国东部的中、新生代裂谷盆

（图1-3）

全球微板块莫霍面深度图

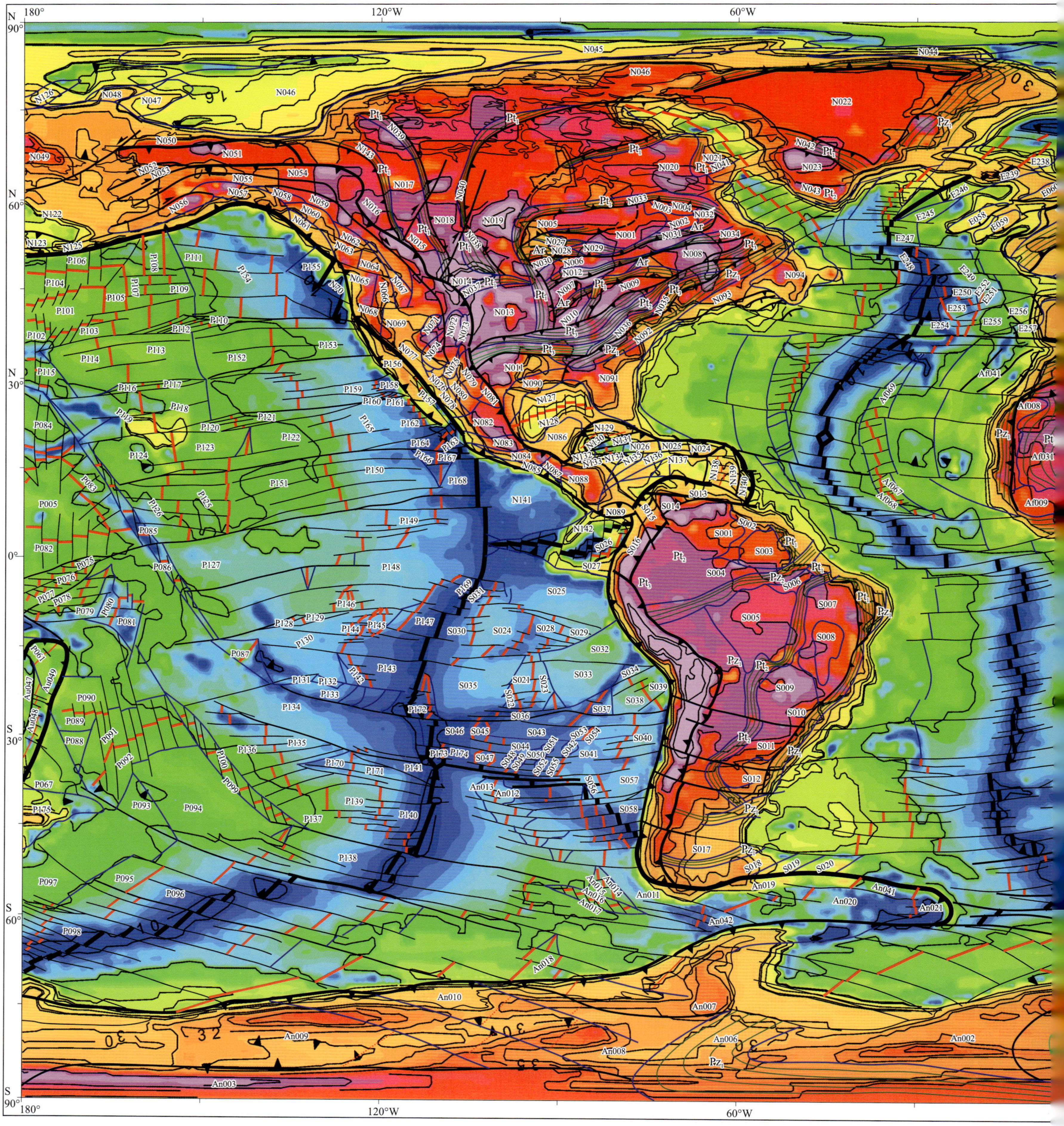

地群（松辽盆地、渤海湾盆地、东海陆架盆地、冲绳海槽、南海北部陆缘珠江口盆地等）（李江海等，2013b）。中亚、东欧大陆内部还形成了许多二叠纪—三叠纪裂谷盆地，均与泛大陆初始形成后的伸展背景相关。被动陆缘盆地主要分布于大西洋、北冰洋、印度洋沿岸以及南极洲周围，占现今大陆边界的60%。南大西洋东、西两岸被动陆缘含油气盆地在裂解前具有明显的亲缘关系，与冈瓦纳大陆的中生代裂解和大西洋洋盆的中、新生代张裂相关。墨西哥湾深水区及其相邻地区、西非尼日尔三角洲等均是著名的被动陆缘盆地油气区，形成于泛大陆中生代裂解—漂移阶段。

前陆盆地近平行于造山带分布，如北美的落基山脉和阿巴拉契亚山脉、南美的安第斯山脉、欧亚大陆的特提斯造山带和乌拉尔造山带，均有前陆盆地发育。中、新生代以来全球最长的两条巨型造山链——阿尔卑斯－喜马拉雅造山带、科迪勒拉造山带，控制了全球两类前陆盆地（弧后前陆盆地和周缘前陆盆地）链的发育。阿尔卑斯－喜马拉雅造山带长约13 000km，从西班牙延展至亚洲南部；科迪勒拉造山带长约16 000km，从阿拉斯加向南一直延伸到阿根廷南部。增生型造山带和碰撞型造山带两类中、新生代造山带类型，分别对应两类前陆盆地的发育。

弧后盆地主要分布于西太平洋沿岸，该类盆地中油气富集的部分也主要位于东南亚地区，为大洋板块以及印度洋板块俯冲形成的典型盆地类型，如东南亚的文莱、沙巴盆地、苏门答腊盆地群等。东南亚相关盆地油气资源丰富。弧前盆地主要发育于环太平洋火山弧外侧，油气不发育。走滑盆地中最典型的是拉分盆地，如北美西海岸加利福尼亚湾的盆地群、南美东北部特立尼达盆地群、大西洋两岸部分区域以及南、北极区的一些洋盆。这类盆地规模小、寿命短，典型实例如洛杉矶盆地、辽河盆地、维也纳盆地、安达曼盆地等。

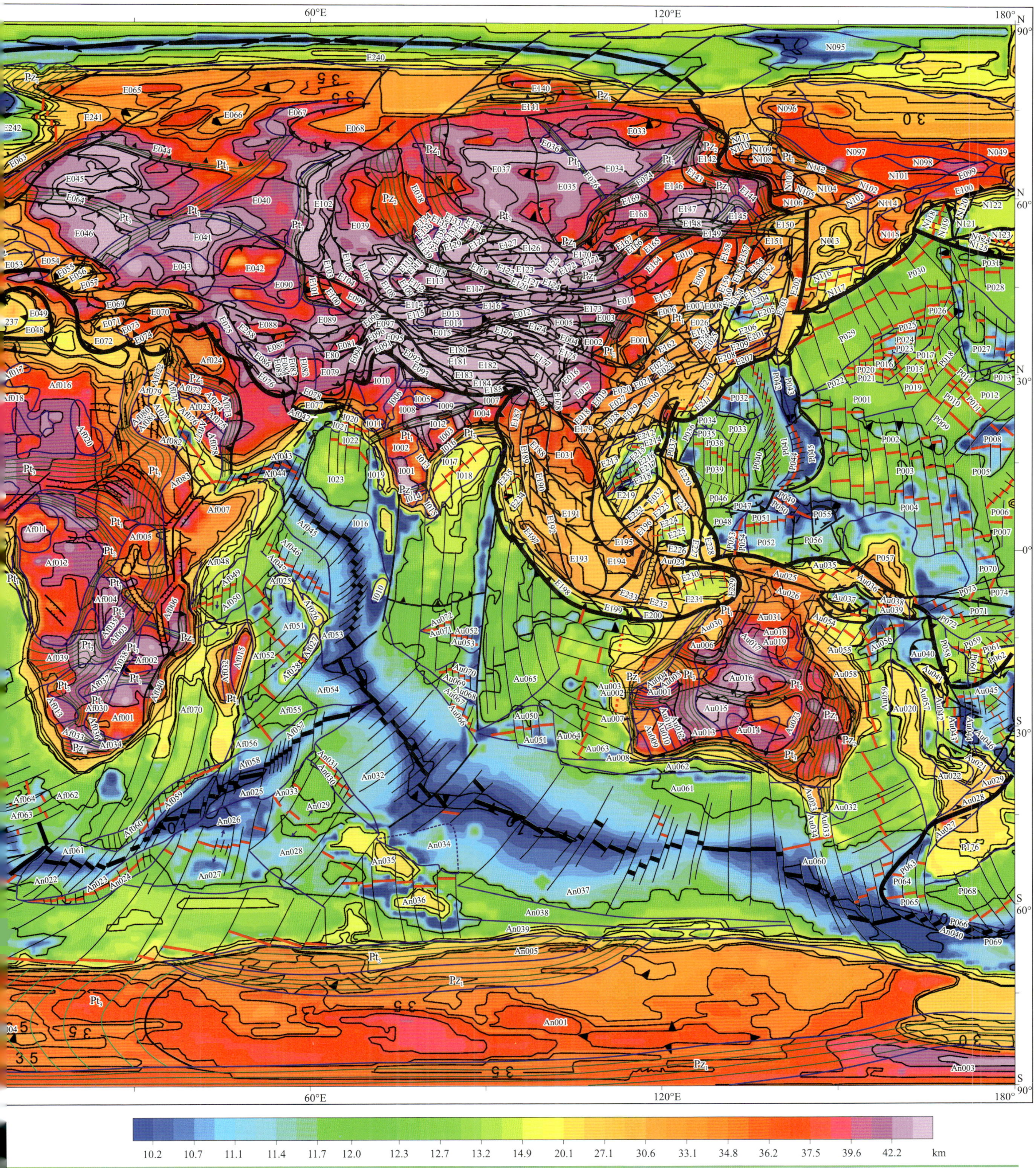

中亚造山带夹于西伯利亚、东欧微板块与华北、塔里木微板块之间，发育包括环巴尔喀什、准噶尔、天山、阿尔泰、蒙古高原到大兴安岭以及东北地区在内的诸多造山带（Xiao et al.,2010,2017），以造山拼贴体汇聚为特征。中亚造山带（CAOB）是西伯利亚古陆与中朝、塔里木微板块之间的古亚洲洋消减、闭合而形成的巨型增生型构造带。在陆缘增生造山和后碰撞地壳垂向增生过程中，它发生了强烈的壳幔相互作用，系统保存了欧亚大陆形成和演化的完整信息（李三忠等，2015；曾普胜等，2021）。

该区域中、新生代处于欧亚大陆的核心地带，在印度板块与欧亚板块碰撞远程效应和深部壳幔作用的共同控制下，形成了全球最典型的陆内盆山体系，地形高程上在1500m左右，处于亚洲的第二地形阶梯，如准噶尔盆地、吐哈盆地、

（图1-4）

中亚造山带地形图

柴达木盆地等和天山共同构成了中国西部地形上独特而复杂的隆－坳相间的盆－山构造格局。地形总体上呈西高东低（图 1-4），主要为造山带和微陆块，西部地壳厚度多大于 40km，紧邻的青藏高原地壳厚度超过 70km（图 1-5），地形上也表现为平均海拔达 4500m。在中亚造山带内，微陆块边界可以是不同时期形成的多条缝合线、后期深大走滑断裂或强烈弯曲的弧形构造或弯山构造所围限。微陆块类型主要有增生型、碰生型和残生型（汪刚等，2019；周洁等，2019；刘金平等，2019），这些微陆块历经了复杂的演化过程。处于东部造山带上的微陆块有松辽、兴安、佳木斯等，地壳厚度大于 30km，向东南逐渐过渡为洋壳。

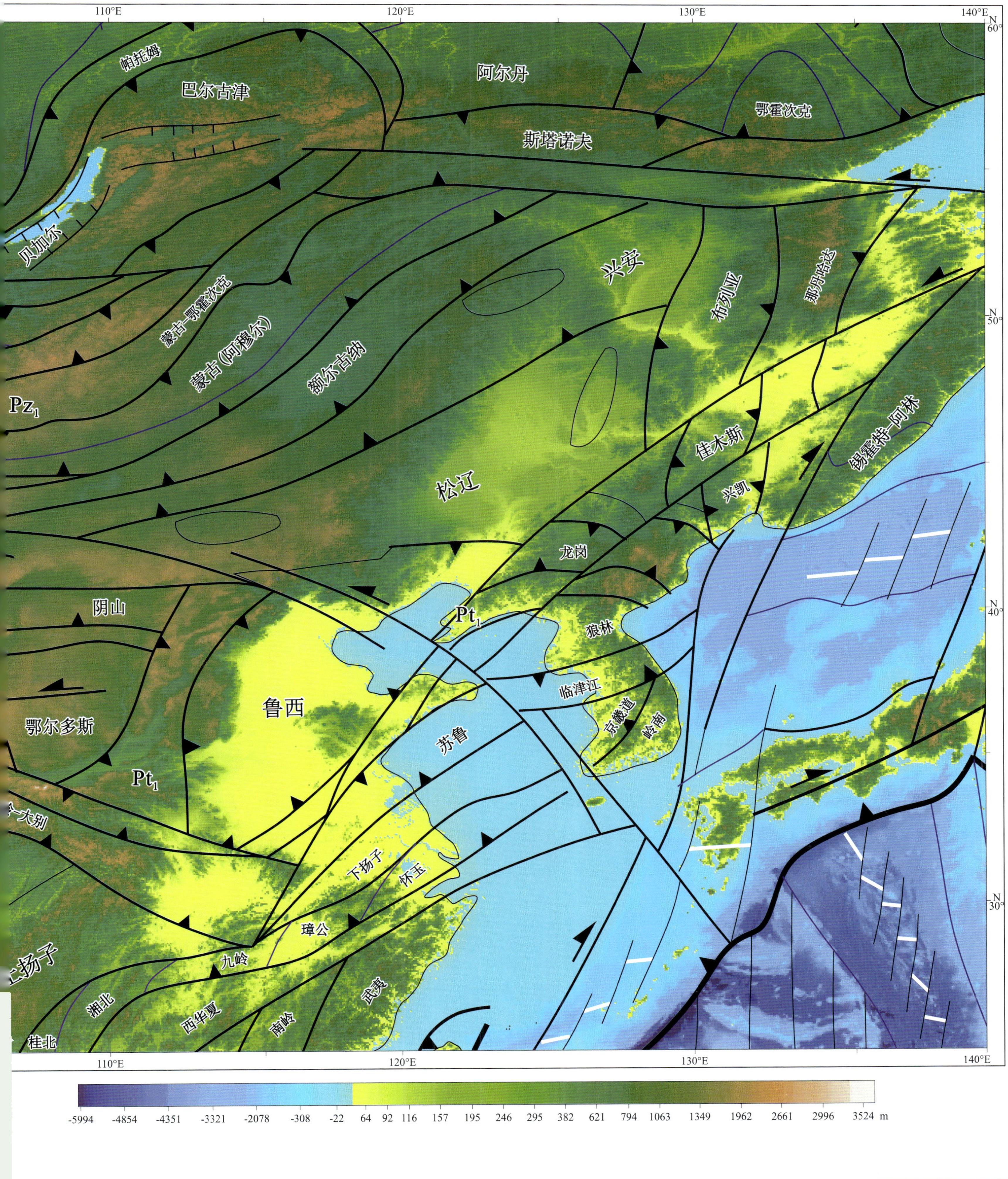

（图1-5）

中亚造山带地壳厚度图

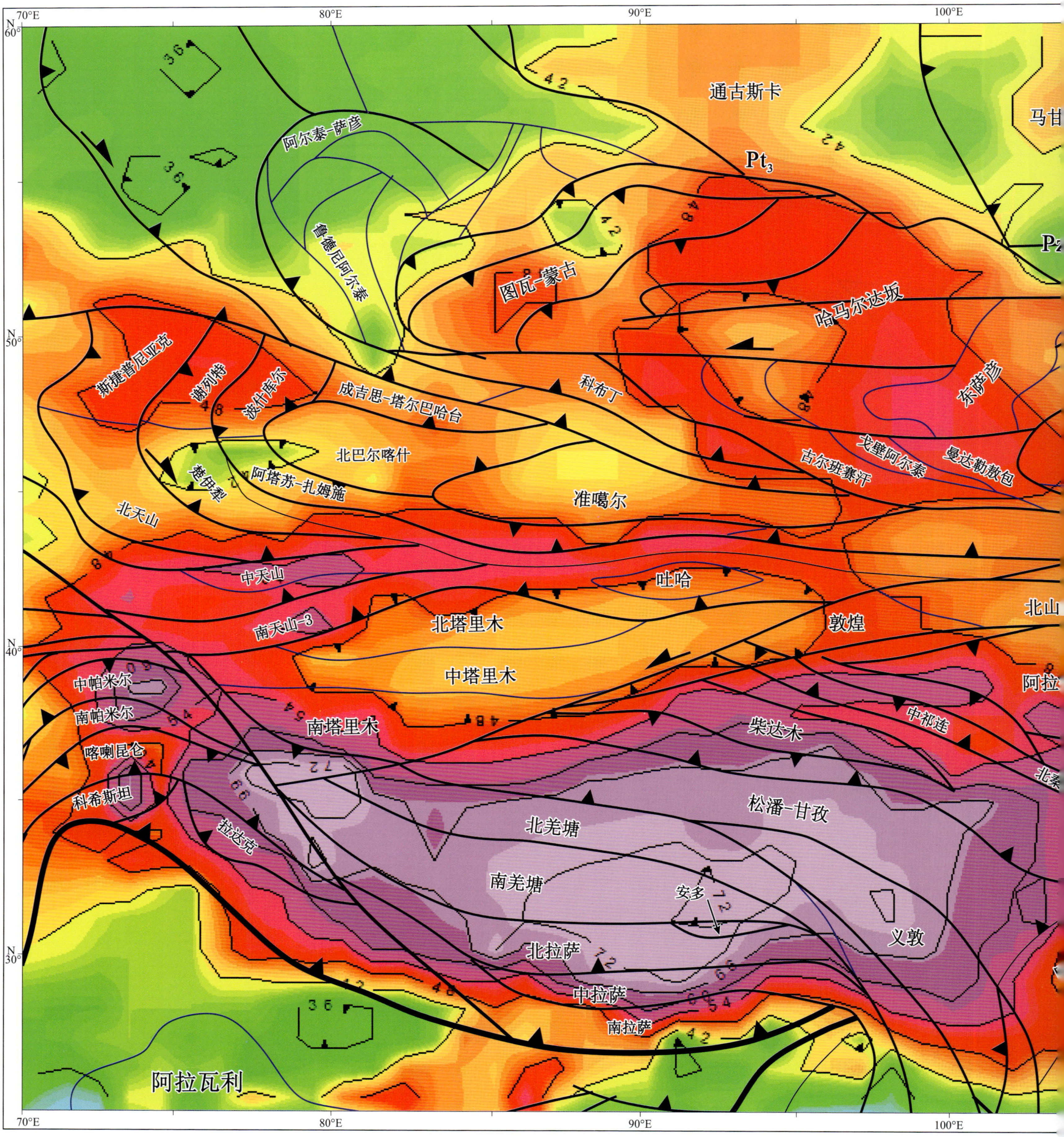

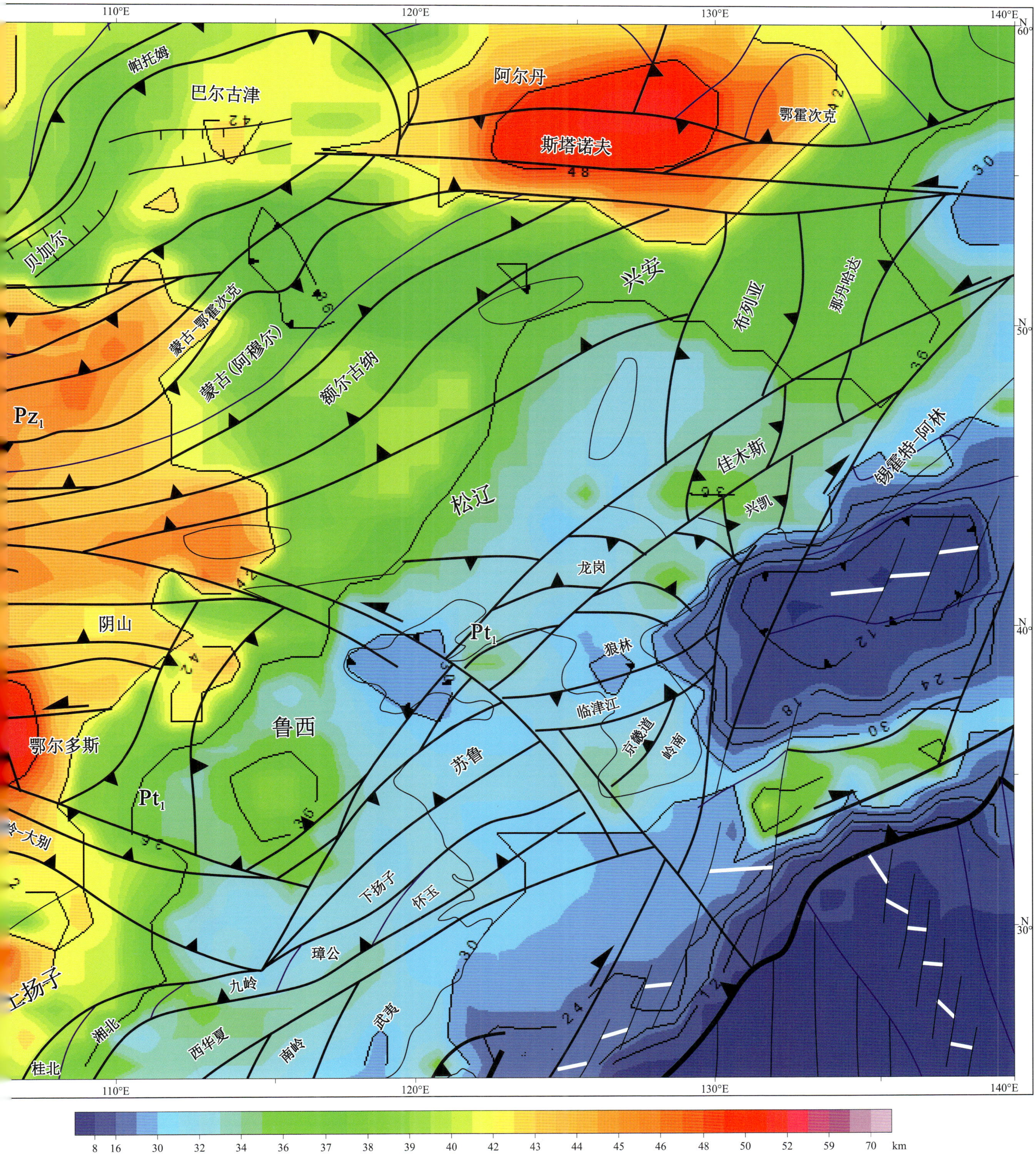
110°E
120°E
130°E
140°E
N 60°
N 50°
N 40°
N 30°
帕托姆
巴尔古津
阿尔丹
斯塔诺夫
鄂霍次克
贝加尔
兴安
布列亚
那丹哈达
蒙古-鄂霍次克
蒙古(阿穆尔)
额尔古纳
Pz1
佳木斯
锡霍特-阿林
松辽
兴凯
龙岗
阴山
Pt1
狼林
鲁西
临津江
京畿道
岭南
鄂尔多斯
苏鲁
Pt1
下扬子
怀玉
璋公
九岭
湘北
西华夏
南岭
武夷
桂北
8 16 30 32 34 36 37 38 39 40 42 43 44 45 46 48 50 52 59 70 km

特提斯构造域东起澳大利亚东北部，经东南亚、印缅山脉进入青藏高原、伊朗高原，向西经地中海直达欧洲西部，长达15 000km（吴福元等，2020；朱日祥等，2022）。自二叠纪以来，多个微陆块从冈瓦纳大陆北缘裂解，新特提斯洋初步形成。随着微陆块群的北向漂移，新特提斯洋逐步扩张，达到最大（Li et al.，2018b）。微陆块群晚三叠世开始与欧亚大陆南缘碰撞拼合，新特提斯洋同时向北俯冲到新形成的欧亚大陆南缘之下。随着冈瓦纳大陆的进一步裂解，非洲、阿拉伯板块、印度板块和澳大利亚板块以不同速度向北漂移。至新生代，这些板块与欧亚大陆碰撞，新特提斯洋消亡，形成全球最为显著的阿尔卑

（图1-6）

特提斯构造域地形图

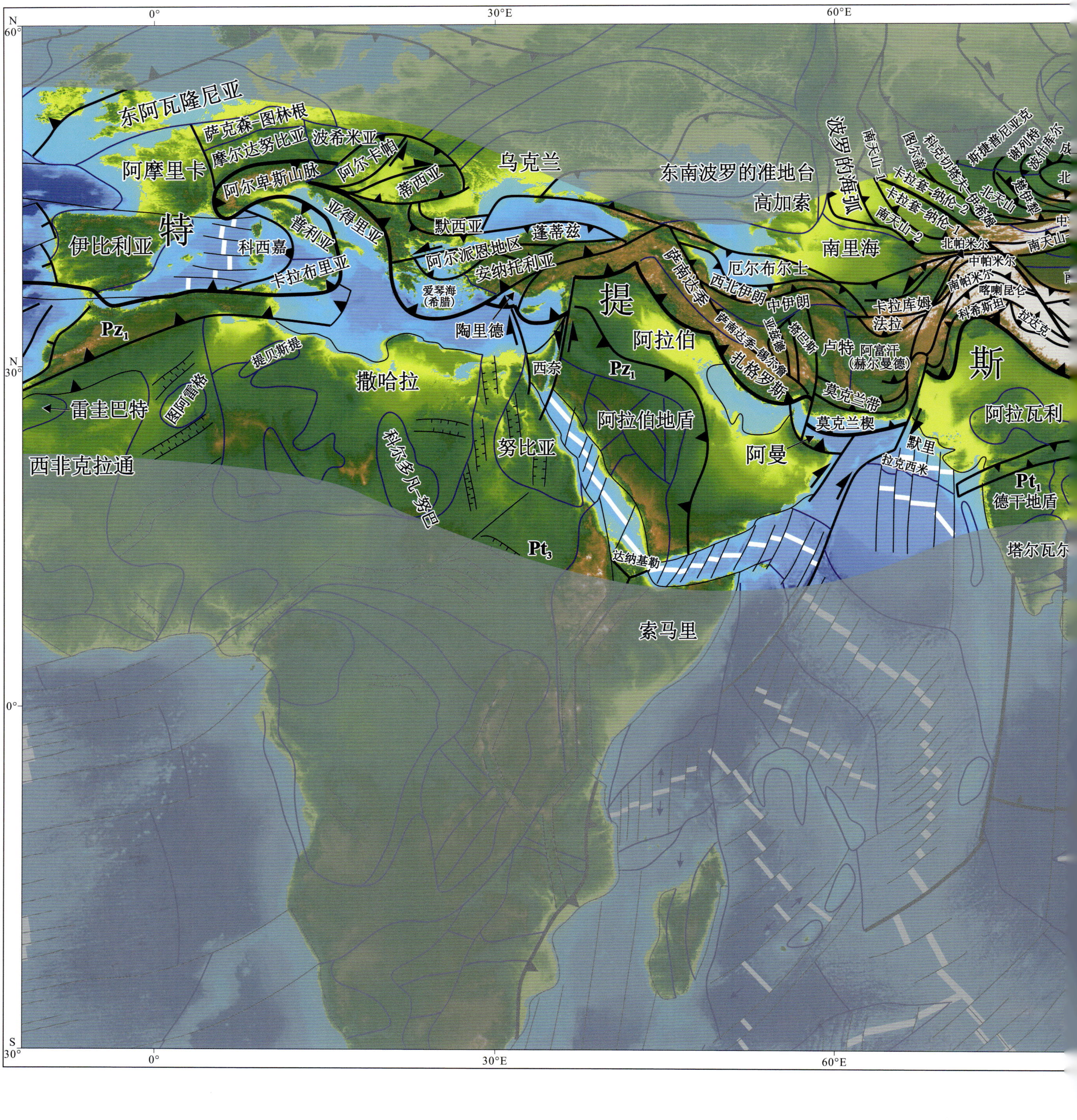

斯－扎格罗斯－喜马拉雅造山带。新特提斯洋由西向东表现出不同的演化特征：地中海地区以多洋盆扩张和双向俯冲为特征，中东地区表现为北向俯冲和沿扎格罗斯缝合带碰撞，青藏高原和东南亚地区以多块体逐渐裂解及多阶段碰撞为特点。不同的构造演化塑造了特提斯构造域不同的地形地貌（图 1-6）：地中海地区以线型造山带为主，中东地区以年轻的伊朗高原为特征，而印度、欧亚碰撞则形成平均海拔超过 4000m 的青藏高原。中西段以造山带和微陆块为主，东南段既有微洋块也有微陆块，微板块类型多样。这些微陆块与微洋块在地形图（图 1-6）和地壳厚度图（图 1-7）中界限清晰。

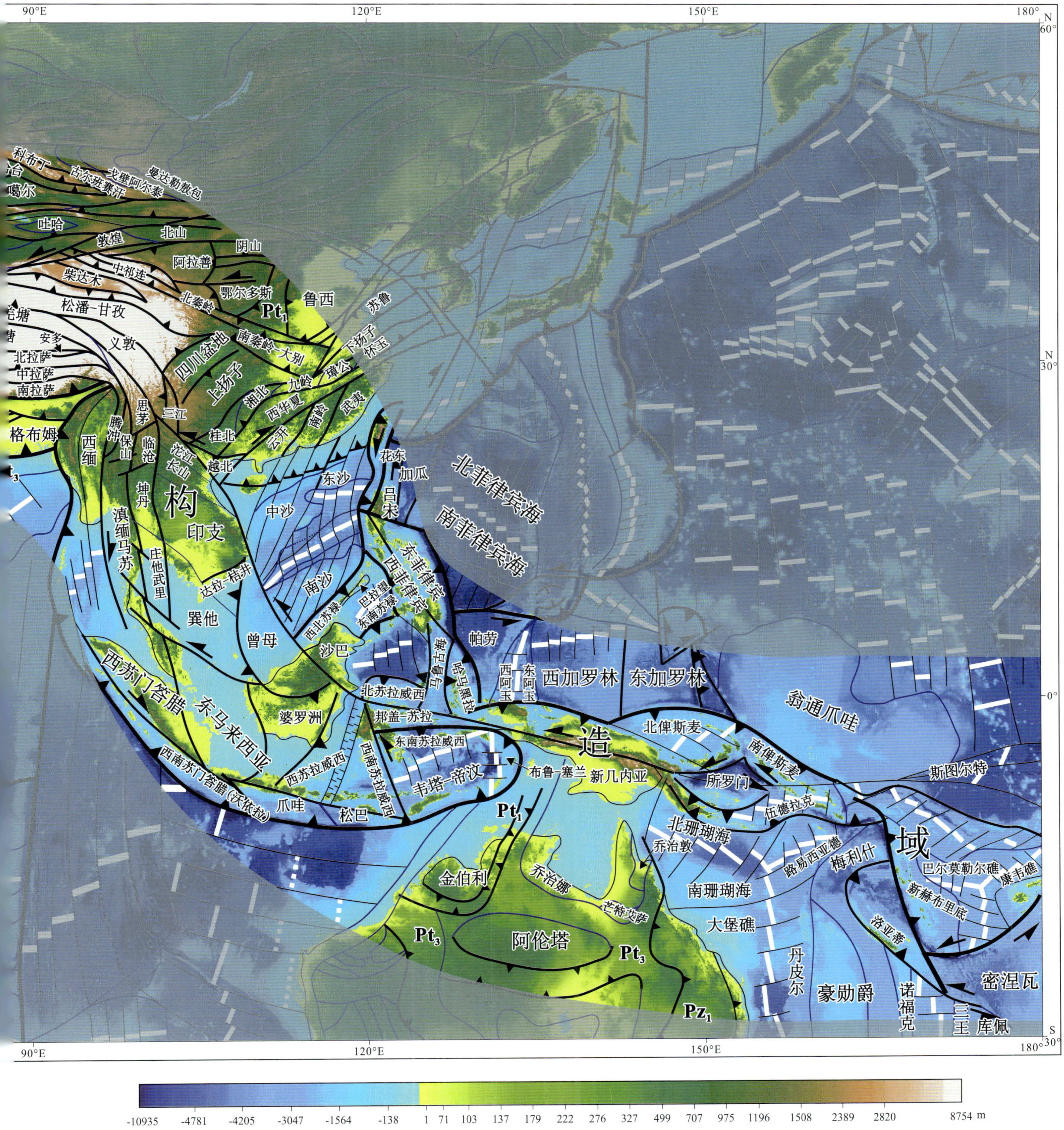

特提斯构造域地壳厚度图

（图1-7）

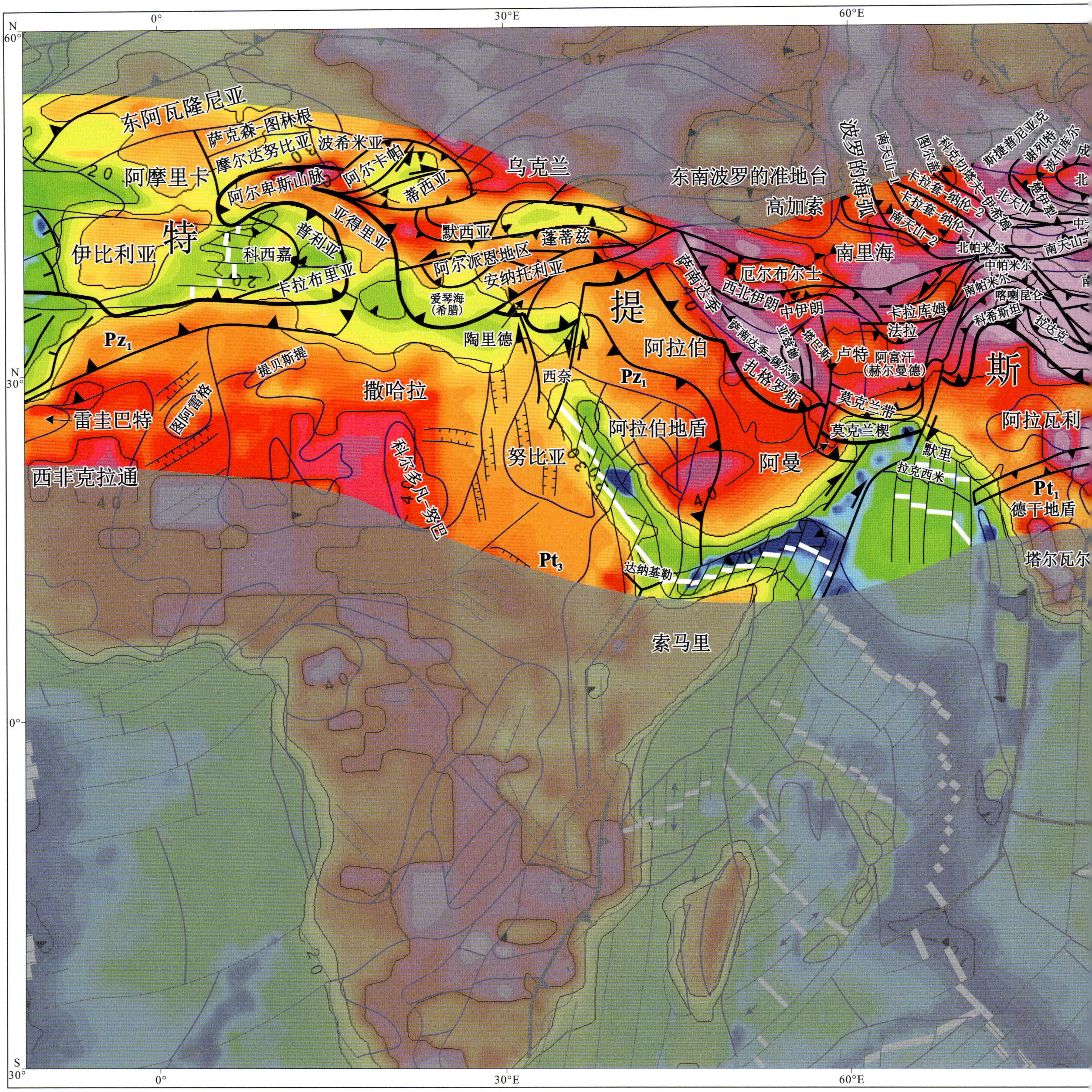

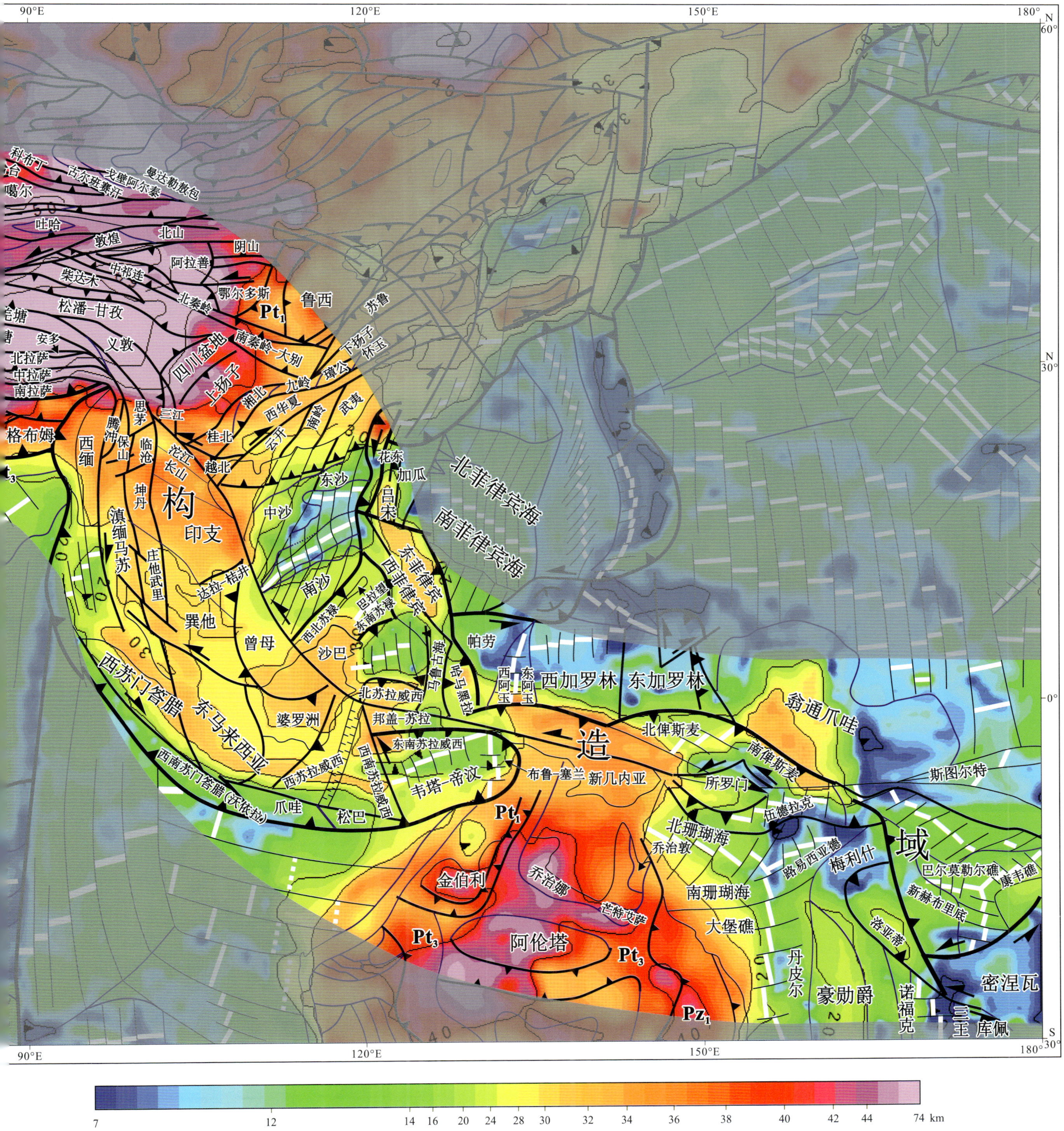
90°E
120°E
150°E
180°
60°
30°
0°
30°
N
S
戈壁阿尔泰
曼达勒敖包
古尔班赛汗
吐哈
敦煌
北山
阴山
阿拉善
中祁连
柴达木
鄂尔多斯
北秦岭
鲁西
苏鲁
松潘-甘孜
义敦
安多
南秦岭-大别
下扬子
怀玉
四川盆地
上扬子
九岭
璋公
北拉萨
中拉萨
南拉萨
湘北
西华夏
武夷
思茅
三江
云开
南岭
格布姆
腾冲
保山
临沧
桂北
西缅
沱江
长山
越北
花东
加瓜
东沙
吕宋
中沙
坤丹
构
印支
北菲律宾海
南菲律宾海
滇缅马苏
庄他武里
达拉-梧井
南沙
东菲律宾
西菲律宾
异他
曾母
沙巴
帕劳
西阿玉
东阿玉
西加罗林
东加罗林
西苏门答腊
东马来西亚
婆罗洲
北苏拉威西
邦盖-苏拉
翁通爪哇
造
北俾斯麦
东南苏拉威西
南俾斯麦
西南苏门答腊(沃依拉)
西苏拉威西
布鲁-塞兰
新几内亚
所罗门
斯图尔特
韦塔-帝汶
爪哇
松巴
伍德拉克
北珊瑚海
域
乔治敦
路易西亚德
梅利什
巴尔莫勒尔礁
康韦礁
金伯利
乔治娜
南珊瑚海
新赫布里底
芒特艾萨
大堡礁
洛亚蒂
阿伦塔
丹皮尔
豪勋爵
诺福克
密涅瓦
三王
库佩
Pt₁
Pt₃
Pz₁
7
12
14
16
20
24
28
30
32
34
36
38
40
42
44
74 km

西太平洋洋陆过渡带55Ma之前受古太平洋板块、55Ma之后受太平洋板块的西向俯冲影响，从欧亚大陆东缘至澳大利亚发育了大量边缘海盆地、岛弧以及海沟。最深为马里亚纳海沟的挑战者深渊，达11 034m（图1-8），东亚地区以西太平洋的俯冲带及澳大利亚板块北部的俯冲带为界，东北为太平洋板块动力系统，西南为印度洋板块动力系统，两个动力系统相互作用形成了东南亚环形俯冲系统。东南亚环形俯冲系统作为地球上独特的超级汇聚系统，它东西分割太平洋和印度洋，南北衔接澳洲和亚洲大陆，东、西、南三条边界上分别被菲律宾海板块、印度板块和澳大利亚板块俯冲，构成了一个巨大的环形俯冲汇聚系统（朱日祥等，2019）。

（图1-8）

西太平洋地形图

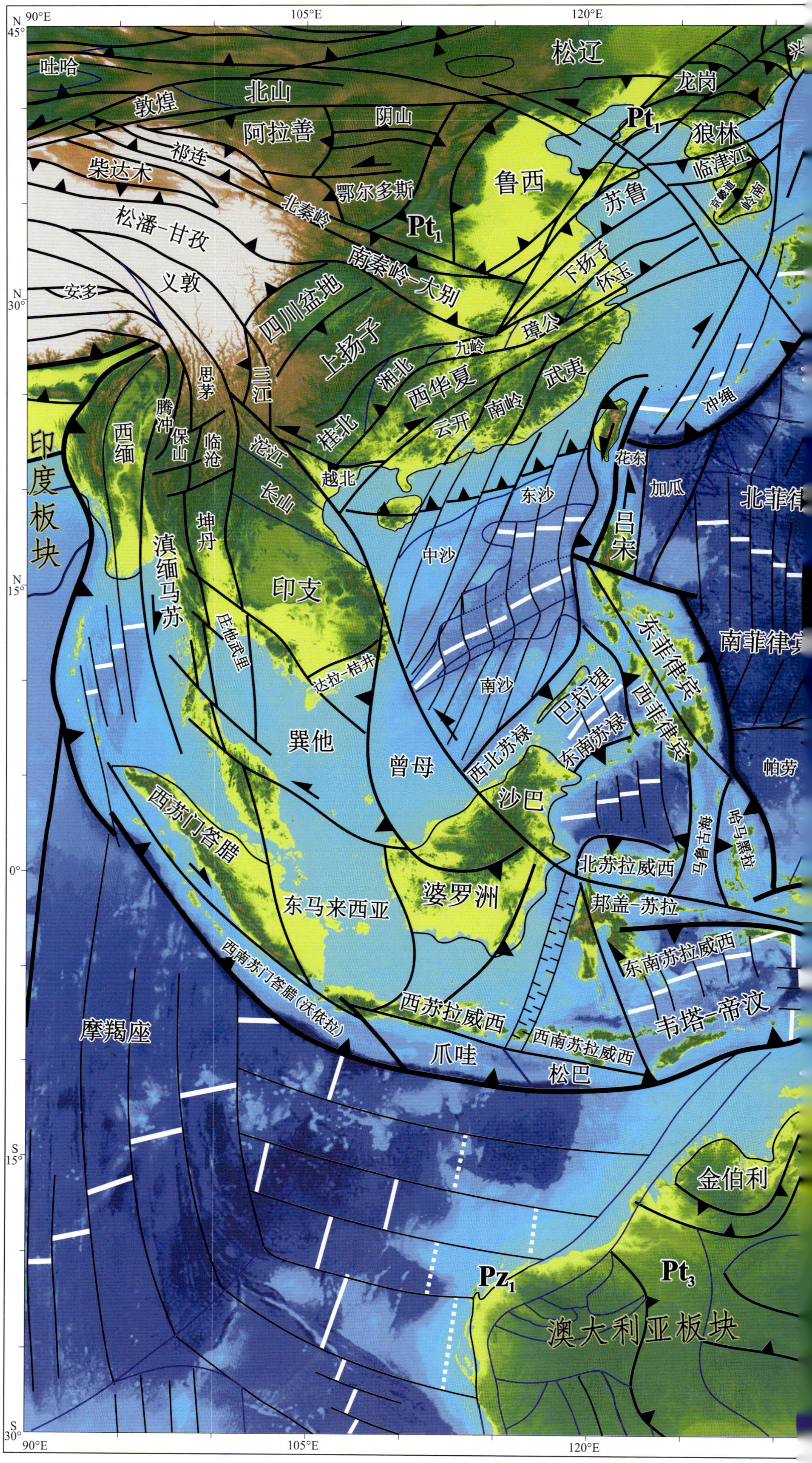

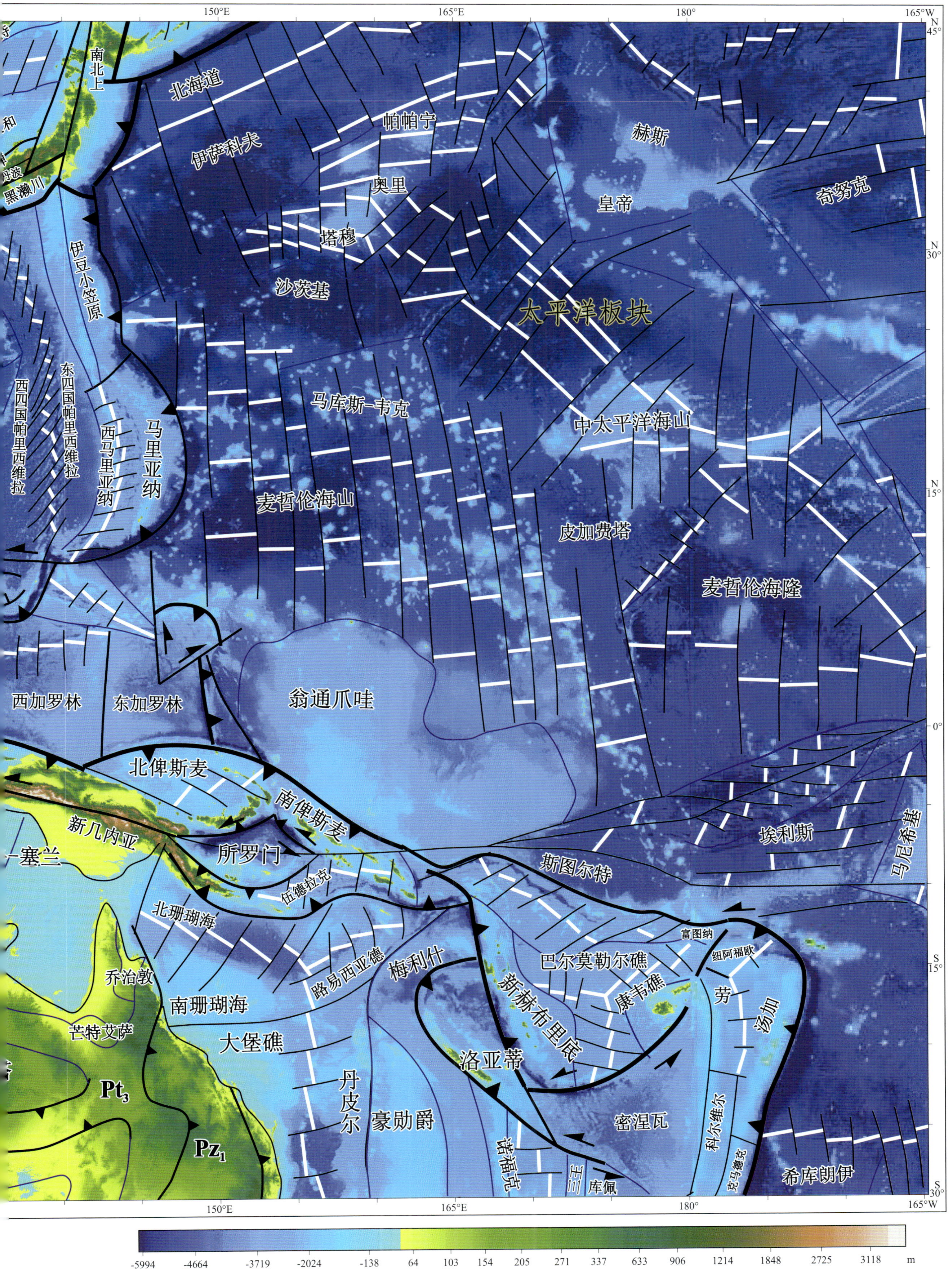
150°E
165°E
180°
165°W
45°N
30°N
15°N
0°
15°S
30°S
南北上
北海道
黑潮川
伊萨科夫
帕帕宁
赫斯
奥里
皇帝
奇努克
塔穆
伊豆小笠原
沙茨基
太平洋板块
西四国帕里西维拉
东四国帕里西维拉
西马里亚纳
马里亚纳
马库斯-韦克
中太平洋海山
麦哲伦海山
皮加费塔
麦哲伦海隆
西加罗林
东加罗林
翁通爪哇
北俾斯麦
南俾斯麦
新几内亚
所罗门
埃利斯
马尼希基
斯图尔特
伍德拉克
北珊瑚海
富图纳
纽阿福欧
巴尔莫勒尔礁
乔治敦
路易西亚德
梅利什
康韦礁
劳
汤加
南珊瑚海
新赫布里底
芒特艾萨
大堡礁
洛亚蒂
Pt3
Pz1
丹皮尔
豪勋爵
密涅瓦
科尔维尔
诺福克
库佩
克马德克
希库朗伊
-5994
-4664
-3719
-2024
-138
64
103
154
205
271
337
633
906
1214
1848
2725
3118
m

（图1-9）

西太平洋莫霍面深度图

该区域微陆块与微洋块发育，且在莫霍面图（图1-9）中彼此界线清晰，包括华南微板块－南海北部陆缘、中沙微陆块、礼乐－北巴拉望微陆块等陆缘裂解－离散型微板块，以及西北次海盆、中央海盆、苏禄海盆、苏拉威西海盆、菲律宾海盆等弧后盆地，伴生一些微洋块发育。这些构造单元一起构成了西太平洋大陆边缘独特的“微陆块－窄洋盆”构造格局。在西太平洋的日本洋－陆俯冲型沟－弧－盆体系、马里亚纳洋－洋俯冲型沟－弧－盆体系中，弧后扩张都会产生新的微板块。但是，日本洋－陆俯冲型沟－弧－盆体系中多为微陆块，如冲绳微陆块，少数以微洋块为主，如南沙微板块或西沙微板块（主体为洋壳，也有部分陆壳）。而马里亚纳洋－洋俯冲型沟－弧－盆体系中基本为微洋块，如马里亚纳微洋块。东部新几内亚岛是太平洋板块和澳大利亚板块之间的斜向汇聚区域，是太平洋板块、印度－澳大利亚及欧亚板块共同作用的结果，既有不同阶段的俯冲、碰撞，也有大规模的走滑拉分与弧后的扩张，其间既有新扩张的海盆，又有正在俯冲消亡的海盆。除大板块间的复杂相互作用外，研究区东部还有南俾斯麦微板块、北俾斯麦微板块、所罗门海微洋块等，在莫霍面深度图（图1-9）上，微陆块与微洋块界限清晰。

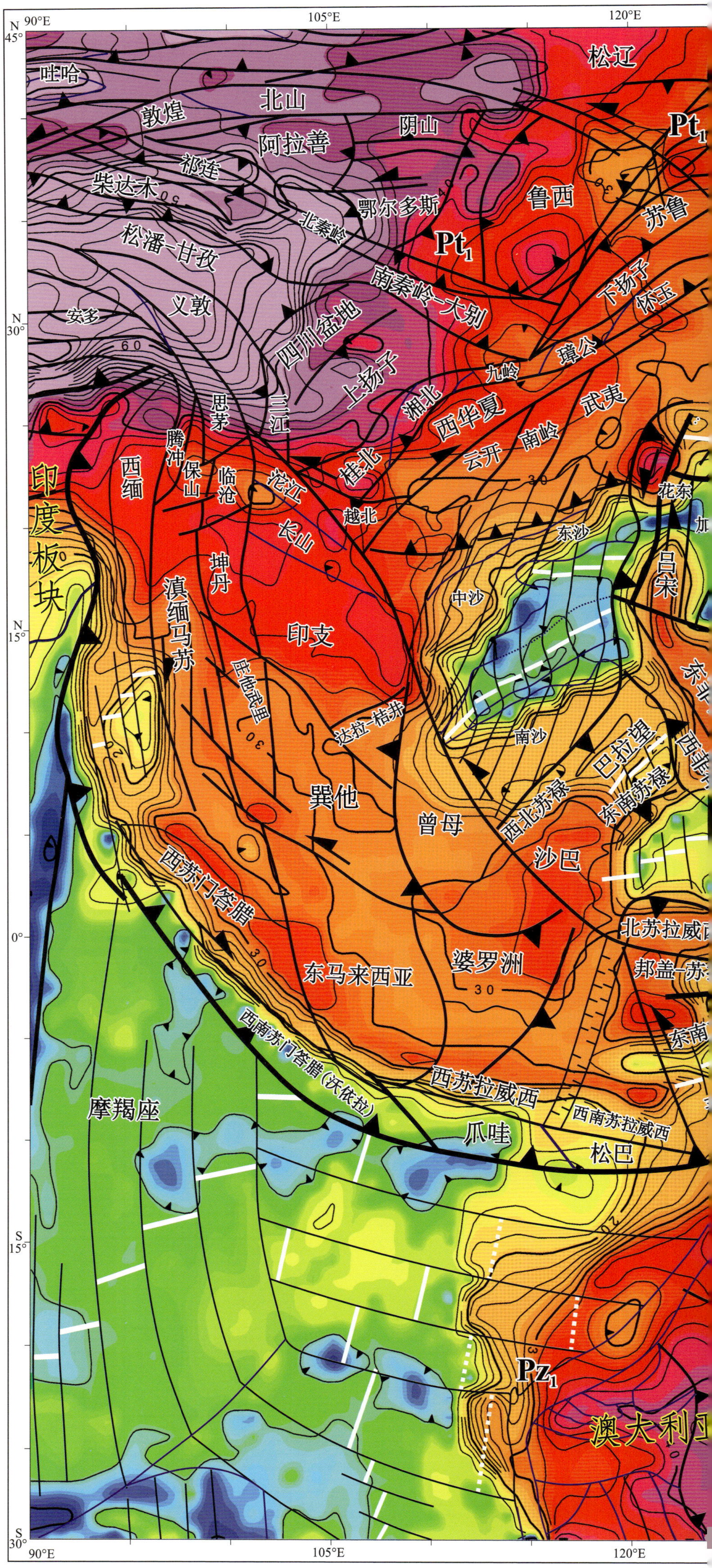

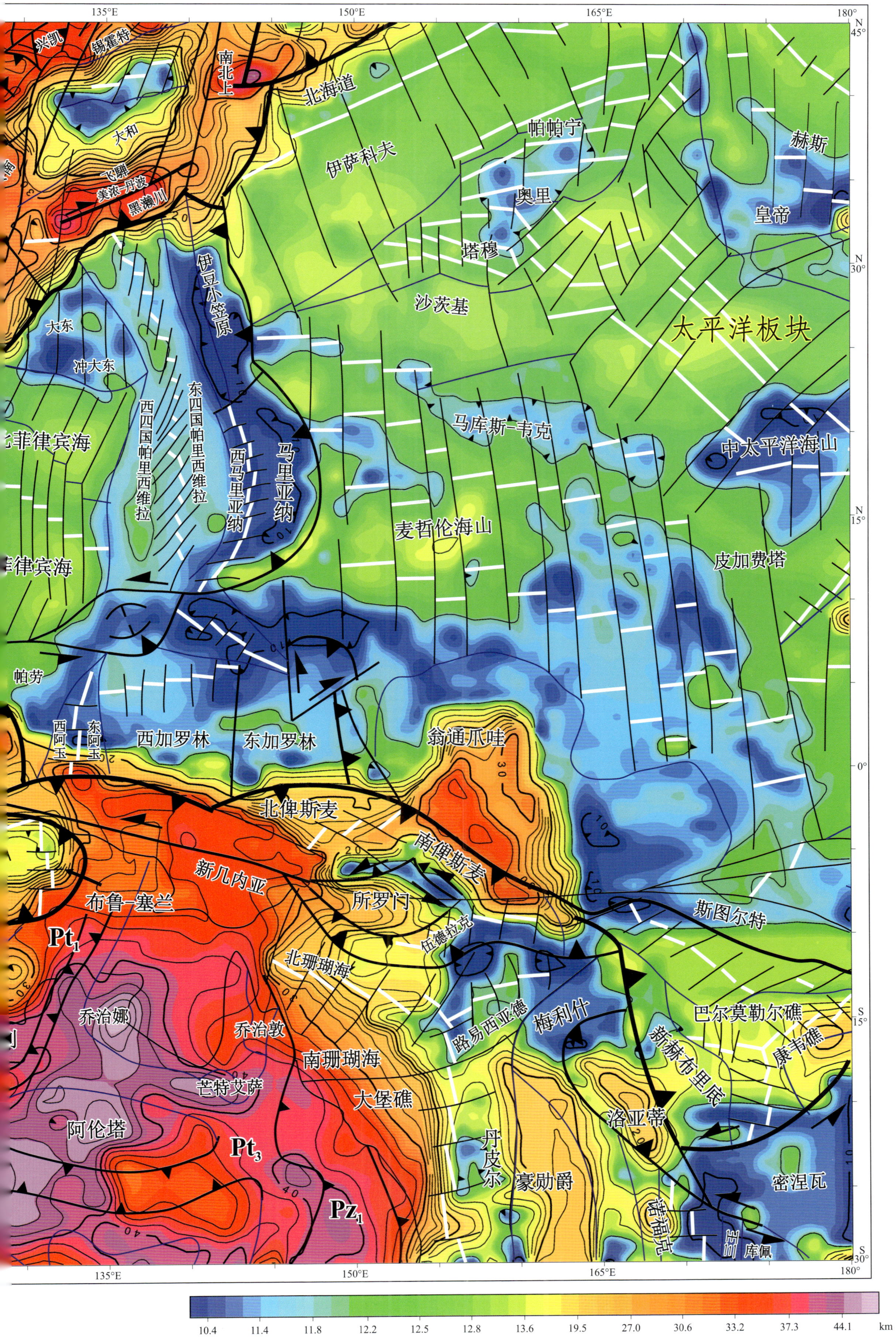
135°E
150°E
165°E
180°
N 45°
N 30°
N 15°
0°
S 15°
S 30°
兴凯
锡霍特
南北上
北海道
大和
飞驒
美浓-丹波
黑濑川
伊萨科夫
帕帕宁
赫斯
奥里
皇帝
塔穆
伊豆小笠原
沙茨基
太平洋板块
大东
冲大东
东四国帕里西维拉
西四国帕里西维拉
西马里亚纳
马里亚纳
菲律宾海
马库斯-韦克
中太平洋海山
麦哲伦海山
皮加费塔
帕劳
西阿玉
东阿玉
西加罗林
东加罗林
翁通爪哇
北俾斯麦
南俾斯麦
新几内亚
布鲁-塞兰
所罗门
斯图尔特
伍德拉克
北珊瑚海
Pt_1
乔治娜
乔治敦
路易西亚德
梅利什
巴尔莫勒尔礁
康韦礁
新赫布里底
南珊瑚海
芒特艾萨
大堡礁
阿伦塔
Pt_3
洛亚蒂
丹皮尔
豪勋爵
密涅瓦
Pz_1
诺福克
库佩
10.4
11.4
11.8
12.2
12.5
12.8
13.6
19.5
27.0
30.6
33.2
37.3
44.1
km

太平洋板块的两侧地形（图 1-10）和莫霍面深度（图 1-11）皆有显著差异，其东部边界为太平洋海隆，是快速洋脊增生系统，岩浆供给充足而表现为宽大的隆起地貌。再向东，太平洋东部的陆缘为安第斯型陆缘弧，是大洋板块总体东向低角度俯冲的产物。安第斯型陆缘弧是东太平洋洋陆过渡带的主要组成部分，但东太平洋洋陆过渡带还包括太平洋东部及南、北美洲西部，西侧始于东太平洋俯冲带，北接阿留申群岛，南为南大洋的斯科舍微板块，东侧波及陆地范围广，如北美波及科迪勒拉山系、南美波及后陆逆冲断裂带东缘。

东太平洋洋陆过渡带地形（图 1-10）整体特征表现为：南美洲为陆地，西部是狭长的安第斯山，为双向逆冲带；东部是波状起伏的高原，为单向逆冲带；中部为广阔平坦的平原低地。莫霍面最浅处的洋中脊特征明显，如太平洋板块东侧的东太平洋海隆，微洋块常产生于这类大洋岩石

（图1-10）

东太平洋地形图

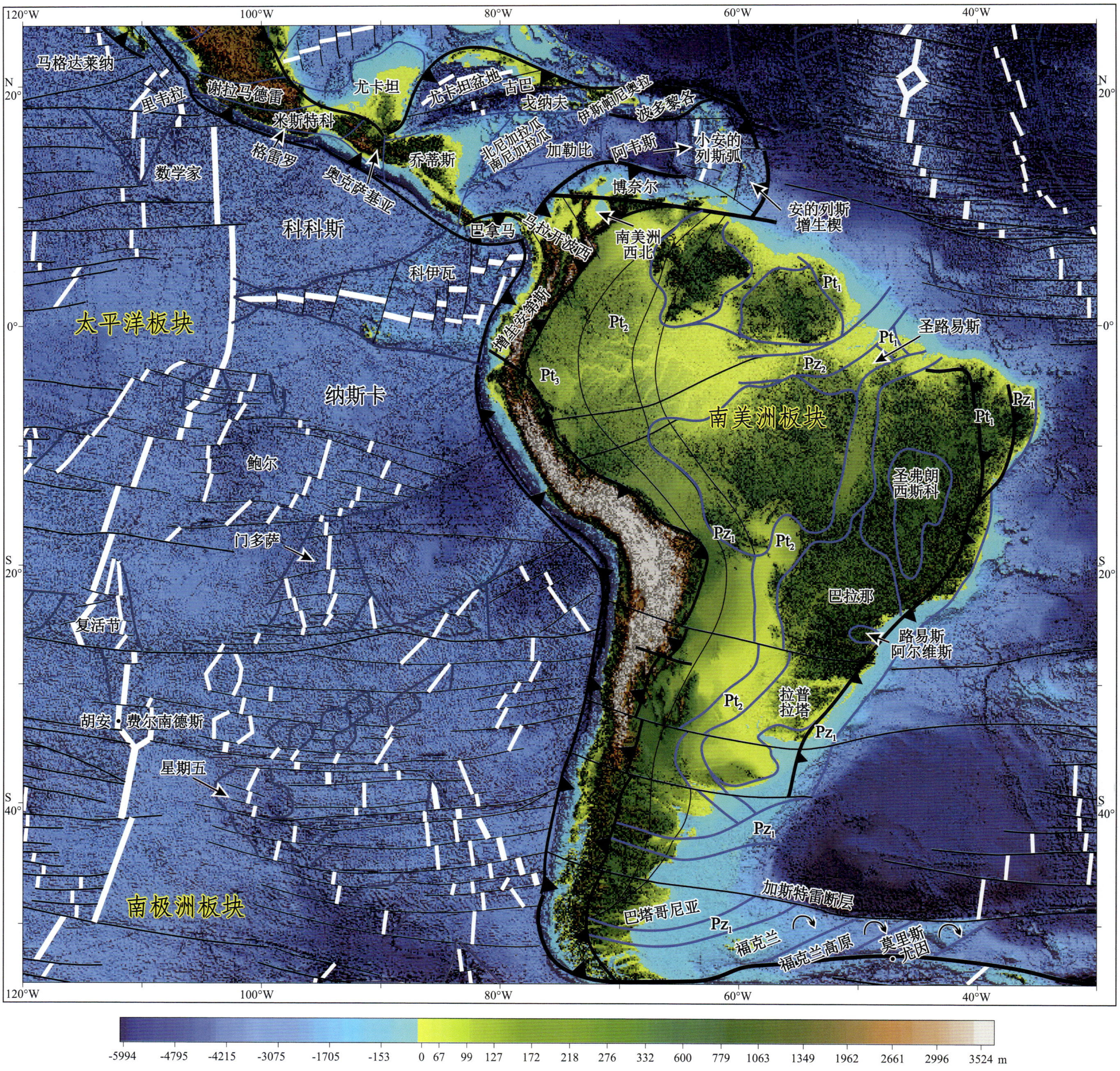

圈板块边缘，一些微洋块的核部最初可能因洋中脊拓展、叠接而裂离了太平洋板块，变成了独立的微洋块，并最终可能贴向法拉隆板块或科科斯小板块的西缘。东太平洋及邻区现今主要发育有跃生型微板块、延生型微洋块、残生型微洋块、增生型微板块、碰生型微板块等。

根据莫霍面深度（图1-11）可以大致识别鲍尔（Bauer）、里韦拉（Rivera）、数学家（Mathematician）、胡安•费尔南德斯（Juan Fernandez）、复活节（Easter）、星期五（Friday）以及加利福尼亚湾西侧的瓜达卢佩（Guadalupe）等微洋块，地壳厚度在10~11km；微陆块主要分布在中东部，被造山带围限，如圣路易斯（São Luis）克拉通、圣弗朗西斯科（São Francisco）、巴拉那（Paraná）、路易斯阿尔维斯（Luís-Alves）、拉普拉塔（Rio de la Plate）等微陆块，地壳厚度大于30km。

（图1-11） 东太平洋莫霍面深度图

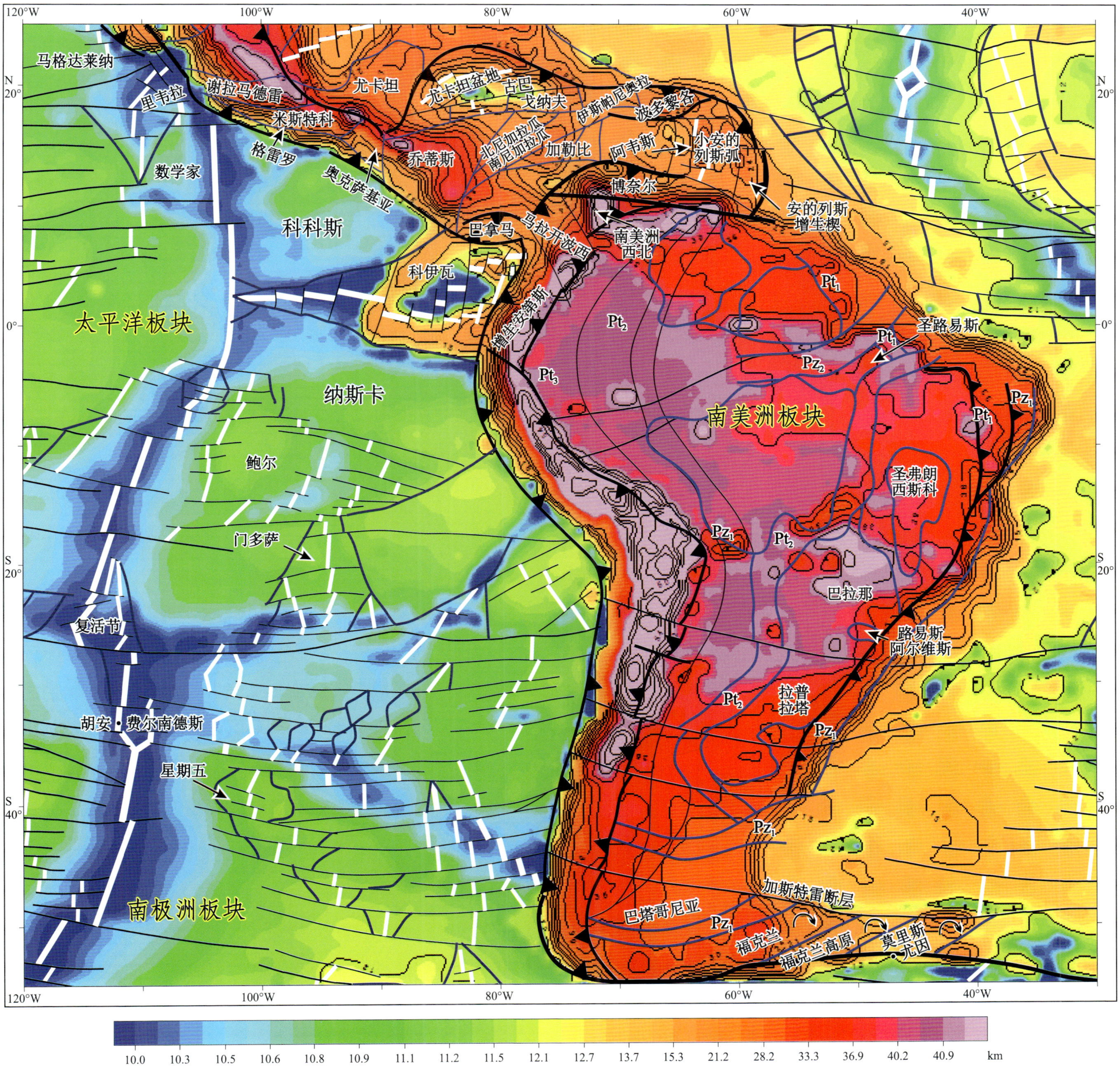

北美克拉通为北美板块内部地壳稳定、构造平缓的地区，其核心是劳伦古陆的前寒武纪克拉通，该克拉通结晶基底大部分形成于2.0~1.8Ga，由北美洲、格陵兰和西伯利亚东部的几十个克拉通或古老微陆块（前人也称为地体）组成，如苏必利尔（Superior）克拉通，包括了古元古代或太古代末期拼合在一起的大量微陆块（图1-13），属于哥伦比亚超大陆的一部分。劳伦古陆上中元古界和中志留统之间的地层相对平稳，说明其间已经为一个独立稳定的大陆，在志留纪加里东期造山运动中首先与阿瓦隆尼亚—波罗的克拉通碰撞形成劳俄古陆，后者又与石炭纪的冈

（图1-12）

北美克拉通地形图

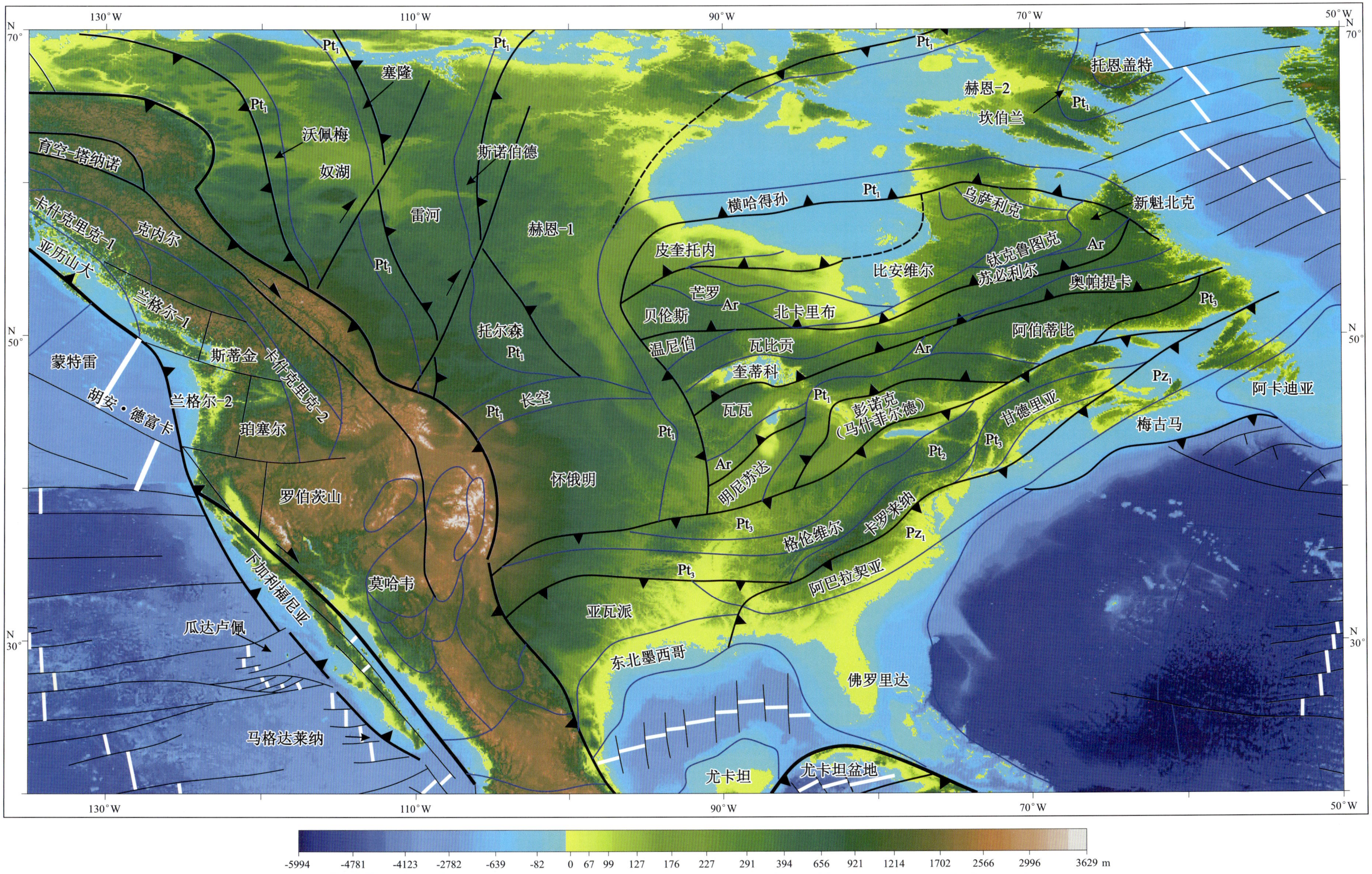

瓦纳古陆碰撞拼合形成盘古超大陆。北美克拉通在前寒武纪晚期被伸展型大陆边缘包围，在整个古生代数次海侵、海退及其周边造山事件的影响下，形成了多个角度不整合，最终形成现今格局，主要分为加拿大地盾和中央稳定微板块两个次级单元。北美克拉通区域地形整体呈南北向三条纵列条带状分布格局，西部属科迪勒拉山系北部，受落基山脉与法拉隆板块俯冲影响，整体地形较高，如科罗拉多高原；中部为广阔的大平原；东部高原山地地区以拉布拉多高原、阿巴拉契亚山地为主，地势较低（图 1-12），主要发育格林威尔期、加里东期微陆块。

（图1-13）

北美克拉通莫霍面深度图

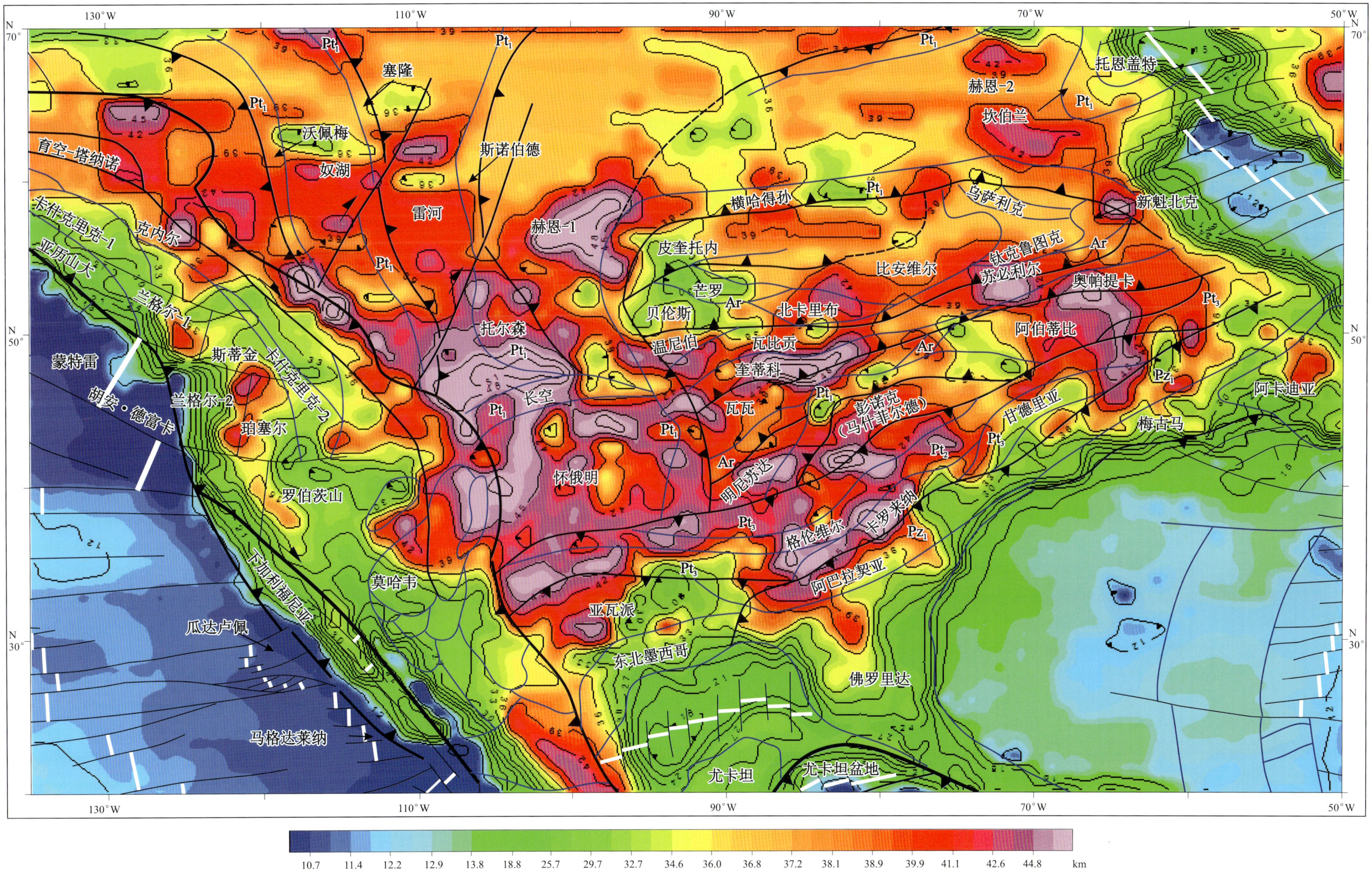

据形成环境差异，伸展裂解系统可分为裂谷体系和被动陆缘体系。红海－亚丁湾是出露于阿拉伯板块与非洲板块之间的小洋盆初始洋脊增生系统，红海是陆间海，实际是三叉型东非大裂谷的西北支延伸，但新的三叉裂谷向南发生了跃迁，形成了达纳基勒（Danakil）和阿里萨比耶（Ali Sabieh）微陆块。在地形上（图1-14），非洲三叉裂谷系表现为两个穹隆地貌，即埃塞俄比亚穹隆（Ethiopian Dome）和肯尼亚穹隆（Kenya Dome），在图1-15中，其周缘地壳厚度存在减薄现象，可能与岩浆供应充足或底侵活动相关，在层

(图1-14) 红海-亚丁湾地形图

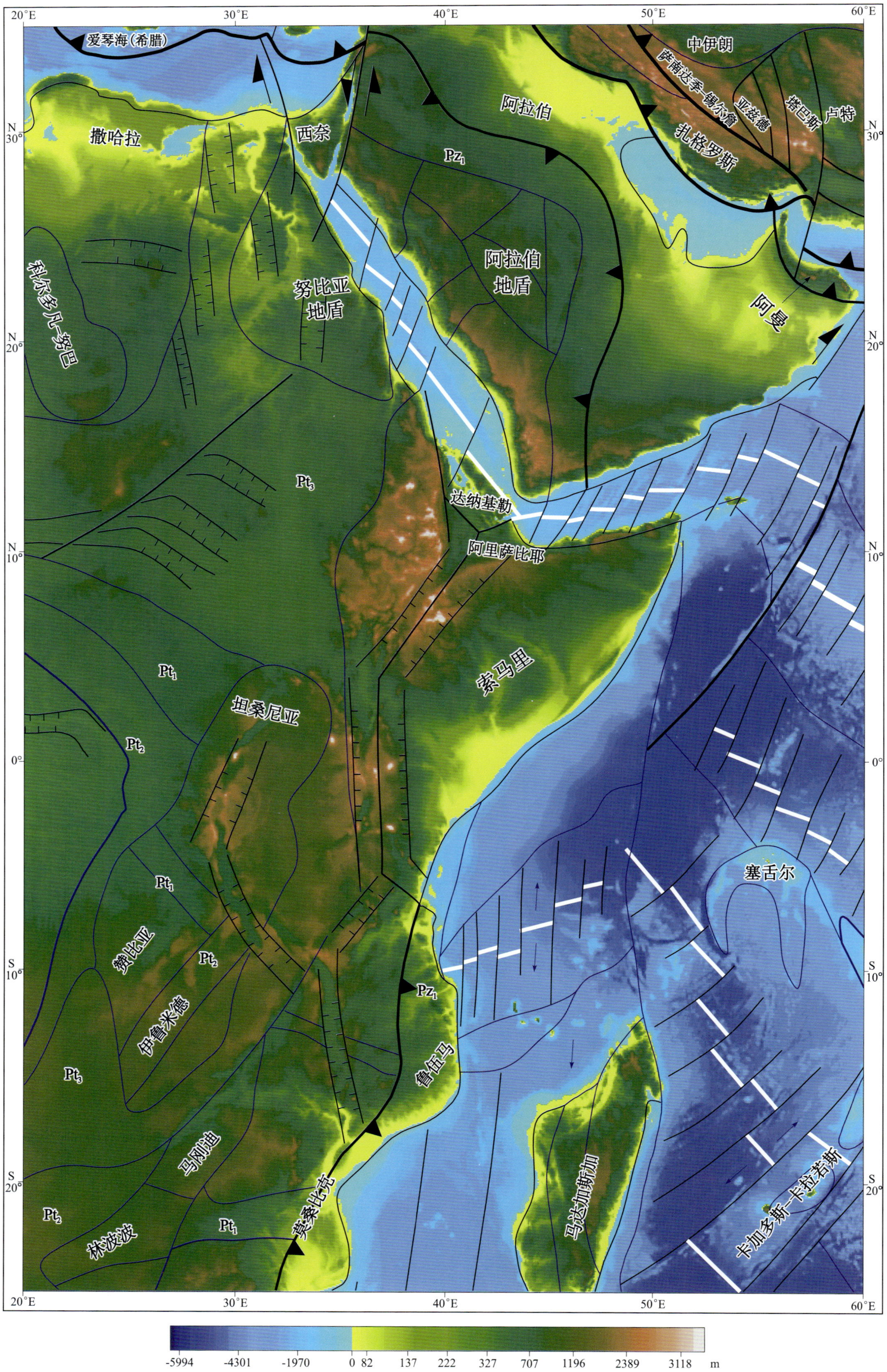

析成像中对应更深部的热幔柱。被动陆缘是典型的伸展裂解系统，但不是所有被动陆缘都发育微板块，只有在伸展拆离系统的洋陆转换带、海洋核杂岩部位，即发育切割岩石圈的拆离断层附近，且经历向洋或向陆的洋中脊跳跃过程时，微板块才可能形成，特别是大洋内部微陆块的形成（李阳等，2019）。此外，同属伸展裂解系统的大型裂谷内，切割岩石圈的断裂也可以围限形成新的微陆块（牟墩玲等，2019），如东非大裂谷南支拓展围限的维多利亚湖就是发育于裂谷中轴新围限的坦桑尼亚（Tanzania）微陆块上。

（图1-15）

红海-亚丁湾地壳厚度图

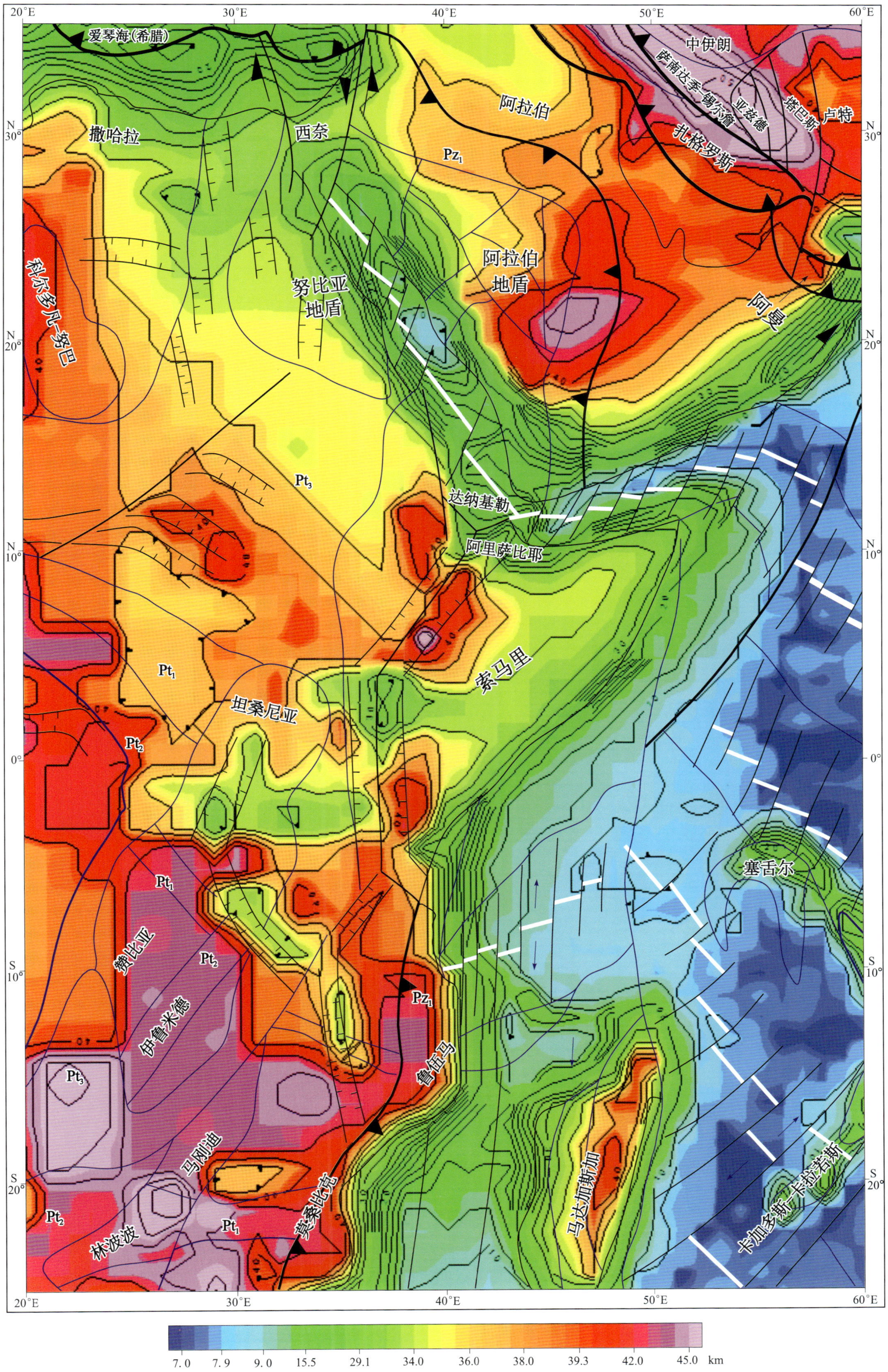

洋脊增生系统的增生部位为洋中脊。大西洋的形成是由泛大陆（潘吉亚，Pangea）裂解所致，裂解作用伴随大火成岩省岩浆作用，地幔物质从裂解处上涌，溢流玄武岩在两侧陆缘形成向海倾斜反射体（seaward-dipping reflector，SDR），在洋中脊侵入形成辉绿岩墙，溢流凝结成玄武岩洋壳，新的地幔物质持续不断地从洋中脊上涌，向两侧推开老洋壳，使得洋盆不断拓宽，形成大洋盆地。当出现洋中脊与地幔柱之间的脊－柱相互作用时，该过程会诱发微板块形成。微板块形成通常是迫于要消除深部地幔异常热演化与洋中脊扩张过程之间的不协调性，或者迫于适应某种远程俯冲过程，或者迫于洋中脊的拓展方式而作出的一种被动调整。

北大西洋洋脊增生系统西侧为北美洲板块，东侧以亚速尔－直布罗陀海峡（Azores-Gibraltar）破碎带为界，又分为北部的欧亚板块和南部的非洲板块。这些一级分界无论在地形还是莫霍面上都有清晰界线，且三大板块交汇处的亚速尔微洋块是洋中脊跃迁所致。类似扩张中心跃迁导致的微陆块也较多，在北大西洋最为典型的就是扬马延微陆块。

中大西洋洋脊增生系统最为典型的特征就是彼此平行的断裂构成的右阶排列的转换断层系统，这在海底地形（图1-18）和莫霍面深度（图1-19）上都有清晰呈现，洋脊两侧地形地貌、洋壳厚度基本对称出现。

（图1-16）

北大西洋地形图

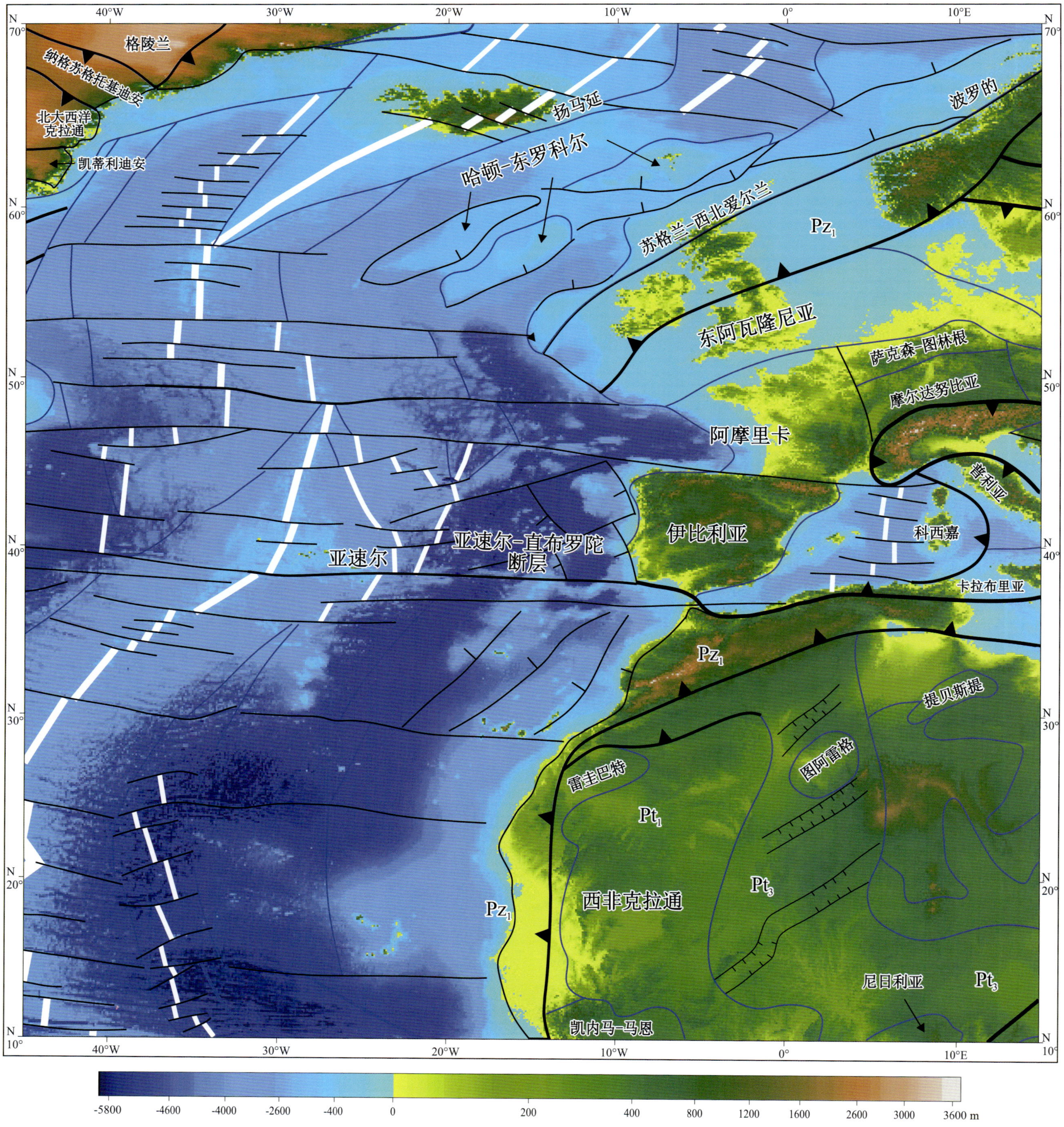

南大西洋西非岸的被动大陆边缘盆地随着南大西洋由南向北拓展张裂，经历了4次明显的构造抬升剥蚀作用和裂谷期、同裂谷期、漂移期3个构造阶段。洋中脊厚度小于8km，向两侧厚度逐渐增加；而邻侧的西非克拉通（West African Craton）及南美洲的克拉通地壳厚度都超过40km。微陆块和微洋块界限清晰。在南大西洋地区，将地形图（图1-20）和地壳厚度图拼接可以更好地划分微洋块和微陆块（图1-23上为水深地形图，下为地壳厚度图）。横跨南大西洋的反射地震剖面，揭示出南大西洋的打开是剖面上不对称的Lister模式伸展所致（图1-22）。海底地形上，南美洲南部东侧海底表现为圆环状且中间高起，可能为Falkland流沿逆时针方向长期侵蚀修饰海底有关，也有人在海底观测到波痕，表明表层海洋流系可以影响到海底，因此这个圆环状且中间高起的海底地貌并非陨石撞击所致。此外，南大西洋发育沃尔维斯脊（Walvis Ridge）和里奥格兰德海隆（Rio Grande Rise）的对称地形，与热点活动有关。由图1-23可见，在伸展裂解系统中，微洋块主要集中在水深较深、地壳厚度较薄（6.8~7.8 km）区域，微陆块主要集中在地形较高、地壳厚度较厚区域（大于30 km）。从水深地形和地壳厚度起伏表面图可以较为直观地分辨出微板块边界，对微洋块和微陆块的辨别也有很好的启示作用。图1-24中，上为水深地形的起伏表面图，中为地壳厚度的起伏表面图，下为区域微板块的构造格局划分。

（图1-17）

北大西洋莫霍面深度图

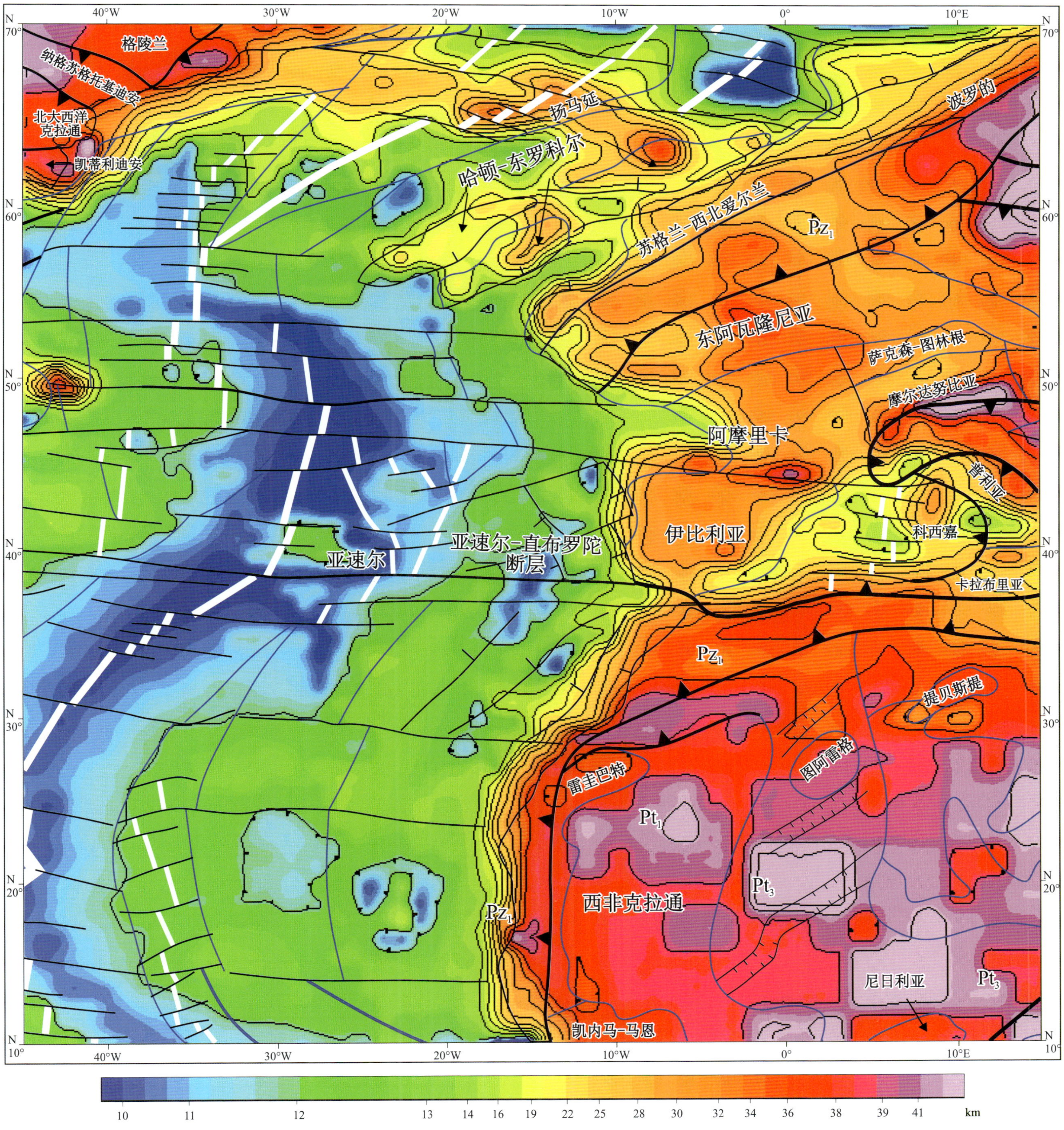

（图1-18）

中大西洋地形图

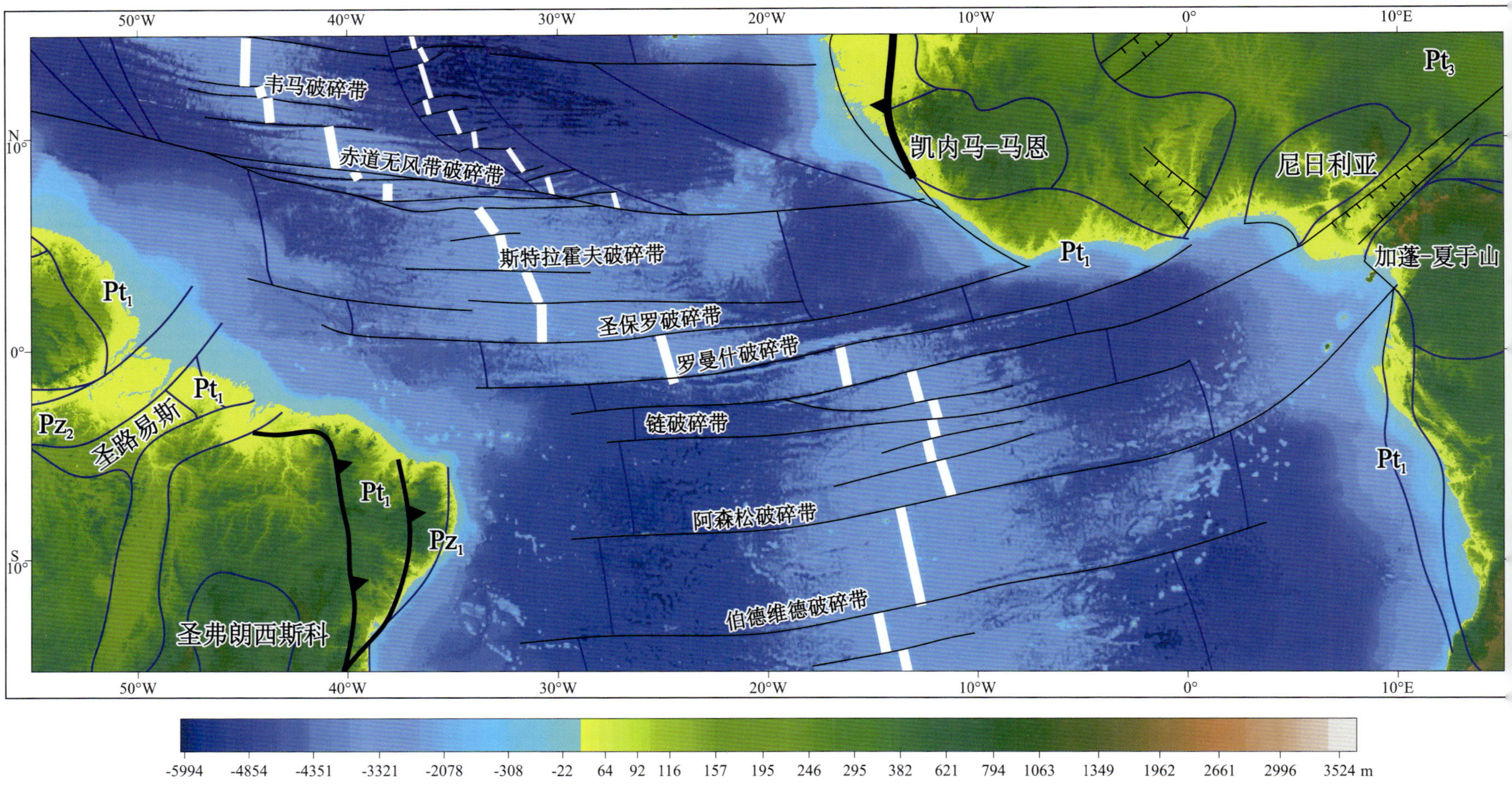

（图1-19）

中大西洋地壳厚度图

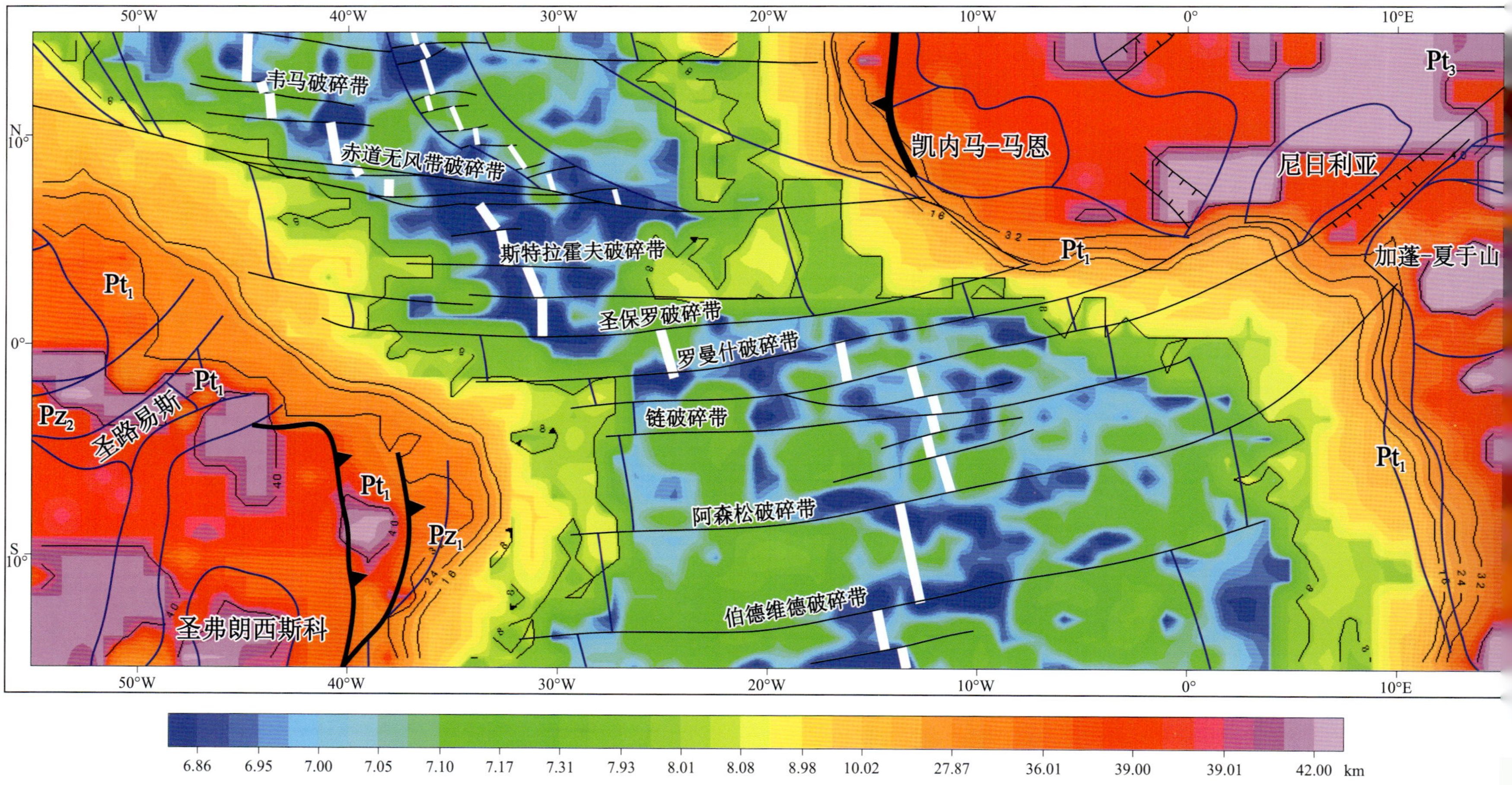

南大西洋地形图

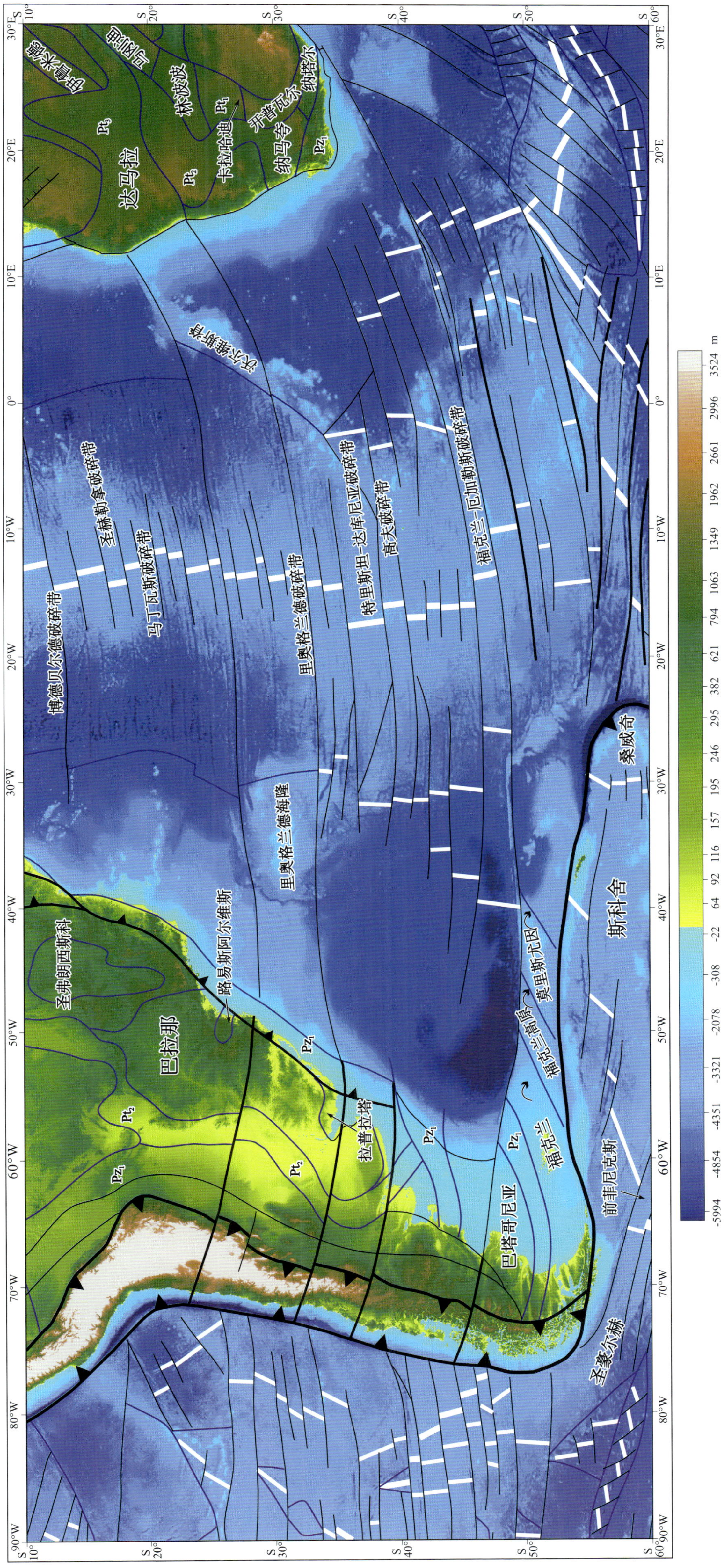

(图1-20)

（图1-21）

南大西洋地壳厚度图

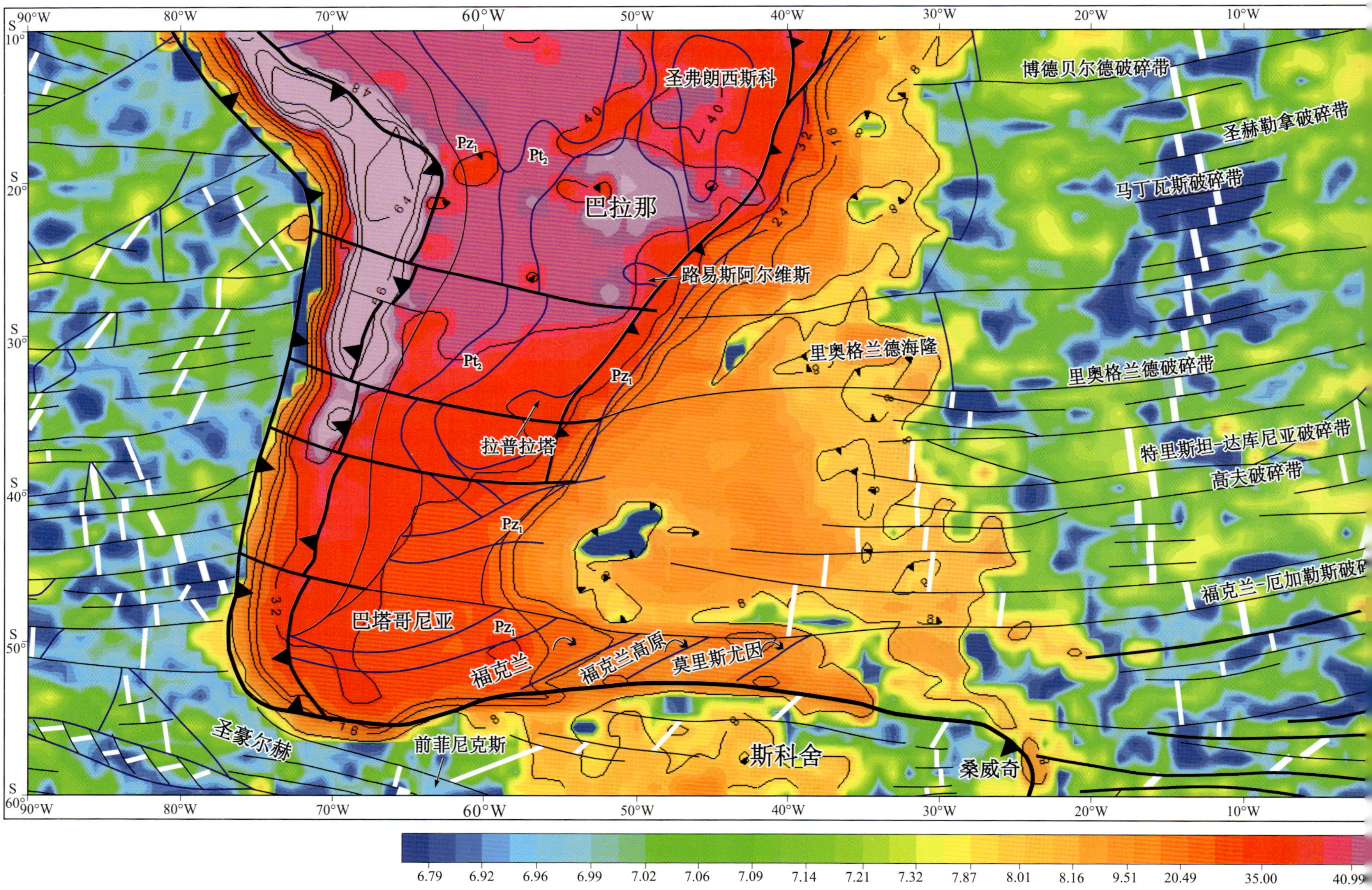

（图1-23）

南大西洋地形和地壳厚度拼合对比

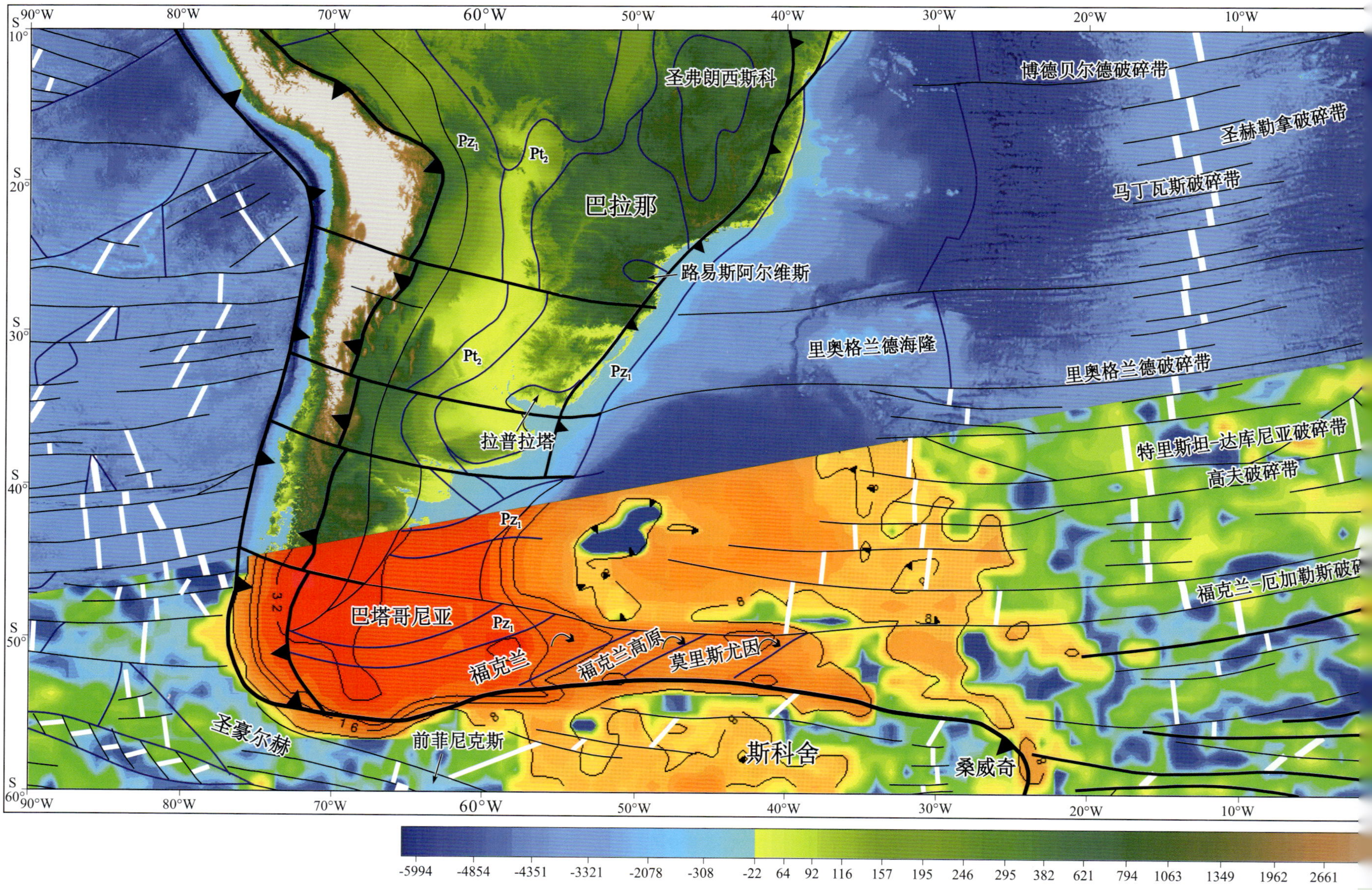

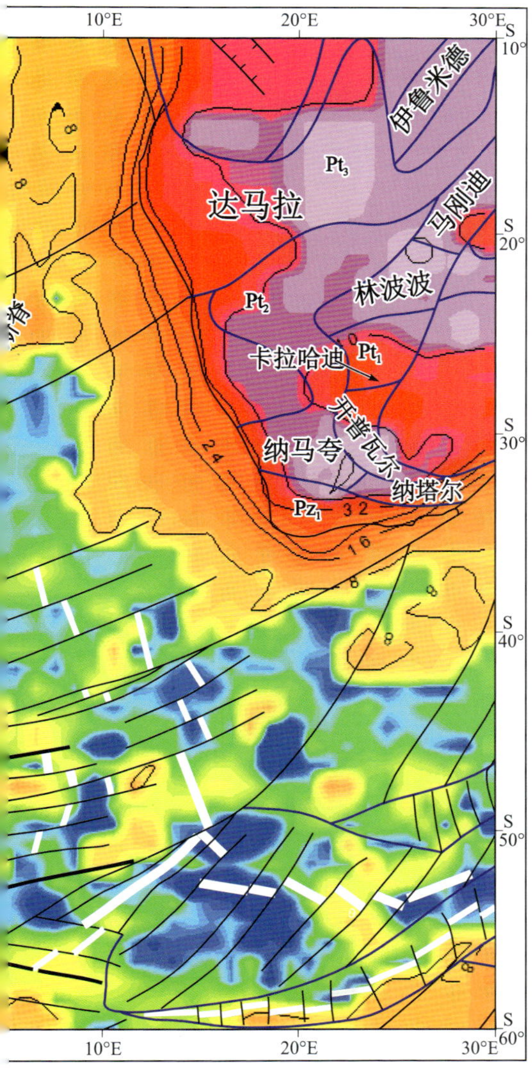

（图1-22）

南大西洋洋中脊主动扩张与被动地幔对流耦合模型

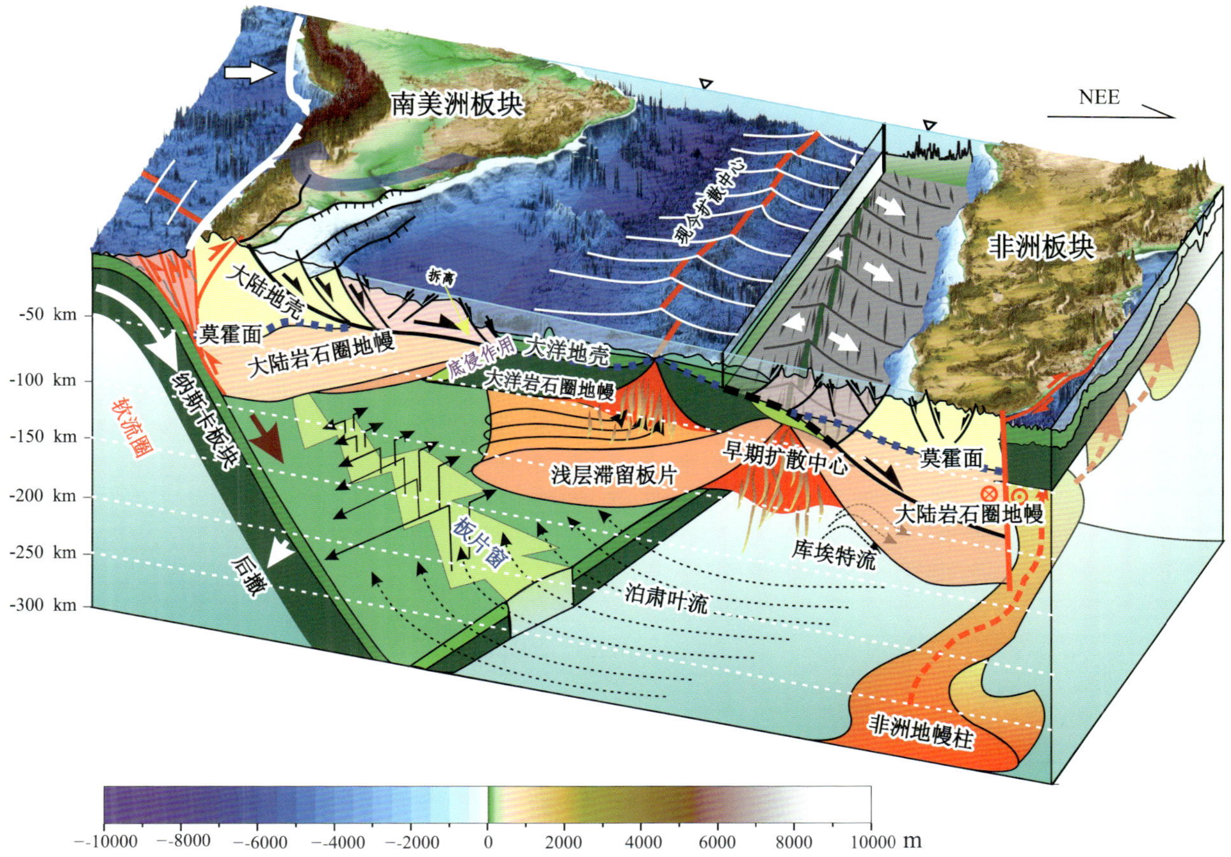

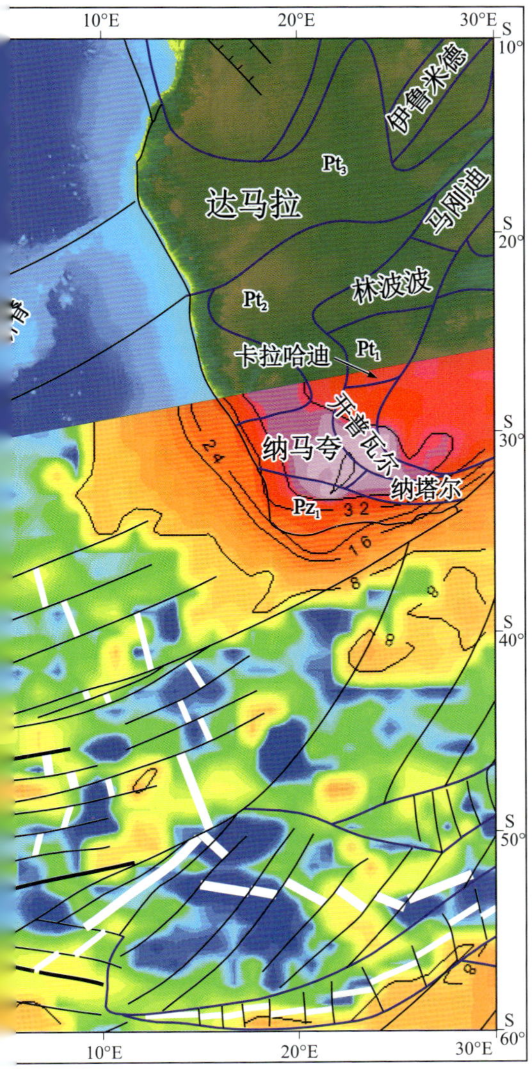

（图1-24）

南大西洋地形和地壳厚度立体显示

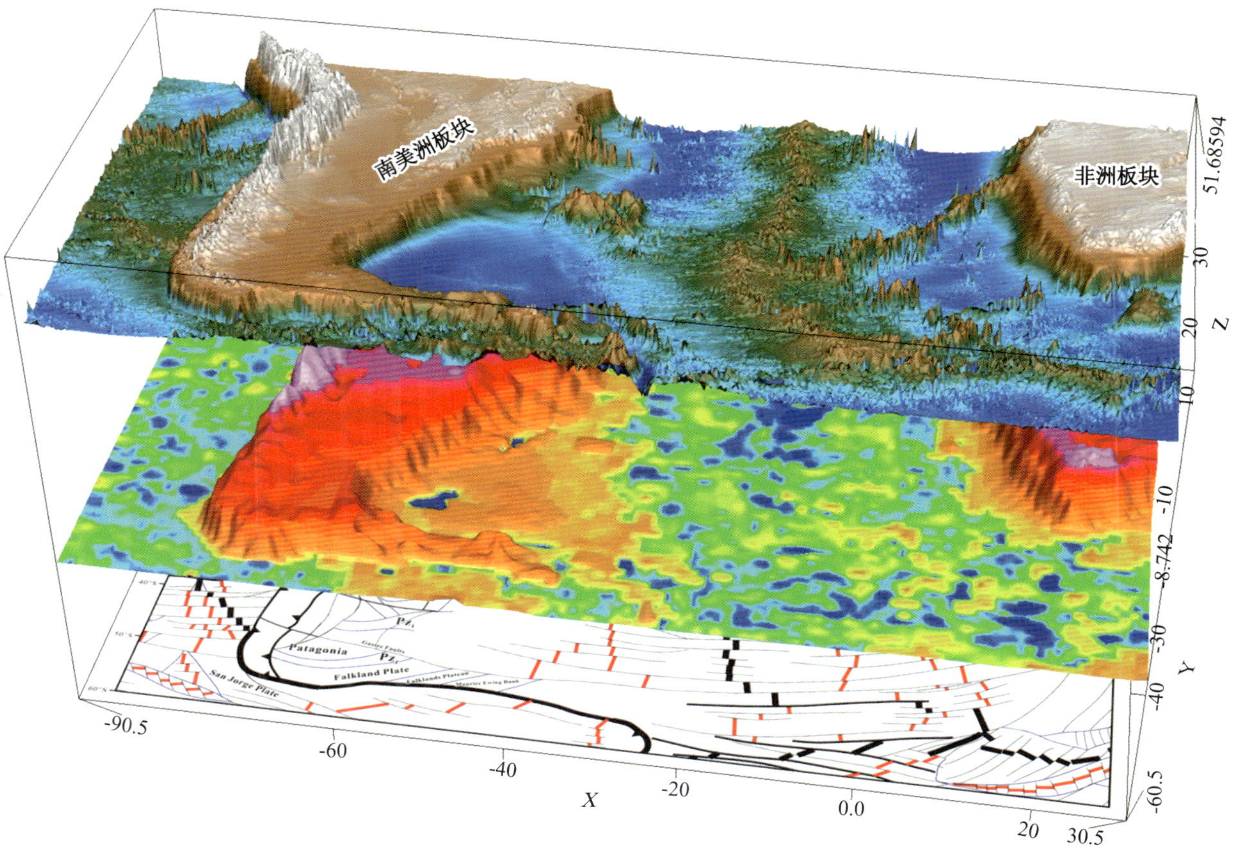

转换构造系统包括深大型走滑断层作用发育的洋陆过渡带，或者洋中脊的转换断层和大洋板内破碎带，主体还是受俯冲板块动力影响或因板块受力方向变化所致。太平洋西岸的新西兰发育典型的大陆型转换构造系统，将纽西兰古陆（New Zealandia）分为两部分，之间隔塔斯曼海盆与澳大利亚板块相邻。对该转换构造系统的制图范围为70° S~30° S，140° E~180°。其北面为中央豪勋爵海隆（Central Lord Howe Rise），南面为坎贝尔高原（Campbell Plateau）。转换构造系统主要发育有转换型微板块（王光增等，2019）。造山带内的微陆块主要有塔斯马尼亚

（图1-25）

新西兰地形图

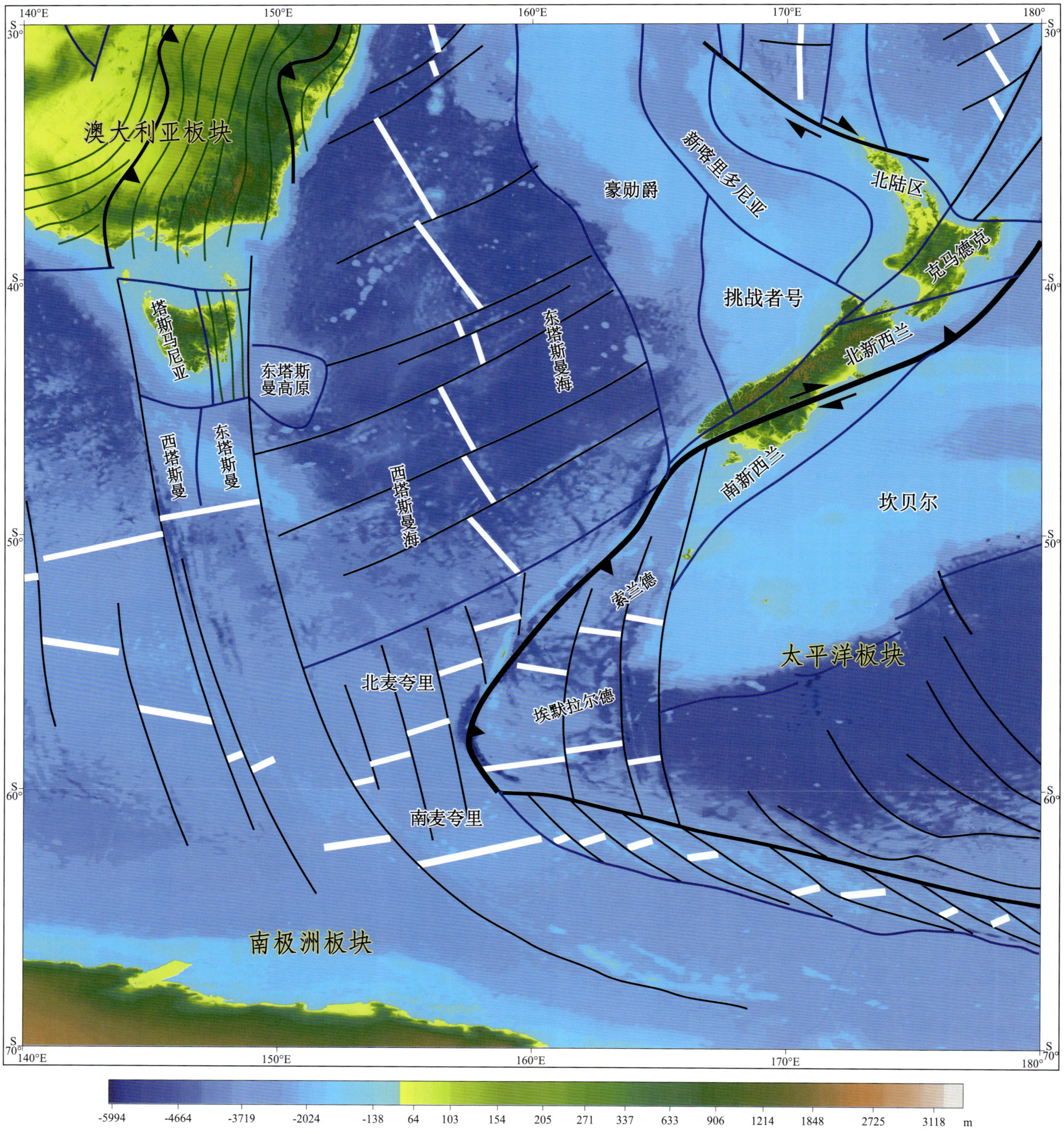

（Tasmania）、南新西兰（S. New Zealand）、北新西兰（N. New Zealand）、三王脊（Three Kings Ridge），海底还有坎贝尔高原（Campbell Plateau）、挑战者号高原（Challenger Plateau）、新喀里多尼亚盆地（New Caledonia Basin）等水下微陆块，其地壳厚度都超过30km。微洋块包括：东塔斯曼高原（East Tasman Plateau）和东塔斯曼海隆（East Tasman Rise）、西塔斯曼海隆（West Tasman Rise）等，地壳厚度小于20km；特别是，阿尔派恩（Alpine）大陆型转换断层向海延伸又向东南拐弯的段落，新生了洋壳厚度较薄的两个长条转换型微洋块。

（图1-26）

新西兰莫霍面深度图

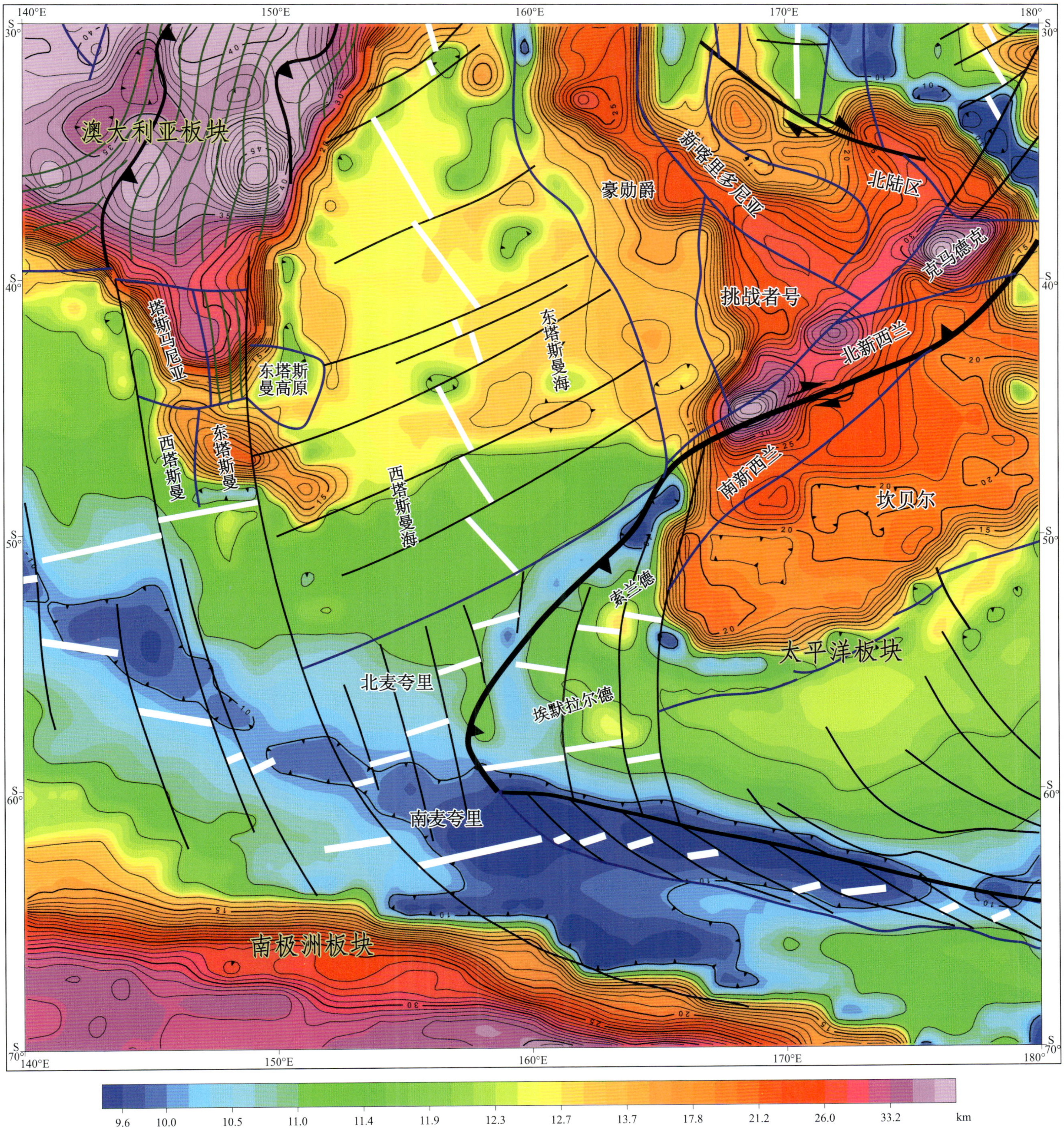

俯冲消减系统包括从俯冲带到弧后盆地的构造系统。这里以加勒比海为例，制图范围为 5° N~25° N，92° W~56° W（图 1-27、图 1-28），展示系统内与俯冲带生、消过程相关的微板块。在俯冲、碰撞、走滑等作用的长期控制下，加勒比海板块演化形成了复杂的地形、构造单元。虽然加勒比海周边均为俯冲带，但每条边缘带具有显著不同的构造性质，大西洋洋壳和纳斯卡（Nazca）、科科斯（Cocos）板块分别在东部和西部向加勒比海板块俯冲，同时，加勒比海板块相对于北美洲板块和南美板块向东运动，加勒比海板块西缘由古陆块（尤卡坦台地与科提斯地体）和中美洲岛弧组成，受到纳斯卡板块和科科斯板块的东向俯冲，北缘大安的列斯岛弧与墨西哥湾、北美大陆、巴哈马台地相邻，作为加勒比海板块北部的主要构造单元与北美板块碰撞拼合（Escalona and Yang, 2013），形成了古巴北缘及伊斯帕尼奥拉岛的褶皱推覆带，东缘小安的列斯构造带与大西洋相接，受到大西洋洋壳的西向俯冲影响（Pindell and Kennan, 2009），微板块十分发育。

(图1-27)　加勒比海地形图

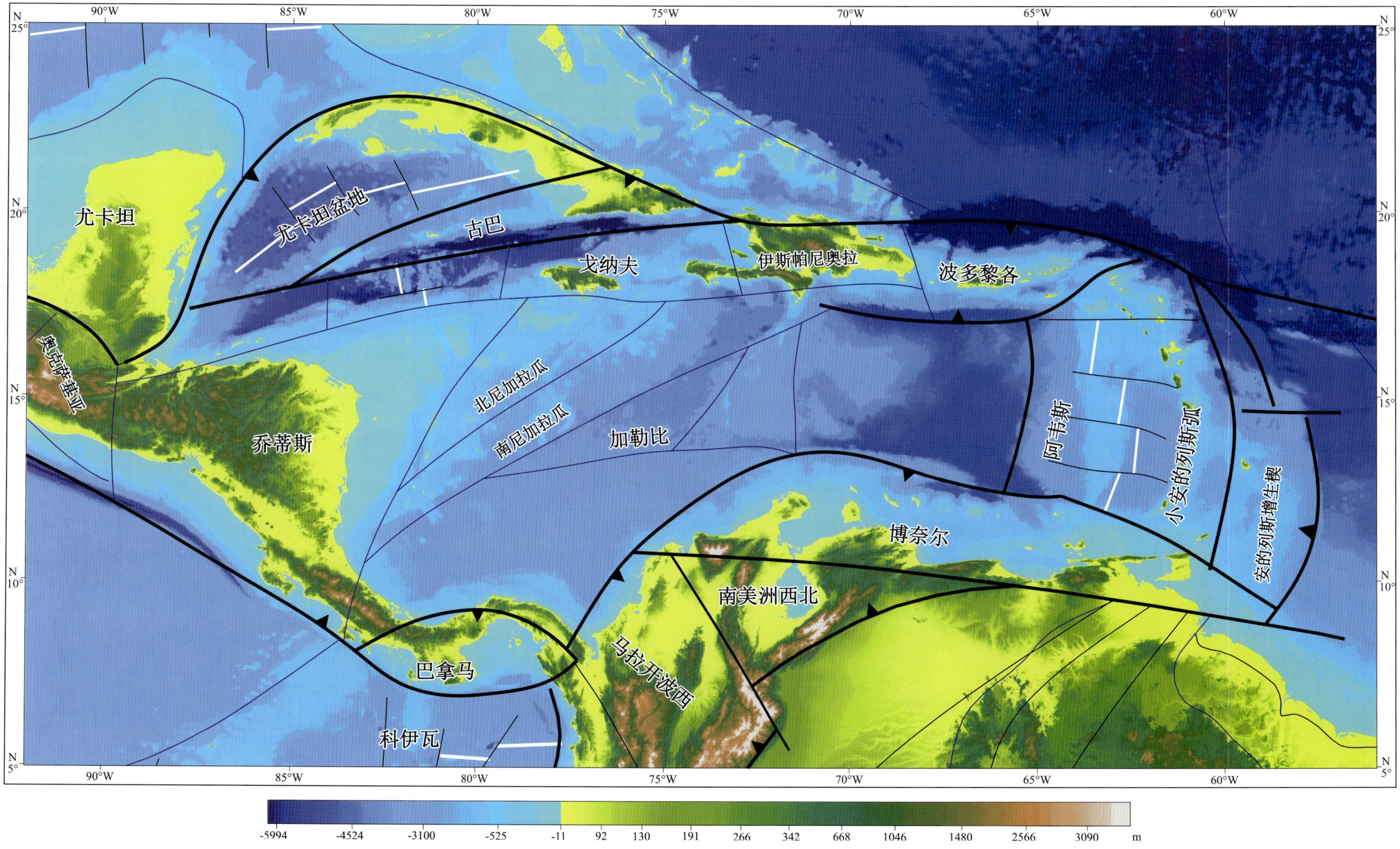

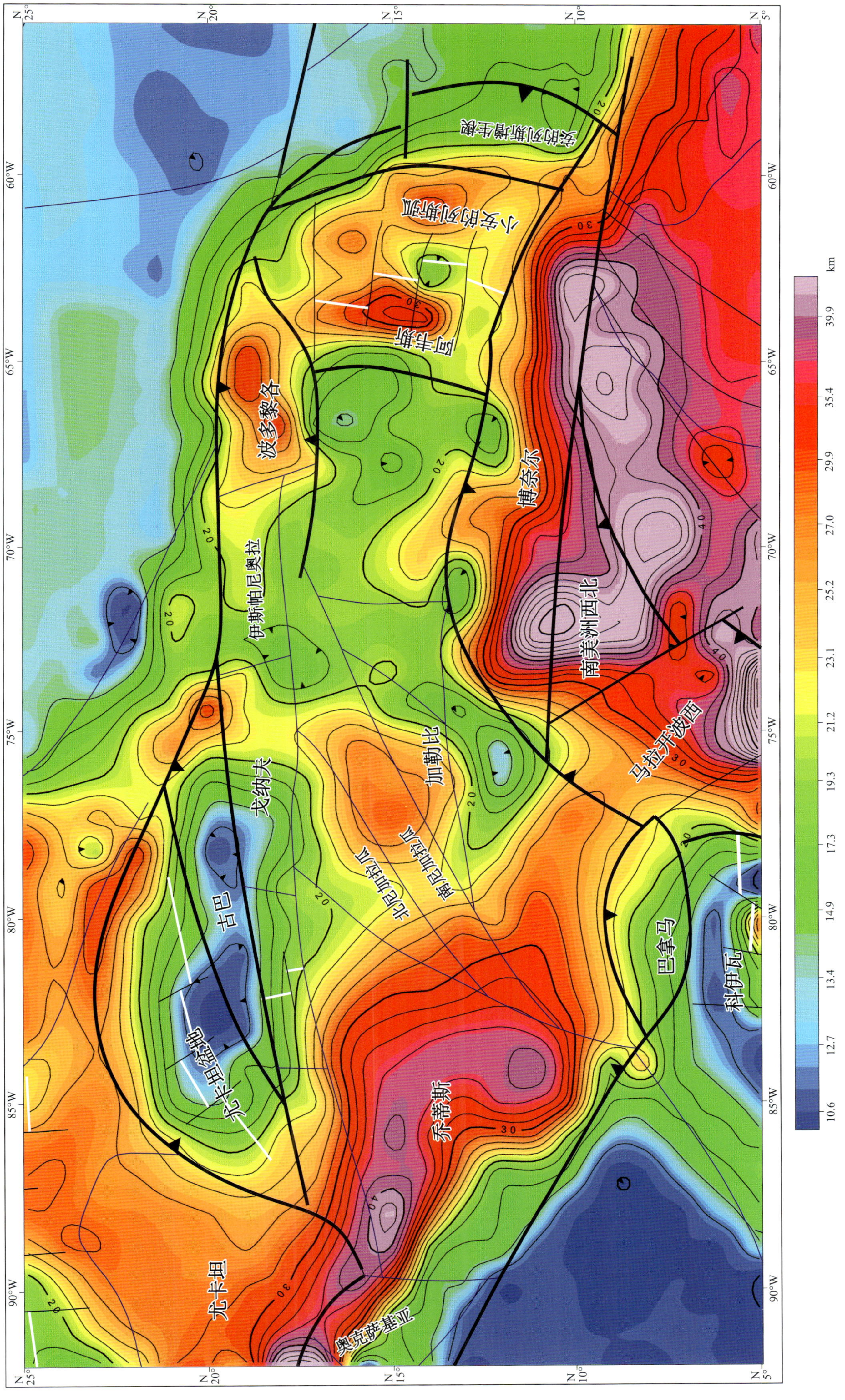

加勒比海莫霍面深度图

（图1-28）

碰撞造山系统的核心为造山带，一条造山带内可保存多条缝合线，这些缝合线记录了很多微板块（或微陆块、或微洋块、或微幔块、或三者皆有）的复杂演化拼贴、增生、碰撞历史，期间也可两两碰撞形成一些新的复合型微板块，最终聚合到同一造山带内部。

这里碰撞造山系统的制图范围在20° N~50° N，25° E~115° E（图1-29、图1-30）。强烈碰撞作用可诱发形成岩石圈尺度的新断裂，大的古老地质体可以被这些新断裂分裂为多个刚性微小块体，并发生差异性逃逸、挤出，如青藏高原、台湾岛弧地区，形成运动学上相互独立的微板块，这些微板块也可以从现今GPS速度场中得到验证。欧亚大陆南缘横亘有上万千米长的阿尔卑斯－扎格罗斯－喜马拉雅碰撞造山链，是形成于新生代的年轻碰撞造山带，碰撞造山记录完整。其中，扎格罗斯和喜马拉雅地区都形成了造山的高原，分别为伊朗高原和青藏高原（图1-29），伊朗高原和青藏高原在欧亚大陆南缘表现为宽阔的造山高原和不对称式造山带结构，大陆边缘弧岩浆活动显著。阿尔卑斯－喜马拉雅新特提斯造山带内发育很多微板块，在强大的造山过程中，发生差异挤出、旋转。在碰撞增生系统中，微板块边界可以是不同时期形成的多条缝合线、后期深大走滑断裂或强烈弯曲的弧形构造或弯山构造所围限，如柴达木微板块。

（图1-29） 青藏高原和伊朗高原及邻区地形

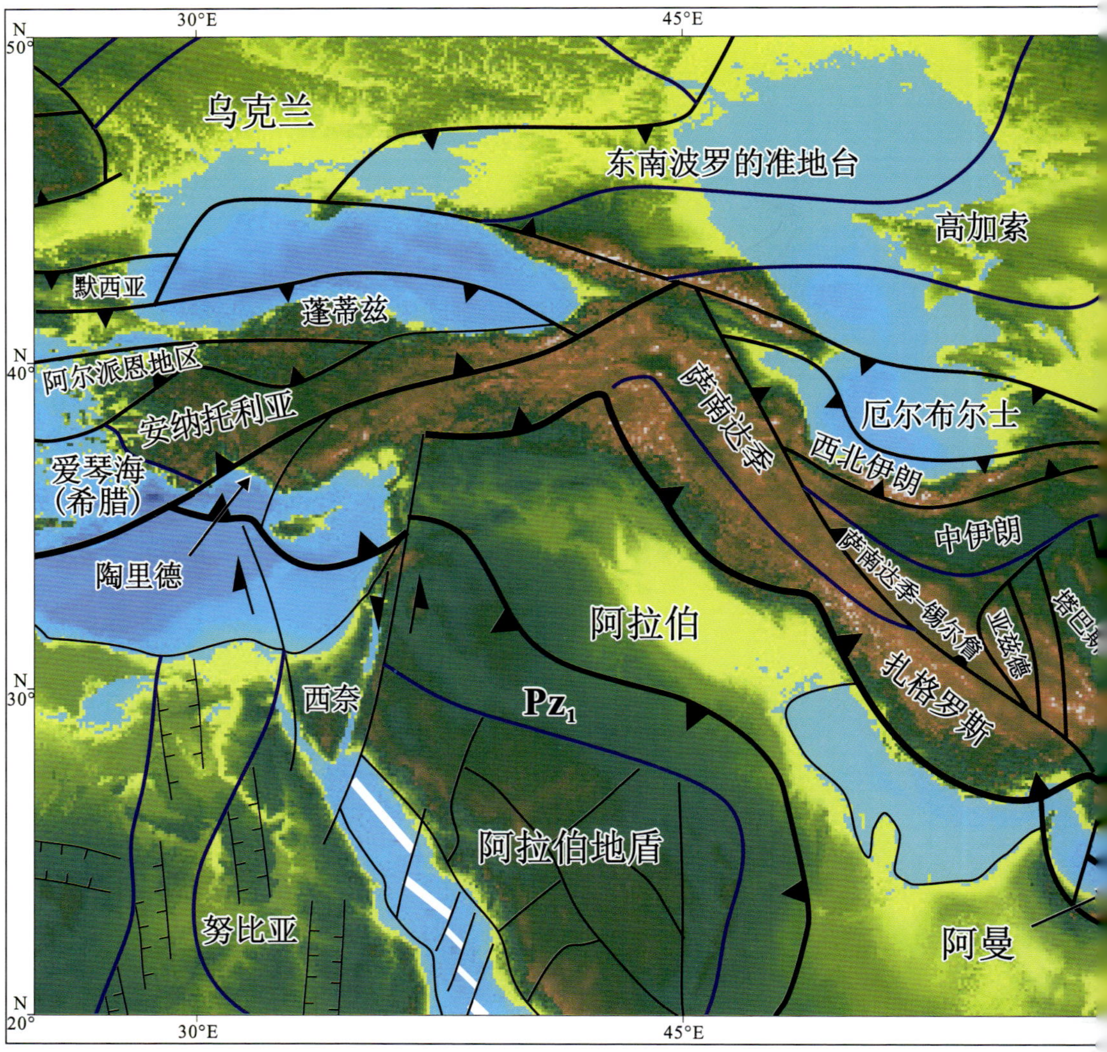

（图1-30） 青藏高原和伊朗高原及邻区地壳厚

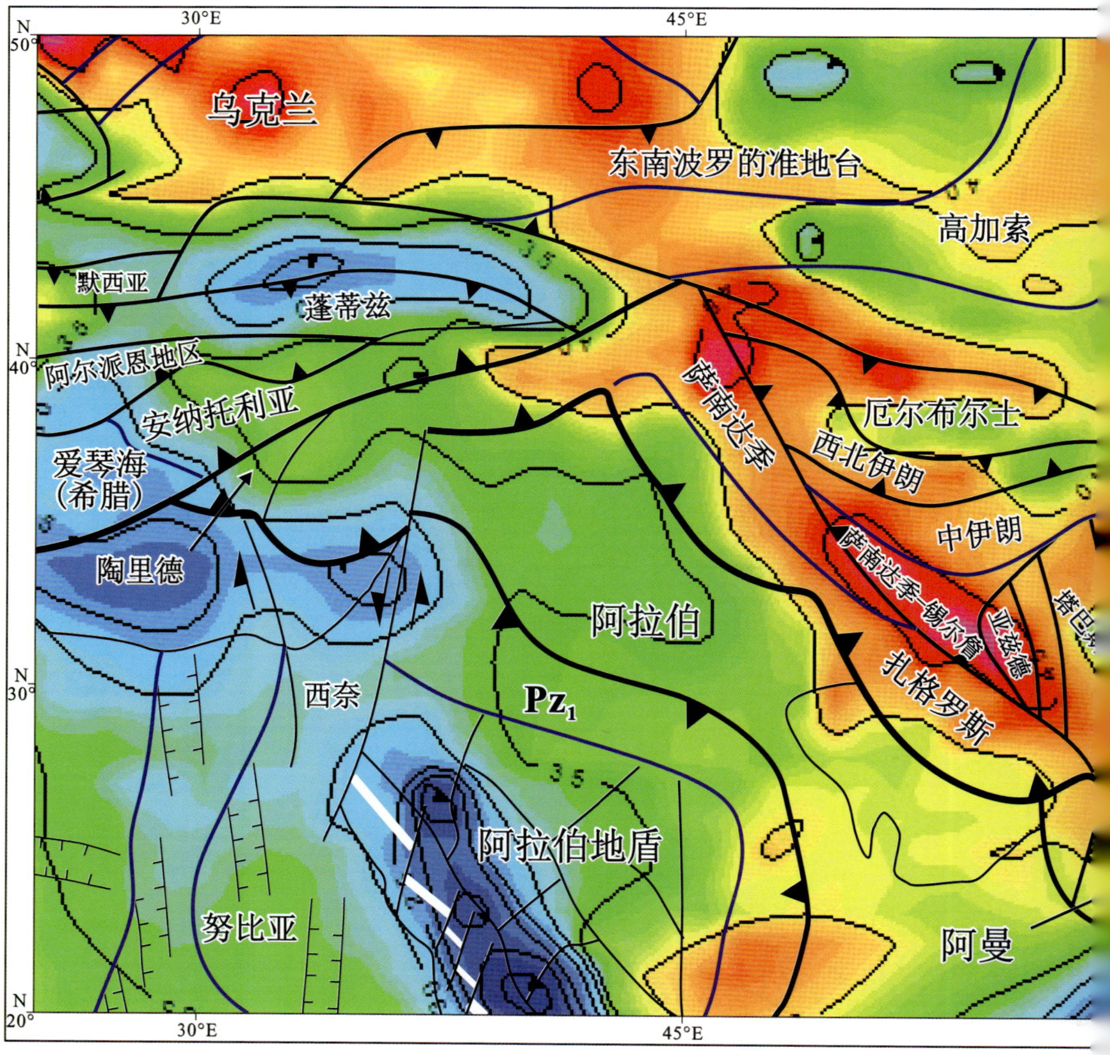

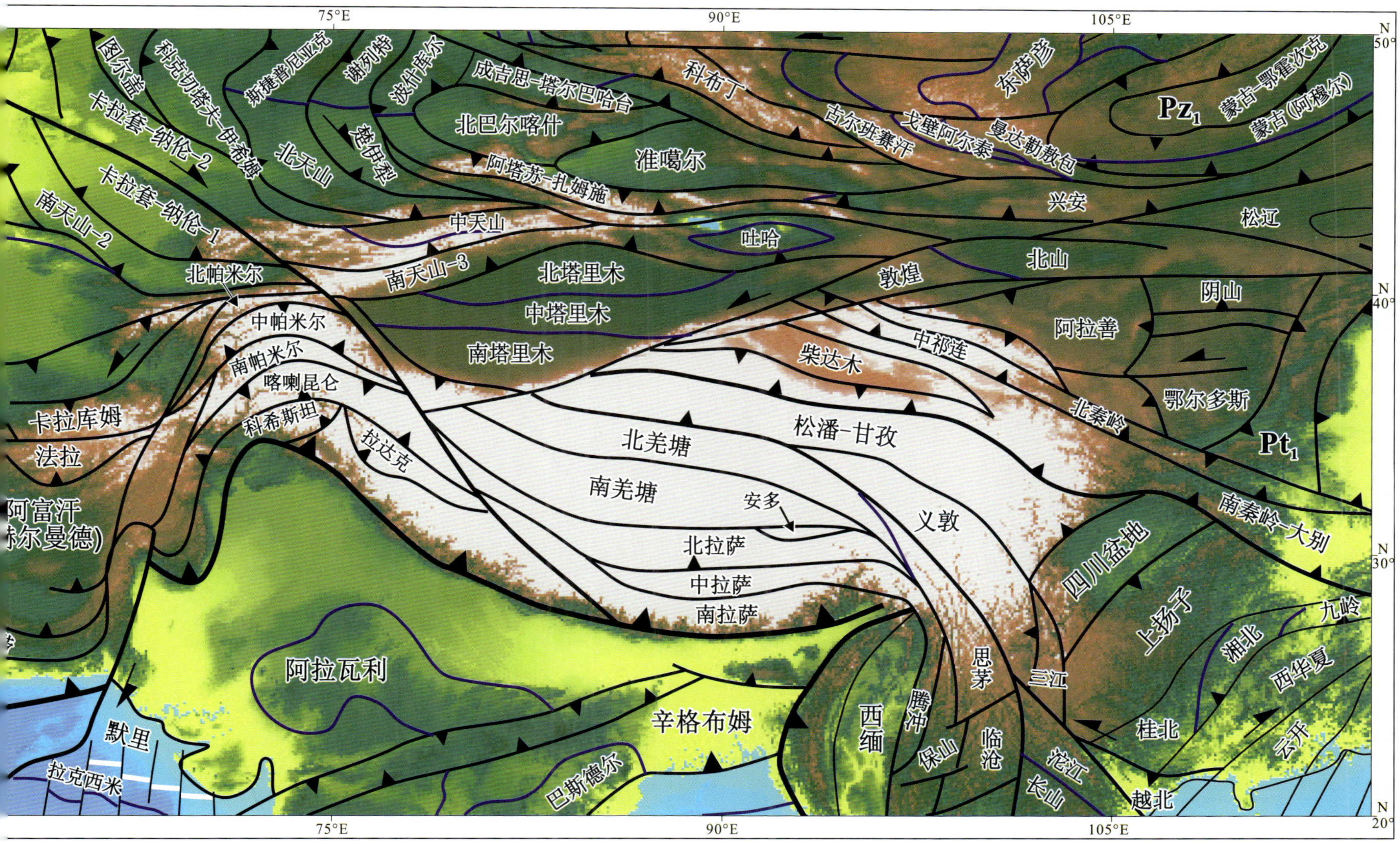

-5994 -4795 -4215 -3075 -1705 -153 0 67 99 127 168 209 261 312 424 656 891 1119 1424 2182 2745 3076 8754 m

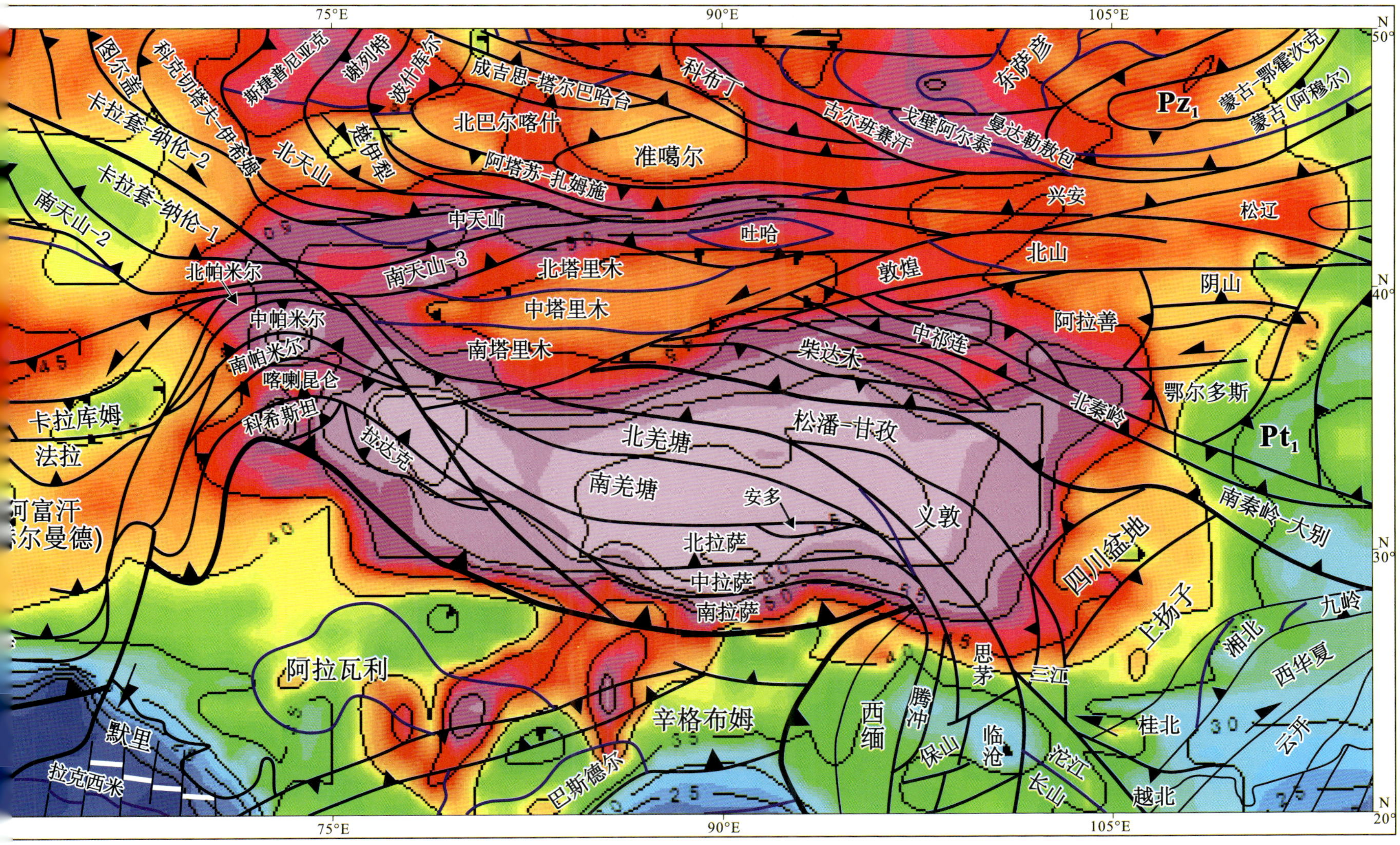

9 13 23 30 32 34 35 36 37 38 39 40 41 42 43 44 45 46 48 53 75 km

第二部分　重力篇

这里使用的布格及均衡重力数据由全球重力场模型 WGM2012（2' × 2' 分辨率）提供（http://bgi.obs-mip.fr/），此模型由 BGI（Bureau Gravimétrique International）基于现今可用的地球全球重力模型 EGM2008 和 DTU10，以及 1' × 1' 的全球地形模型 ETOPO1 创建而成，并且考虑了地球表面质量（大气、陆地、海洋、内海、湖泊、冰盖和冰架）的影响。对于自由空气重力及垂向重力梯度（VGG）数据，基于 Sandwell v23.1 模型（该模型采用部分 Cryosat-2 和 Jason-1 的大地测量周期内的数据，精度达到了 1~2mGal），利用 Oasis montaj 9.2 软件通过最小曲率算法进行网格化，以地理坐标和投影坐标形式编制相应的图件。

本章节采用的重力处理方法有：方向导数（Kumar et al.，2018）、小波分解（Lei et al.，2016；Wang et al.，2021）等。运用重力处理方法和 Oasis montaj 软件绘制了自由空气重力异常图、均衡重力异常图、自由空气重力异常 x 方向导数图、自由空气重力异常 y 方向导数图、自由空气重力异常 z 方向导数图、布格重力异常图、垂向重力梯度图、布格重力异常小波分解 1~8 阶逼近场和细节场图。各自的详细描述及微板块识别与内部特征分析在后文中给出。

不同类型图件分别突出不同的重力异常特征。例如，小波变换具有多尺度分析功能，通过频率域将不同频率的重力异常信号进行分离，然后分别转换到空间域，从而得到不同尺度的重力异常场。不同频率的重力异常信号代表不同大小和深度地质异常体的重力效应，埋深浅、规模小的异常体一般表现为高频特征，埋深大、规模大的异常体则表现为低频特征，低阶布格重力异常细节主要反映研究区局部浅部的小范围异常特征（姜文亮和张景发，2012）。

再如，垂向重力梯度（VGG）更能突出局部区域信息。浅层地表地形和大地水准面对垂向重力梯度具有很大的影响，莫霍面以下影响较小，因此利用重力梯度更有利于揭示微洋块的地质结构。垂向重力梯度有利于识别微板块边界，在俯冲带和部分微板块边界，有较明显的负异常。

（1）自由空气重力异常

短波长（<500 km）的自由空气重力异常对地表物质质量分布十分敏感，自由空气重力异常值往往与高程呈正相关关系，在高程高的地区表现为重力高值，在高程低的地区表现为重力低值，通常碰撞隆升的区域和岩浆活动频繁的区域异常值较高。从图2-1可以看出，青藏高原、喜马拉雅山系及其两侧，由于地表地形起伏变化异常突出，在自由空气重力异常值上分别表现为正异常和负异常，反差十分明显。而大尺度的平原或丘陵等地形起伏变化较缓的地区，自由空气异常变化对比则不太明显，仅表现出该区与测量基准水平面的高差影响，这表明岩石圈尺度上的重力均衡。

大波长的自由空气重力异常一般跟深部地幔密度结构相关，其分布基本保留了以前地球模型中反映的一些主要特征，如斯里兰卡以南的印度洋是全球最大、最强烈的负异常区，加

（图2-1）

全球微板块自由空气重力异常图

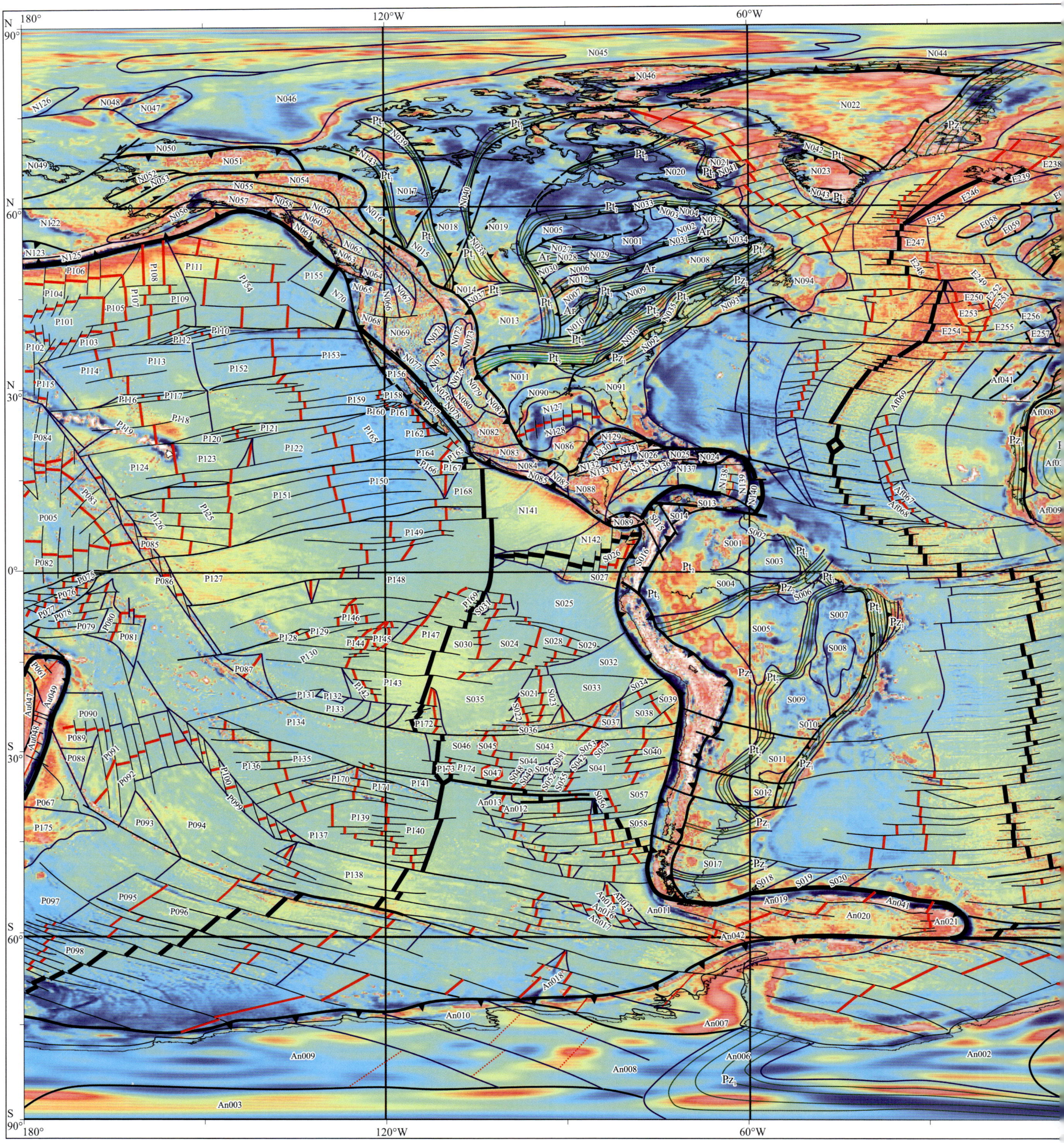

拿大北部为负异常区，西太平洋环形俯冲带－新几内亚岛为正异常带，安第斯山脉为正异常带等。此外，自由空气重力异常图也反映了一些不同的重力特征，在整个环太平洋地区呈现结构清晰的高正异常带，包括全球主要岛弧－海沟地区及深源地震带，与太平洋板块边界线对应良好。在环太平洋正异常带的东、西两侧，各有一条巨大的负异常带，其中一条从哈得孙湾沿大西洋西部向南延伸到大西洋西南地区；另一条从西伯利亚向南延伸到印度洋，与全球最大的负异常带连接，然后向东南延伸到澳大利亚西南地区。这两条负异常带在北半球相连，南半球仅在南美洲南端被正异常带隔断。总的来看，可以认为环太平洋正异常带的外侧包围着一圈负异常带。这一正一负的双环带结构是全球自由空气异常场的主要特征，通常解释为贯穿整个地幔深度的环太平洋俯冲大洋板块的地表重力特征。

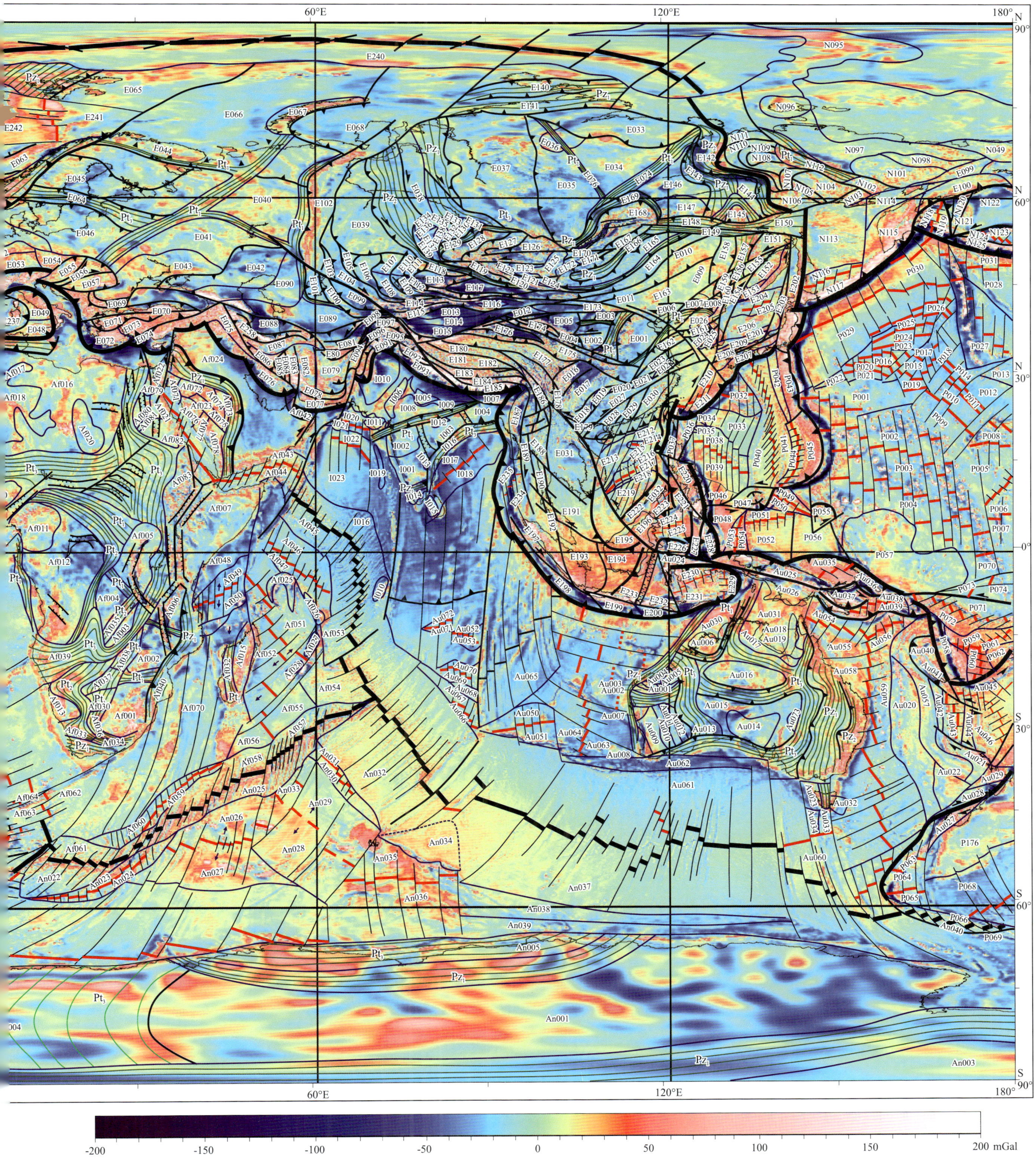

（图2-2）

全球微板块均衡重力异常图

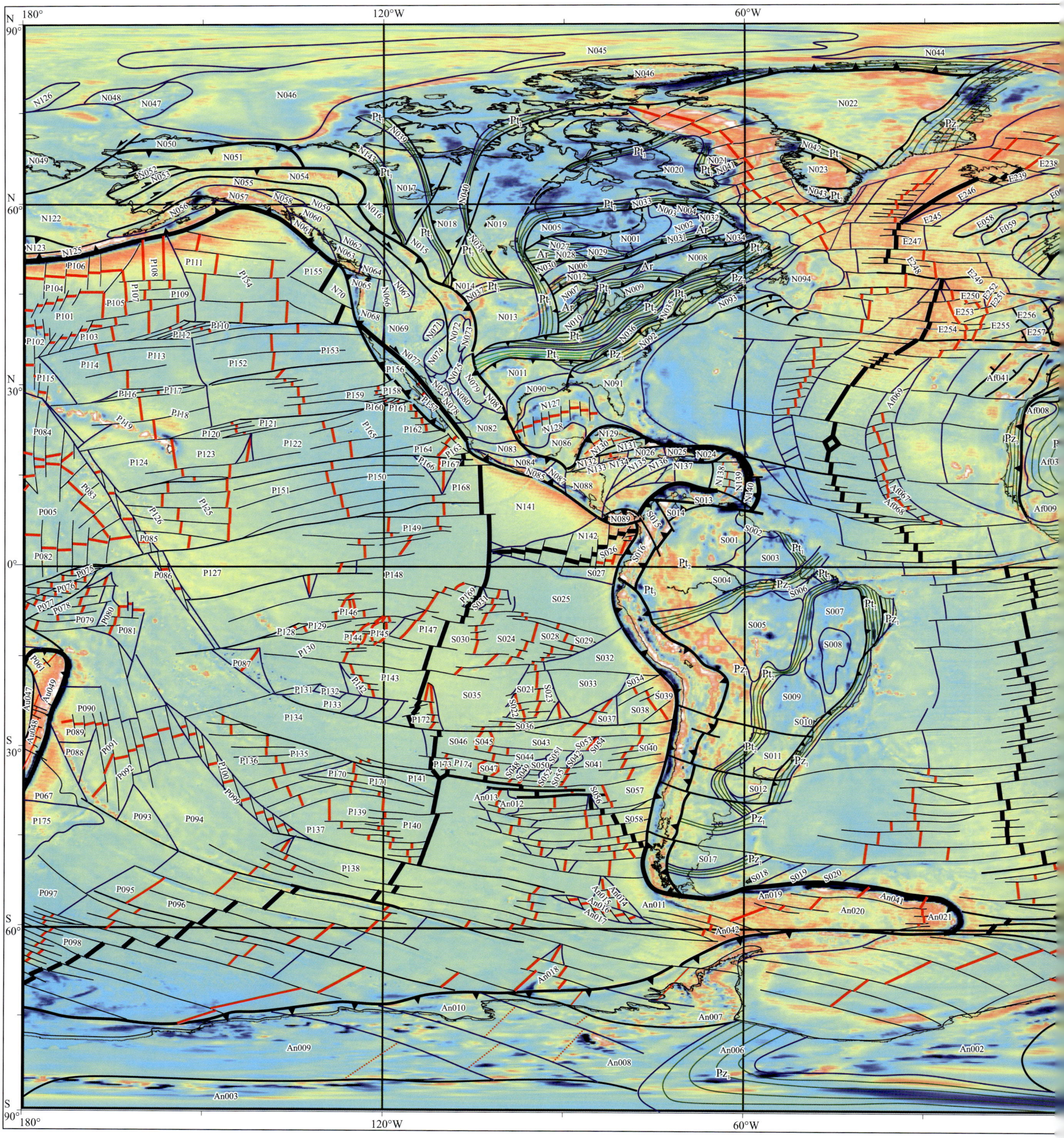

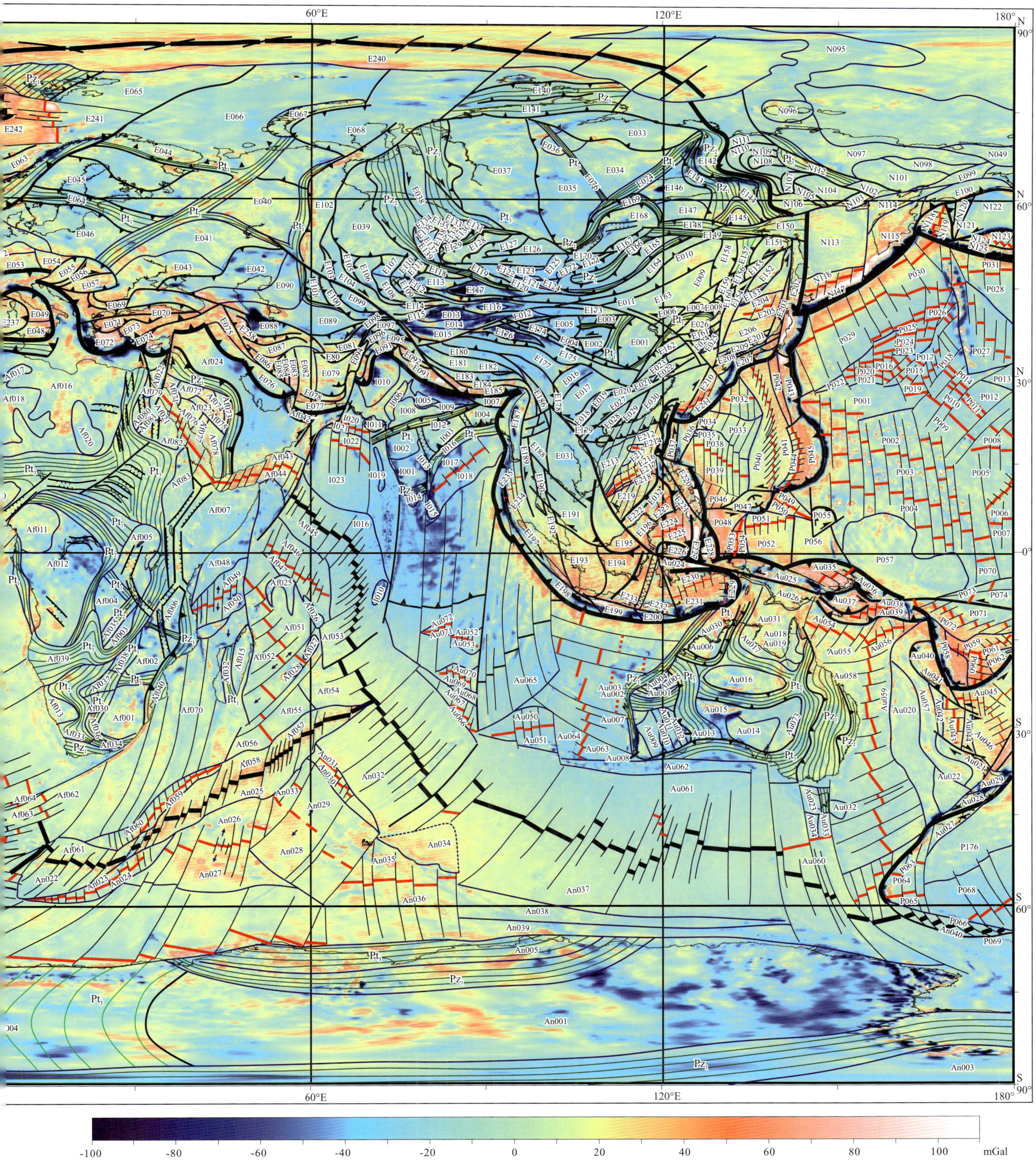
60°E
120°E
180°
N 90°
N 60°
N 30°
0°
S 30°
S 60°
S 90°
-100
-80
-60
-40
-20
0
20
40
60
80
100
mGal

（图2-3）

全球自由空气重力异常x方向一阶导数图

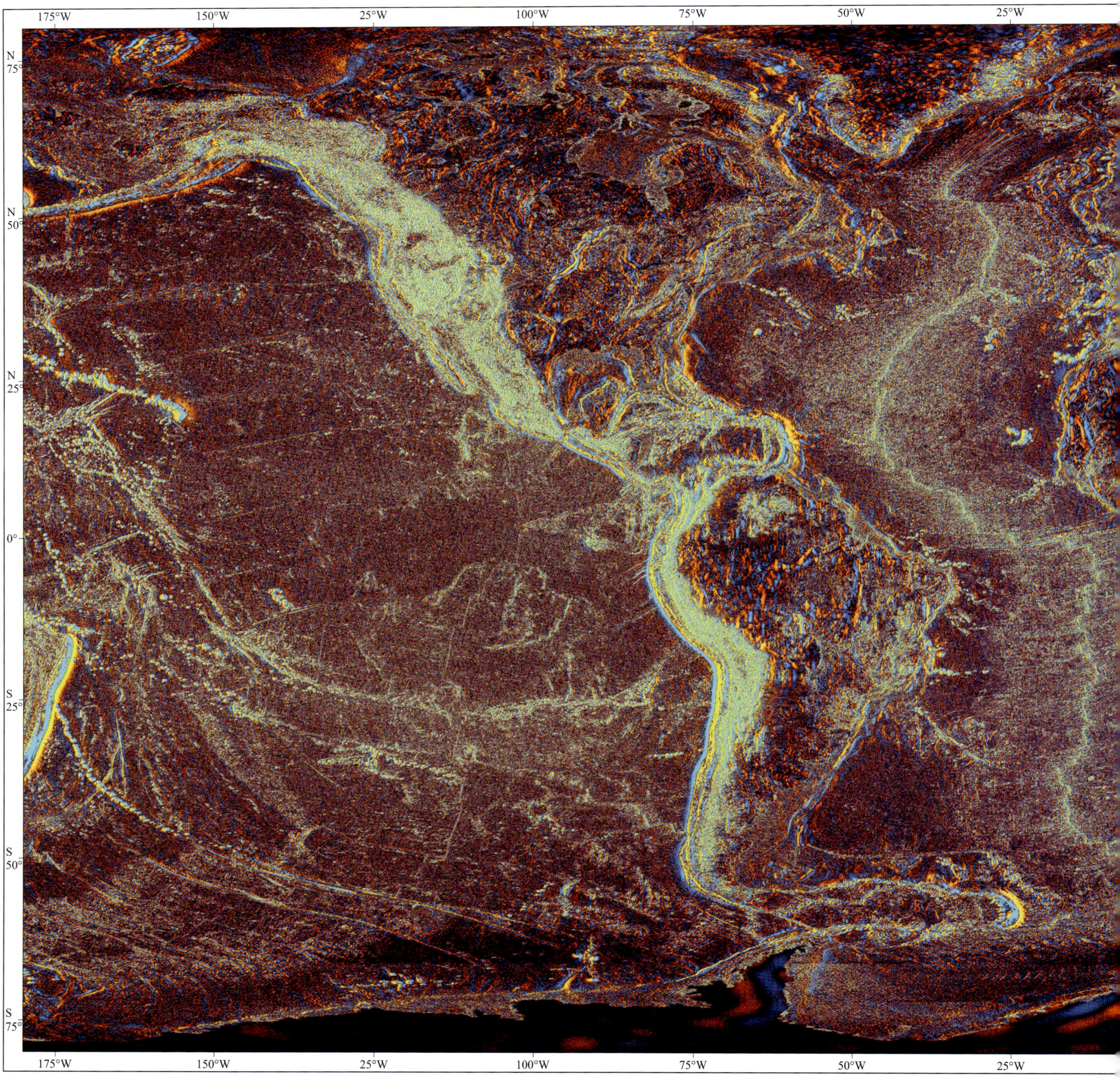

（2）自由空气重力异常方向导数

重力异常 x、y、z 方向的一阶导数（图 2-3~图 2-5）能有效地突出重力异常沿特定方向的变化特征，其异常极值点连线常能突出断裂构造及转换断层的线性特征，自由空气重力异常方向导数能够突出浅部地质体特征，压制区域性深部地质因素，区分相邻地质体引起的叠加异常。典型的例子就是转换断层和破碎带，洋中脊附近的转换断层走向特征在全球自由空气重力异常方向导数图中得到进一步突出。

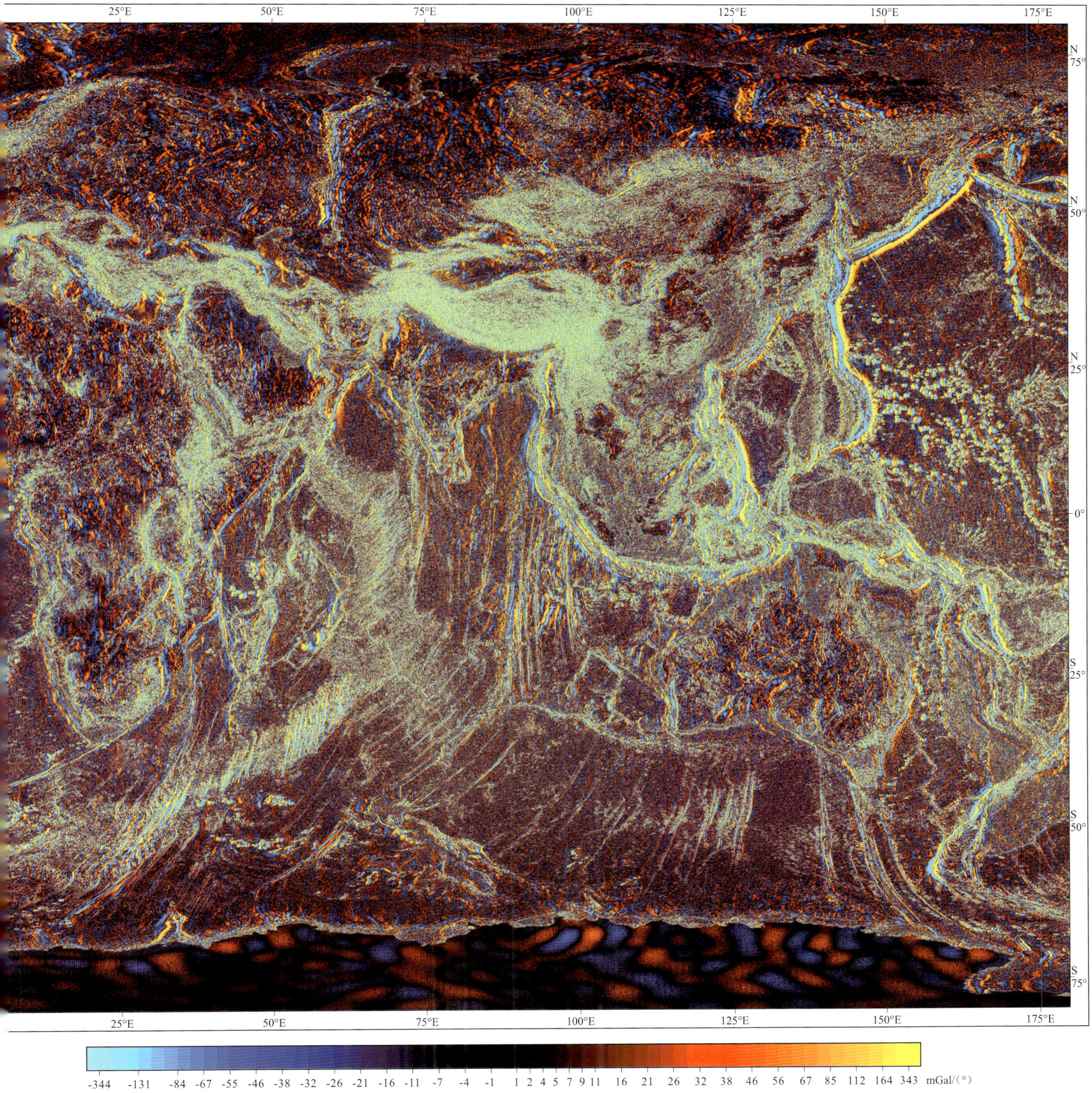

全球自由空气重力异常y方向一阶导数图

（图2-4）

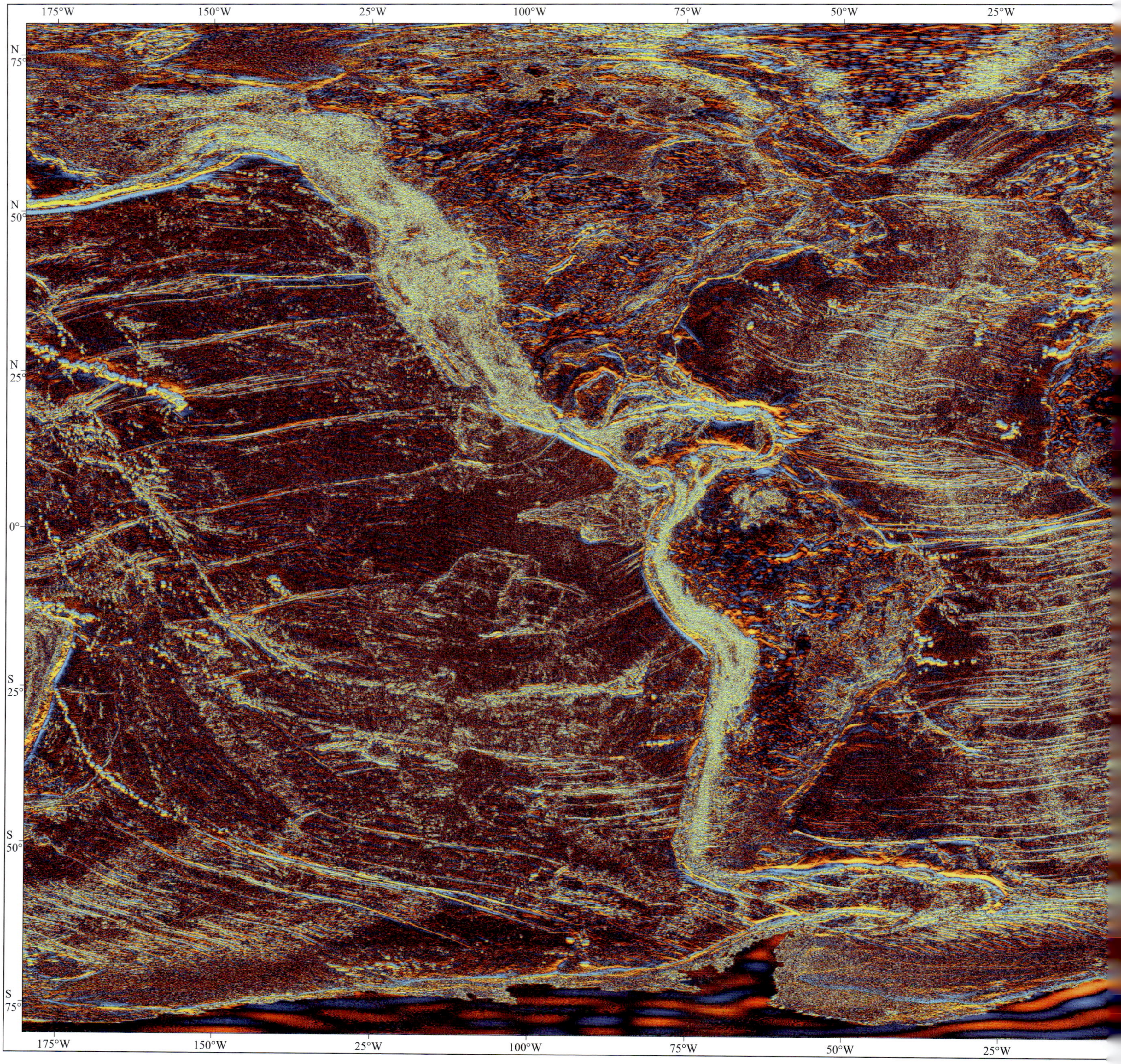

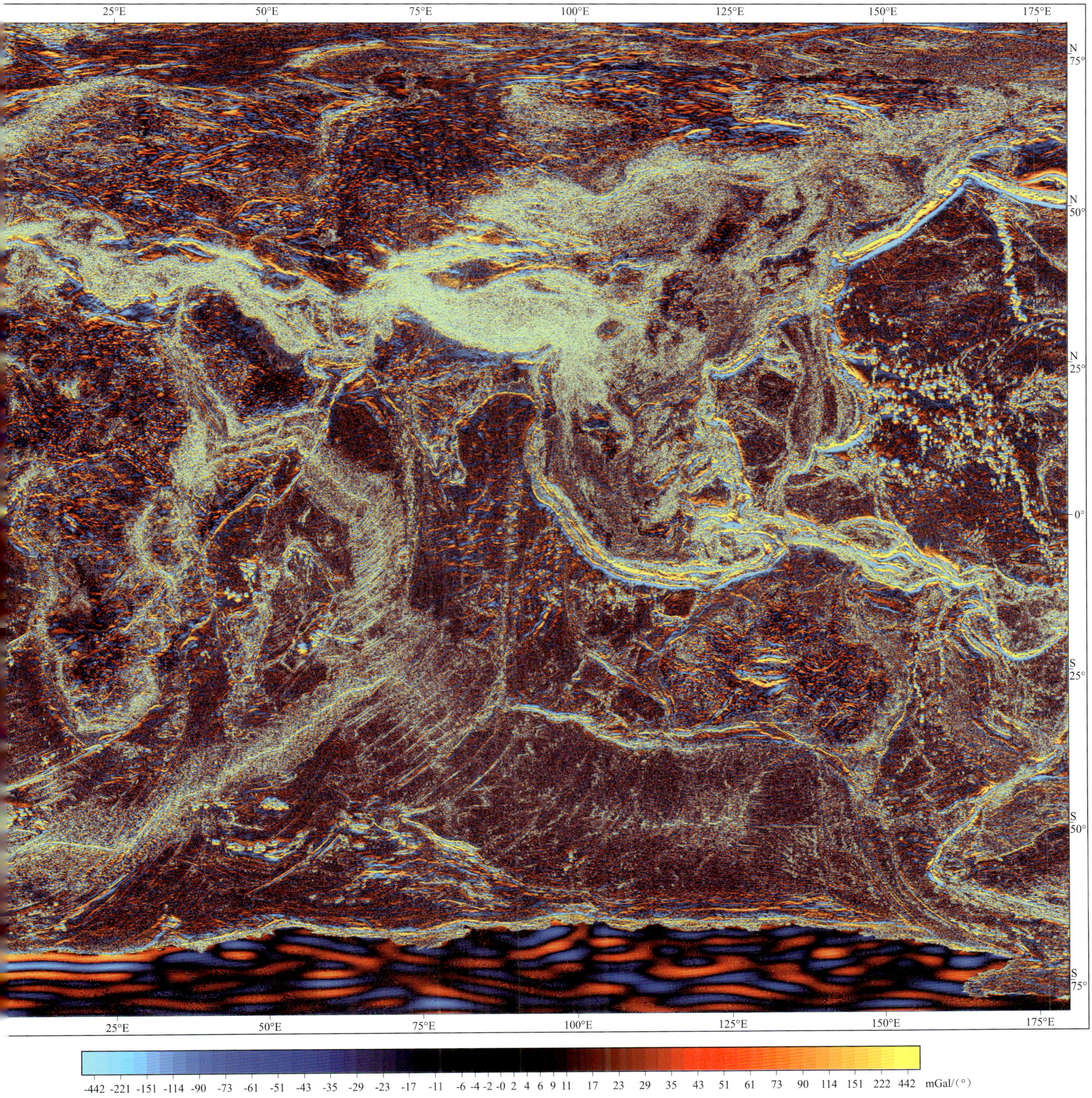
25°E
50°E
75°E
100°E
125°E
150°E
175°E
N 75°
N 50°
N 25°
0°
S 25°
S 50°
S 75°
-442 -221 -151 -114 -90 -73 -61 -51 -43 -35 -29 -23 -17 -11 -6 -4 -2 -0 2 4 6 9 11 17 23 29 35 43 51 61 73 90 114 151 222 442 mGal/(°)

（图2-5）

全球自由空气重力异常z方向一阶导数图

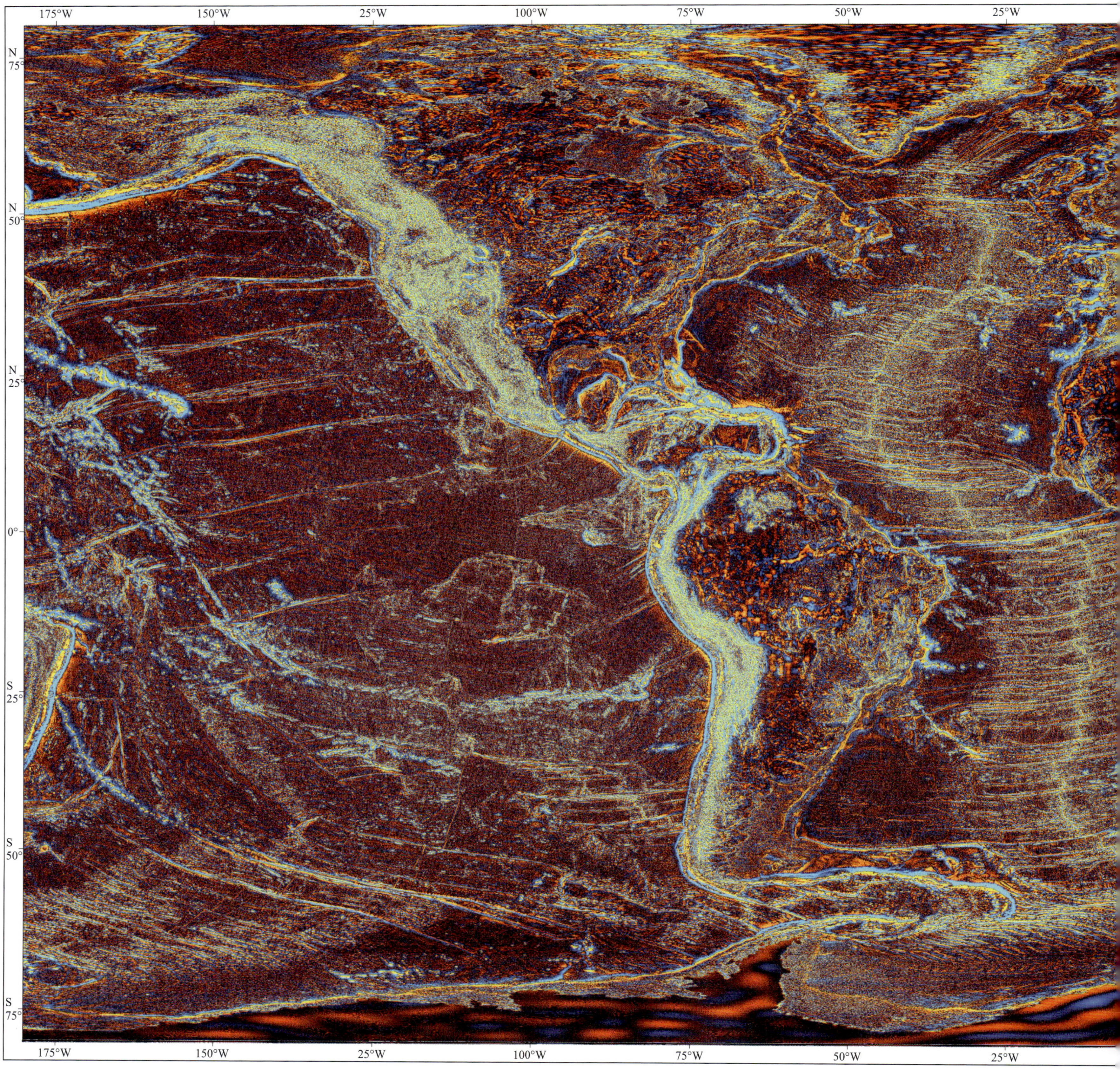

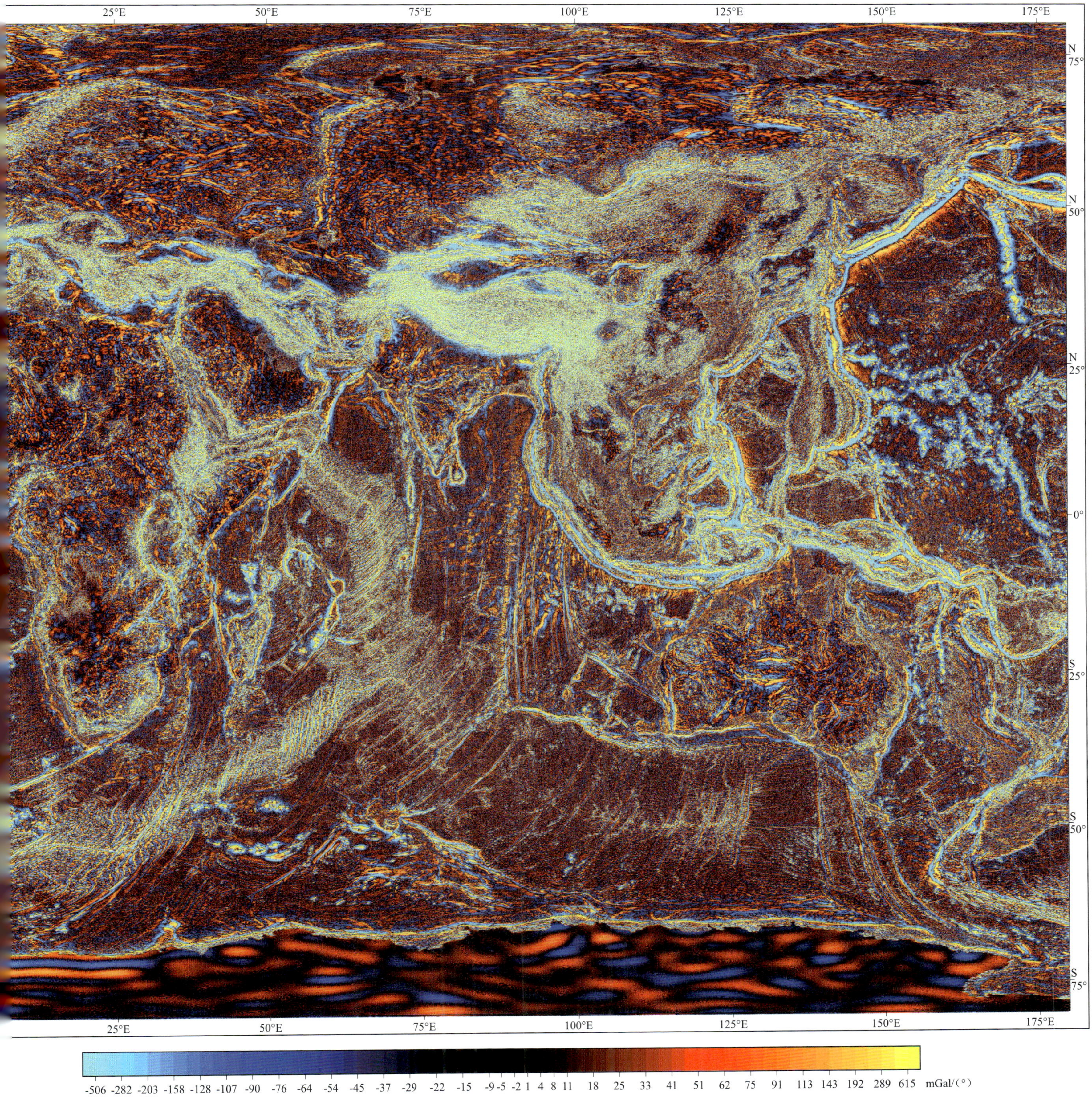
25°E
50°E
75°E
100°E
125°E
150°E
175°E
N 75°
N 50°
N 25°
0°
S 25°
S 50°
S 75°
-506 -282 -203 -158 -128 -107 -90 -76 -64 -54 -45 -37 -29 -22 -15 -9 -5 -2 1 4 8 11 18 25 33 41 51 62 75 91 113 143 192 289 615 mGal/(°)

（1）布格重力异常

布格重力异常（图2-6）是对测量点海拔高度和地形影响等进行校正后的一种重力异常。布格重力异常考虑地形的影响，即以全球大地水准面（平均海平面）作为基准面进行数据校正，理论上认为低于或者高于该基准面的质量需要进行补偿和消除，因此布格重力异常显示的是岩石圈重力均衡系统在海平面以下的密度特征。在全球尺度上，布格重力异常与绝对高程基本上呈“镜像”相关关系。布格重力异常与地壳厚度呈明显负相关关系，通常，布格重力异常越高的地区，地壳厚度越薄，而布格重力异常越低的地区，地壳厚度

（图2-6）

全球布格重力异常图

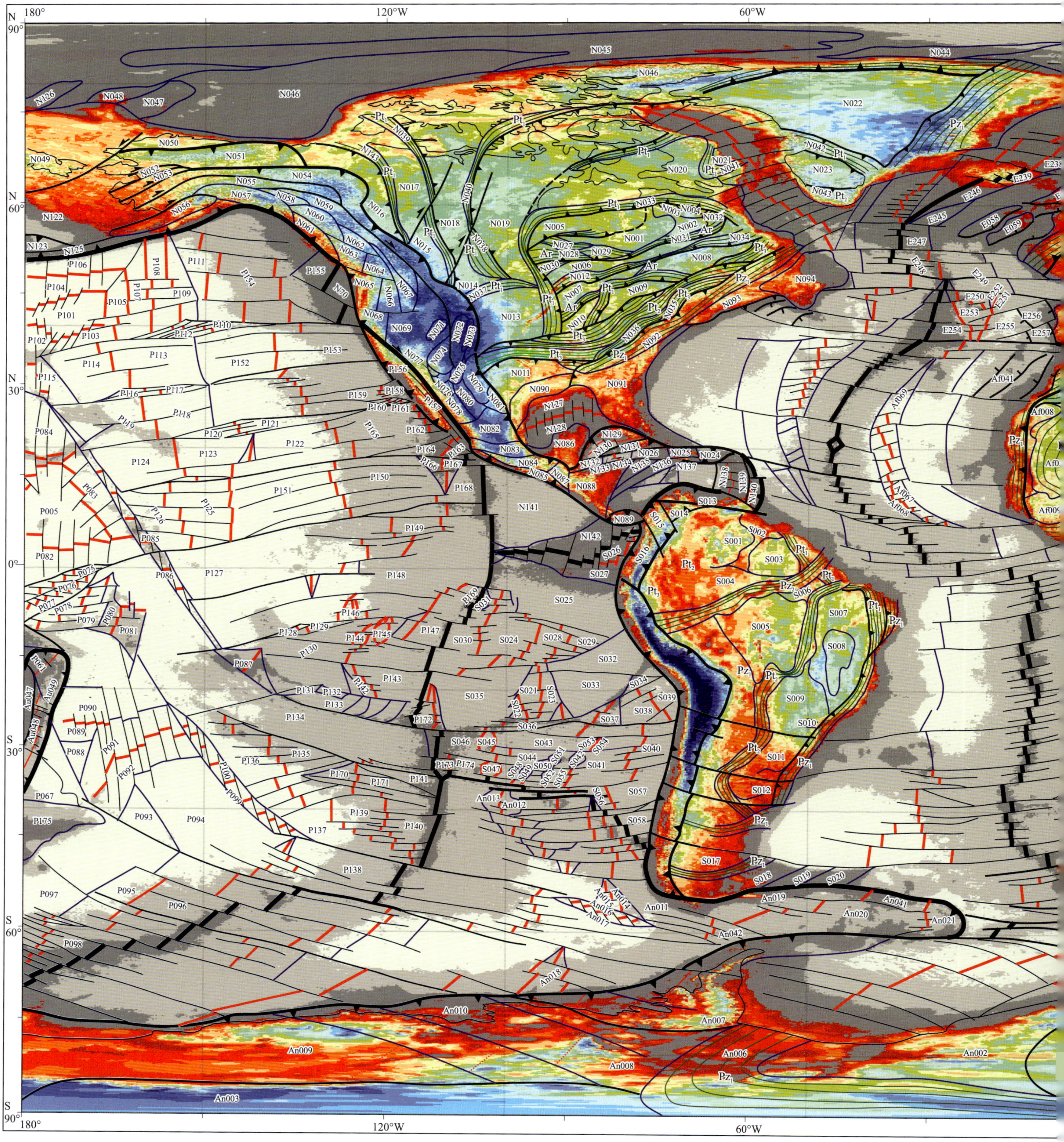

越大，从而反映了由地壳密度主导的岩石圈重力均衡。

全球有三处明显的布格重力负异常区，即青藏高原－喜马拉雅山地区、科迪勒拉山系以及南极洲。这三处的布格重力异常区对应自由空气重力正异常和高地形地貌。由于海底地形均在布格重力异常校正的大地水准面之下，因此均属于补偿校正区，为布格重力正异常区。在海底高原、海岭、海山以及洋中脊等海底高地形区域，补偿值小，相对的布格重力正异常值也比较小。

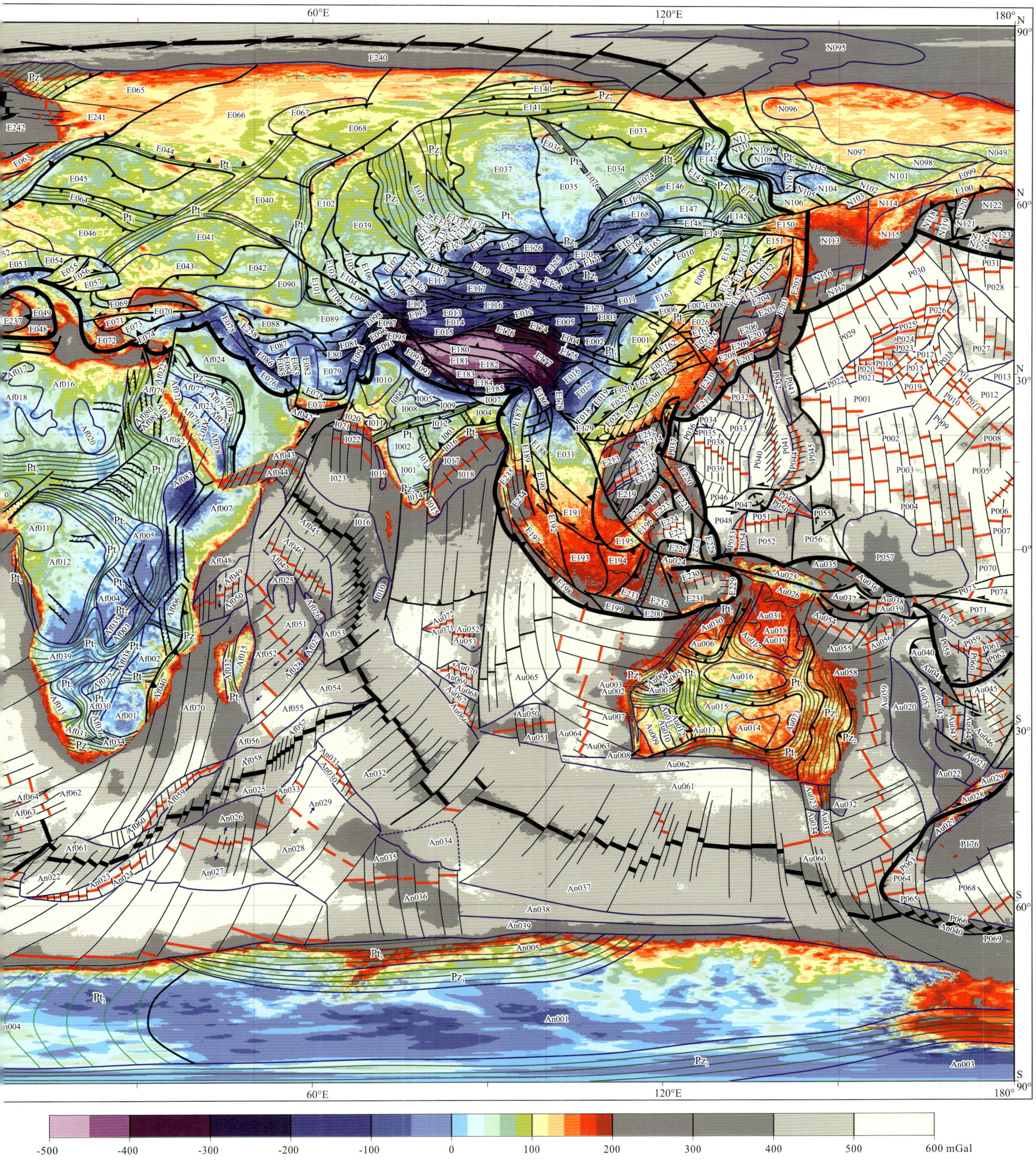

（2）布格重力异常 *N* 阶细节场和逼近场

N 阶细节场和逼近场（图 2-8、图 2-9）可以通过小波多尺度分解来实现。小波分解是重力异常分析中的常用方法，通过傅里叶变换把相对应的波形响应分解为具有不同频谱特征的多个部分，进而反映不同深度目标体的响应特征。

通过小波多尺度分析得到高阶逼近场和细节场数据，不同阶的异常场中所反映的场源深度和规模不同，阶数越高被剥去的高频信息越多，而高频信息反映的是埋深较浅、规模较小的

（图2-7）

全球微板块地壳剩余重力异常图

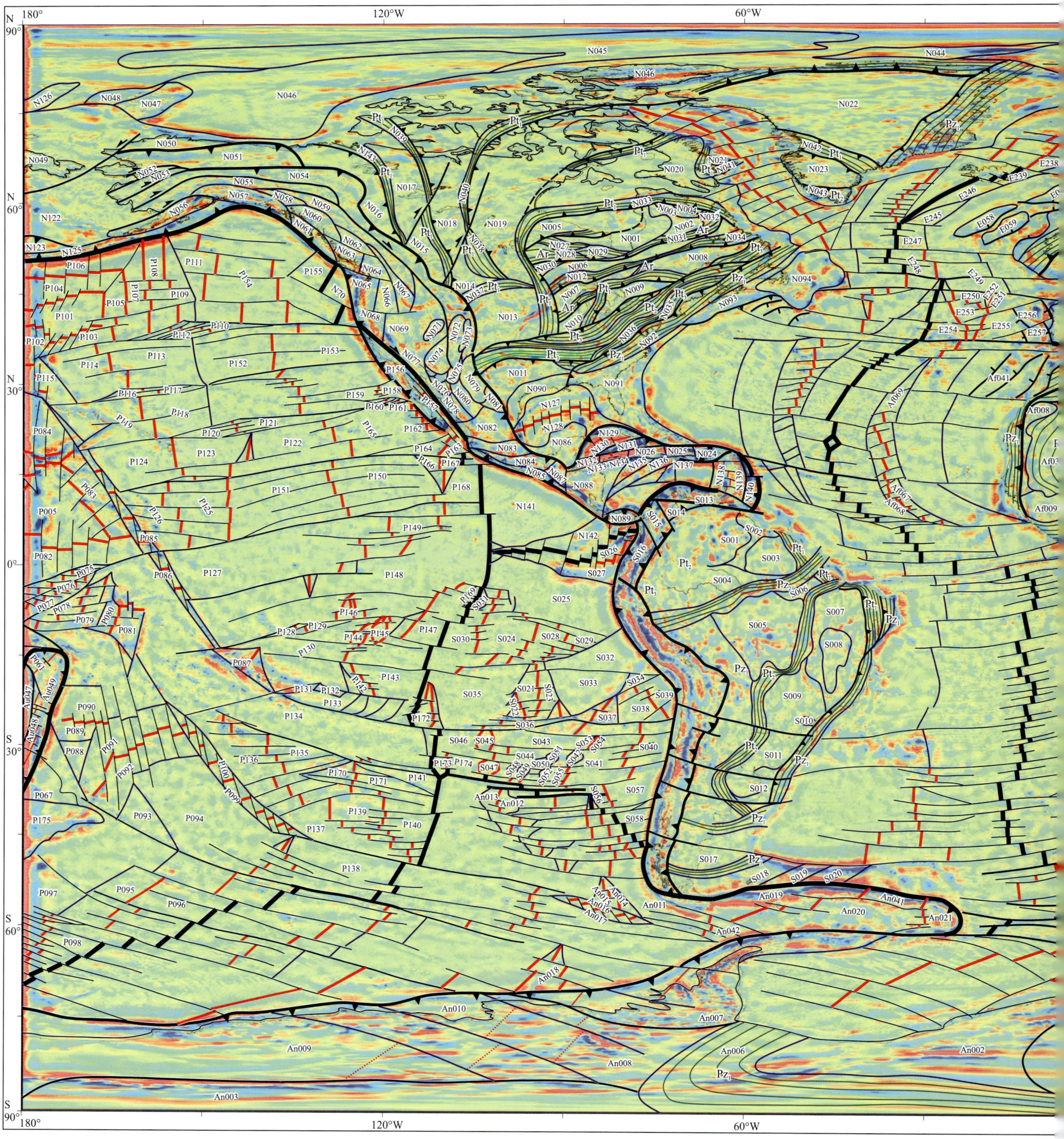

地质体信息；留下的低频信息（高阶逼近场）则反映埋深较深、规模较大的地质体信息。通过选取与目标层位所对应的高阶异常场位进行联合对比分析，可以识别区域内具有典型时期特点的构造与组合。

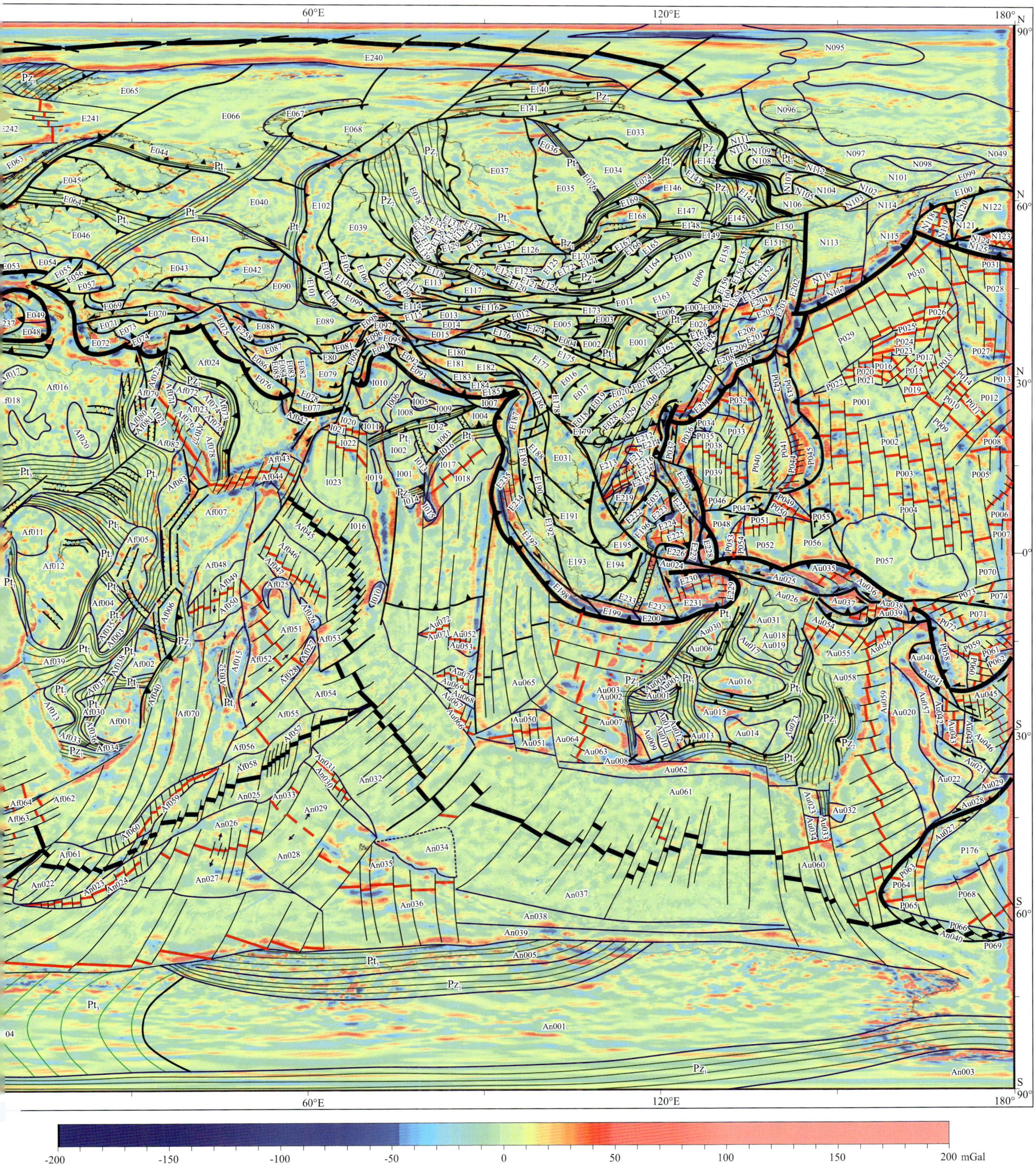

（图2-8）

全球微板块布格重力异常1阶细节场图

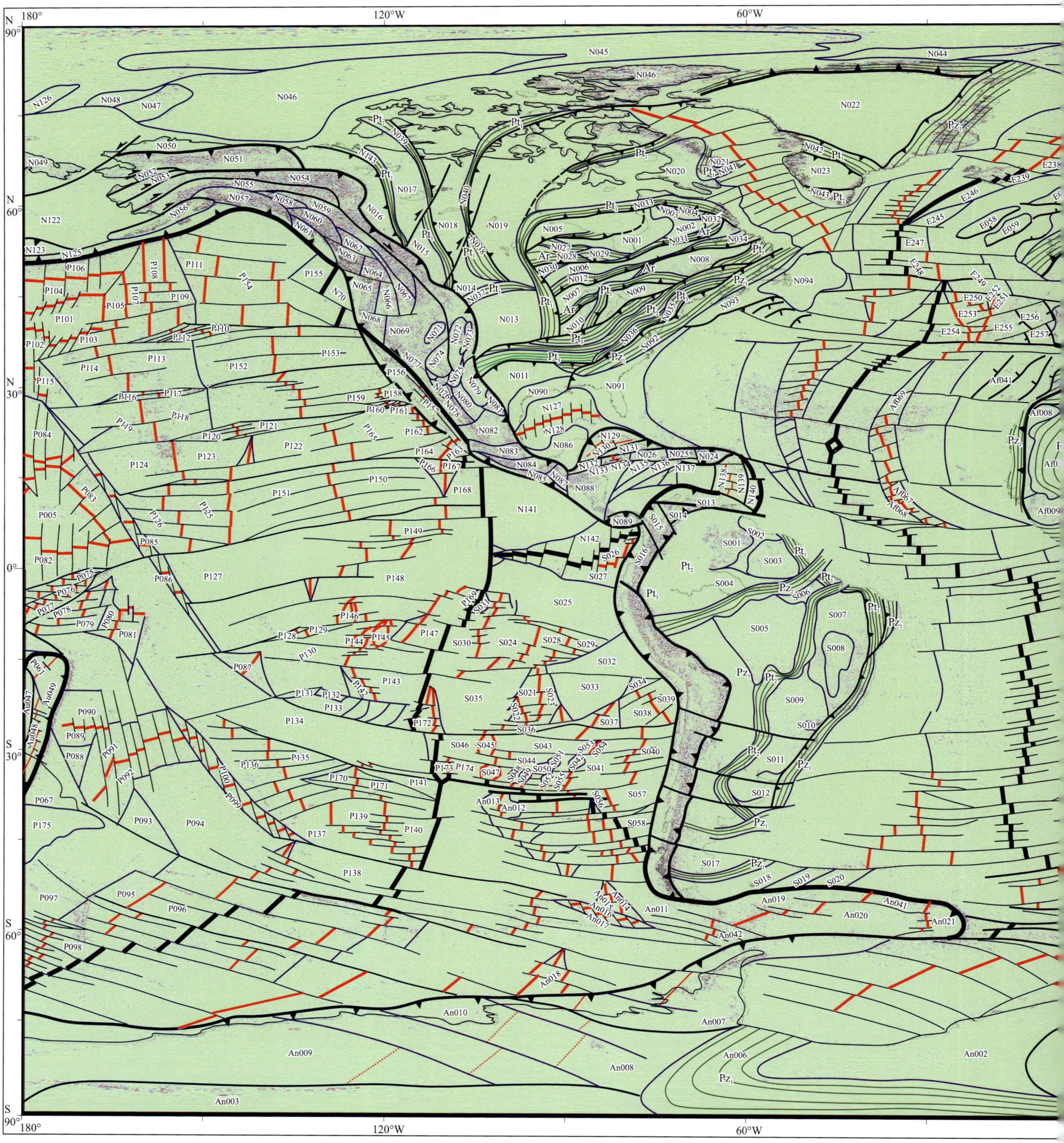

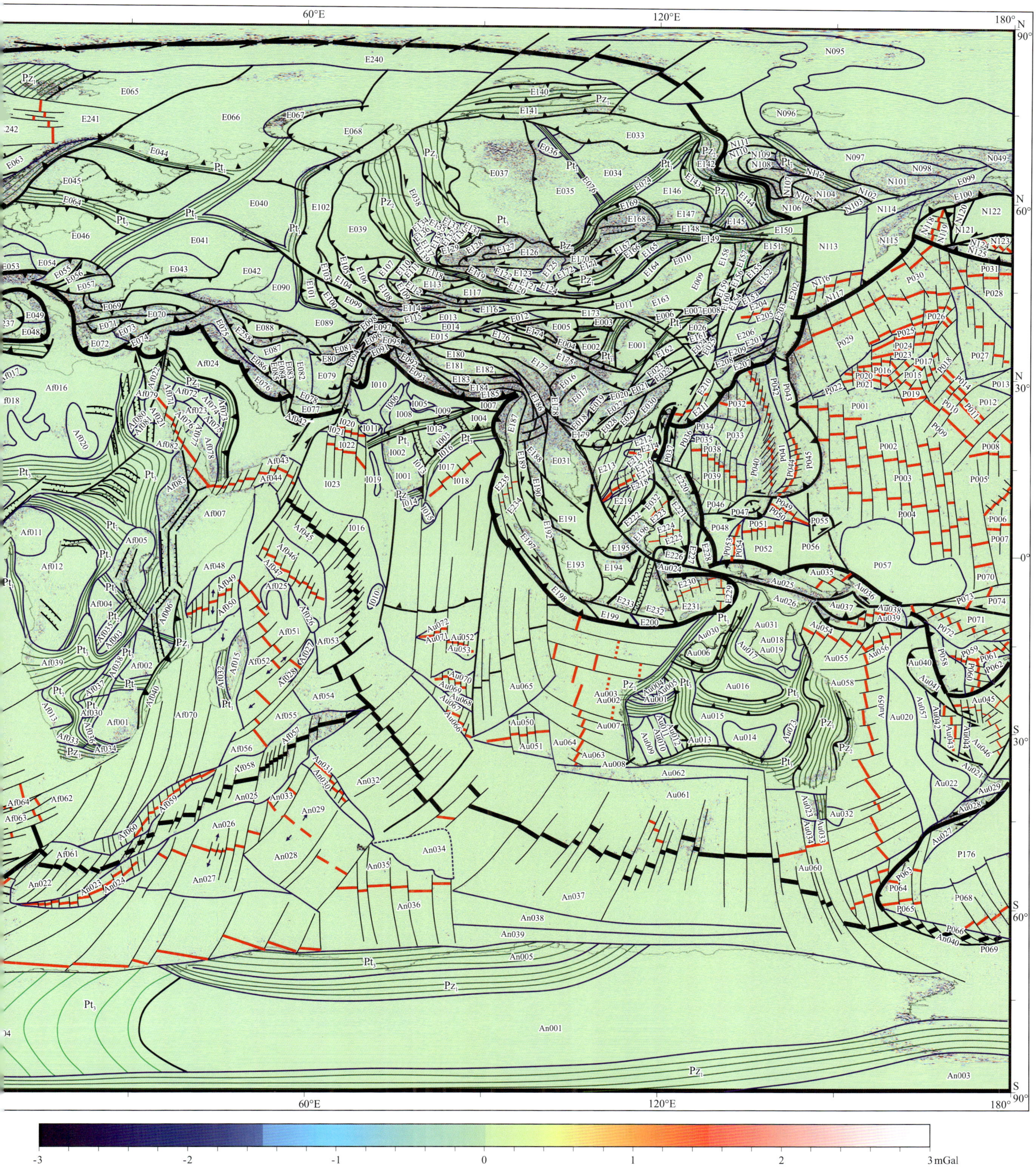
60°E
120°E
180°
N 90°
N 60°
N 30°
0°
S 30°
S 60°
S 90°
-3
-2
-1
0
1
2
3 mGal

（3）地壳剩余重力异常

以东太平洋为例，将总的布格重力异常减去浅部 1 阶和 2 阶高频细节场扰动和深部 6 阶低频逼近场背景作为地壳剩余重力异常。该异常可以较精细地反映地壳附近区域的重力异常特征（图 2-7）。

（图2-9）

全球微板块布格重力异常2阶细节场图

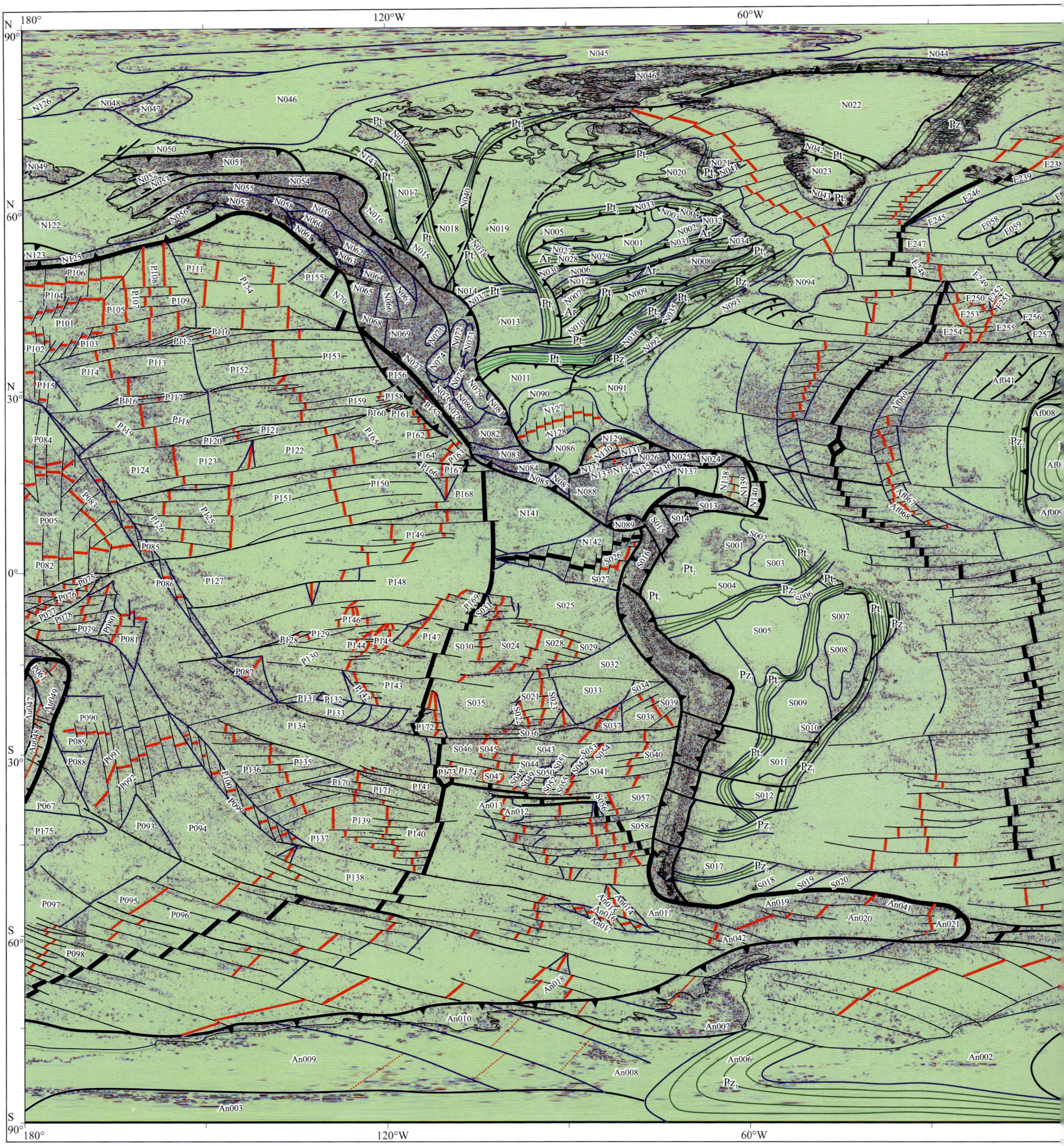

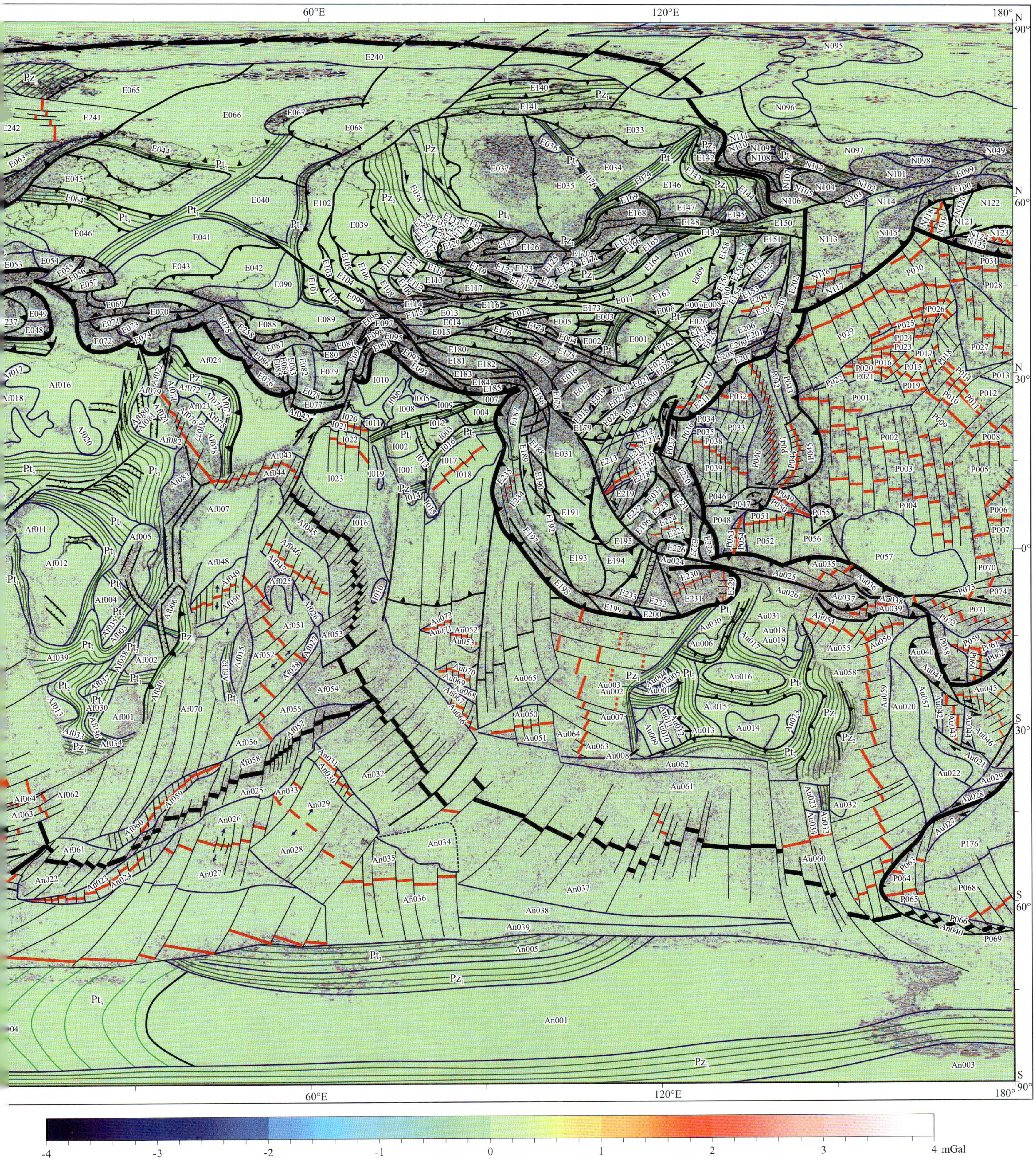
60°E
120°E
180°
N 90°
N 60°
N 30°
0°
S 30°
S 60°
S 90°
-4
-3
-2
-1
0
1
2
3
4 mGal

（1）均衡重力异常

均衡重力异常为利用均衡模型补偿地形引起的重力异常（图2-2）。均衡重力异常消除了地下补偿深度的重力效应，在构造稳定的地区通常为0，而在构造活跃的地区，均衡重力异常为正，反映出补偿深度不足，说明地壳没有增厚到理论的补偿厚度；均衡重力异常为负，则反映补偿深度过大，地壳增厚超过理论补偿厚度。以上现象也可能在一定程度反映了地壳之下的密度分布（比如地幔岩石圈）或深部对流导致的动力地形。

（2）垂向重力梯度（VGG）

垂向重力梯度更能突出局部区域信息。浅层地表和大地水准

（图2-10）

全球布格重力异常Harris滤波低频场图

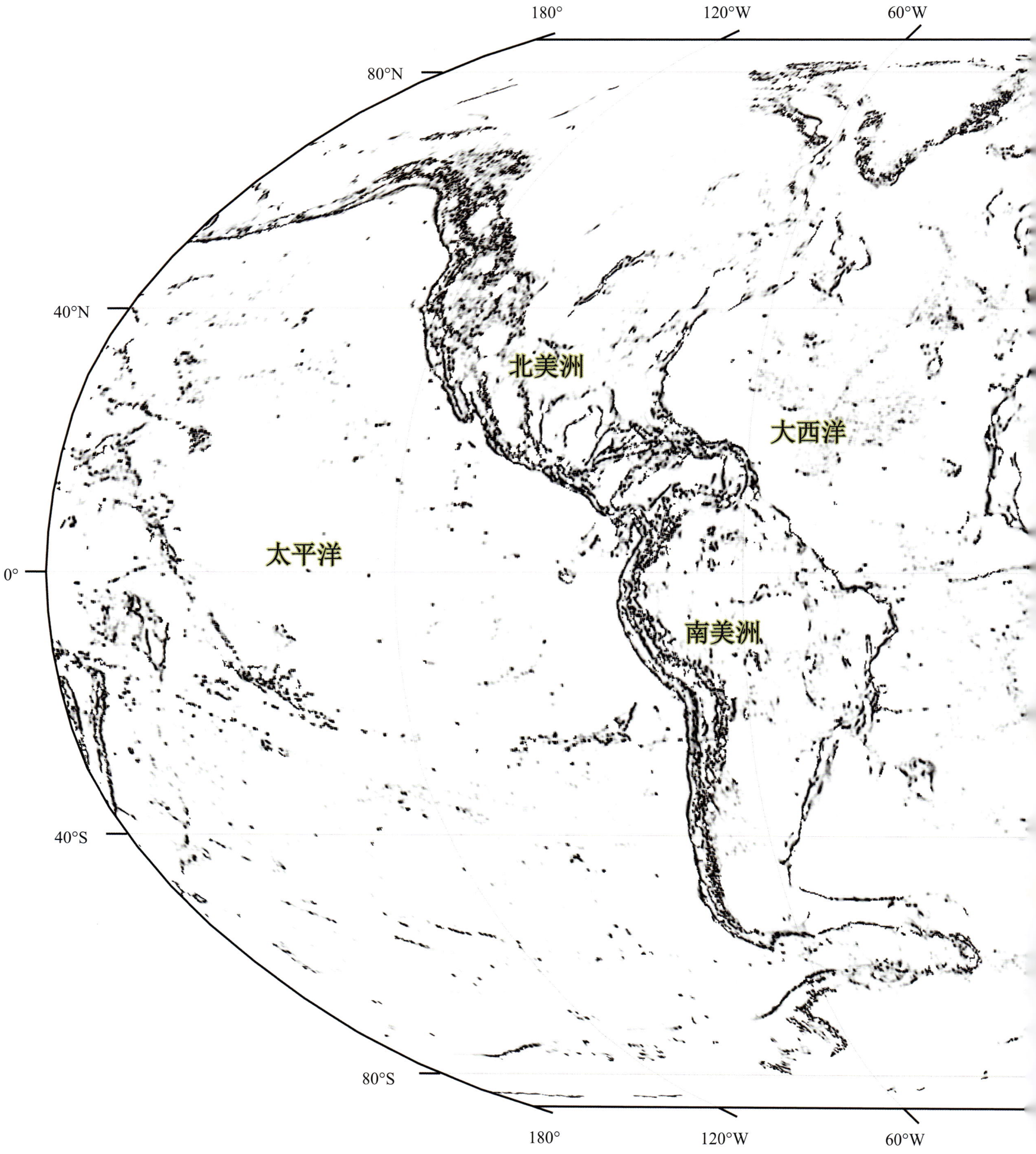

面对垂向重力梯度具有更大的影响，莫霍面以下影响较小，因此利用重力梯度更有利于揭示微洋块的地质结构。垂向重力梯度对于微板块边界的识别也具有较好的作用。

（3）重力异常Harris滤波场

Harris滤波处理可以看作是一种位场边缘识别技术（Chen and Zhang, 2022）。基于Harris滤波器的边界识别技术（图2-10、图2-11），可以在提取重力异常Harris滤波场的同时，抑制数据中的噪声；采用较大的阈值计算低频场，可以获得板块整体趋势的展示；采用较小的阈值计算高频场，可以获得更多板块细节展示。

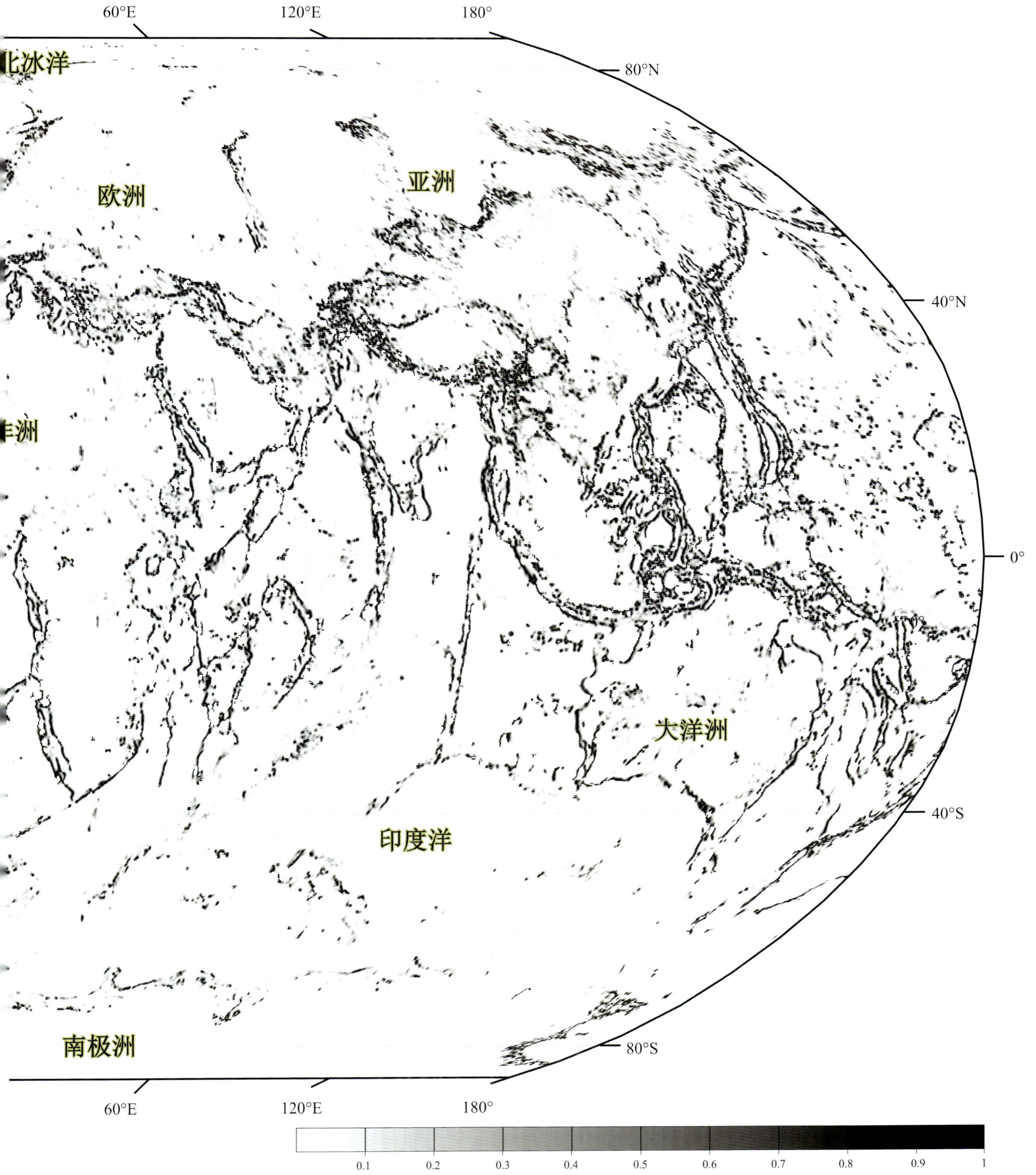

（图2-11）

全球布格重力异常Harris滤波高频场图

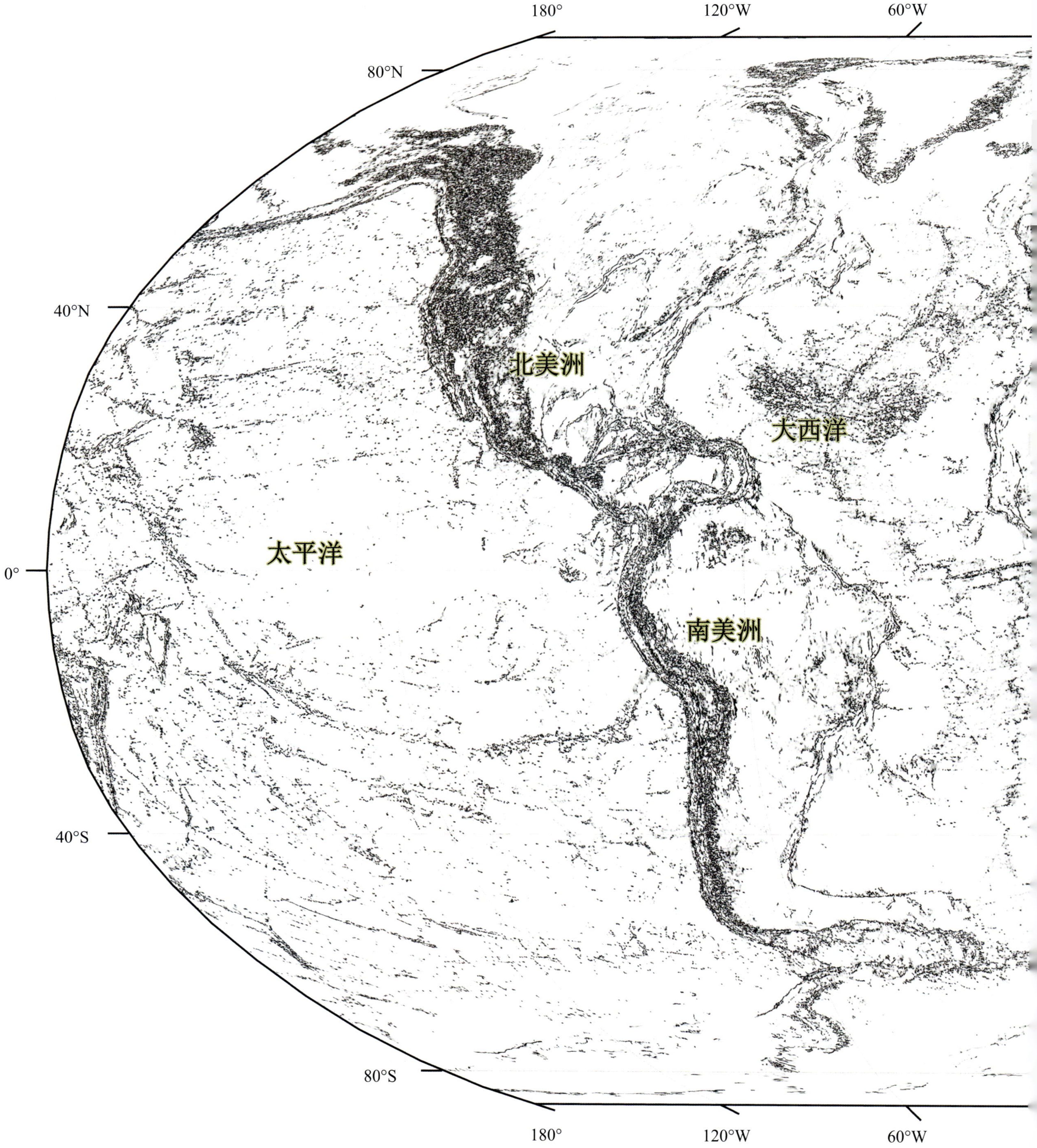

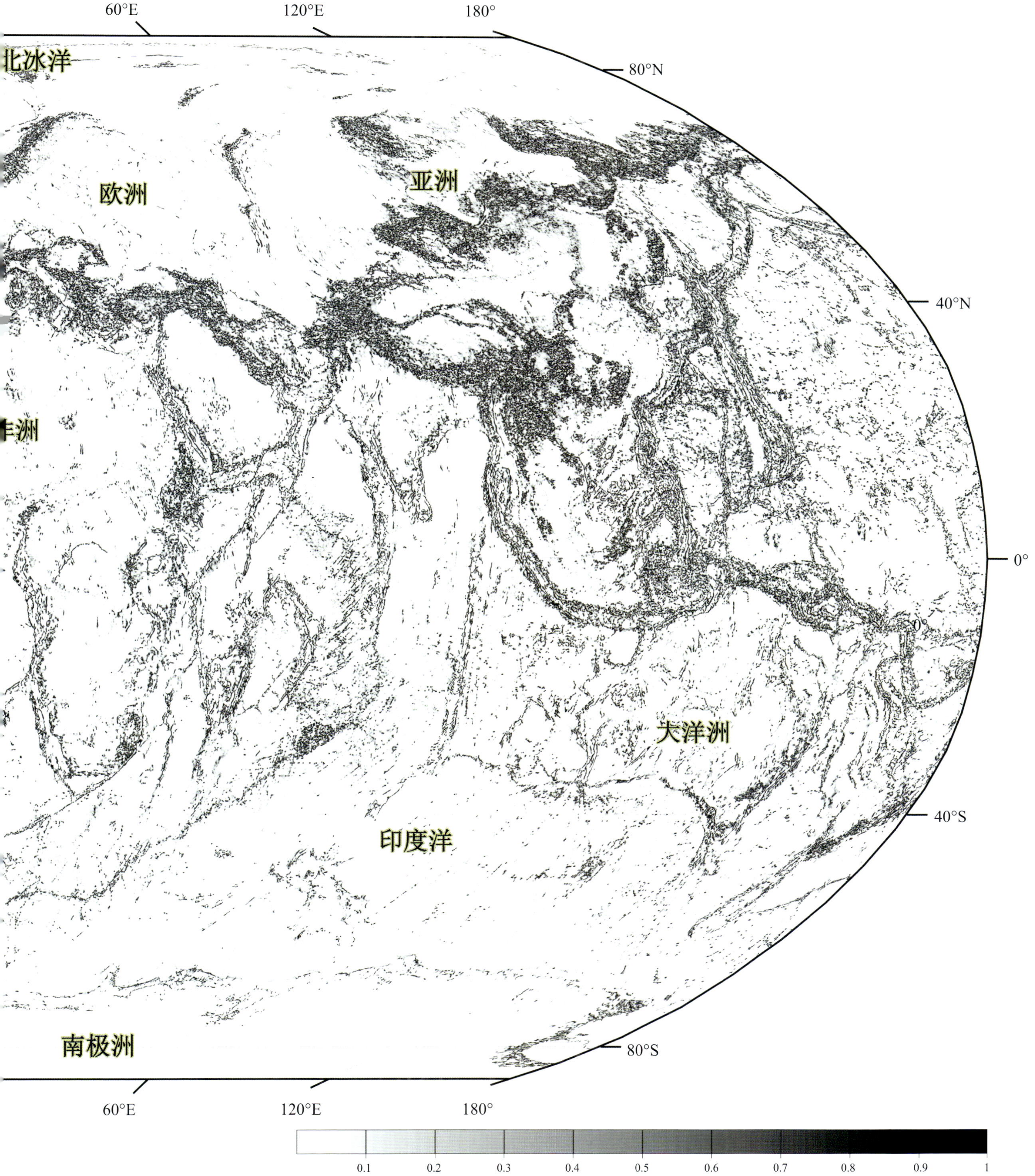
60°E
120°E
180°
80°N
40°N
0°
40°S
80°S
北冰洋
欧洲
亚洲
非洲
大洋洲
印度洋
南极洲
0.1
0.2
0.3
0.4
0.5
0.6
0.7
0.8
0.9
1

总体特征：在自由空气重力异常图和均衡重力异常图上，东部主要为正异常，西部主要为负异常，西部盆地的负异常特征明显（图 2-12，图 2-13），如柴达木盆地、准噶尔盆地和四川盆地等为明显的负异常。在重力 x、y、z 方向导数上也具有同样的特征（图 2-14~图 2-16）。布格重力异常（图 2-18~图 2-26）基本呈北东向展布，东部洋陆过渡带具有明显的正异常，向东异常值逐步增大，西南部的青藏高原具有明显的负异常，中部为北东走向的负异常带。

中亚造山带自由空气重力异常、布格重力异常及均衡重力异常（图 2-13）总体表现出疏密相间的分布特征，即密集条带与宽缓异常镶嵌分布的特点。在重力 x、y、z 方向导数异常场中，各山脉与盆地内异常变化平缓，但造山带和盆地结合处的深大断裂在方向导数上表征明显。

（1）造山带

阿尔泰山脉从哈萨克斯坦延伸 1000 多千米，经过俄罗斯南部和中国西北部进入蒙古。阿尔泰－萨彦山脉包括几个微板块，如托木斯克、萨彦、西阿尔泰、东阿尔泰、贝特诺夫和库兹涅茨克－阿拉托。其中，也有复合的微板块。

阿尔泰自由空气重力异常区主要位于阿尔泰山与准噶尔盆地之间，重力异常走向为 NWW 向，主要对应阿尔泰褶皱带，出露

（图2-12）

中亚造山带自由空气重力异常图

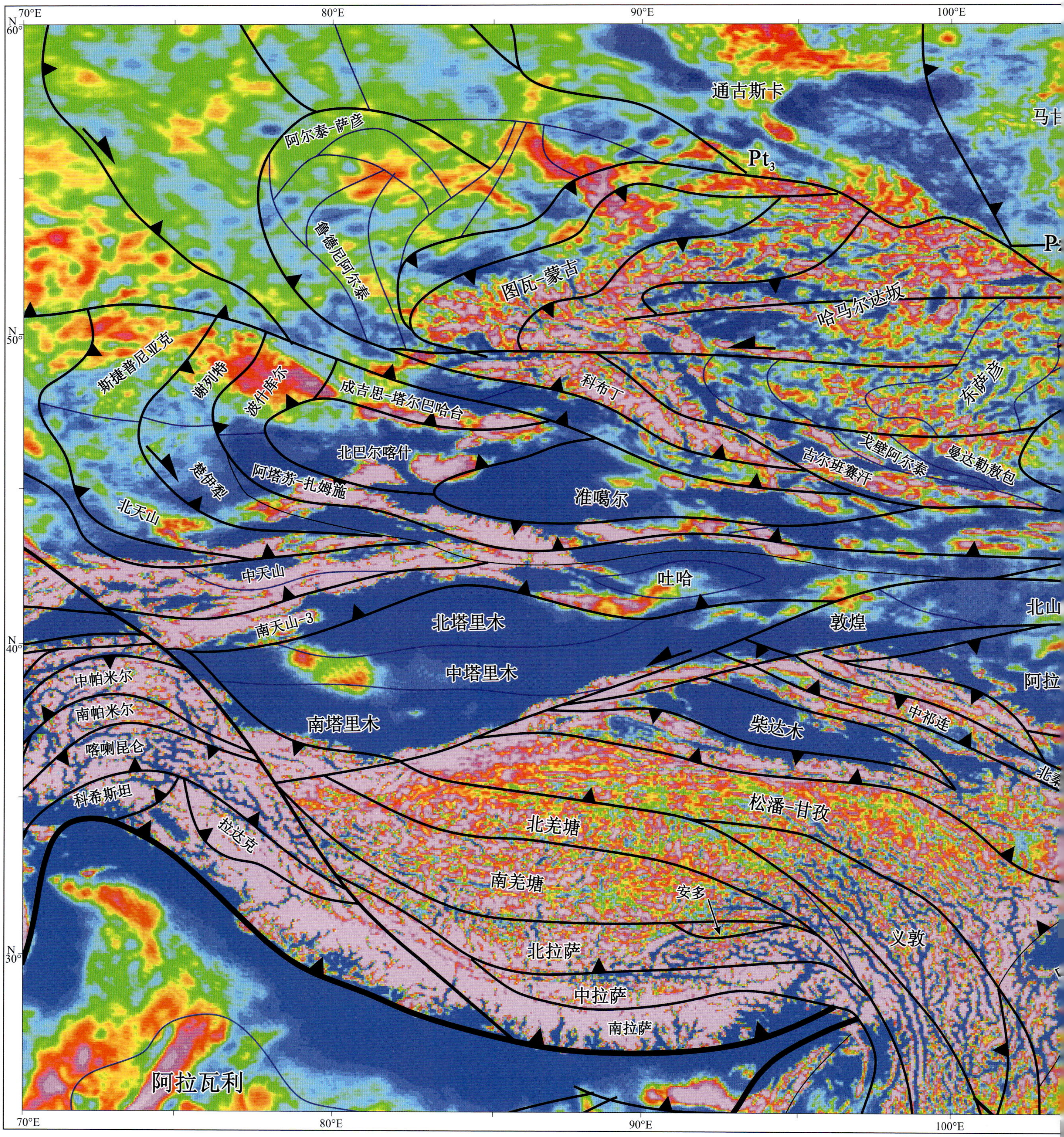

下古生界及新生界。该区地势相对较高，低自由空气重力异常指示该区莫霍面埋深可能较大。阿尔泰山东南的高重力值带受 NW 向构造控制，反映了该区岩石圈高密度的特征。鲁德尼－阿尔泰（Rudny Altai）存在局部正异常。

准噶尔微板块位阿尔泰山脉和天山山脉之间，其边缘有古生界露头，但大部分为中生界至新生界。准噶尔板块在重力 x 方向导数异常（图 2-14）上显示出中高值异常，变化于 5~80mGal/(°)，盆地内异常变化平缓，总体呈现 NWW 向展布。

在重力 x 方向导数异常中，天山造山带变化介于每度 -500~300mGal（图 2-14），内部变化剧烈。中天山板块是从卡拉套－纳伦（Karatau-Naryn）东端经塔吉克斯坦和吉尔吉斯斯坦延伸至中国西北部的长条形构造单元，包括中寒武世至早奥陶世纳拉特（Narat）地体。塔里木北部的南天山山脉是一系列推覆体，大约在中石炭世，塔里木和哈萨克斯坦之间的突厥斯坦（Turkistan）洋闭合之后而形成。而北天山也是一个复合单元，具有前寒武纪变质杂岩和寒武纪至中奥陶世岛弧安山岩、玄武岩及沉积物夹层，部分为陆源沉积物。东天山包括泥盆纪和石炭纪北天山－博格达山火山弧，导致重力异常复杂。

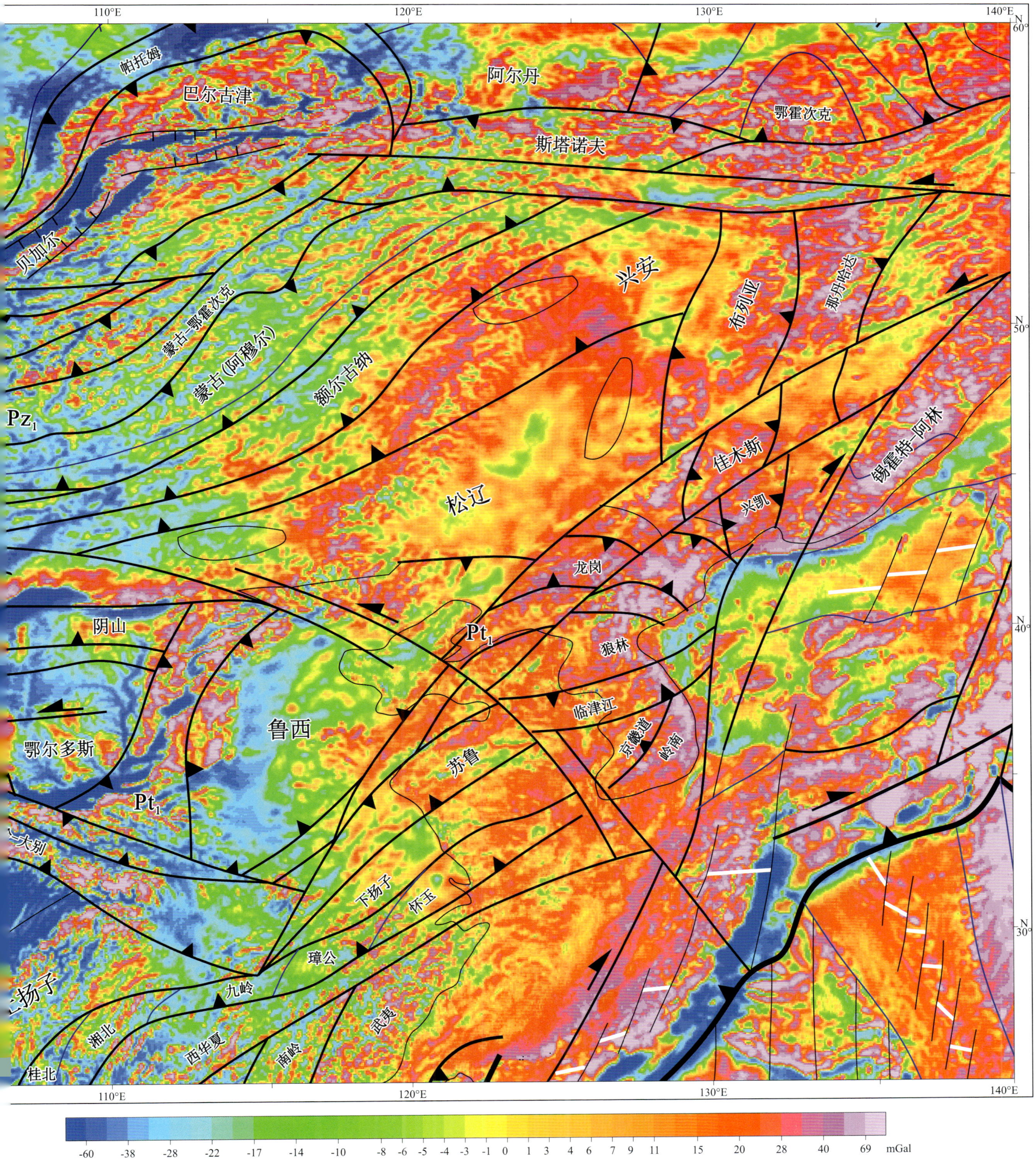

中亚造山带均衡重力异常图

（图2-13）

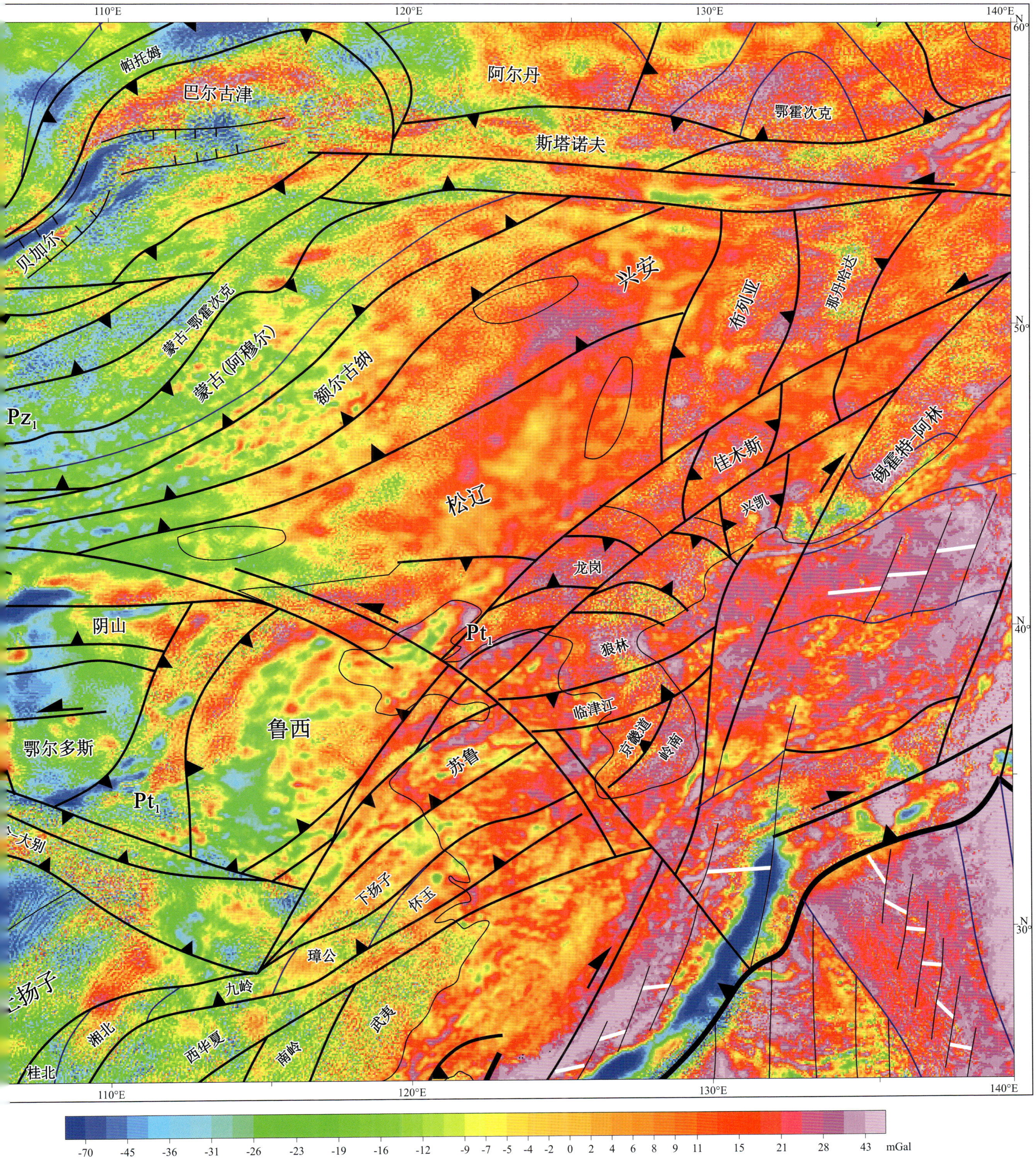
110°E
120°E
130°E
140°E
60°N
50°N
40°N
30°N
帕托姆
巴尔古津
阿尔丹
鄂霍次克
斯塔诺夫
贝加尔
兴安
布列亚
那丹哈达
蒙古-鄂霍次克
蒙古(阿穆尔)
额尔古纳
Pz1
佳木斯
锡霍特-阿林
松辽
兴凯
龙岗
阴山
Pt1
狼林
鲁西
临津江
京畿道
岭南
鄂尔多斯
苏鲁
Pt1
大别
下扬子
怀玉
扬子
璋公
九岭
湘北
武夷
西华夏
南岭
桂北
-70 -45 -36 -31 -26 -23 -19 -16 -12 -9 -7 -5 -4 -2 0 2 4 6 8 9 11 15 21 28 43 mGal

（2）微陆块

塔里木微板块位于中国境内，包括塔克拉玛干山脉，北部为天山，南部为昆仑山。东南边界是一条将塔里木与柴达木、昆仑和阿拉善地体分开的走滑断裂带——阿尔金断裂带。该带南部为前寒武纪地层，盆地中心被新生代沉积物覆盖。塔里木微板块自由空气重力异常整体表现出负高值异常，异常值在 -70~50mGal，但在塔里木微板块中部，存在中高正值自由空气重力异常的块体，呈现出 NWW 向展布。塔里木重力异常区主要为塔里木盆地，东南以若羌－且末－民丰为界，布格重力异常梯度变化较大，盆地北缘深大断裂处有明显的异常梯度带，呈 NE 走向展布。整体上，均衡重力异常环绕塔里木盆地南、西、北部，而内部异常特征相对平缓，在中部存在局部重力均衡高值。塔里木重力异常区与塔里木盆地内部构造特征具有明显的对应关系，可分为三部分，大体对应北、中、南塔里木微陆块，塔里木盆地的塔西南坳陷呈现 NW-NWW 向重力低异常值区，而盆地内隆起区则呈现高值异常，这种异常特征和塔里木盆地内 Moho 面埋深及上地幔厚度变化相吻合。

（图2-14）

中亚造山带自由空气重力异常x方向导数图

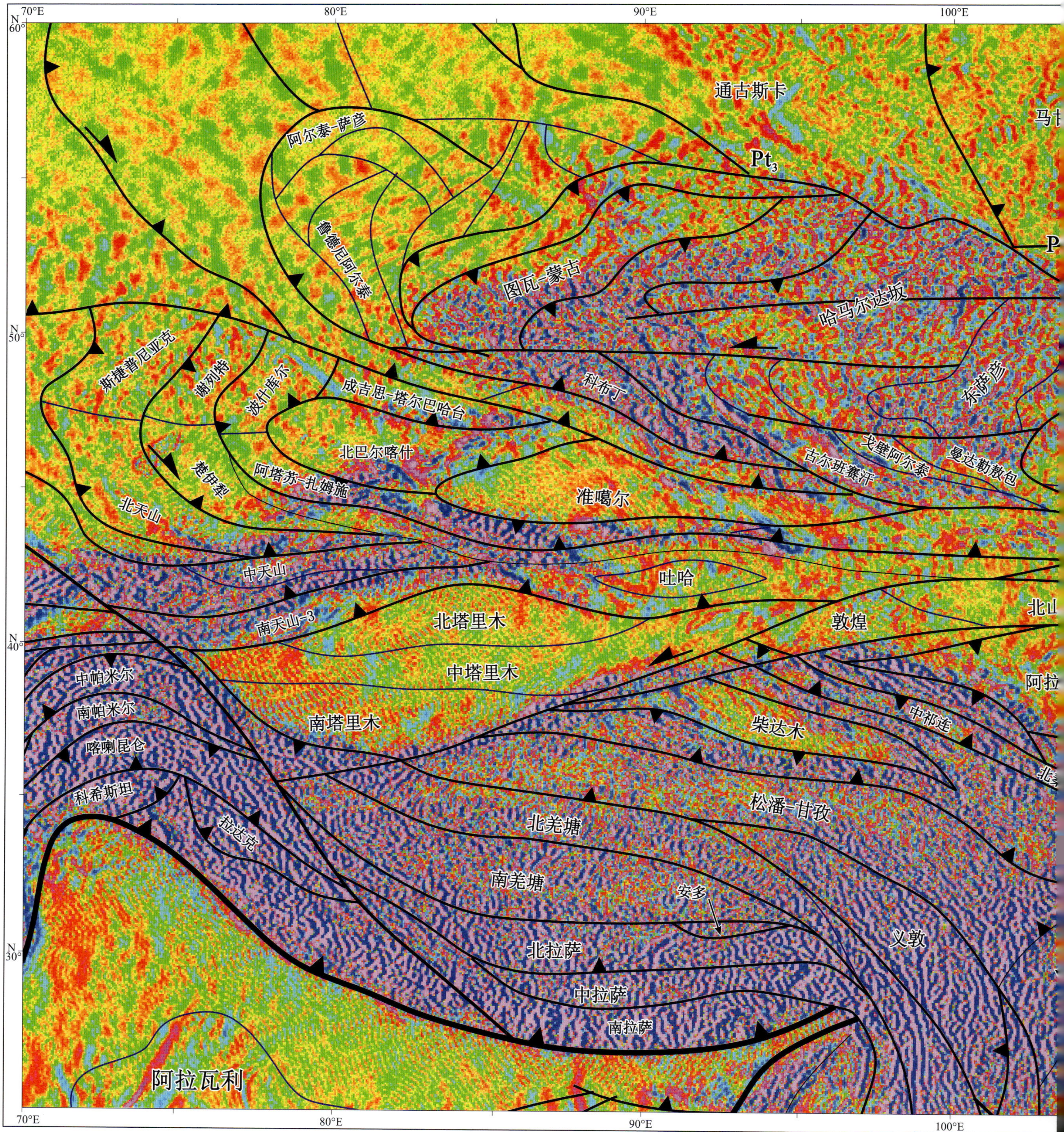

在重力 x、y、z 方向导数异常（图 2-14～图 2-16）上，塔里木微板块内部北部区域，中部区域以及南部区域分割明显，北部区域异常变化多介于 -100~50mGal/(°)，中部区域异常变化多介于 -40~80mGal/(°)，南部区域异常变化多介于 90~200mGal/(°)。在垂向重力梯度（图 2-17）中，塔里木微板块呈现出负高值异常和局部正异常，异常值多介于 -200~100 E，且微板块边缘识别较为明显，有明显的负高值条带，可以很好地识别该微板块。

松辽微板块为处于中亚造山带东段的微陆块，为中生代沉积盆地覆盖，其南部以索伦（Solonker）缝合带为界，在均衡重力异常图（图 2-13）中，松辽微板块东部呈现出独立的正高值异常，异常介于 10~25mGal，表明松辽微板块构造较为活跃，地壳补偿深度不足。西部区域呈现出低值异常，异常介于 -10~10mGal，构造相对稳定。周边的兴安、佳木斯和鄂霍次克等微板块具有类似的异常特征。

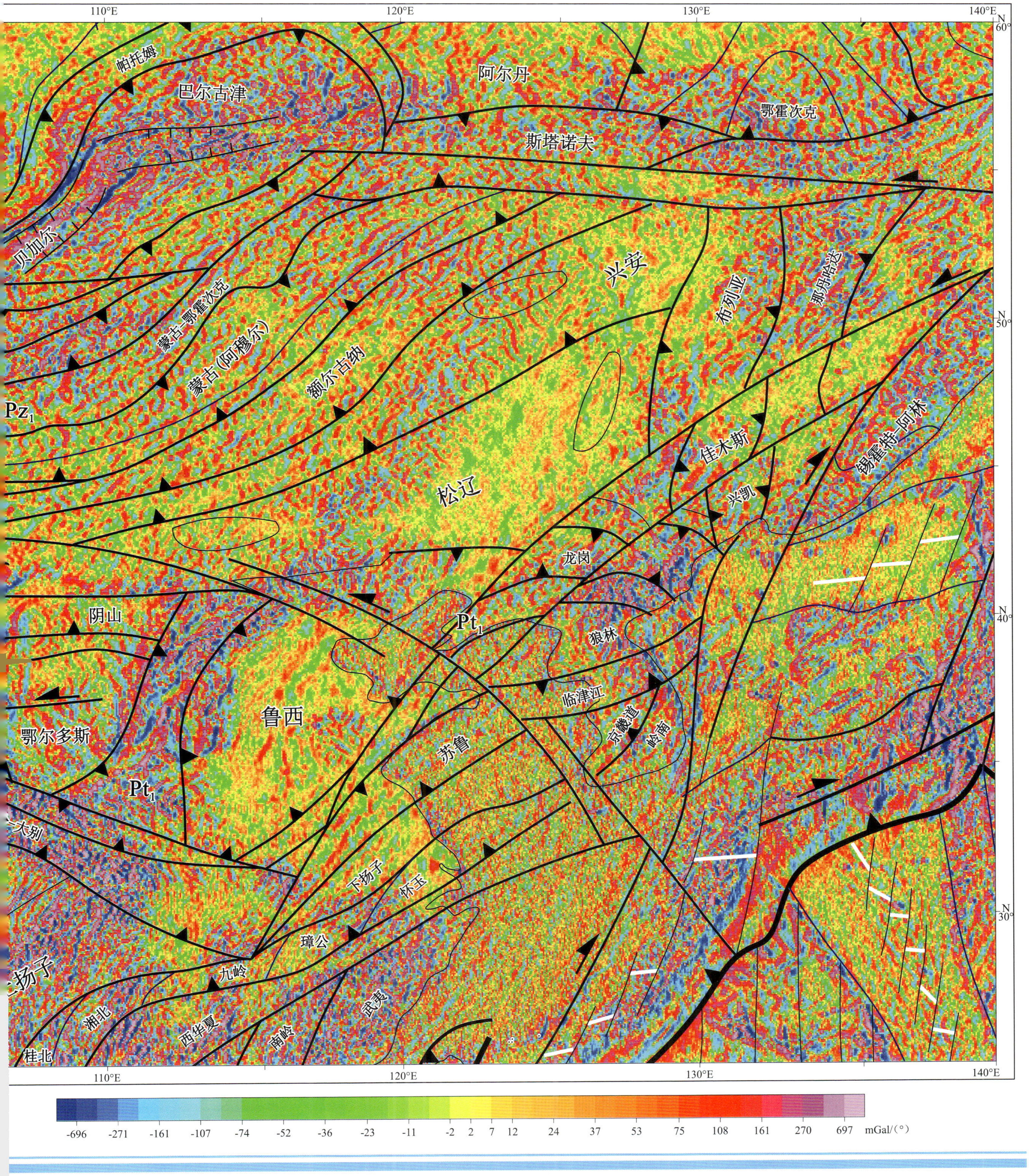

中亚造山带自由空气重力异常y方向导数图

（图2-15）

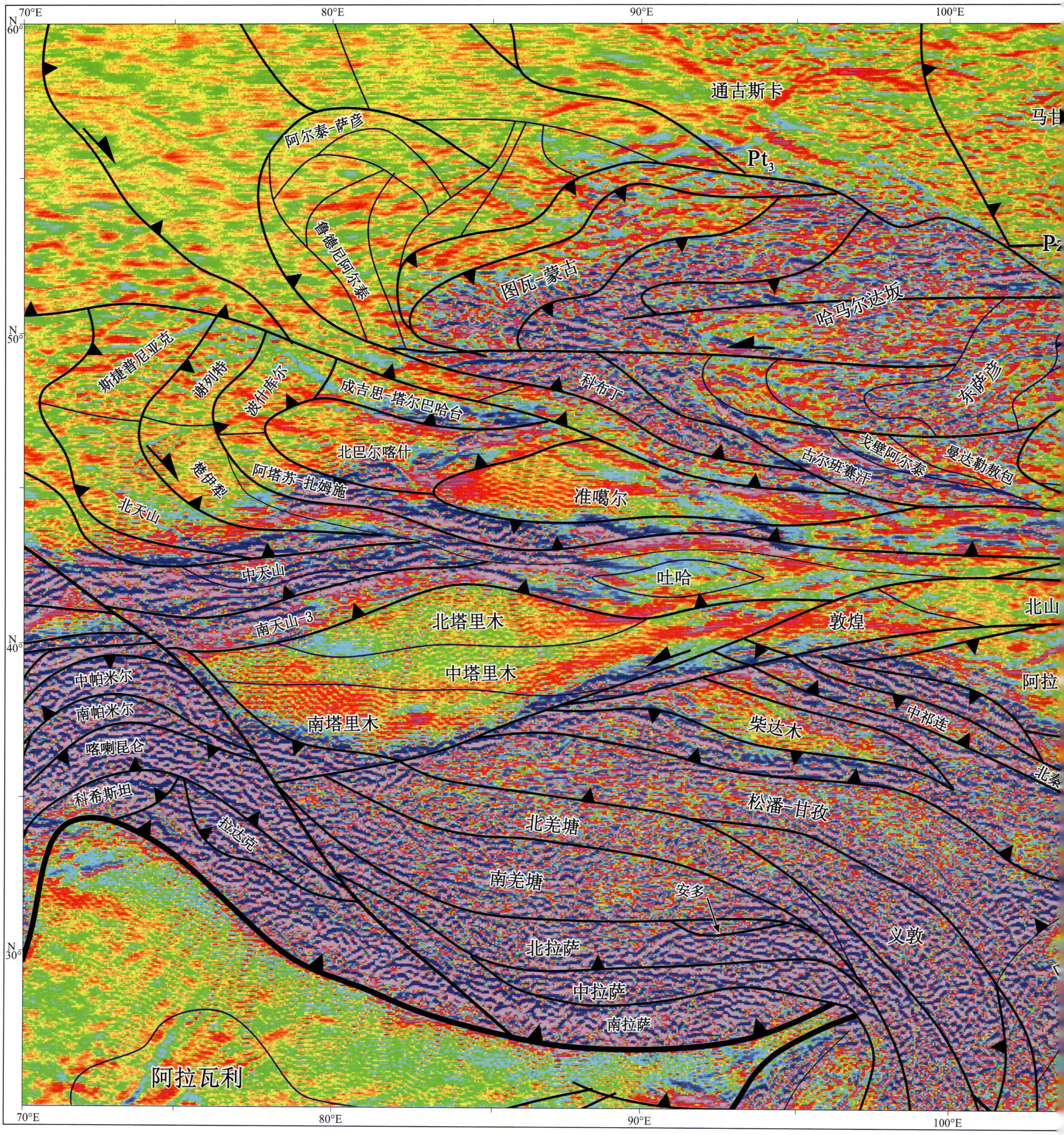

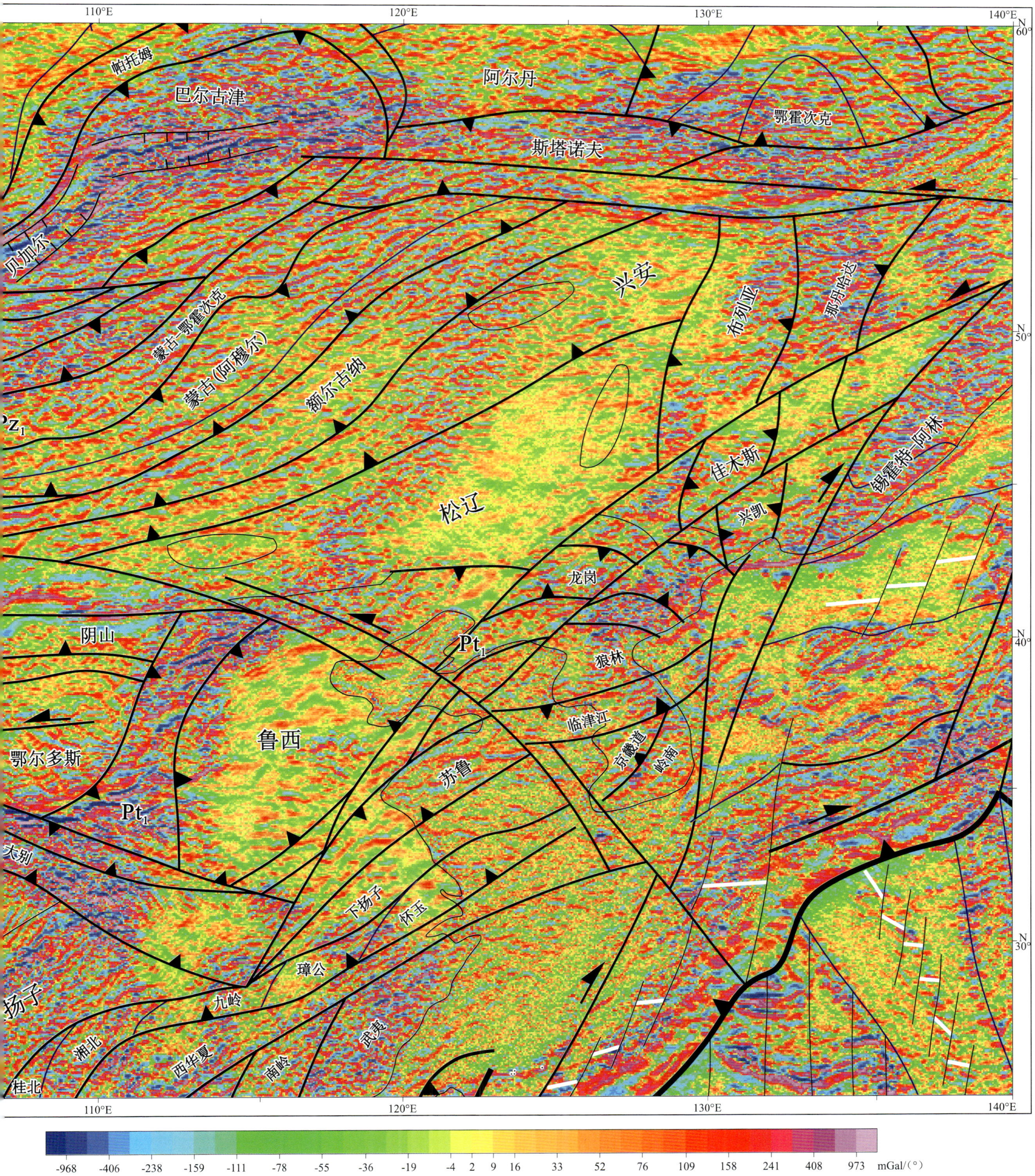
110°E
120°E
130°E
140°E
60°N
50°N
40°N
30°N
帕托姆
巴尔古津
阿尔丹
斯塔诺夫
鄂霍次克
贝加尔
蒙古-鄂霍次克
蒙古(阿穆尔)
额尔古纳
兴安
布列亚
那丹哈达
Pz1
佳木斯
锡霍特-阿林
松辽
兴凯
龙岗
阴山
Pt1
狼林
鲁西
临津江
鄂尔多斯
京畿道
岭南
苏鲁
Pt1
大别
下扬子
怀玉
扬子
璋公
九岭
湘北
西华夏
武夷
南岭
桂北
-968
-406
-238
-159
-111
-78
-55
-36
-19
-4
2
9
16
33
52
76
109
158
241
408
973
mGal/(°)

（图2-16）

中亚造山带自由空气重力异常z方向导数图

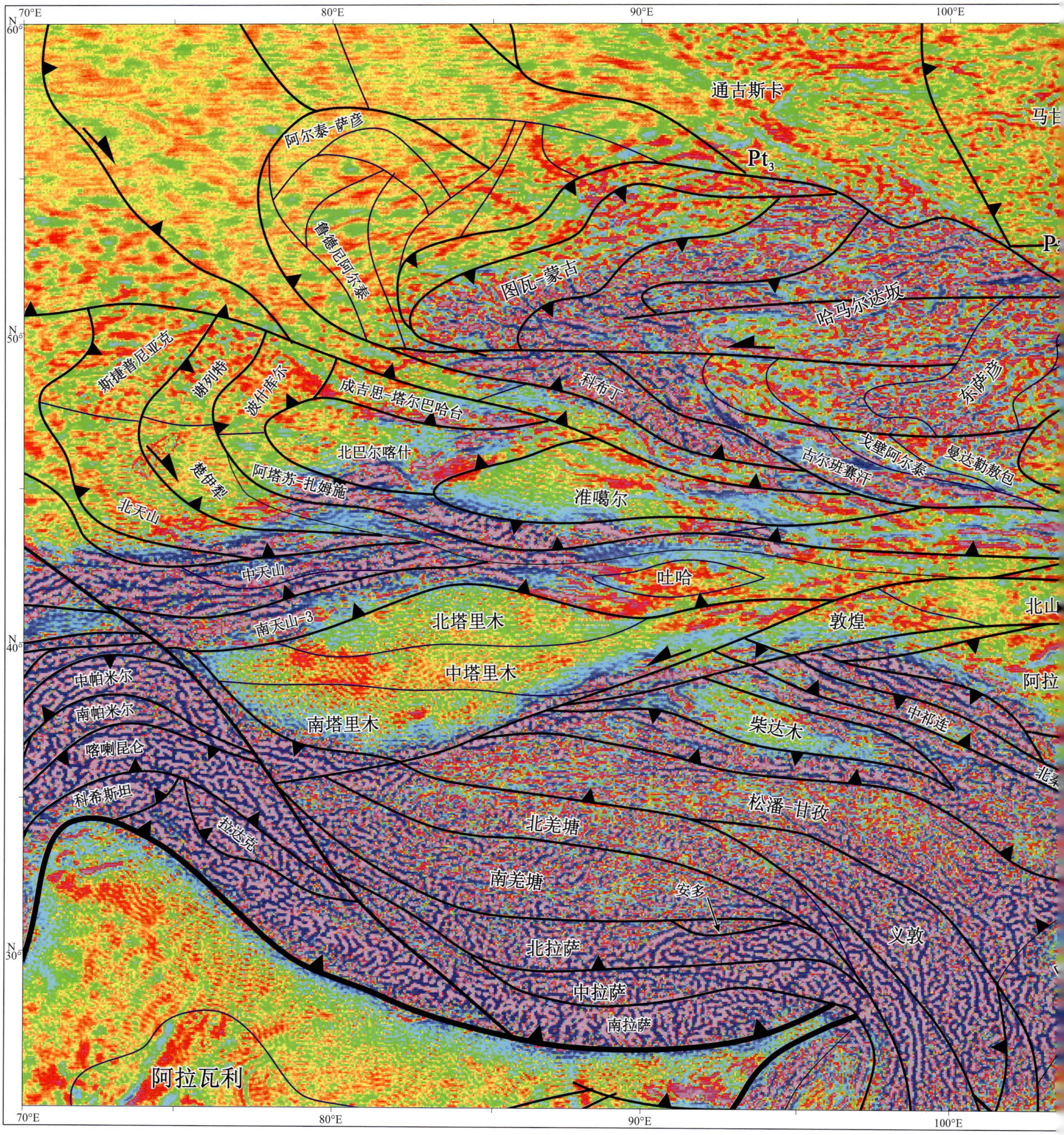

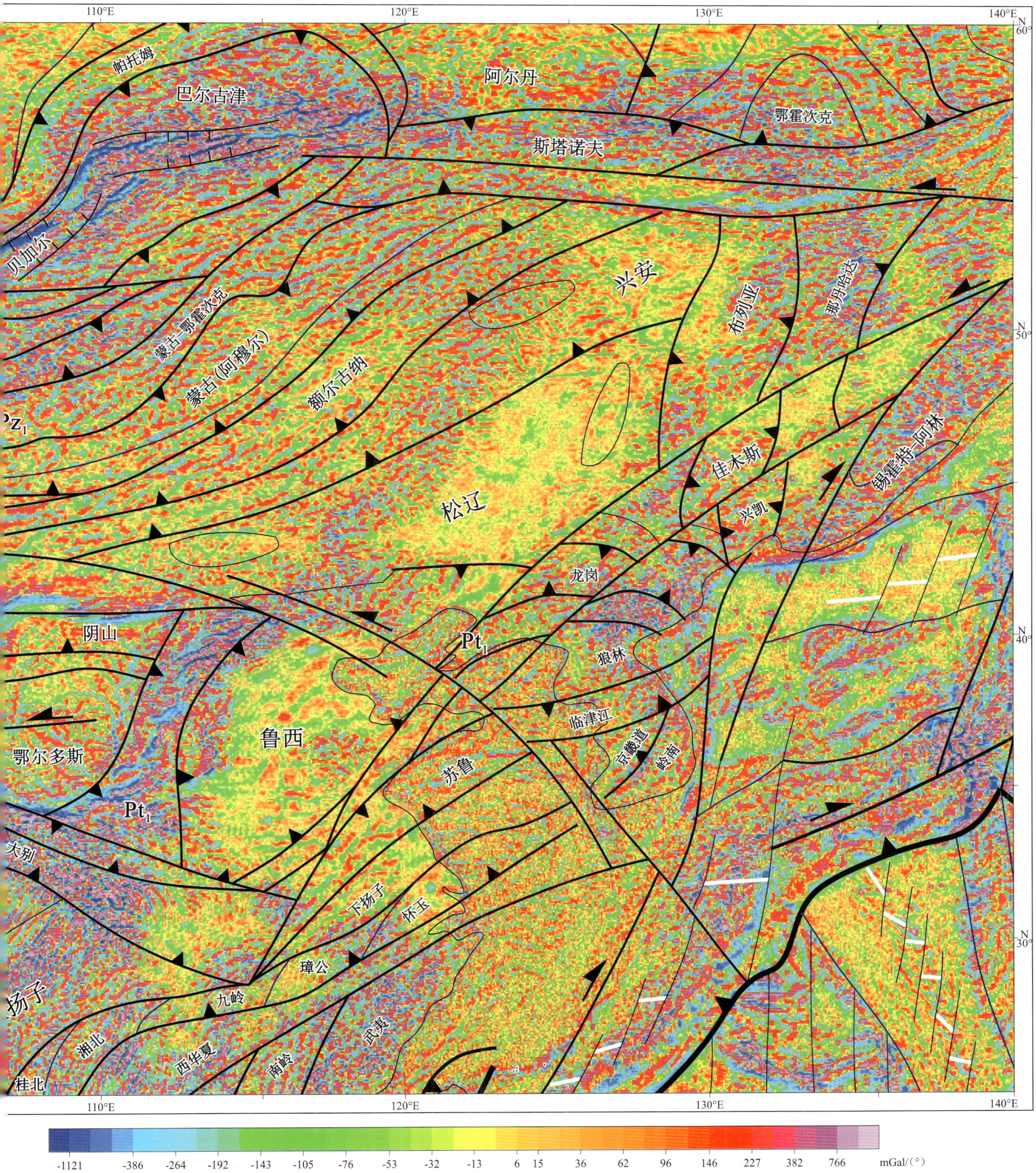
110°E
120°E
130°E
140°E
N 60°
N 50°
N 40°
N 30°
帕托姆
巴尔古津
阿尔丹
鄂霍次克
斯塔诺夫
贝加尔
蒙古-鄂霍次克
蒙古(阿穆尔)
额尔古纳
兴安
布列亚
那丹哈达
佳木斯
锡霍特-阿林
兴凯
松辽
龙岗
阴山
Pt1
狼林
临津江
京畿道
岭南
鄂尔多斯
鲁西
苏鲁
大别
下扬子
怀玉
璋公
九岭
扬子
湘北
西华夏
南岭
武夷
桂北
-1121
-386
-264
-192
-143
-105
-76
-53
-32
-13
6
15
36
62
96
146
227
382
766
mGal/(°)

（图2-17）

中亚造山带垂向重力梯度图（VGG）

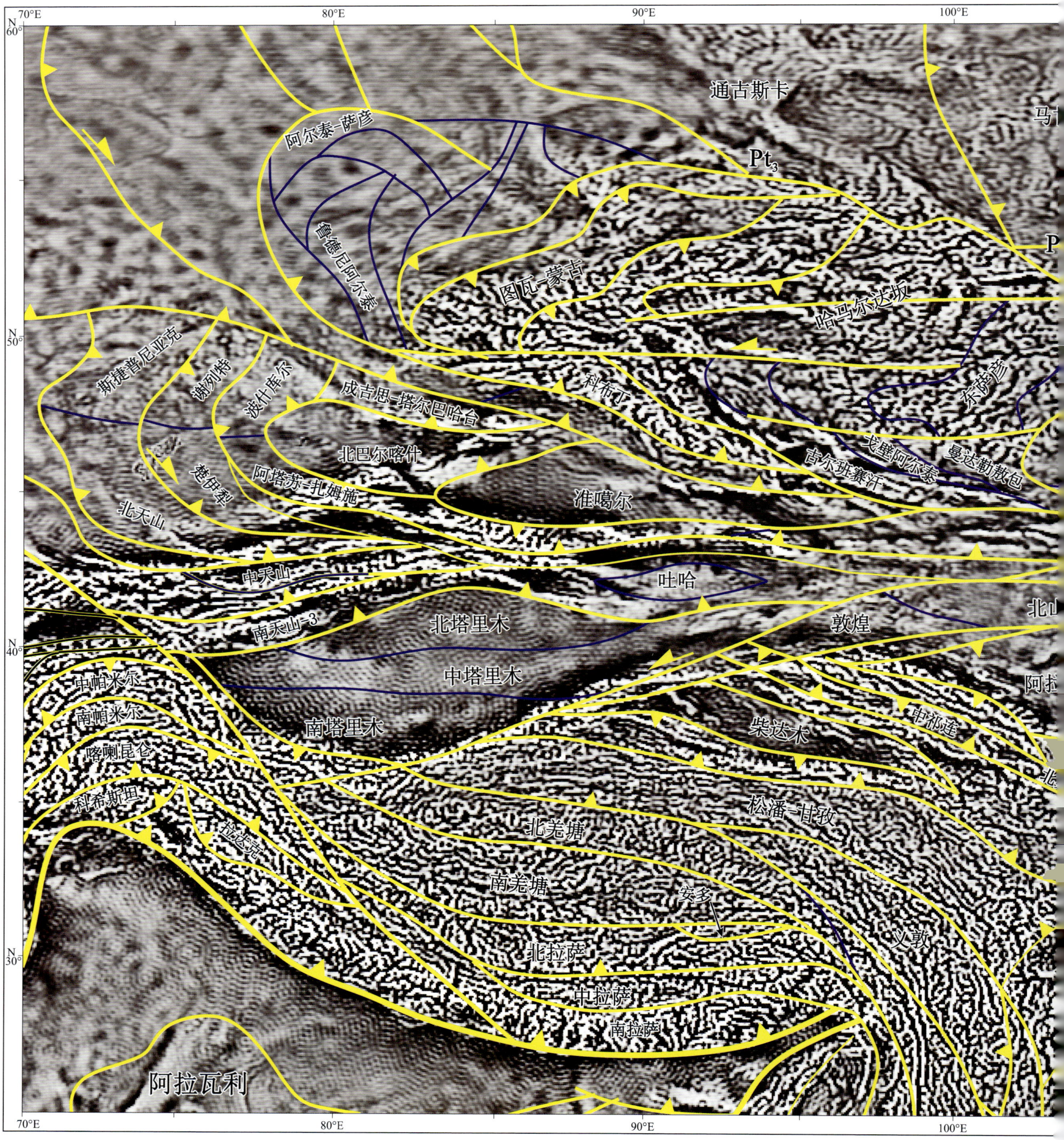

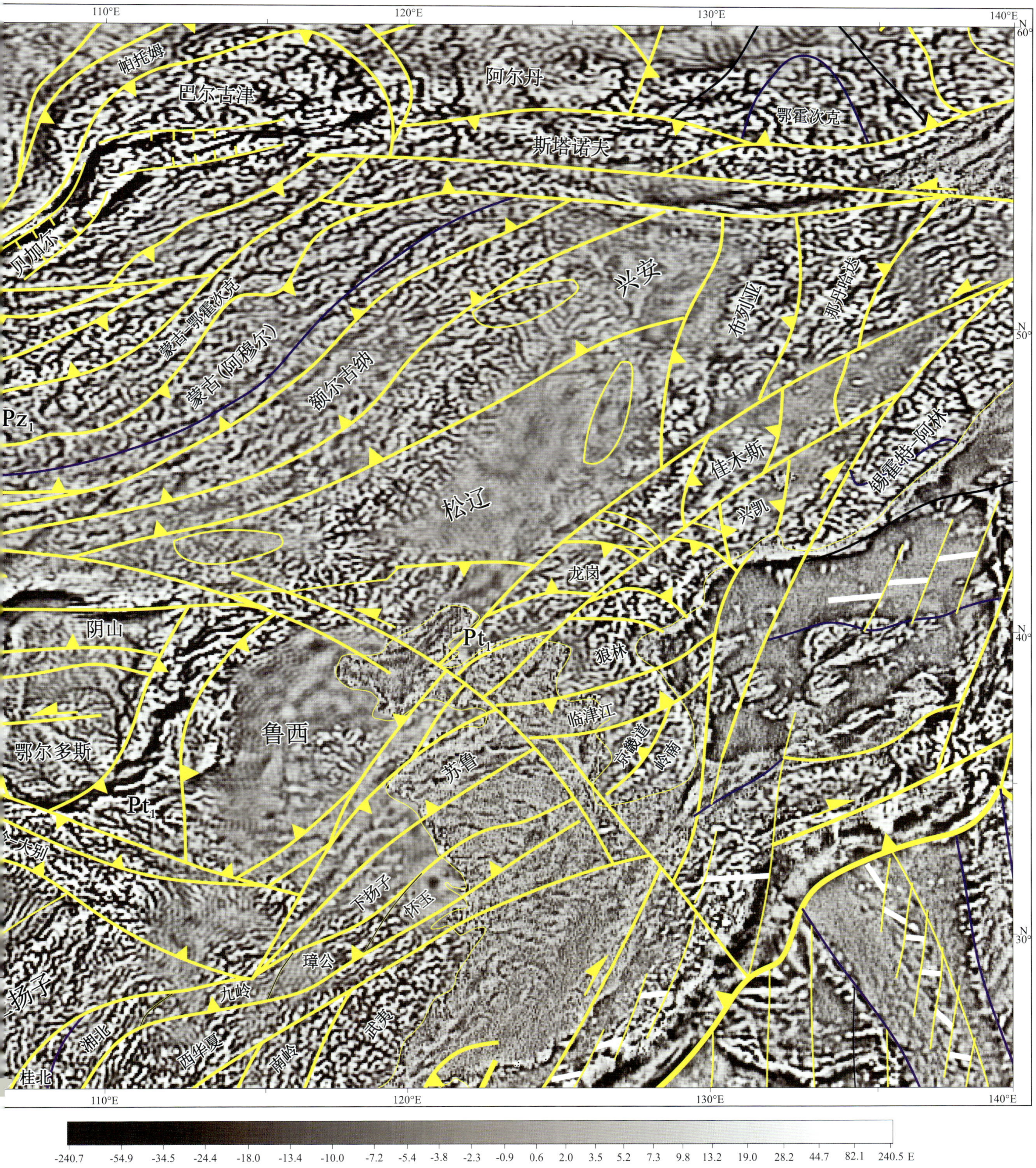

110°E
120°E
130°E
140°E
60°N
50°N
40°N
30°N
帕托姆
巴尔古津
阿尔丹
斯塔诺夫
鄂霍次克
贝加尔
兴安
布列亚
那丹哈达
蒙古-鄂霍次克
蒙古(阿穆尔)
额尔古纳
Pz_1
佳木斯
锡霍特-阿林
松辽
兴凯
龙岗
阴山
Pt_1
狼林
鲁西
临津江
京畿
岭南
鄂尔多斯
苏鲁
大别
下扬子
怀玉
璋公
九岭
扬子
湘北
西华夏
南岭
武夷
桂北
-240.7 -54.9 -34.5 -24.4 -18.0 -13.4 -10.0 -7.2 -5.4 -3.8 -2.3 -0.9 0.6 2.0 3.5 5.2 7.3 9.8 13.2 19.0 28.2 44.7 82.1 240.5 E

（图2-18）

中亚造山带布格重力异常图

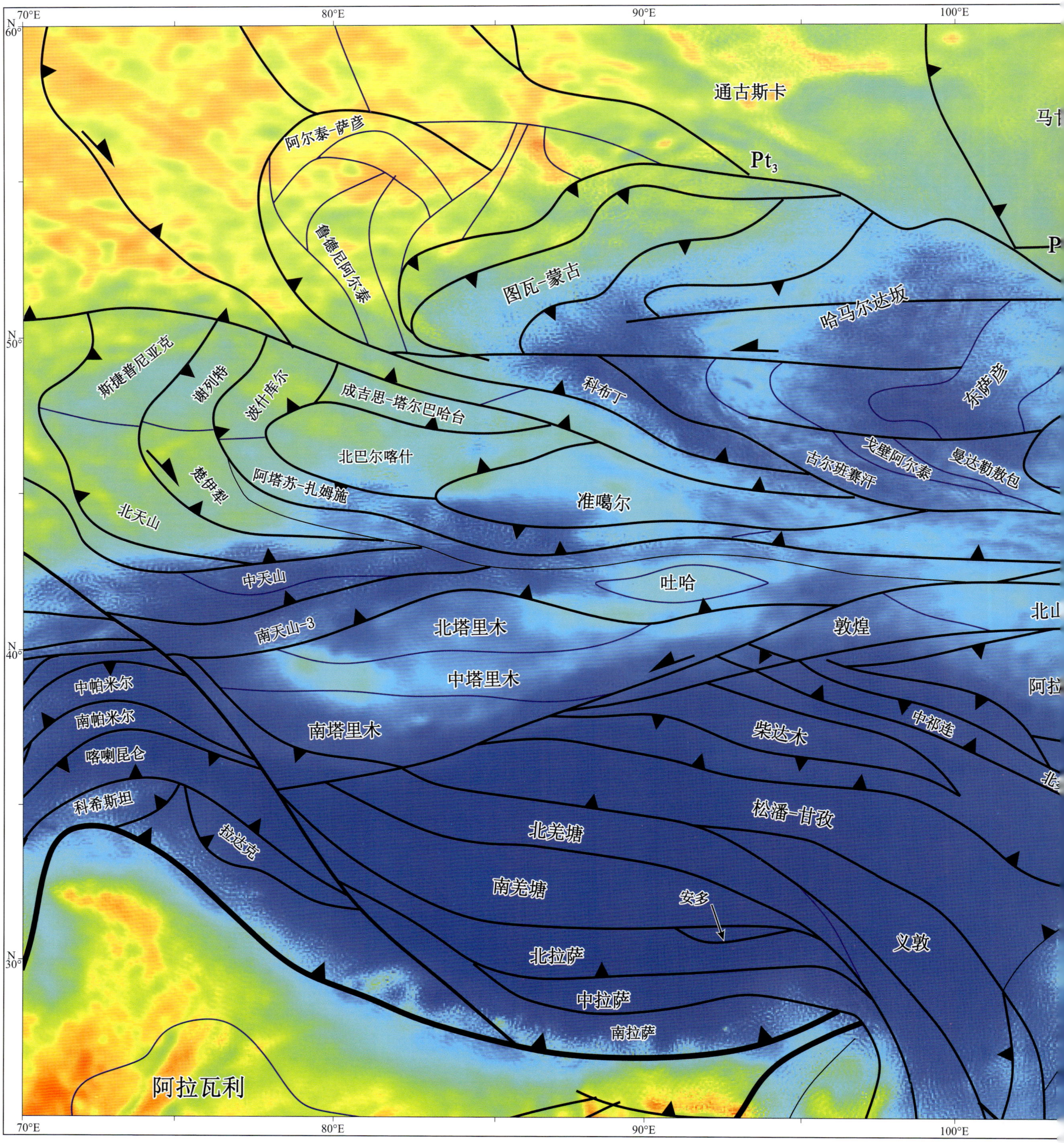

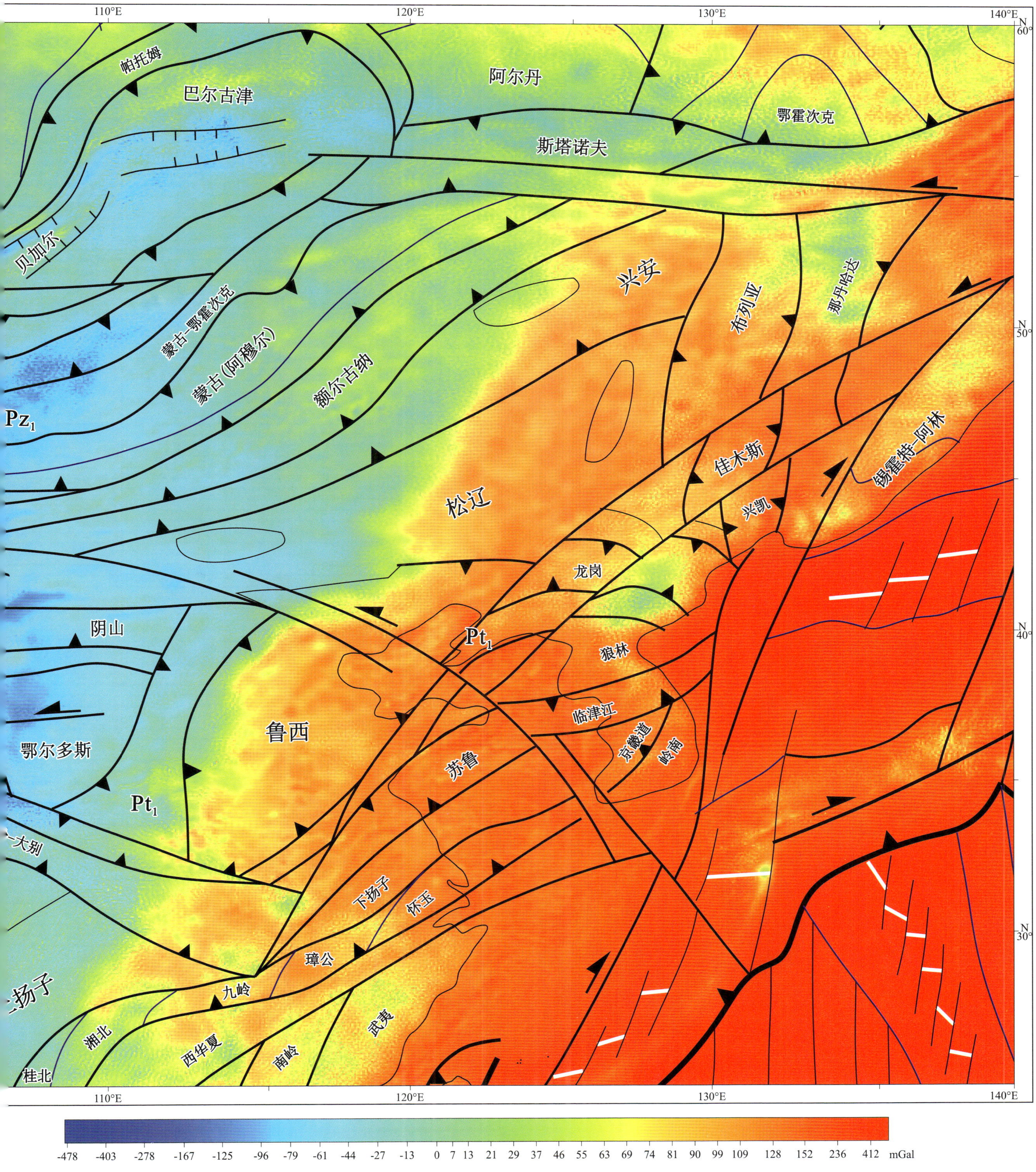
110°E
120°E
130°E
140°E
60°N
50°N
40°N
30°N
帕托姆
巴尔古津
阿尔丹
鄂霍次克
斯塔诺夫
贝加尔
兴安
布列亚
那丹哈达
蒙古-鄂霍次克
蒙古(阿穆尔)
额尔古纳
Pz_1
佳木斯
锡霍特-阿林
松辽
兴凯
龙岗
阴山
Pt_1
狼林
临津江
鲁西
京畿
岭南
鄂尔多斯
苏鲁
Pt_1
大别
下扬子
怀玉
璋公
扬子
九岭
武夷
湘北
西华夏
南岭
桂北
-478 -403 -278 -167 -125 -96 -79 -61 -44 -27 -13 0 7 13 21 29 37 46 55 63 69 74 81 90 99 109 128 152 236 412 mGal

(图2-19)

中亚造山带布格重力异常小波分解2阶逼近场图

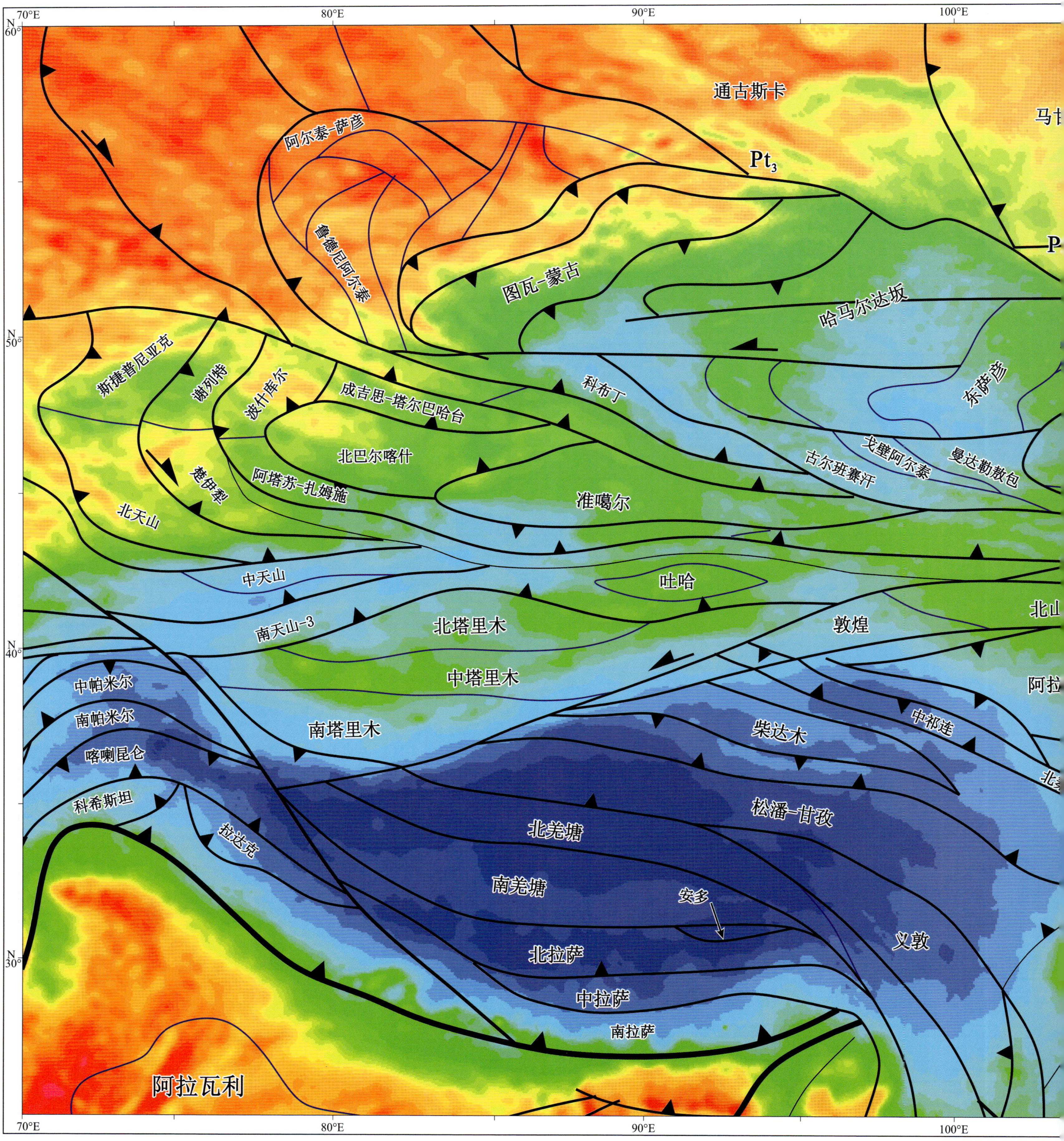

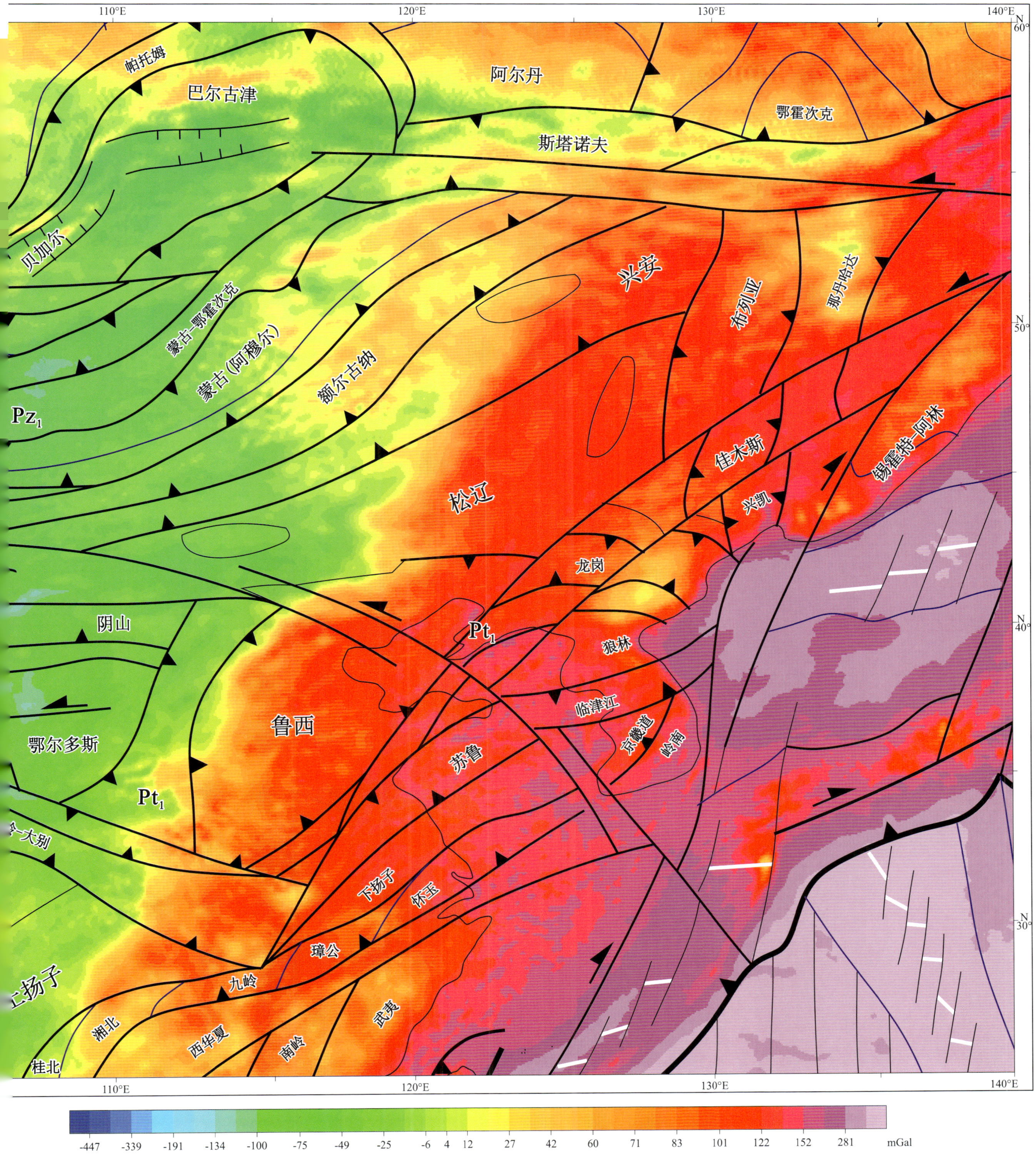
110°E
120°E
130°E
140°E
60°N
50°N
40°N
30°N
帕托姆
巴尔古津
阿尔丹
斯塔诺夫
鄂霍次克
贝加尔
蒙古-鄂霍次克
蒙古(阿穆尔)
额尔古纳
兴安
布列亚
那丹哈达
松辽
佳木斯
兴凯
锡霍特-阿林
Pz_1
龙岗
阴山
Pt_1
狼林
临津江
京畿道
岭南
鄂尔多斯
鲁西
苏鲁
Pt_1
秦-大别
下扬子
怀玉
璋公
九岭
扬子
湘北
西华夏
南岭
武夷
桂北
-447
-339
-191
-134
-100
-75
-49
-25
-6
4
12
27
42
60
71
83
101
122
152
281
mGal

（图2-20）

中亚造山带布格重力异常小波分解4阶逼近场图

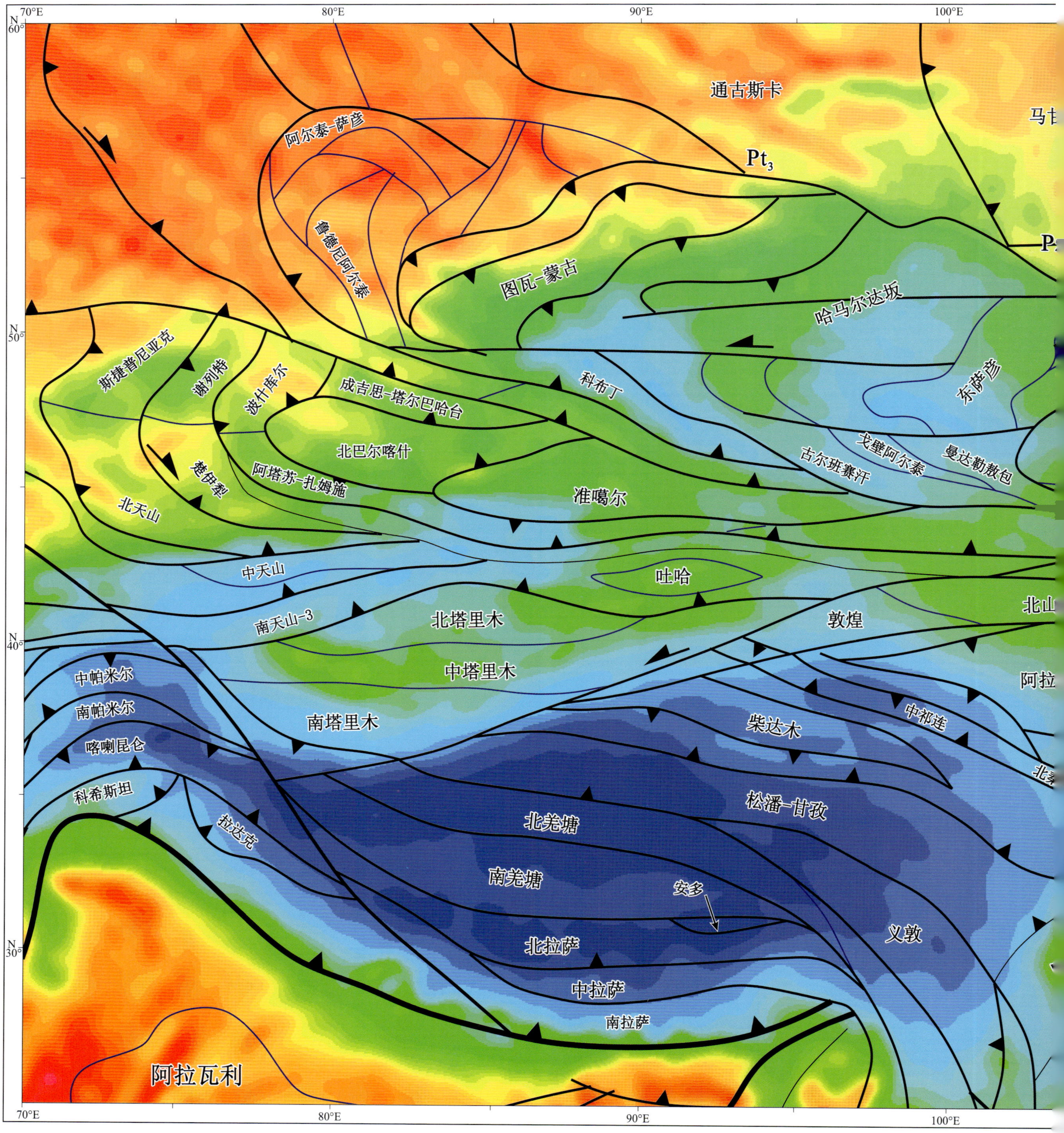

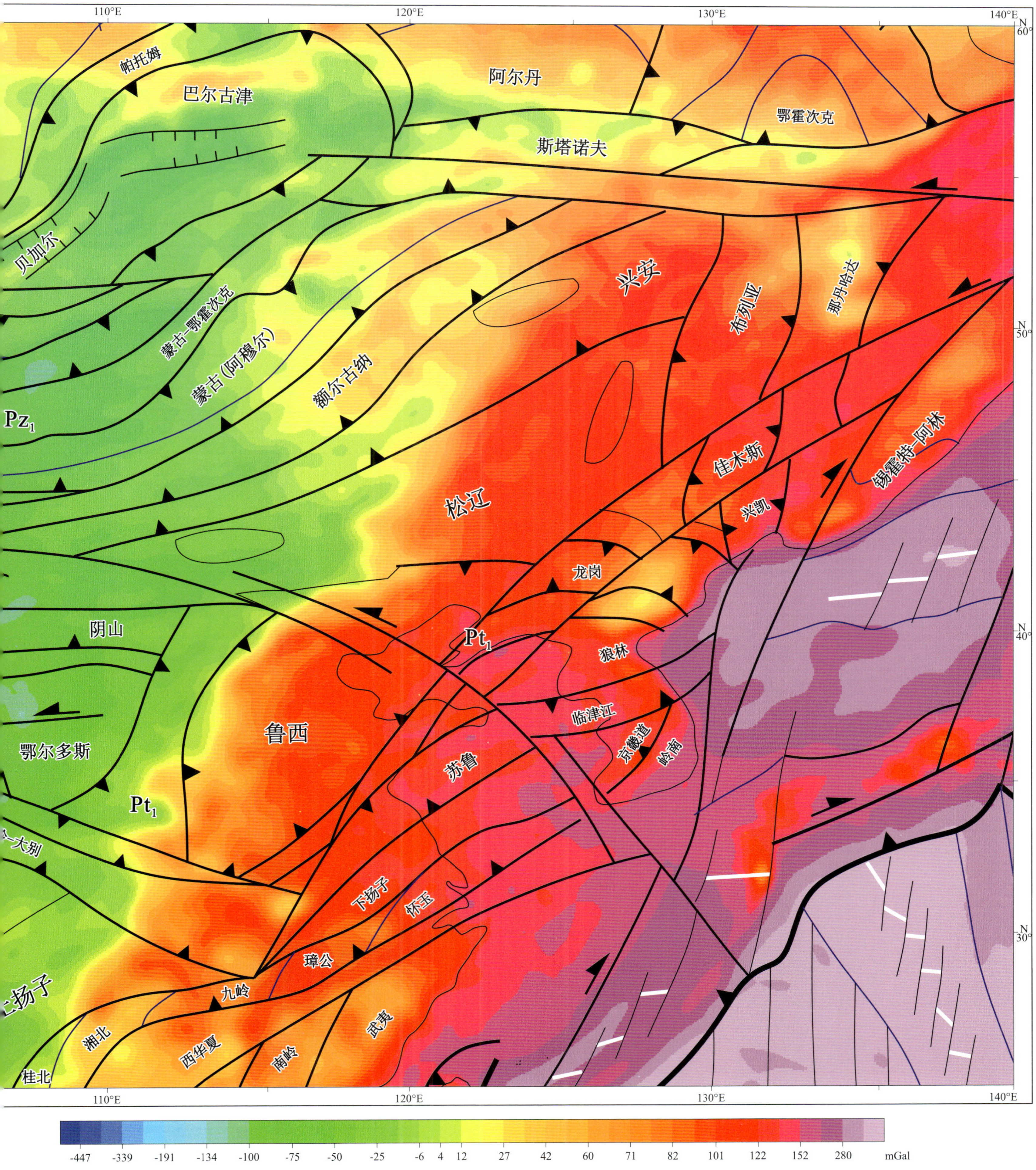
110°E
120°E
130°E
140°E
N 60°
N 50°
N 40°
N 30°
帕托姆
巴尔古津
阿尔丹
鄂霍次克
斯塔诺夫
贝加尔
兴安
布列亚
那丹哈达
蒙古-鄂霍次克
蒙古(阿穆尔)
额尔古纳
Pz_1
佳木斯
锡霍特-阿林
松辽
兴凯
龙岗
阴山
Pt_1
狼林
鲁西
临津江
鄂尔多斯
京畿道
岭南
苏鲁
Pt_1
下扬子
怀玉
璋公
九岭
扬子
湘北
武夷
西华夏
南岭
桂北
-447
-339
-191
-134
-100
-75
-50
-25
-6
4
12
27
42
60
71
82
101
122
152
280
mGal

（图2-21）

中亚造山带布格重力异常小波分解6阶逼近场图

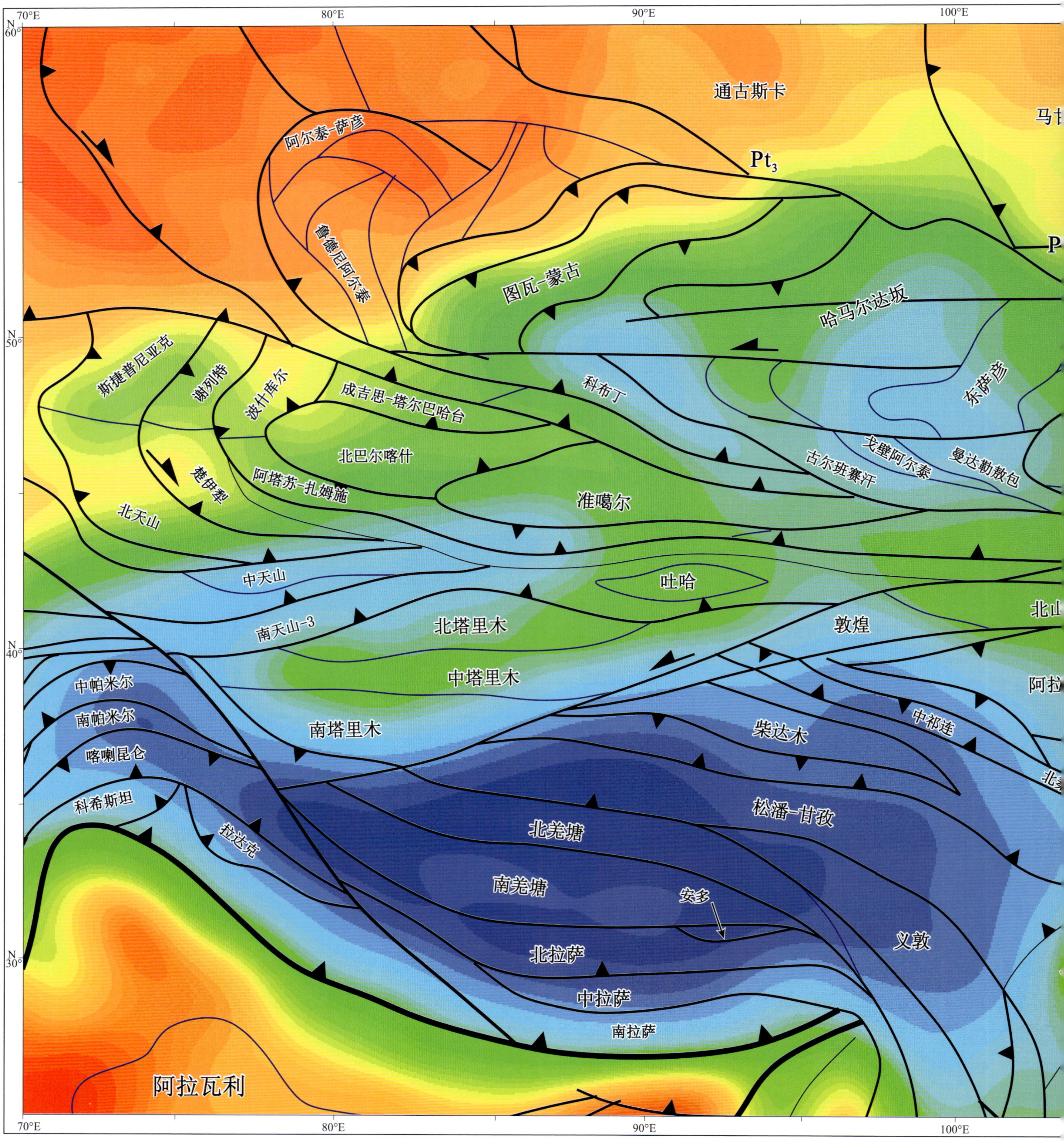

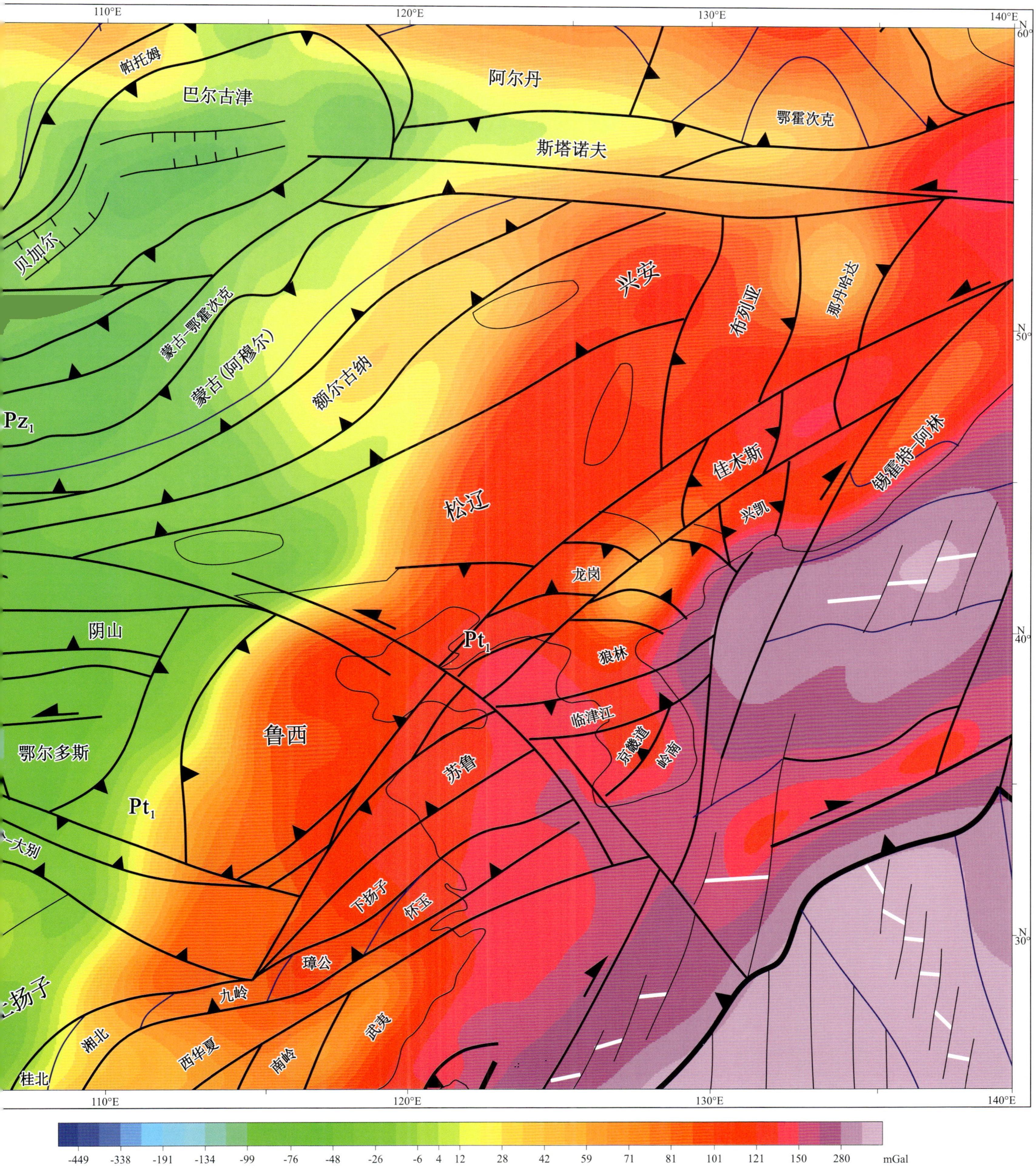

110°E
120°E
130°E
140°E
60°N
50°N
40°N
30°N
帕托姆
巴尔古津
阿尔丹
鄂霍次克
斯塔诺夫
贝加尔
兴安
布列亚
那丹哈达
蒙古-鄂霍次克
蒙古(阿穆尔)
额尔古纳
Pz1
佳木斯
松辽
兴凯
锡霍特-阿林
龙岗
阴山
Pt1
狼林
临津江
鄂尔多斯
鲁西
京畿道
岭南
苏鲁
Pt1
大别
下扬子
怀玉
璋公
九岭
扬子
湘北
西华夏
南岭
武夷
桂北
-449
-338
-191
-134
-99
-76
-48
-26
-6
4
12
28
42
59
71
81
101
121
150
280
mGal

中亚造山带布格重力异常小波分解8阶逼近场图

（图2-22）

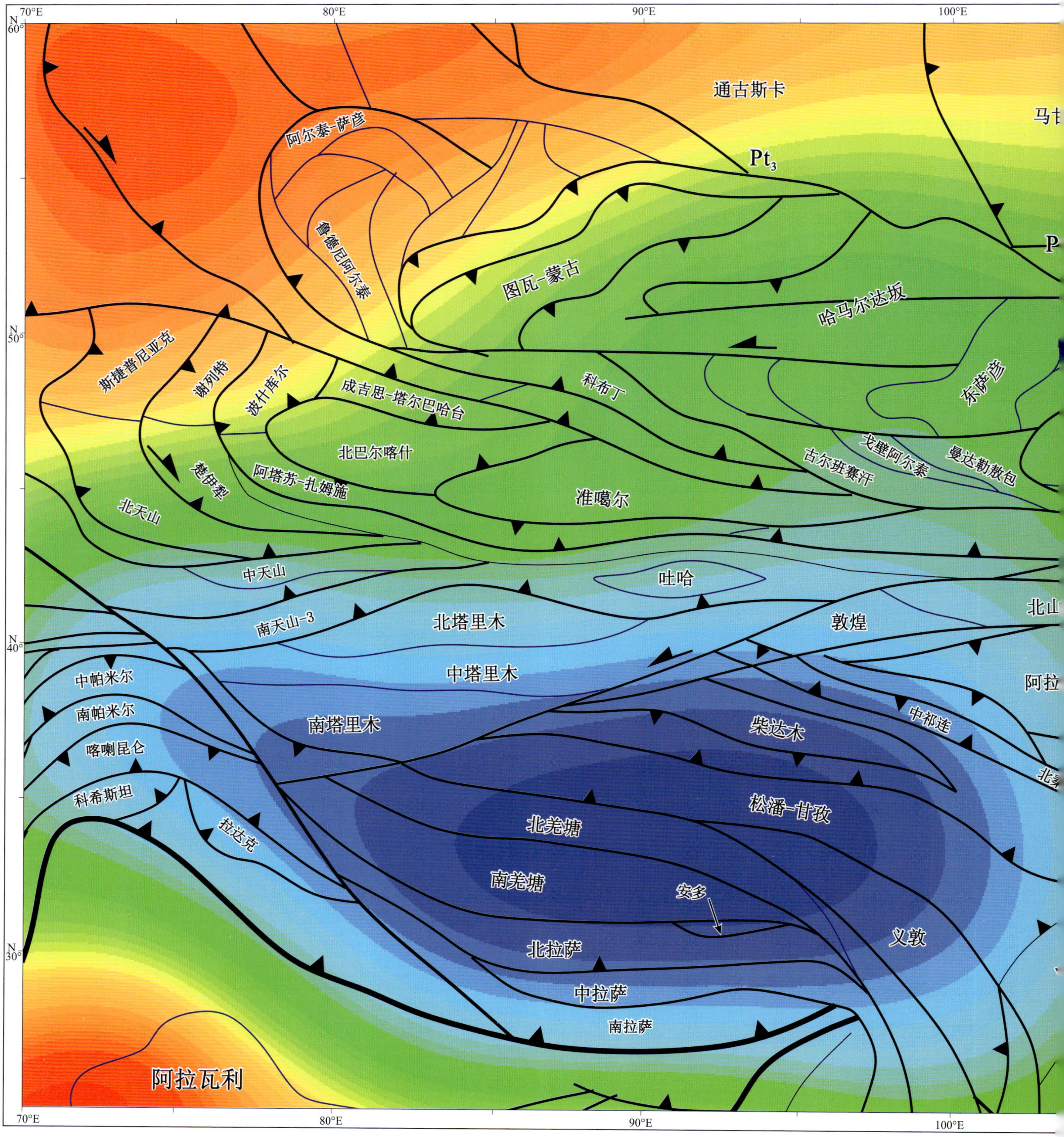

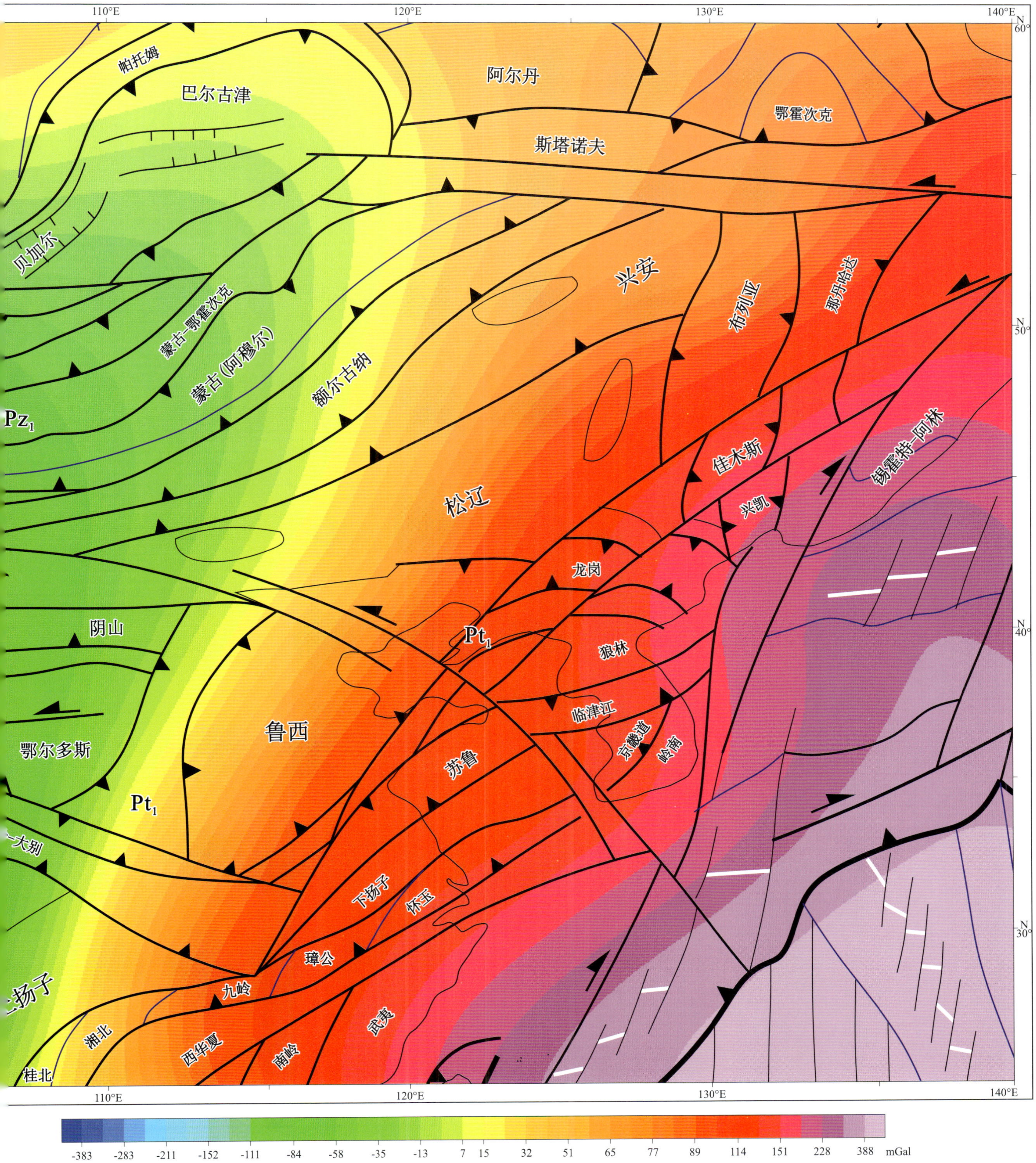
110°E
120°E
130°E
140°E
60°N
50°N
40°N
30°N
帕托姆
巴尔古津
阿尔丹
斯塔诺夫
鄂霍次克
贝加尔
兴安
布列亚
那丹哈达
蒙古-鄂霍次克
蒙古(阿穆尔)
额尔古纳
Pz_1
佳木斯
锡霍特-阿林
兴凯
松辽
龙岗
阴山
Pt_1
狼林
鲁西
临津江
京畿道
岭南
鄂尔多斯
苏鲁
Pt_1
大别
下扬子
怀玉
璋公
扬子
九岭
湘北
武夷
西华夏
南岭
桂北
-383
-283
-211
-152
-111
-84
-58
-35
-13
7
15
32
51
65
77
89
114
151
228
388
mGal

（图2-23）

中亚造山带布格重力异常小波分解2阶细节场图

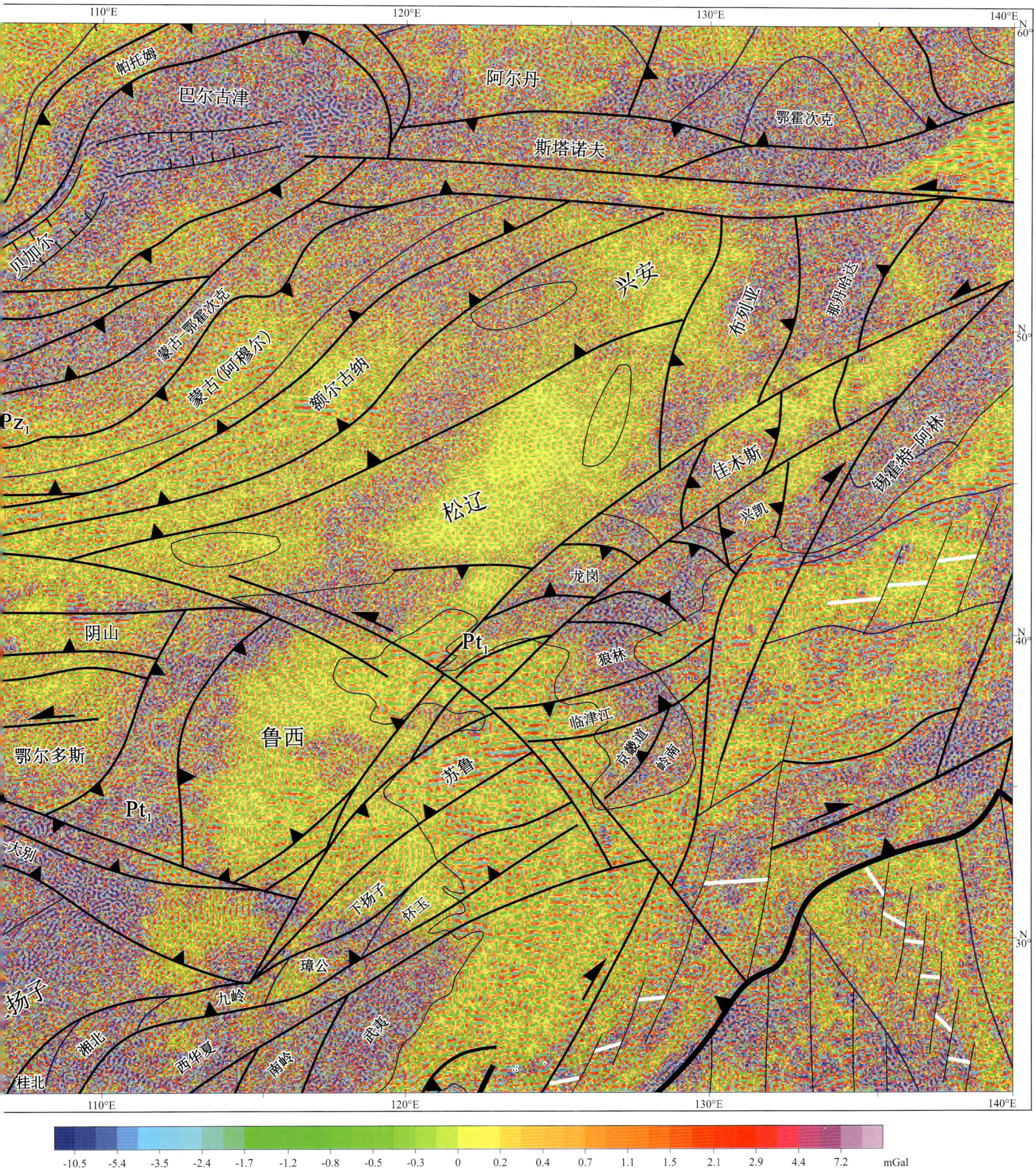

110°E
120°E
130°E
140°E
60°
50°
40°
30°
帕托姆
巴尔古津
阿尔丹
鄂霍次克
斯塔诺夫
贝加尔
兴安
布列亚
那丹哈达
蒙古-鄂霍次克
蒙古(阿穆尔)
额尔古纳
佳木斯
锡霍特-阿林
松辽
兴凯
龙岗
阴山
Pz_1
Pt_1
狼林
临津江
鲁西
鄂尔多斯
京畿道
岭南
苏鲁
大别
下扬子
怀玉
扬子
璋公
九岭
湘北
西华夏
南岭
武夷
桂北
-10.5
-5.4
-3.5
-2.4
-1.7
-1.2
-0.8
-0.5
-0.3
0
0.2
0.4
0.7
1.1
1.5
2.1
2.9
4.4
7.2
mGal

（图2-24）

中亚造山带布格重力异常小波分解4阶细节场图

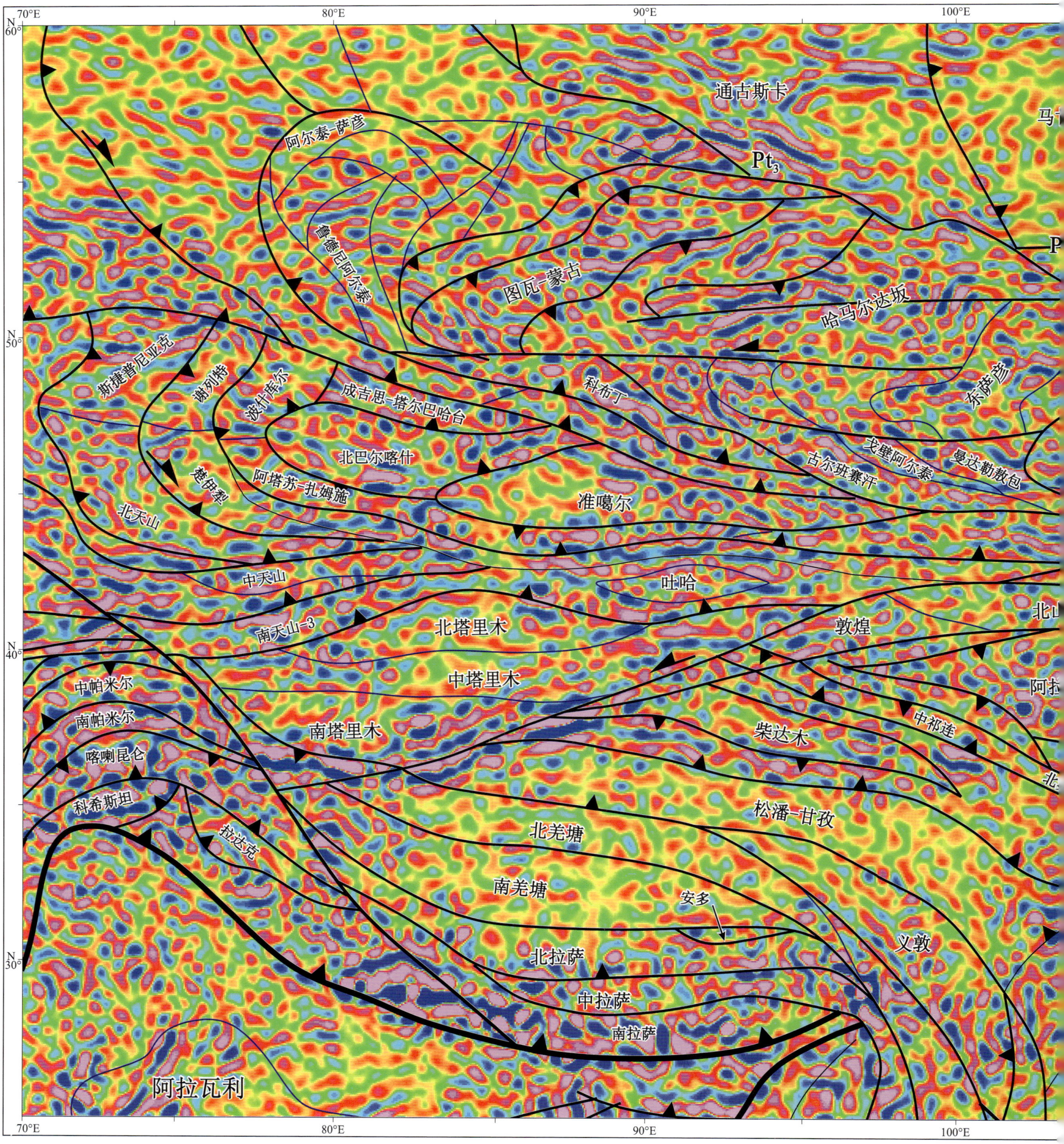

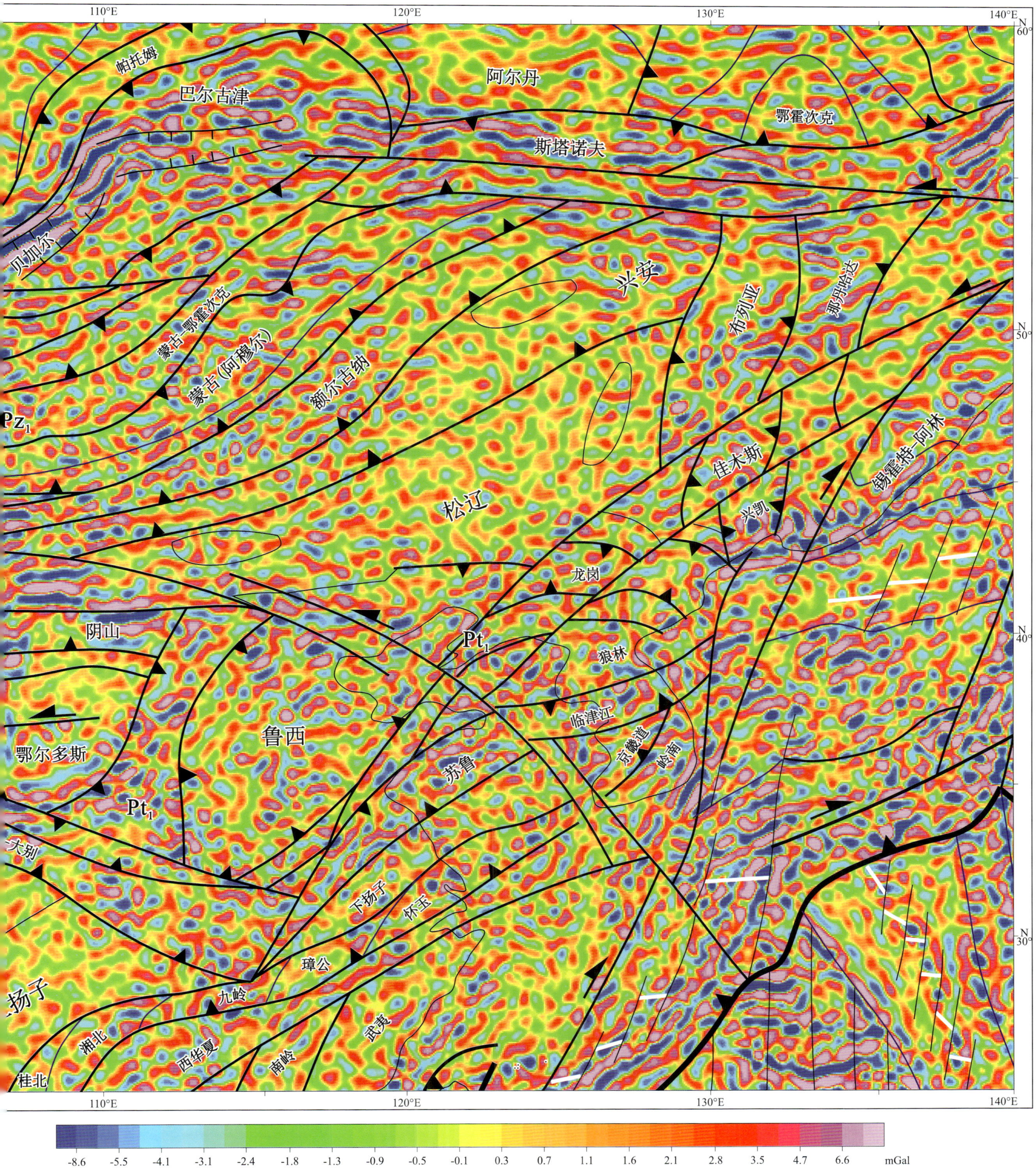
110°E
120°E
130°E
140°E
N 60°
N 50°
N 40°
N 30°
帕托姆
巴尔古津
阿尔丹
鄂霍次克
斯塔诺夫
贝加尔
兴安
蒙古-鄂霍次克
蒙古(阿穆尔)
额尔古纳
布列亚
那丹哈达
Pz1
佳木斯
锡霍特-阿林
松辽
兴凯
龙岗
阴山
Pt1
狼林
鄂尔多斯
鲁西
临津江
京畿道
岭南
苏鲁
Pt1
大别
下扬子
怀玉
扬子
璋公
九岭
湘北
西华夏
武夷
南岭
桂北
-8.6
-5.5
-4.1
-3.1
-2.4
-1.8
-1.3
-0.9
-0.5
-0.1
0.3
0.7
1.1
1.6
2.1
2.8
3.5
4.7
6.6
mGal

(图2-25)

中亚造山带布格重力异常小波分解6阶细节场图

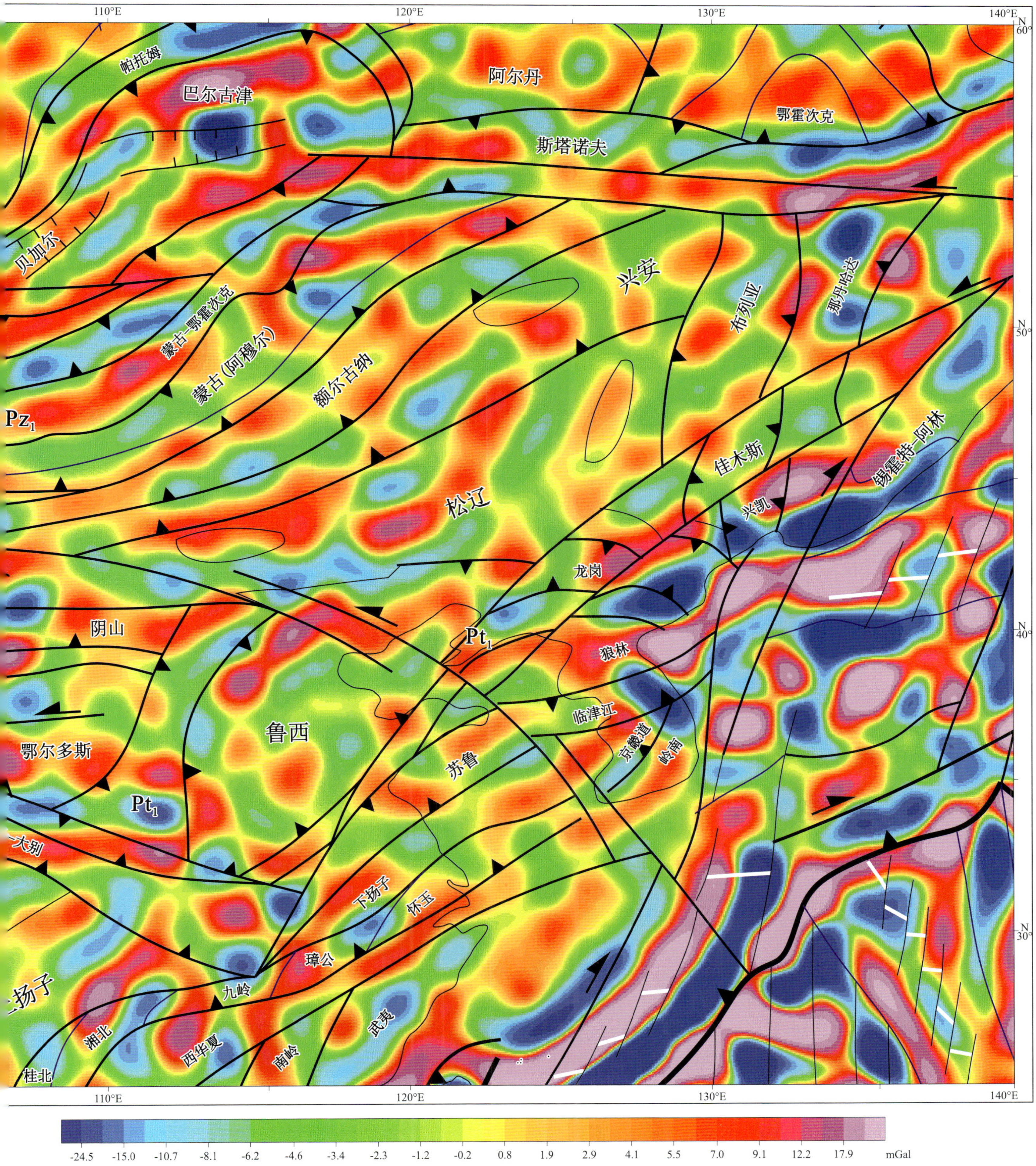
110°E
120°E
130°E
140°E
60°N
50°N
40°N
30°N
帕托姆
巴尔古津
阿尔丹
斯塔诺夫
鄂霍次克
贝加尔
蒙古-鄂霍次克
蒙古(阿穆尔)
额尔古纳
兴安
布列亚
那丹哈达
Pz1
佳木斯
锡霍特-阿林
松辽
兴凯
龙岗
阴山
Pt1
狼林
鲁西
临津江
京畿道
岭南
鄂尔多斯
苏鲁
Pt1
大别
下扬子
怀玉
璋公
扬子
九岭
湘北
武夷
西华夏
南岭
桂北
-24.5
-15.0
-10.7
-8.1
-6.2
-4.6
-3.4
-2.3
-1.2
-0.2
0.8
1.9
2.9
4.1
5.5
7.0
9.1
12.2
17.9
mGal

（图2-26） 中亚造山带布格重力异常小波分解8阶细节场图

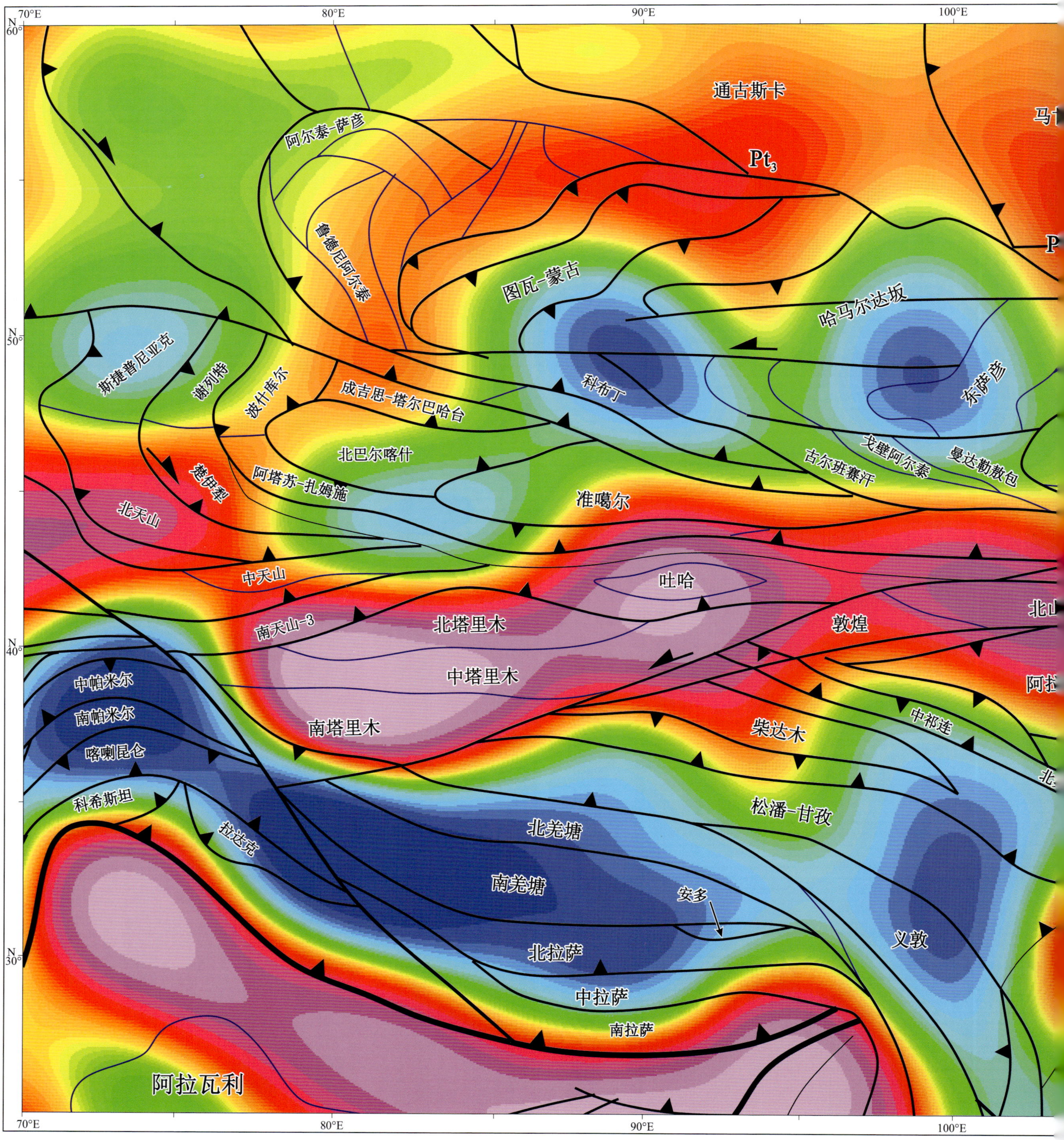

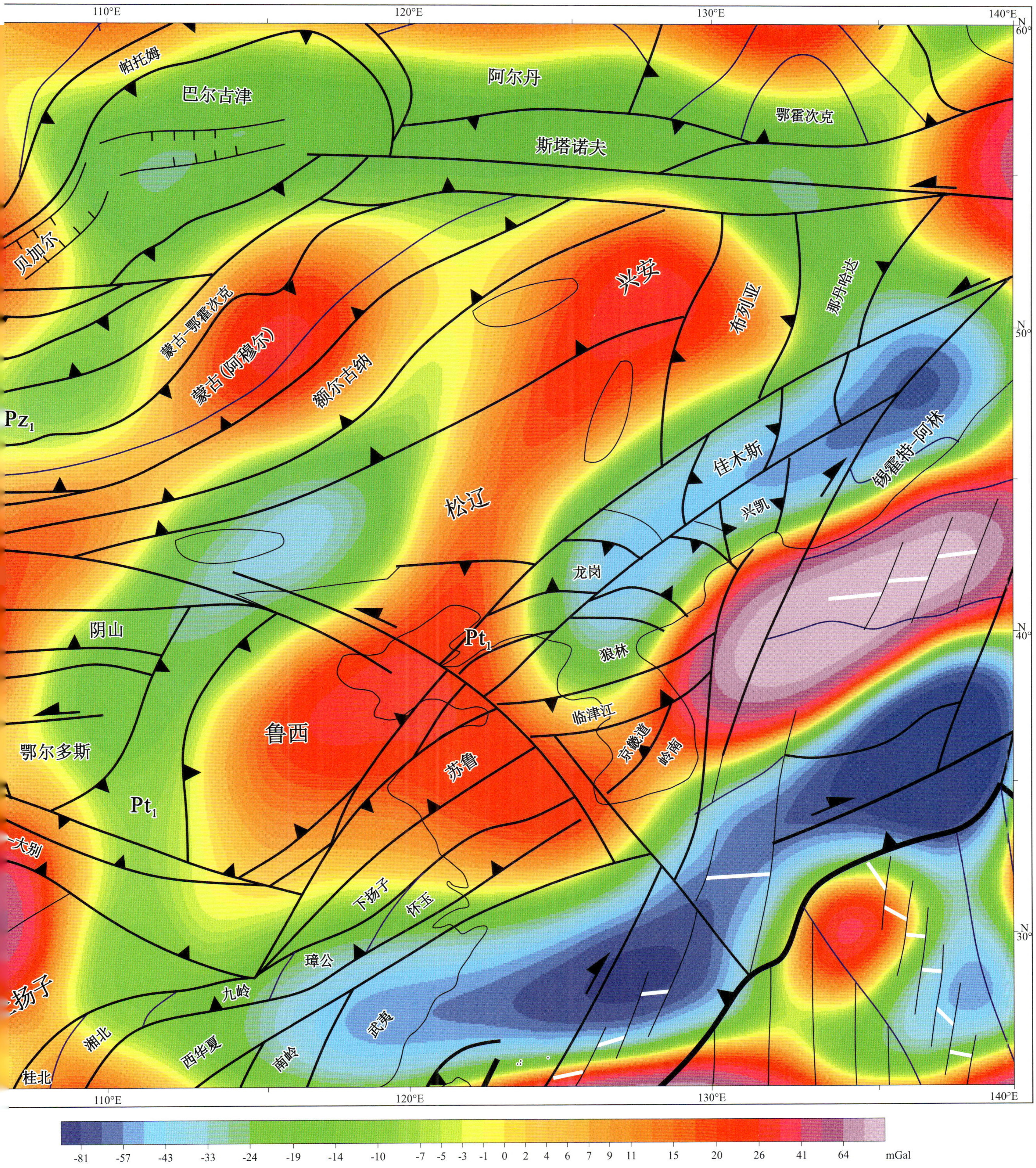
110°E
120°E
130°E
140°E
60°N
50°N
40°N
30°N
帕托姆
巴尔古津
阿尔丹
鄂霍次克
斯塔诺夫
贝加尔
兴安
布列亚
那丹哈达
蒙古-鄂霍次克
蒙古(阿穆尔)
额尔古纳
Pz1
佳木斯
锡霍特-阿林
松辽
兴凯
龙岗
阴山
Pt1
狼林
鲁西
临津江
鄂尔多斯
京畿道
岭南
苏鲁
Pt1
大别
下扬子
怀玉
扬子
璋公
九岭
湘北
武夷
西华夏
南岭
桂北
-81 -57 -43 -33 -24 -19 -14 -10 -7 -5 -3 -1 0 2 4 6 7 9 11 15 20 26 41 64 mGal

随着板块构造理论的不断发展，特提斯构造域（Tethyan Tectonic Domain）及其时空分布已远远超过 Suess（1893）限定的空间范围。在时间上，特提斯构造域形成始于罗迪尼亚超大陆解体及随后中生代以来南方（冈瓦纳）古陆与北方（劳亚）古陆之间的古大洋先后关闭。总之，特提斯构造域为北方古陆（劳亚：劳伦、波罗的、西伯利亚）南缘与南方古陆（冈瓦纳：南美、非洲、澳大利亚）北缘及其间广阔的东西向廊带。

在自由空气重力异常图（图 2-27）和均衡重力异常图（图 2-28）中，俯冲带的负异常特征十分清楚，伊朗高原和青藏高原在布格重力异常图上具有明显的低值。因此，自西向东可以分为三段：西段主要是造山带和微陆块，但布格重力异常变化较小，将在这一部分重点描述；中段主要是微陆块，主要包括伊朗高原和青藏高原，在碰撞造山带区域来论述；东段主要为西太平洋俯冲带，将在后面的西太平洋区域描述。下面对西段造山带的几个微板块作详细描述。

（图2-27）

特提斯构造域自由空气重力异常图

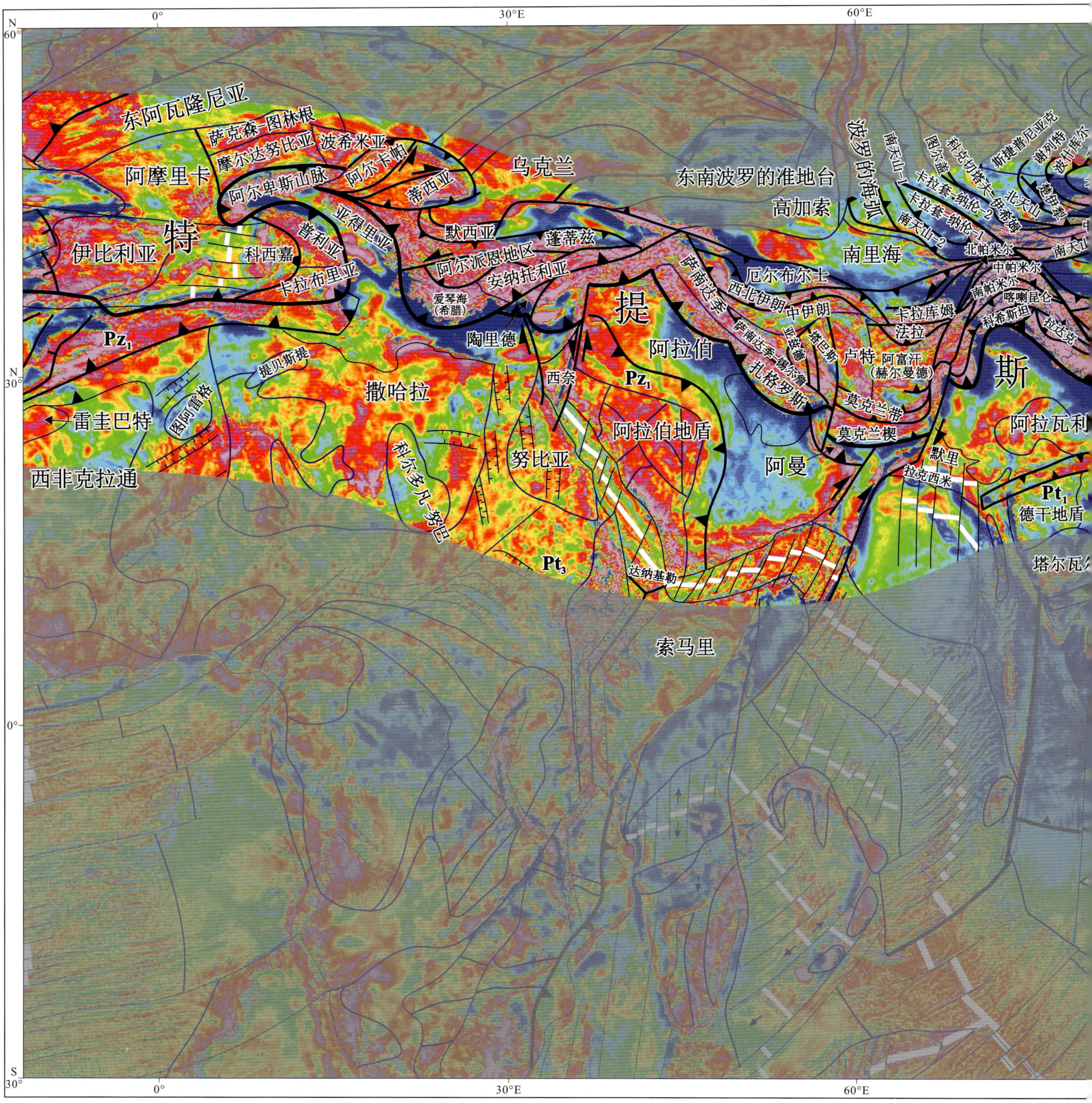

（1）**阿摩里卡**（Armorica）：该微板块位于法国南部，主要由古生界组成，在中生代和古近纪由于阿基坦盆地的向东延伸，导致大部分古生界被中生界覆盖，是华力西造山运动的拼贴地体。在阿摩里卡微板块中自由空气重力异常和均衡重力异常总体为NWW向展布，中部为正异常，南北呈现负异常特征，表明该微板块内部密度不均匀。

（2）**波希米亚**（Bohemian）：波希米亚微板块（又称为佩鲁尼卡微板块）包括捷克大部分区域及波兰西南部的苏台德山脉（Sudetes）区域，在古特提斯洋形成之前，它是冈瓦纳大陆的一部分，在寒武纪至泥盆纪沉积物中发现有底栖生物化石，表明该区泥盆纪之前一直处于高纬度地区。波希米亚微板块中自由空气重力异常及均衡重力异常均具有明显的正异常高值。

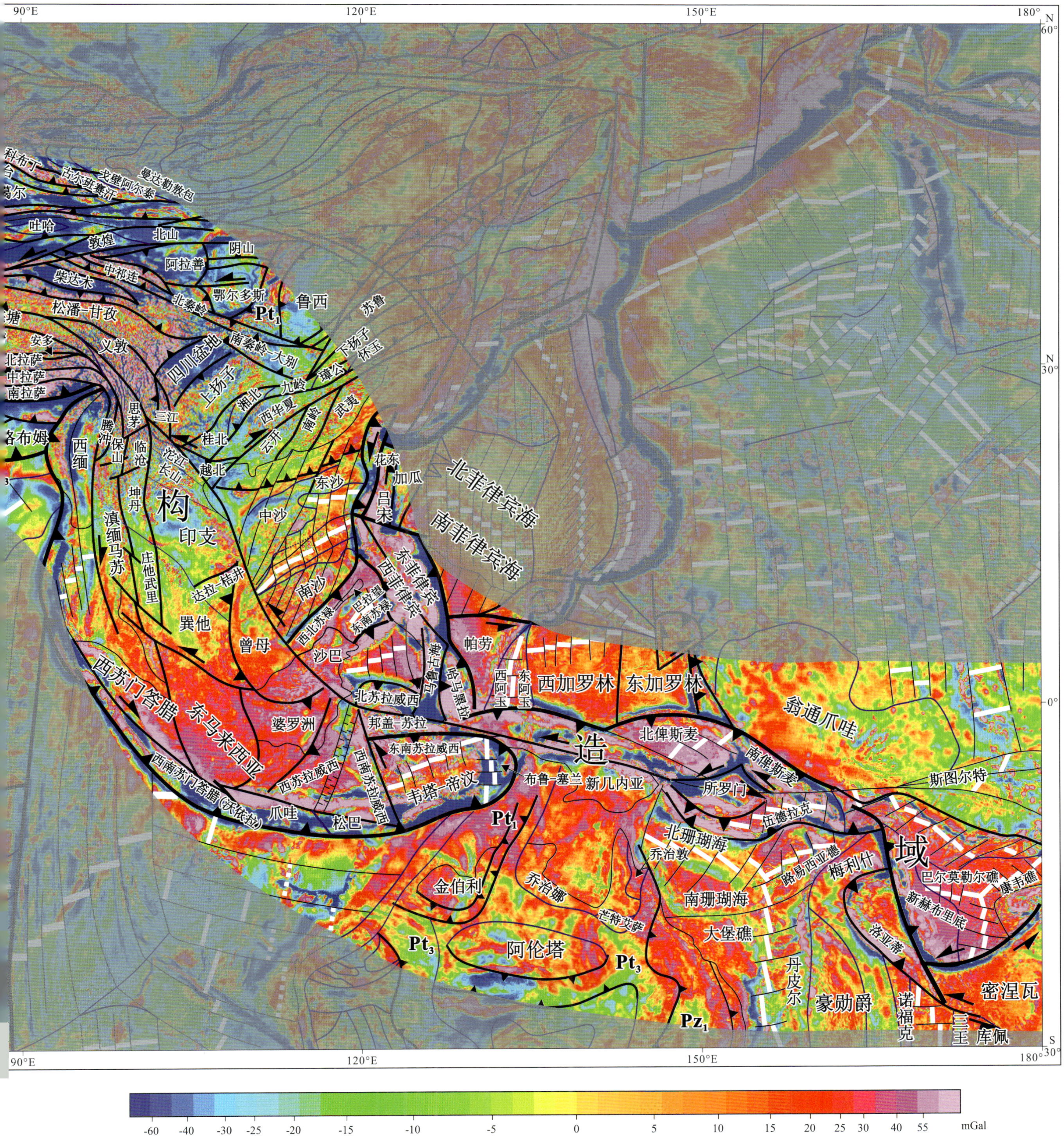

（3）蒂西亚（Tisia）：蒂西亚微板块包含潘诺尼亚（Pannonian）盆地的部分基底。该微板块是华力西造山拼贴体，在石炭纪和二叠纪期间增生至南欧，但随后在侏罗纪（巴通期）分离成单独的微板块，该微板块边界受阿尔卑斯（中新世）构造控制（Szederkenyi et al.，2012）。蒂西亚微板块均衡重力异常总体呈现出正高值，异常值范围为10~50mGal。

（4）默西亚（Moesia）：默西亚微板块包括保加利亚、塞尔维亚和罗马尼亚南部等区域，在南喀尔巴阡山脉中出露有广泛的中生代和古近纪沉积物，推测该微板块最初可能是冈瓦纳陆缘。默西亚微板块中自由空气重力异常及均衡重力异常均具有明显的正异常高值，异常值范围为15~60mGal。

（5）科西嘉（Corsica）及撒丁（Sardinia）岛弧：该微板块在30Ma左右从伊比利亚半岛脱离出来，在中部和东北部

（图2-28）

特提斯构造域均衡重力异常图

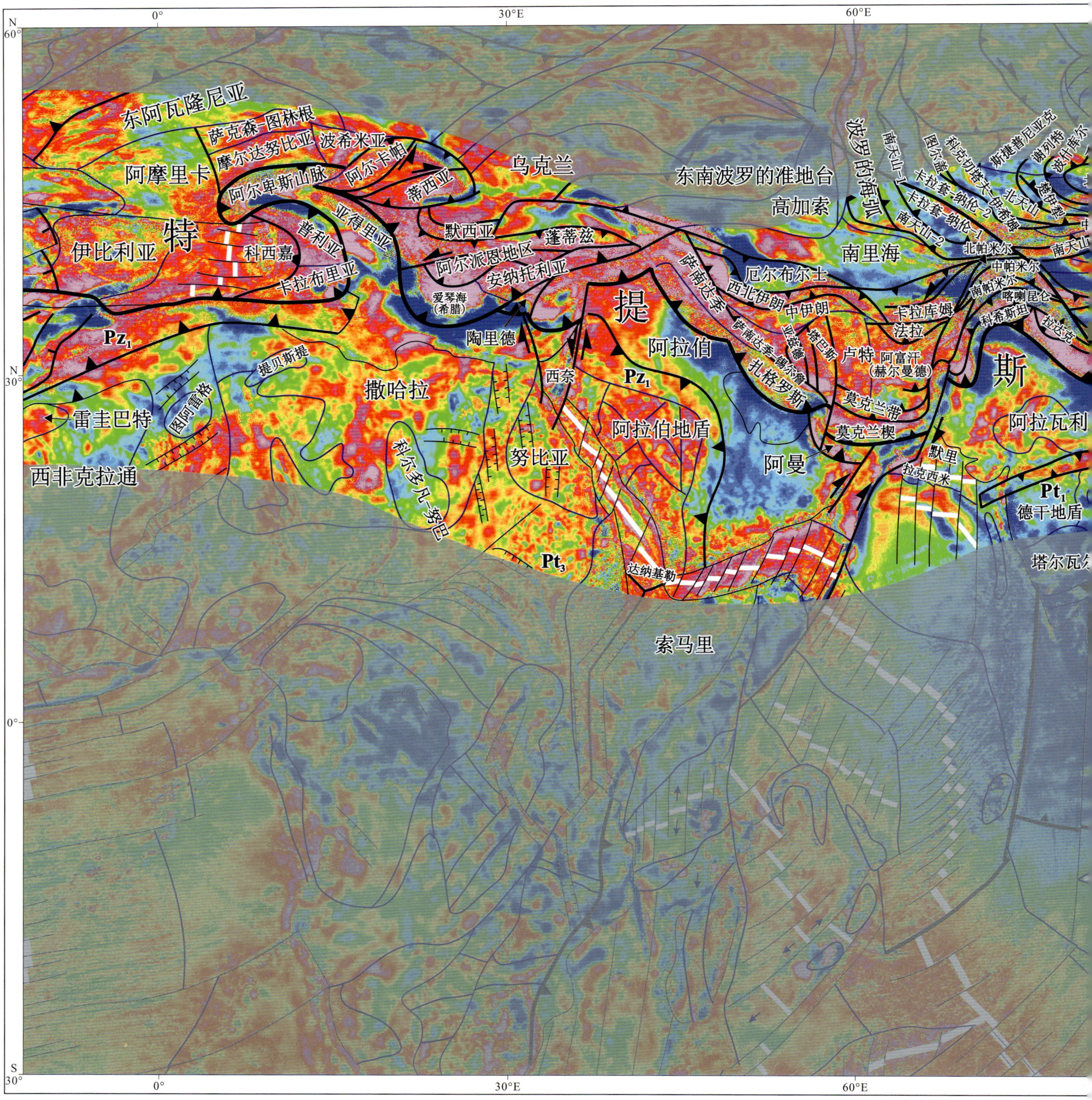

有两个较为明显的构造变形区域，而西南部构造相对稳定。在科西嘉及撒丁微板块的周缘地区均衡重力异常具有明显的正异常高值，异常值范围为 20~50mGal。

（6）**中亚平宁**（Central Appennines）山脉：中亚平宁微板块中的奥陶纪和志留纪沉积物主要是深水笔石页岩，说明其处于冈瓦纳大陆边缘，中亚平宁微板块中部自由空气重力异常总体具有正异常特征，异常值范围为 30~60mGal。

（7）**阿尔派恩地区**（Alpine Region）：阿尔卑斯山从法国东南海岸延伸，向东北蜿蜒至中亚平宁山脉和蒂西亚微板块的北部，其东北与波罗的克拉通相邻。阿尔卑斯山西部和东部的寒武纪地层包含有岛弧碎片、奥陶纪火山岩和花岗岩等，表明该地区在古生代处于冈瓦纳大陆边缘。阿尔派恩地区中均衡重力异常值在全区都表现为正异常高值，尤其是在西部地区，异常值范围为 45~70mGal。

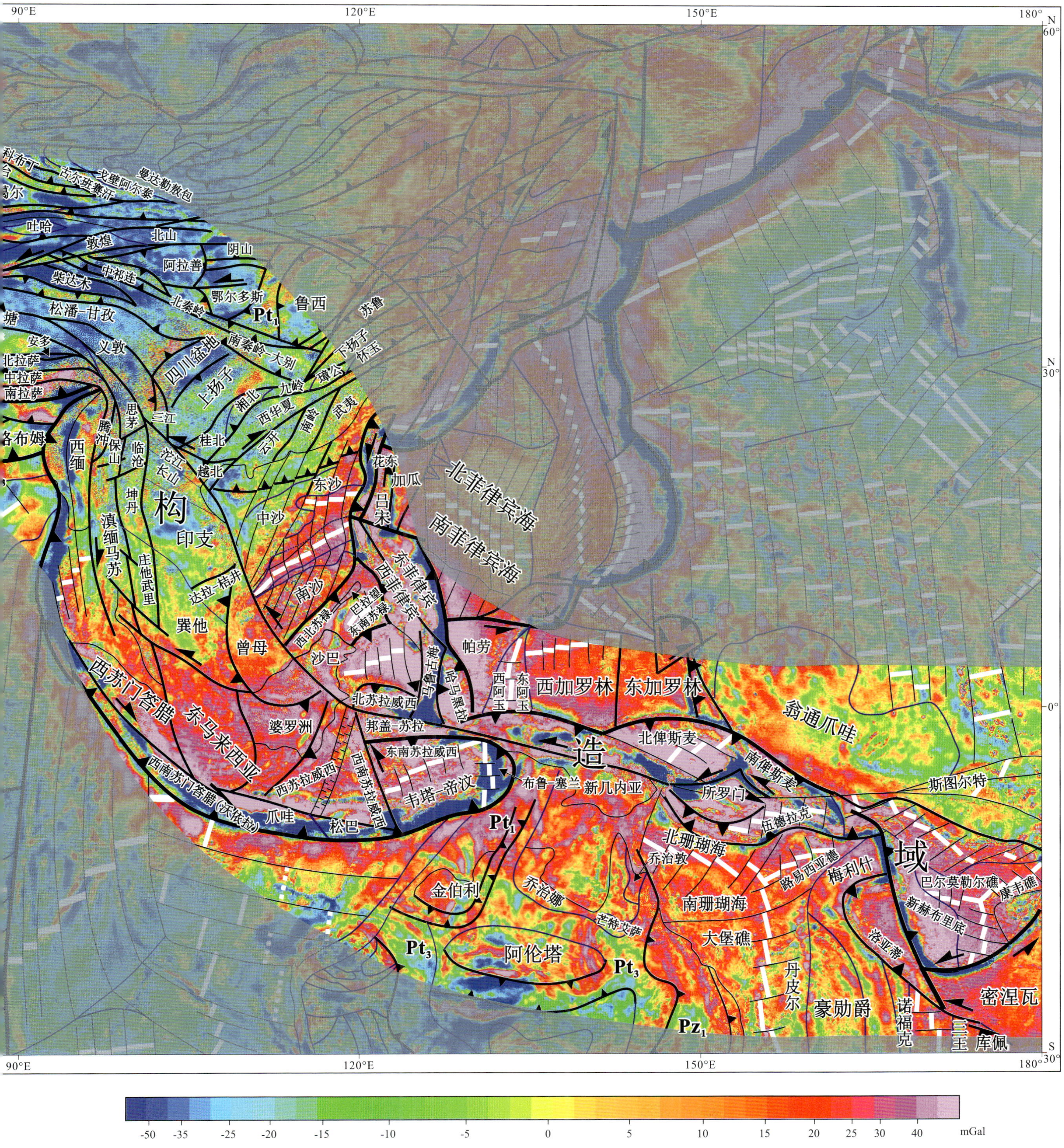

(图2-29)

特提斯构造域自由空气重力异常x方向导数图

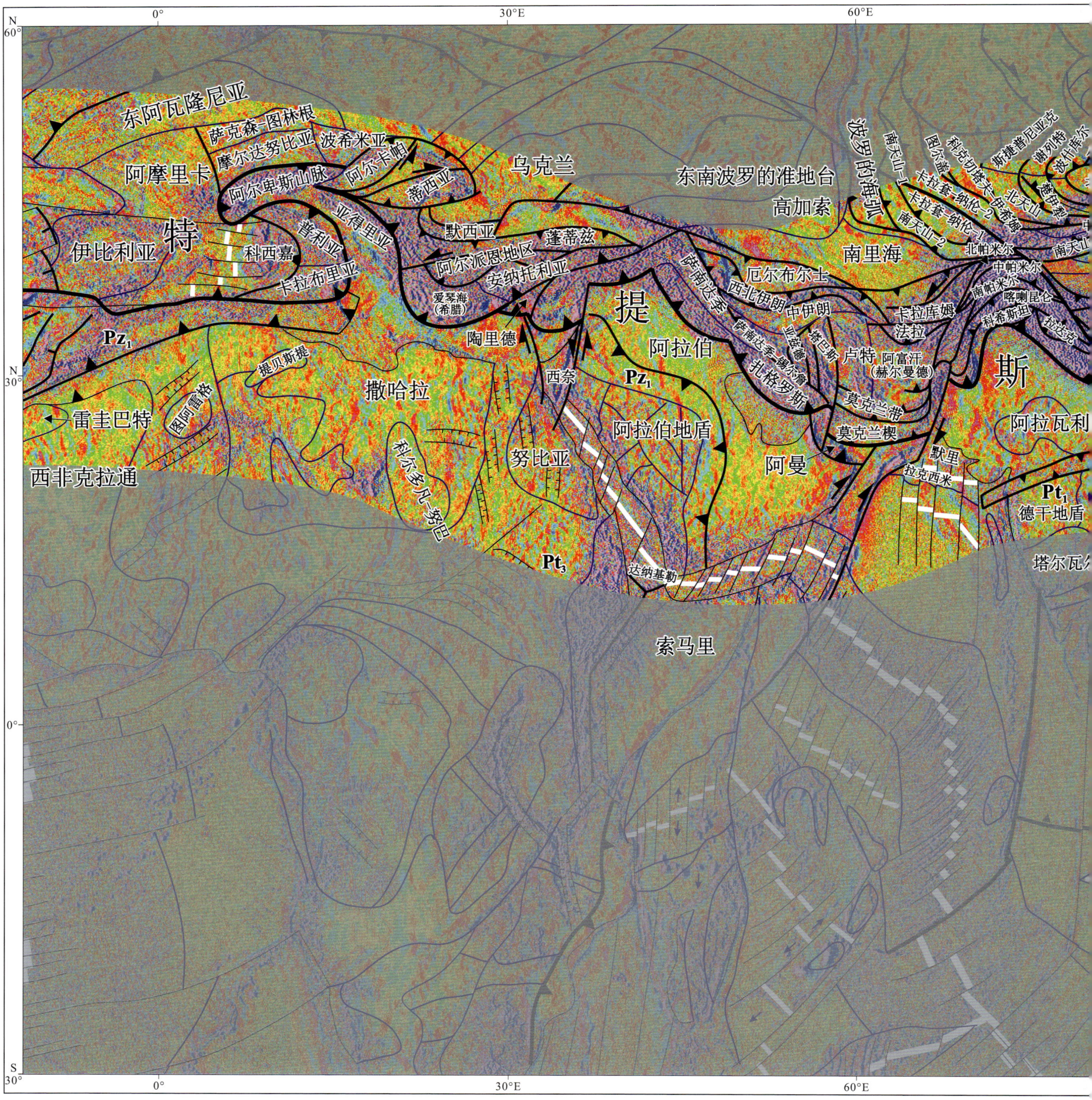

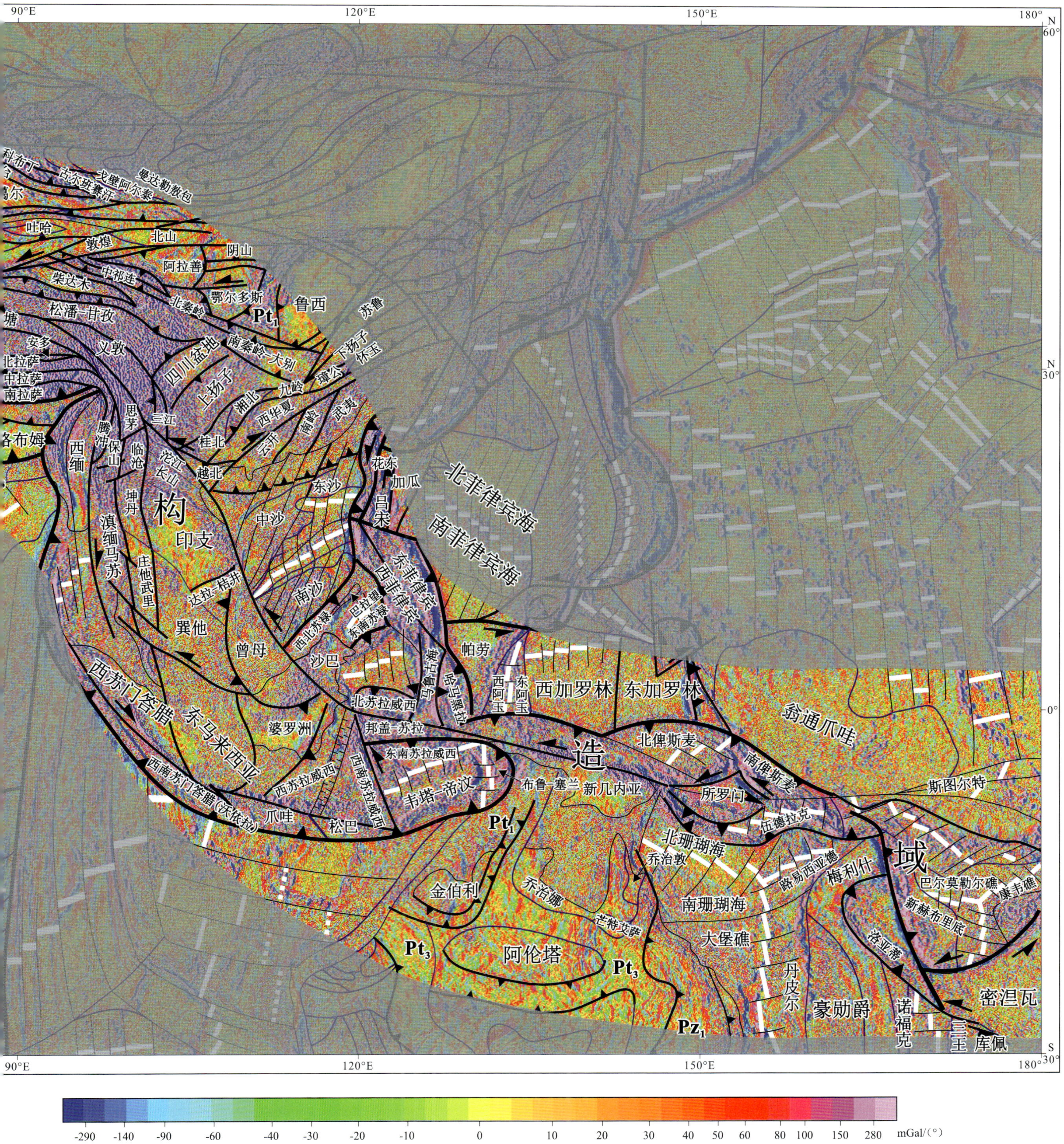
90°E
120°E
150°E
180°
60°N
30°N
0°
30°S
北菲律宾海
南菲律宾海
西加罗林
东加罗林
翁通爪哇
北俾斯麦
南俾斯麦
所罗门
斯图尔特
北珊瑚海
南珊瑚海
乔治敦
乔治娜
芒特艾萨
大堡礁
丹皮尔
豪勋爵
诺福克
三王
库佩
密涅瓦
洛亚蒂
新赫布里底
巴尔莫勒尔礁
康韦礁
梅利什
路易西亚德
伍德拉克
布鲁-塞兰
新几内亚
阿伦塔
金伯利
Pt₁
Pt₃
Pz₁
构
造
域
印支
异他
曾母
婆罗洲
东马来西亚
西苏门答腊
西南苏门答腊(沃依拉)
爪哇
松巴
西苏拉威西
西南苏拉威西
东南苏拉威西
邦盖-苏拉
北苏拉威西
韦塔-帝汶
沙巴
南沙
中沙
东沙
西北苏禄
巴拉望
东南苏禄
西菲律宾
东菲律宾
吕宋
加瓜
花东
帕劳
哈马黑拉
西阿玉
东阿玉
达拉-桂井
庄他武里
滇缅马苏
西缅
腾冲
保山
临沧
思茅
坤丹
沱江
长山
三江
越北
桂北
云开
西华夏
武夷
南岭
湘北
九岭
上扬子
下扬子
怀玉
四川盆地
南秦岭-大别
北秦岭
鄂尔多斯
阿拉善
阴山
北山
敦煌
吐哈
柴达木
中祁连
松潘-甘孜
义敦
安多
北拉萨
中拉萨
南拉萨
喜马拉雅
冈底斯
鲁西
苏鲁
漳公
戈壁阿尔泰
曼达勒敖包
-290
-140
-90
-60
-40
-30
-20
-10
0
10
20
30
40
50
60
80
100
150
280
mGal/(°)

（图2-30）

特提斯构造域自由空气重力异常y方向导数图

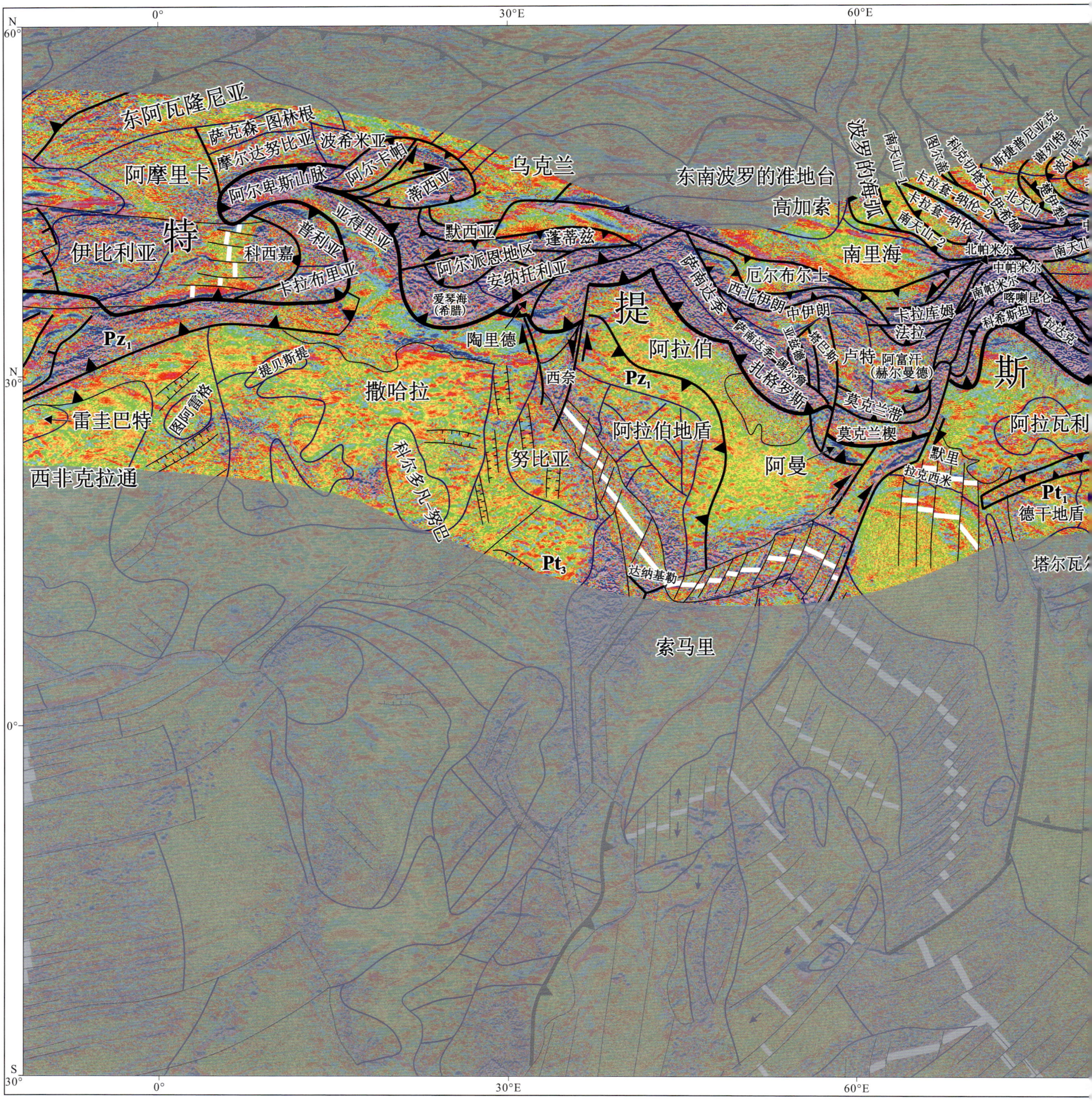

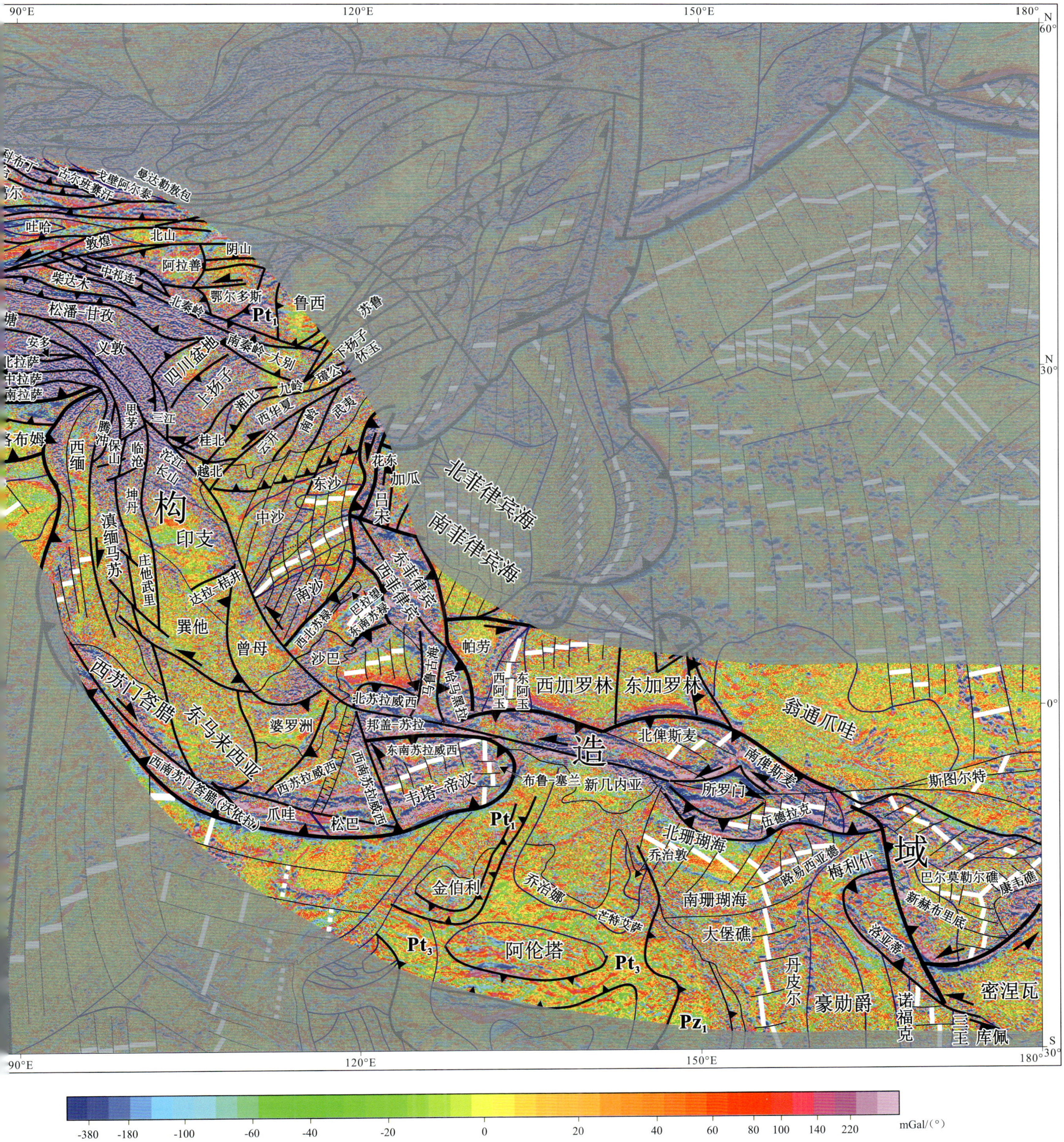

90°E
120°E
150°E
180°
N 60°
N 30°
0°
S 30°
戈壁阿尔泰
曼达勒敖包
吐哈
北山
敦煌
阴山
阿拉善
中祁连
柴达木
鄂尔多斯
鲁西
苏鲁
北秦岭
Pt1
松潘-甘孜
南秦岭-大别
下扬子
怀玉
义敦
四川盆地
九岭
璋公
上扬子
湘北
西华夏
南岭
武夷
思茅
三江
腾冲
保山
临沧
西缅
云开
桂北
沱江
长山
越北
花东
加瓜
吕宋
东沙
北菲律宾海
南菲律宾海
构
中沙
坤丹
滇缅马苏
庄他武里
印支
达拉-楼井
南沙
东菲律宾
西菲律宾
巽他
曾母
西北苏禄
巴拉望
东南苏禄
沙巴
帕劳
哈马黑拉
西阿玉
东阿玉
西加罗林
东加罗林
翁通爪哇
西苏门答腊
东马来西亚
北苏拉威西
婆罗洲
邦盖-苏拉
北俾斯麦
南俾斯麦
造
东南苏拉威西
西南苏门答腊(沃伦拉)
西苏拉威西
西南苏拉威西
韦塔-帝汶
布鲁-塞兰
新几内亚
所罗门
斯图尔特
伍德拉克
爪哇
松巴
Pt1
北珊瑚海
乔治敦
域
梅利什
路易西亚德
巴尔莫勒尔礁
康韦礁
金伯利
乔治娜
芒特艾萨
南珊瑚海
新赫布里底
洛亚蒂
大堡礁
阿伦塔
Pt3
Pt3
丹皮尔
豪勋爵
诺福克
密涅瓦
三王
库佩
Pz1
-380
-180
-100
-60
-40
-20
0
20
40
60
80
100
140
220
mGal/(°)

（图2-31） 特提斯构造域自由空气重力异常z方向导数图

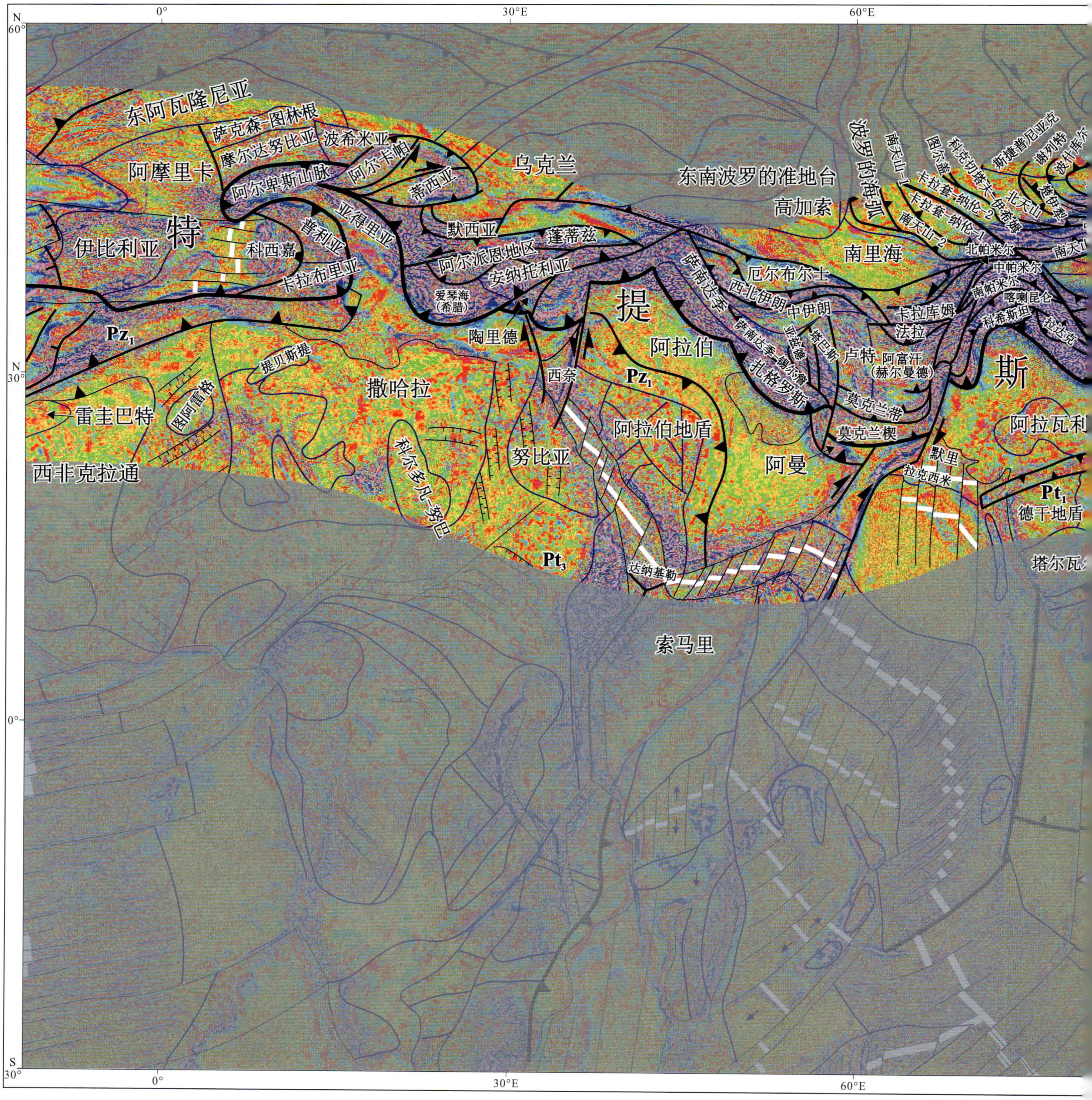

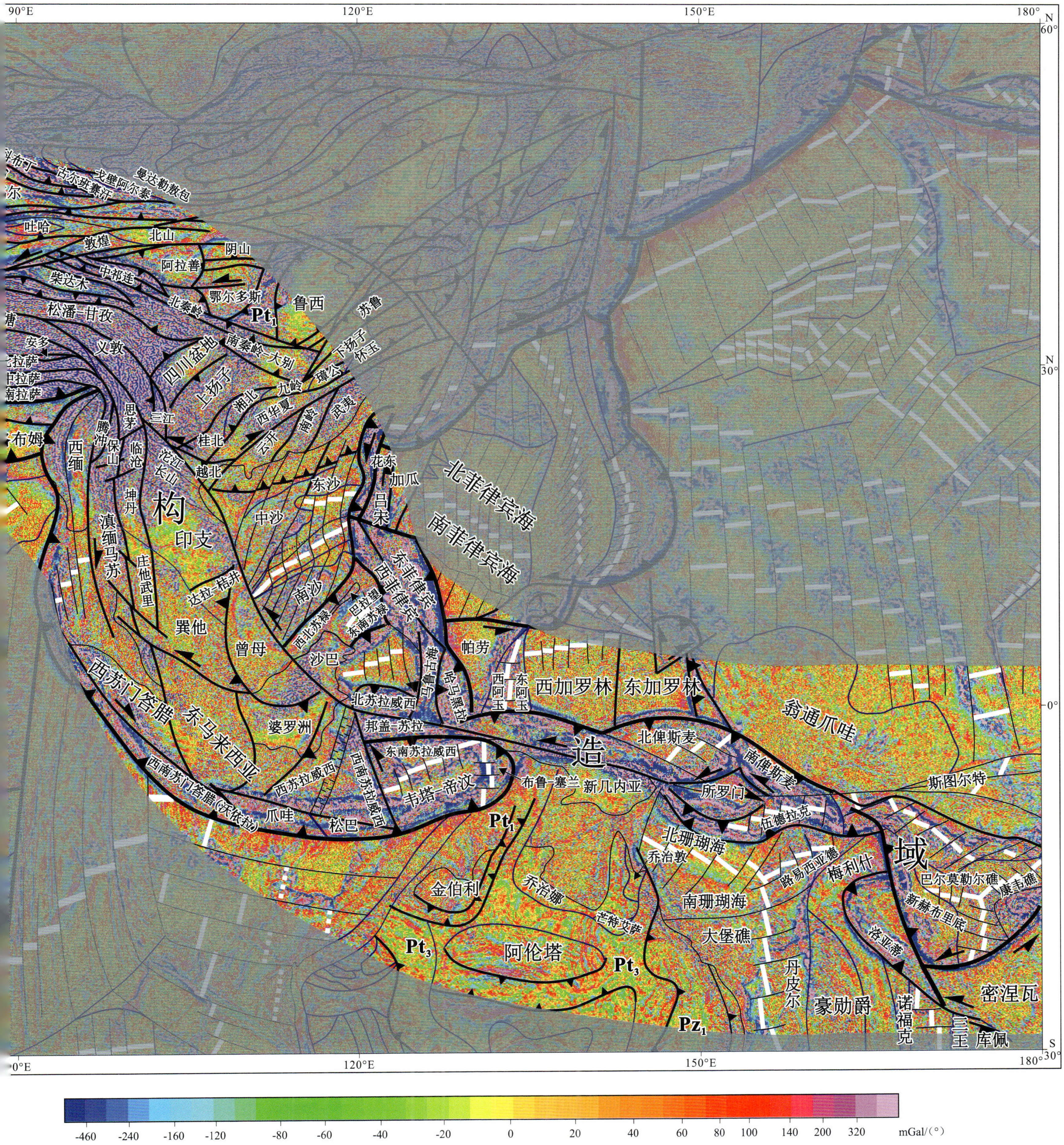
90°E
120°E
150°E
180°
N 60°
N 30°
0°
S 30°
戈壁阿尔泰
古尔班赛汗
曼达勒敖包
吐哈
北山
敦煌
阴山
阿拉善
柴达木
中祁连
鄂尔多斯
北秦岭
松潘-甘孜
鲁西
苏鲁
Pt1
安多
义敦
南秦岭-大别
四川盆地
下扬子
怀玉
上扬子
九岭
璋公
湘北
西华夏
南岭
武夷
思茅
三江
桂北
云开
腾冲
保山
临沧
西缅
花东
加瓜
北菲律宾海
南菲律宾海
越北
东沙
坤丹
构
吕宋
中沙
印支
滇缅马苏
庄他武里
东菲律宾
西菲律宾
达拉-特井
南沙
巽他
巴拉望
曾母
沙巴
帕劳
西阿玉
东阿玉
西加罗林
东加罗林
翁通爪哇
西苏门答腊
东马来西亚
北苏拉威西
邦盖-苏拉
婆罗洲
造
北俾斯麦
南俾斯麦
东南苏拉威西
西苏拉威西
西南苏拉威西
韦塔-帝汶
布鲁-塞兰
新几内亚
所罗门
斯图尔特
西南苏门答腊(沃依拉)
爪哇
松巴
Pt1
伍德拉克
北珊瑚海
乔治敦
梅利什
路易西亚德
域
巴尔莫勒尔礁
康韦礁
金伯利
乔治娜
南珊瑚海
新赫布里底
芒特艾萨
大堡礁
洛亚蒂
Pt3
阿伦塔
Pt3
丹皮尔
豪勋爵
诺福克
密涅瓦
Pz1
三王
库佩
-460
-240
-160
-120
-80
-60
-40
-20
0
20
40
60
80
100
140
200
320
mGal/(°)

特提斯构造域垂向重力梯度图（VGG）

（图2-32）

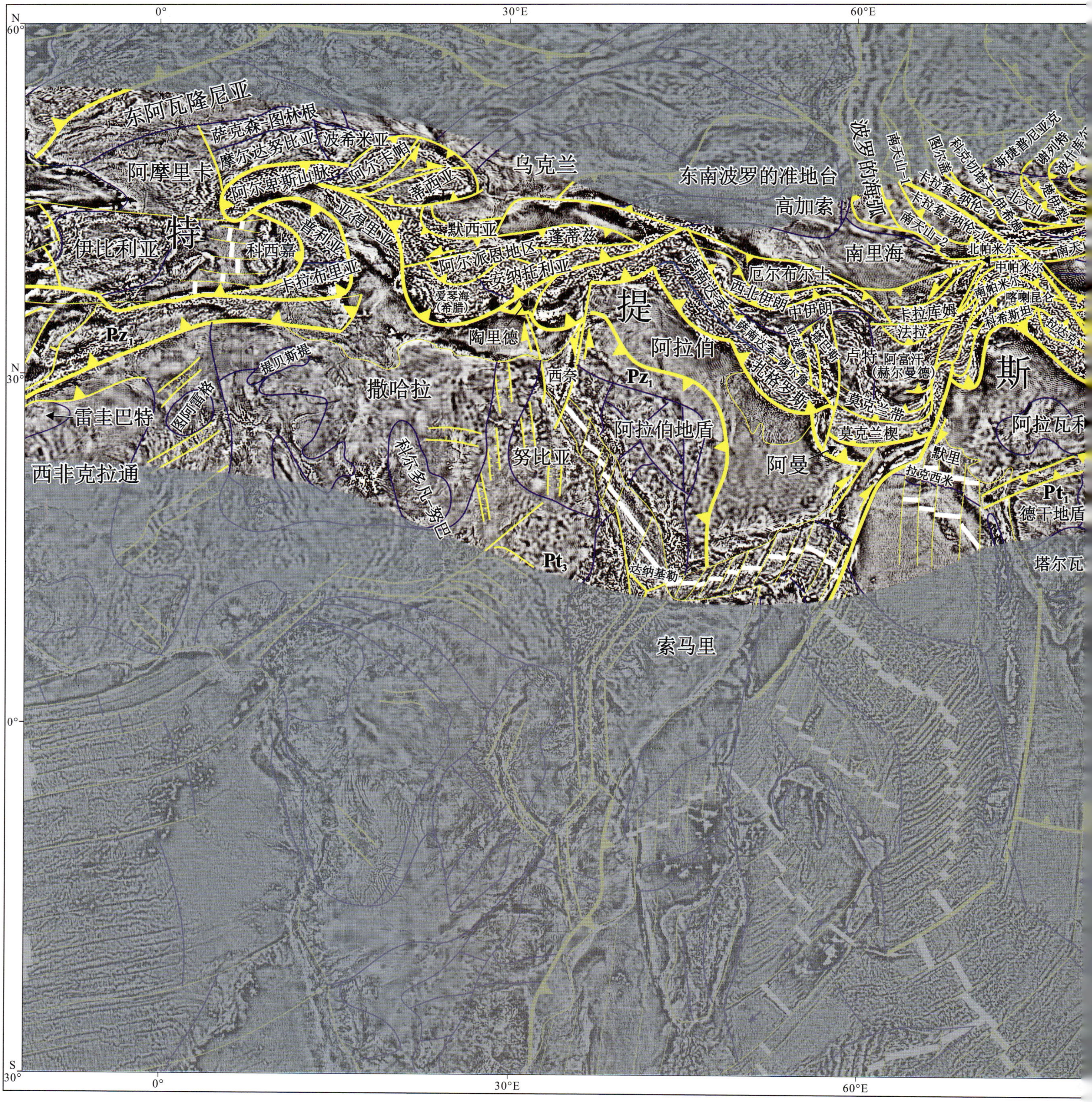

90°E
120°E
150°E
180°
N 60°
N 30°
0°
S 30°
鲁西
苏鲁
怀玉
北山
阴山
敦煌
阿拉善
柴达木
松潘-甘孜
鄂尔多斯
吐哈
北拉萨
南拉萨
四川盆地
桂北
越北
构
印支
滇缅马苏
庄他武里
异他
曾母
沙巴
南沙
中沙
东沙
婆罗洲
西苏门答腊
东马来西亚
北菲律宾海
南菲律宾海
帕劳
西加罗林
东加罗林
翁通爪哇
北俾斯麦
南俾斯麦
斯图尔特
造
布鲁-塞兰
新几内亚
所罗门
伍德拉克
北珊瑚海
南珊瑚海
乔治敦
梅利什
域
巴尔莫勒尔礁
康韦礁
新赫布里底
密涅瓦
诺福克
库佩
豪勋爵
丹皮尔
大堡礁
芒特艾萨
阿伦塔
金伯利
乔治娜
Pt_1
Pt_3
Pz_1
-102
-30
-20
-14
-10
-8
-6
-4
-2
0
2
4
6
8
10
14
18
24
36
72
E

（图2-33）

特提斯构造域布格重力异常图

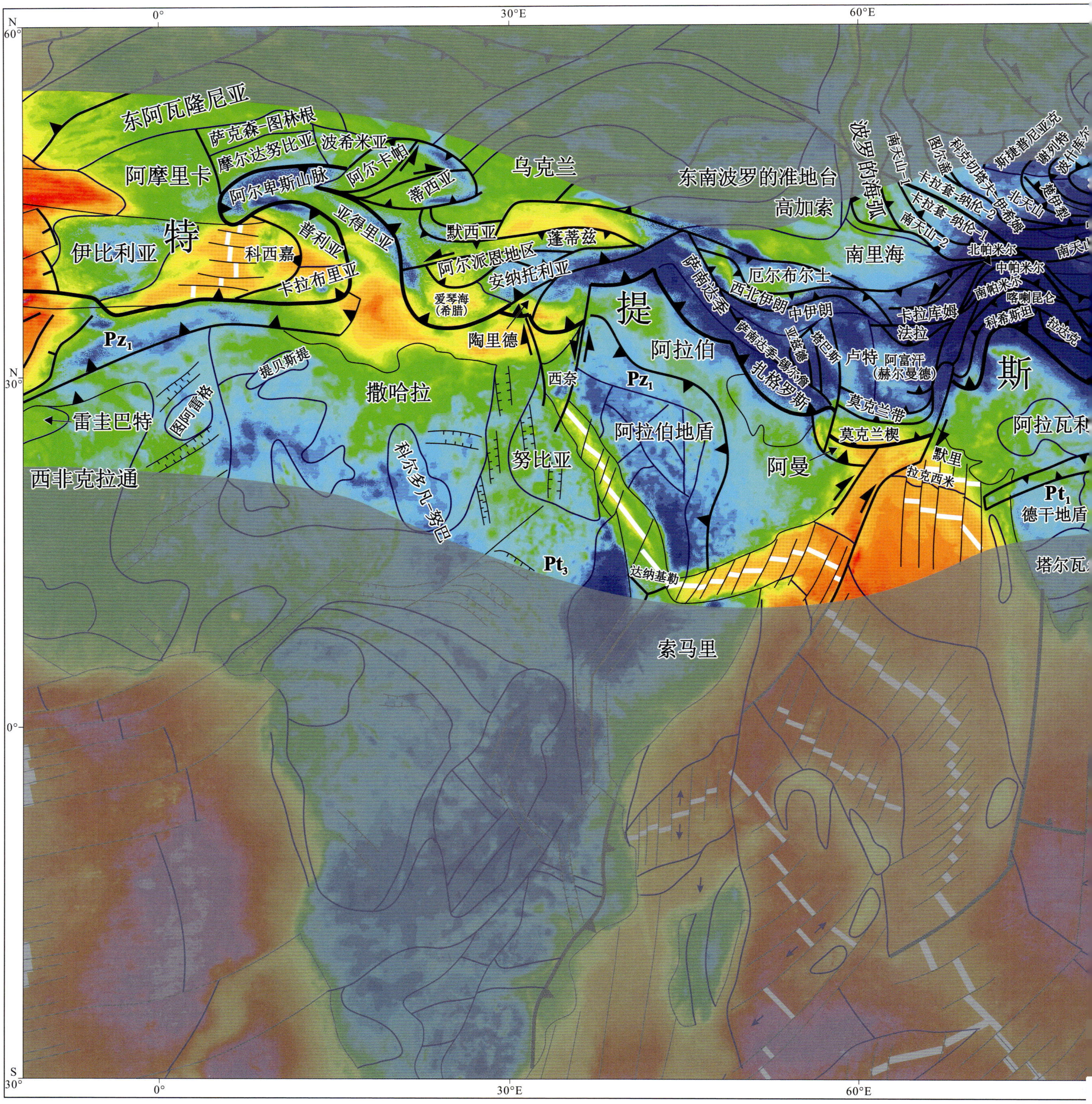

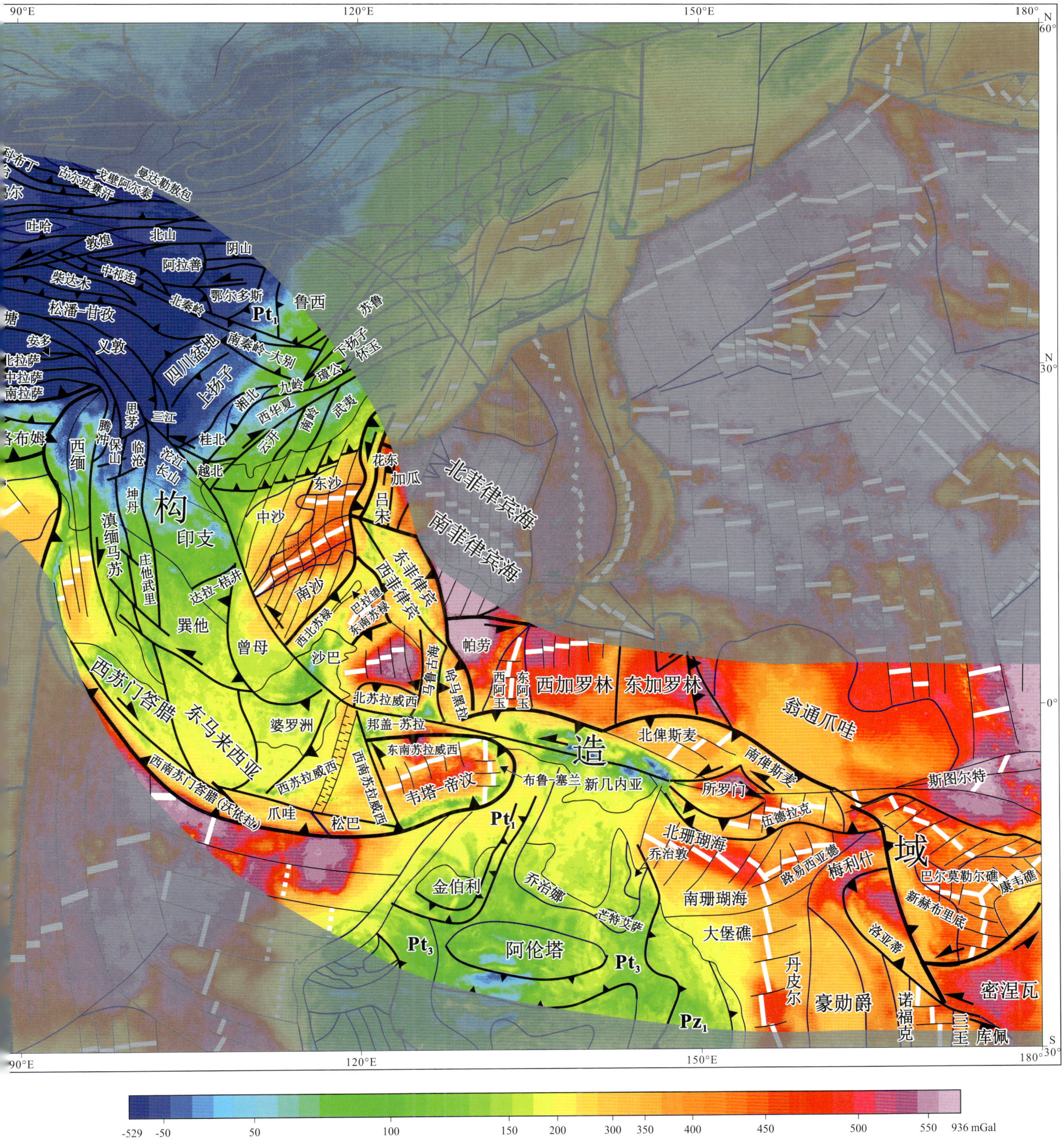
90°E
120°E
150°E
180°
N 60°
N 30°
0°
S 30°
吐哈
北山
阴山
敦煌
阿拉善
中祁连
柴达木
鄂尔多斯
鲁西
苏鲁
松潘-甘孜
北秦岭
Pt1
南秦岭-大别
下扬子
怀玉
义敦
四川盆地
上扬子
九岭
湘北
璋公
武夷
西华夏
南岭
云开
三江
思茅
腾冲
保山
临沧
西缅
桂北
越北
沱江
长山
坤丹
花东
加瓜
吕宋
东沙
中沙
北菲律宾海
南菲律宾海
构
印支
滇缅马苏
庄他武里
达拉-桔井
南沙
东菲律宾
西菲律宾
巽他
曾母
沙巴
西北苏禄
帕劳
西阿玉
东阿玉
西加罗林
东加罗林
哈马黑拉
北苏拉威西
邦盖-苏拉
翁通爪哇
西苏门答腊
东马来西亚
婆罗洲
造
北俾斯麦
南俾斯麦
东南苏拉威西
西苏拉威西
西南苏拉威西
韦塔-帝汶
布鲁-塞兰
新几内亚
所罗门
斯图尔特
西南苏门答腊(沃依拉)
爪哇
松巴
Pt1
伍德拉克
北珊瑚海
乔治敦
域
梅利什
路易西亚德
巴尔莫勒尔礁
康韦礁
新赫布里底
金伯利
乔治娜
南珊瑚海
芒特艾萨
大堡礁
洛亚蒂
Pt3
阿伦塔
Pt3
丹皮尔
豪勋爵
诺福克
密涅瓦
Pz1
三王
库佩
-529
-50
50
100
150
200
300
350
400
450
500
550
936 mGal

（1）整体特征

从自由空气重力异常图（图 2-34）中可以看到，西太平洋区域到新几内亚岛，洋陆过渡带构造复杂，正异常和负异常的变化十分明显，东南亚环形俯冲系统、板块边缘及岛弧整体呈负异常，如位于俯冲带上盘的微陆块爪哇（Java）、松巴（Sumba）等呈负异常；俯冲系统内部的如马里亚纳（Mariana）、马努斯（Manus）、南俾斯麦（S. Bismark）、北俾斯麦（N. Bismark）、所罗门（Solomon）、菲律宾（Philippine）等微洋块呈正异常特征。均衡重力异常特征（图 2-35）与自由空气重力异常（图 2-34）总体特征相似，在欧亚陆块等区域与自由空气异常差别较大。

自由空气重力异常 x 和 y 方向导数图（图 2-36、图 2-37）中，也可以清晰地反映微板块边界的特征，同样在俯冲带两侧特征明显，如滇缅马苏、爪哇、松巴、帝汶微板块内部呈现明显正异常。

自由空气重力异常 z 方向导数图（图 2-38）中，各微板块表现为不同的异常特征，如东南亚的爪哇、松巴、西苏拉威西（W. Sulawesi）、南东苏拉威西（SE. Sulawesi）、邦盖－苏拉（Banggai-Sula）等正负异常特征变化明显。垂向重力梯度图（图 2-39）更明显地突出了板块边界，尤其是俯冲带均呈明显负异常。

布格重力异常图（图 2-40）上显示洋陆结构清晰，负异常区主要为陆壳，正异常区主要为洋壳。

（2）环形俯冲系统西南部造山带内的微陆块

滇缅马苏（Sibumasu）：该微陆块从印度尼西亚苏门答腊一直向北延伸到缅甸东部（Metcalfe，2006；Ridd et al.，2011），北部包含缅甸东部、泰国北部和中部，南部从泰国西部穿过马来半岛到达苏门答腊，晚奥陶统动物群表明其具有亲华南陆块特征。在自由空气异常图（图 2-34）中，板块内部主要为负异常，但有正异常条带，在均衡重力异常图（图 2-35）中，板块内部都是负异常，部分正异常条带消失。

印支（Indochina）：主要由中南半岛组成，是一个古元古代克拉通，该克拉通发育古生代侵入体，在上部晚古生代大陆红层下有一个明显的不整合面，被晚三叠世至白垩纪花岗岩侵入。印支微板块内的自由空气重力异常值整体为负值（图 2-34），内部也有正异常条带异常值在 20~50mGal。

（图2-34）

西太平洋自由空气重力异常图

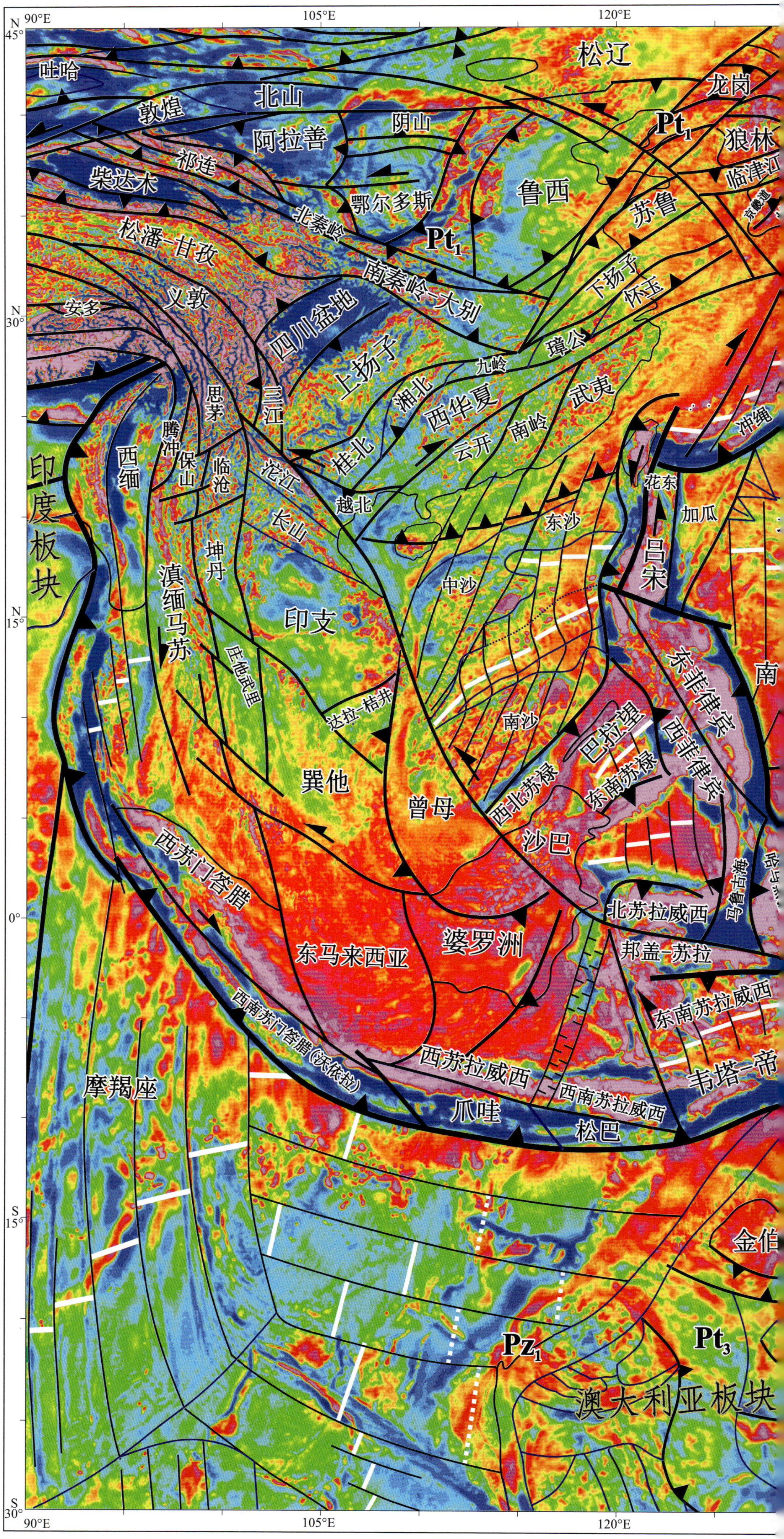

135°E
150°E
165°E
180°
165°W
45°N
30°N
15°N
0°
15°S
30°S
锡霍特
南北土
北海道
大和
飞驒
美浓-丹波
黑濑川
伊萨科夫
帕帕宁
赫斯
奥里
皇帝
奇努克
塔穆
伊豆小笠原
沙茨基
太平洋板块
大东
东四国帕里西维拉
西四国帕里西维拉
西马里亚纳
马里亚纳
马库斯-韦克
中太平洋海山
麦哲伦海山
皮加费塔
麦哲伦海隆
西加罗林
东加罗林
翁通爪哇
北俾斯麦
南俾斯麦
新几内亚
布鲁-塞兰
所罗门
伍德拉克
斯图尔特
埃利斯
马尼希基
北珊瑚海
治娜
乔治敦
南珊瑚海
路易西亚德
梅利什
巴尔莫勒尔礁
富图纳
纽阿福欧
康韦礁
新赫布里底
劳
汤加
芒特艾萨
大堡礁
伦塔
Pt_3
Pz_1
丹皮尔
豪勋爵
洛亚蒂
密涅瓦
科尔维尔
克马德克
诺福克
三王
库佩
希库朗伊
-60 -38 -28 -22 -17 -14 -10 -8 -5 -3 0 1 3 4 6 7 9 11 15 20 28 40 69 mGal

西缅（W. Burma）：位于滇缅马苏（Sibumasu）微陆块的西北部，主要是由三叠系至古近系组成，形成一个独立的微板块单元，随后与冈瓦纳大陆的南极洲部分分离并向北漂移。板块内重力异常值整体为负值，有正异常值呈斑点分布，自由空气重力异常在 -100~50mGal（图 2-34）。

东马来西亚和婆罗洲（E. Malaysia and Borneo）：包括东苏门答腊岛和加里曼丹岛。西边界以劳勿－文冬（Raub-Benton）缝合线为界，此带蛇绿岩发育，东边界为另一条蛇绿岩带。该块体主要地层包括白垩纪和古近纪变形复理石带，发育有滑石层及渐新世（26Ma）的花岗岩。东马来西亚和婆罗洲微板块内部重力异常值整体较高，自由空气重力异常值在 20~100mGal（图 2-34）。

邦盖－苏拉（Banggai-Sula）：位于印度尼西亚东部苏拉威西岛和班达海之间，太平洋、菲律宾海、印度－澳大利亚板块和欧亚板块之间的复杂交汇带。它是在中生代从澳大利亚板块分裂出来的微陆块，并在中新世中、晚期与东苏拉威西微陆块发生碰撞。岩石大多为石炭纪或更老的地层。板块内部异常值较高，自由空气重力异常值大于 70mGal（图 2-34）。

爪哇（Java）、西南苏门答腊岛（SW. Sumatra）：属于火山岛弧，由印度－澳大利亚板块沿巽他海沟或爪哇海沟向北俯冲形成，该海沟从西北部的缅甸延伸至东南部的松巴岛。松巴岛包含火山岩、深成岩和火山碎屑岩，记录了从晚白垩世到渐新世的弧火山作用。松巴微陆块是一种源自澳大利亚西北部或巽他古陆的外来微板块，微陆块内部呈负异常。爪哇微板块内部自由空气重力异常呈负值，整体重力异常值较低。西南苏门答腊岛微板块边缘自由空气重力异常呈负值，微板块中央的异常值较高（图 2-34）。

韦塔－帝汶（Wetar-Timor）：韦塔微板块属于小巽他群岛的一部分，是中新世以来印度－澳大利亚板块在巽他－班达弧下俯冲形成的；帝汶微陆块属于班达弧和澳大利亚大陆边缘的一部分，可能位于澳大利亚前寒武纪基底之下，但最古老的出露沉积物为二叠纪，侏罗纪期间从澳大利亚西北边缘裂离，但在与班达火山岛前弧碰撞后，在上新世才以岛屿形式出现（Hall, 2012）。韦塔－帝汶微板块中央和北部自由空气重力异常为正异常（图 2-35），南部靠近俯冲带，呈负异常。

（图2-35）

西太平洋均衡重力异常图

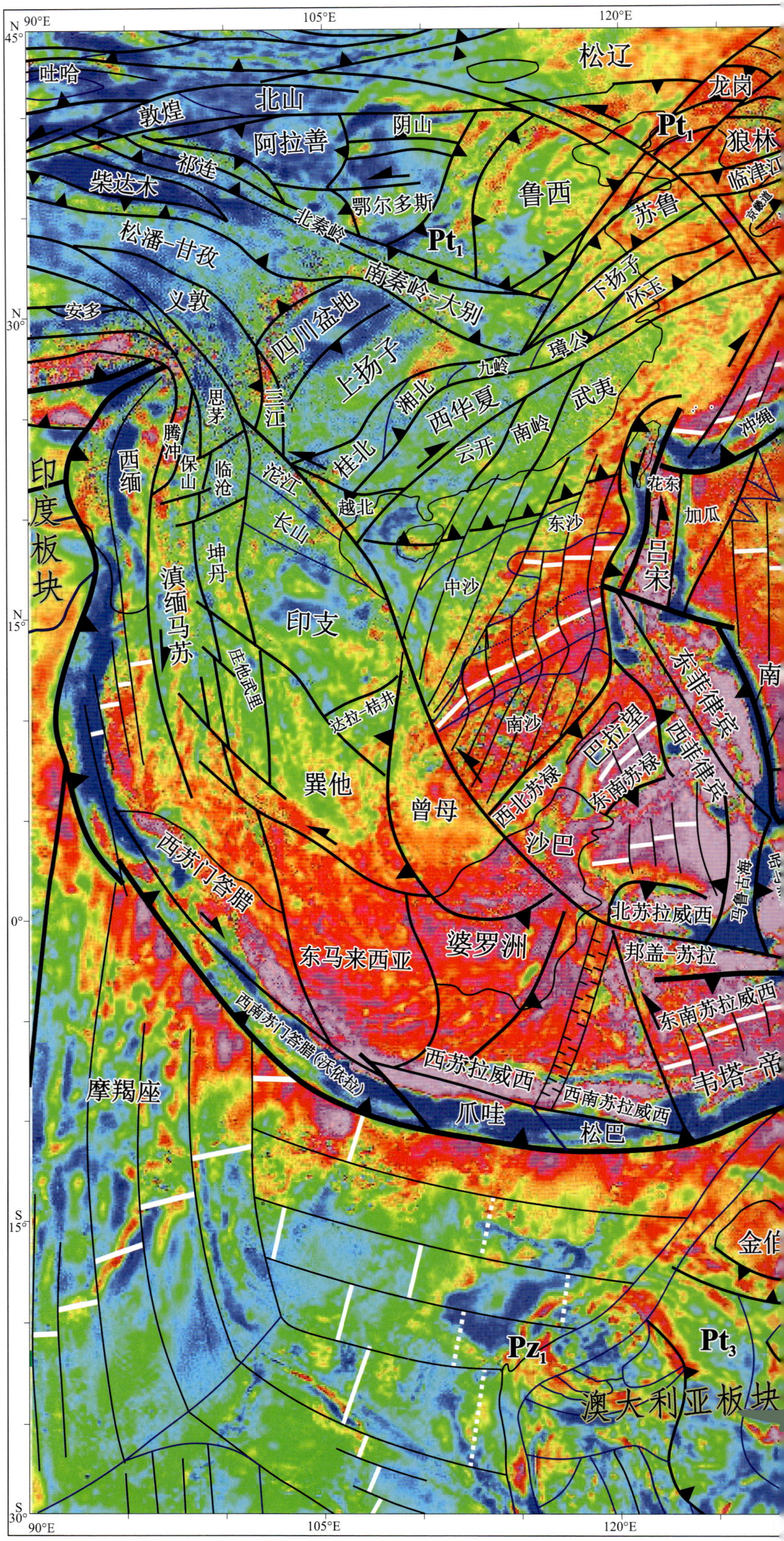

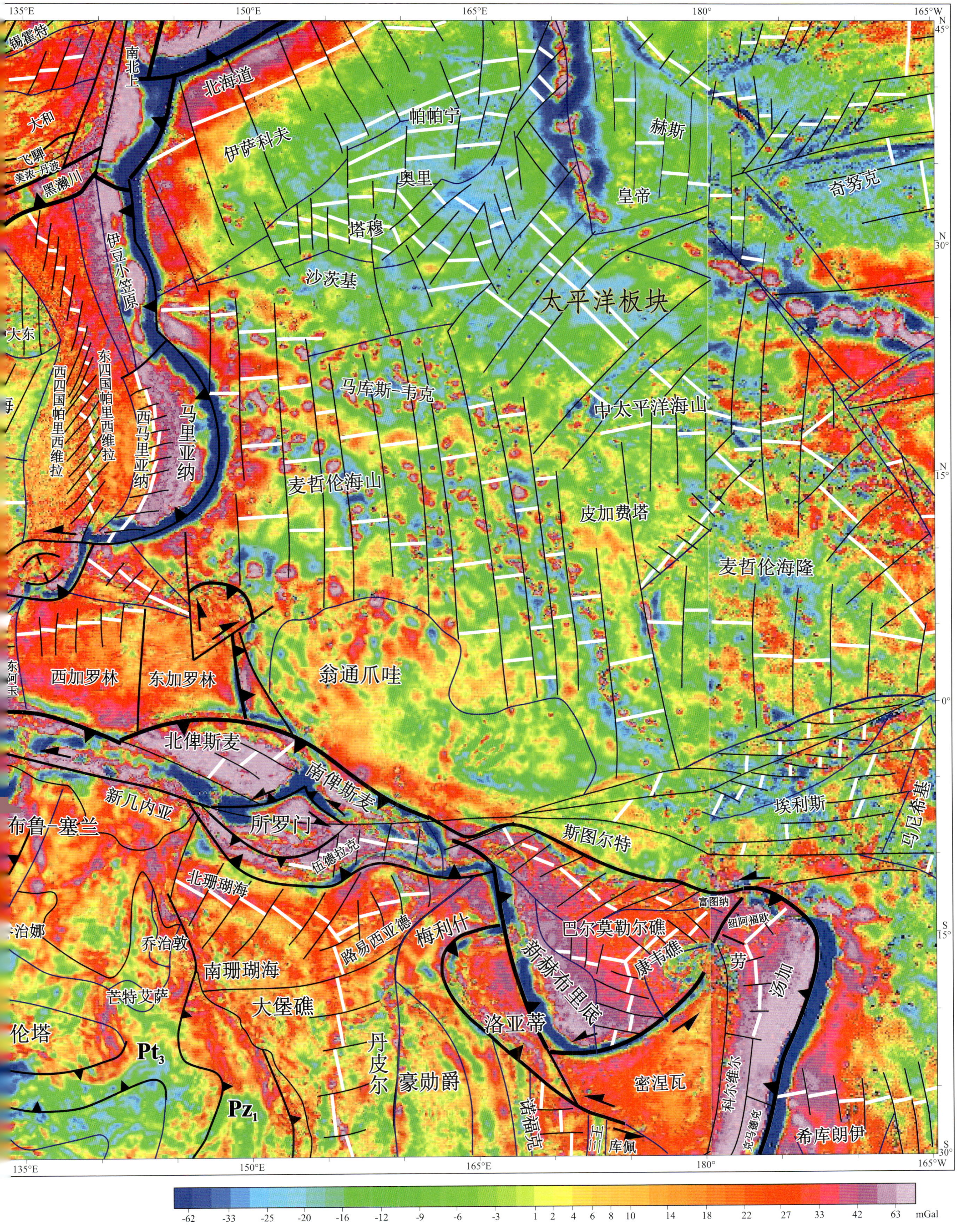

135°E
150°E
165°E
180°
165°W
锡霍特
南北上
北海道
大和
飞驒
美浓-丹波
黑濑川
伊萨科夫
帕帕宁
赫斯
奥里
皇帝
奇努克
塔穆
伊豆小笠原
沙茨基
太平洋板块
大东
东四国帕里西维拉
西四国帕里西维拉
西马里亚纳
马里亚纳
马库斯-韦克
中太平洋海山
麦哲伦海山
皮加费塔
麦哲伦海隆
西加罗林
东加罗林
翁通爪哇
北俾斯麦
南俾斯麦
新几内亚
布鲁-塞兰
所罗门
伍德拉克
斯图尔特
埃利斯
马尼希基
北珊瑚海
路易西亚德
梅利什
巴尔莫勒尔礁
富图纳
纽阿福欧
劳
汤加
康韦礁
新赫布里底
乔治敦
南珊瑚海
芒特艾萨
大堡礁
洛亚蒂
伦塔
丹皮尔
豪勋爵
密涅瓦
科尔维尔
克马德克
希库朗伊
诺福克
三王
库佩
Pt3
Pz1
-62 -33 -25 -20 -16 -12 -9 -6 -3 1 2 4 6 8 10 14 18 22 27 33 42 63 mGal

布鲁－塞兰（Buru-Seram）：这些岛屿构成印度尼西亚马鲁古群岛的一部分。布鲁微板块位于班达外弧，发育有上古生界和较年轻的岩石，是源自澳大利亚的微陆块。塞兰岛发育有上古生界和较年轻的岩石，由于俯冲后撤，塞兰岛在6~5Ma（中新世—上新世）经历了极大的伸展（地幔剥露）。微板块内部重力异常值整体较低，自由空气重力异常呈低值负异常（图2-34）。

以上微板块与新特提斯洋演化相关。

（3）环形俯冲系统东部的微洋块特征

西苏拉威西（W. Sulawesi）和西南苏拉威西（SW. Sulawesi）：位于三大板块（欧亚－太平洋－澳大利亚）构造带的交汇处，经历了晚白垩世—现今的俯冲与碰撞以及中新世和更年轻的伸展、断裂作用的复杂历史。西苏拉威西微板块内部自由空气重力异常较高且变化不大，整体大于20mGal。西南苏拉威西微板块内部相较于西苏拉威西微板块自由空气重力变化较大，自由空气重力异常值在-60~50mGal（图2-34）。

马里亚纳微洋块（Mariana Microplate）：位于马里亚纳海沟和马里亚纳海槽之间，通过自由空气重力异常（图2-34），可以很好地识别其边界位置。西侧与菲律宾海板块以离散板块边缘为界，东侧及南侧是正在俯冲的马里亚纳海沟，在自由空气重力异常和均衡重力异常上，东部俯冲带为负异常，西部为正异常。在马里亚纳微洋块西部，可能还存在一个与弧后裂解相关的微板块，死亡的帕里西维拉洋中脊、活动的马里亚纳海槽扩张中心以及南部的马里亚纳海沟是其明显的边界，只是北部的边界性质尚不明确，称之为“西马里亚纳微板块”。渐新世—中新世，沿伊豆－小笠原海沟的俯冲后撤，导致古伊豆－小笠原－马里亚纳岛弧的裂解和四国－帕里西维拉海盆的扩张，特别是帕里西维拉海盆扩张方向由前期E-W向转变为NE-SW向，与20Ma左右菲律宾海板块的旋转有关（Sdrolias et al.，2004），而晚中新世开始发育的马里亚纳海槽扩张使得西马里亚纳微板块最终裂离为独立的微洋块。自由空气重力异常上微洋块中央呈正异常，微洋块边缘靠近俯冲带处呈负异常。

（图2-36） 西太平洋自由空气重力异常x方向导

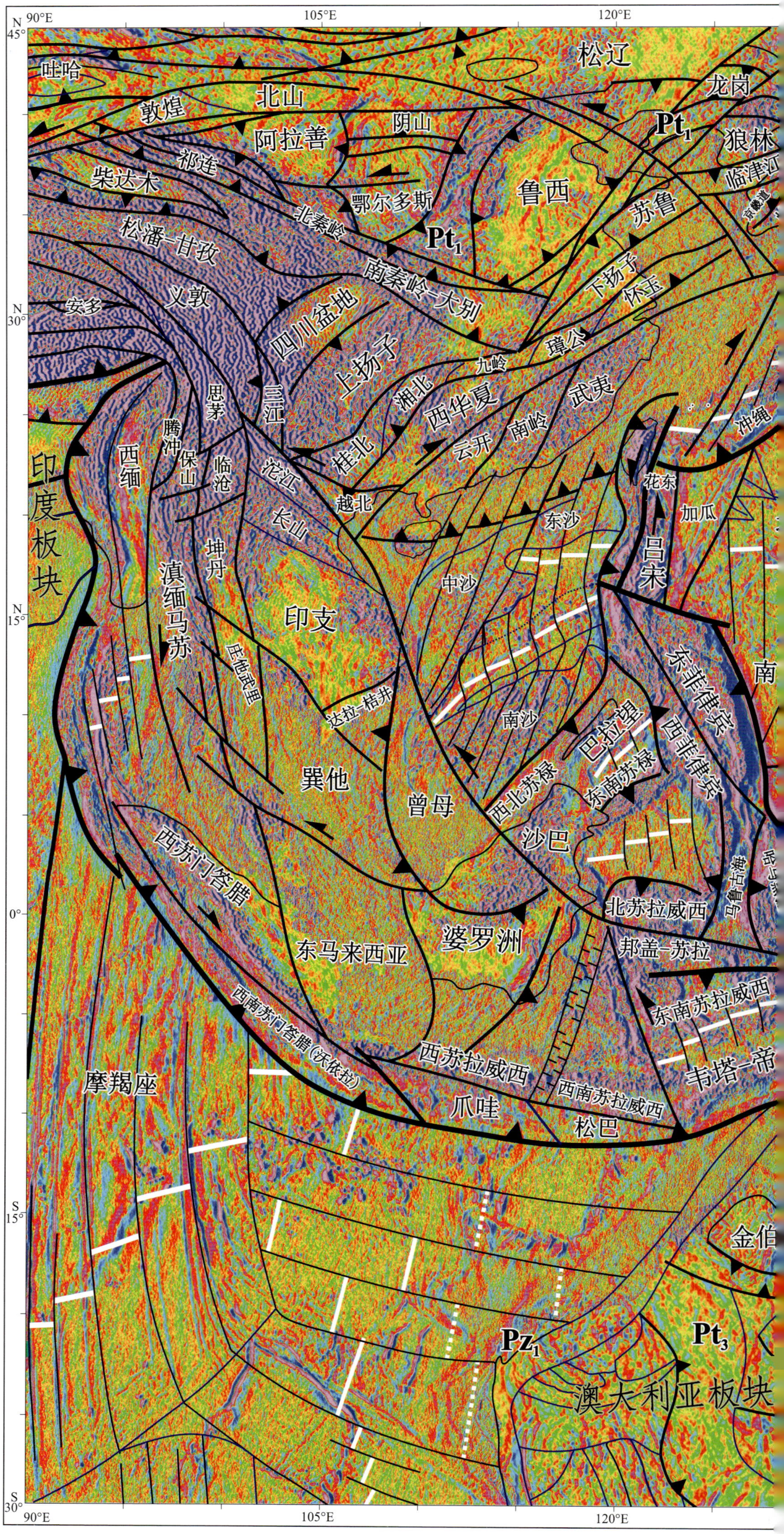

135°E
150°E
165°E
180°
165°W
45°N
30°N
15°N
0°
15°S
30°S
锡霍特
南北上
北海道
伊萨科夫
帕帕宁
赫斯
大和
飞驒
美浓-丹波
黑濑川
奥里
皇帝
奇努克
塔穆
伊豆小笠原
沙茨基
太平洋板块
大东
东四国帕里西维拉
西四国帕里西维拉
西马里亚纳
马里亚纳
马库斯-韦克
中太平洋海山
麦哲伦海山
皮加费塔
麦哲伦海隆
西加罗林
东加罗林
翁通爪哇
北俾斯麦
南俾斯麦
新几内亚
布鲁-塞兰
所罗门
伍德拉克
斯图尔特
埃利斯
马尼希基
北珊瑚海
富图纳
巴尔莫勒尔礁
纽阿福欧
乔治娜
乔治敦
南珊瑚海
路易西亚德
梅利什
新赫布里底
康韦礁
劳
汤加
芒特艾萨
大堡礁
洛亚蒂
伦塔
Pt_3
Pz_1
丹皮尔
豪勋爵
诺福克
三王
库佩
密涅瓦
科尔维尔
克马德克
希库朗伊
-459
-163
-92
-67
-50
-36
-24
-13
-2
8
14
24
37
51
69
94
134
288
mGal/(°)

东菲律宾（E. Philippine）、西菲律宾（W. Philippine）、巴拉望（Palawan）和吕宋（Luzon）：巴拉望岛和菲律宾岛主体构造复杂，由变质地体、岩浆弧、蛇绿混杂岩、沉积盆地和与亲欧亚大陆的陆块碎片构成。菲律宾群岛西面与马尼拉海沟接壤，东面与菲律宾海沟接壤，两者都是活跃的俯冲带。西菲律宾和东菲律宾微板块内部重力异常值整体较高，微板块内自由空气重力异常值多大于30mGal，微板块东边界呈明显负异常低值。巴拉望微板块内重力异常值相对西菲律宾和东菲律宾微板块较低，但整体异常值较高，自由空气重力异常值在5~40mGal（图2-34）。

以上微板块形成与（古）太平洋动力系统的俯冲过程密切相关。

（4）新几内亚岛–所罗门群岛（Solomon Islands）的微洋块

所罗门群岛：所罗门微洋块是白垩纪以来在洋内环境中形成和增生演化的。微洋块中央重力异常值较高，自由空气重力异常值大于30mGal（图2-34），北部靠近断层处为负异常。

新赫布里底群岛（New Hebrides）：该微洋块为北斐济盆地西缘的活动岛弧，早期可能是EW向岛弧的一部分，由于澳大利亚板块向北朝太平洋板块的俯冲（Johnson et al., 1993），随后向南俯冲后撤或受弧后扩张影响使其旋转为目前南北走向展布。微洋块内重力异常较高，微洋块中央自由空气重力异常值大于30mGal，靠近海沟处自由空气重力异常值呈负异常（图2-34）。

洛亚蒂（Royalty）：该微洋块可能位于大陆岩石圈之上，微洋块内自由空气重力异常高值呈条带状分布，其与相邻的微洋块内部重磁异常差别显著，可见是不同机制或演化背景下形成的产物。

（图2-37） 西太平洋自由空气重力异常y方向导

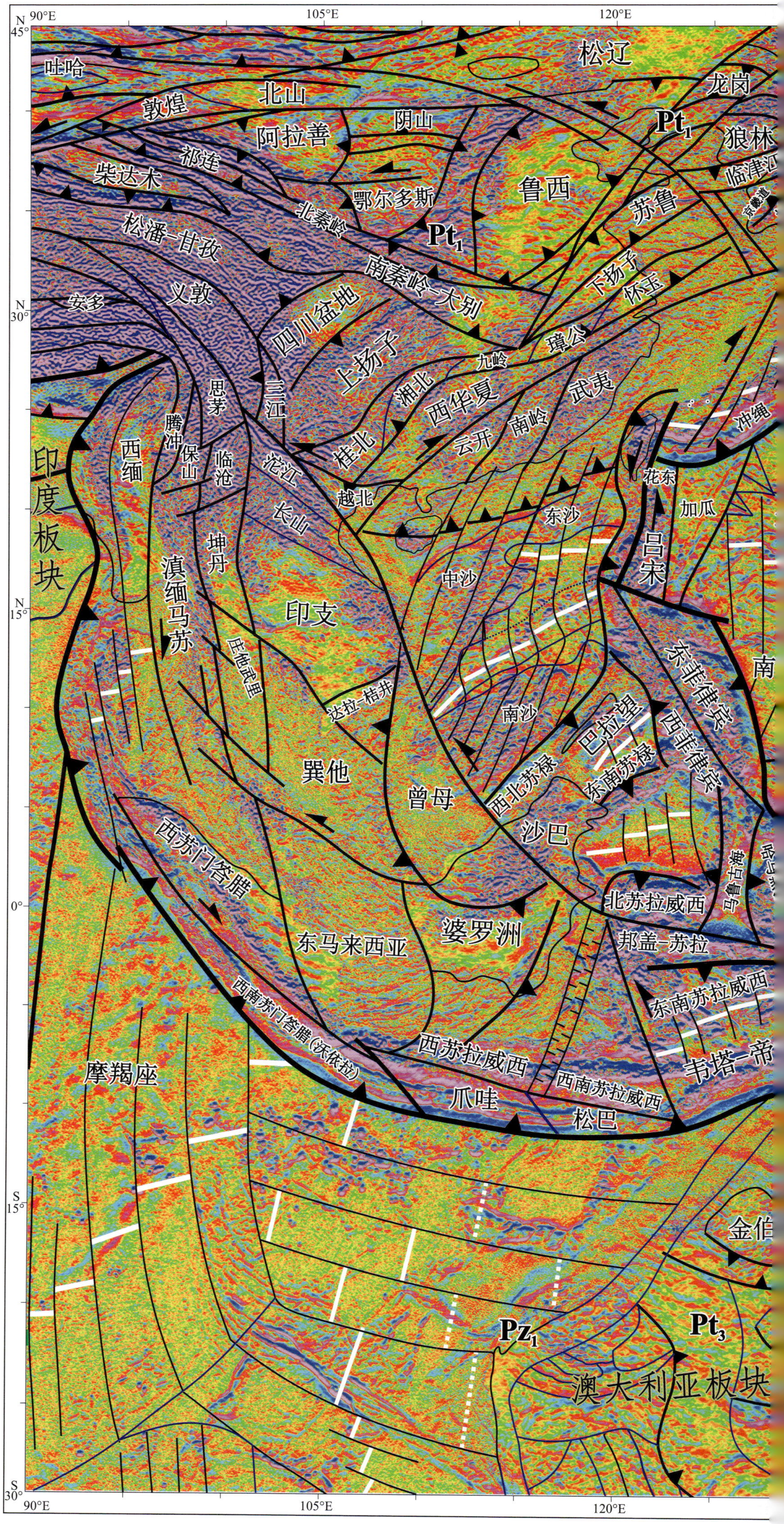

135°E
150°E
165°E
180°
165°W
N 45°
N 30°
N 15°
0°
S 15°
S 30°
锡霍特
南北上
北海道
大和
飞驒
美浓-丹波
黑濑川
伊萨科夫
帕帕宁
赫斯
奥里
皇帝
奇努克
塔穆
伊豆小笠原
沙茨基
太平洋板块
大东
东四国帕里西维拉
西四国帕里西维拉
西马里亚纳
马里亚纳
马库斯-韦克
中太平洋海山
麦哲伦海山
皮加费塔
麦哲伦海隆
西加罗林
东加罗林
翁通爪哇
北俾斯麦
南俾斯麦
新几内亚
布鲁-塞兰
所罗门
伍德拉克
埃利斯
马尼希基
斯图尔特
北珊瑚海
富图纳
纽阿福欧
巴尔莫勒尔礁
路易西亚德
梅利什
乔治敦
南珊瑚海
新赫布里底
康韦礁
劳
汤加
芒特艾萨
大保礁
洛亚蒂
伦塔
Pt3
Pz1
丹皮尔
豪勋爵
诺福克
密涅瓦
科尔维尔
克马德克
希库朗伊
库佩
mGal/(°)
-453
-156
-86
-62
-45
-32
-22
-11
-3
6
10
21
31
44
61
84
122
285

（图2-38） 西太平洋自由空气重力异常z方向导数图

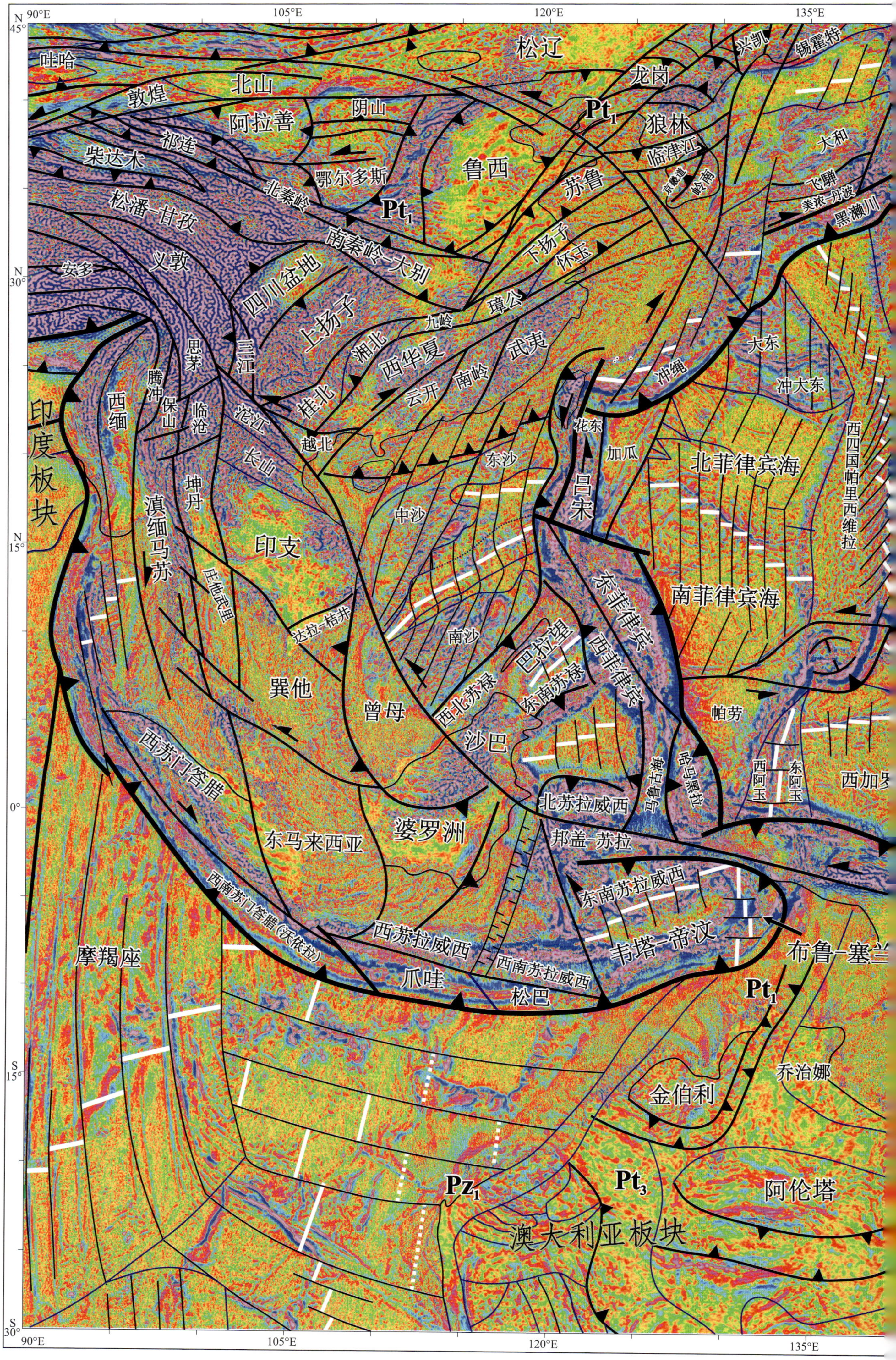

150°E
165°E
180°
165°W
45°
30°
15°
0°
15°
30°
北海道
伊萨科夫
帕帕宁
奥里
塔穆
沙茨基
赫斯
皇帝
奇努克
太平洋板块
马库斯-韦克
中太平洋海山
马里亚纳
麦哲伦海山
皮加费塔
麦哲伦海隆
翁通爪哇
罗林
俾斯麦
南俾斯麦
所罗门
伍德拉克
埃利斯
马尼希基
斯图尔特
北珊瑚海
南珊瑚海
路易西亚德
梅利什
新赫布里底
巴尔莫勒尔礁
富图纳
纽阿福欧
康韦礁
劳
汤加
大堡礁
洛亚蒂
丹皮尔
豪勋爵
密涅瓦
科尔维尔
克马德克
诺福克
三王
库佩
希库朗伊
Pz1
-571
-249
-153
-101
-67
-48
-32
-17
-2
13
29
48
70
98
145
305
mGal/(°)

（图2-39）

西太平洋垂向重力梯度图（VGG）

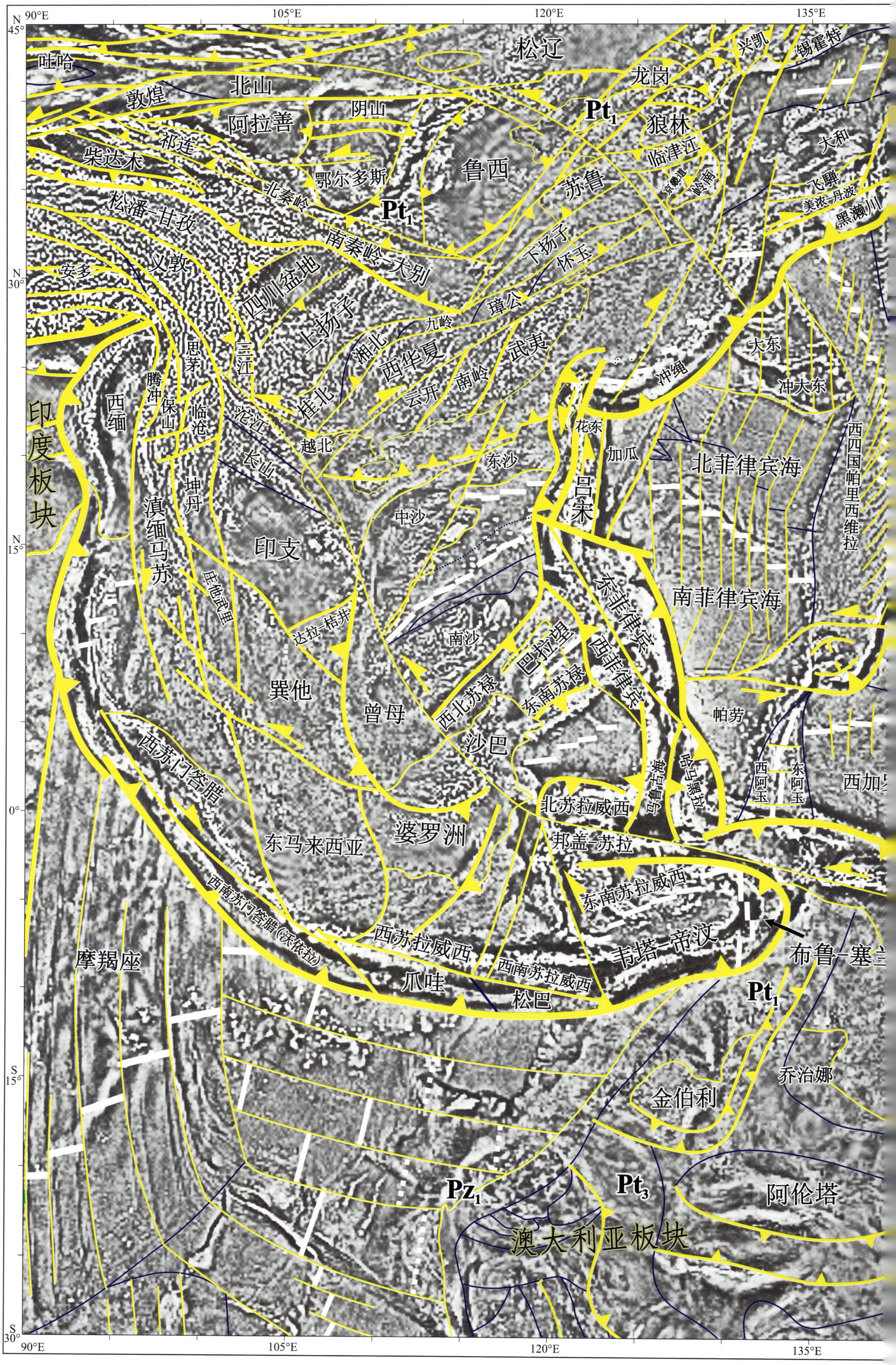

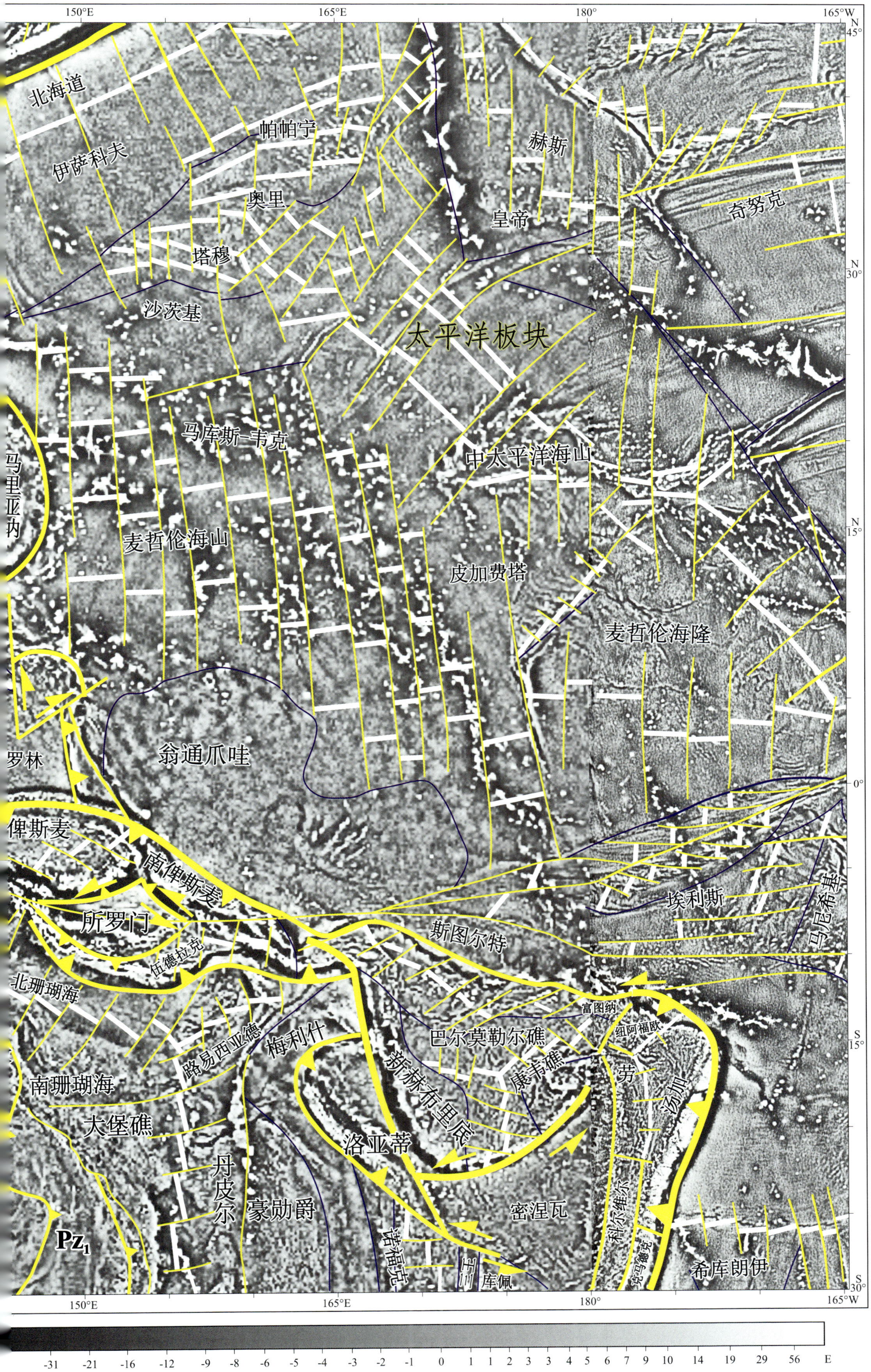
150°E
165°E
180°
165°W
N 45°
N 30°
N 15°
0°
S 15°
S 30°
北海道
伊萨科夫
帕帕宁
奥里
塔穆
沙茨基
赫斯
皇帝
奇努克
太平洋板块
马库斯-韦克
中太平洋海山
马里亚纳
麦哲伦海山
皮加费塔
麦哲伦海隆
翁通爪哇
罗林
俾斯麦
南俾斯麦
所罗门
丘德拉克
斯图尔特
埃利斯
马尼希基
北珊瑚海
路易西亚德
梅利什
富图纳
纽阿福欧
巴尔莫勒尔礁
康韦礁
新赫布里底
劳
汤加
南珊瑚海
大堡礁
洛亚蒂
丹皮尔
豪勋爵
密涅瓦
科尔维尔
克马德克
诺福克
库佩
希库朗伊
Pz1
-31
-21
-16
-12
-9
-8
-6
-5
-4
-3
-2
-1
0
1
1
2
3
3
4
5
6
7
9
10
14
19
29
56
E

（图2-40）

西太平洋布格重力异常图

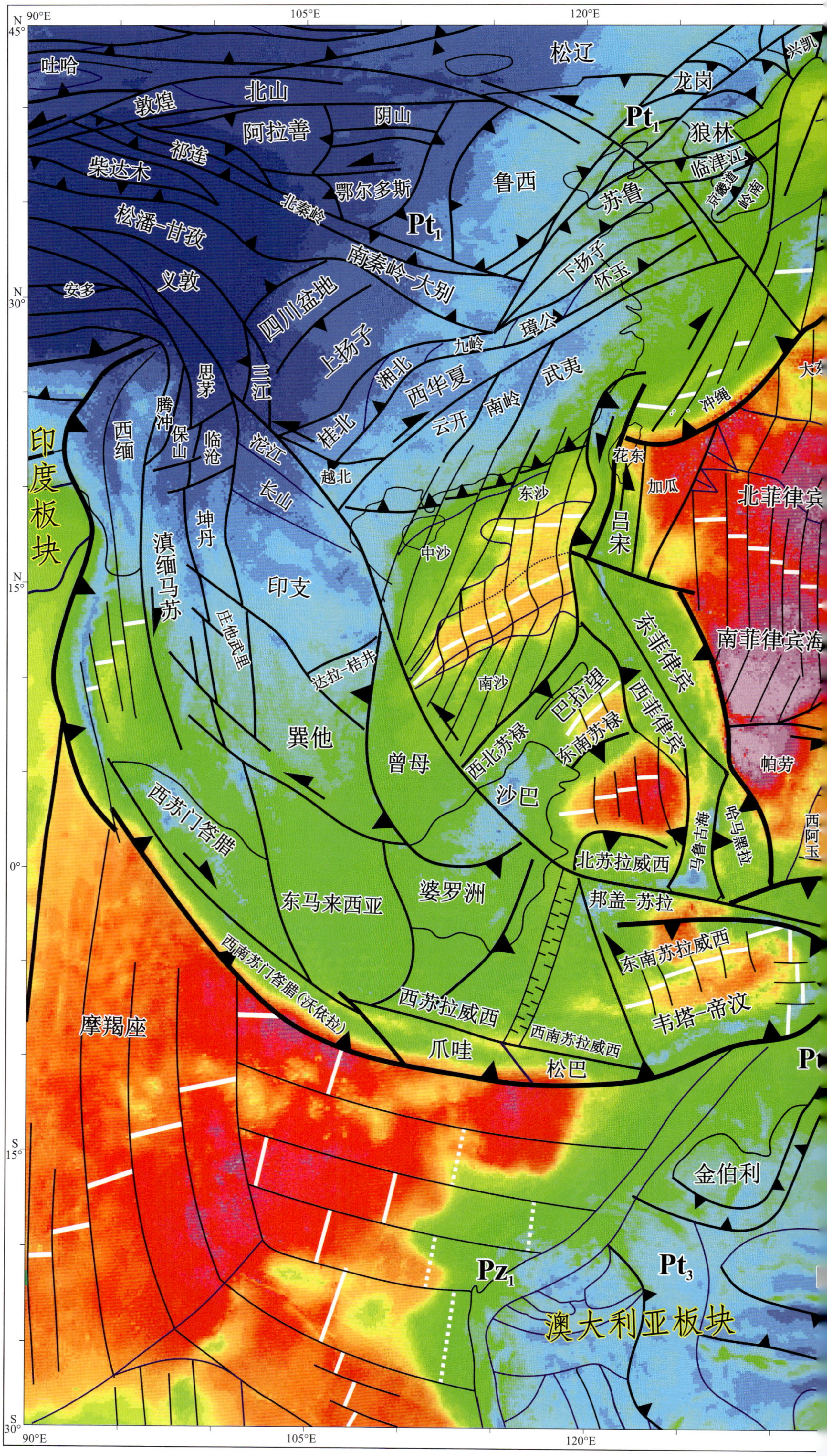

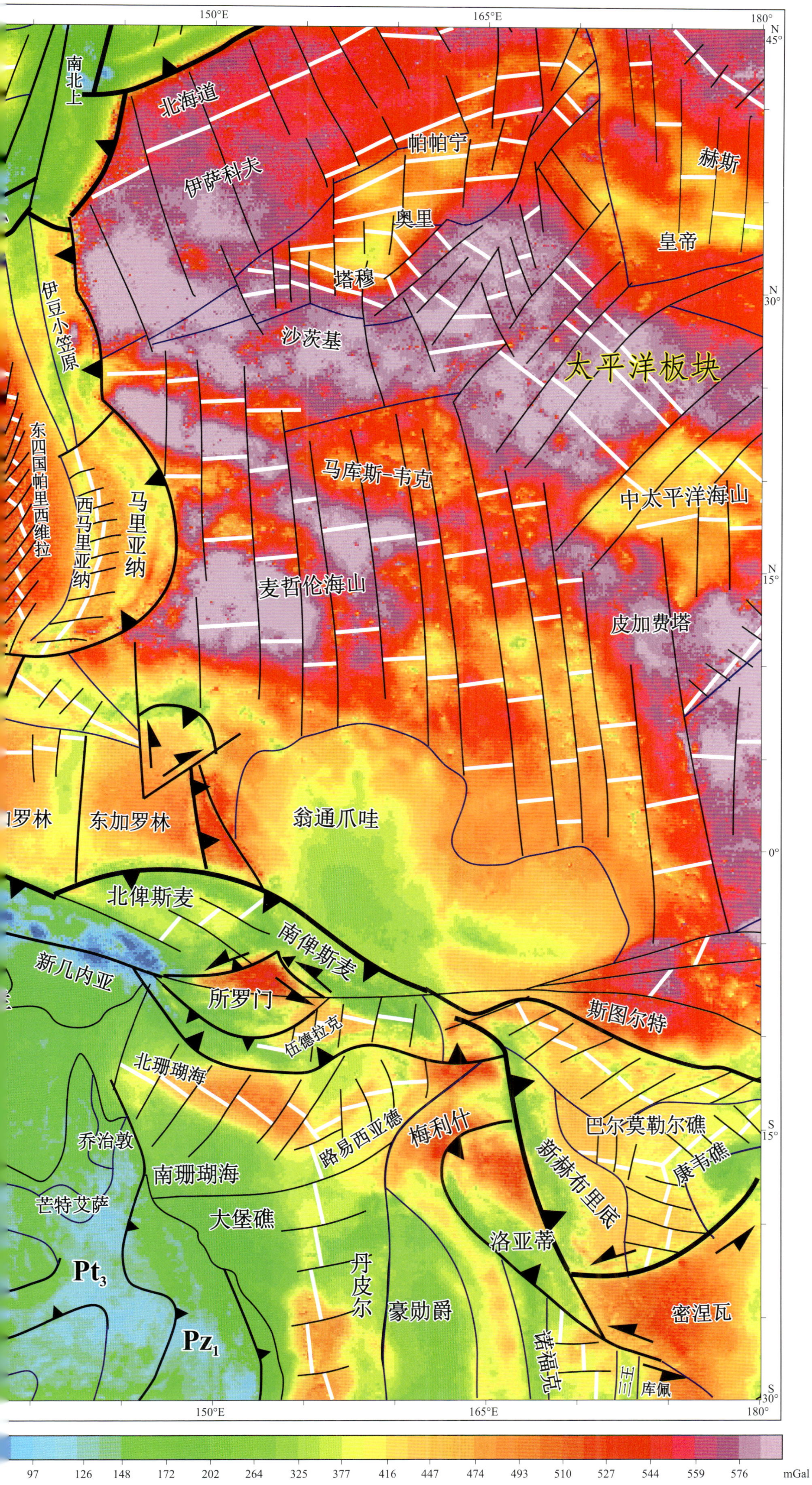
150°E
165°E
180°
N 45°
N 30°
N 15°
0°
S 15°
S 30°
南北上
北海道
帕帕宁
伊萨科夫
赫斯
奥里
皇帝
塔穆
伊豆小笠原
沙茨基
太平洋板块
东四国帕里西维拉
西马里亚纳
马里亚纳
马库斯-韦克
中太平洋海山
麦哲伦海山
皮加费塔
罗林
东加罗林
翁通爪哇
北俾斯麦
南俾斯麦
新几内亚
所罗门
斯图尔特
伍德拉克
北珊瑚海
巴尔莫勒尔礁
路易西亚德
梅利什
乔治敦
新赫布里底
康韦礁
南珊瑚海
芒特艾萨
大堡礁
洛亚蒂
丹皮尔
豪勋爵
密涅瓦
Pt_3
Pz_1
诺福克
三王
库佩
97
126
148
172
202
264
325
377
416
447
474
493
510
527
544
559
576
mGal

（图2-41） 西太平洋布格重力异常小波分解2阶逼近场图

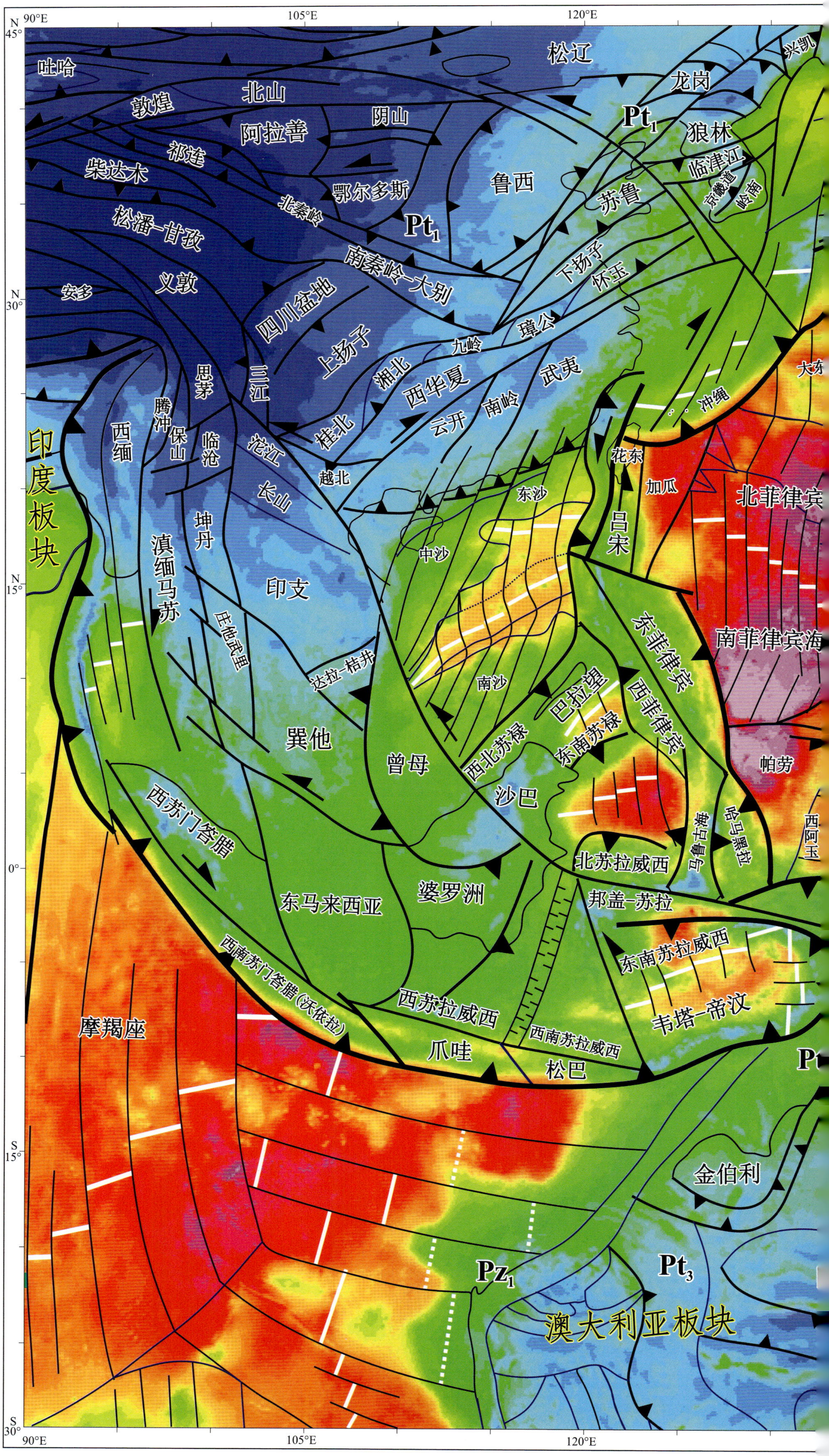

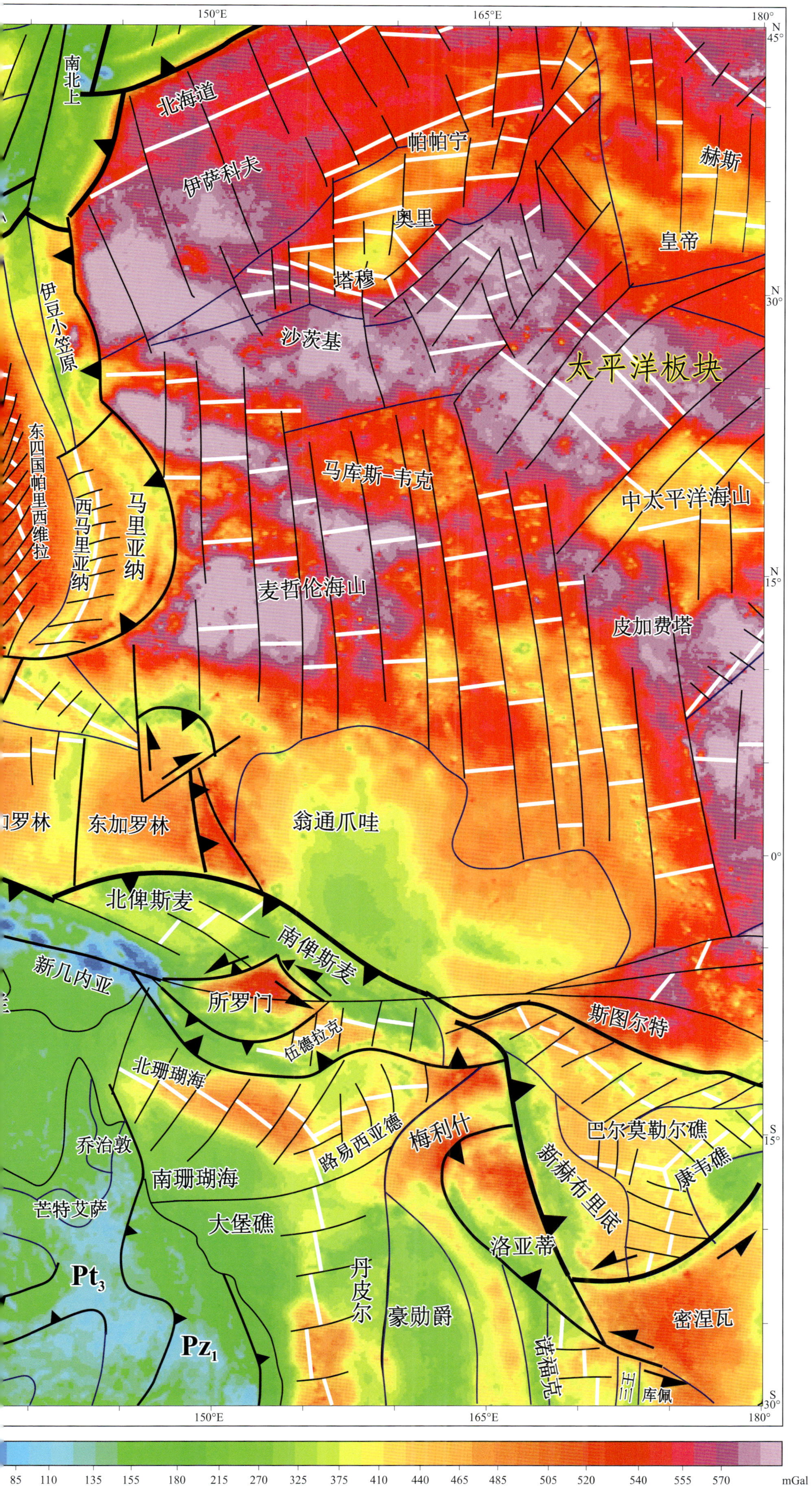
150°E
165°E
180°
N 45°
N 30°
N 15°
0°
S 15°
S 30°
南北上
北海道
伊萨科夫
帕帕宁
赫斯
奥里
皇帝
塔穆
伊豆小笠原
沙茨基
太平洋板块
东四国帕里西维拉
西马里亚纳
马里亚纳
马库斯-韦克
中太平洋海山
麦哲伦海山
皮加费塔
罗林
东加罗林
翁通爪哇
北俾斯麦
南俾斯麦
新几内亚
所罗门
斯图尔特
伍德拉克
北珊瑚海
巴尔莫勒尔礁
路易西亚德
梅利什
新赫布里底
康韦礁
乔治敦
南珊瑚海
芒特艾萨
大堡礁
洛亚蒂
Pt3
丹皮尔
豪勋爵
密涅瓦
Pz1
诺福克
三王
库佩
85
110
135
155
180
215
270
325
375
410
440
465
485
505
520
540
555
570
mGal

（图2-42）西太平洋布格重力异常小波分解4阶逼近场图

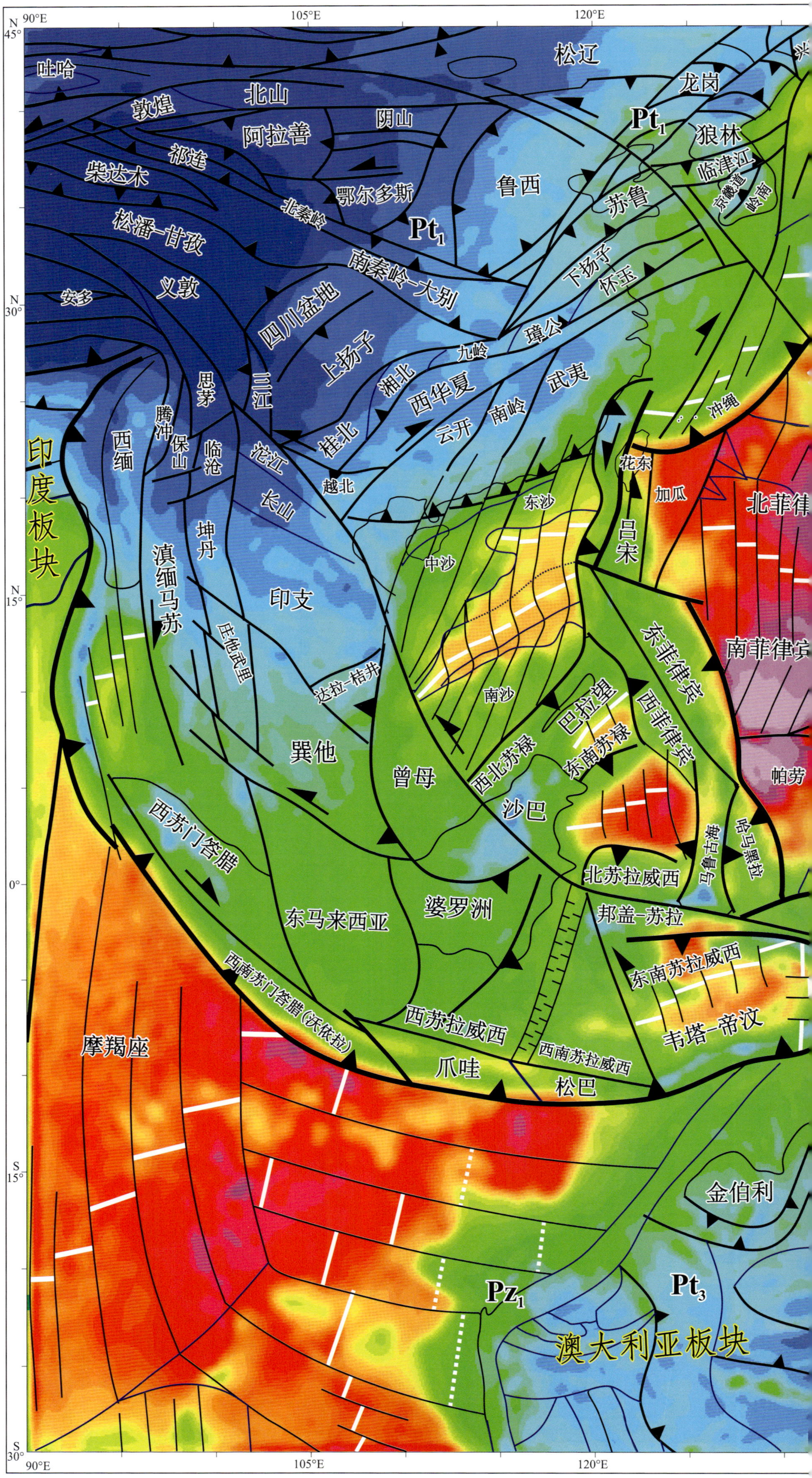

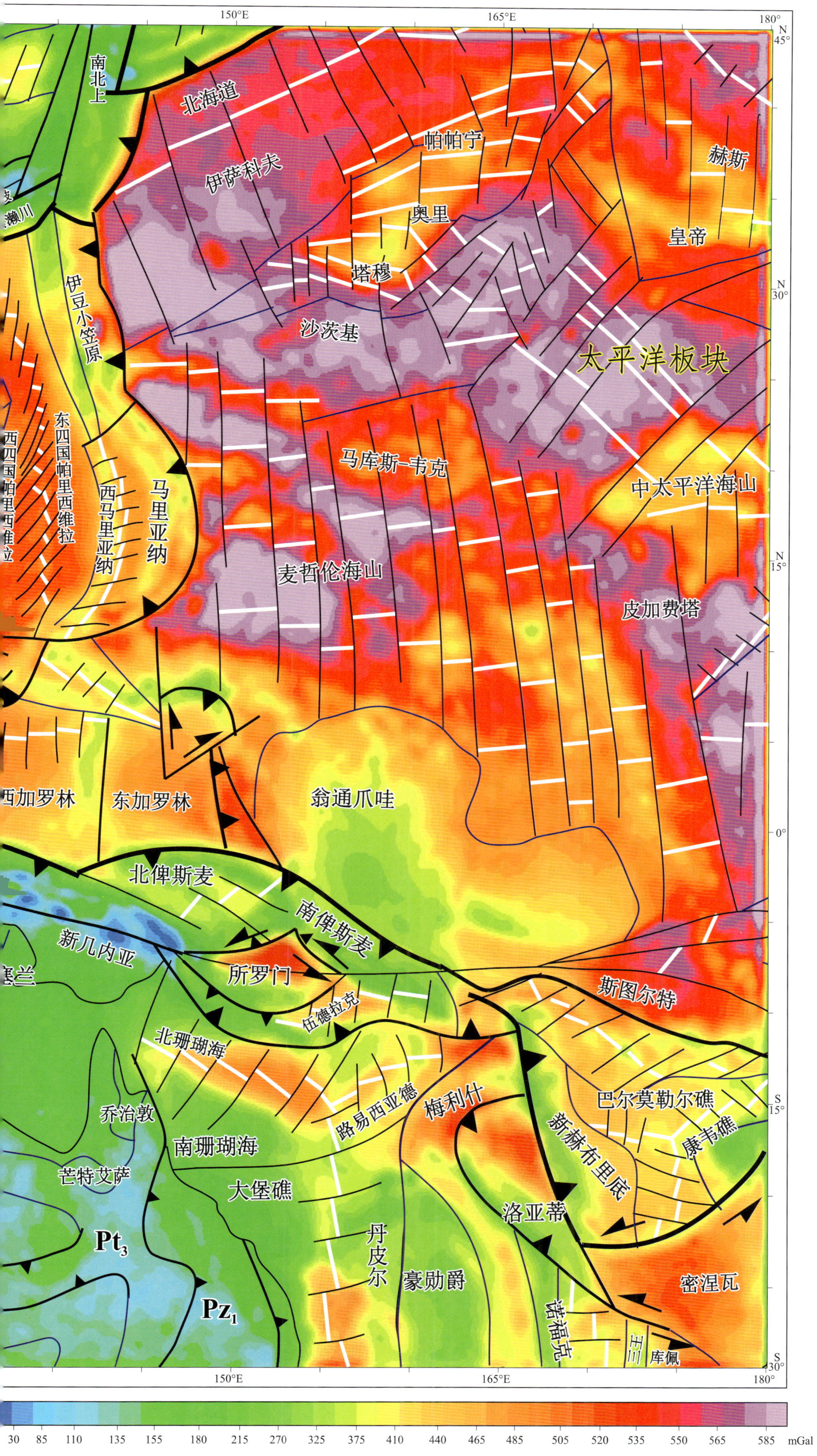
150°E
165°E
180°
N 45°
N 30°
N 15°
0°
S 15°
S 30°
南北上
北海道
伊萨科夫
帕帕宁
赫斯
奥里
皇帝
塔穆
沙茨基
伊豆小笠原
太平洋板块
东四国帕里西维拉
西马里亚纳
马里亚纳
马库斯-韦克
中太平洋海山
麦哲伦海山
皮加费塔
西加罗林
东加罗林
翁通爪哇
北俾斯麦
南俾斯麦
新几内亚
所罗门
伍德拉克
斯图尔特
北珊瑚海
巴尔莫勒尔礁
乔治敦
路易西亚德
梅利什
康韦礁
新赫布里底
南珊瑚海
芒特艾萨
大堡礁
洛亚蒂
Pt_3
丹皮尔
豪勋爵
密涅瓦
Pz_1
诺福克
库佩
30 85 110 135 155 180 215 270 325 375 410 440 465 485 505 520 535 550 565 585 mGal

（图2-43）西太平洋布格重力异常小波分解6阶逼近场图

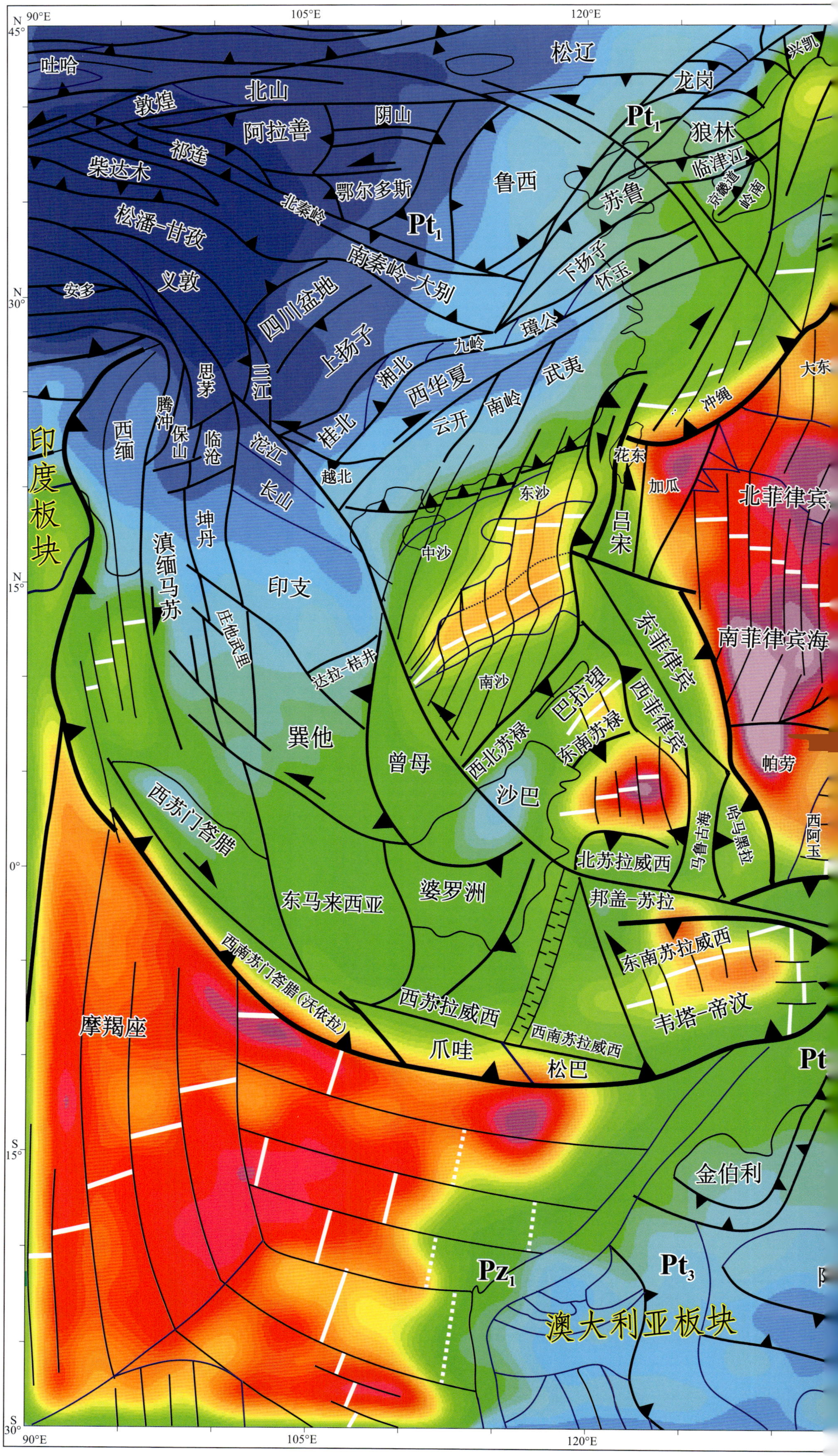

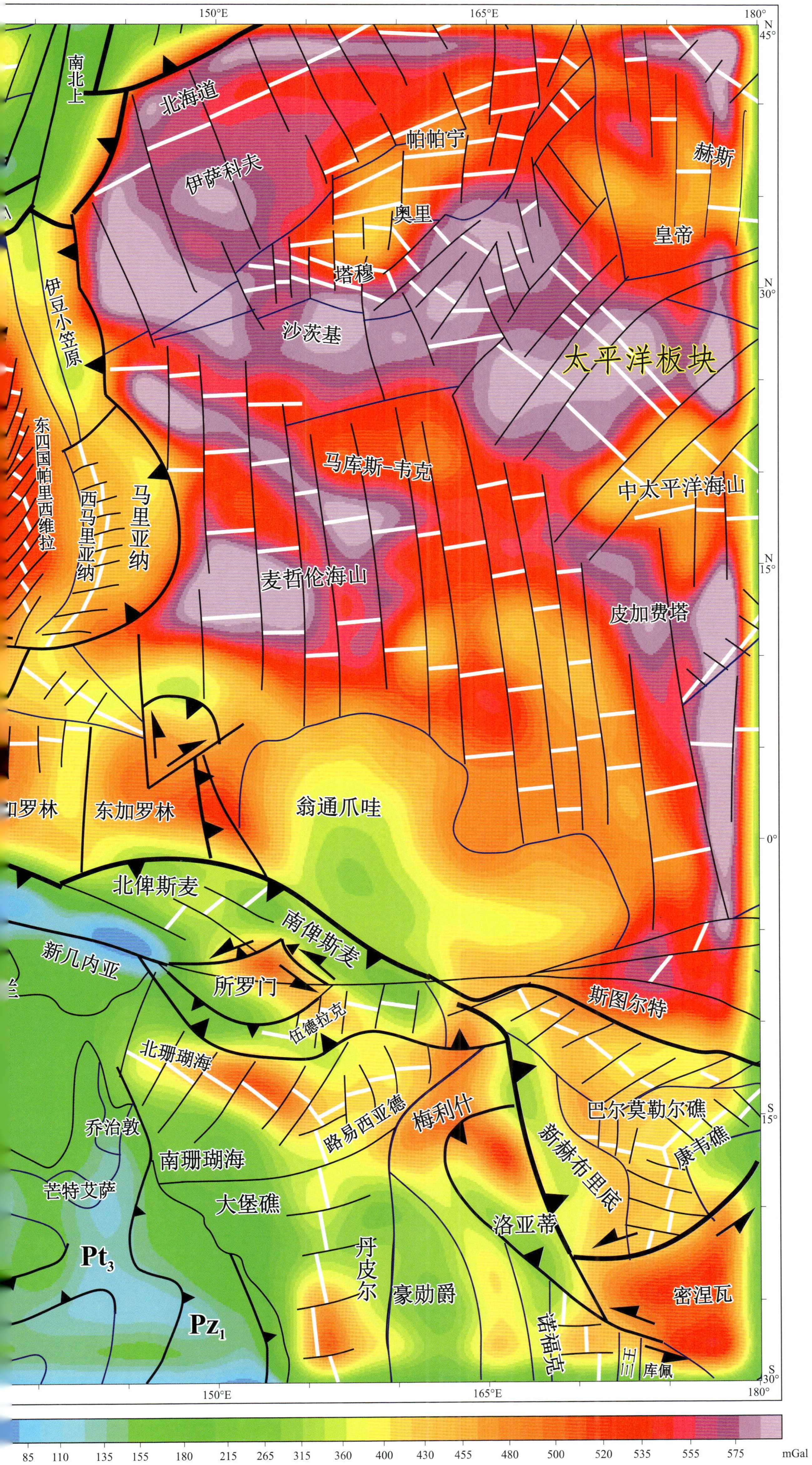
150°E
165°E
180°
N 45°
N 30°
N 15°
0°
S 15°
S 30°
南北上
北海道
伊萨科夫
帕帕宁
赫斯
奥里
皇帝
塔穆
沙茨基
伊豆小笠原
太平洋板块
东四国帕里西维拉
西马里亚纳
马里亚纳
马库斯-韦克
中太平洋海山
麦哲伦海山
皮加费塔
东加罗林
翁通爪哇
北俾斯麦
南俾斯麦
新几内亚
所罗门
斯图尔特
伍德拉克
北珊瑚海
路易西亚德
梅利什
巴尔莫勒尔礁
新赫布里底
康韦礁
乔治敦
南珊瑚海
芒特艾萨
大堡礁
洛亚蒂
丹皮尔
豪勋爵
密涅瓦
诺福克
三王
库佩
Pt3
Pz1
85 110 135 155 180 215 265 315 360 400 430 455 480 500 520 535 555 575 mGal

（图2-44） 西太平洋布格重力异常小波分解2阶细节场图

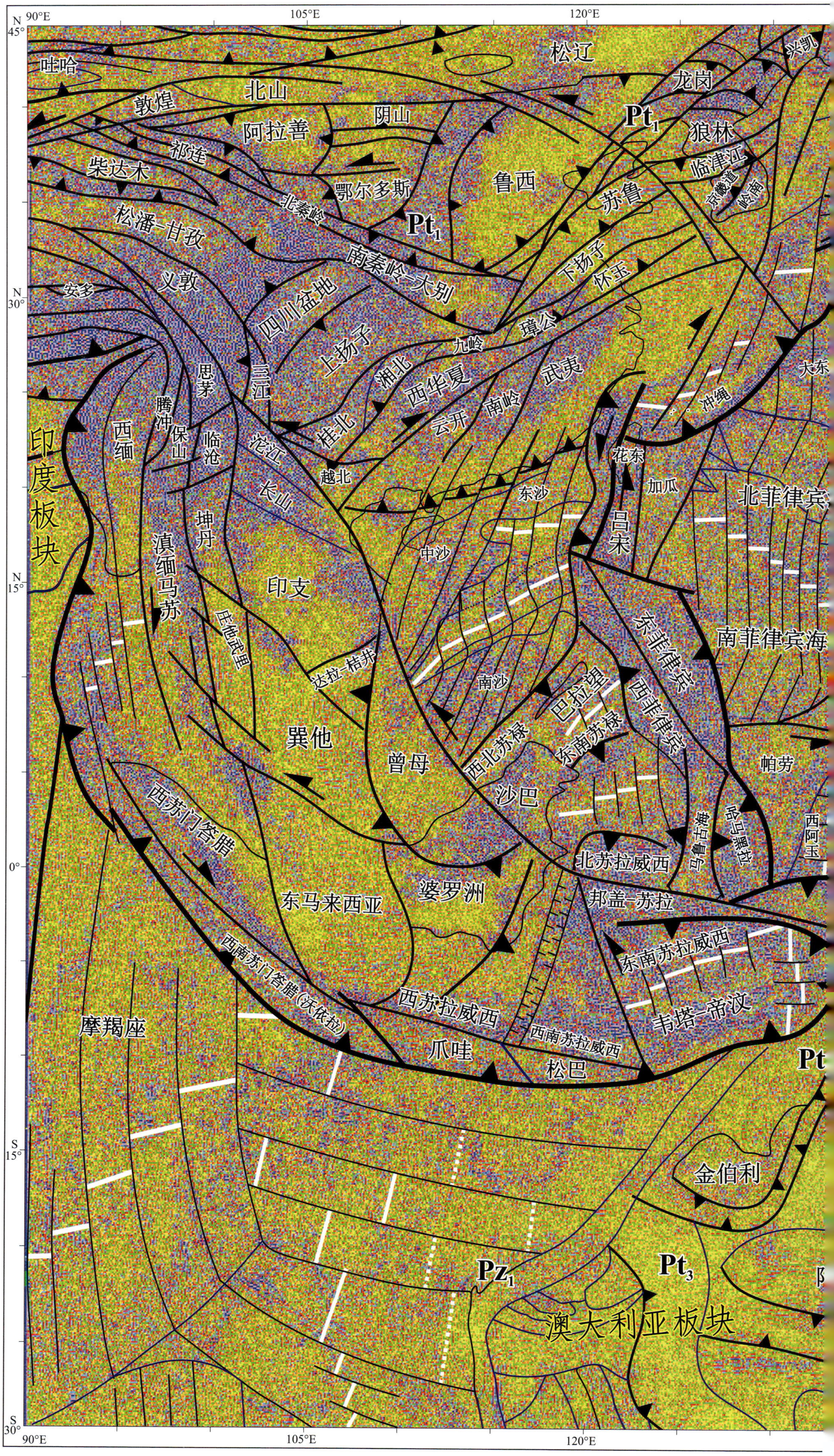

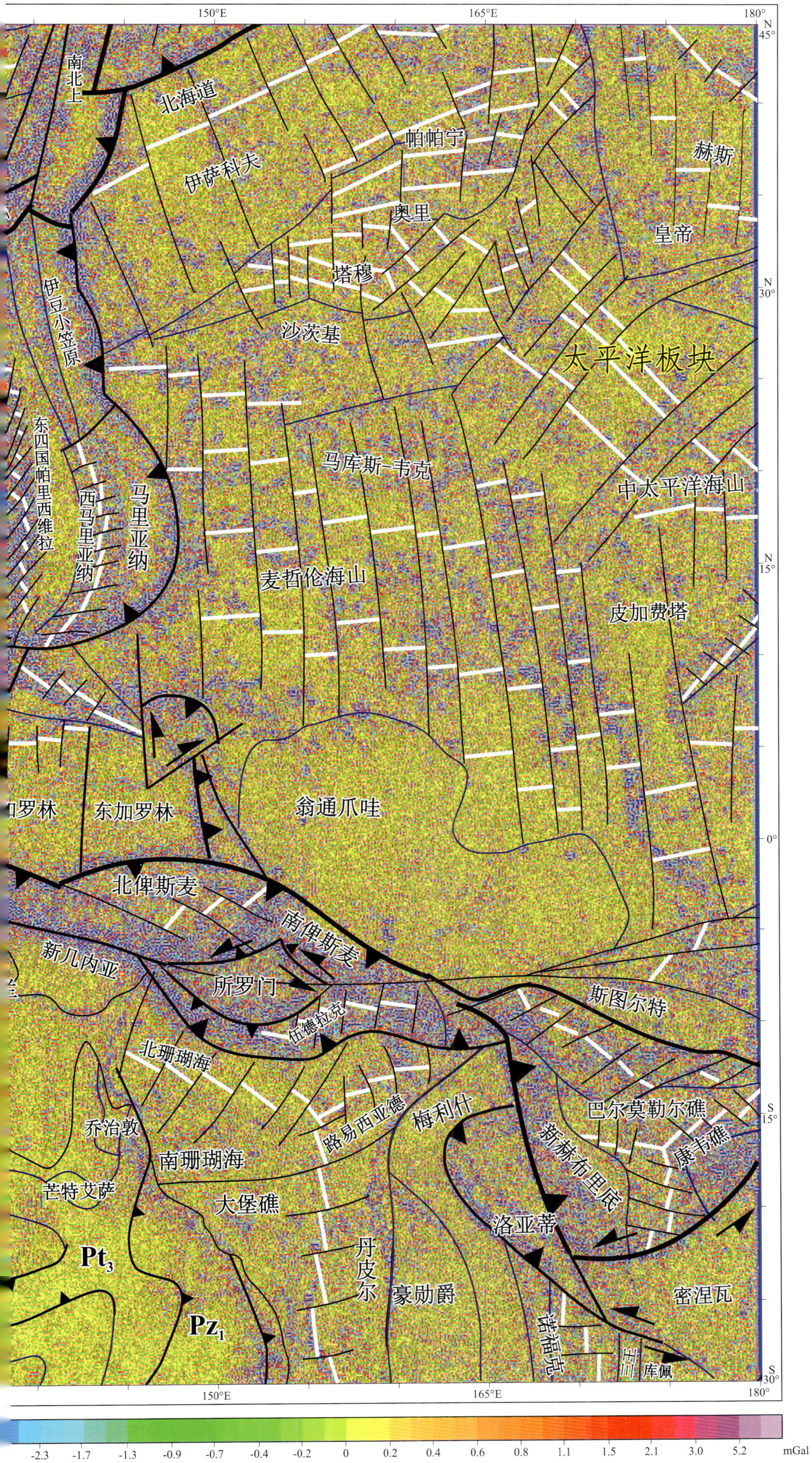
150°E
165°E
180°
N 45°
N 30°
N 15°
0°
S 15°
S 30°
南北上
北海道
伊萨科夫
帕帕宁
赫斯
奥里
皇帝
塔穆
伊豆小笠原
沙茨基
太平洋板块
东四国帕里西维拉
西马里亚纳
马里亚纳
马库斯-韦克
中太平洋海山
麦哲伦海山
皮加费塔
加罗林
东加罗林
翁通爪哇
北俾斯麦
南俾斯麦
新几内亚
所罗门
伍德拉克
斯图尔特
北珊瑚海
乔治敦
路易西亚德
梅利什
巴尔莫勒尔礁
康韦礁
新赫布里底
南珊瑚海
芒特艾萨
大堡礁
洛亚蒂
Pt₃
丹皮尔
豪勋爵
密涅瓦
Pz₁
诺福克
三王
库佩
-2.3
-1.7
-1.3
-0.9
-0.7
-0.4
-0.2
0
0.2
0.4
0.6
0.8
1.1
1.5
2.1
3.0
5.2
mGal

（图2-45） 西太平洋布格重力异常小波分解4阶细节场图

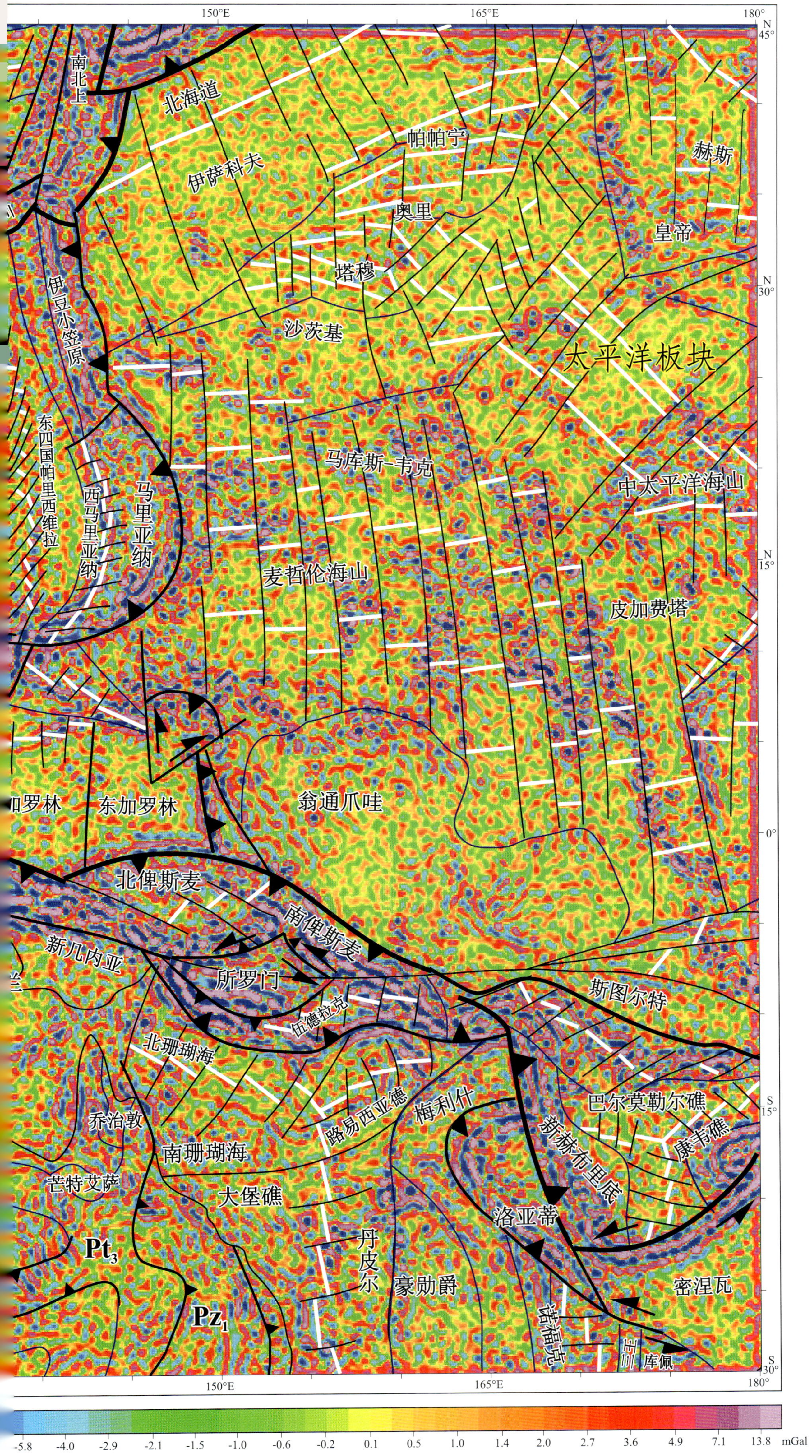
150°E
165°E
180°
N 45°
N 30°
N 15°
0°
S 15°
S 30°
南北上
北海道
伊萨科夫
帕帕宁
赫斯
奥里
皇帝
塔穆
伊豆小笠原
沙茨基
太平洋板块
东四国帕里西维拉
西马里亚纳
马里亚纳
马库斯-韦克
中太平洋海山
麦哲伦海山
皮加费塔
加罗林
东加罗林
翁通爪哇
北俾斯麦
南俾斯麦
新几内亚
所罗门
斯图尔特
伍德拉克
北珊瑚海
梅利什
巴尔莫勒尔礁
乔治敦
路易西亚德
新赫布里底
康韦礁
南珊瑚海
芒特艾萨
大堡礁
洛亚蒂
Pt_3
丹皮尔
豪勋爵
密涅瓦
Pz_1
诺福克
三王
库佩
-5.8
-4.0
-2.9
-2.1
-1.5
-1.0
-0.6
-0.2
0.1
0.5
1.0
1.4
2.0
2.7
3.6
4.9
7.1
13.8
mGal

(图2-46) 西太平洋布格重力异常小波分解6阶细节场

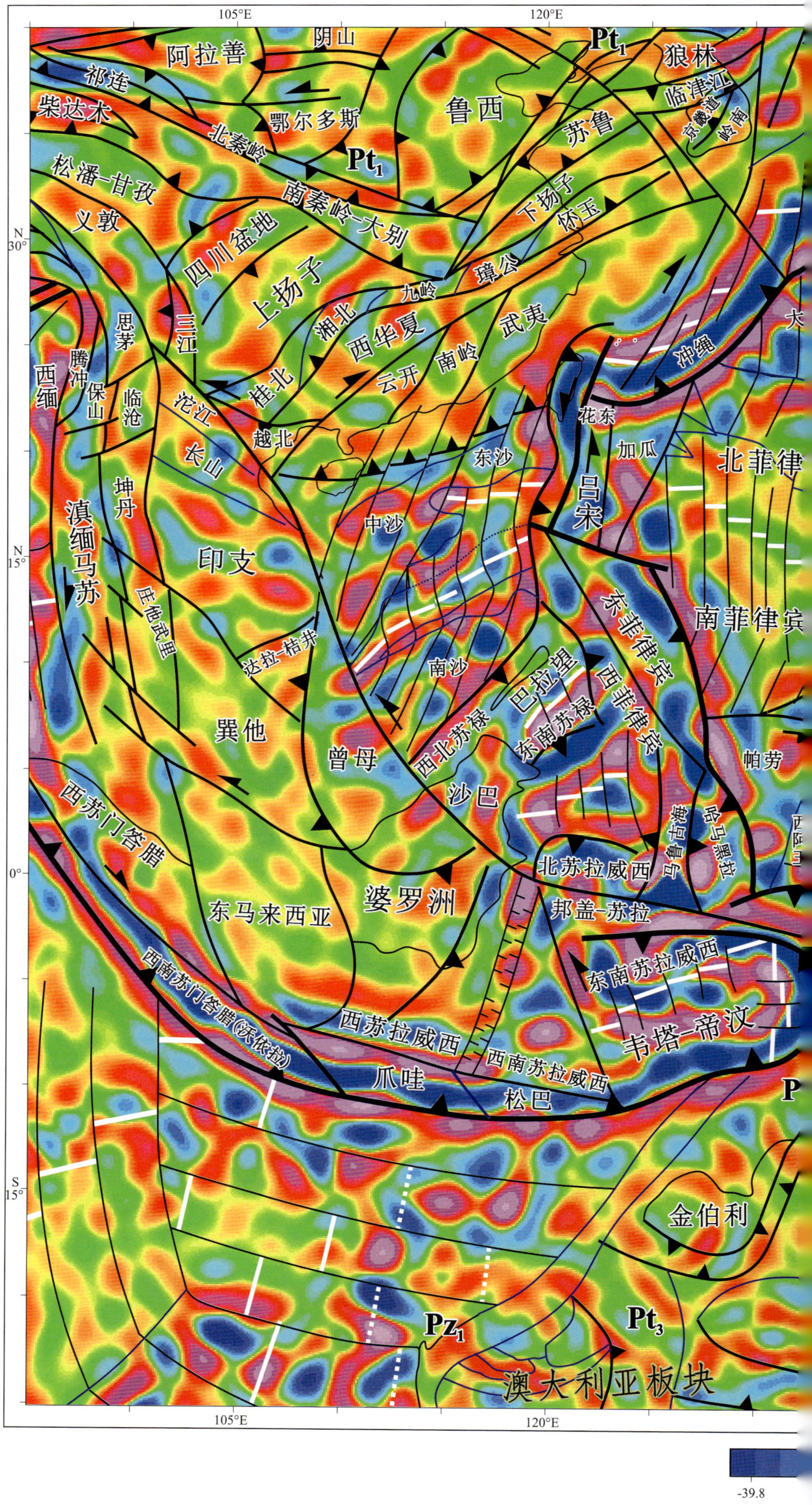

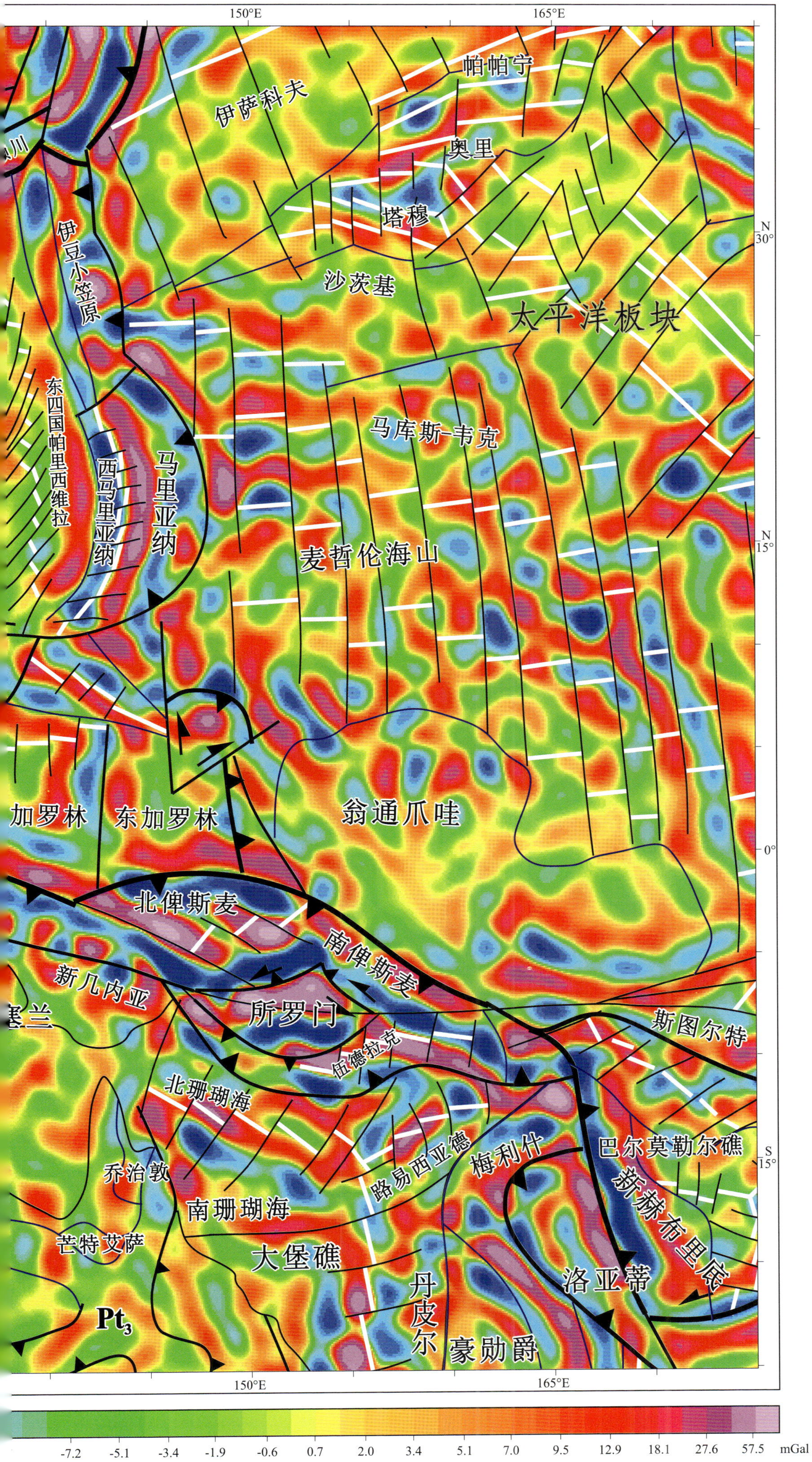

150°E
165°E
伊萨科夫
帕帕宁
奥里
塔穆
沙茨基
太平洋板块
伊豆小笠原
东四国帕里西维拉
西马里亚纳
马里亚纳
马库斯-韦克
麦哲伦海山
30°N
15°N
0°
15°S
加罗林
东加罗林
翁通爪哇
北俾斯麦
南俾斯麦
新几内亚
所罗门
斯图尔特
伍德拉克
北珊瑚海
乔治敦
南珊瑚海
路易西亚德
梅利什
巴尔莫勒尔礁
新赫布里底
芒特艾萨
大堡礁
丹皮尔
豪勋爵
洛亚蒂
Pt_3
-7.2 -5.1 -3.4 -1.9 -0.6 0.7 2.0 3.4 5.1 7.0 9.5 12.9 18.1 27.6 57.5 mGal

从自由空气重力异常图（图2-47）和均衡重力异常图（图2-48）中可见，东太平洋中部沿南北走向呈现较高的正异常值，向西逐渐呈现负异常，东部正负异常交错存在，但异常值变化不大。俯冲带沿线有着明显的负异常。布格重力异常上，陆地和海洋的异常辨识度更加明显。方向导数（图2-49~图2-51）突出了俯冲带和转换断层的走向特征。垂向重力梯度（VGG）（图2-52）更能突出浅部局部区域信息，在俯冲带和部分微板块边界，VGG有着较明显的负异常。该区域的地壳剩余重力异常则主要反映了地壳附近区域重力异常特征，更有利于微板块识别。

北部的加勒比海俯冲带微板块已在前文典型区块加勒比海部分做重点描述。

（1）微洋块特征

从自由空气重力异常来看，鲍尔（Bauer）、里韦拉（Rivera）、数学家（Mathematician）、胡安•费尔南德斯（Juan Fernandez）、复活节（Easter）、星期五（Friday）、门多萨(Mendoza)、科伊瓦（Coiba）以及加利福尼亚湾西侧的瓜达卢佩（Guadalupe）等微洋块的异常幅值变化范围不大，说明其组成相对均匀。

东太平洋海隆及周边区域主要发育延生型微洋块（赵林涛

（图2-47） 东太平洋自由空气重力异常图

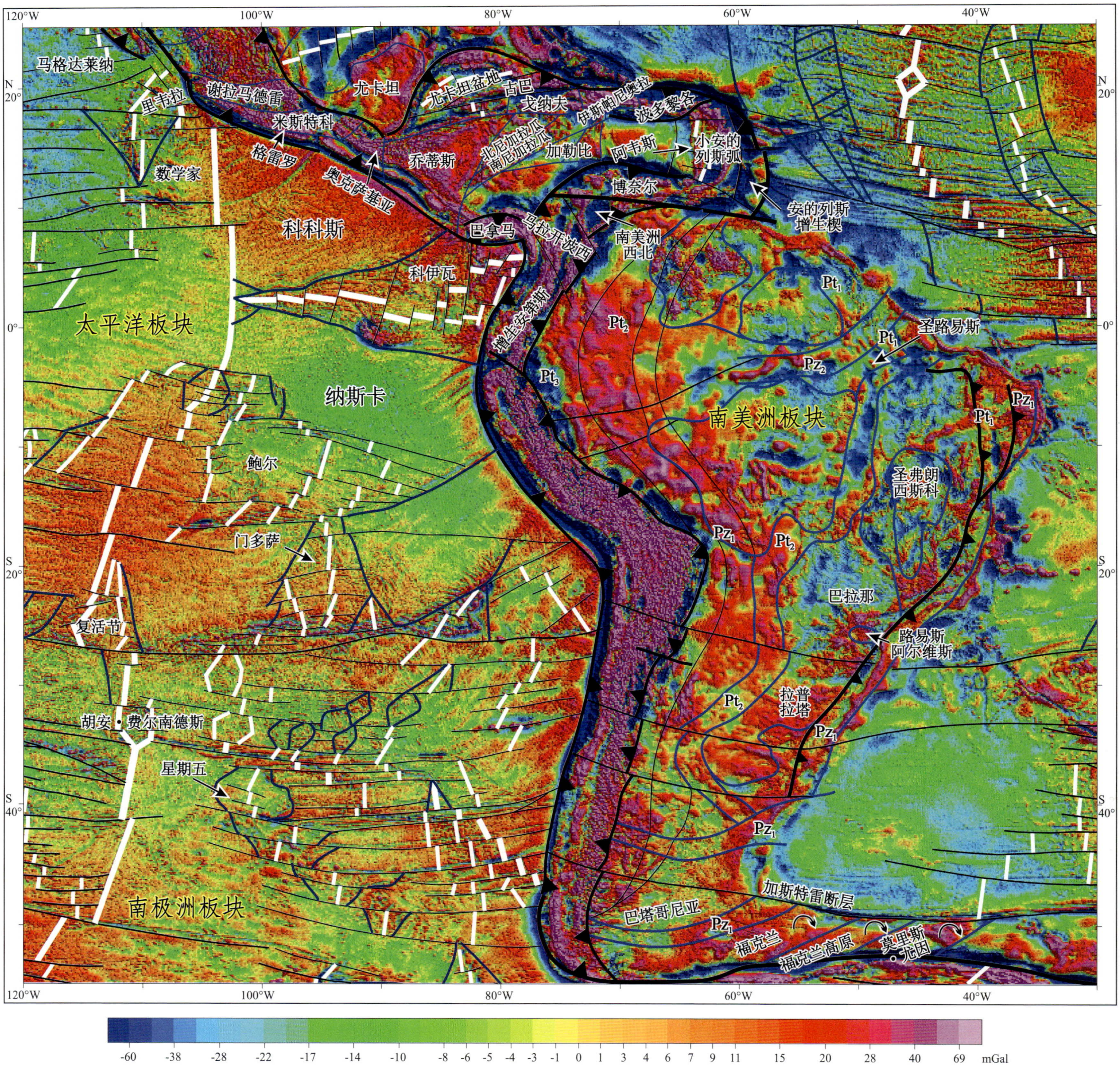

等，2019），典型的有复活节微洋块（Herron，1972；Forsyth，1972；Engeln and Stein，1984；Franchetea at al.，1988；Naar and Hey，1991；Bird，2003）、胡安·费尔南德斯微洋块（Herron，1972；Forsyth，1972；Craig et al.，1983；Anderson-Fontana et al.，1986；Larson et al.，1992；Bird，2003）、鲍尔微洋块（Goff and Cochran，1996；Liu，1996）、塞尔柯克微块（Blais et al.，2002）和门多萨微洋块（Liu，1996；Wilder，2003）。根据延生型微板块的活动状态（甄立冰等，2019），将正在扩张轴形成的称为在轴型延生型微板块（on-axis），如复活节、胡安·费尔南德斯；已脱离扩张轴并逐渐融入相邻大板块内的称为离轴型延生微板块（off-axis），如鲍尔和门多萨等。

鲍尔微洋块：位于加拉帕戈斯海隆，4° S~18° S、94° W~106° W，是一个离轴型延生微板块，面积约 1.2×10^6 km^2。东部边界为死亡洋中脊，西南边界为阿塔瓦尔帕陡崖（Atahualpa Scarp），北部边界为安奈克斯海隆（Annex Rise），西北边界为鲍尔陡崖（Bauer Scarp）。在自由空气重力异常 y 方向导数图中，沿洋中脊呈现较高的正异常值，板块内部呈现平缓的正负异常常杂乱分布特征（图 2-50），存在斑点状较高值的正异常，整体特征值为 -10~30mGal/（°）。

（图2-48）　　东太平洋均衡重力异常图

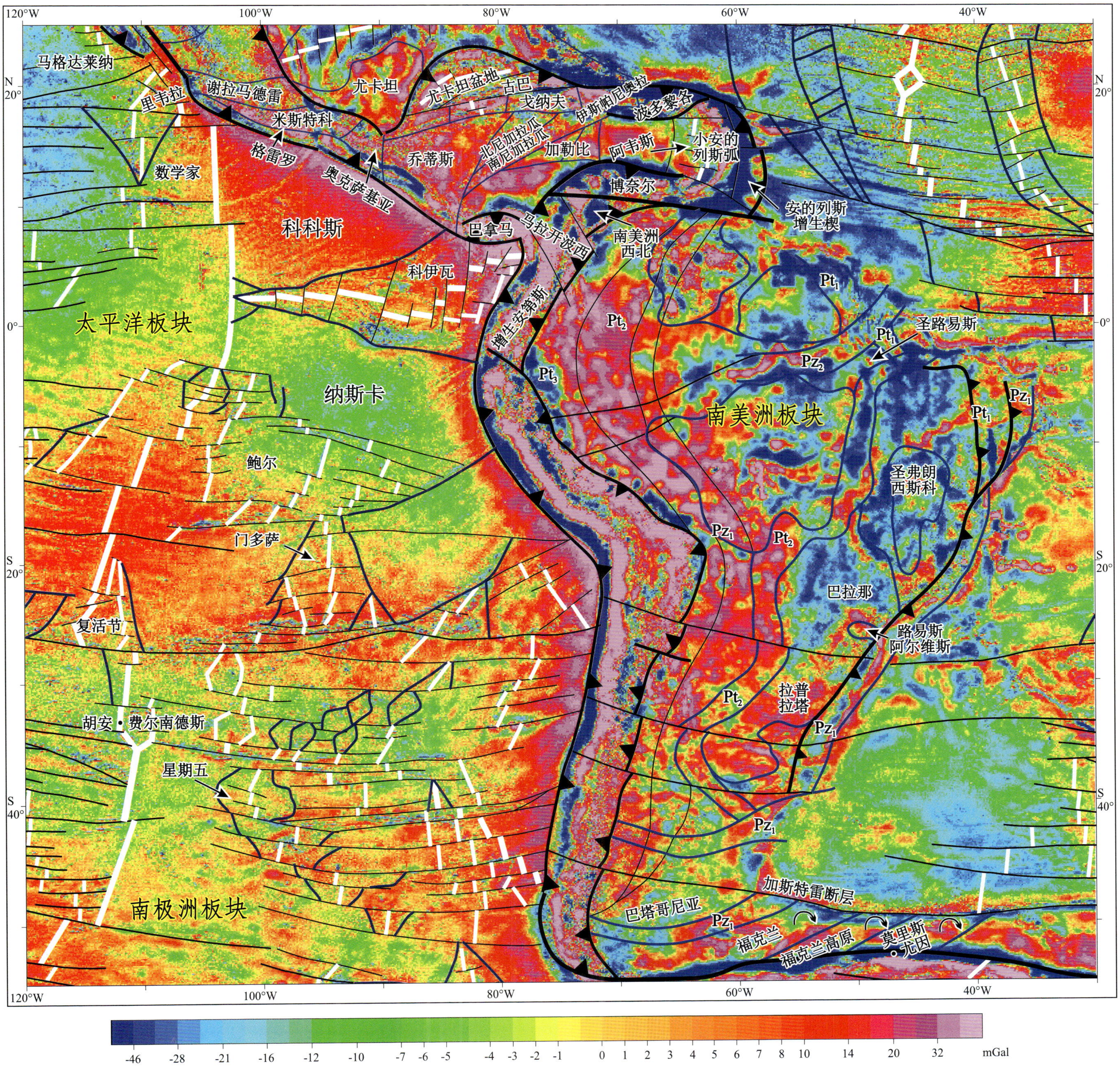

门多萨微洋块：位于纳斯卡板块内部，加拉帕戈斯海隆以南，14° S~28° S、92° W~101° W，是一个离轴型延生型微洋块。门多萨微洋块是门多萨裂谷在16.4~12.3Ma向北拓展延伸过程中形成的。加拉帕戈斯海隆在23Ma开始形成，标志着太平洋－法拉隆洋中脊扩张运动向太平洋－纳斯卡洋中脊扩张运动转变，扩张运动更加复杂，东太平洋海隆向北拓展延伸，形成了门多萨微洋块。在自由空气重力异常 x 方向导数图（图2-49）中，该微洋块呈现正负异常零散分布，异常值为-45~45mGal/（°）。

科伊瓦微洋块属于增生型，其边界为大型转换/走滑边界，转换型边界的俯冲在浅部形成非稳定型三节点，使科伊瓦微洋块相对独立于相邻洋壳板块。区域内最重要的构造要素为科伊瓦海岭和四条微板块边界。科伊瓦海岭内布格重力异常为明显的相对低值区（图2-53），异常值在200~350mGal，反映该地区地壳厚度较厚，浮力较大。东部深海盆地内为高异常区，大部分地区异

（图2-49）

东太平洋自由空气重力异常 x 方向导数图

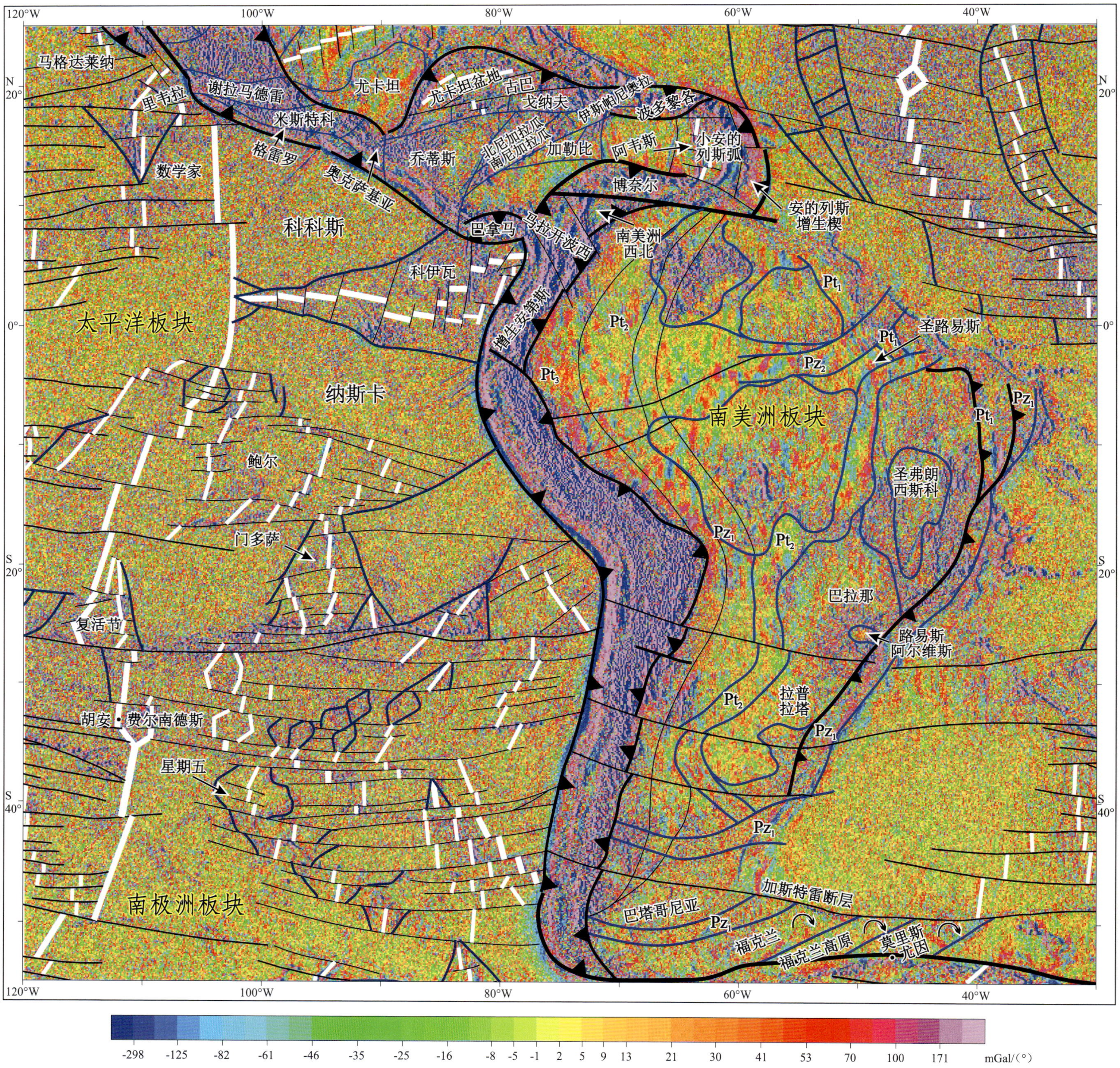

常值超过300mGal，说明地壳厚度较薄。在79° W左右有一条狭长的近南北向的低异常带，这条低异常带在现今的海底地形图中几乎没有反映，但在布格异常图（图2-53）和剩余重力异常图（图2-54）中却十分清晰，推测为一条已经不活动的转换断层（汪刚等，2019）。另外，科伊瓦微洋块的边界特征明显，其东、西边界可以直观地观察到，分别呈近SN向分布、NNE向分布，南、北边界则呈近NEE向分布。这四条边界对科伊瓦微洋块的俯冲增生过程起到了重要的控制作用。

（2）南美西部造山带特征

增生的安第斯微板块（Accreted Andes Terranes）：位于秘鲁最北端以及厄瓜多尔、哥伦比亚和委内瑞拉西北部微陆块构成的复杂安第斯造山带北段。在剩余地壳重力异常图（图2-54）上，该造山带东侧呈现较高的正异常，异常值为20~40mGal，西侧呈现负异常，异常值为-40~-20mGal。

（图2-50） 东太平洋自由空气重力异常y方向导数图

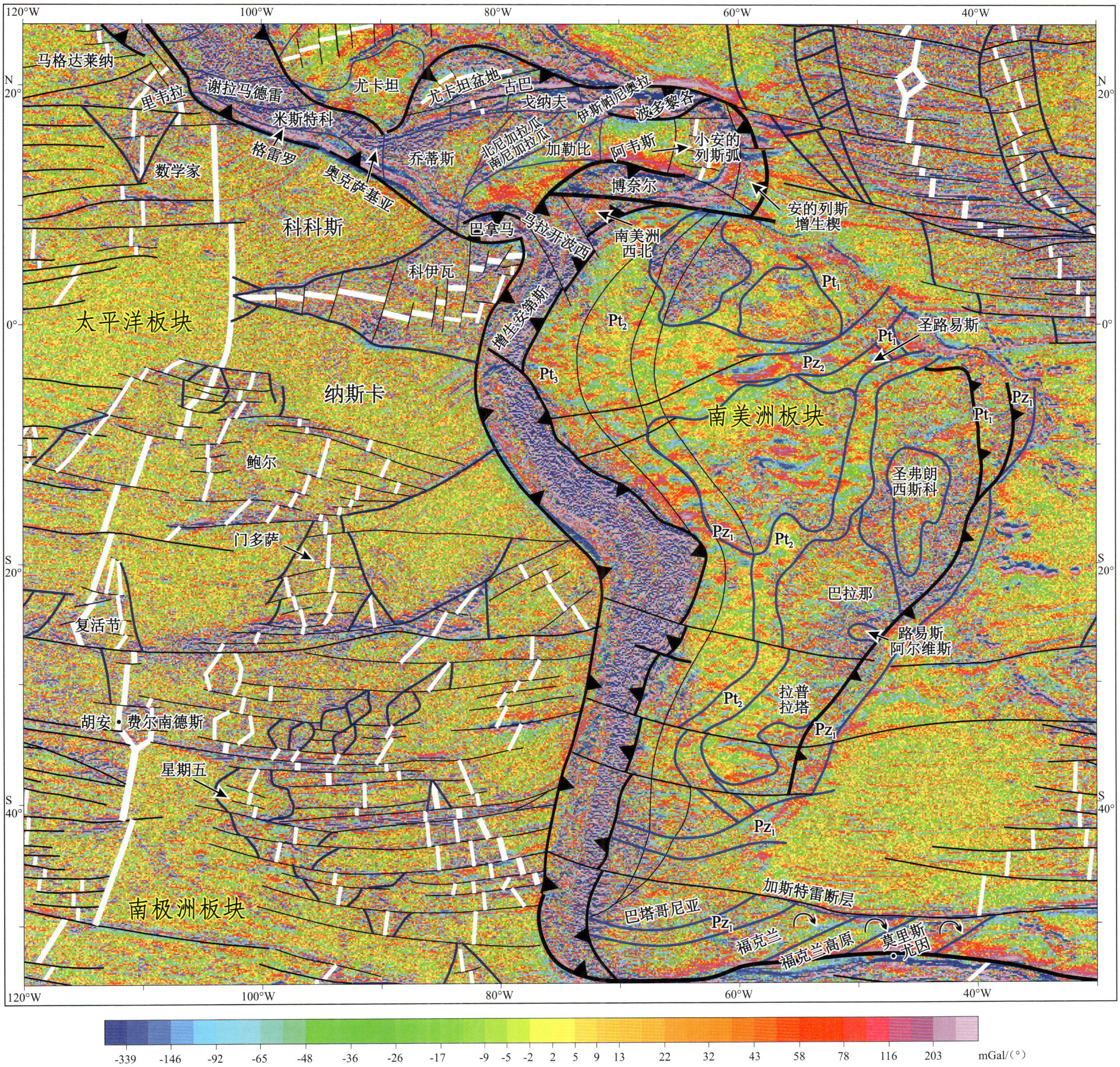

（图2-51）

东太平洋自由空气重力异常z方向导数图

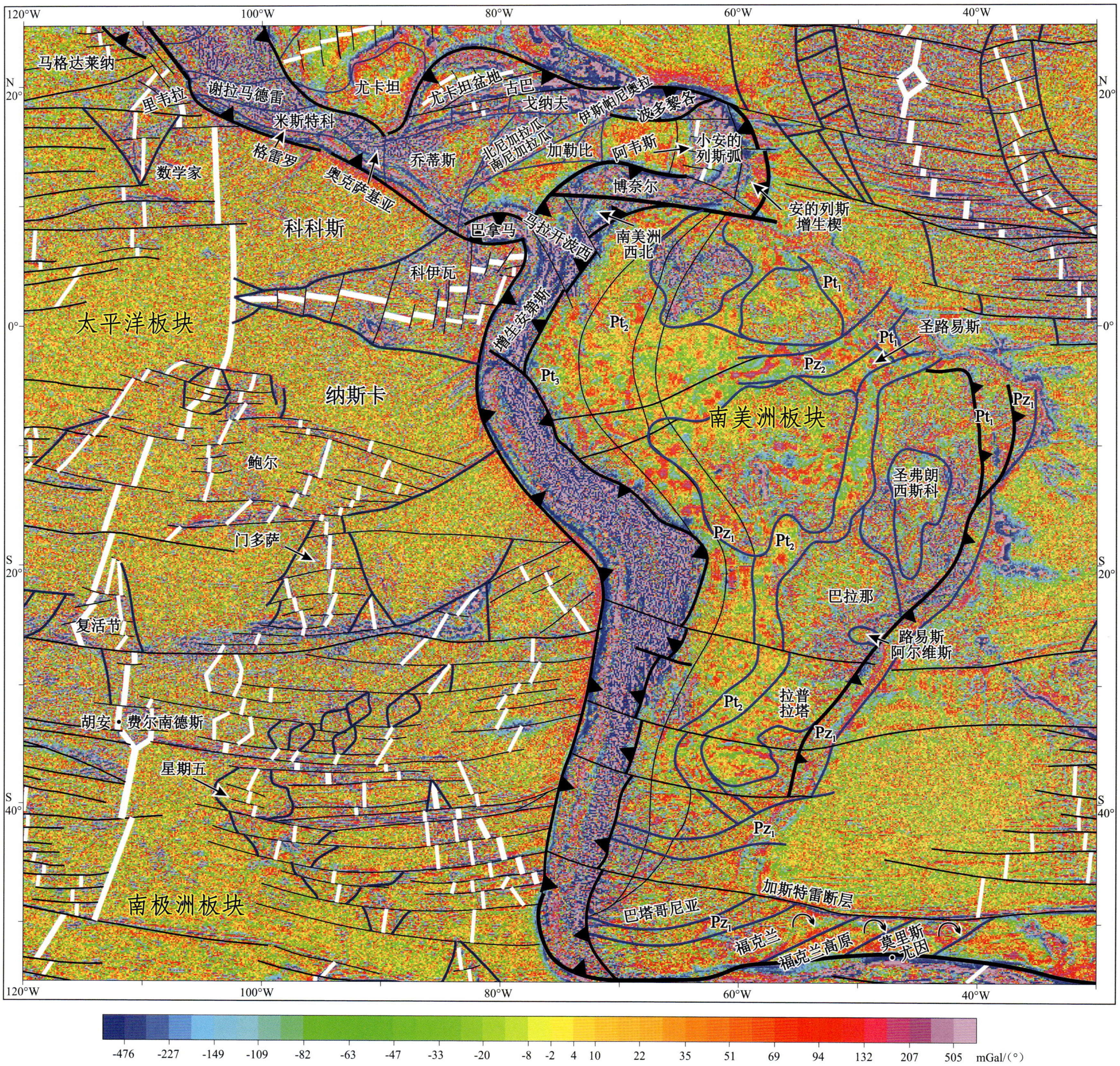

（图2-52）

东太平洋垂向重力梯度图(VGG)

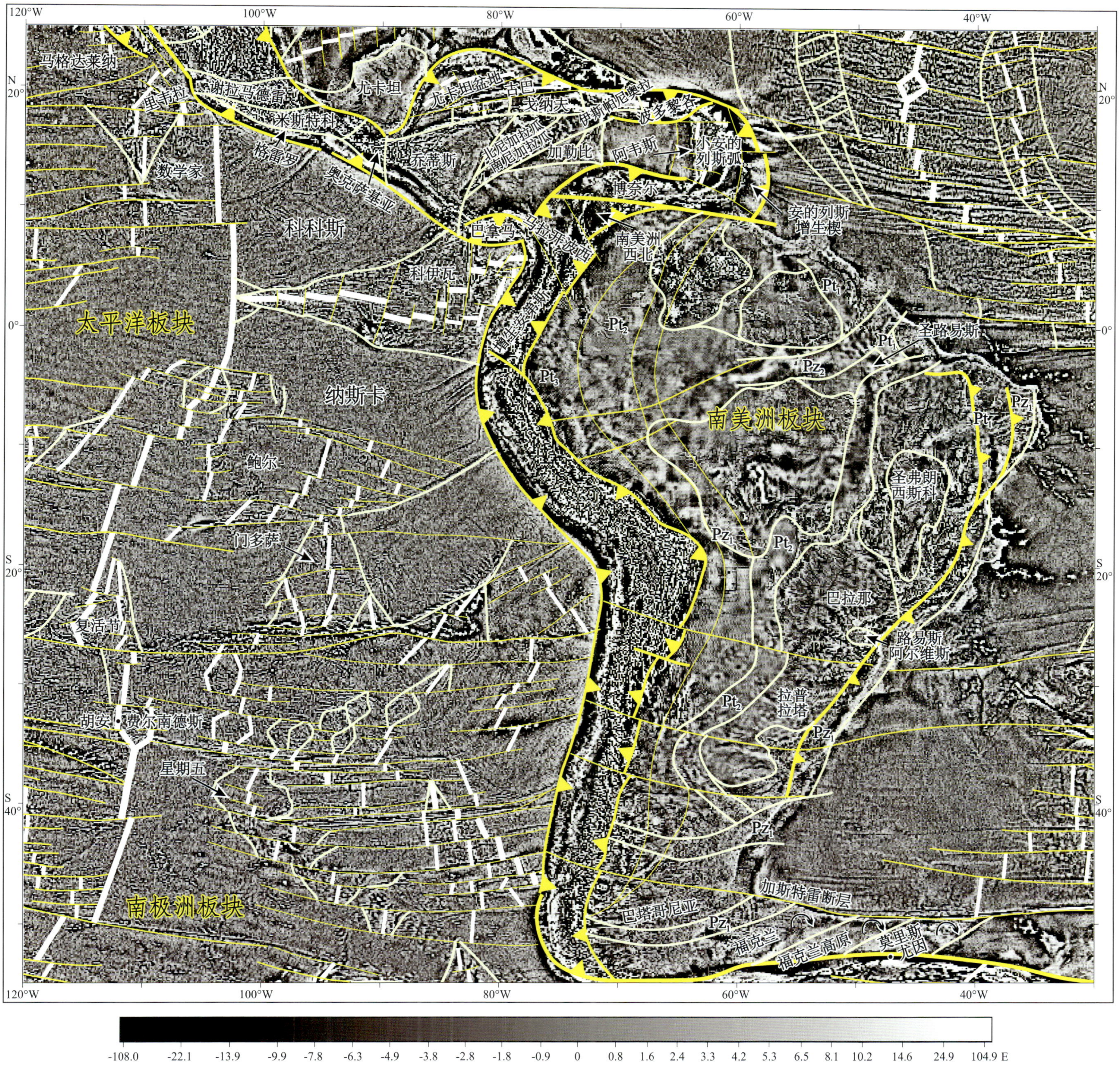

（图2-53）

东太平洋布格重力异常图

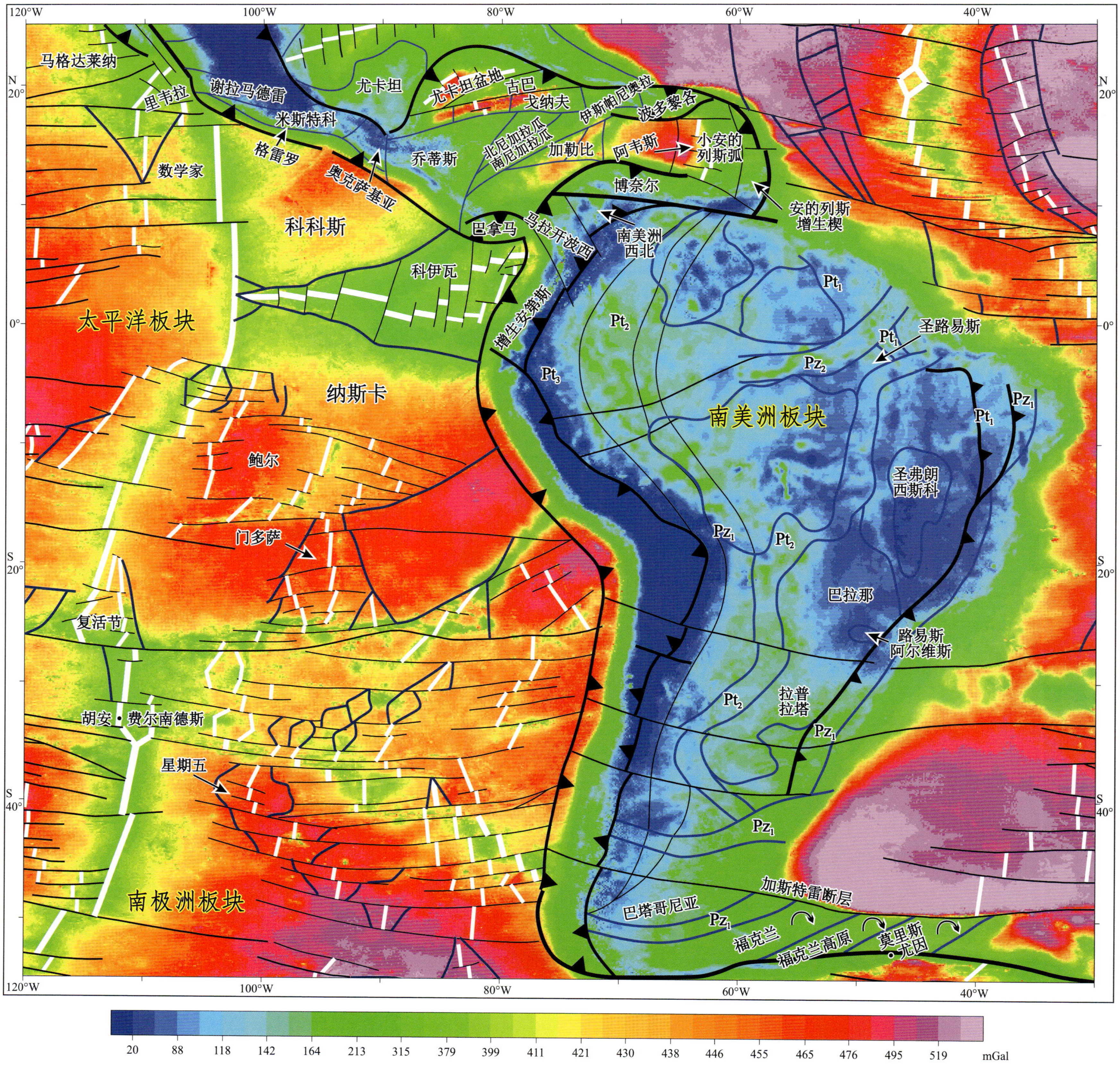

（图2-54）

东太平洋剩余地壳重力异常图

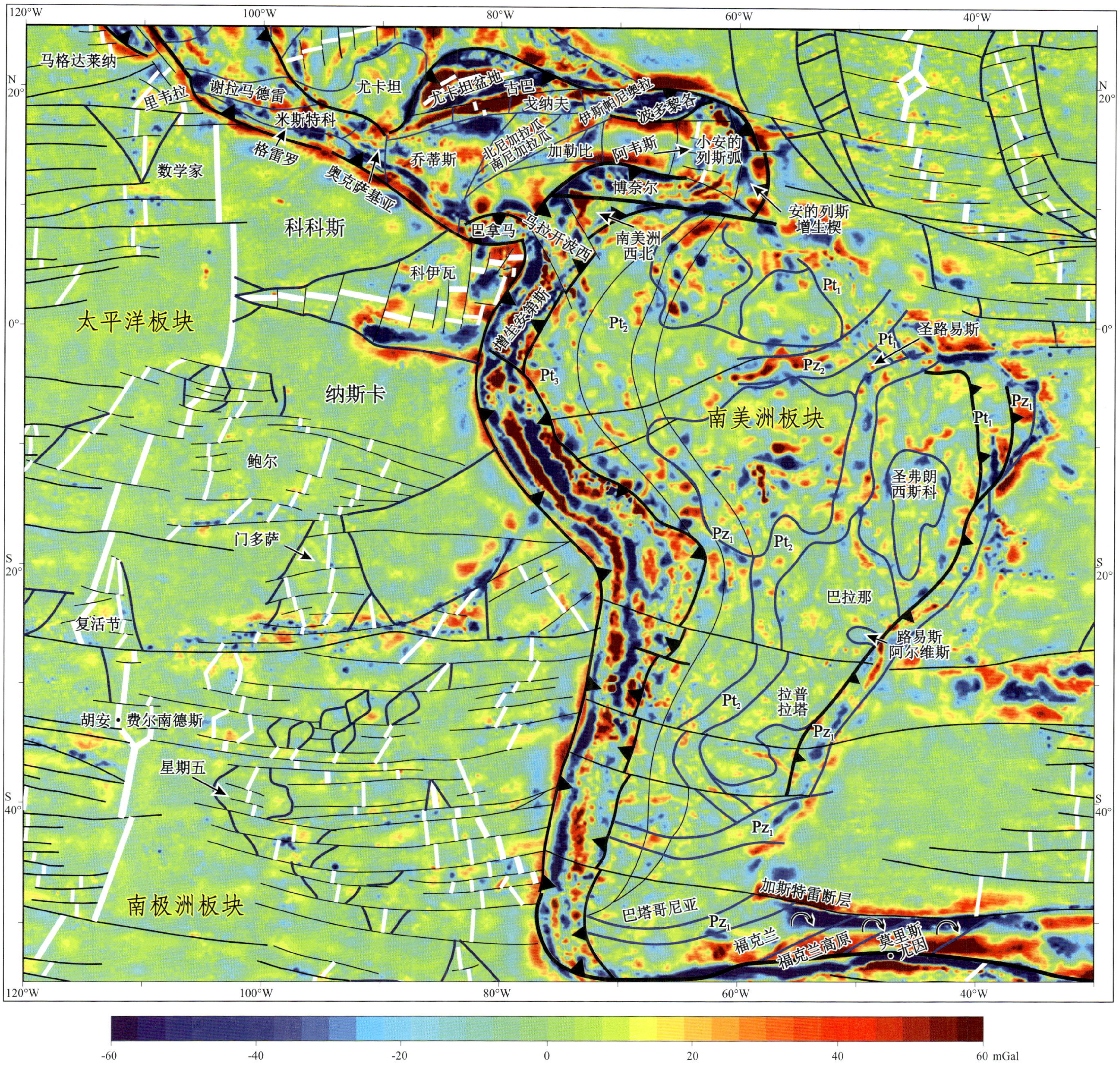

（图2-55）

东太平洋布格重力异常小波分解2阶逼近场图

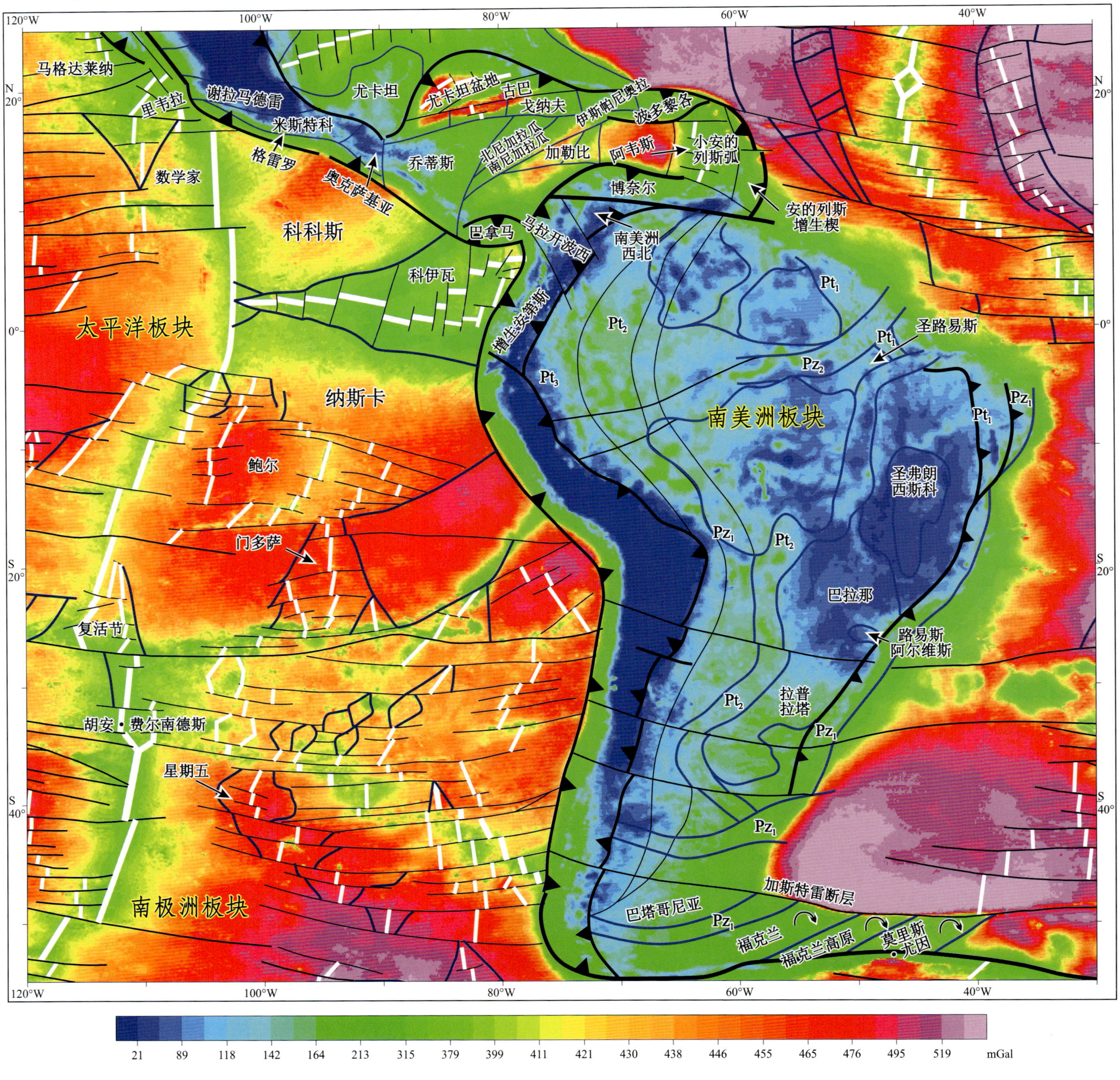

（图2-56）

东太平洋布格重力异常小波分解4阶逼近场图

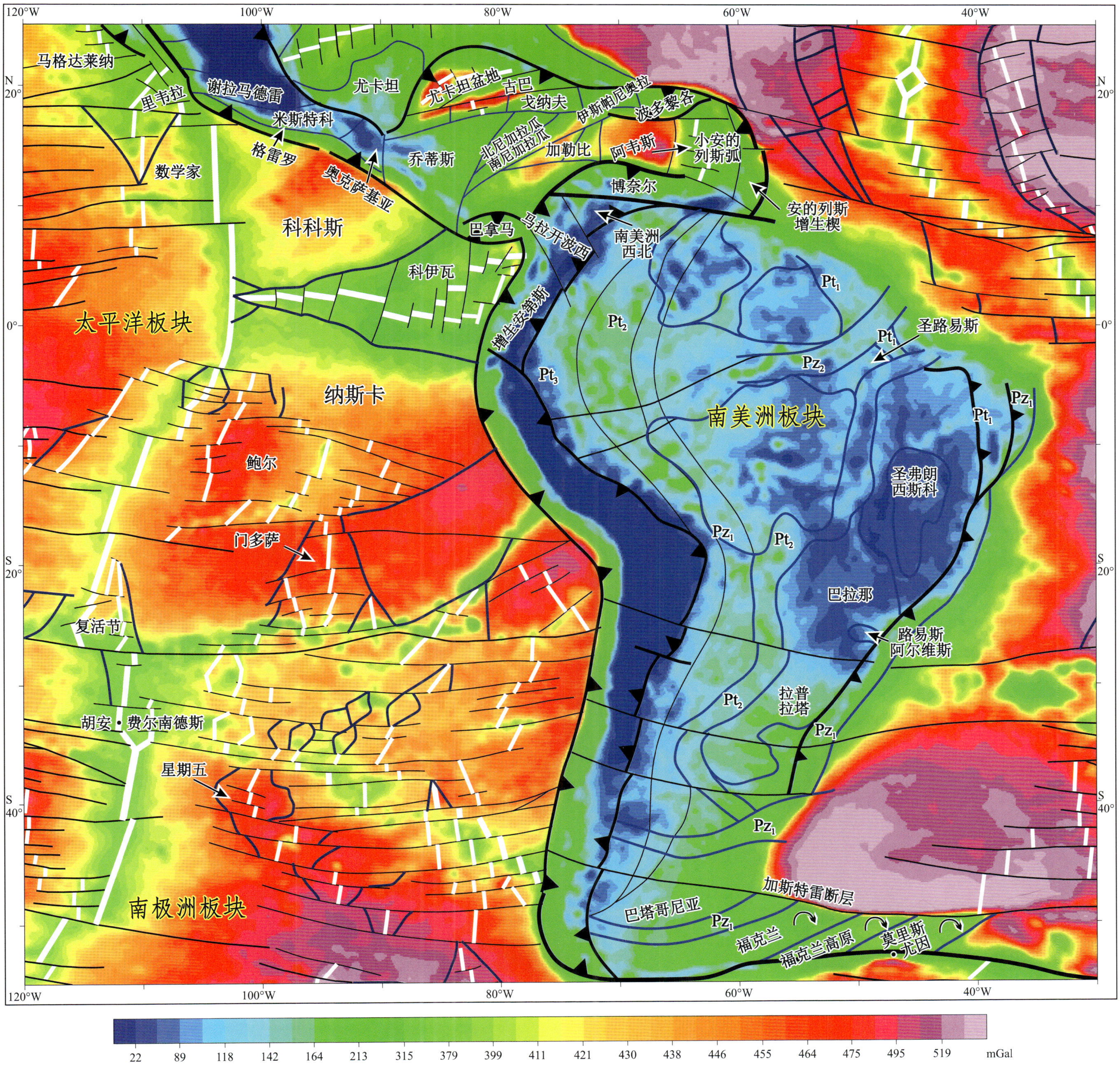

（图2-57）

东太平洋布格重力异常小波分解6阶逼近场图

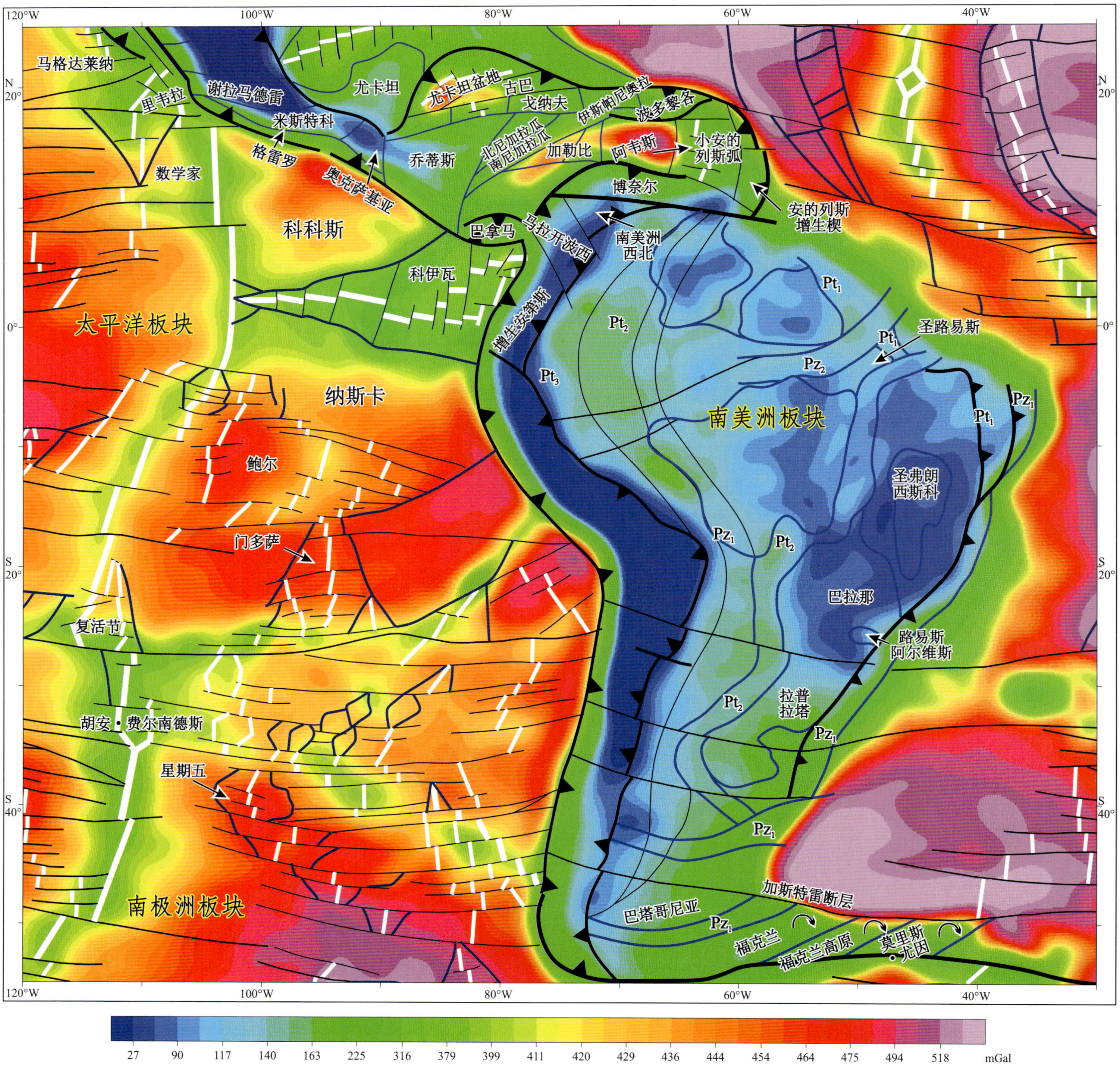

（图2-58） 东太平洋布格重力异常小波分解8阶逼近场图

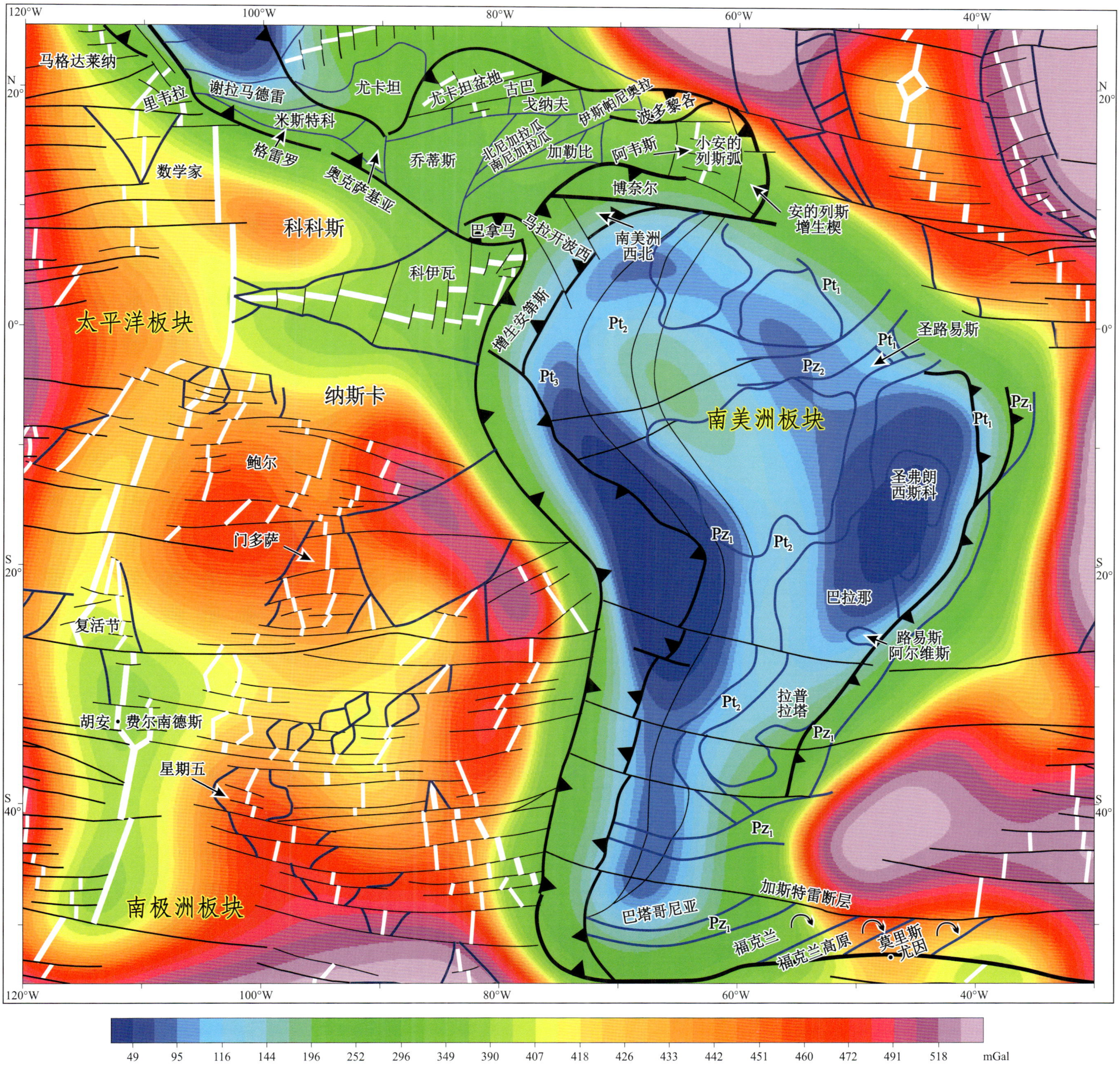

（图2-59）

东太平洋布格重力异常小波分解2阶细节场图

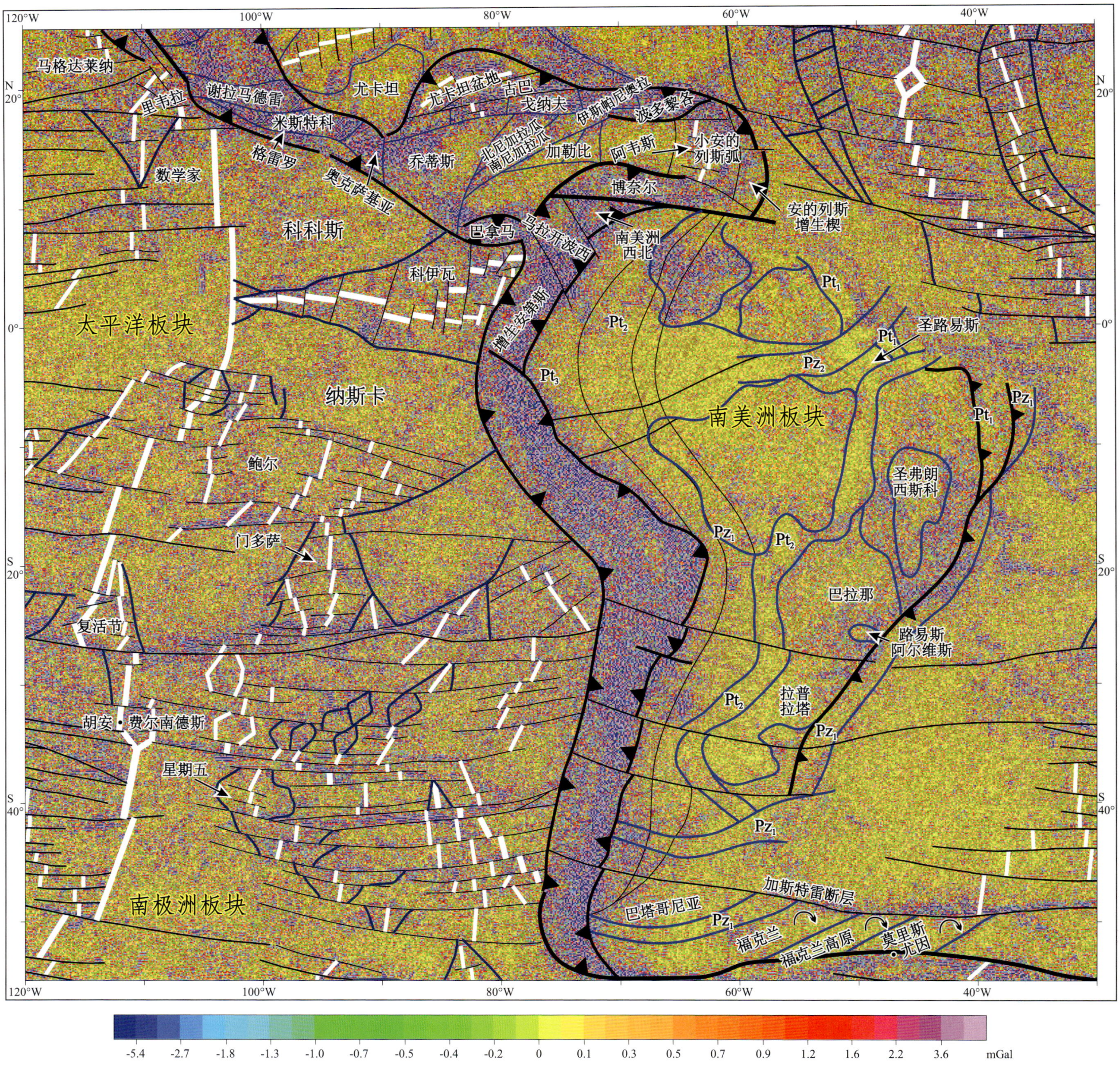

（图2-60）

东太平洋布格重力异常小波分解4阶细节场图

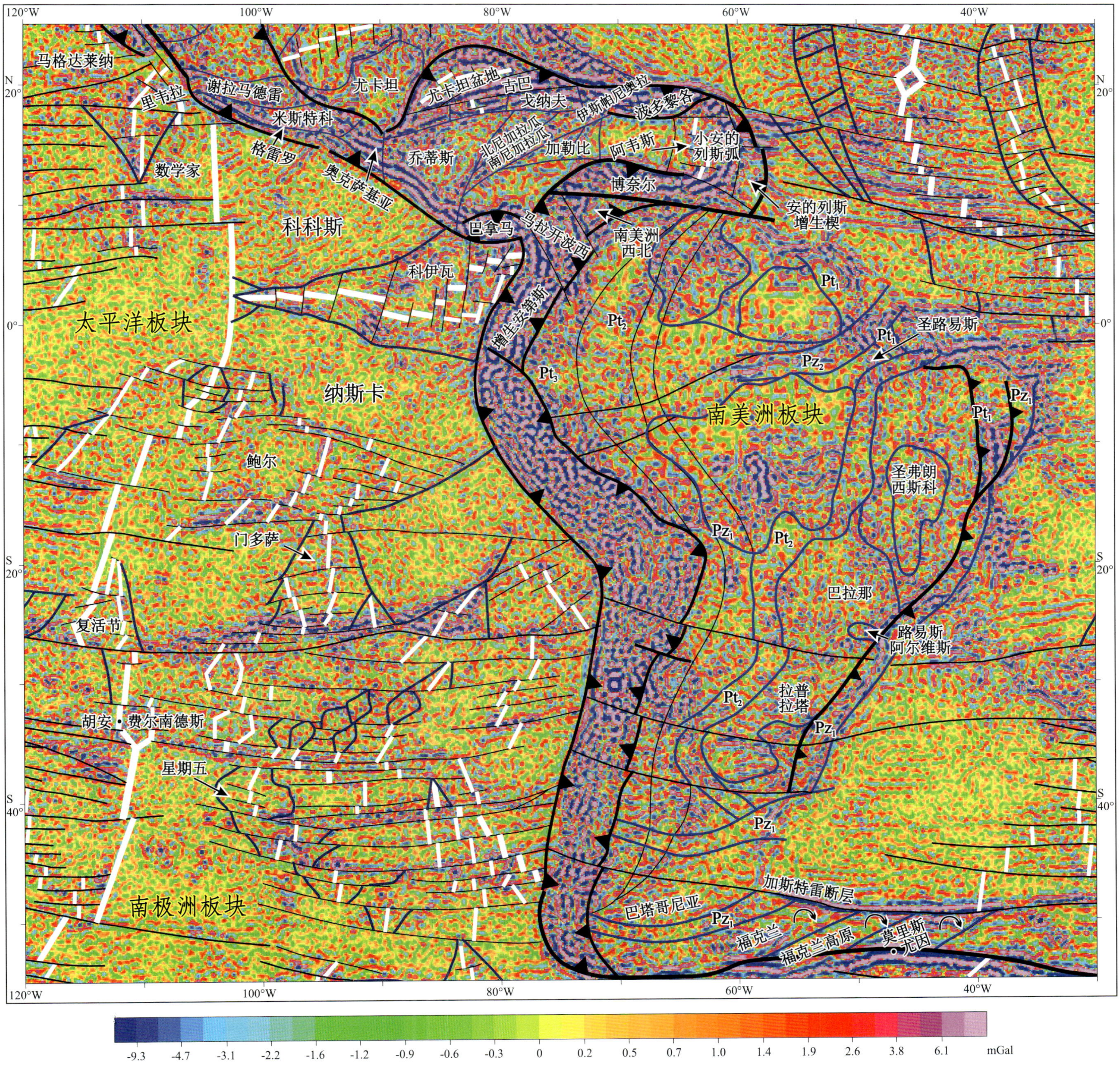

（图2-61）

东太平洋布格重力异常小波分解6阶细节场图

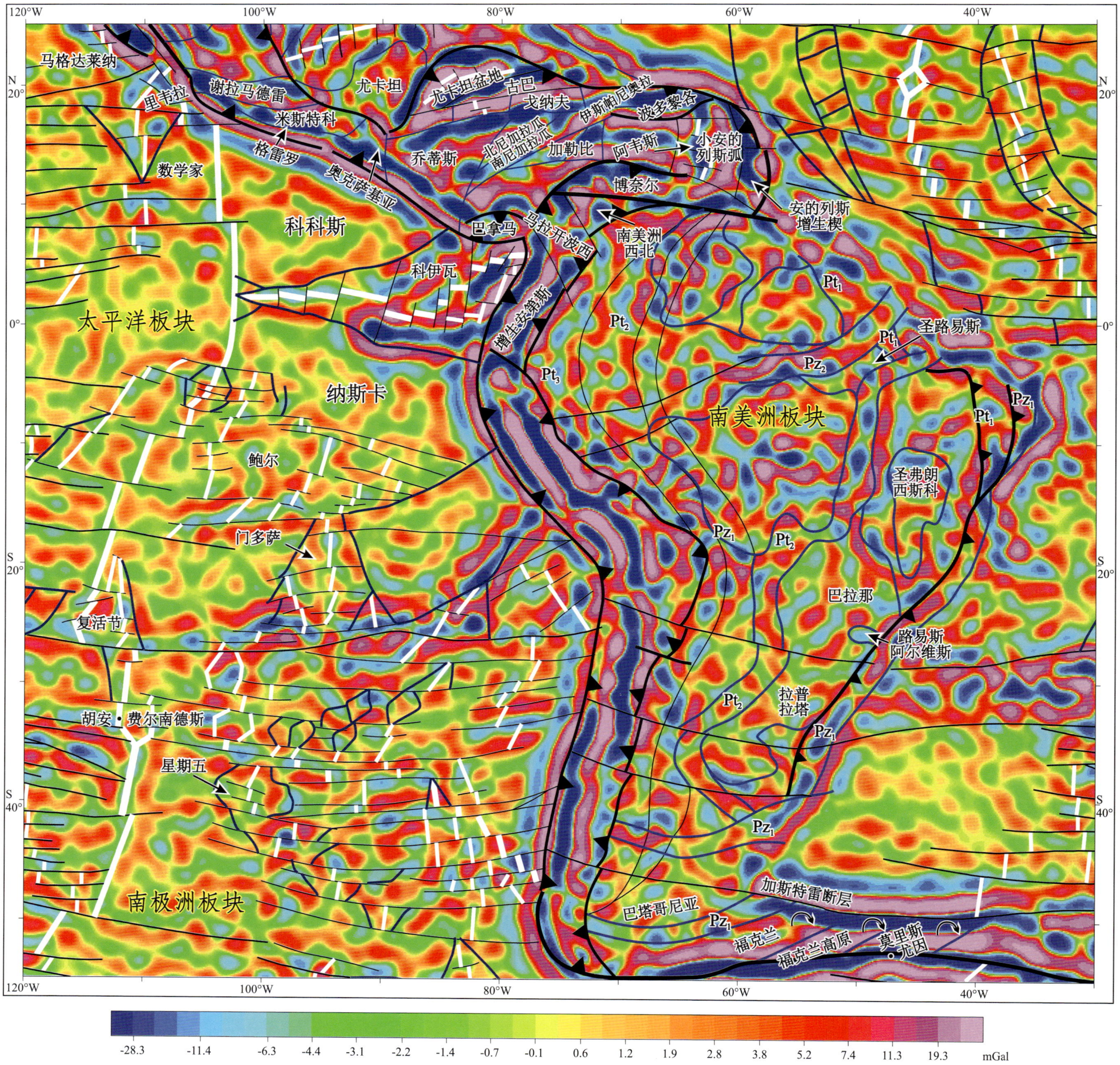

（图2-62）

东太平洋布格重力异常小波分解8阶细节场图

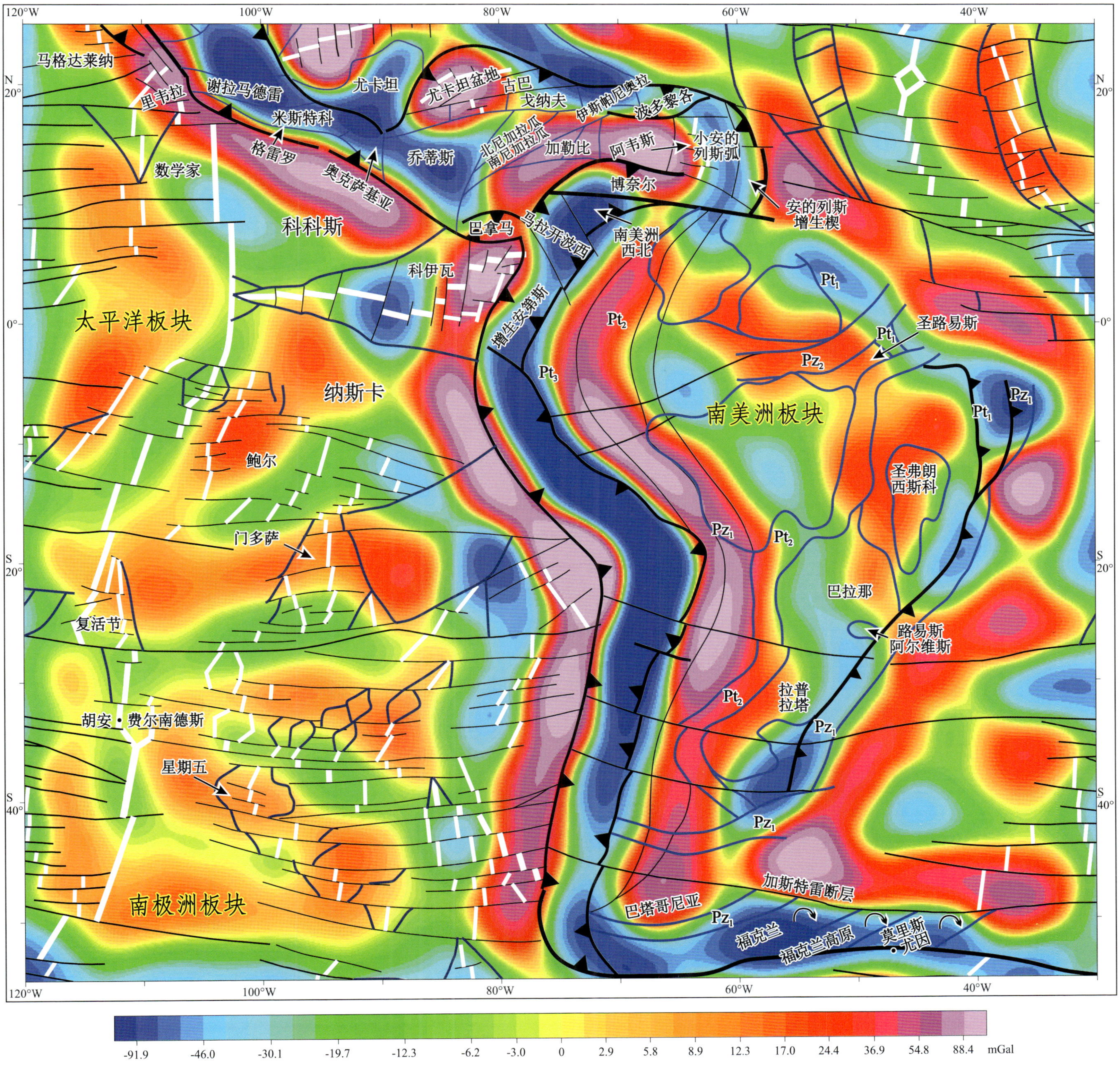

在自由空气重力异常图（图 2-63）和均衡重力异常图（图 2-64）中，北美克拉通主体呈现正异常，西部俯冲带呈现较高的负异常，为 NW 走向，异常值为 -60~-45mGal；中东部为 NEE 向正异常；该区东南、西南及北部整体呈现负异常特征，中北部的异常值为 -50~-25mGal。而北美中部及东部，异常值相对较低，异常值为 10~25mGal。

（1）东部加里东期阿巴拉契亚造山带内的微陆块特征

阿卡迪亚（Acadia）：位于阿瓦隆尼亚（Avalonia）大陆的西部，从马萨诸塞州科德角，向西北延伸到纽芬兰东部的地区，为冈瓦纳西北部的延伸，直到 490Ma 时瑞克洋（Rheic）打开，组成阿瓦隆尼亚的西段，该微陆块自由空气重力异常整体呈现较高值的正异常，异常值为 20~45mGal（图 2-63）。

梅古马（Meguma）：位于阿卡迪亚微陆块西部的大西洋中。梅古马微陆块在寒武纪以前属于冈瓦纳古陆的一部分，在均衡重力异常图（图 2-64）中，该微陆块边界附近呈现较高的正异常，异常值为 10~25mGal，而微陆块内部呈现负异常，异常值为 -40~-25mGal。

墨西哥东北部（NE Mexico）：位于墨西哥湾东北边缘，包含前寒武纪基底及古生代、中生代到新生代地层，在中生代盘古大陆解体后，成为独立的块体。在垂向重力梯度图（图 2-68）中，该微陆块整体表现为正异常，异常值为 2~19E。

（2）西部中新生代科迪勒拉造山带内微陆块特征

下加利福尼亚（Baja California）：下加利福尼亚微洋块西侧为太平洋板块，东侧以加利福尼亚湾、圣安德烈斯大陆型转换断层或走滑断裂，与北美板块相接（Plattner et al., 2007），其形成与太平洋板块和法拉隆板块之间的洋中脊－转换断层系统向北美板块斜向俯冲有关（Nicholson et al., 1994; Martín et al., 2000; Fletcher et a., 2007; Plattner et al., 2007; Bennett et al., 2013）。在自由空气重力异常 z 方向导数图（图 2-67）中，该微陆块存在较高值的正异常，大致呈 NW 向的条带状分布，异常值为 200~350mGal/(°)，可能与其前身为岛弧相关，但现今属于太平洋板块的一部分。

（3）克拉通内前寒武纪古老微陆块

北美克拉通是由 7~10 个陆核（劳伦古陆）形成的，这些陆核之间为古缝合线，所以这些陆核早期都是独立的微陆块，如苏必利尔（Superior）克拉通就是由大量微陆块在新太古代聚合而成，在古元古代期间又与其他微陆块碰撞拼合为北美克拉通。在中元古代至中志留纪期间，劳伦古陆是一个独立的大陆，内部相对稳定，但在志留纪加里东造山运动期间，中间为阿巴拉契亚－加里东期造山带，劳伦古陆先与阿瓦隆尼亚－波罗的克拉通碰撞形成了劳俄古陆，而后与华北、扬子等克拉通结合为劳亚古陆，劳亚古陆在石炭纪与冈瓦纳古陆碰撞形成了盘古大陆（Ziegler, 1989）。在整个显生宙，许多微陆块和更小的地体在北美克拉通边缘增生。

奴湖（Slave）：是位于加拿大地盾西北部的太古宙花岗岩地体。在布格重力异常图（图 2-69）中，奴湖微陆块整体呈现较低值的正异常，异常值为 50~110mGal。

（图2-63） **北美克拉通自由空气重力异常**

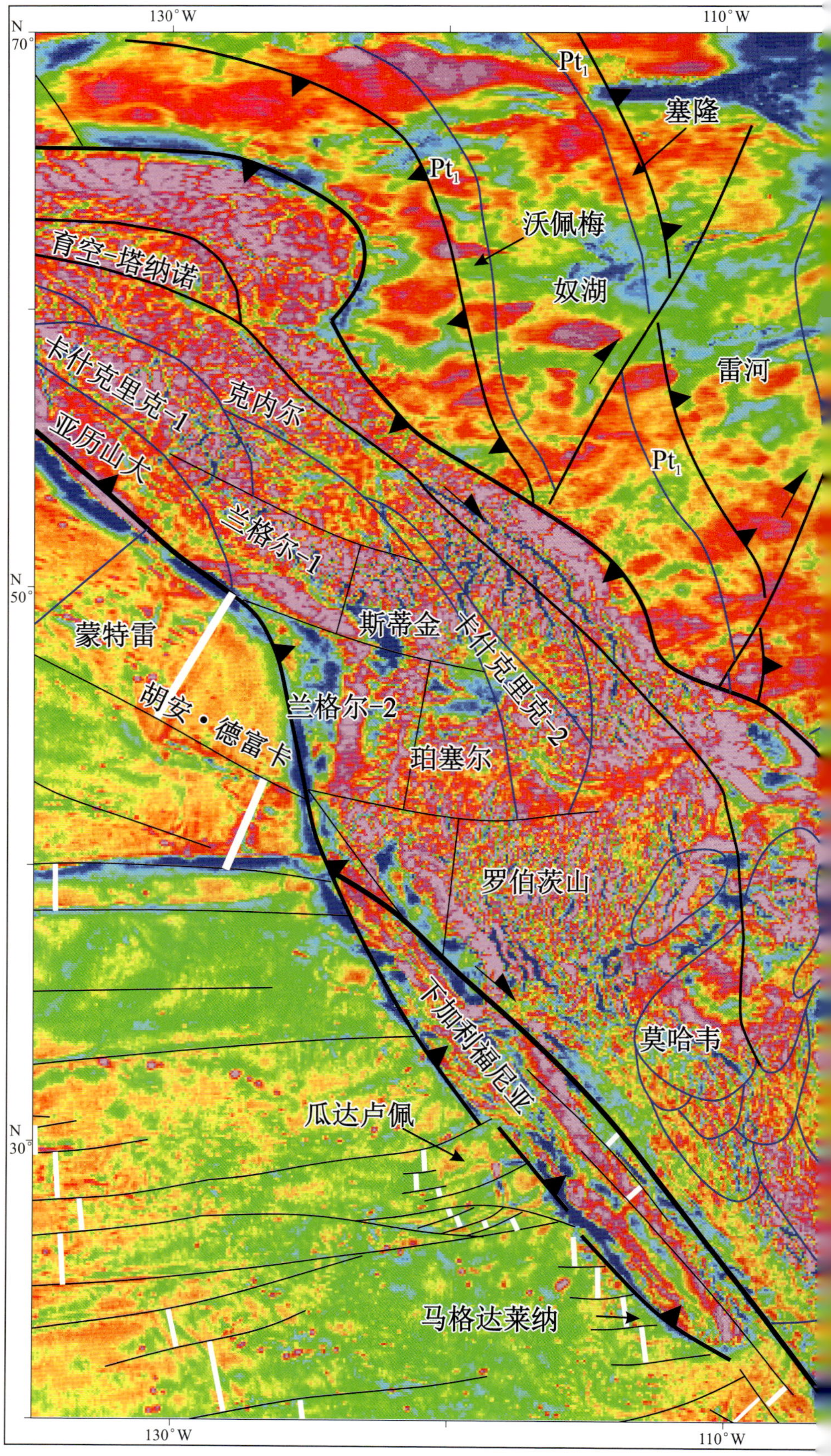

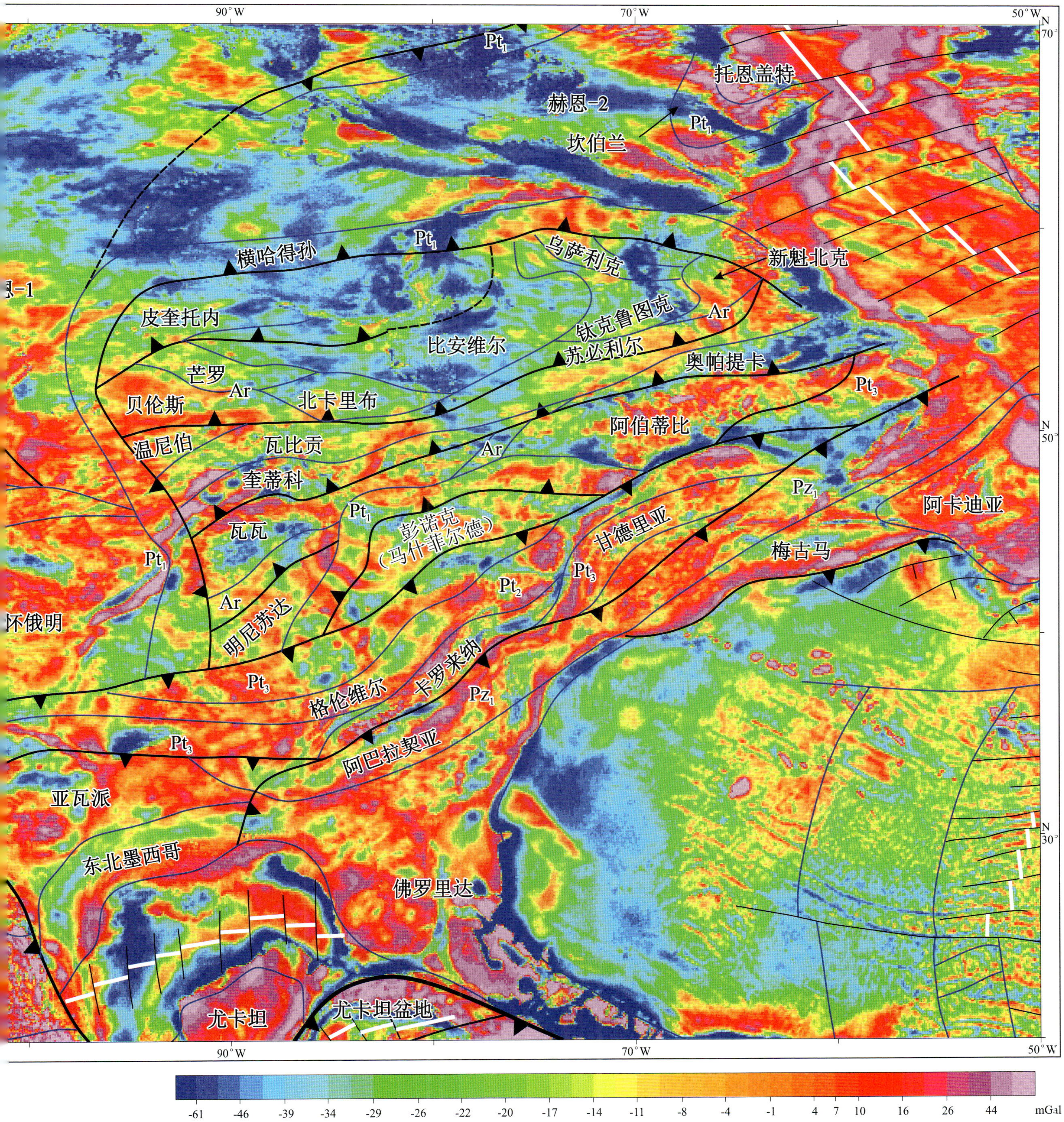

90°W
70°W
50°W
N 70°
N 50°
N 30°
托恩盖特
赫恩-2
坎伯兰
Pt_1
横哈得孙
乌萨利克
新魁北克
皮奎托内
比安维尔
钛克鲁图克
苏必利尔
Ar
奥帕提卡
芒罗
贝伦斯
北卡里布
温尼伯
瓦比贡
阿伯蒂比
Pt_3
奎蒂科
阿卡迪亚
Pz_1
瓦瓦
彭诺克
（马什菲尔德）
甘德里亚
梅古马
Pt_2
怀俄明
明尼苏达
格伦维尔
卡罗来纳
阿巴拉契亚
亚瓦派
东北墨西哥
佛罗里达
尤卡坦
尤卡坦盆地
-61 -46 -39 -34 -29 -26 -22 -20 -17 -14 -11 -8 -4 -1 4 7 10 16 26 44
mGal

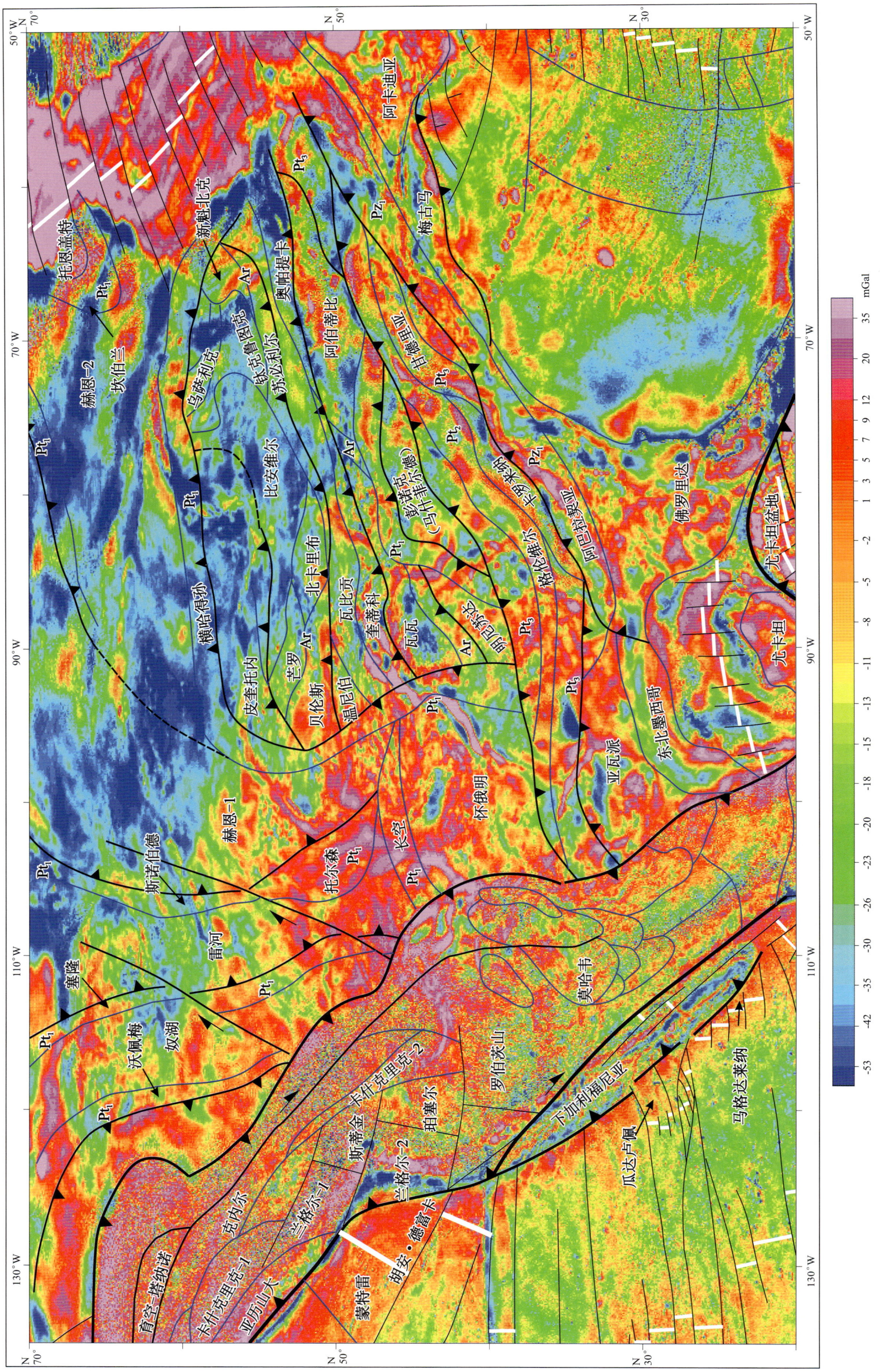

北美克拉通均衡重力异常图

（图2-64）

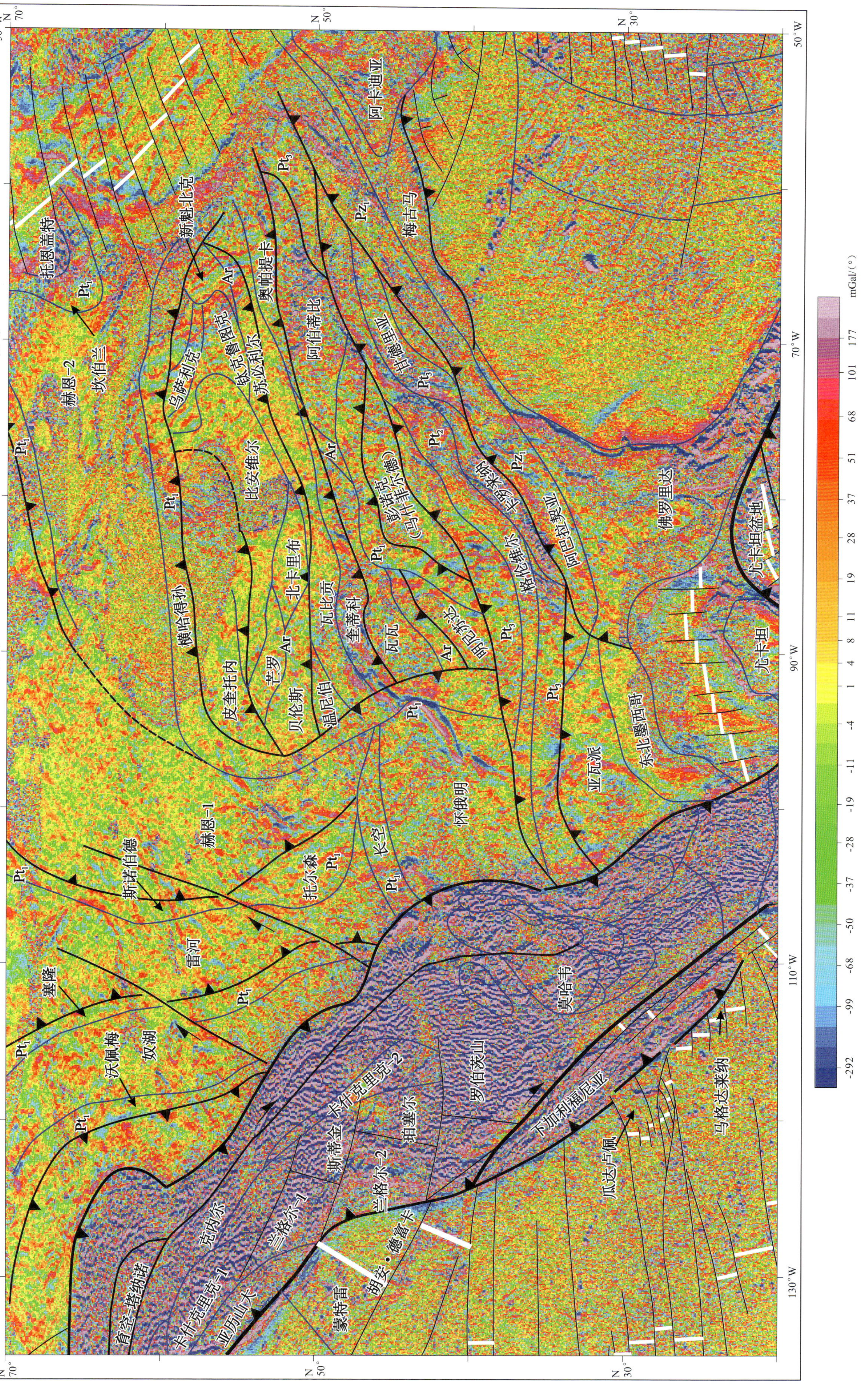

（图2-65） 北美克拉通自由空气重力异常 x 方向导数图

北美克拉通自由空气重力异常y方向导数图

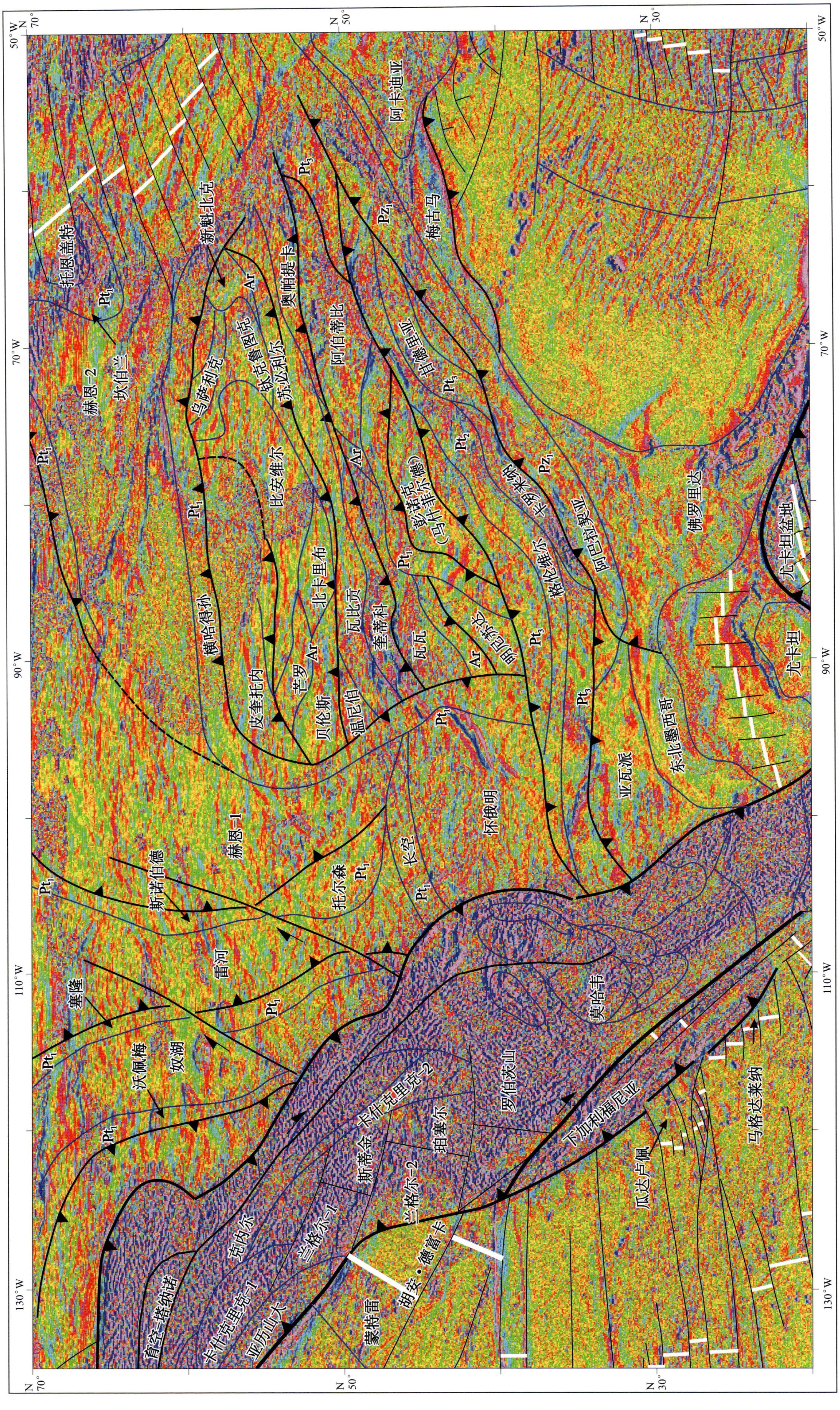

(图2-66)

北美克拉通自由空气重力异常z方向导数图

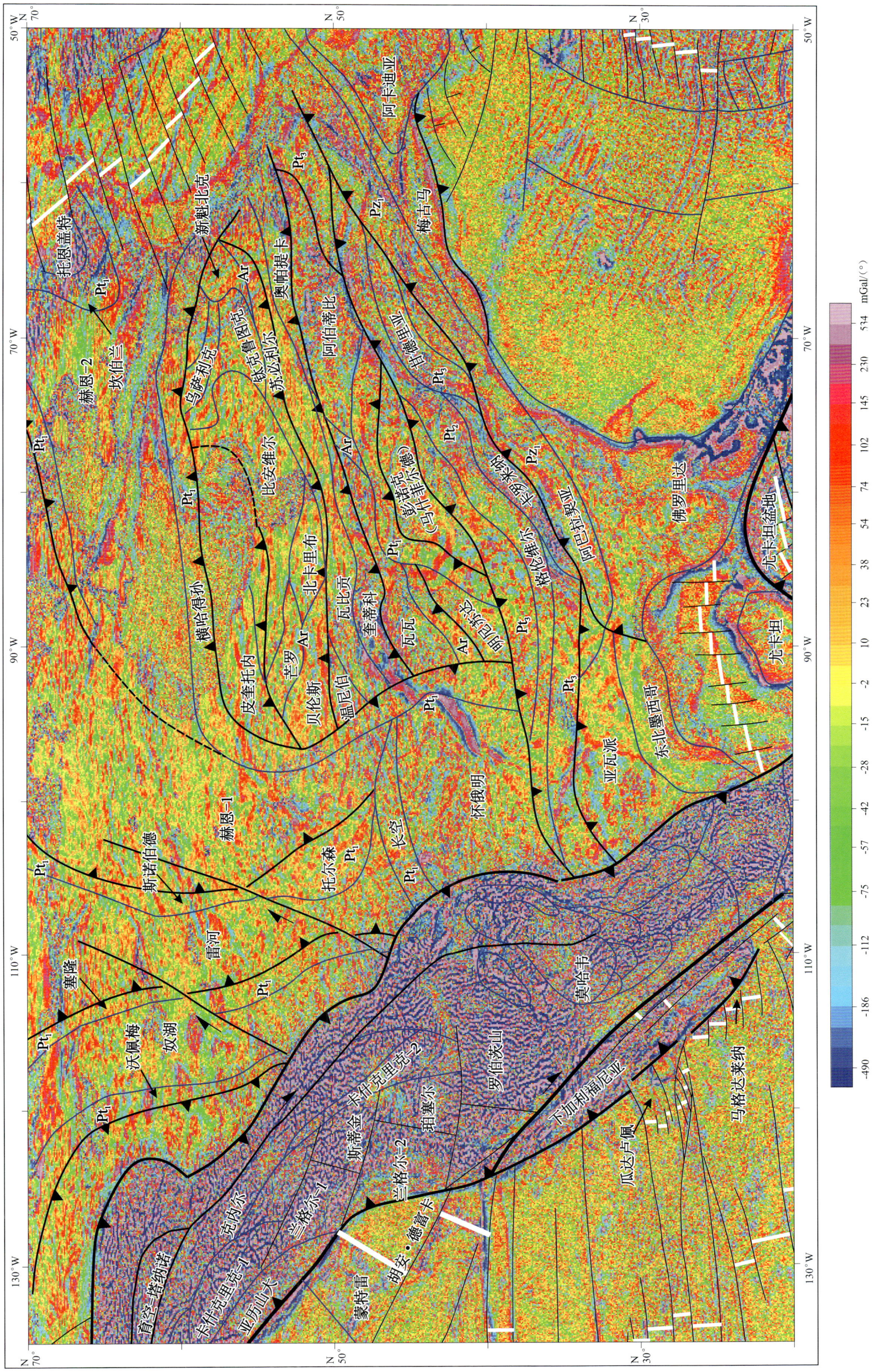

（图2-67）

北美克拉通垂向重力梯度图（VGG）

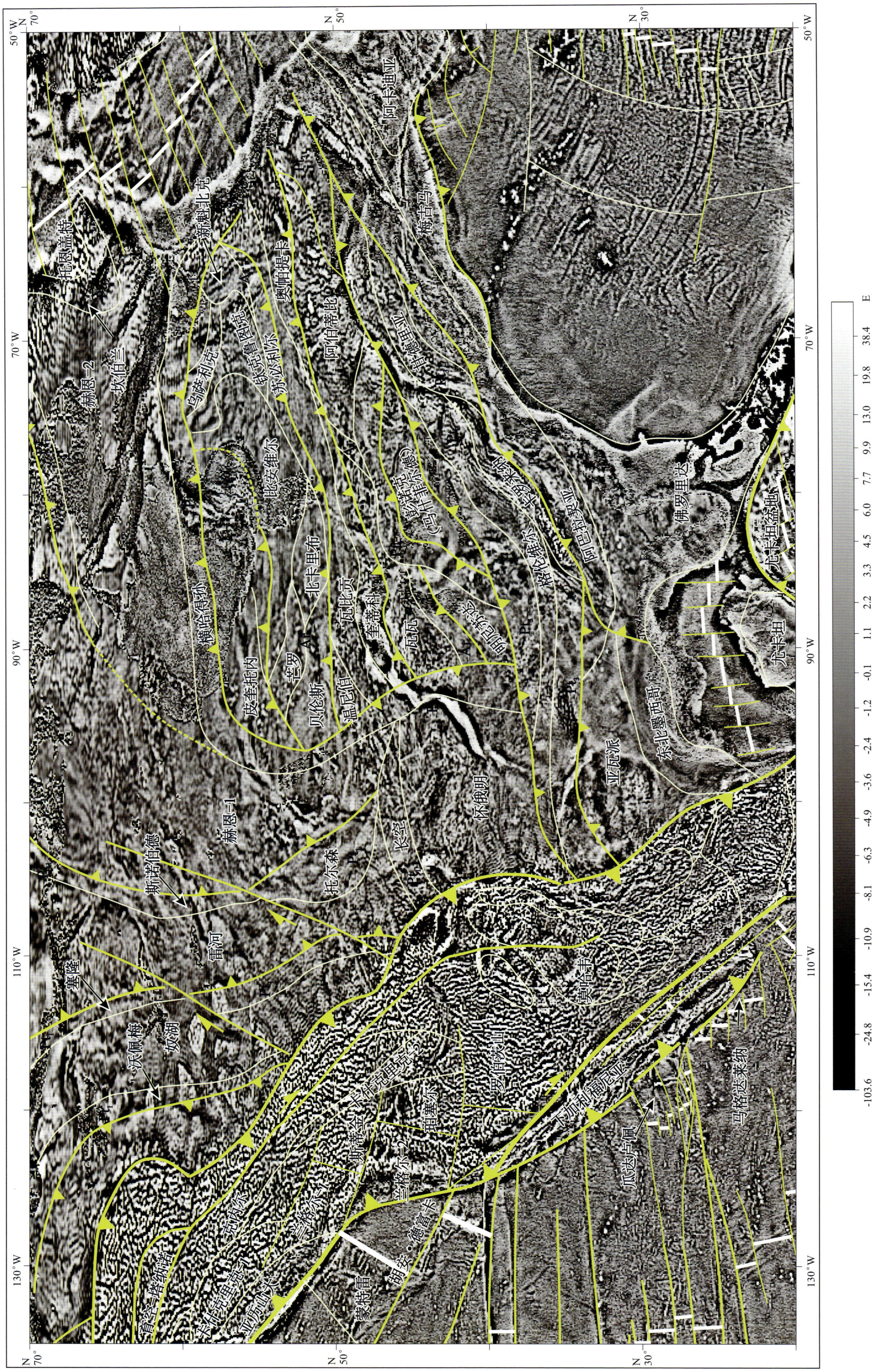

（图2-68）

北美克拉通布格重力异常图

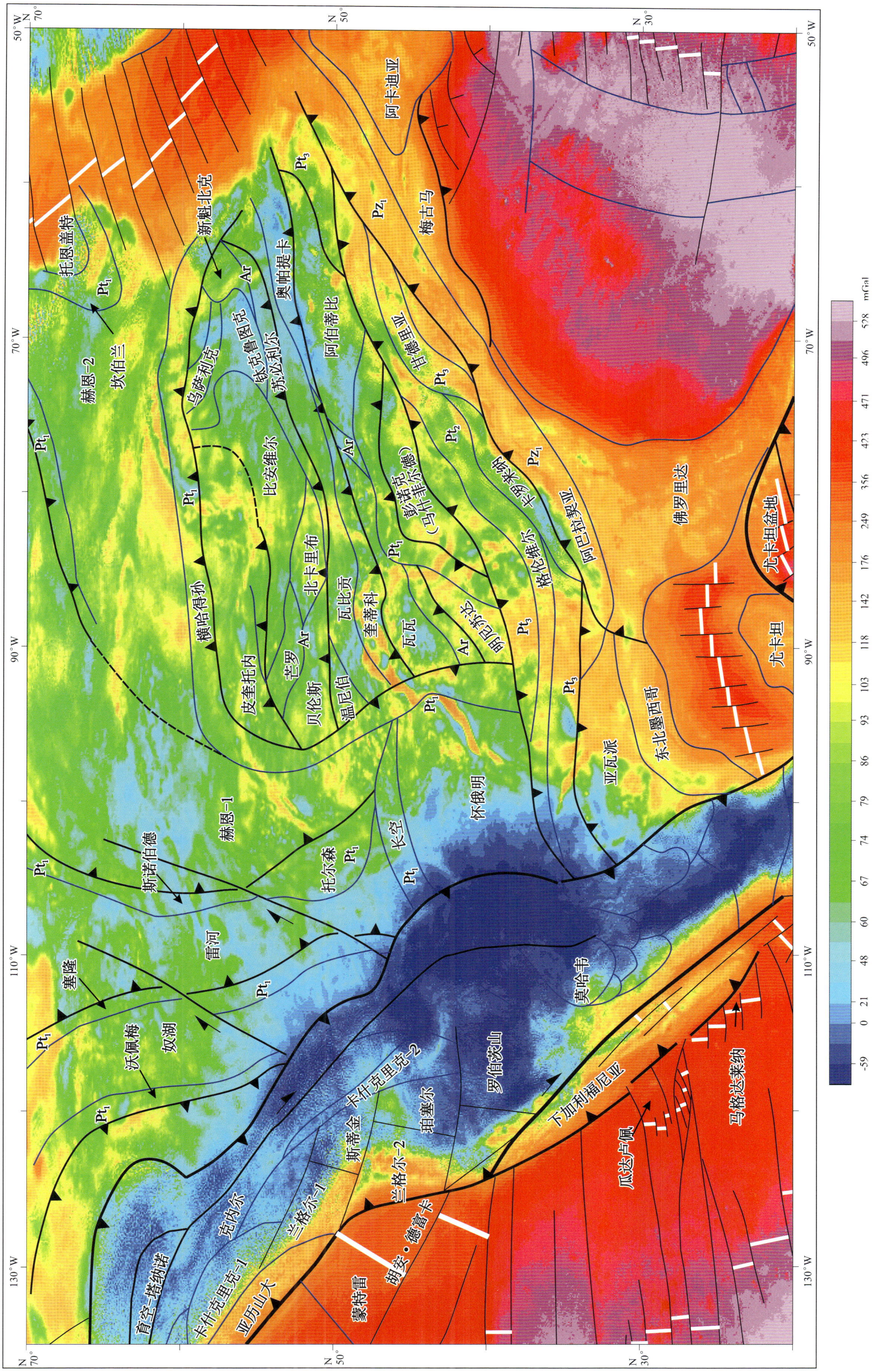

（图2-69）

北美克拉通布格重力异常小波分解2阶逼近场图

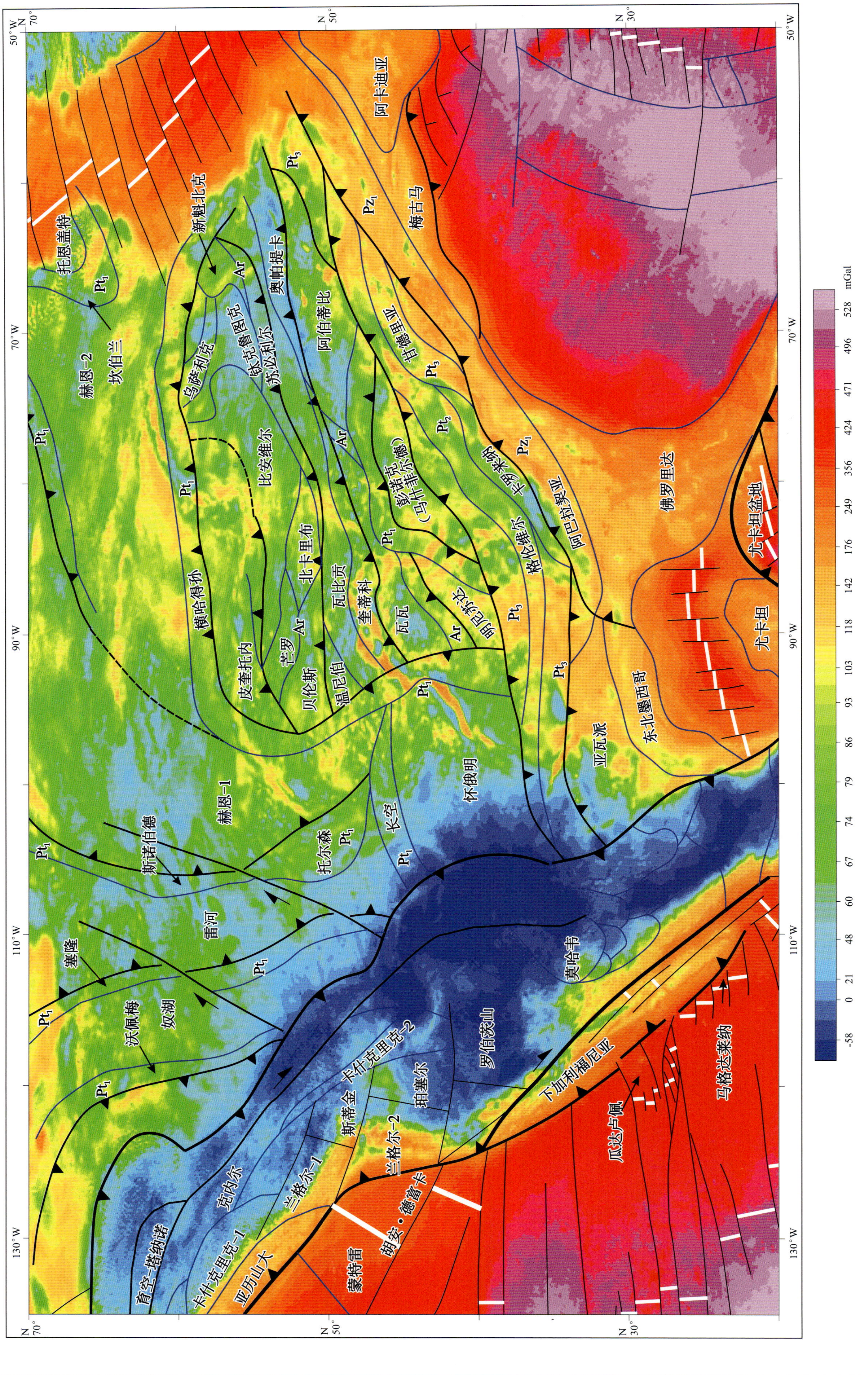

（图2-70）

北美克拉通布格重力异常小波分解4阶逼近场图

（图2-71）

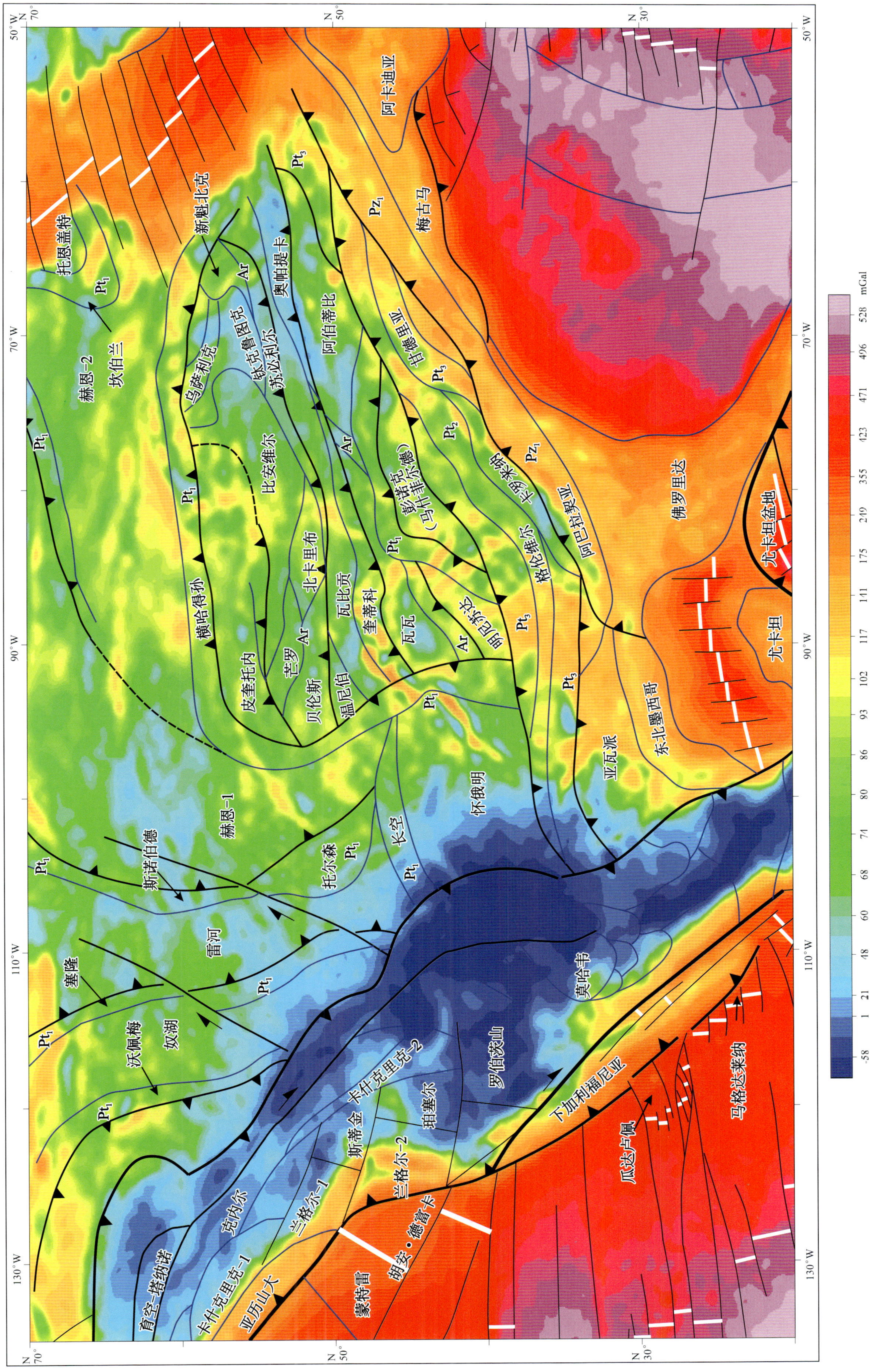

北美克拉通布格重力异常小波分解6阶逼近场图

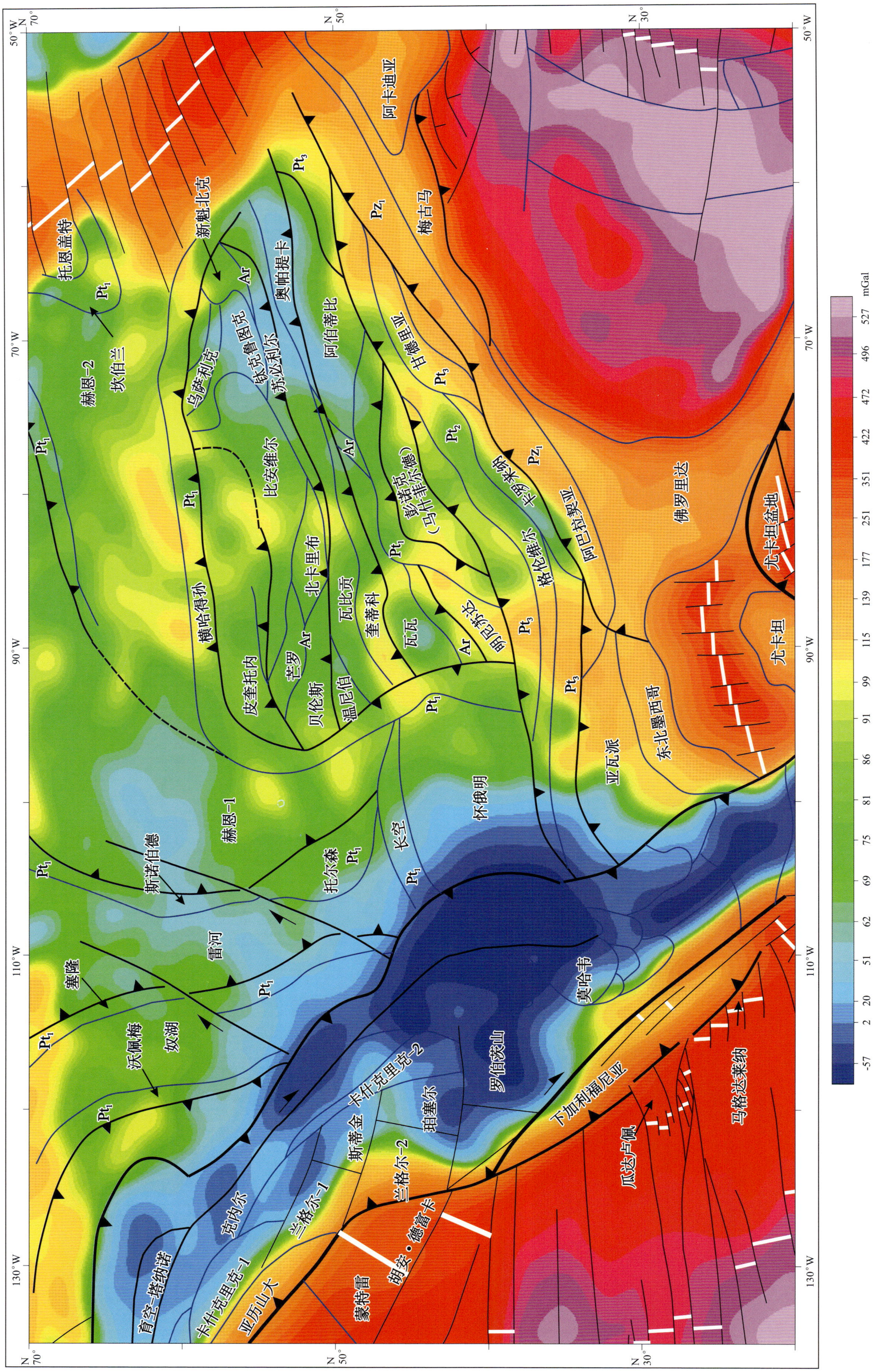

(图2-72)

北美克拉通布格重力异常小波分解2阶细节场图

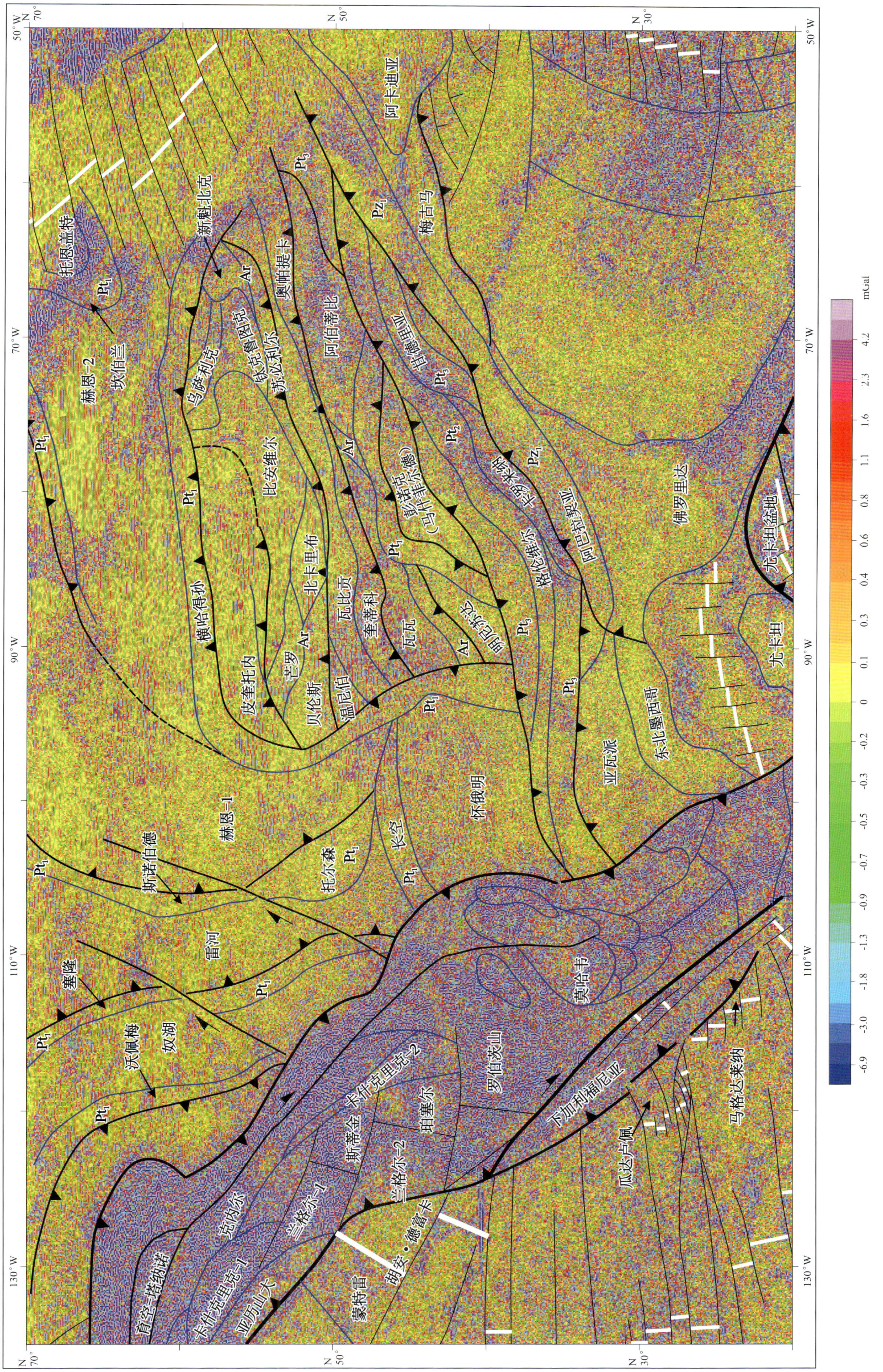

（图2-73）

北美克拉通布格重力异常小波分解4阶细节场图

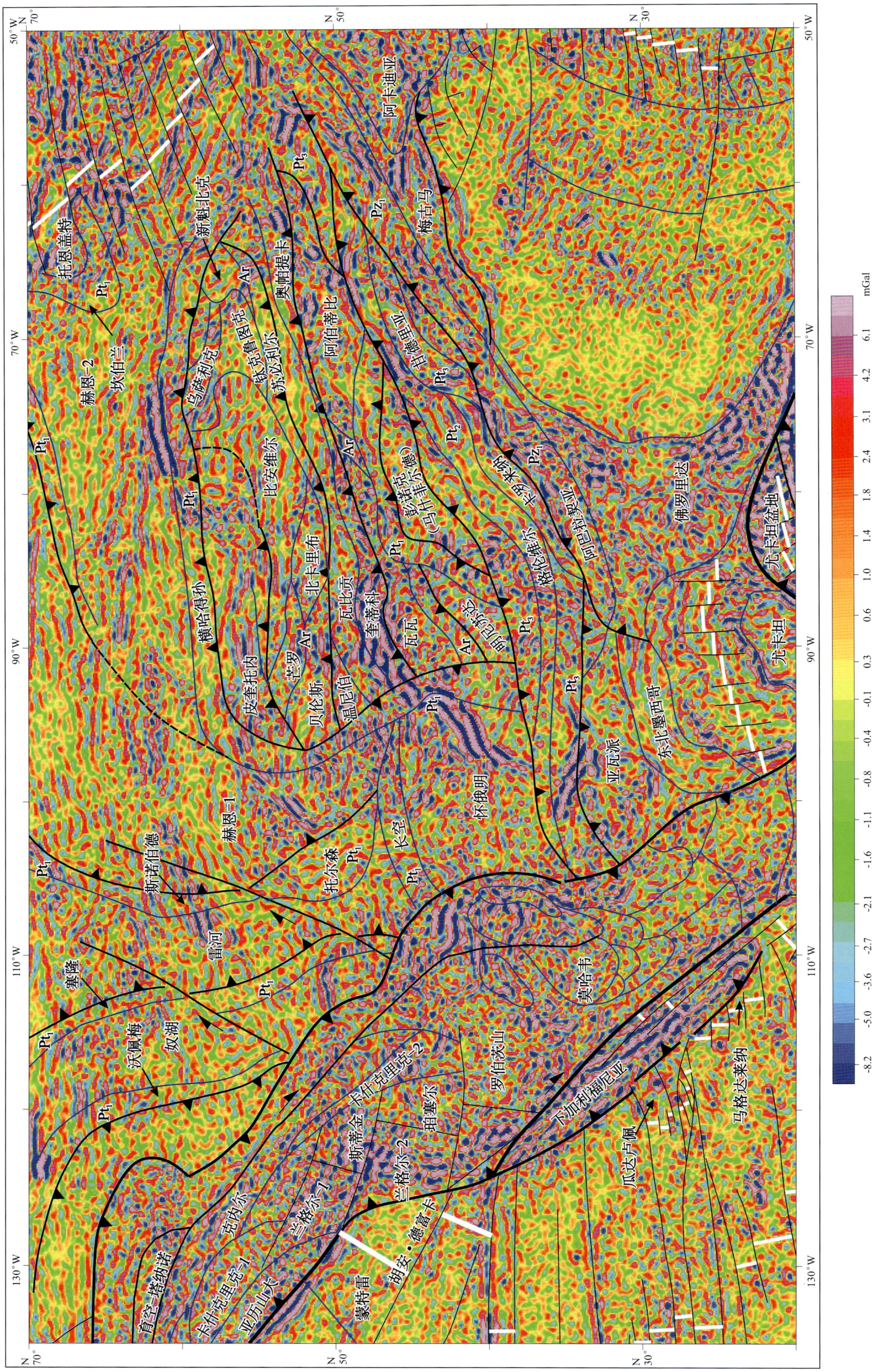

（图2-74）

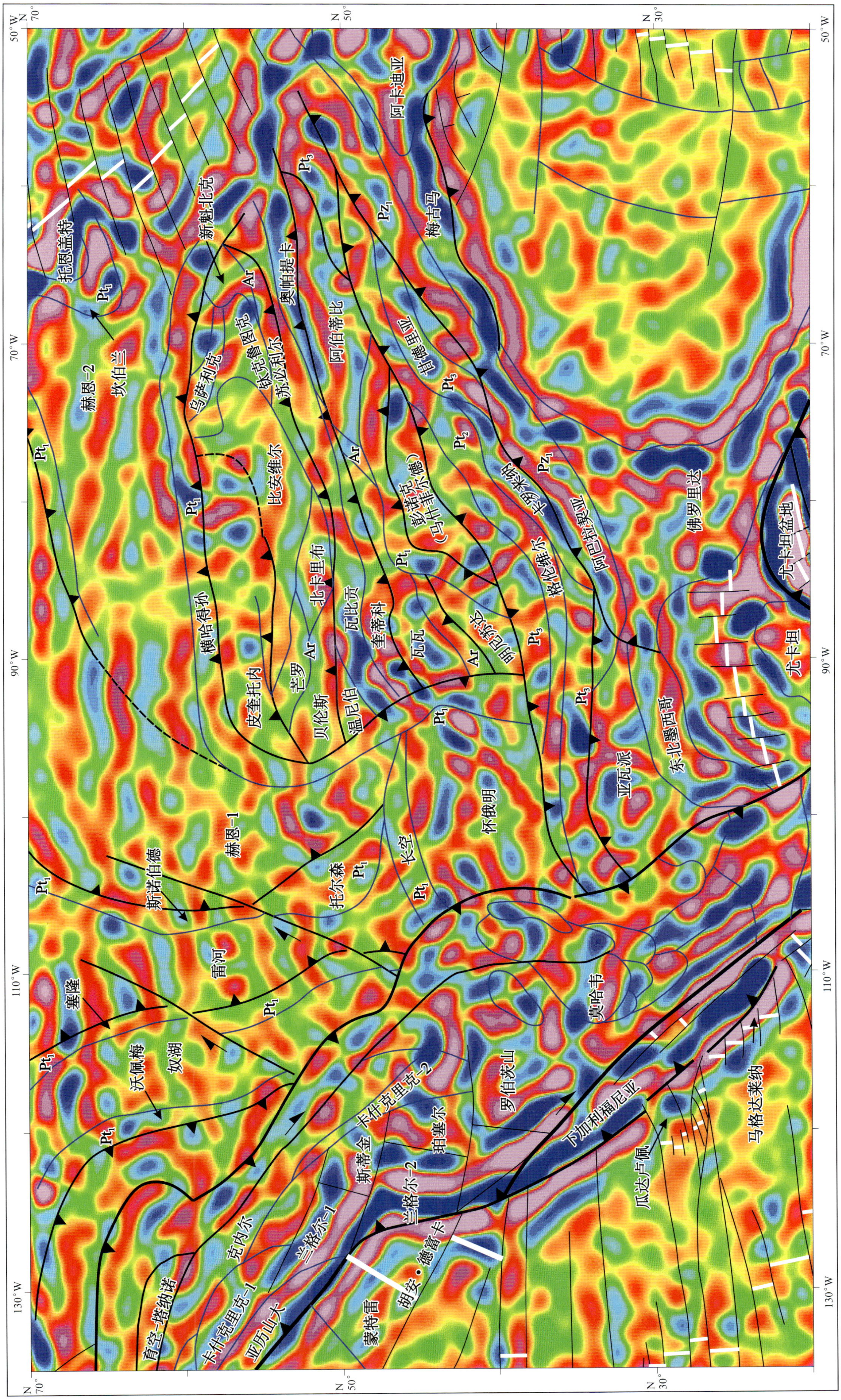

(图2-75) 北美克拉通布格重力异常小波分解6阶细节场图

阿拉伯板块（Arab）和西奈半岛（Sinai）在红海打开之前，一直是冈瓦纳古陆或非洲板块不可分割的部分。阿拉伯－努比亚地盾（Arabian-Nubian Shield）目前被红海裂谷分割。非洲板块东北部的索马里（Somalia）微板块是正在形成中的一个微板块，是非洲板块的一部分，其南界为一条石化的洋中脊，东界为欧文（Owen）破碎带。索马里微板块西界是东非大裂谷，其北界是中印度洋海岭的北段——卡尔斯伯格海岭及其向亚丁湾洋中脊的延伸，该海岭以北即为阿拉伯板块。索马里微板块的北界和

（图2-76） 红海-亚丁湾自由空气重力异常图

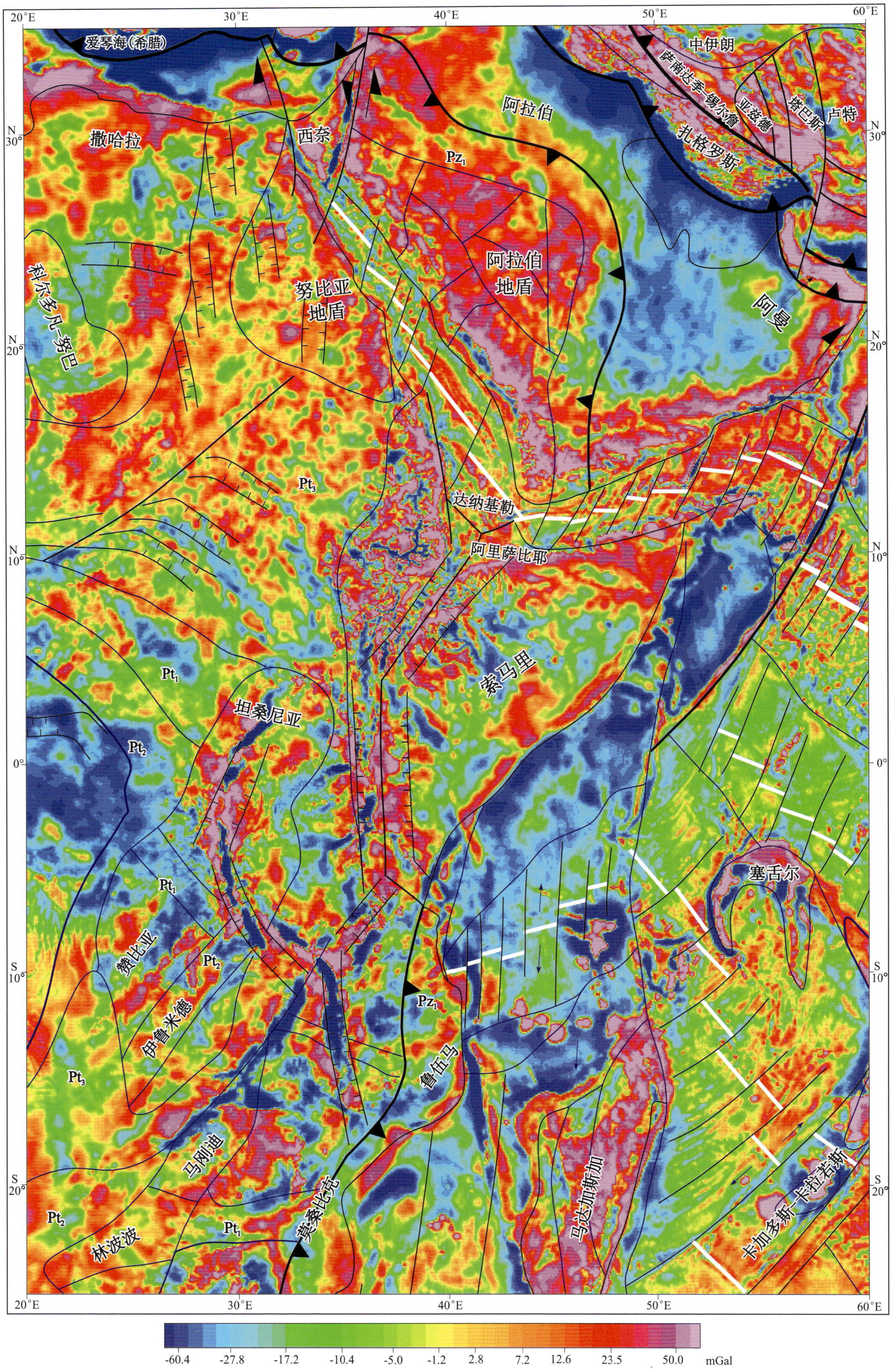

西界都是离散边界，因为活动裂谷作用，索马里板块正在向东移动。由这一裂谷作用形成的东非大裂谷即为索马里板块和它西边非洲板块的另一部分——努比亚微板块的分界。马达加斯加（Madagascar）微陆块最初是古生代和古更新世晚期非洲板块维多利亚微板块的一部分。

在自由空气重力异常图（图2-76）和均衡重力异常图（图2-77）中，阿拉伯－努比亚地盾、西奈半岛和马达加斯加等区域表现为明显的正异常，而索马里等地区表现为明显的负异常。

（图2-77） 红海-亚丁湾均衡重力异常图

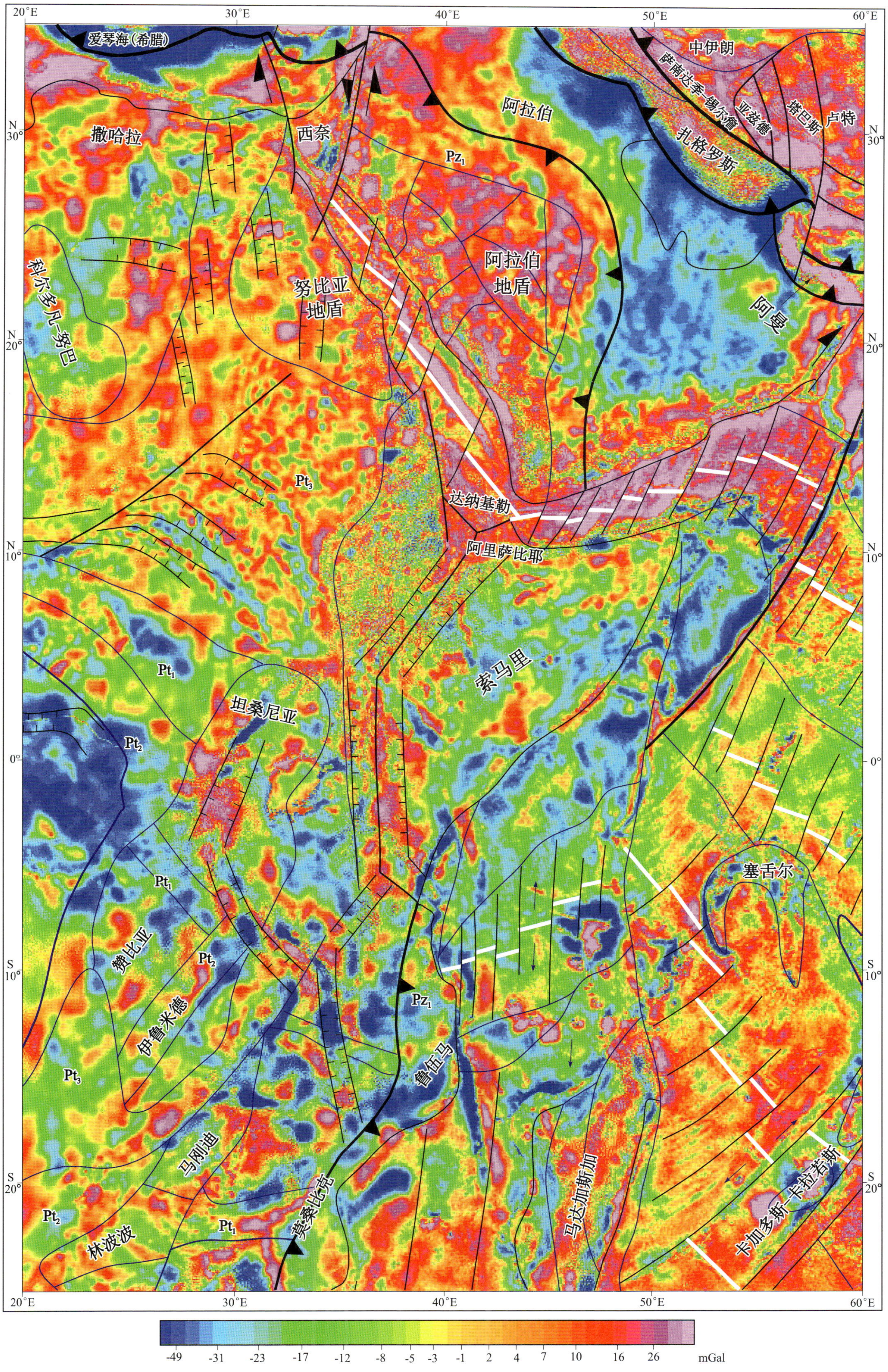

在垂向重力梯度图（图2-80）中，阿拉伯－努比亚地盾、西奈半岛、马达加斯加、索马里、塞舌尔（Seychelles）等微陆块边界处呈现明显负值。

在布格重力异常图（图2-81）中，红海－亚丁湾裂谷异常条带明显。阿拉伯地盾表现为低值异常，介于-50~50mGal，而塞舌尔群岛等表现出明显高值异常，大于100mGal。

（图2-78） 红海-亚丁湾自由空气重力异常x方向导数图

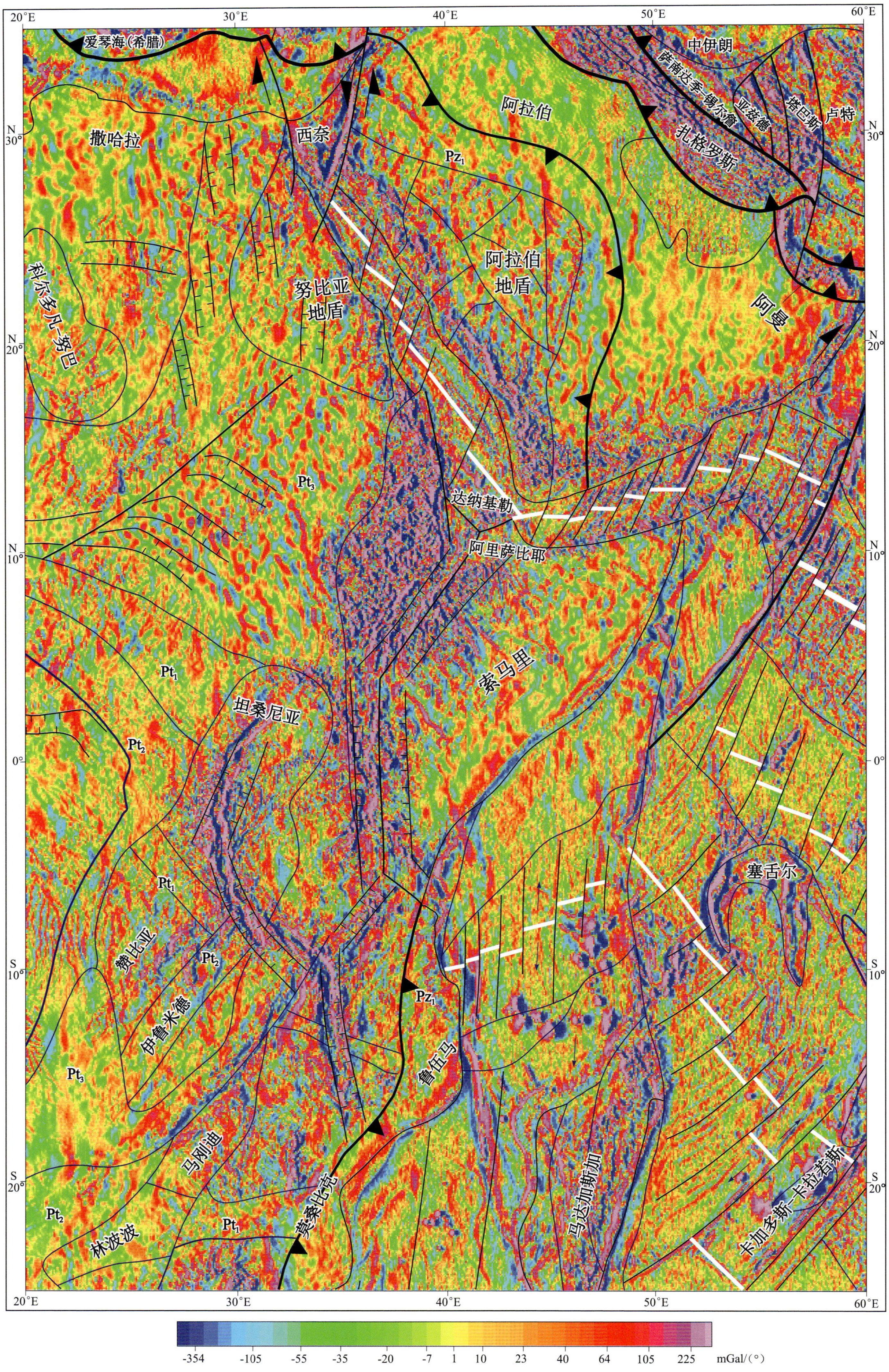

（图2-79） 红海-亚丁湾自由空气重力异常y方向导数图

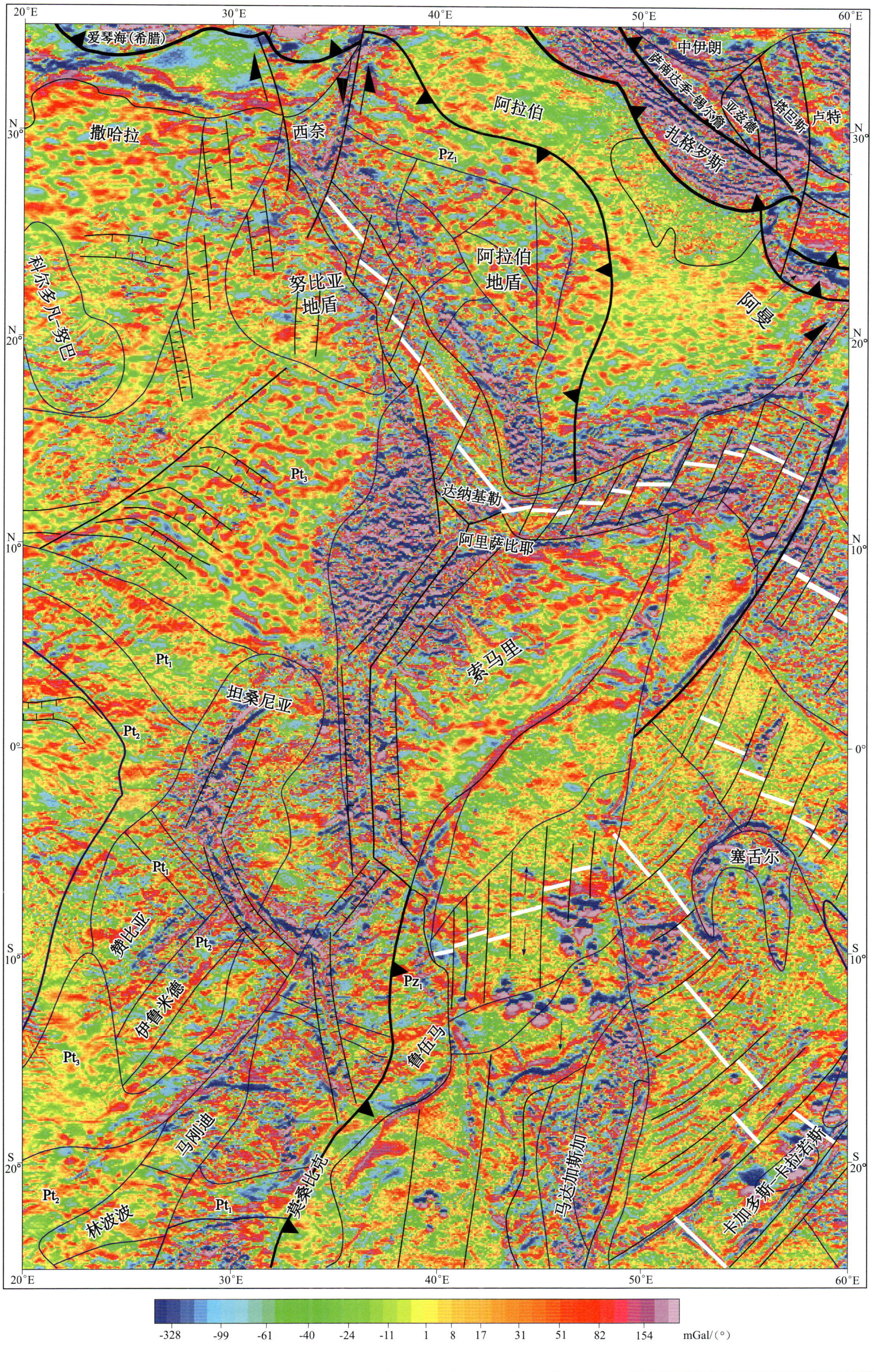

（图2-80）

红海-亚丁湾垂向重力梯度图（VGG）

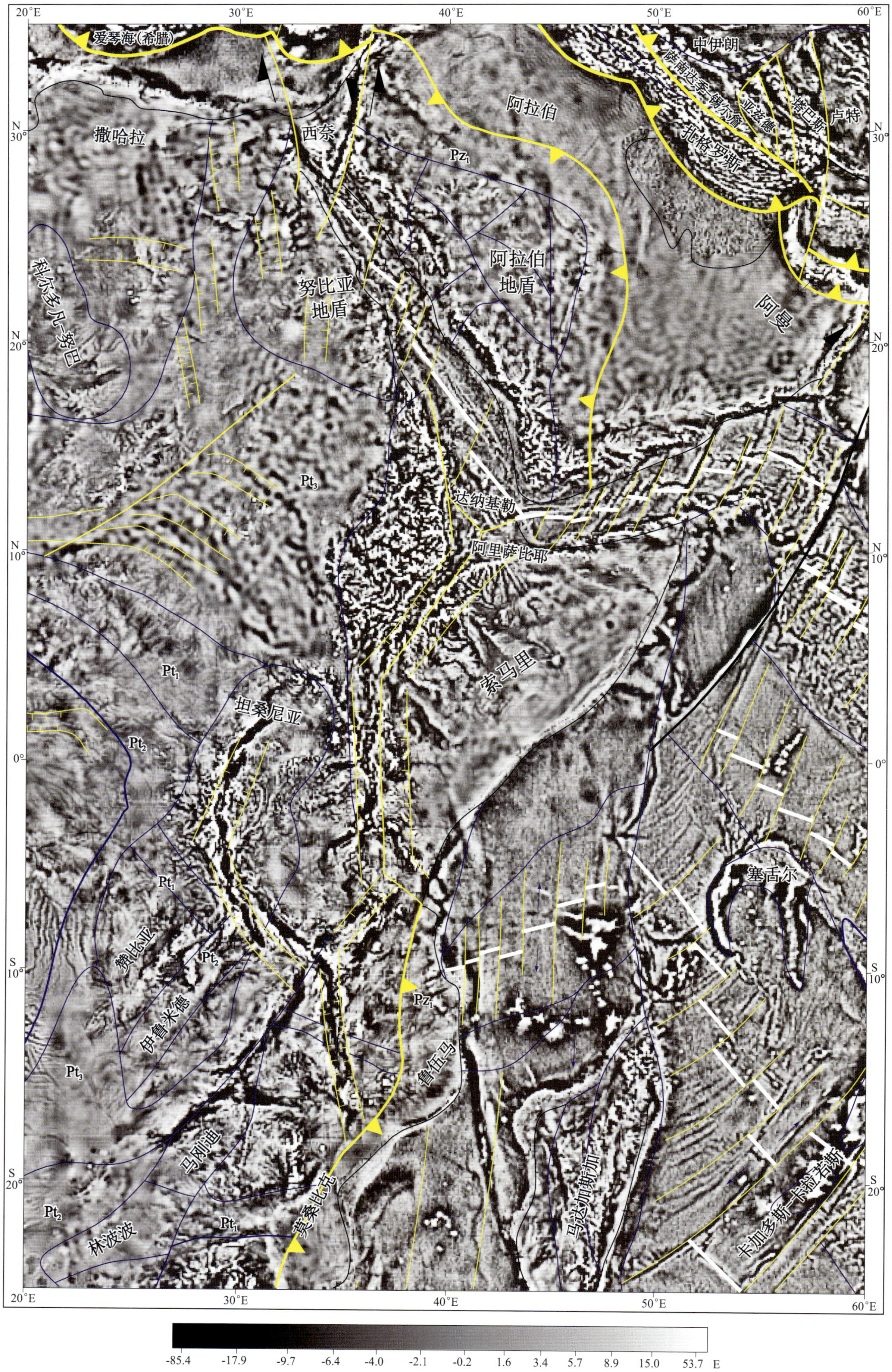

(图2-81)　红海-亚丁湾布格重力异常图

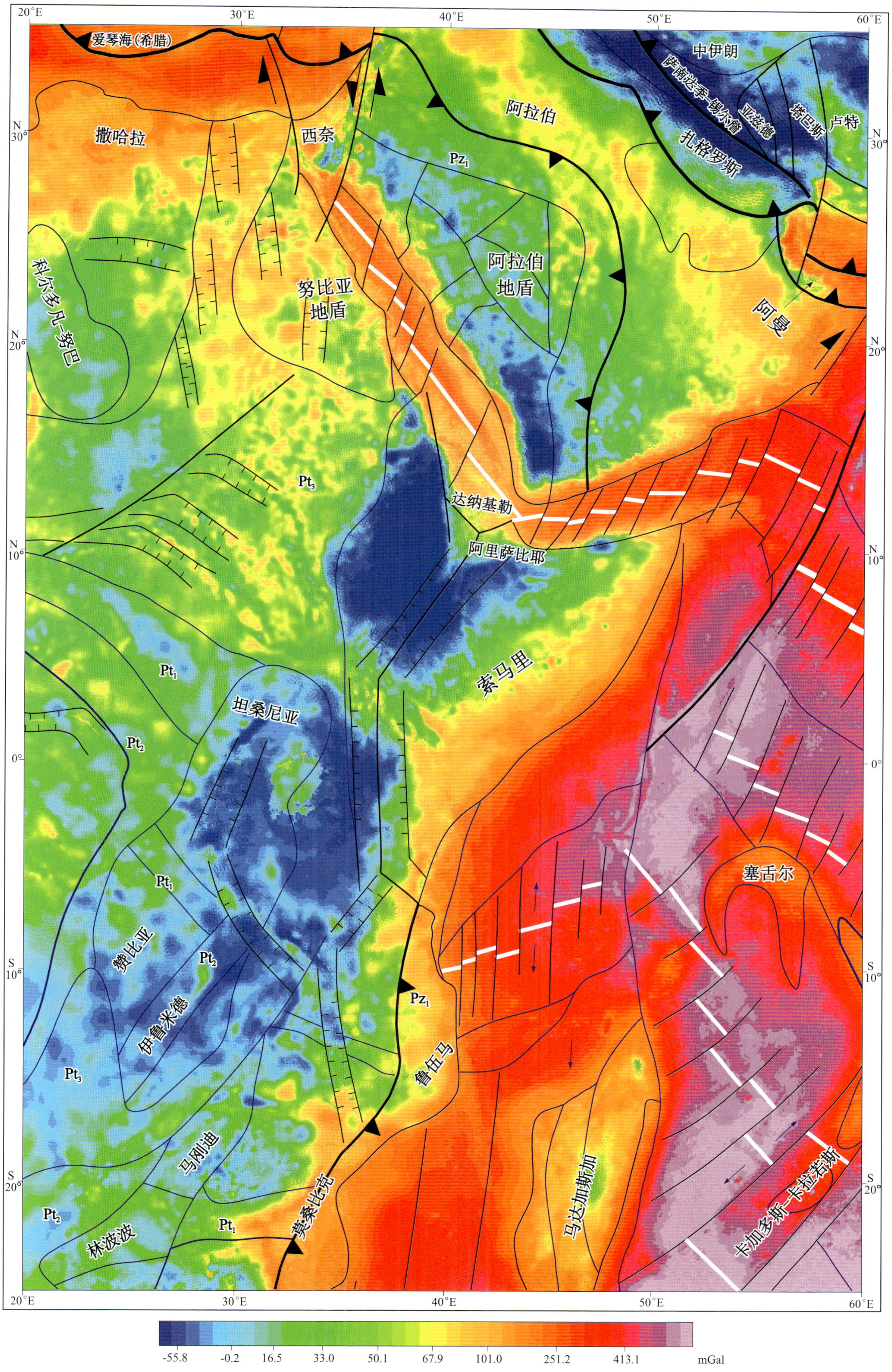

（图2-82） 红海-亚丁湾布格重力异常小波分解2阶逼近场图

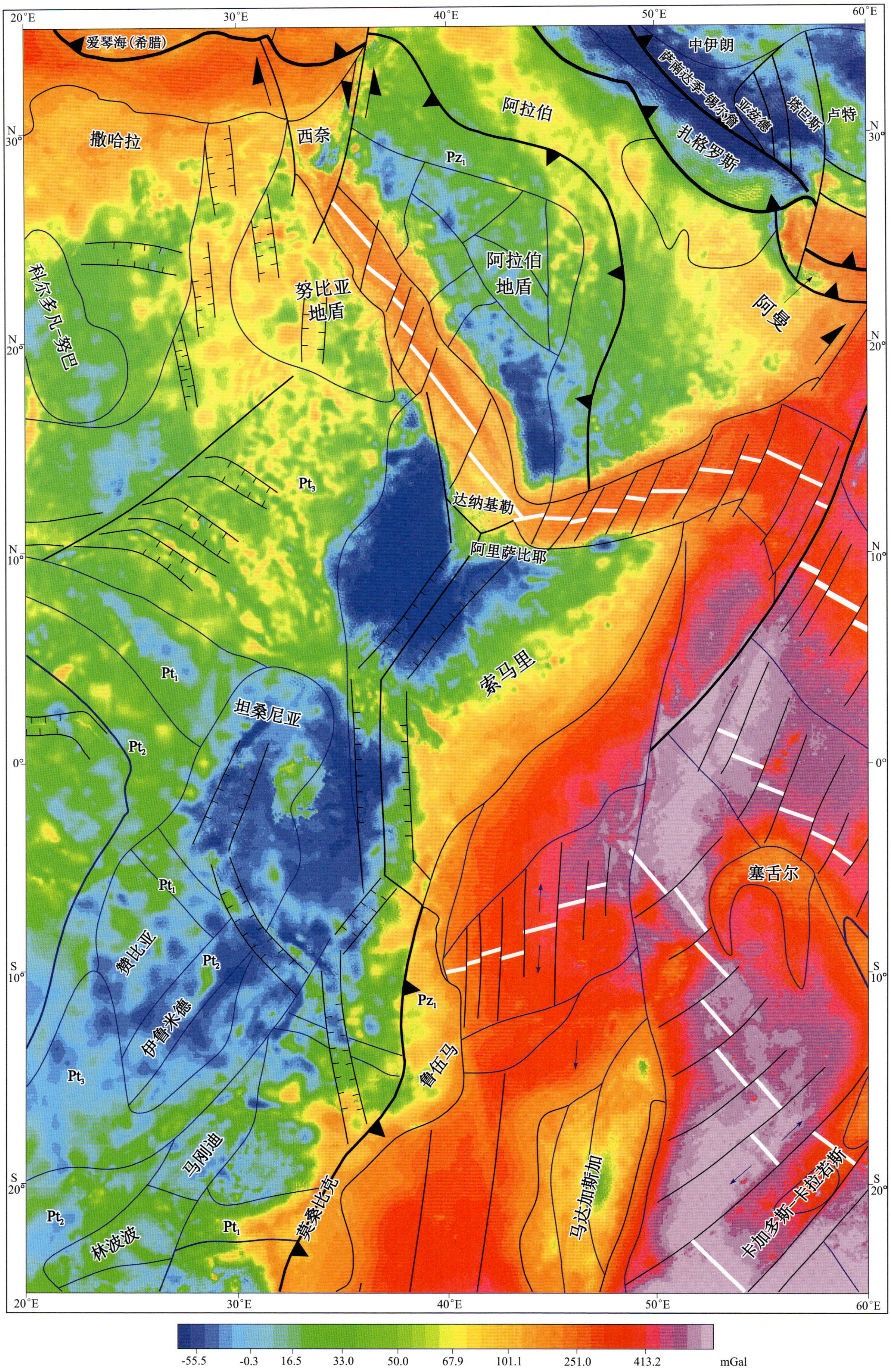

(图2-83) 红海-亚丁湾布格重力异常小波分解4阶逼近场图

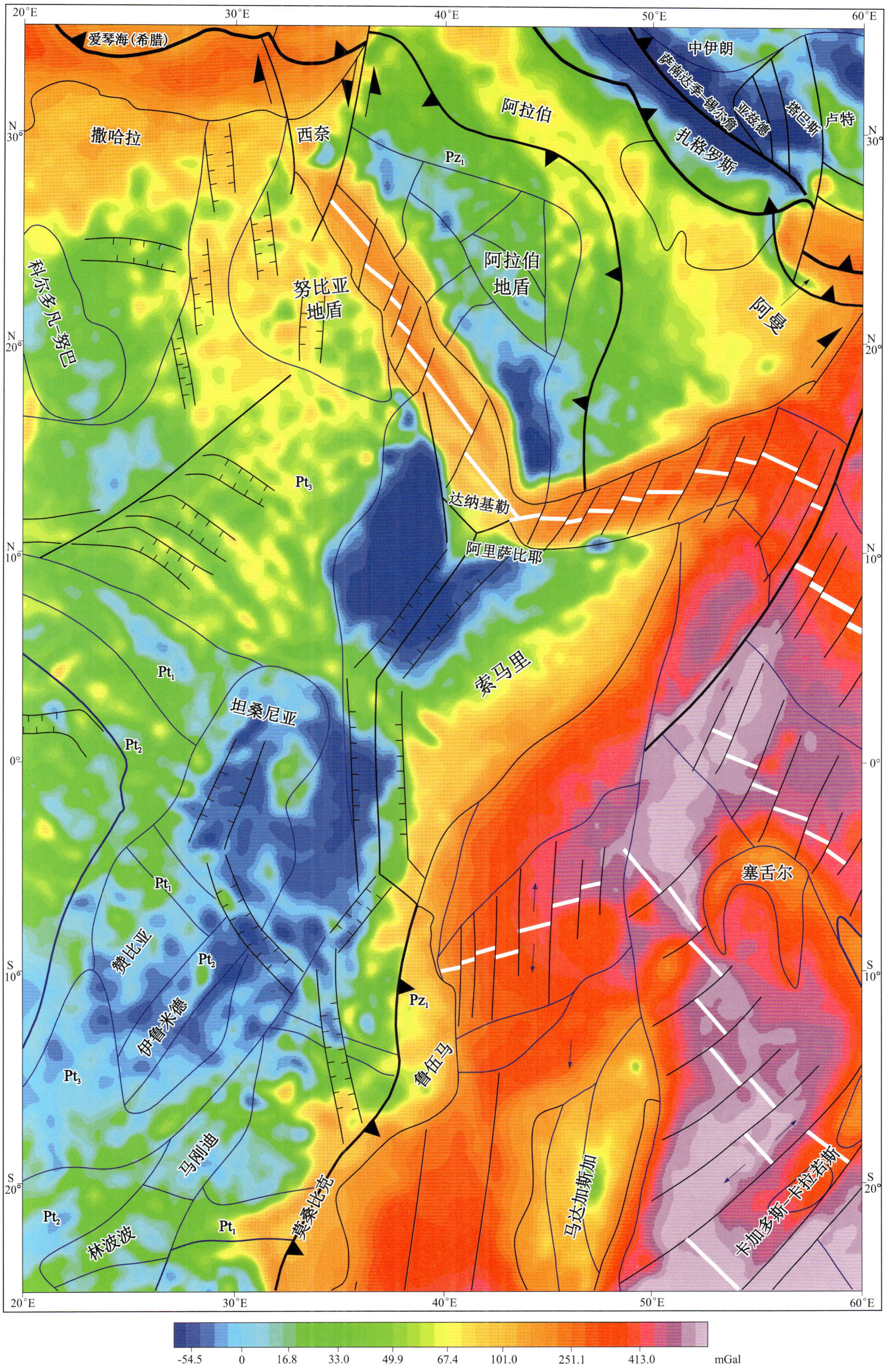

（图2-84） 红海-亚丁湾布格重力异常小波分解6阶逼近场图

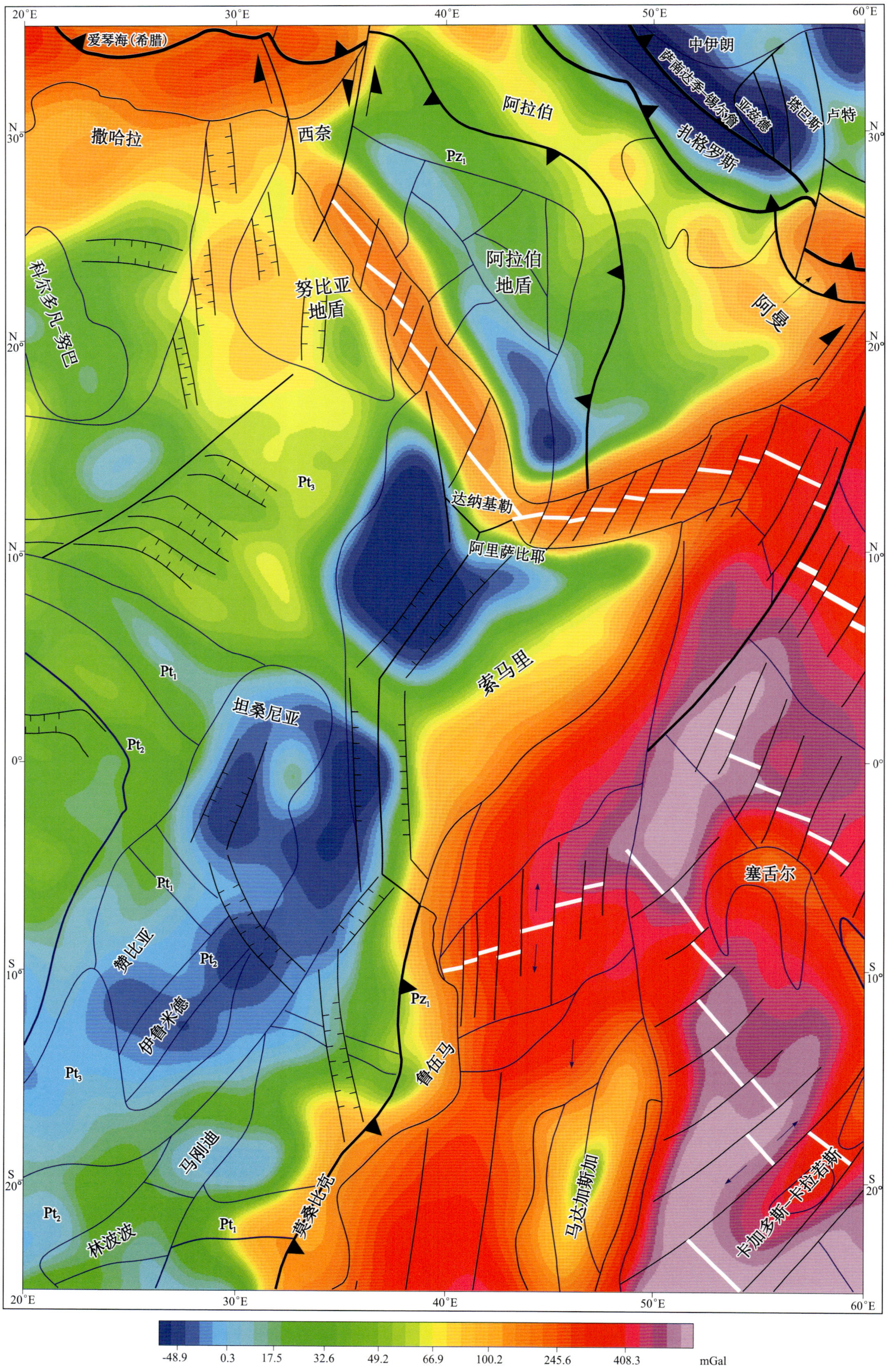

（图2-85） 红海-亚丁湾布格重力异常小波分解8阶逼近场图

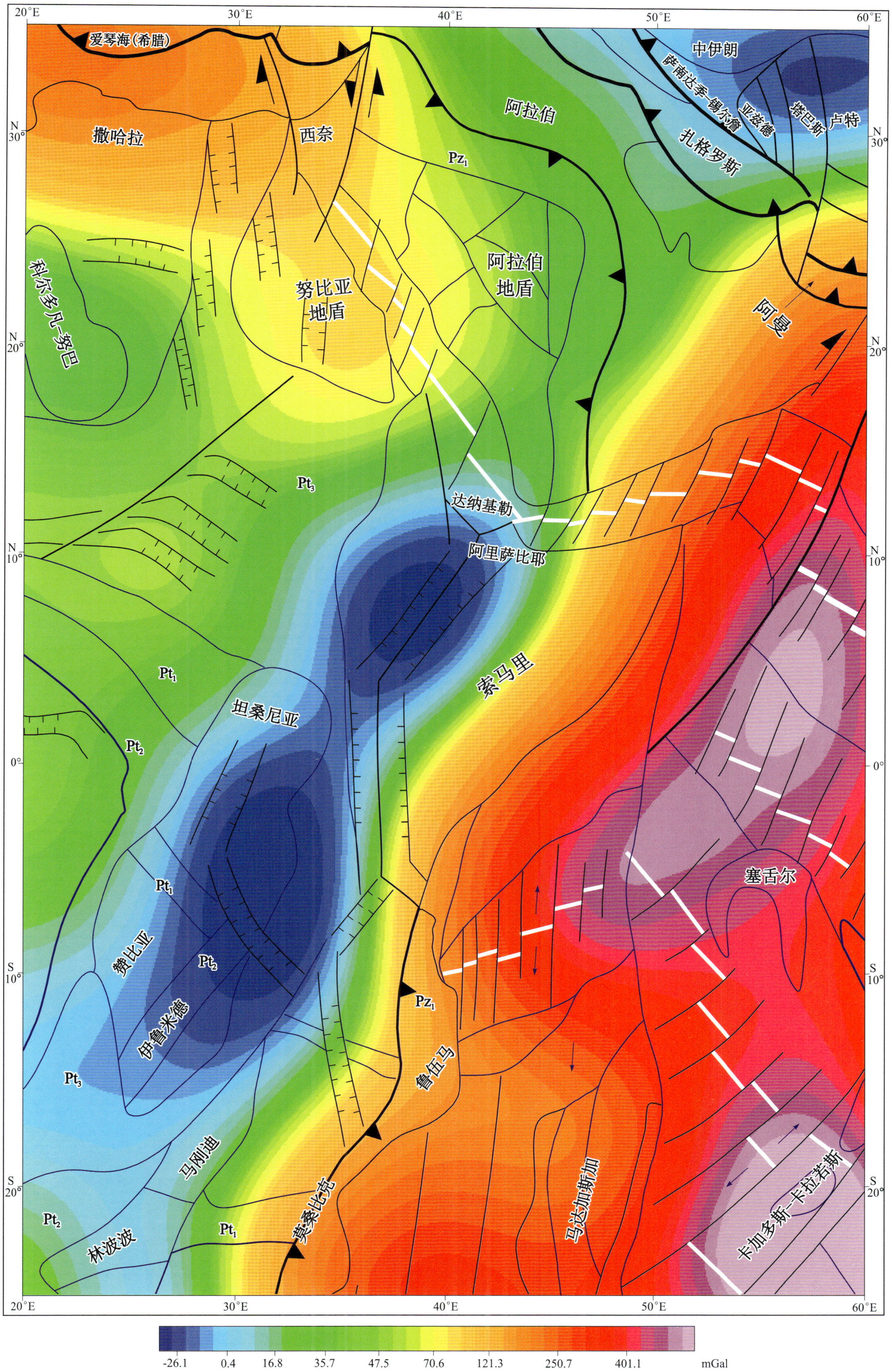

（图2-86） 红海-亚丁湾布格重力异常小波分解2阶细节场图

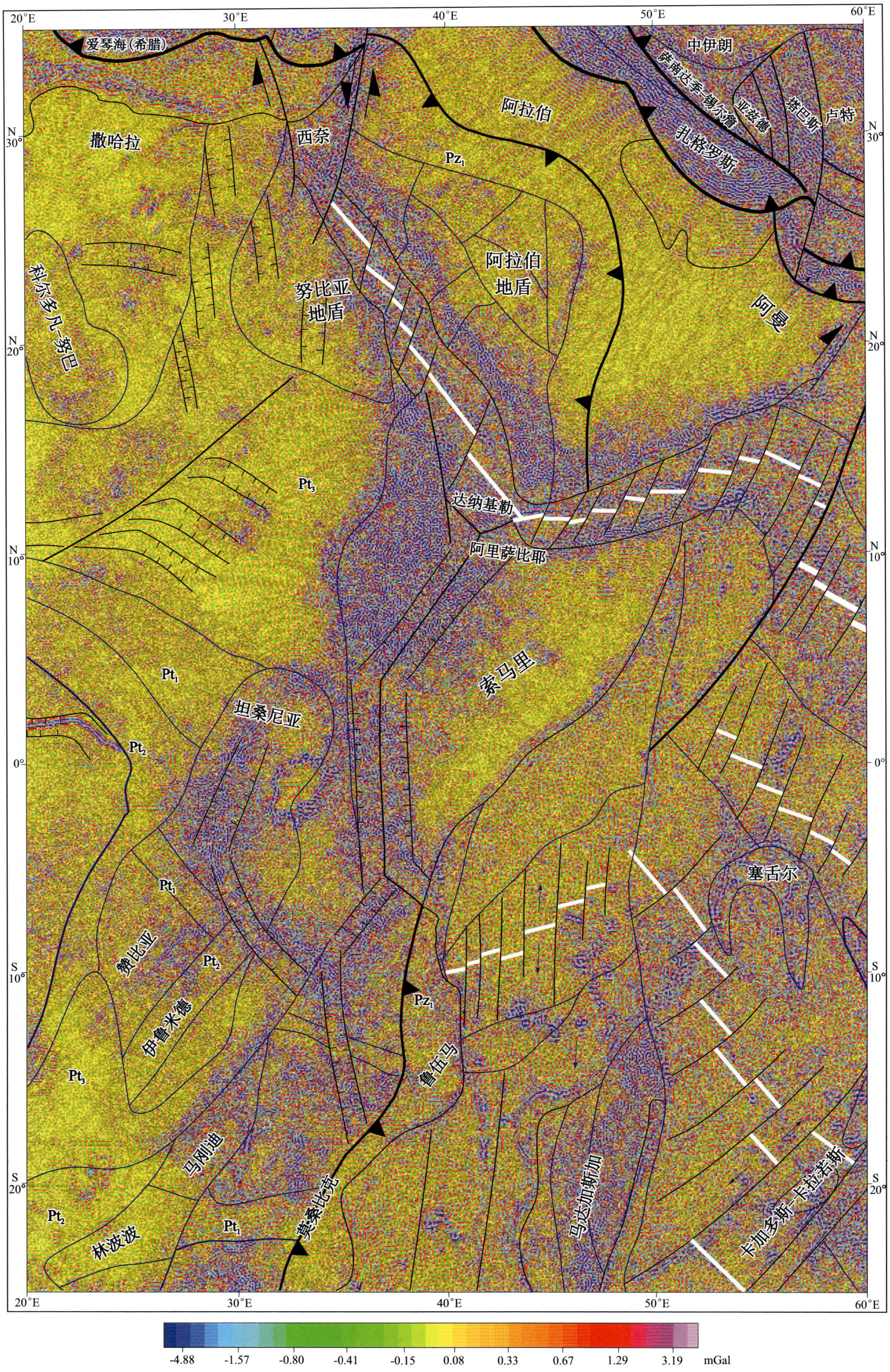

（图2-87） 红海-亚丁湾布格重力异常小波分解4阶细节场图

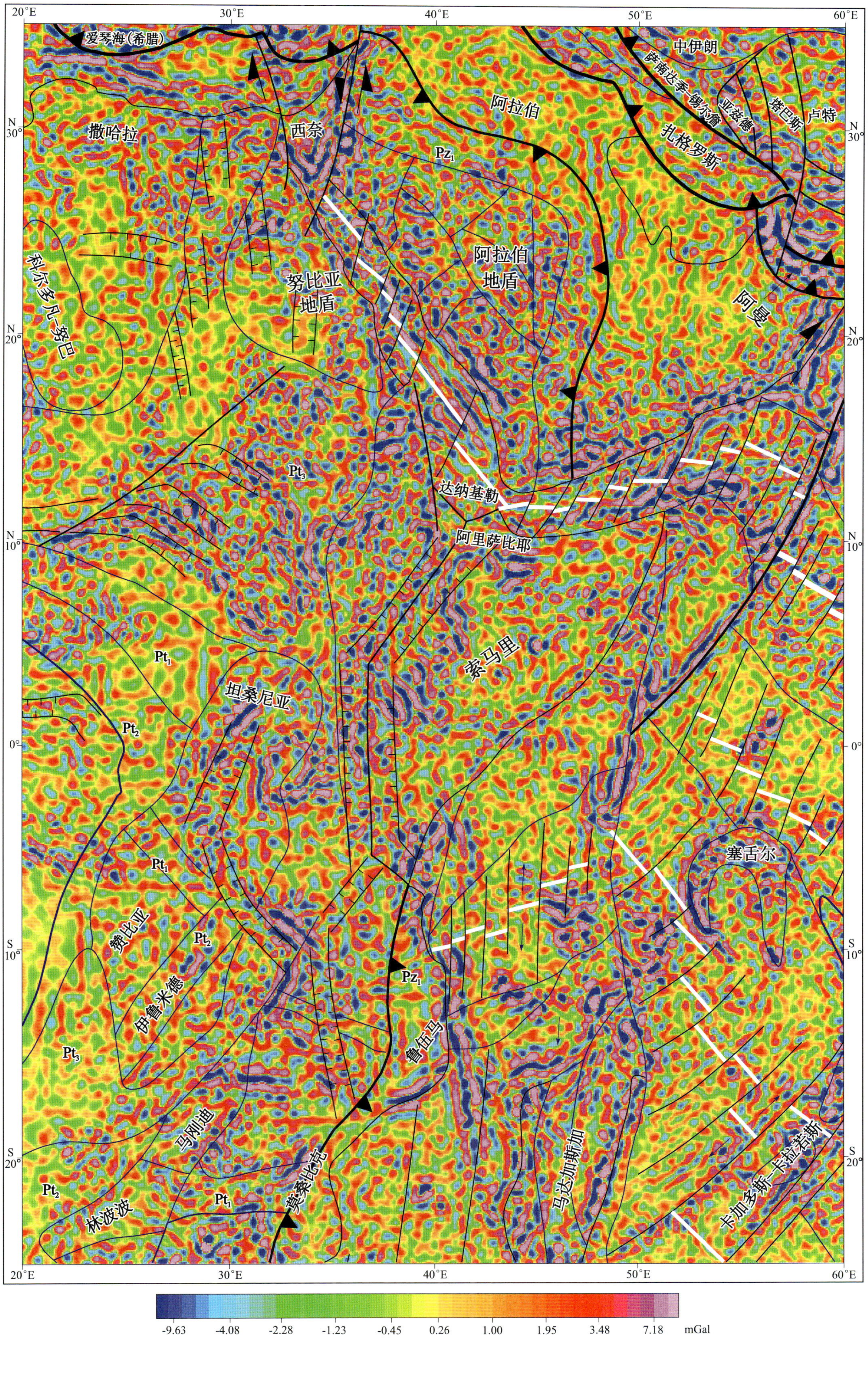

（图2-88） 红海-亚丁湾布格重力异常小波分解6阶细节场图

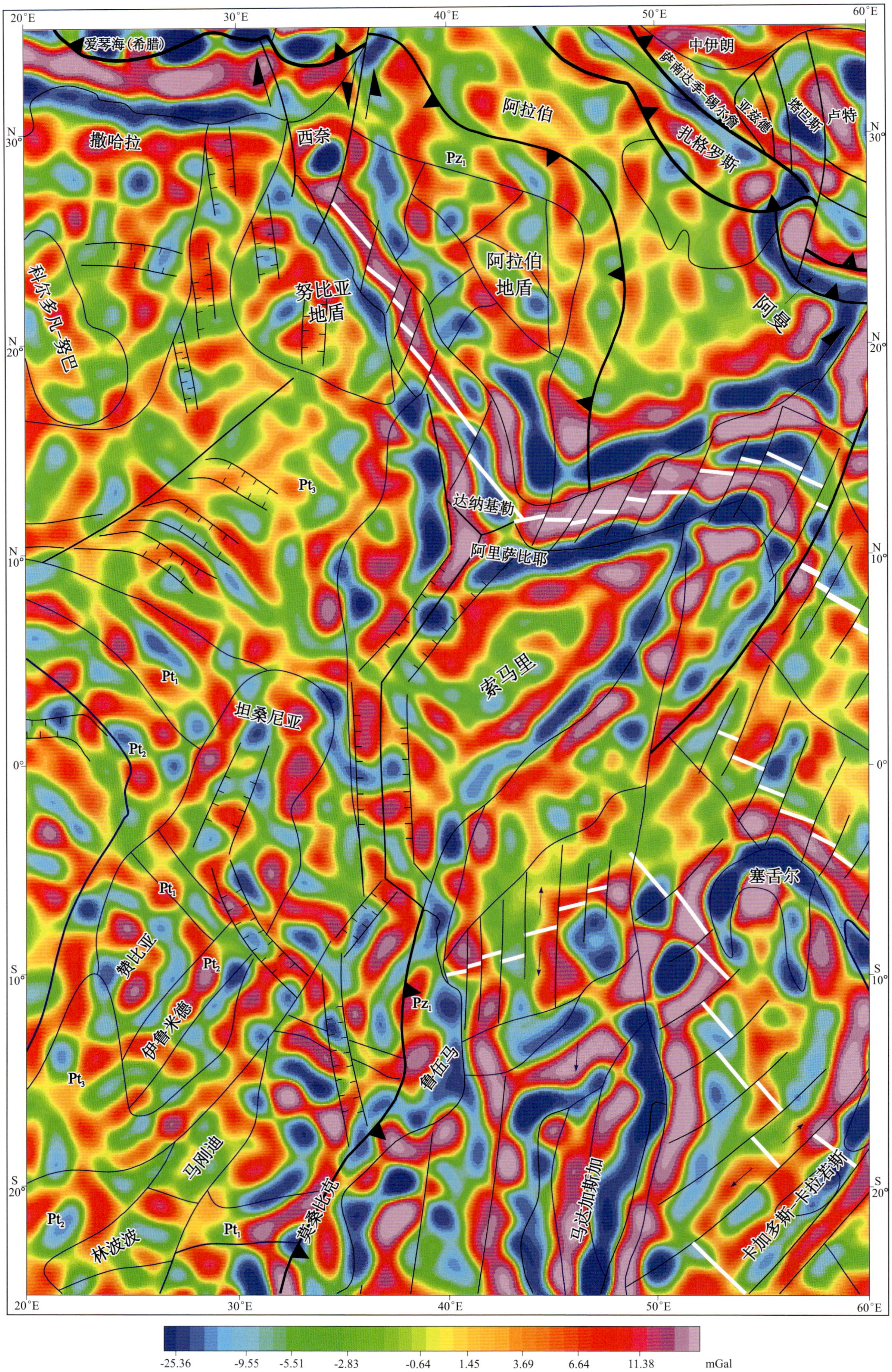

(图2-89) 红海-亚丁湾布格重力异常小波分解8阶细节场图

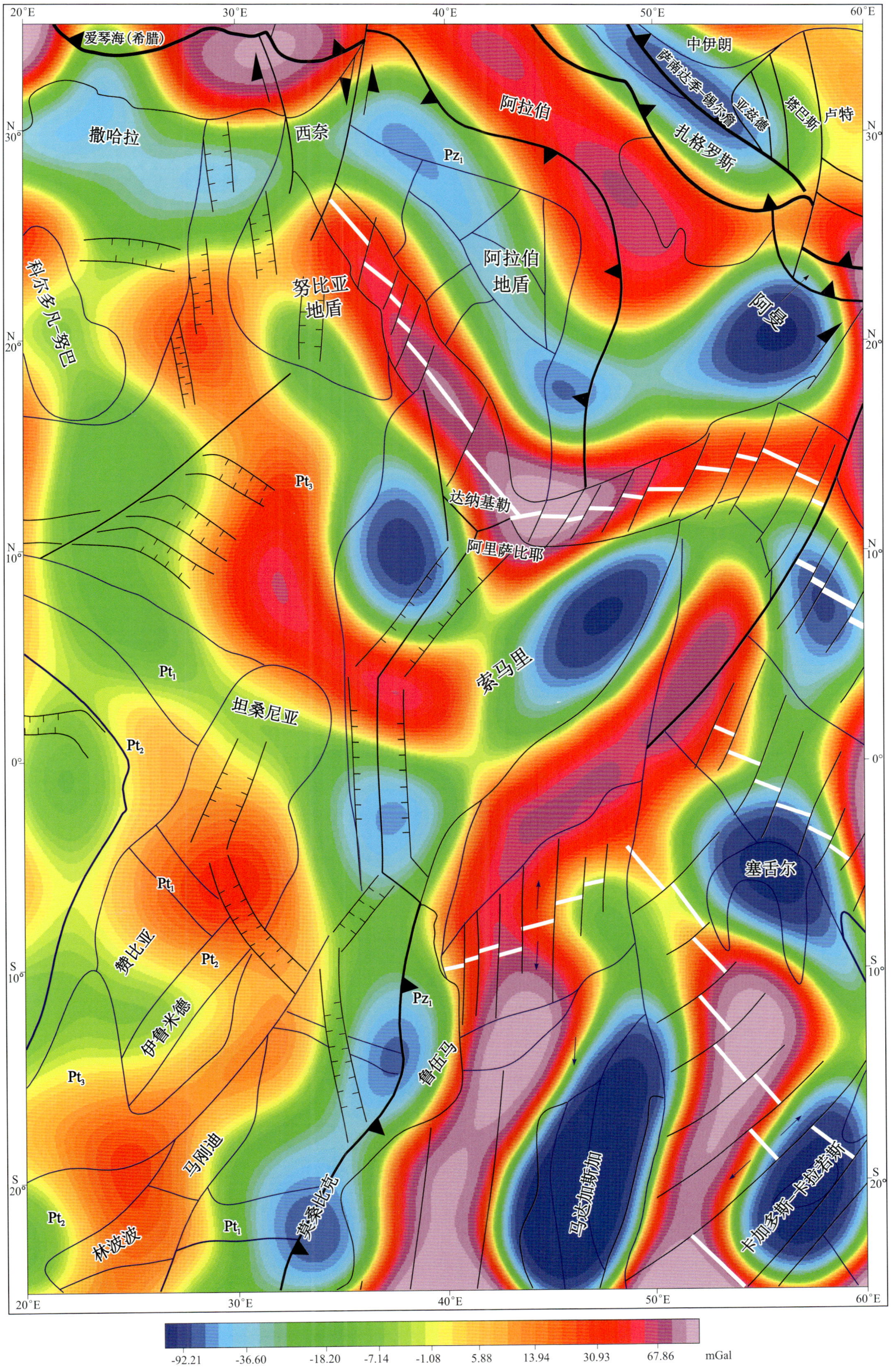

（1）北大西洋

该区域主要发育拆离型微陆块，典型的微陆块有伊比利亚（Iberia），范围包括伊比利亚半岛及其以西的大西洋洋陆过渡带。卡拉布里亚（Calabria）微陆块约在30Ma时从伊比利亚半岛脱离，因此具有和伊比利亚微陆块相同的重磁异常特征。普利亚（Apulia）微板块位于意大利南部，南部主要由卡拉布里亚和西西里岛的陆壳组成，北部洋壳部分同样在奥陶纪和志留纪发育深水笔石页岩沉积，说明其当时具有冈瓦纳古陆的特征。这和卡拉布里亚微陆块特征相似。东阿瓦隆尼亚（E.Avalonia）造山带，包括爱尔兰南部、英格兰、比利时、荷兰、丹麦和德国北部的一小部分，在古生代为阿瓦隆微陆块，直到侏罗纪被大西洋分开为两部分。摩尔达努比亚(Moldanubia)微陆块位于萨克森－图林根州和布鲁诺－西里西亚南部及阿尔卑斯山区北部的狭长区域，包括法 国的孚日山脉地区和德国的黑森林区域，其地质结构复杂，也可能包含几个更小的古生代微陆块。

（图2-90）

北大西洋自由空气重力异常图

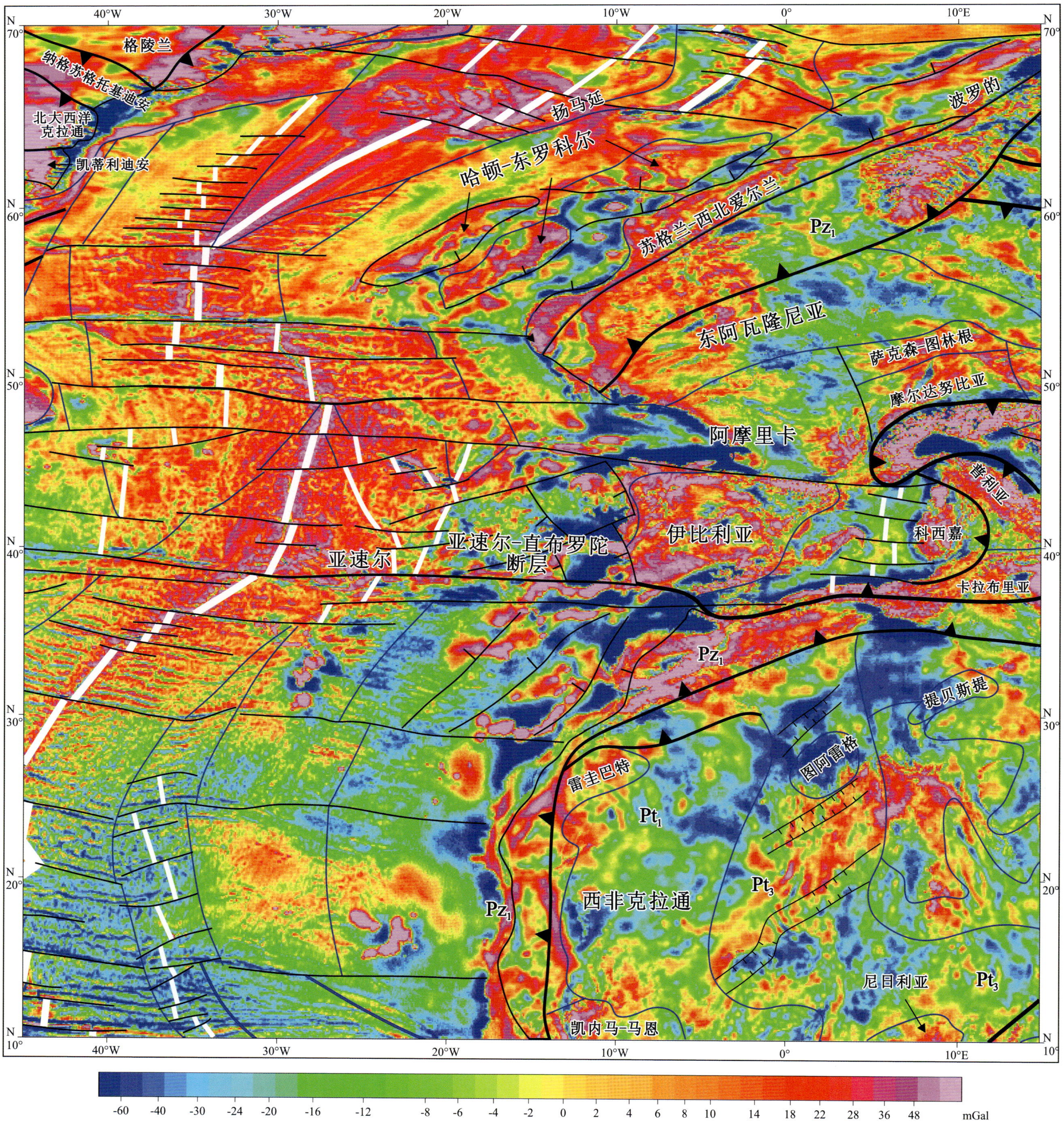

在自由空气重力异常（图 2-90）中，伊比利亚、北大西洋克拉通（N. Atlantic Craton）、扬马延（Jan Mayen）微陆块等表现为明显的正异常；在西非克拉通（West African Craton）、东阿瓦隆尼亚（E. Avalonia）等地区表现为明显的负异常。

在均衡重力异常图（图 2-91）中，阿摩里卡（Armorica）、东阿瓦隆尼亚（E. Avalonia）具有明显的异常低值，普利亚、科西嘉岛（Corsica）具有明显的异常高值。

在垂向重力梯度图（图 2-94）中，雷吉巴特（Reguibat）、北大西洋克拉通（N. Atlantic Craton）、图阿雷格（Tuareg）等微板块边界呈现负异常。

在布格重力异常图（图 2-95）中，相比于陆地，海域具有较高的异常值，格陵兰岛（Greenland）、北大西洋克拉通都具有明显的异常低值；科西嘉岛相对于周缘地区表现出明显的异常高值。

（图2-91）

北大西洋系统均衡重力异常图

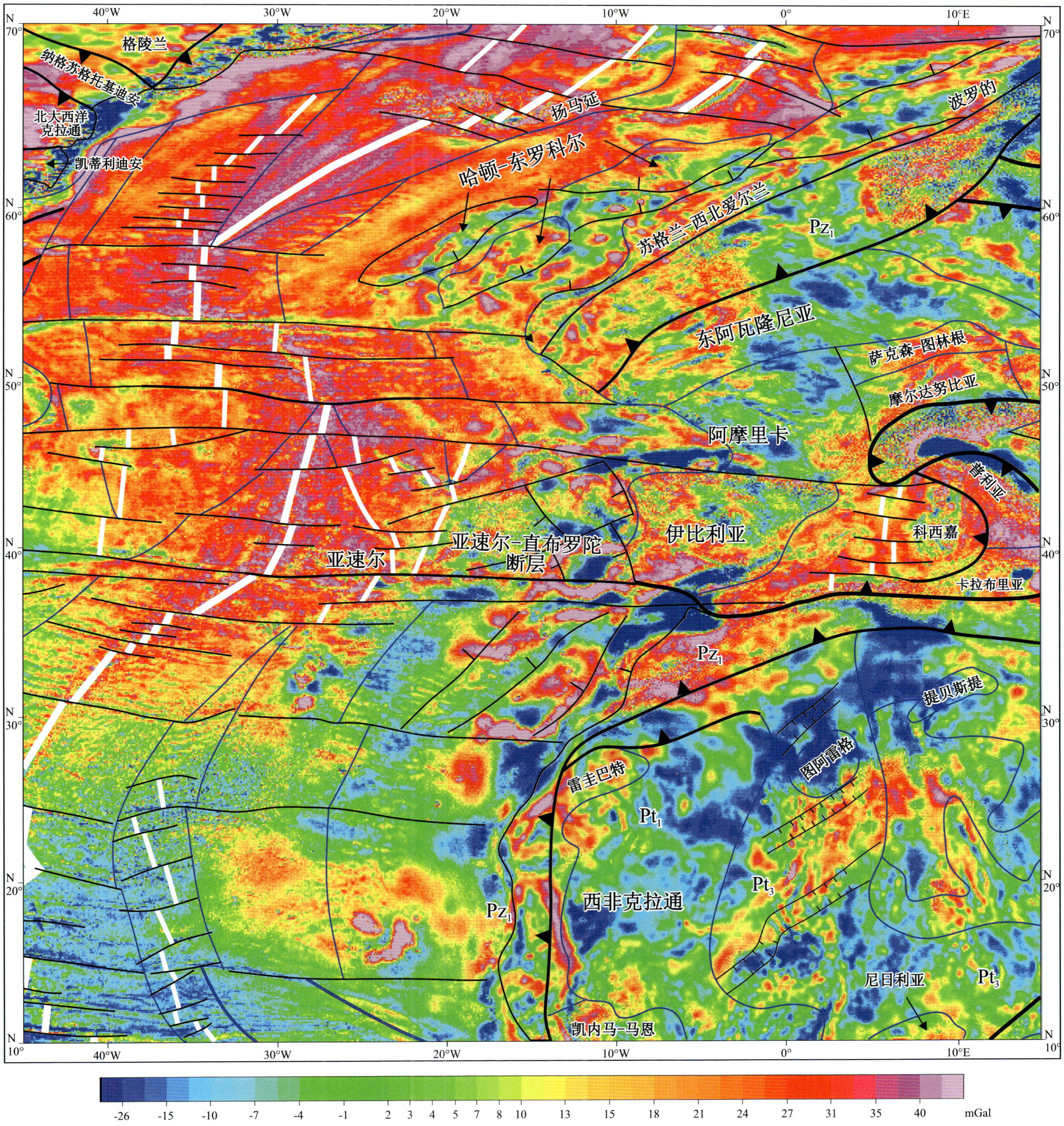

（图2-92）

北大西洋自由空气重力异常x方向导数图

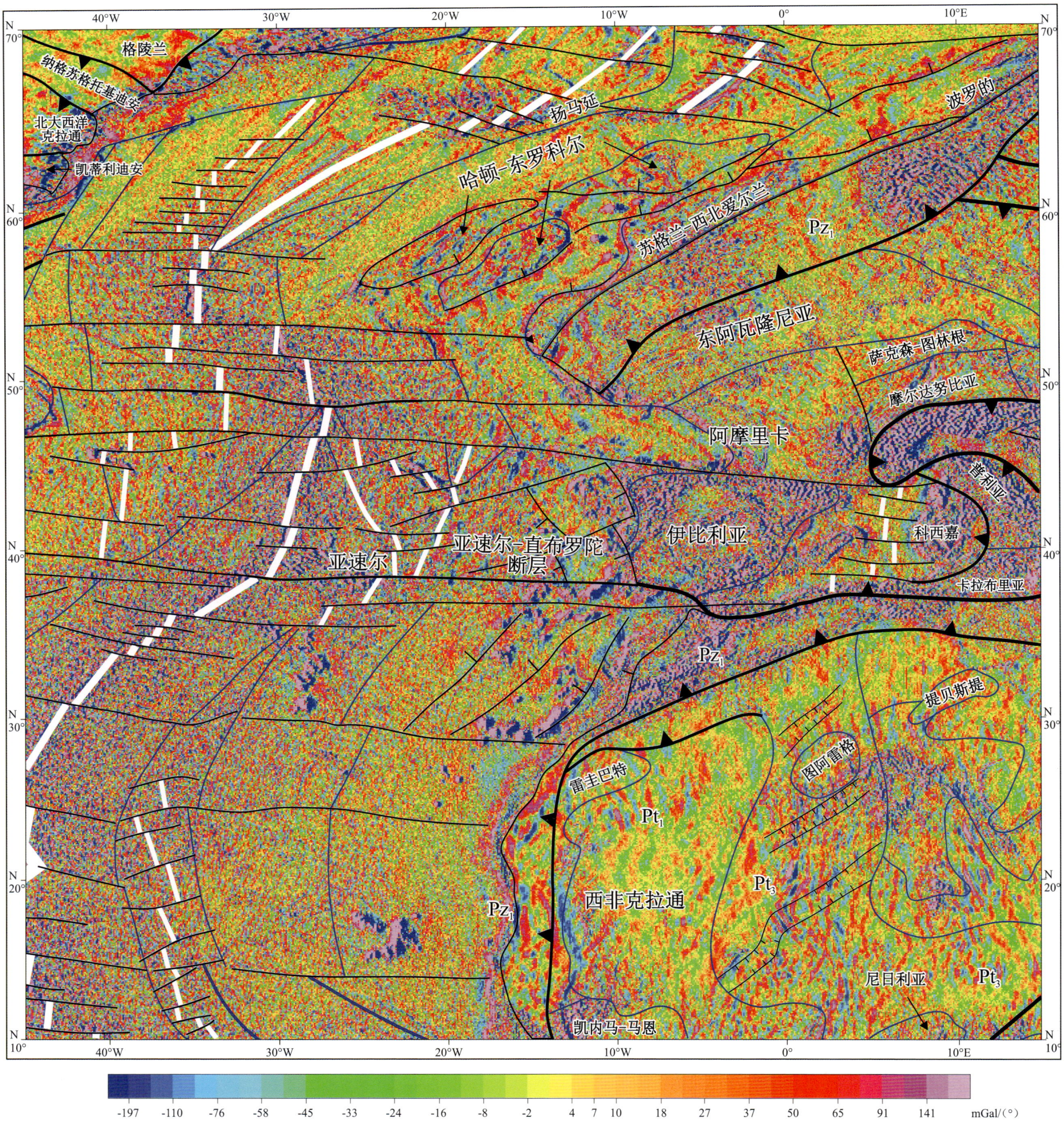

（图2-93）

北大西洋自由空气重力异常y方向导数图

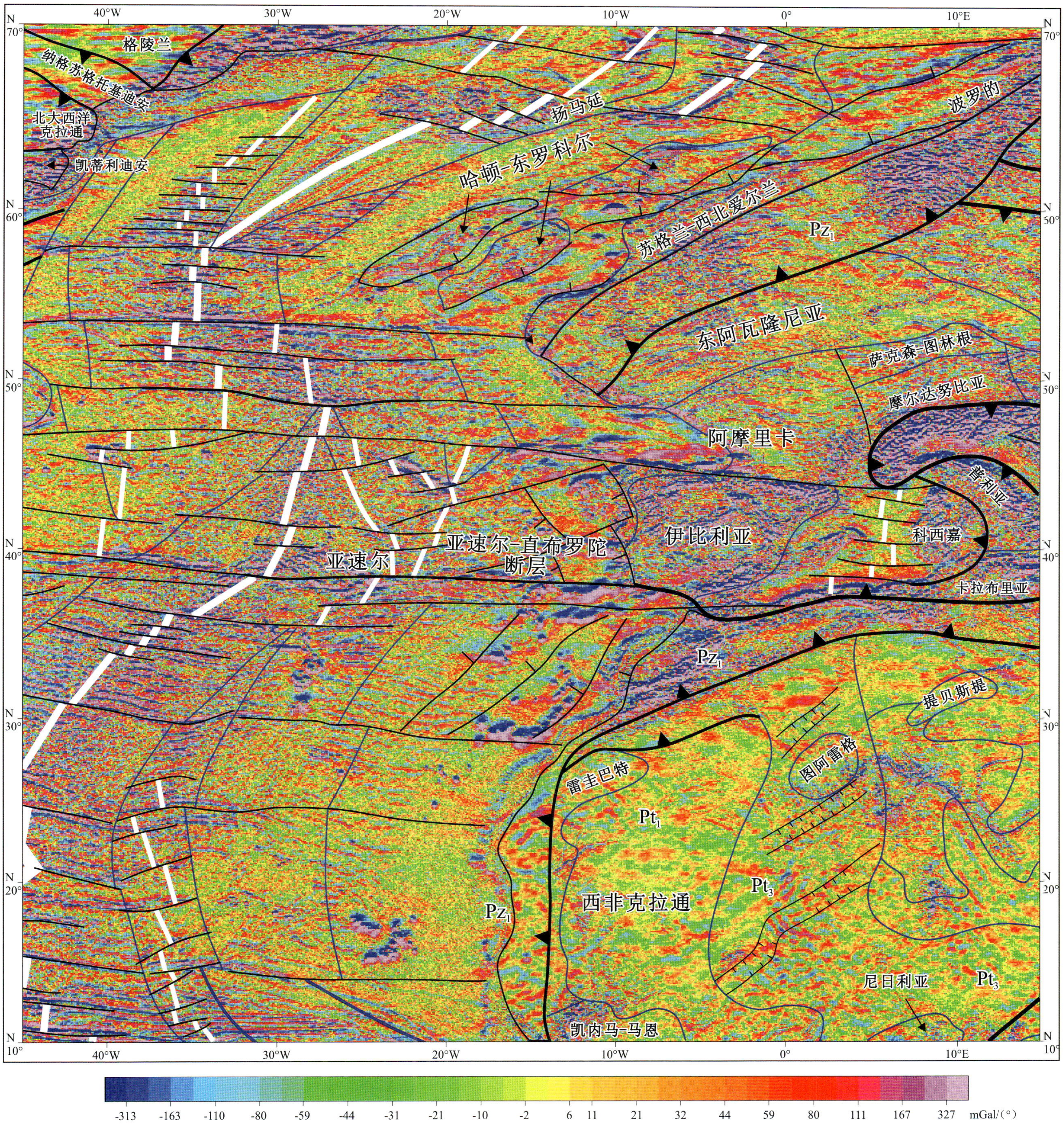

（图2-94）

北大西洋垂向重力梯度图（VGG）

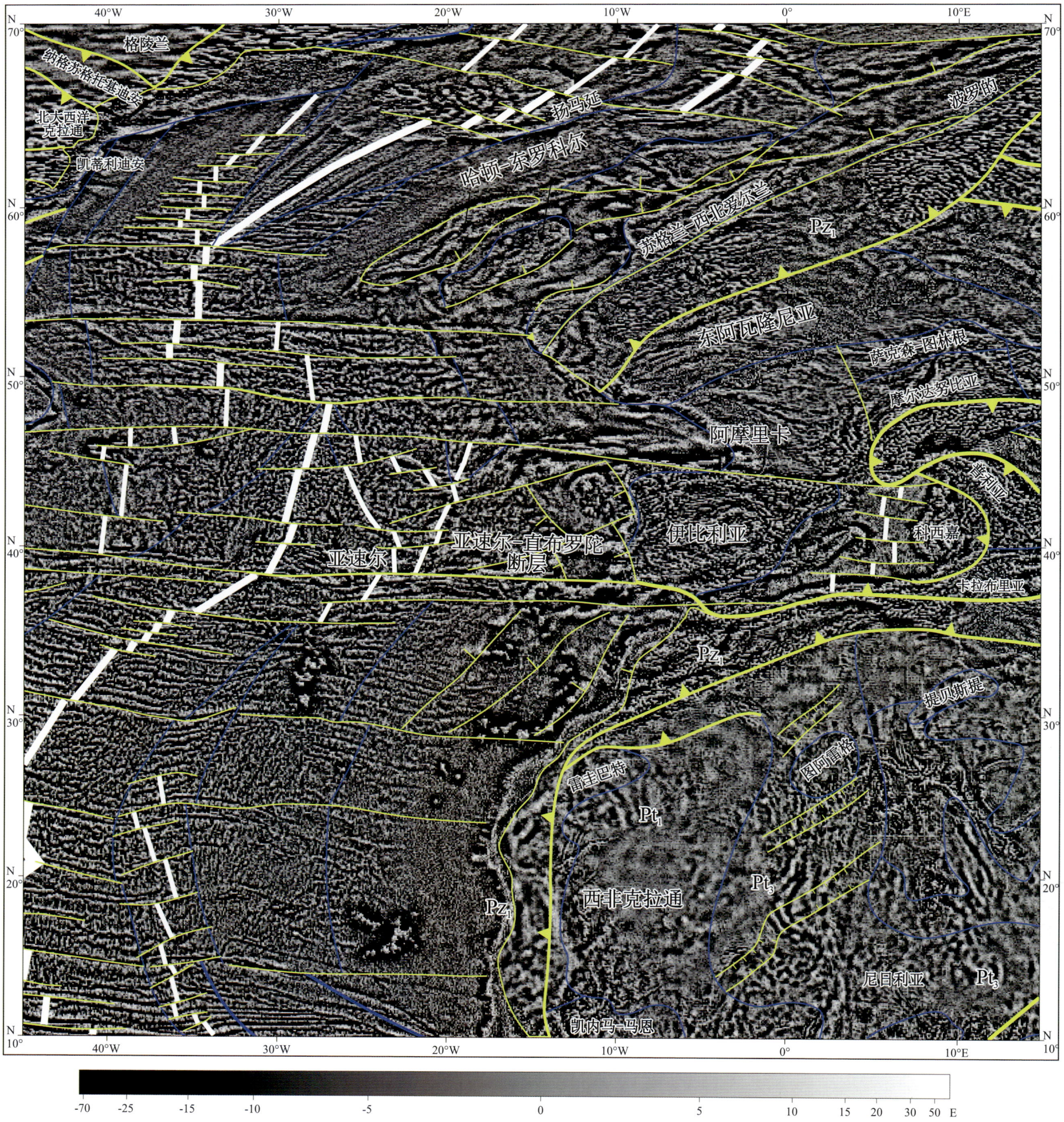

（图2-95）

北大西洋布格重力异常图

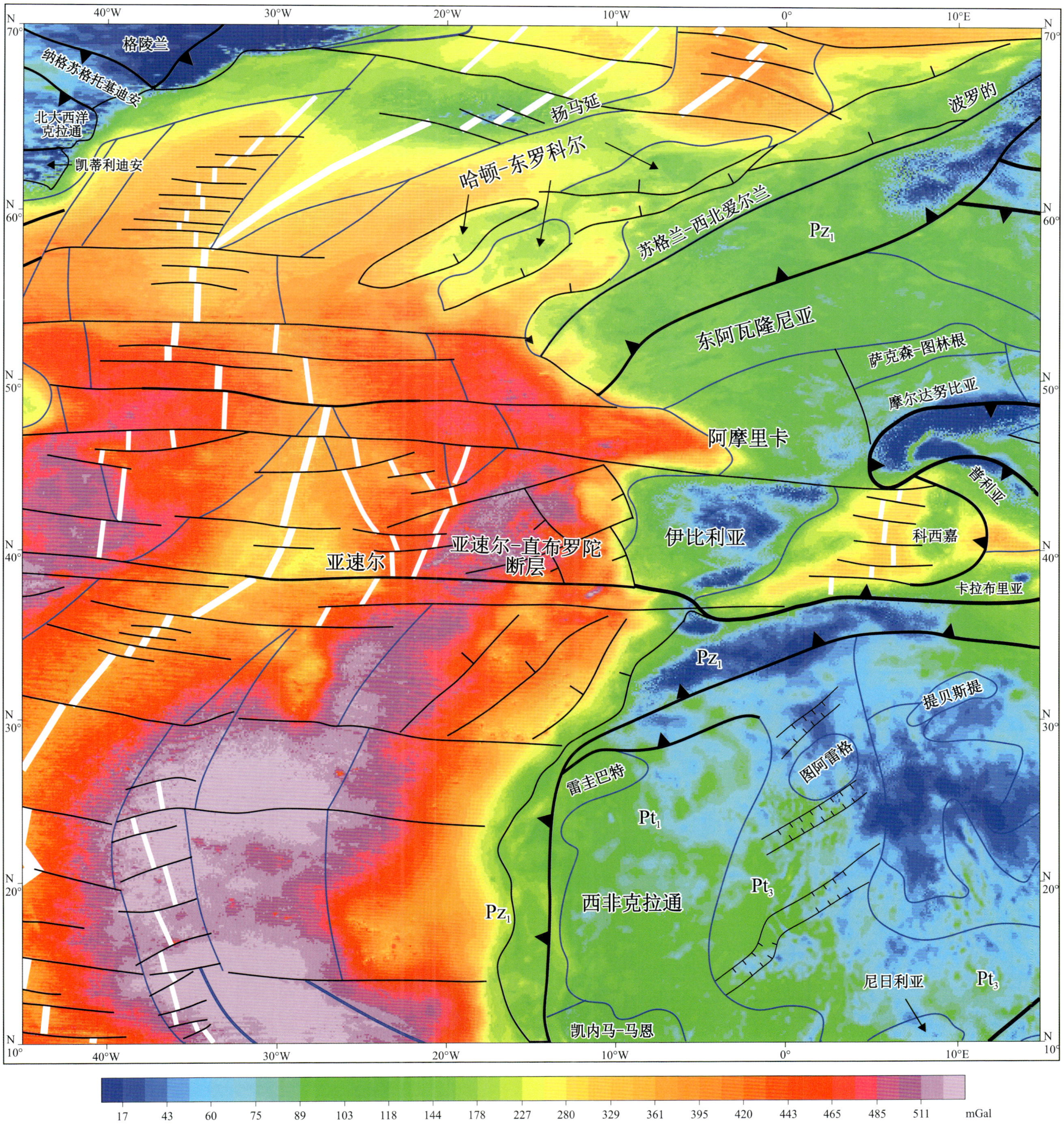

（图2-96） 北大西洋布格重力异常小波分解2阶逼近场图

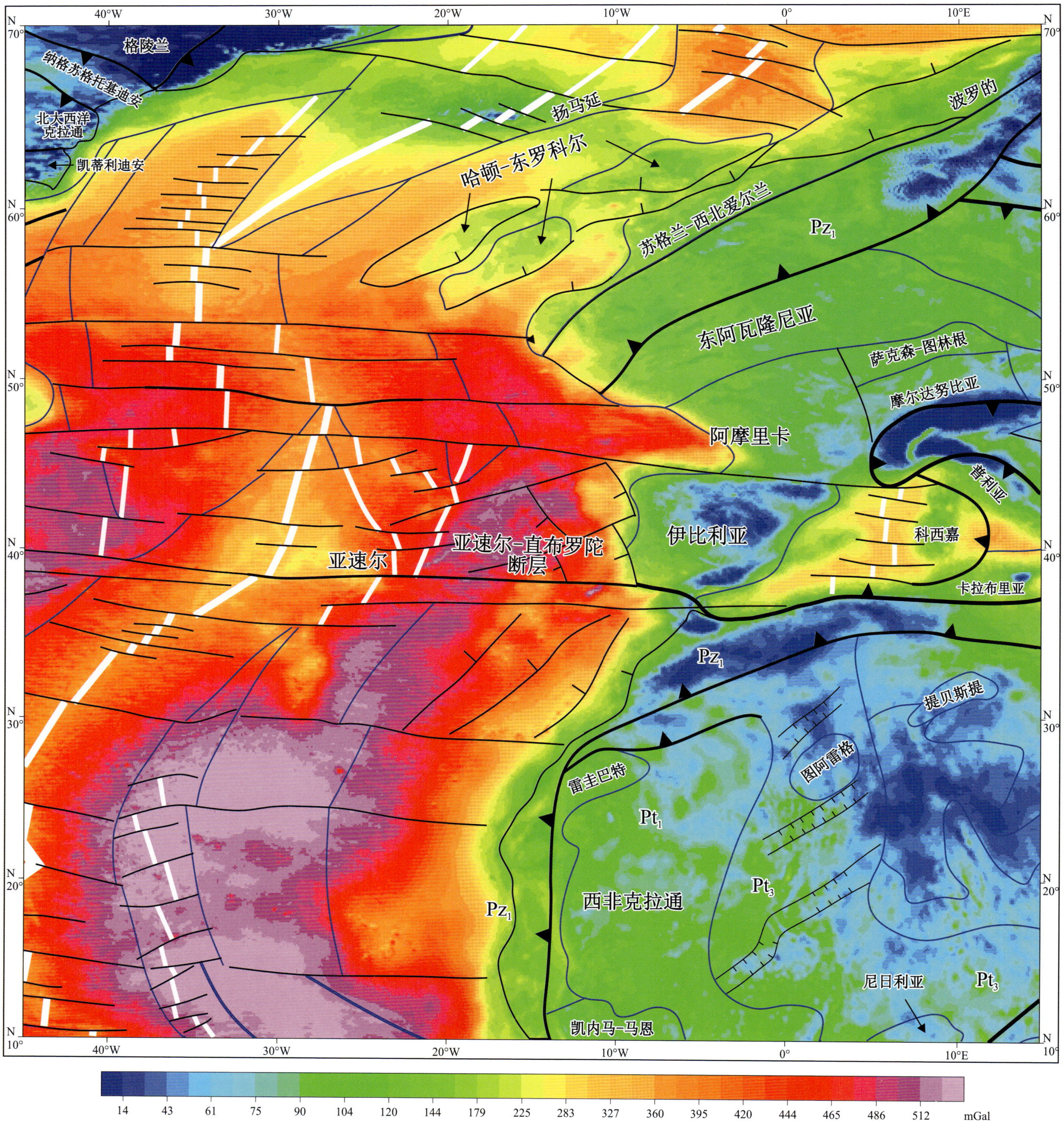

（图2-97） 北大西洋布格重力异常小波分解4阶逼近场图

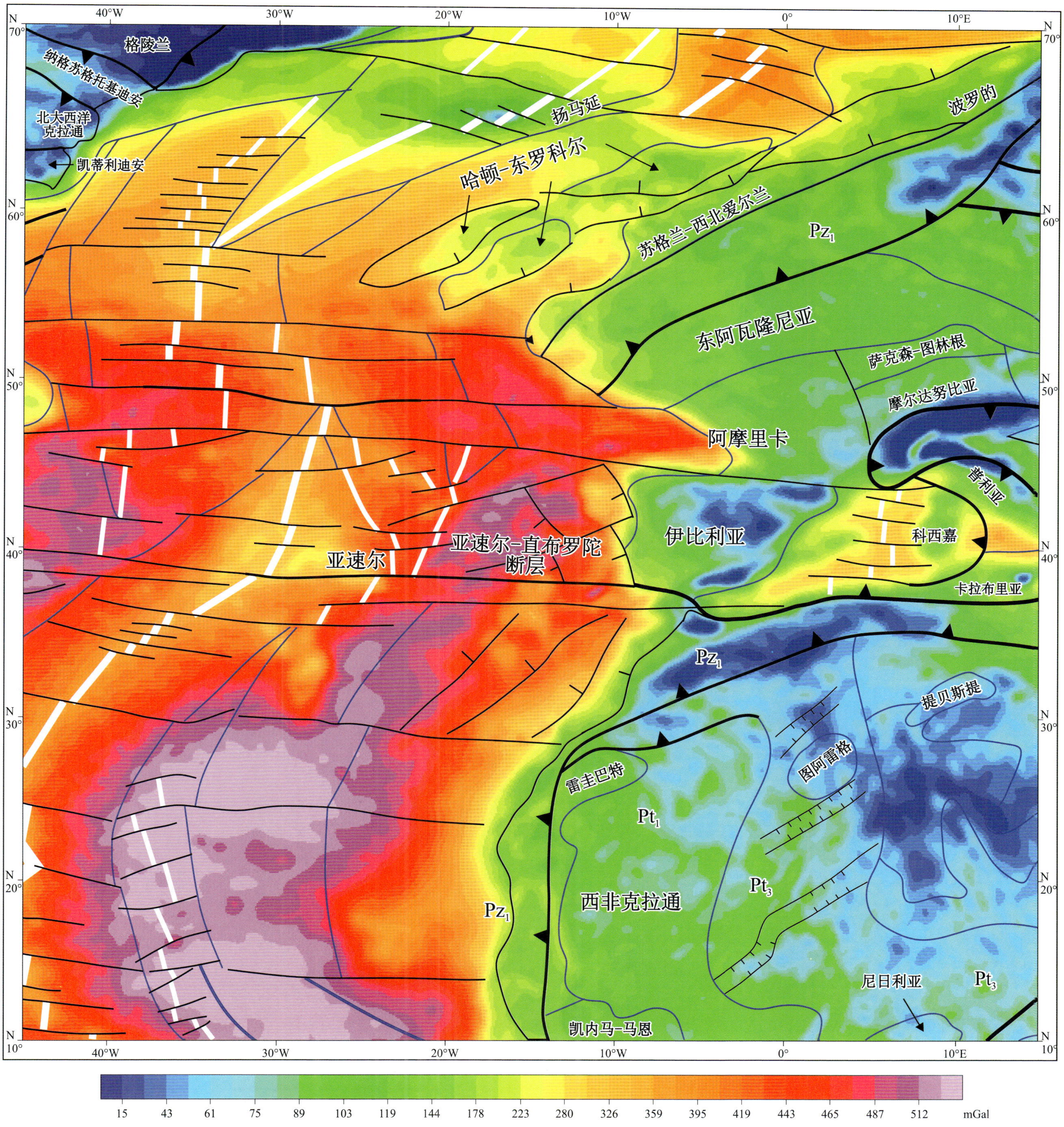

（图2-98）

北大西洋布格重力异常小波分解6阶逼近场图

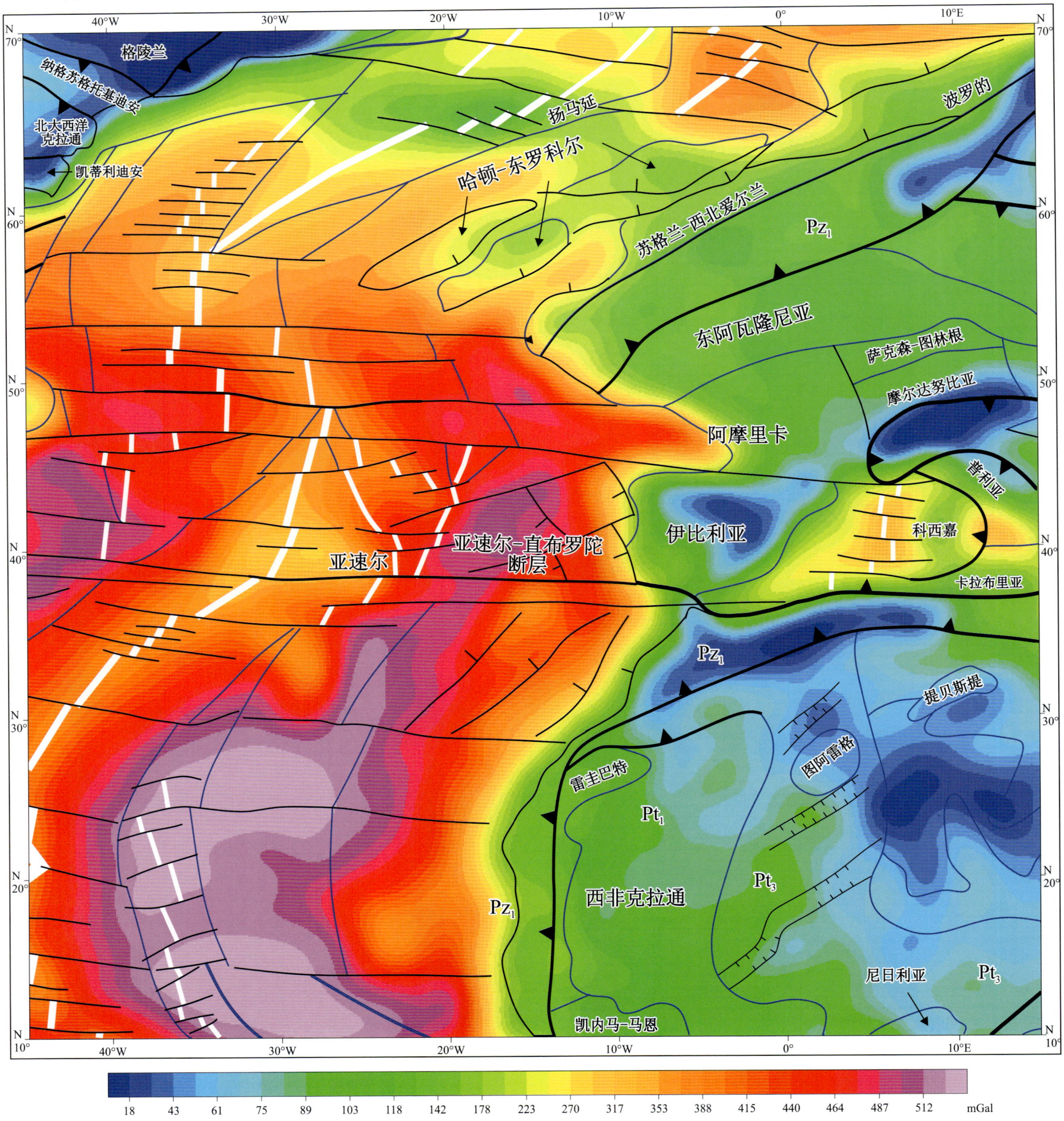

（图2-99） 北大西洋布格重力异常小波分解8阶逼近场图

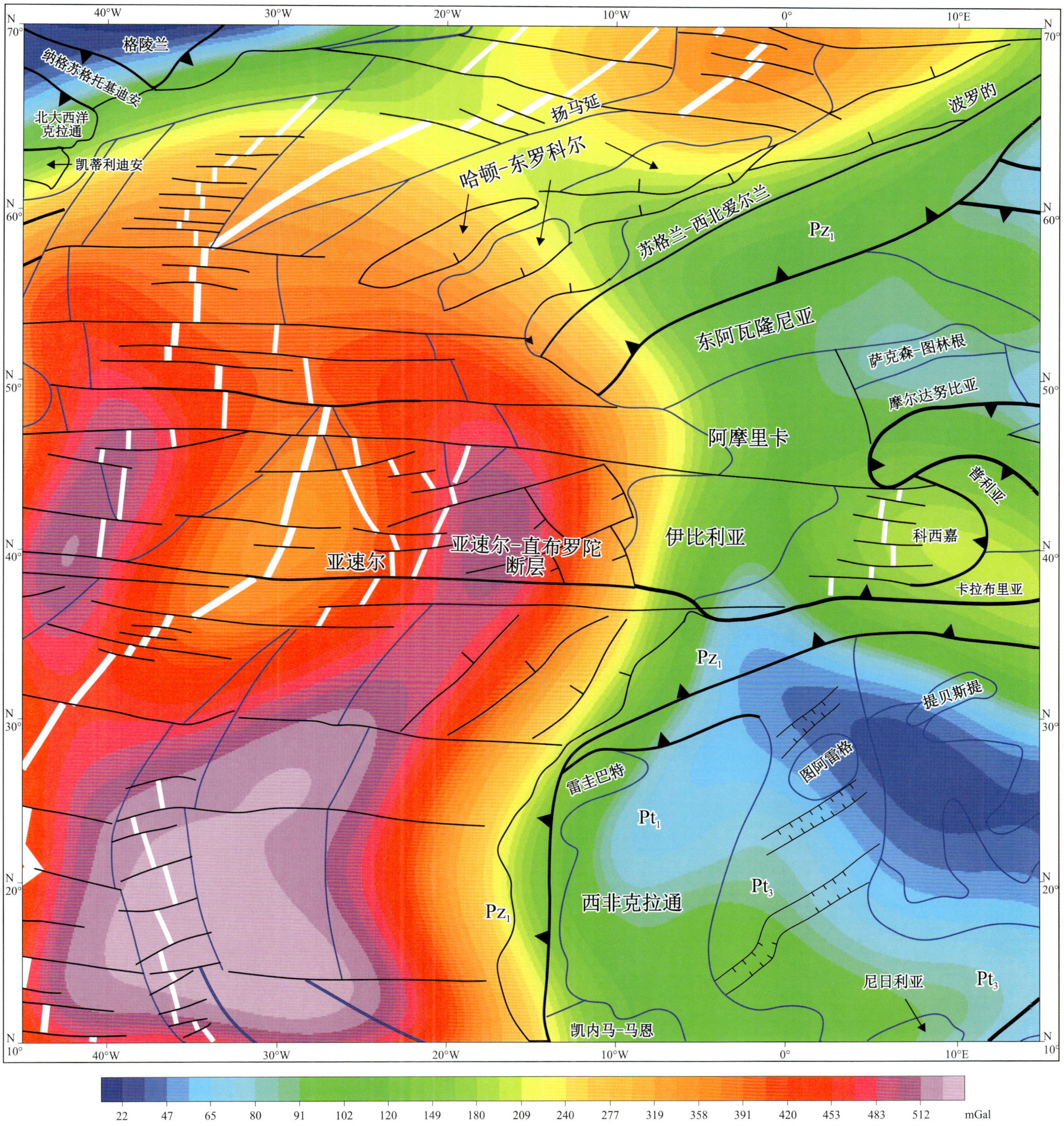

（图2-100）

北大西洋布格重力异常小波分解2阶细节场图

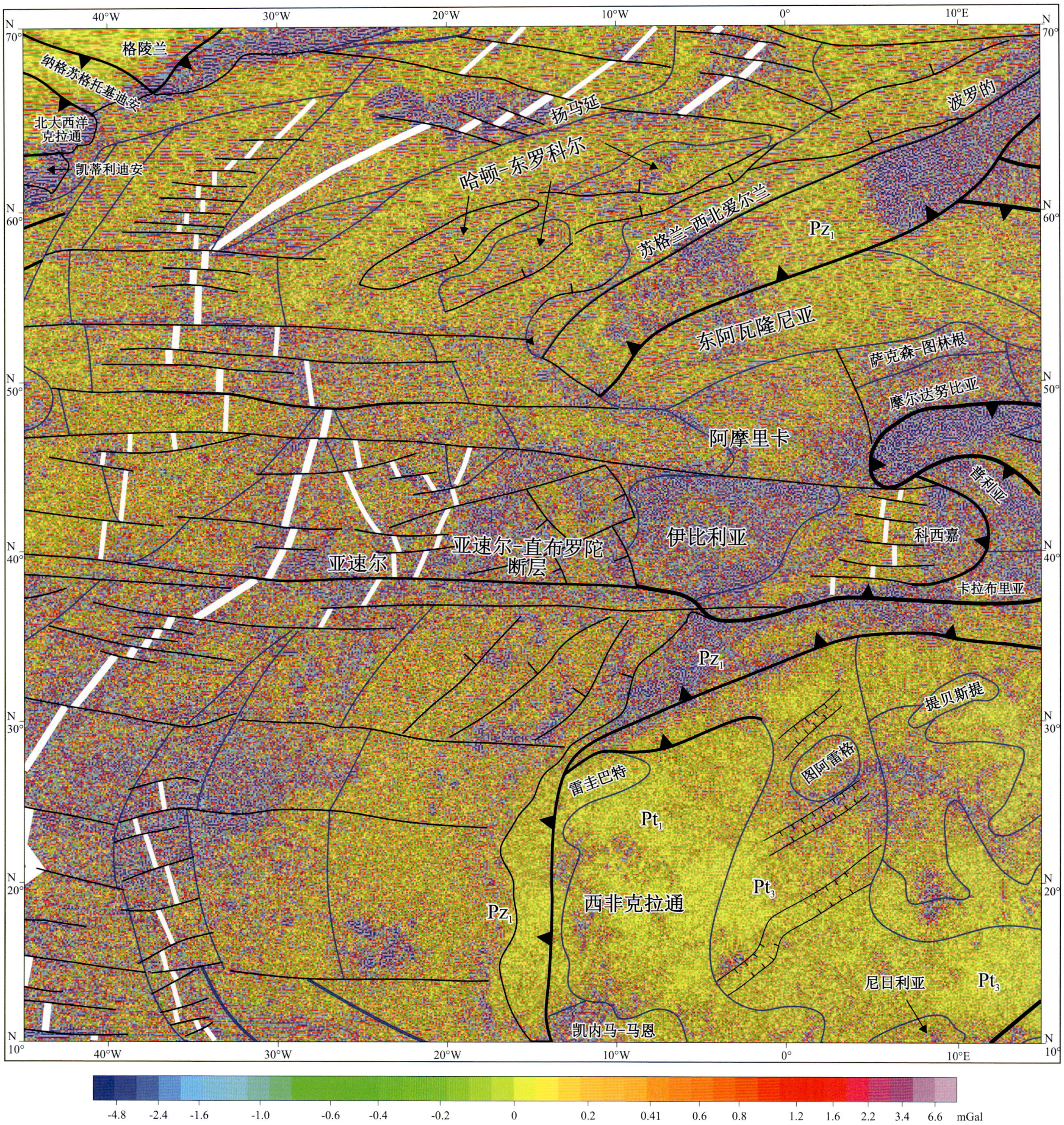

（图2-101）

北大西洋布格重力异常小波分解4阶细节场图

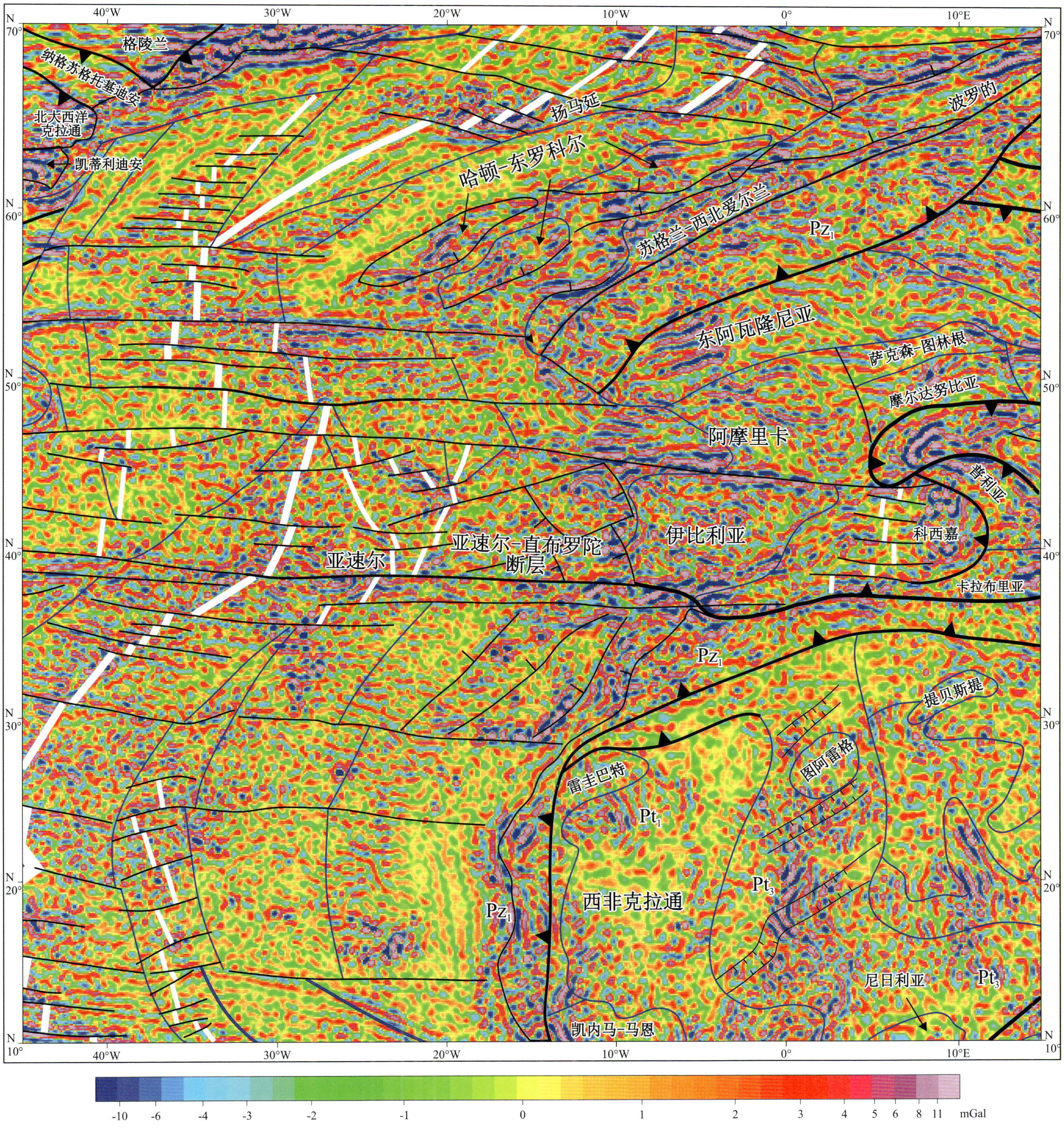

（图2-102）

北大西洋布格重力异常小波分解6阶细节场图

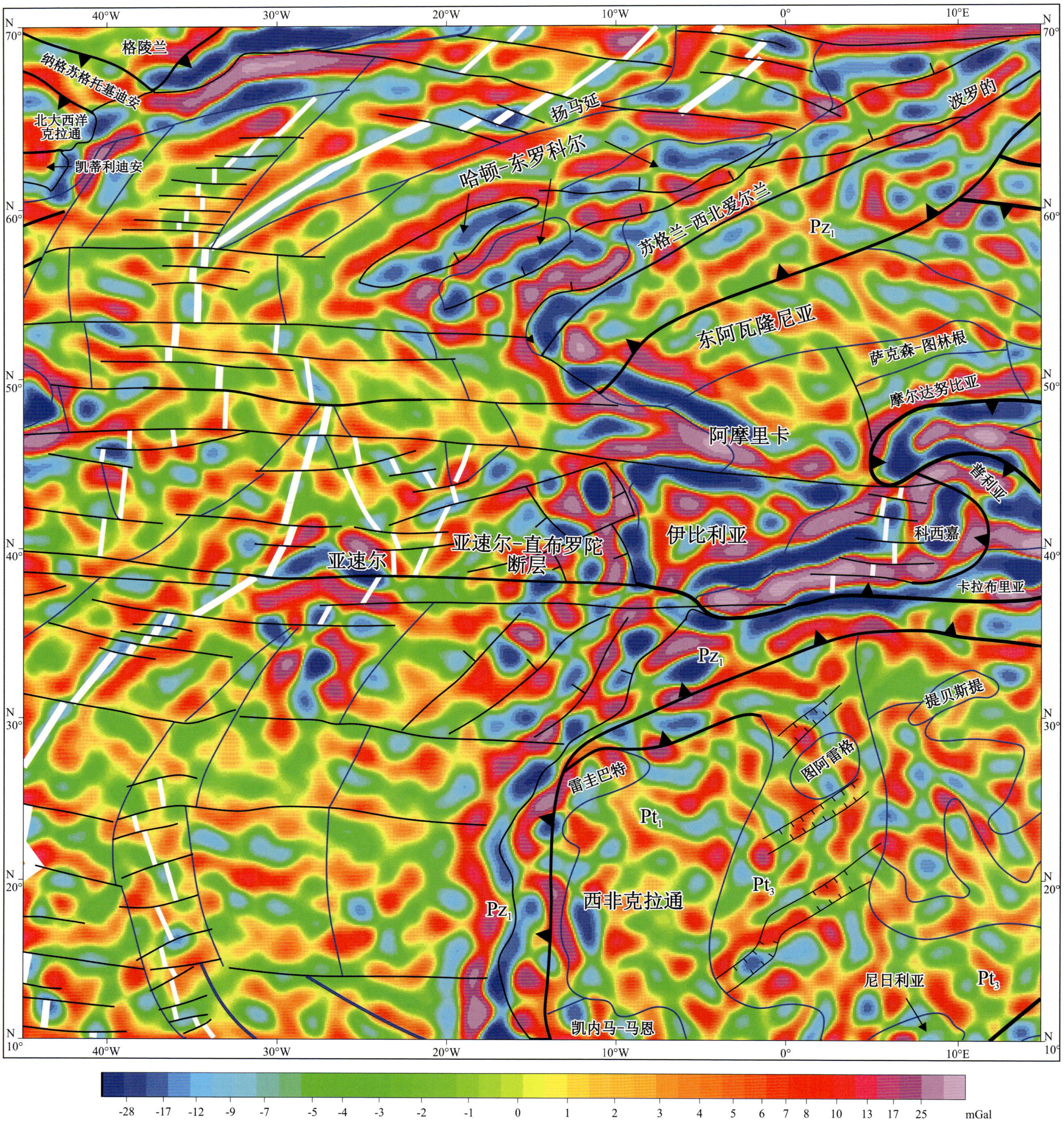

（图2-103）北大西洋布格重力异常小波分解8阶细节场图

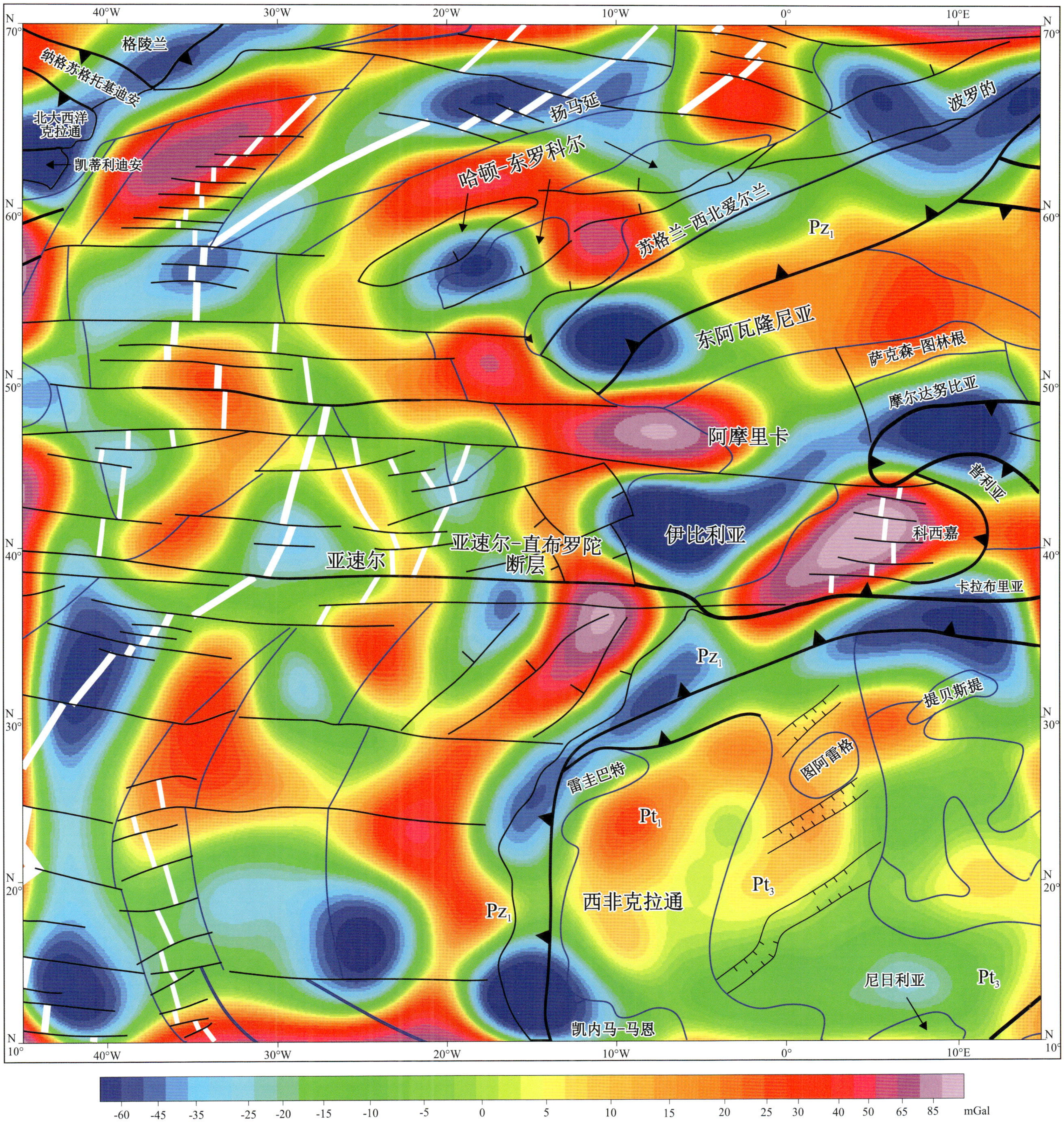

（2）中大西洋

大西洋中部区域内微洋块较少发育，海底扩张相对对称规则。中大西洋西部南美洲发育圣路易斯克拉通（São Luis Craton）与圣弗朗西斯科（São Francisco）微陆块，东部非洲发育凯内马－马恩（Kenema-Man）、尼日利亚地盾（Nigerian Shield）以及加蓬－夏于山（Gabon Chailu）微陆块。

自由空气重力异常场（图 2-104）显示，克拉通中，圣路易斯克拉通整体呈现出低值异常区；微陆块中，凯内马－马恩高值

（图2-104）

中大西洋自由空气重力异常图

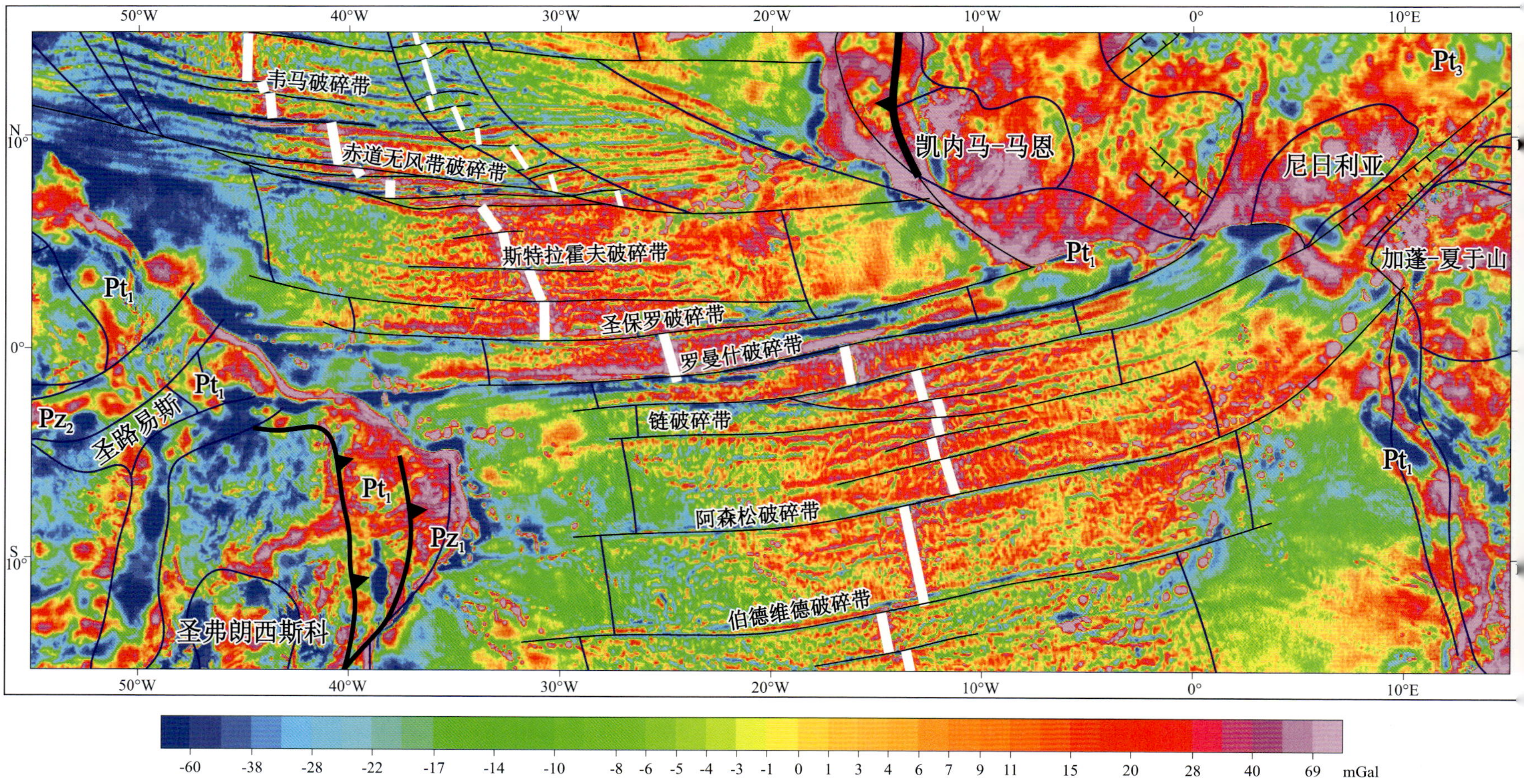

（图2-105）

中大西洋均衡重力异常图

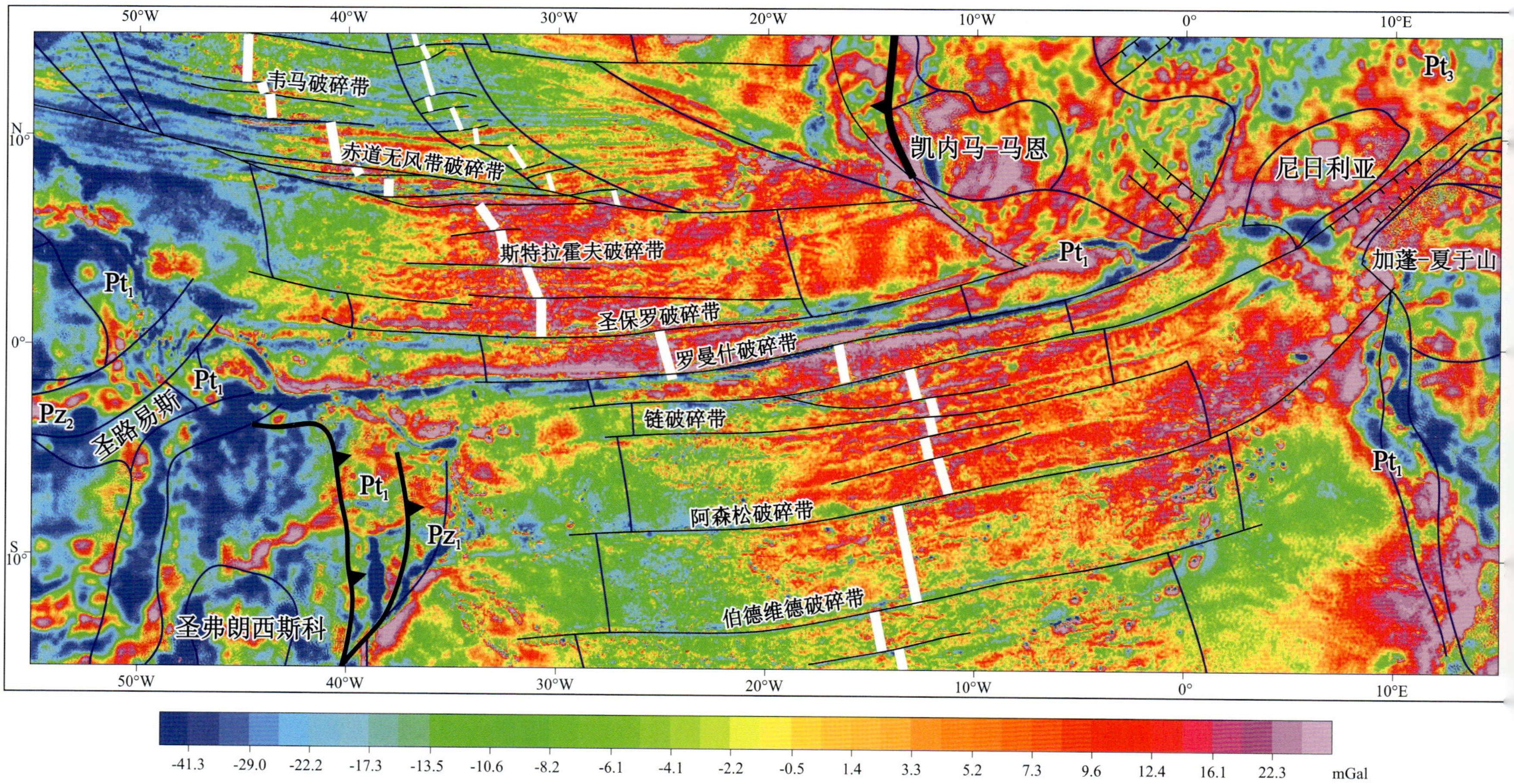

正异常，边缘呈现负高值异常。

在均衡重力异常场（图 2-105）中，南美洲圣路易斯克拉通与圣弗朗西斯科微陆块总体表现出负值异常，非洲的凯内马－马恩、尼日利亚微陆块总体表现出正值高异常。

在布格重力异常场（图 2-109）中，洋壳表现为高值异常而陆壳表现为低值异常，克拉通与微陆块总体表现为低值异常场。

（图2-106）

中大西洋自由空气重力异常*x*方向导数图

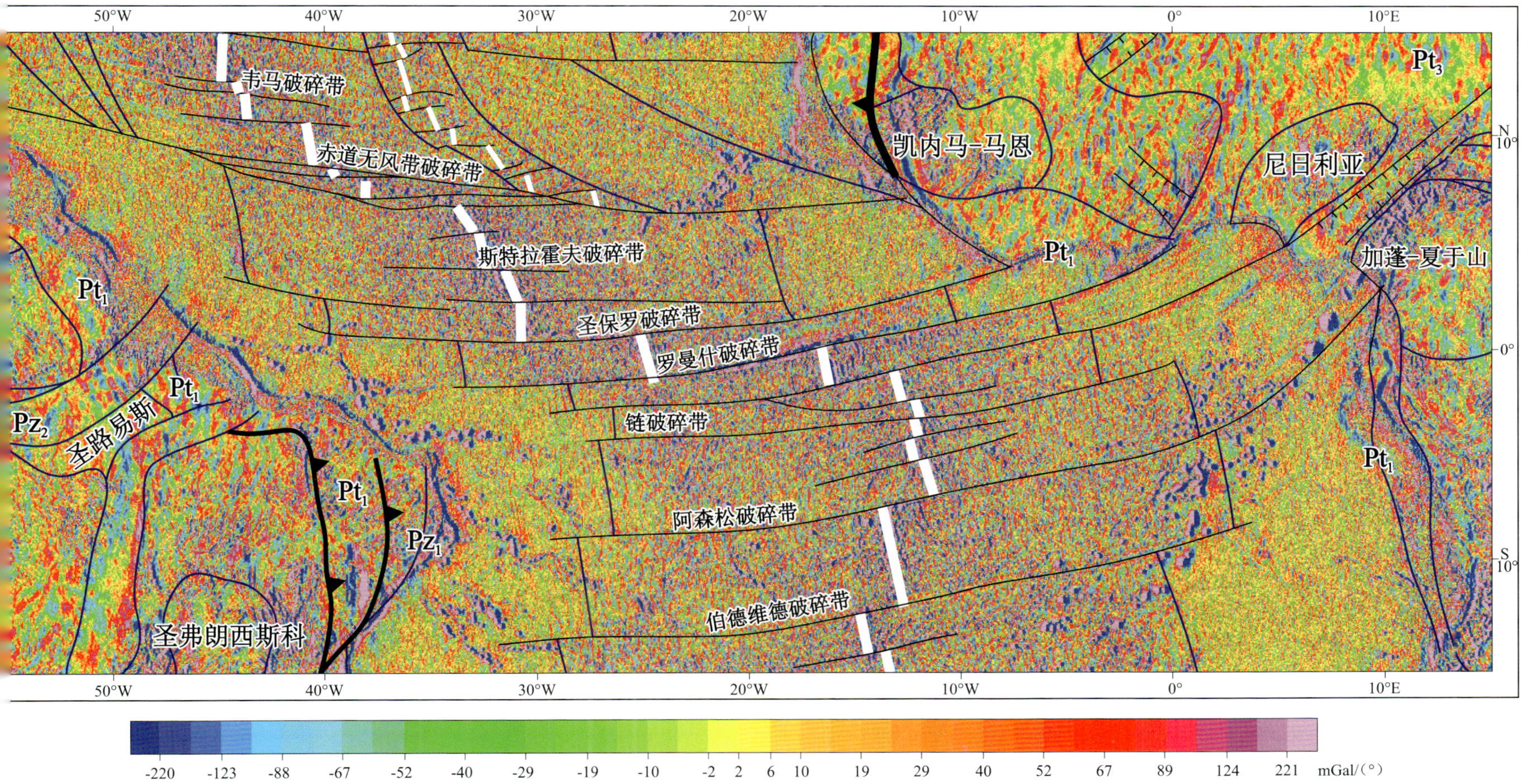

（图2-107）

中大西洋自由空气重力异常*y*方向导数图

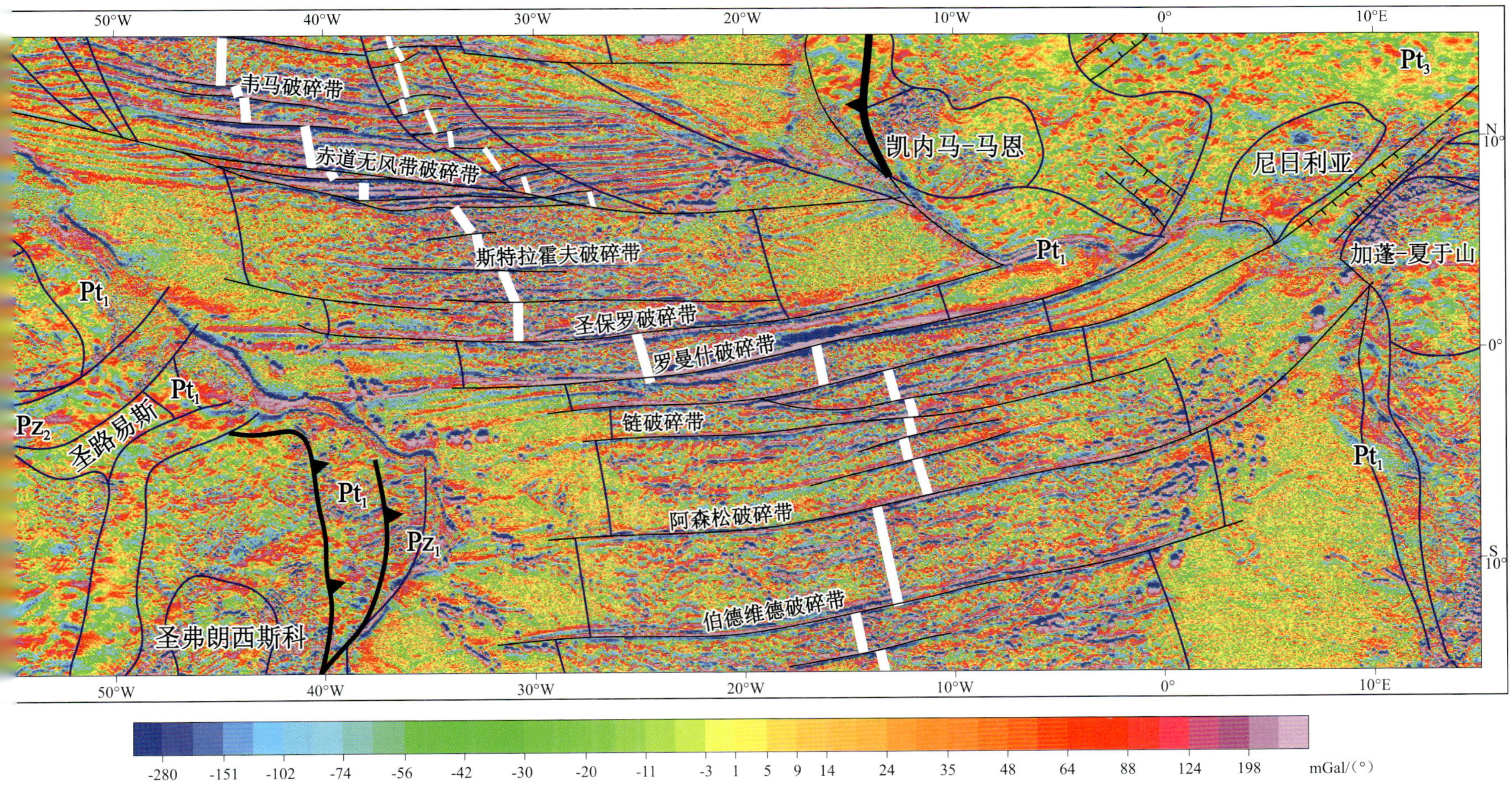

（图2-108） 中大西洋垂向重力梯度图（VGG）

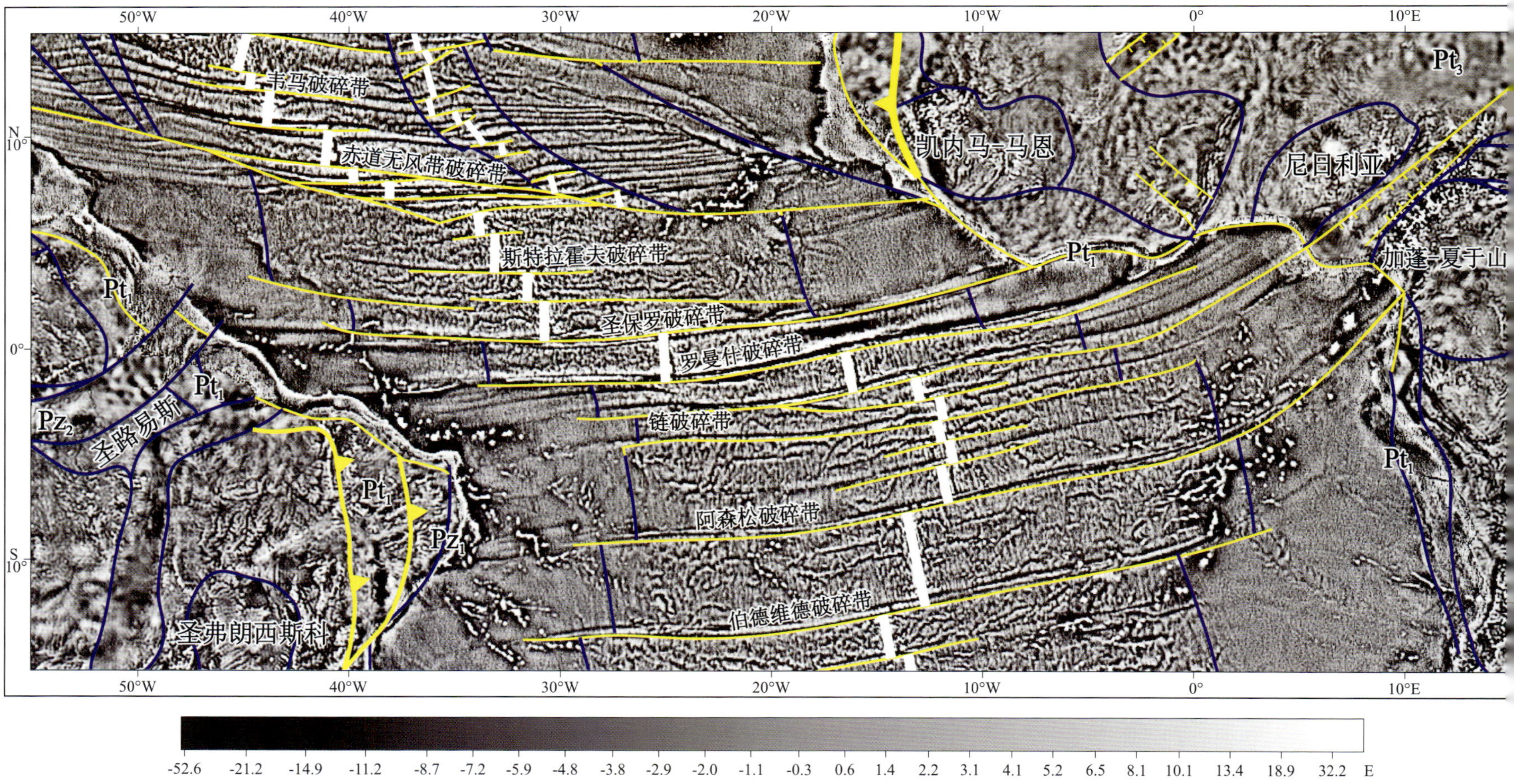

（图2-109） 中大西洋布格重力异常图

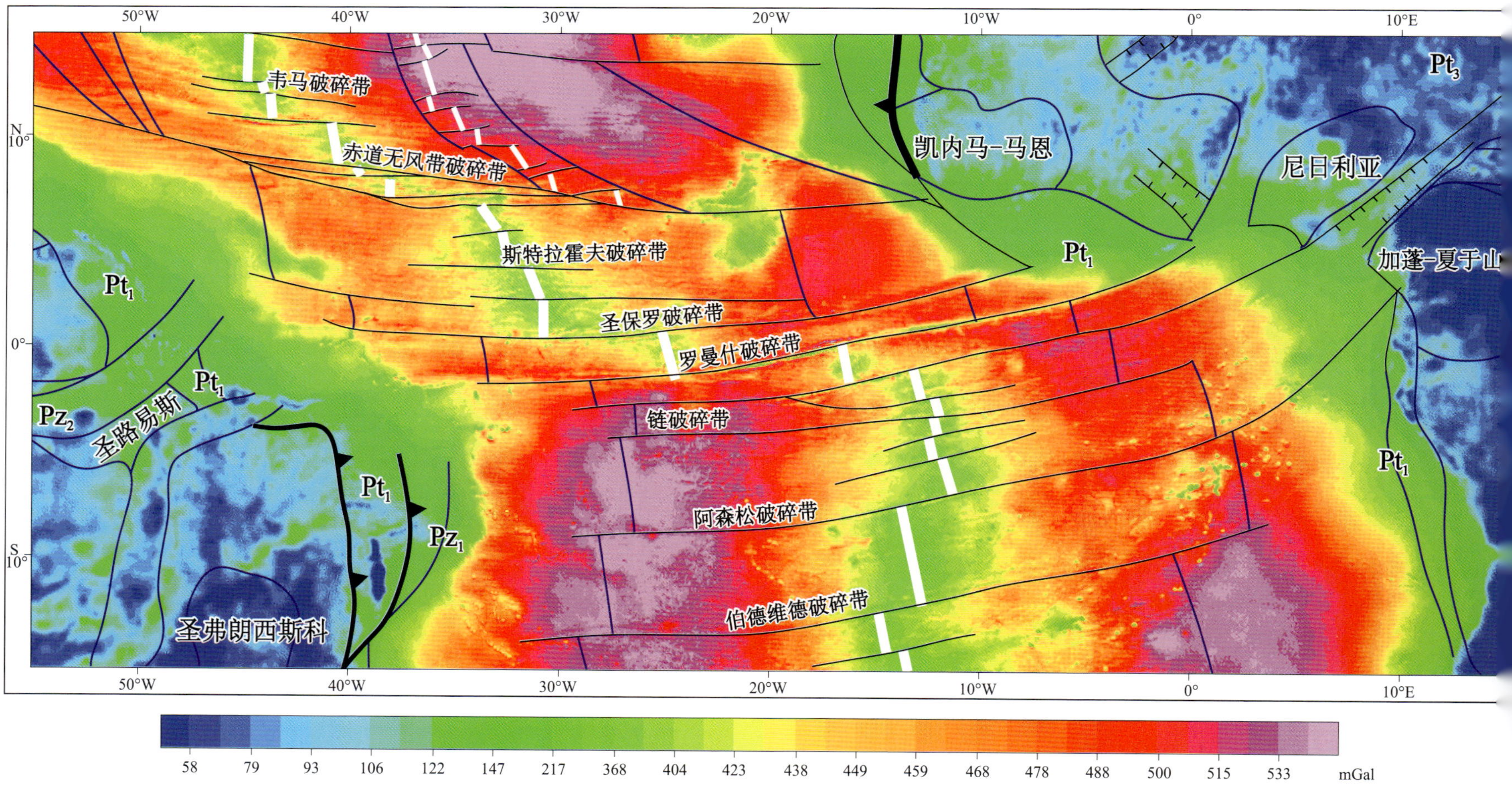

（图2-110） 中大西洋布格重力异常小波分解2阶逼近场图

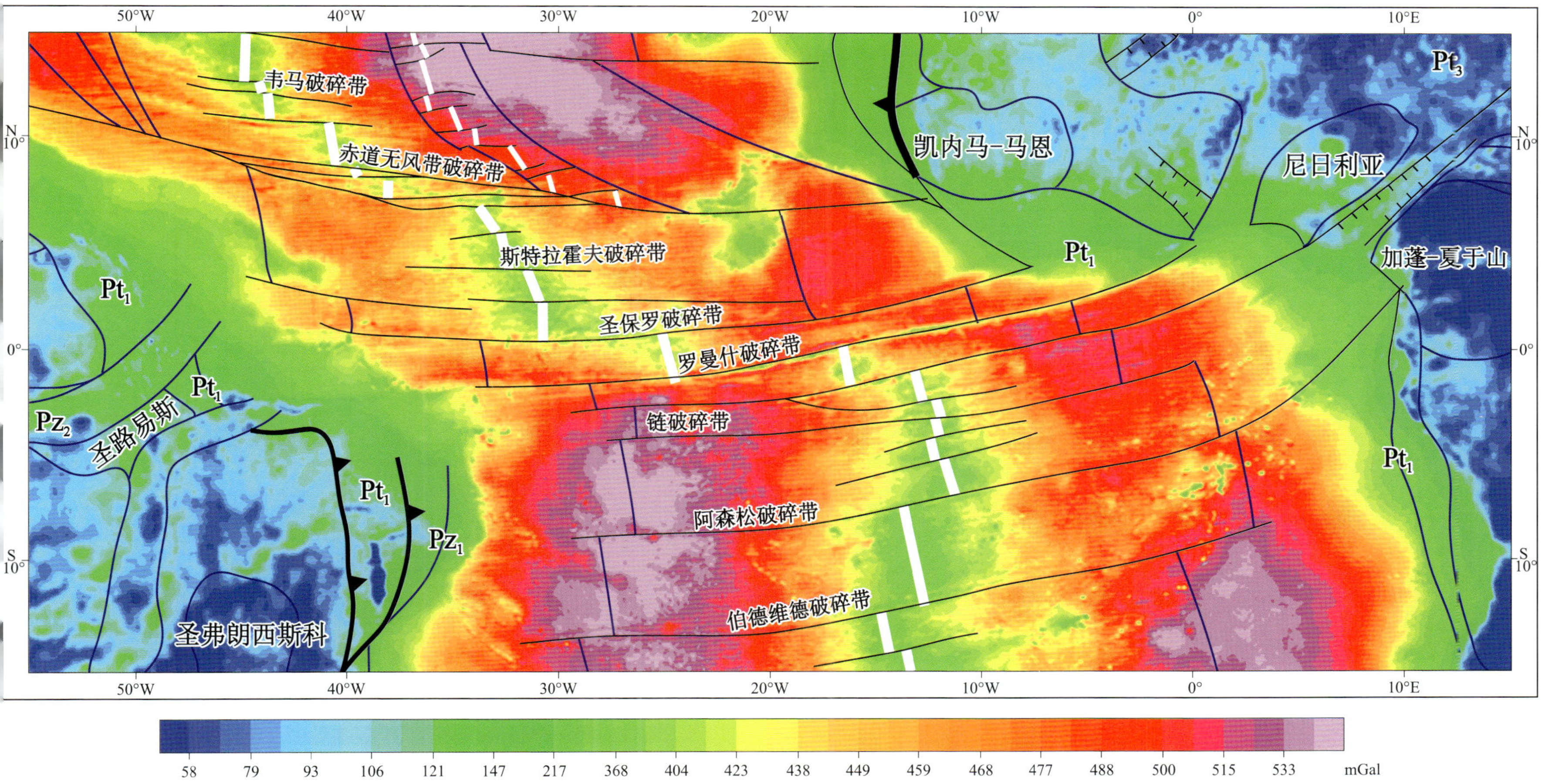

（图2-111） 中大西洋布格重力异常小波分解4阶逼近场图

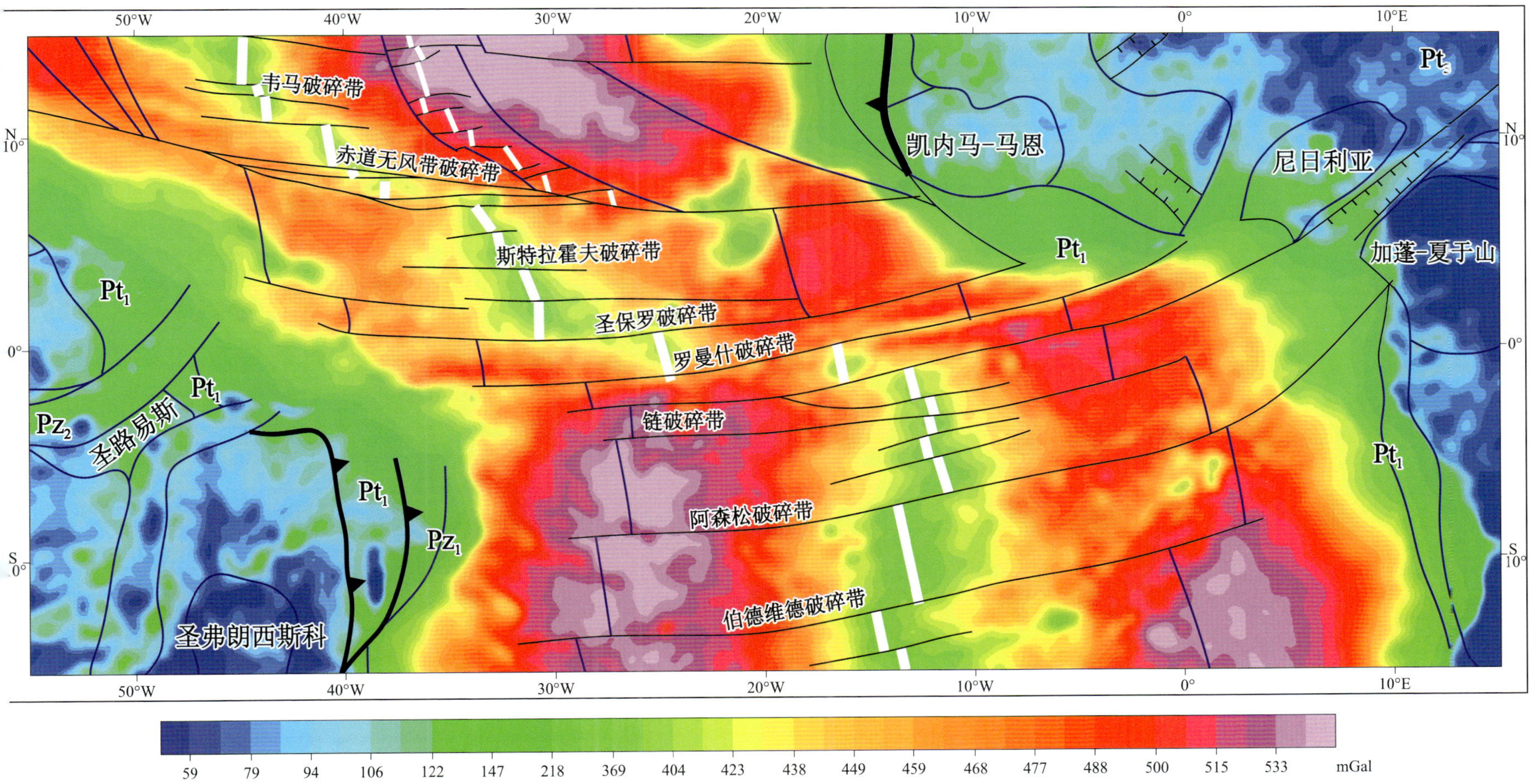

（图2-112）

中大西洋布格重力异常小波分解6阶逼近场图

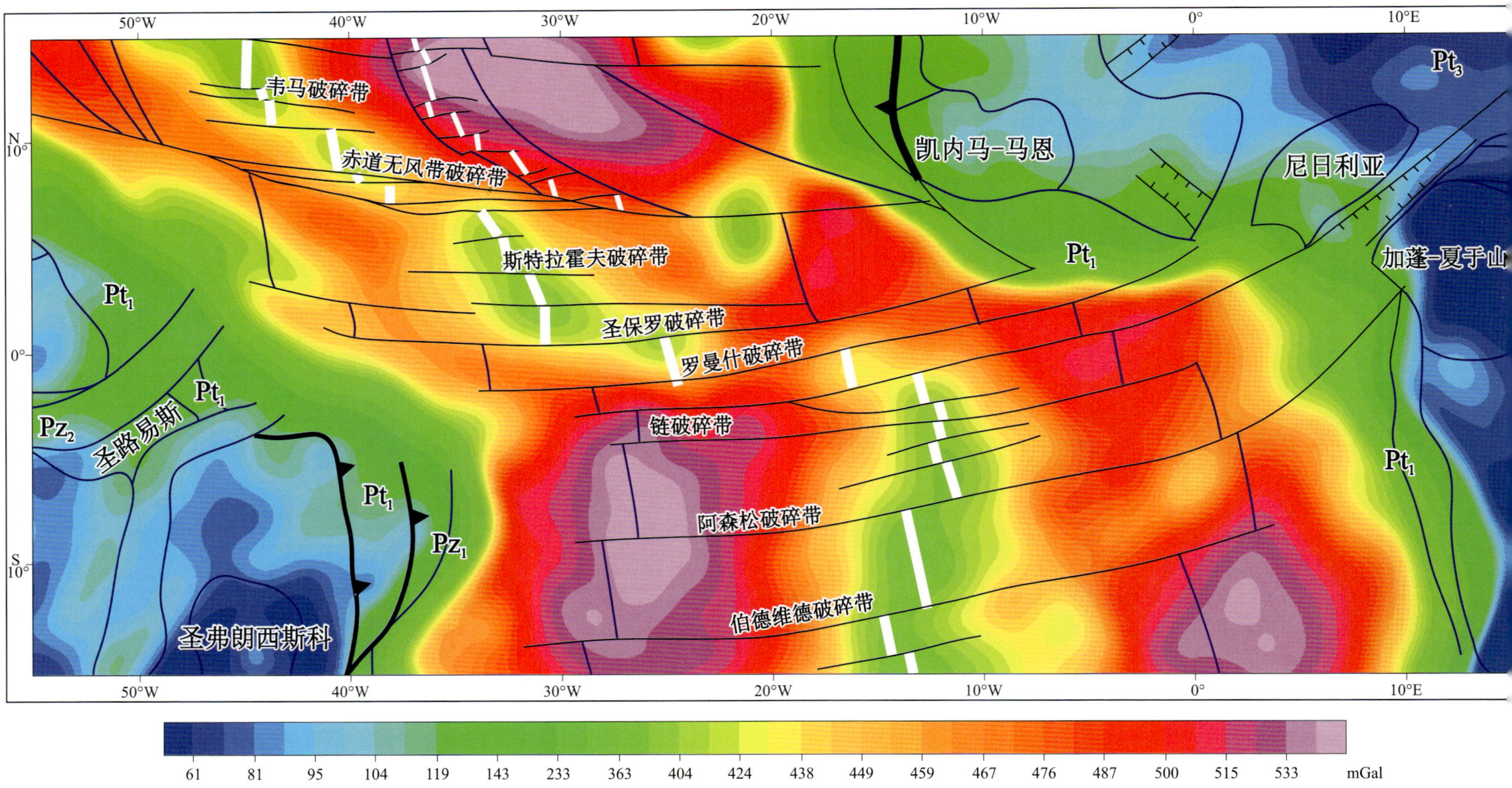

（图2-113）

中大西洋布格重力异常小波分解8阶逼近场图

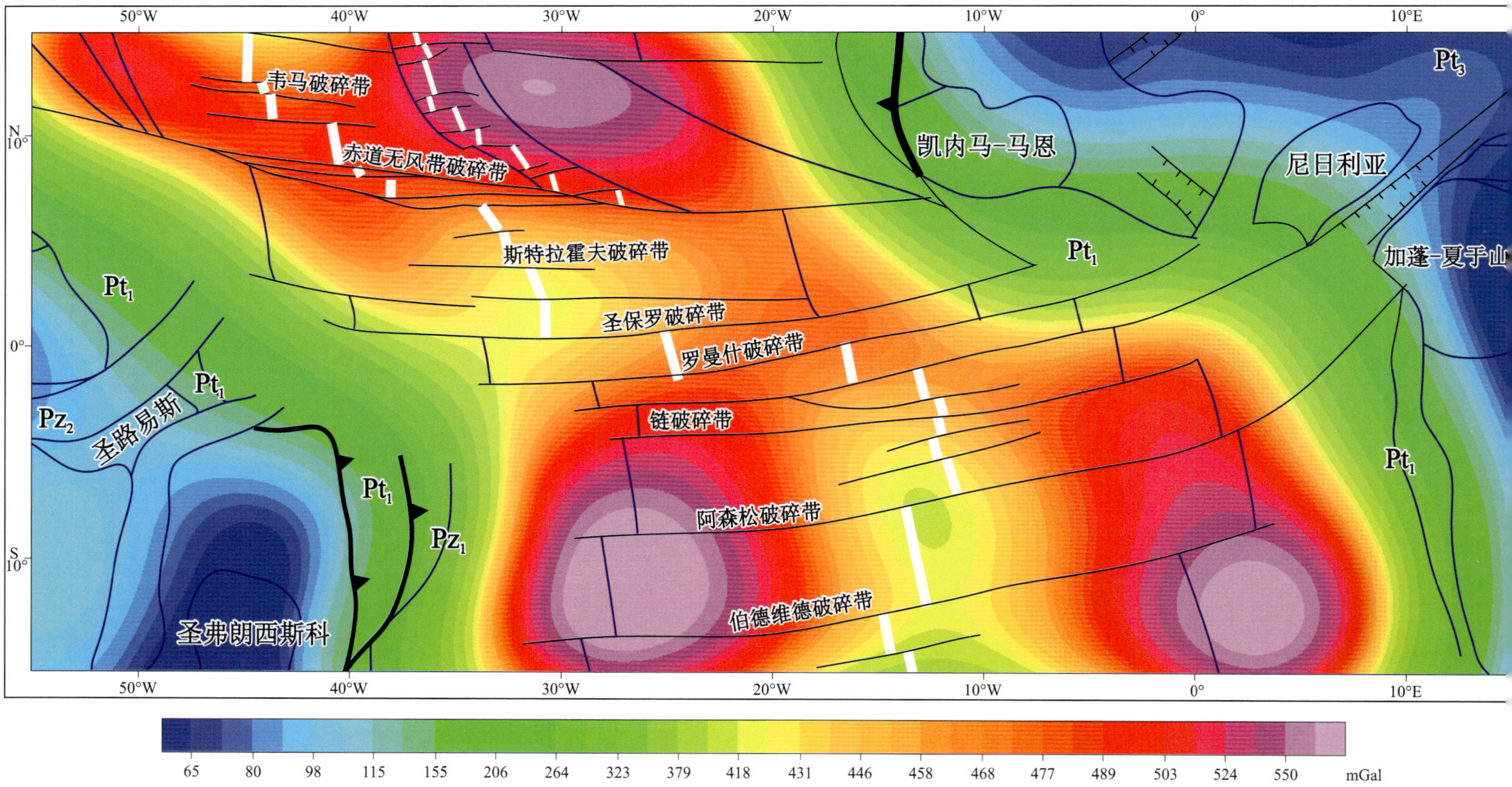

（图2-114）

中大西洋布格重力异常小波分解2阶细节场图

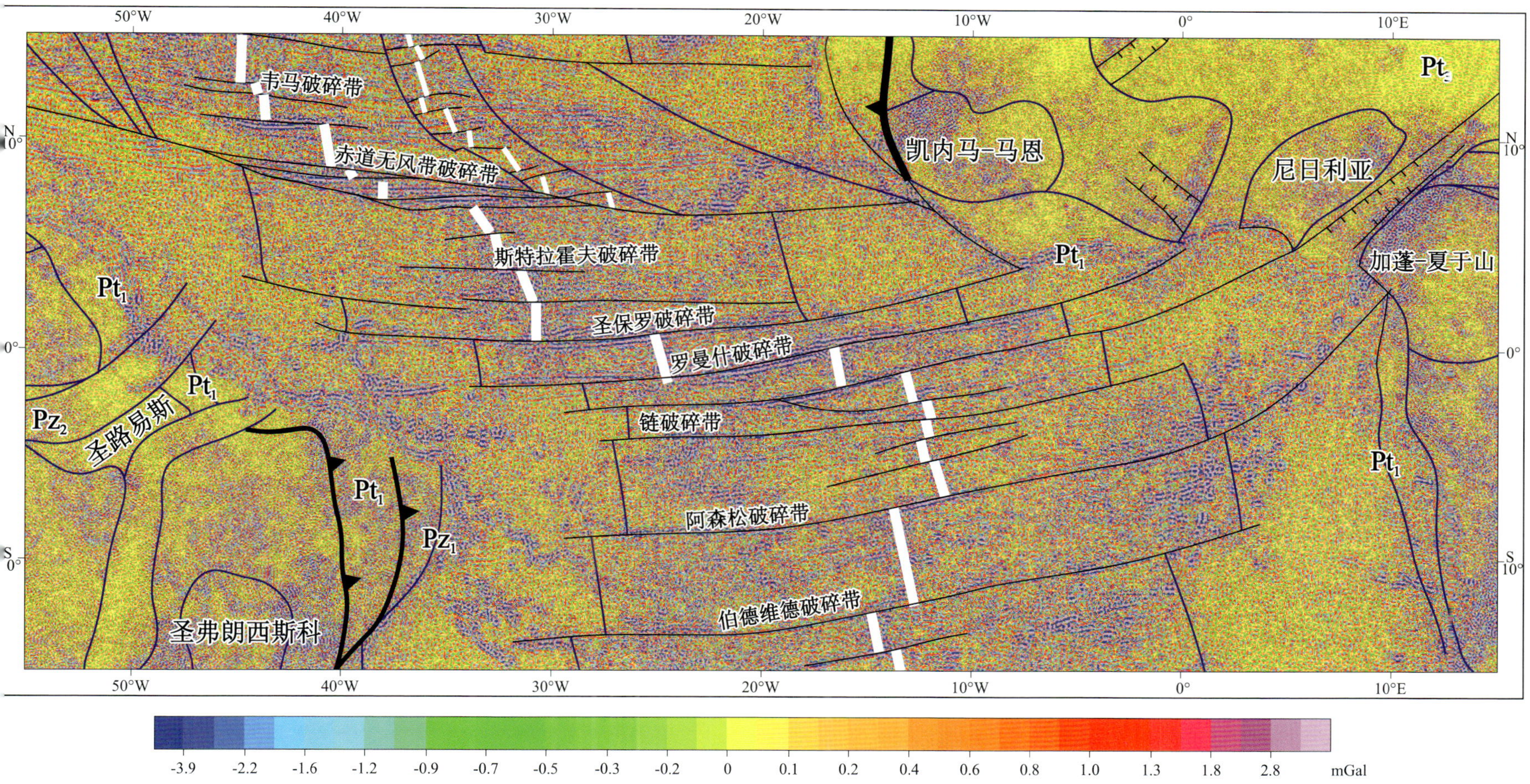

（图2-115）

中大西洋布格重力异常小波分解4阶细节场图

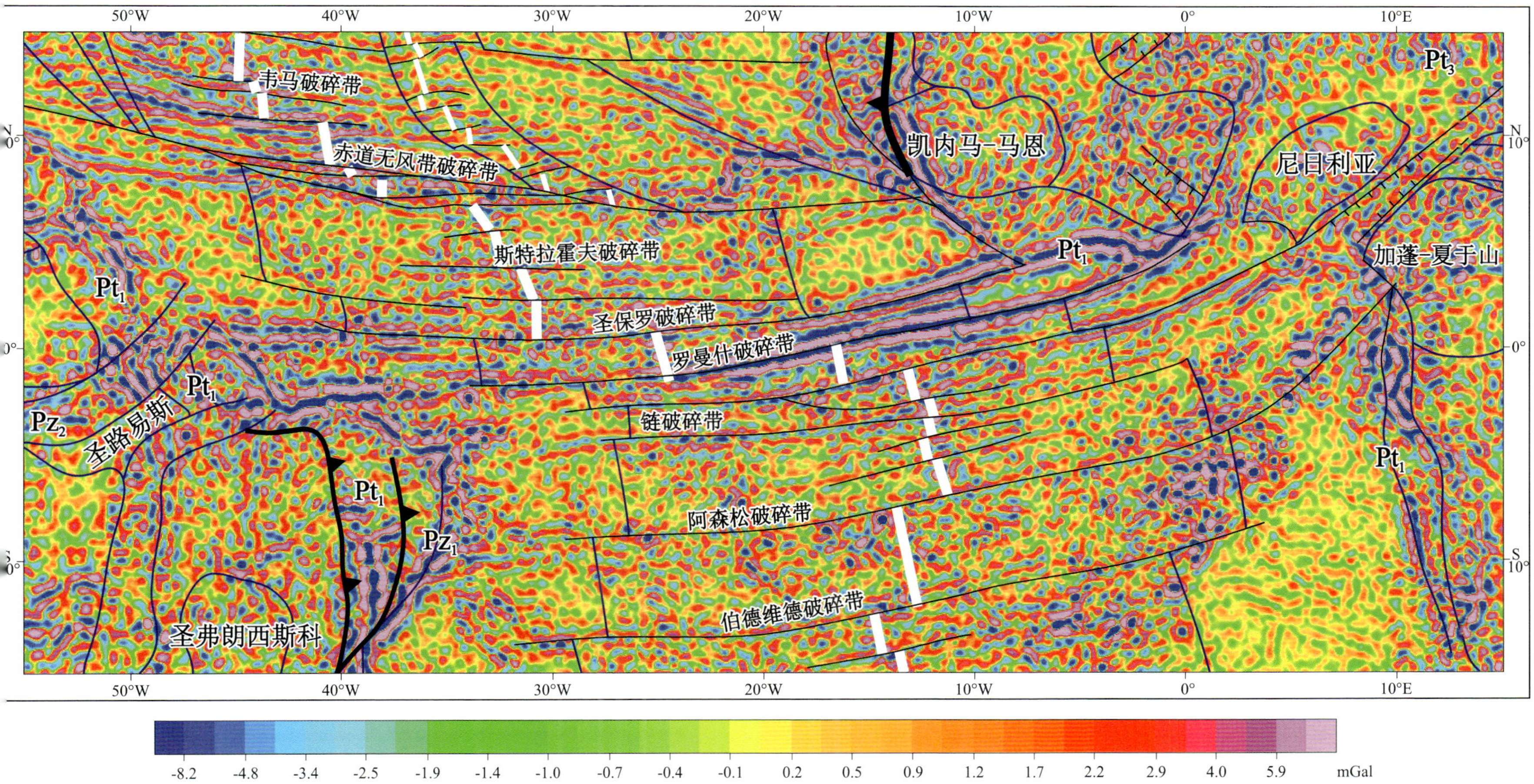

（图2-116）

中大西洋布格重力异常小波分解5阶细节场图

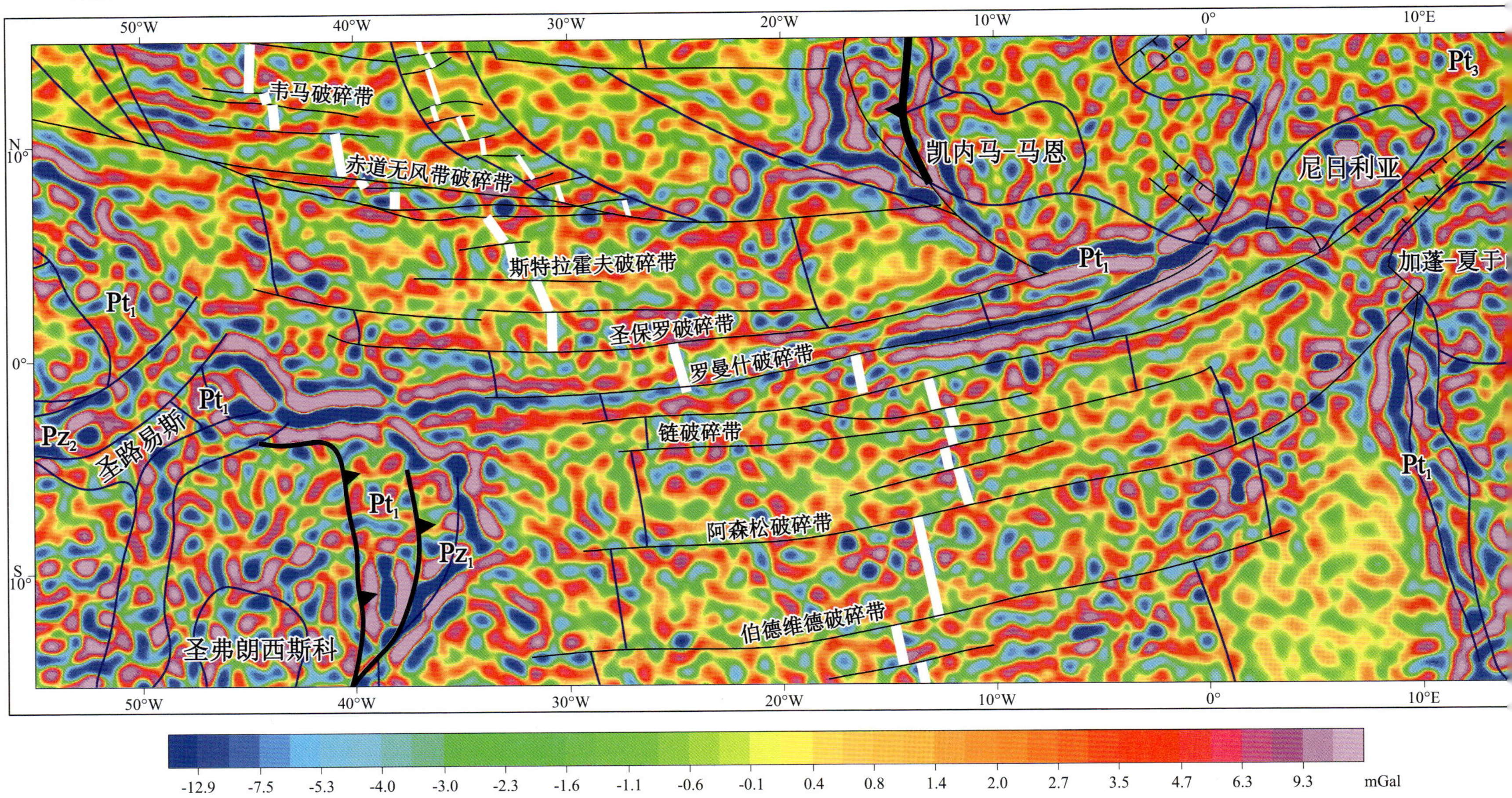

（图2-117）

中大西洋布格重力异常小波分解6阶细节场图

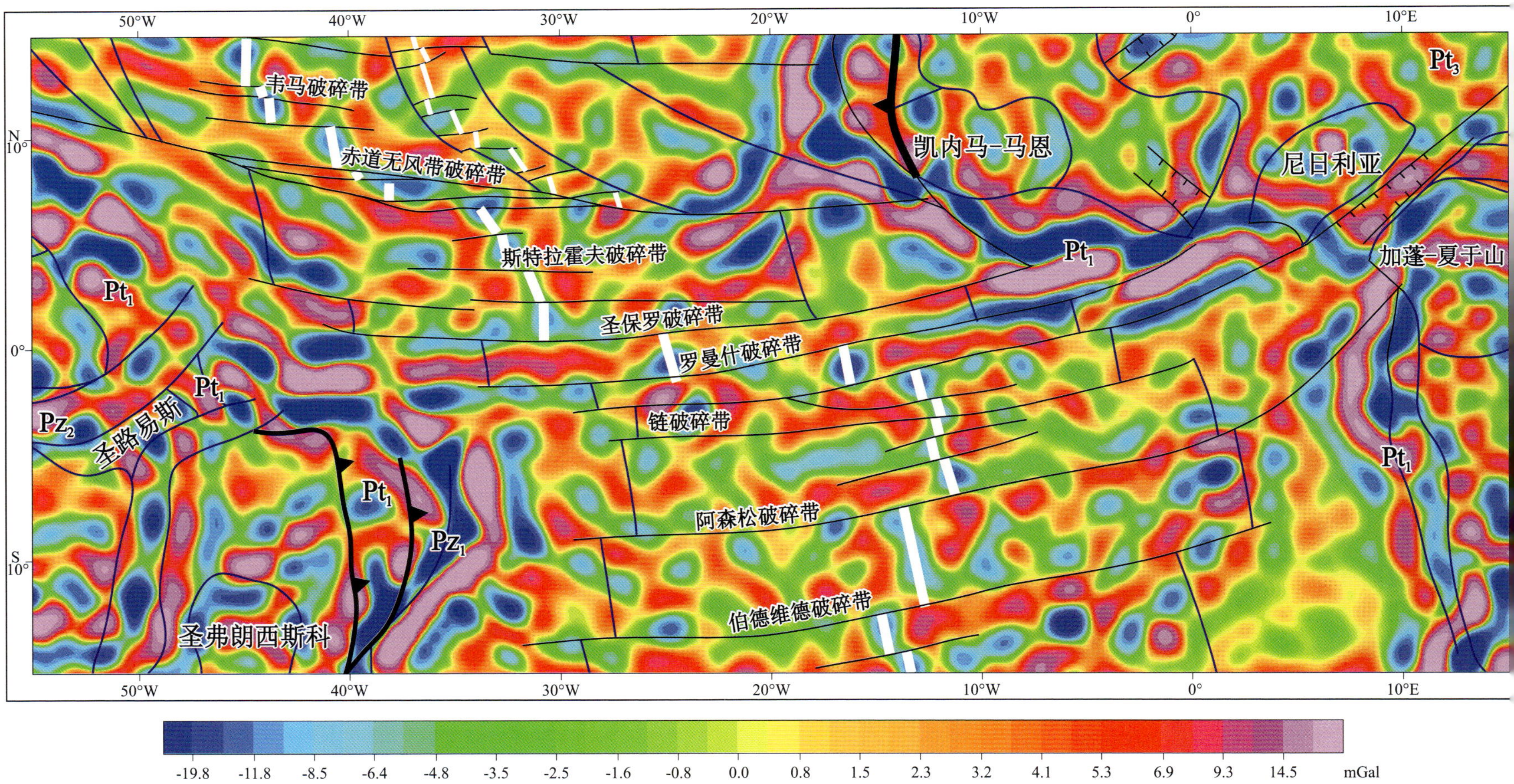

（图2-118） 中大西洋布格重力异常小波分解7阶细节场图

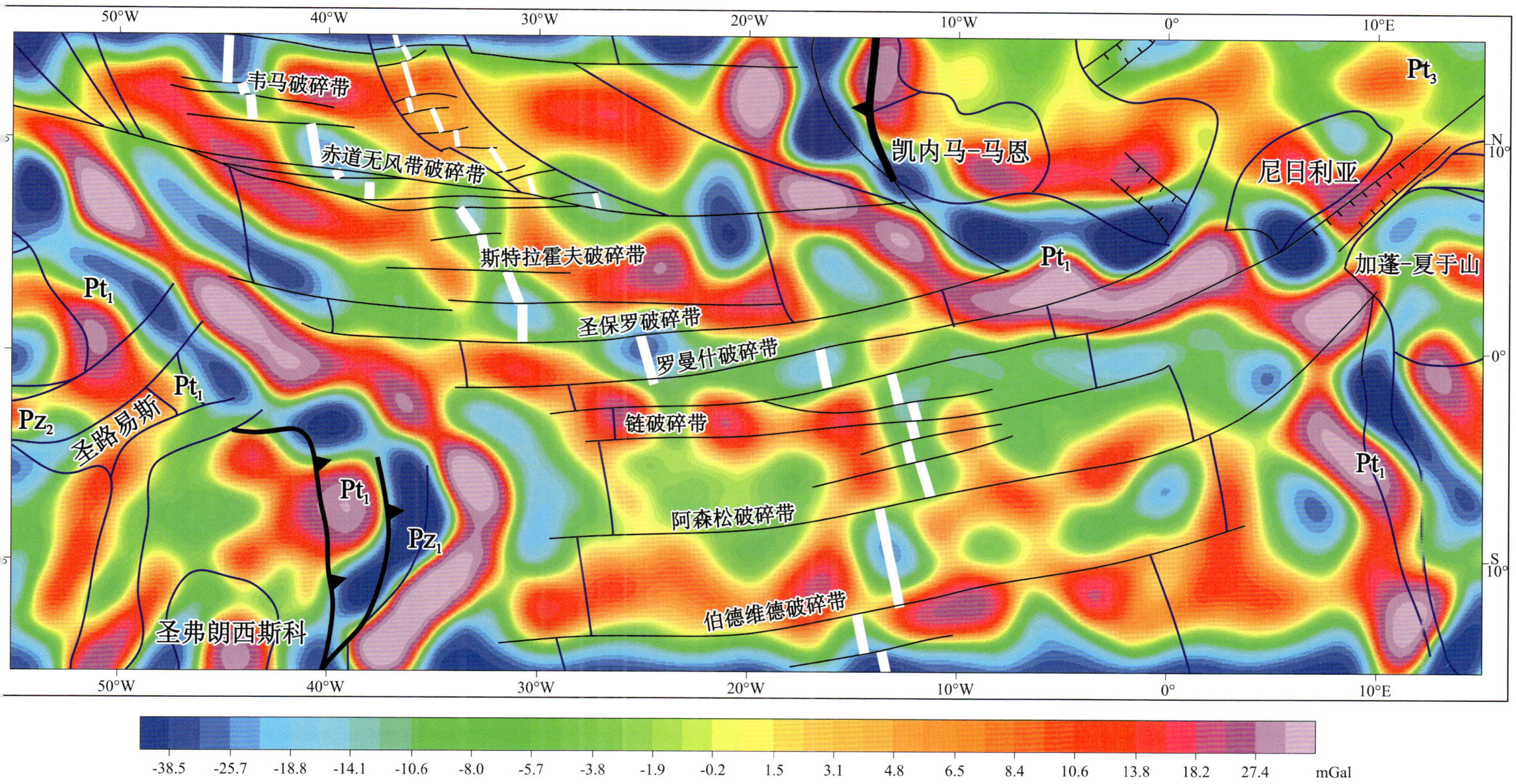

（图2-119） 中大西洋布格重力异常小波分解8阶细节场图

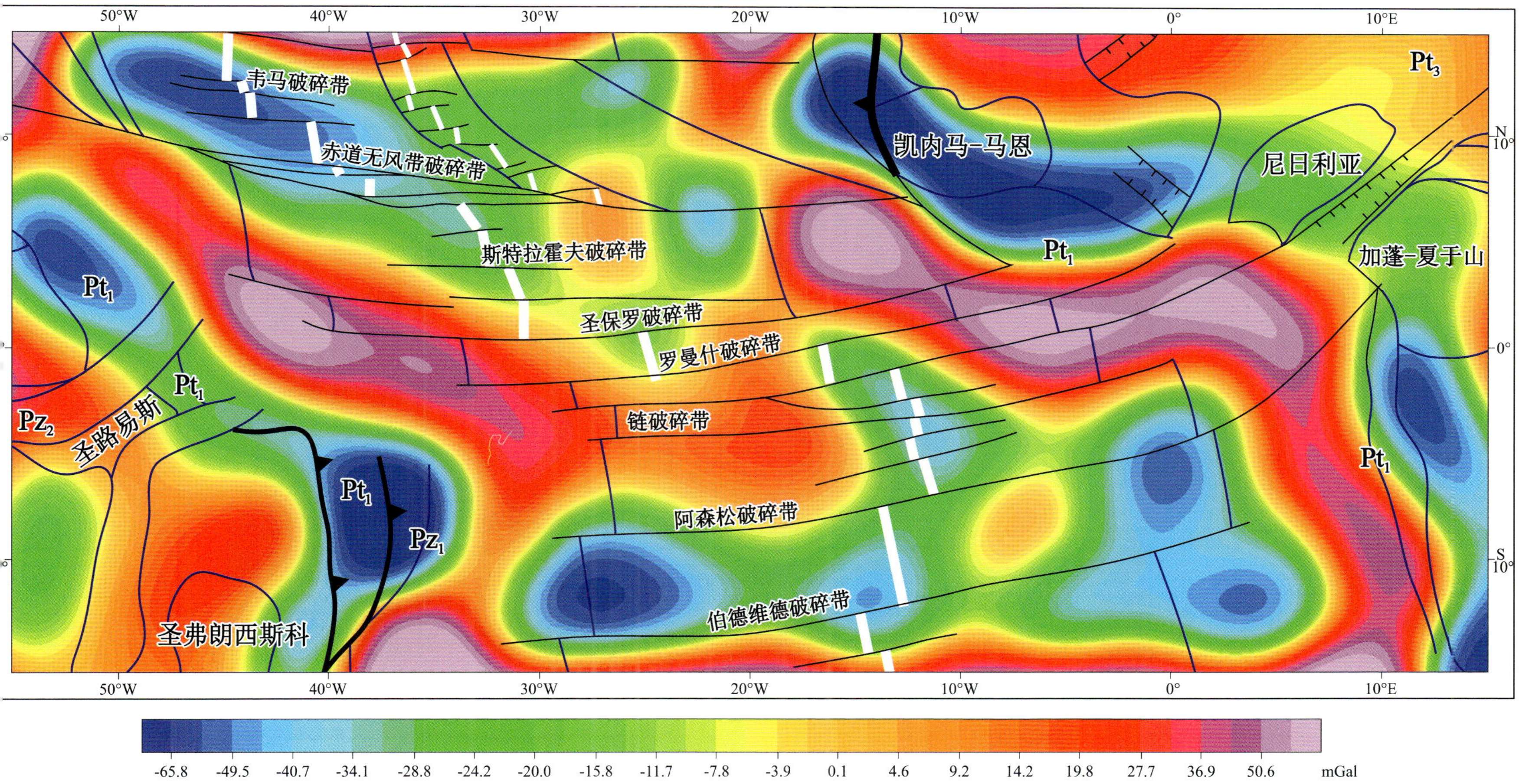

（3）南大西洋

A. 微陆块特征

巴拉那（Paraná）：位于南美洲中东部，南面是拉普拉塔（Rio de La Plata）微陆块，在新元古代为冈瓦纳古陆的一部分。在自由空气重力异常（图 2-120）上，该微陆块整体呈现负异常，异常值为 -40~-15 mGal，异常变化平缓。

巴塔哥尼亚（Patagonia）：除西福克兰群岛（马尔维纳斯群岛）以外的南美洲南部地区。北部以加斯特雷（Gastre）断层系统为界，有奥陶纪（475Ma）花岗岩侵入，还有轻微变质的寒武纪和早奥陶世沉积岩，不均匀地覆盖在新元古代基底上。自由空气重力异常场（图 2-120）中，该微陆块整体呈现负异常，但内部有正异常团块，异常值变化不大，为 -15~10mGal。

福克兰微板块（Falkland Plate）：位于福克兰群岛的西部，向西延伸至与巴塔哥尼亚，包括南美洲的最南端。东福

(图2-120)

南大西洋自由空气重力异常图

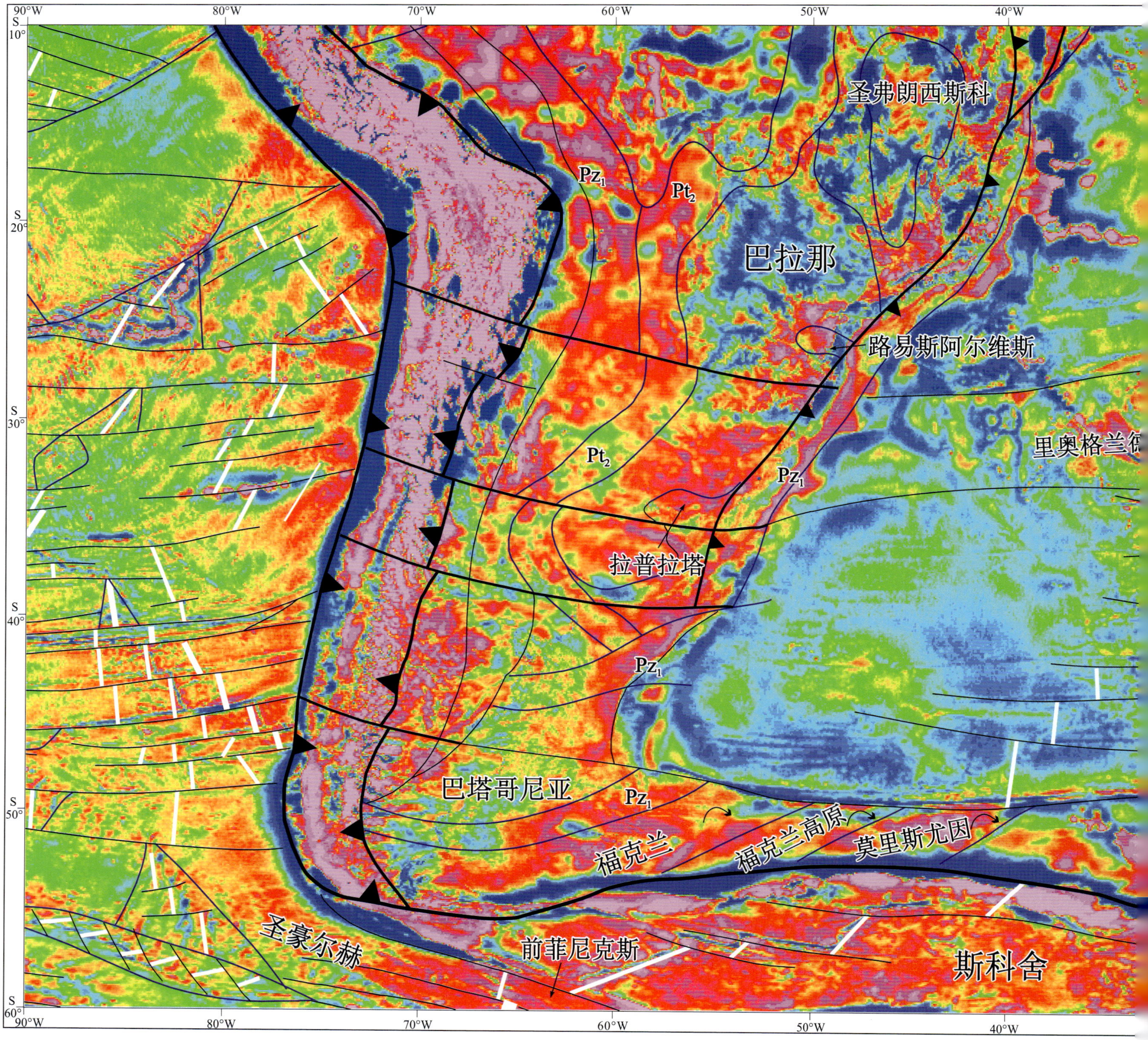

克兰群岛与西福克兰群岛被福克兰湾大断裂分开。福克兰微板块的布格重力异常场（图 2-126）中呈现出正异常，异常值为 200~400mGal。

福克兰群岛高原和莫里斯·尤因浅滩（Falklands Plateau and Maurice Ewing Bank）：为位于福克兰微板块东部的微陆块，自由空气异常场（图 2-120）中呈中高值异常区，异常值为 10~40mGal。

B. 微洋块特征

圣豪尔赫微洋块（San Jorge Plate）：为南美洲西南部的独立微洋块。在自由空气重力异常图（图 2-120）和均衡重力异常图（图 2-121）中均为正异常特征。

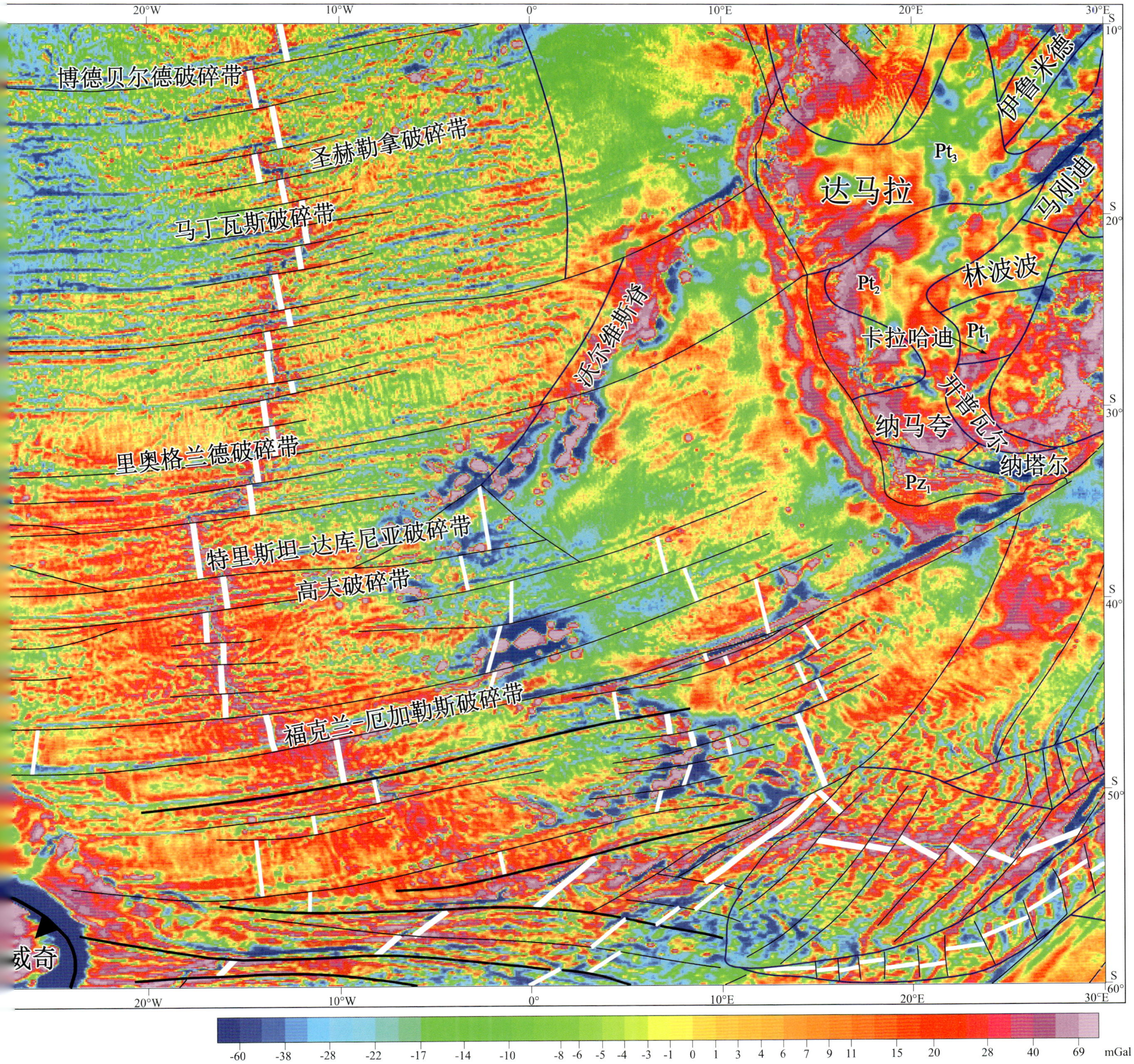

南大西洋均衡重力异常图

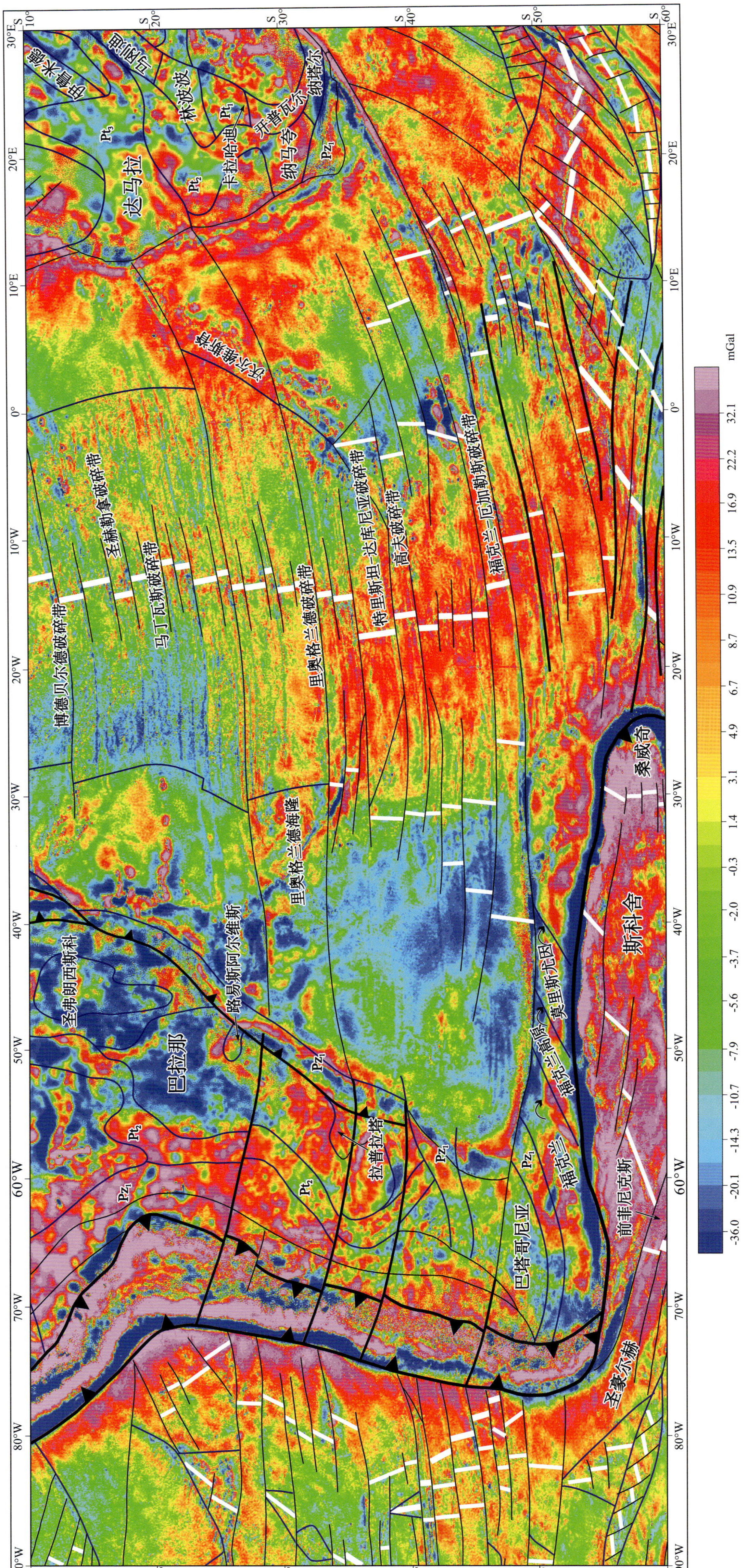

（图2-121）

南大西洋自由空气重力异常 x 方向导数图

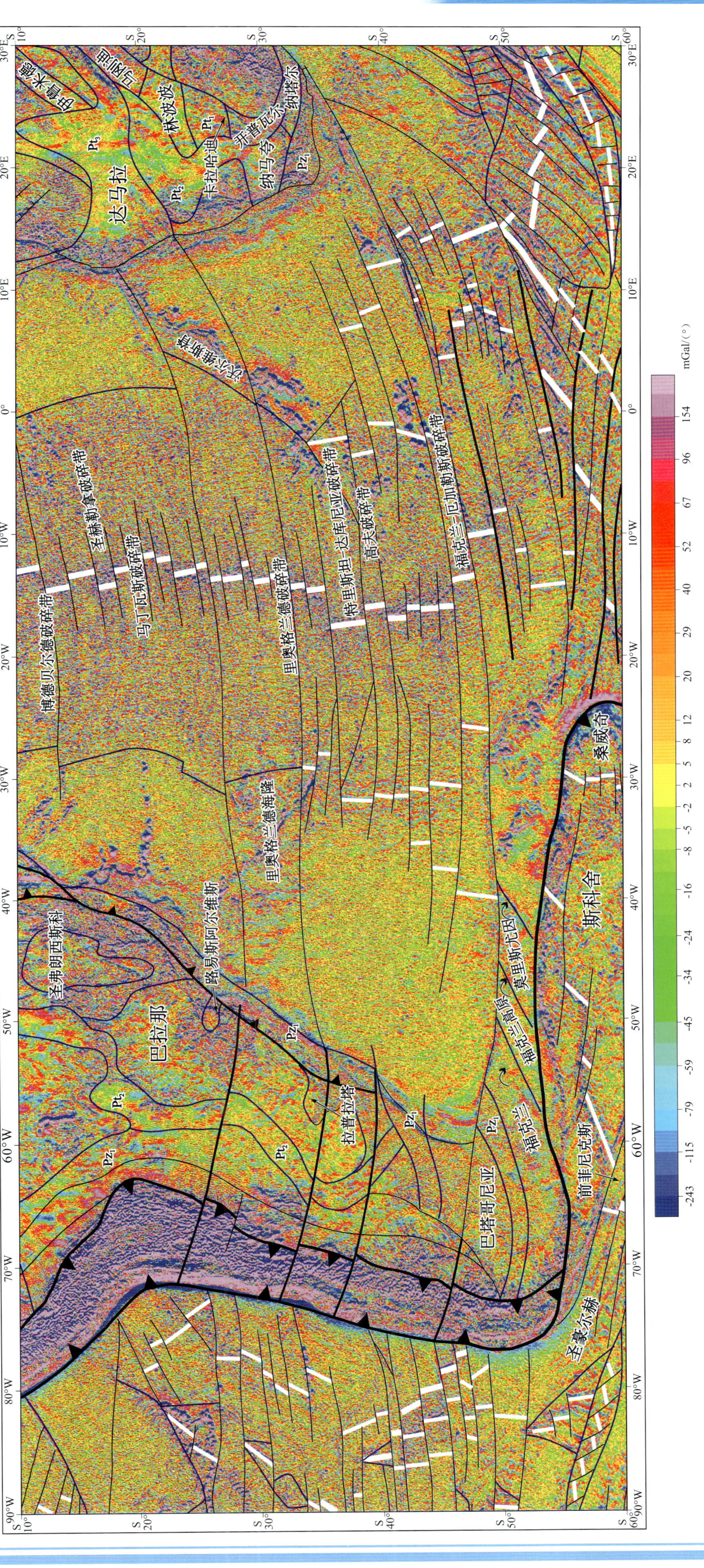

(图2-122)

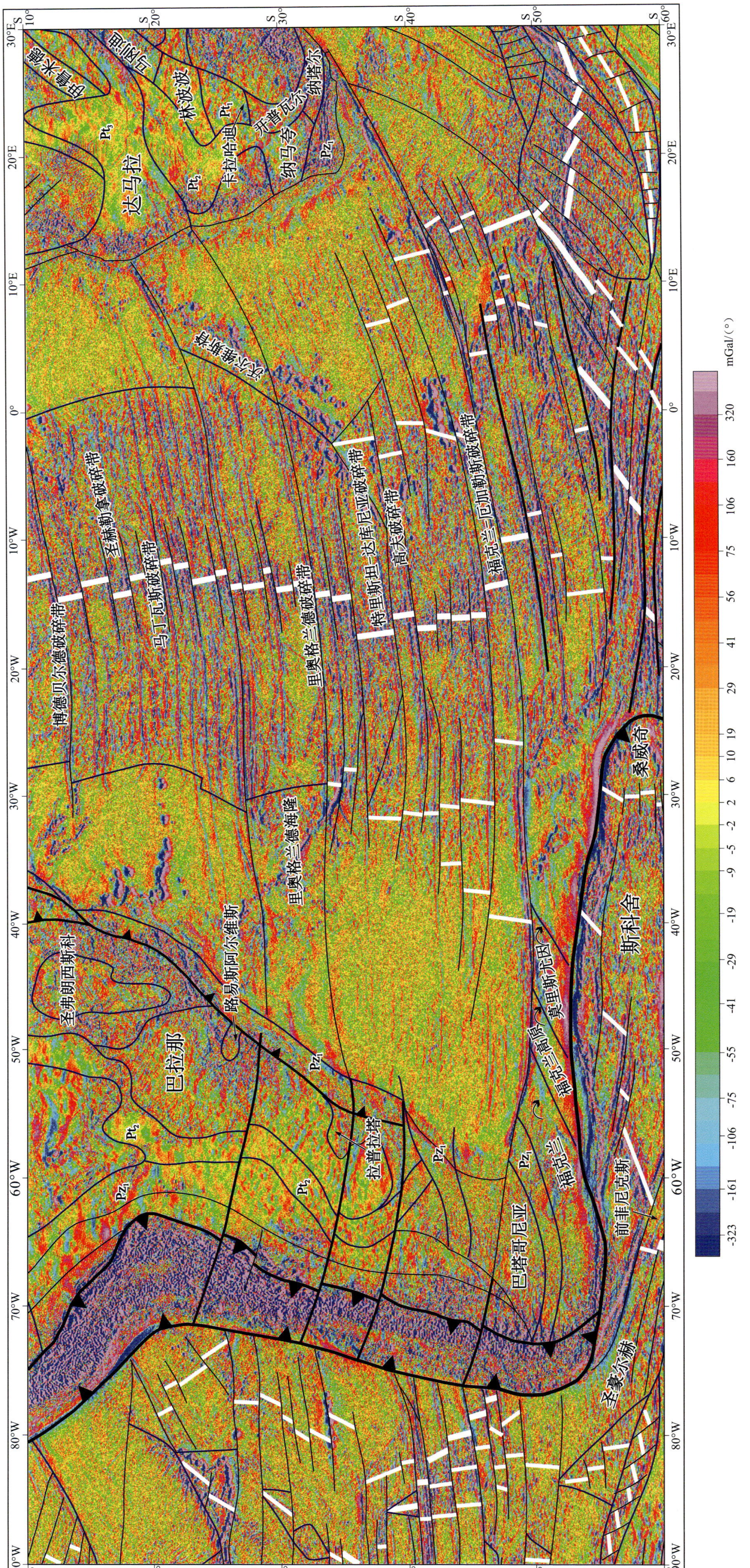

南大西洋自由空气重力异常y方向导数图

（图2-123）

（图2-124）

南大西洋自由空气重力异常z方向导数图

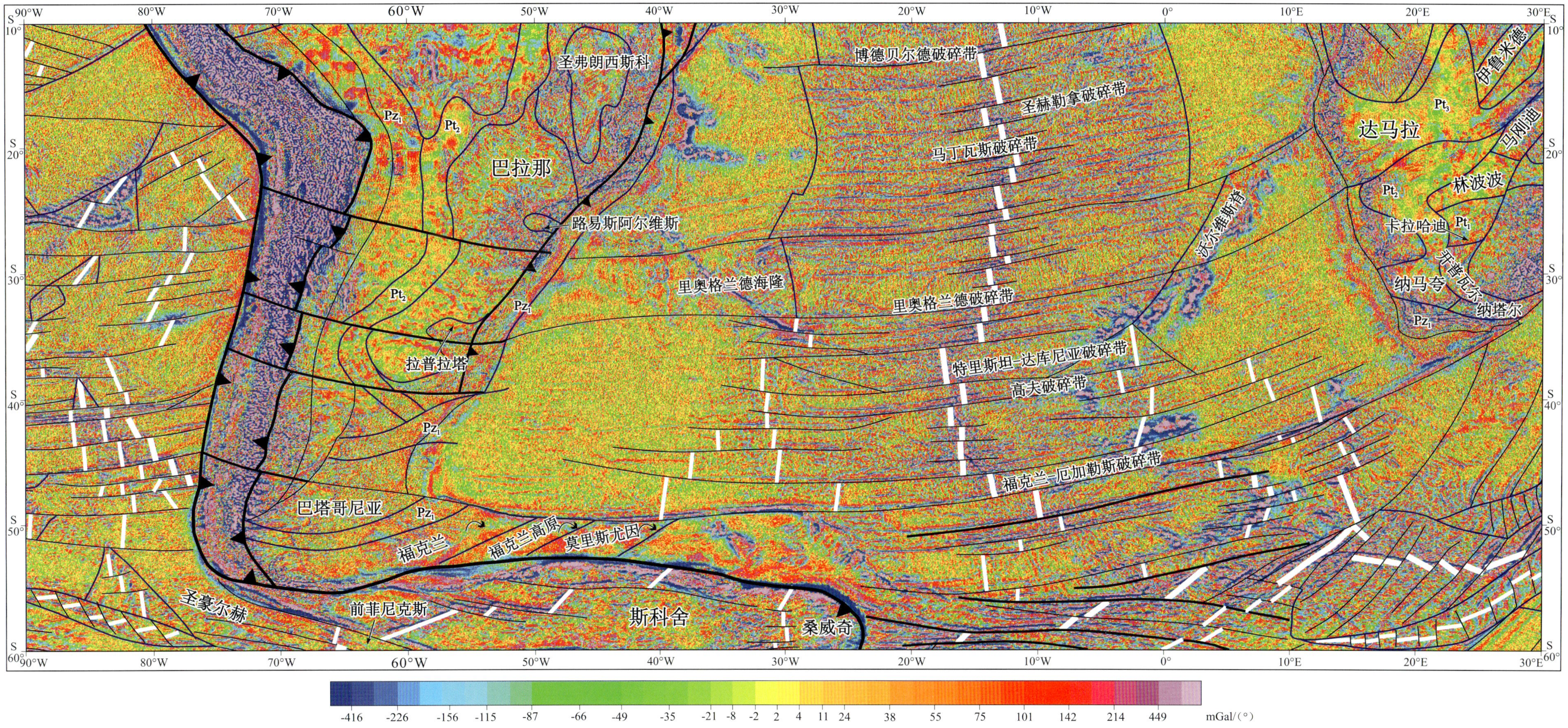

南大西洋垂向重力梯度图(VGG)

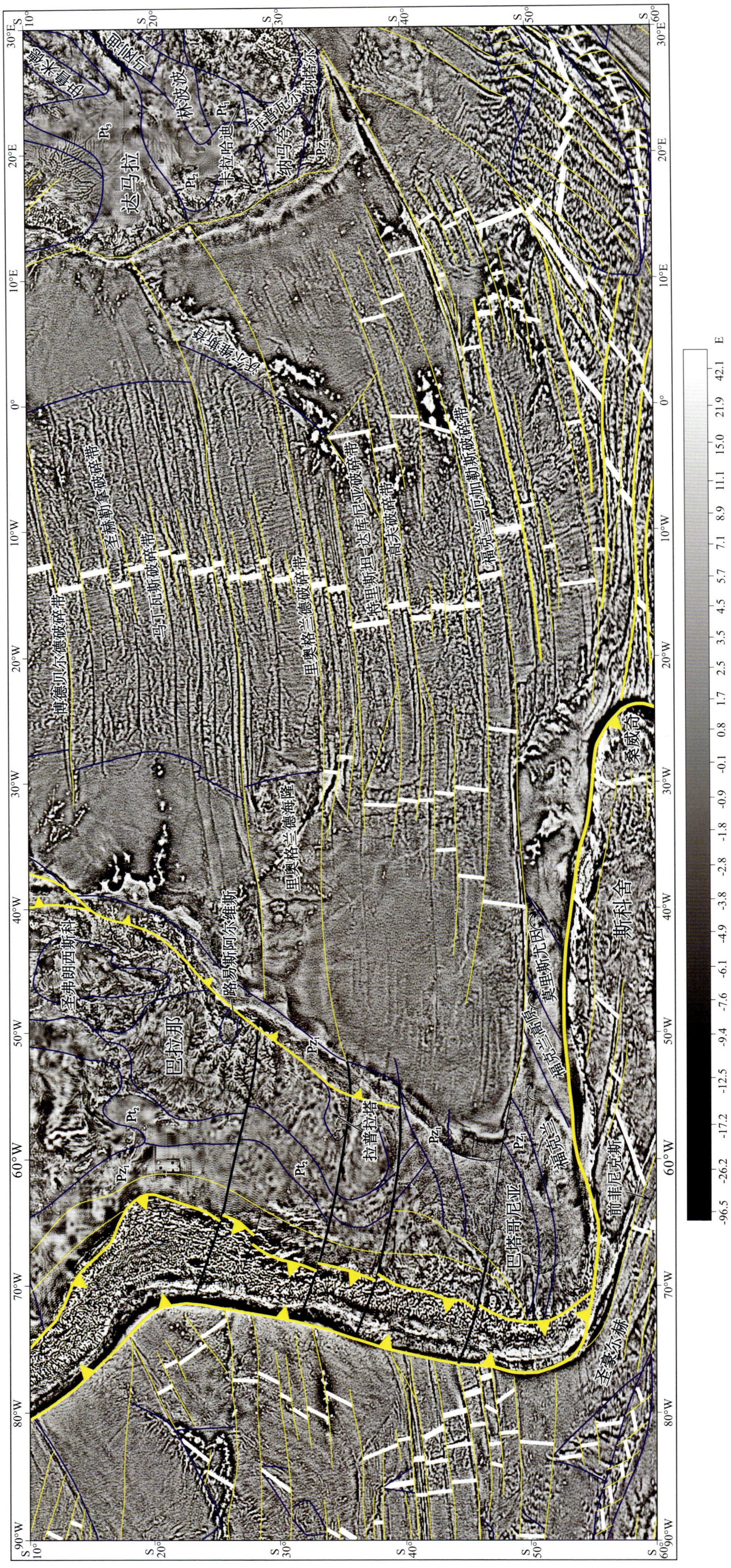

(图2-125)

南大西洋布格重力异常图

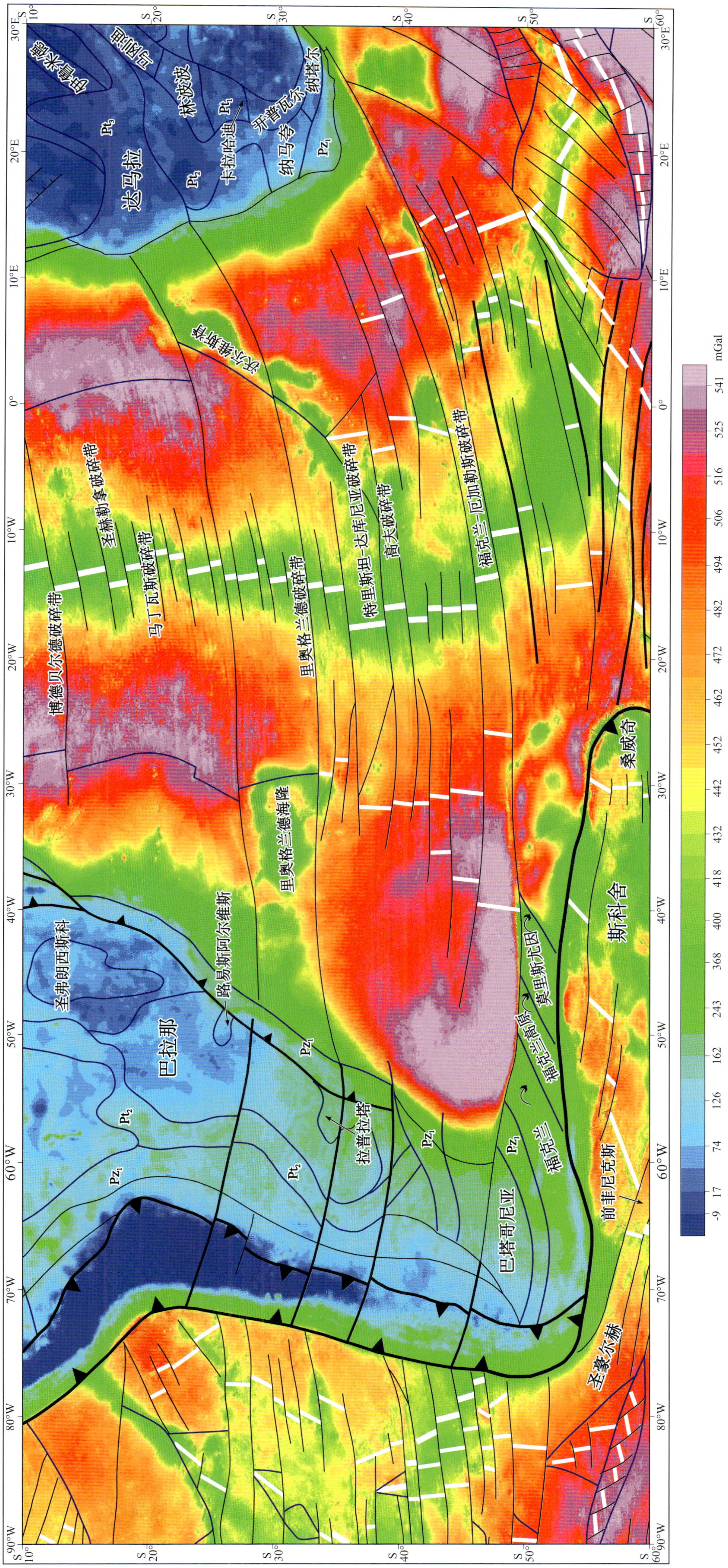

(图2-126)

南大西洋布格重力异常小波分解2阶逼近场图

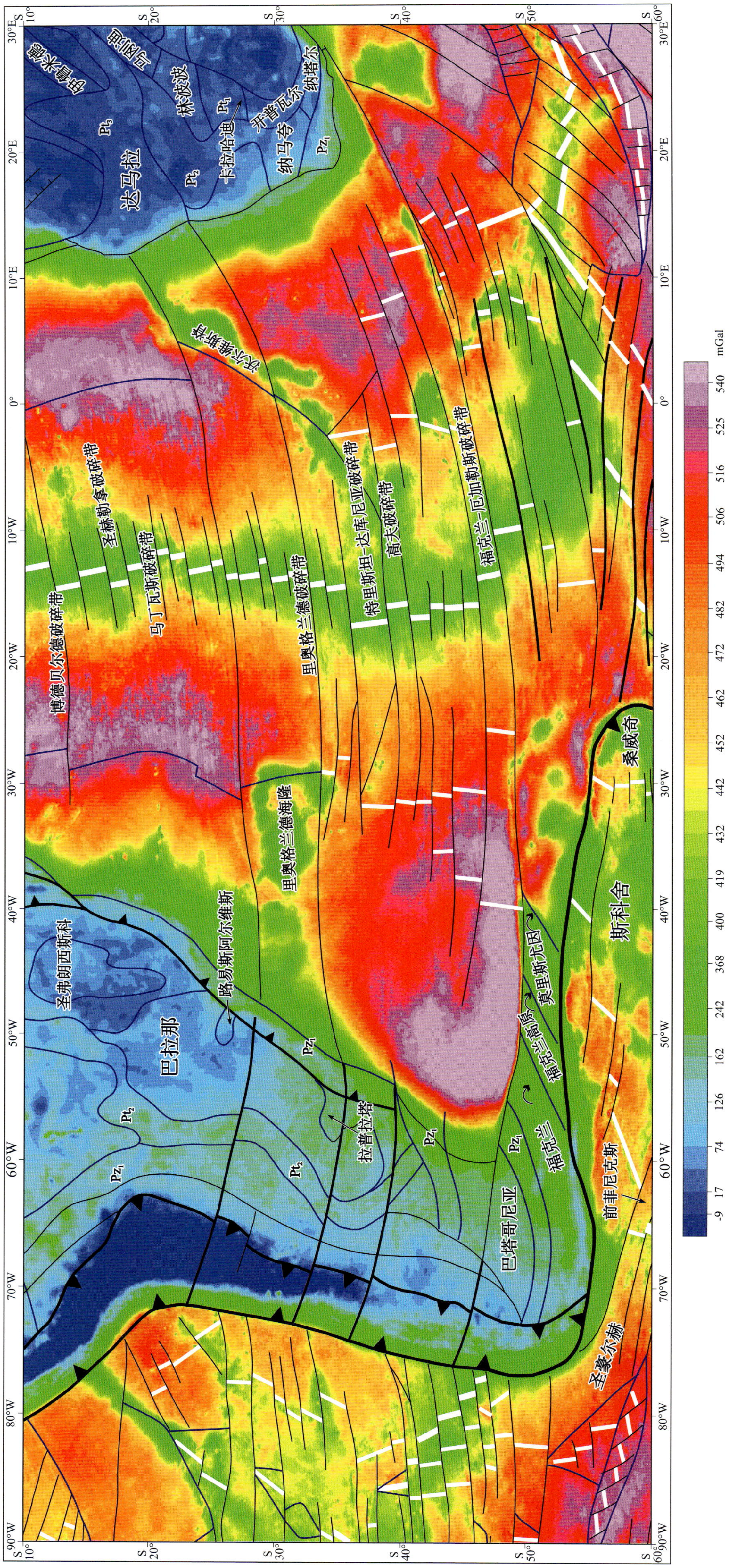

（图2-127）

南大西洋布格重力异常小波分解4阶逼近场图

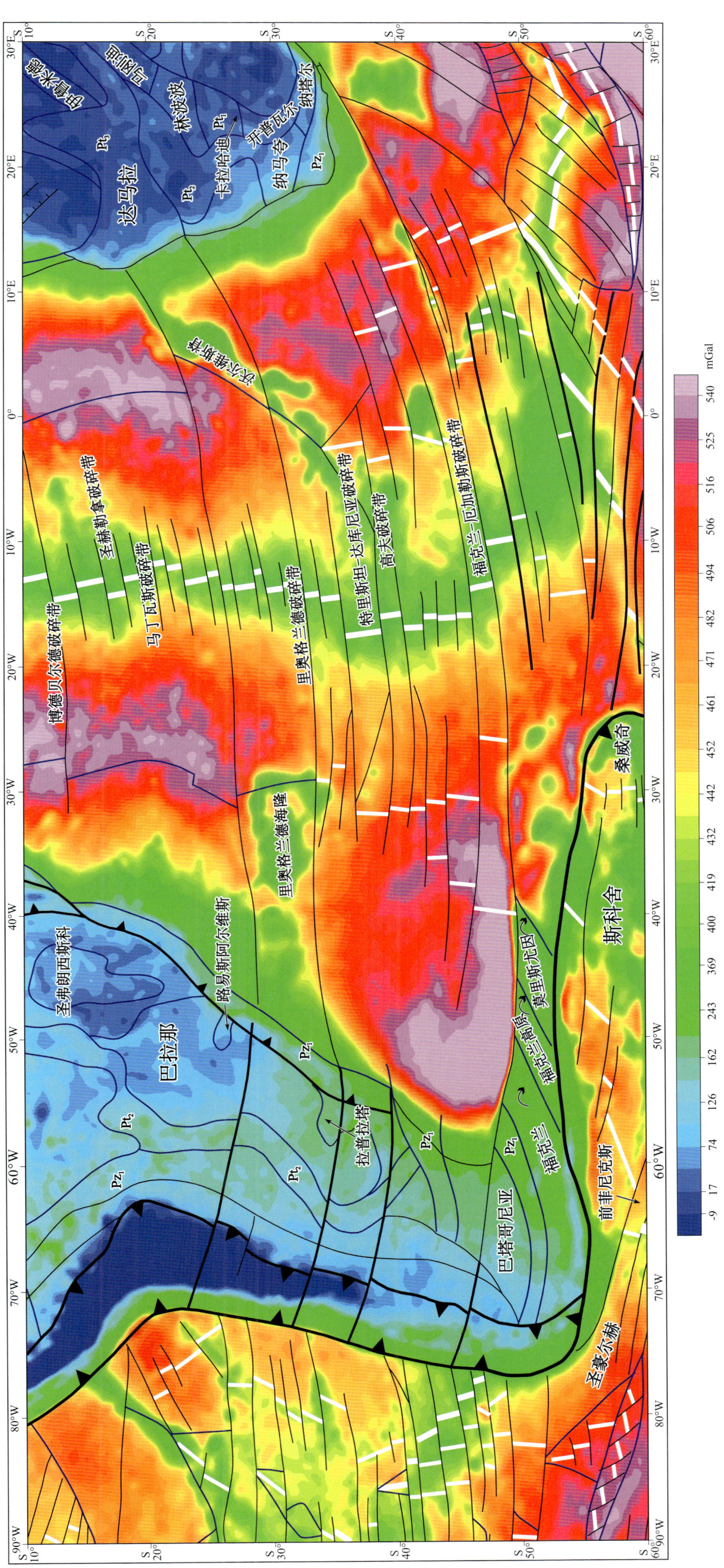

（图2-128）

(图2-129)

南大西洋布格重力异常小波分解6阶逼近场图

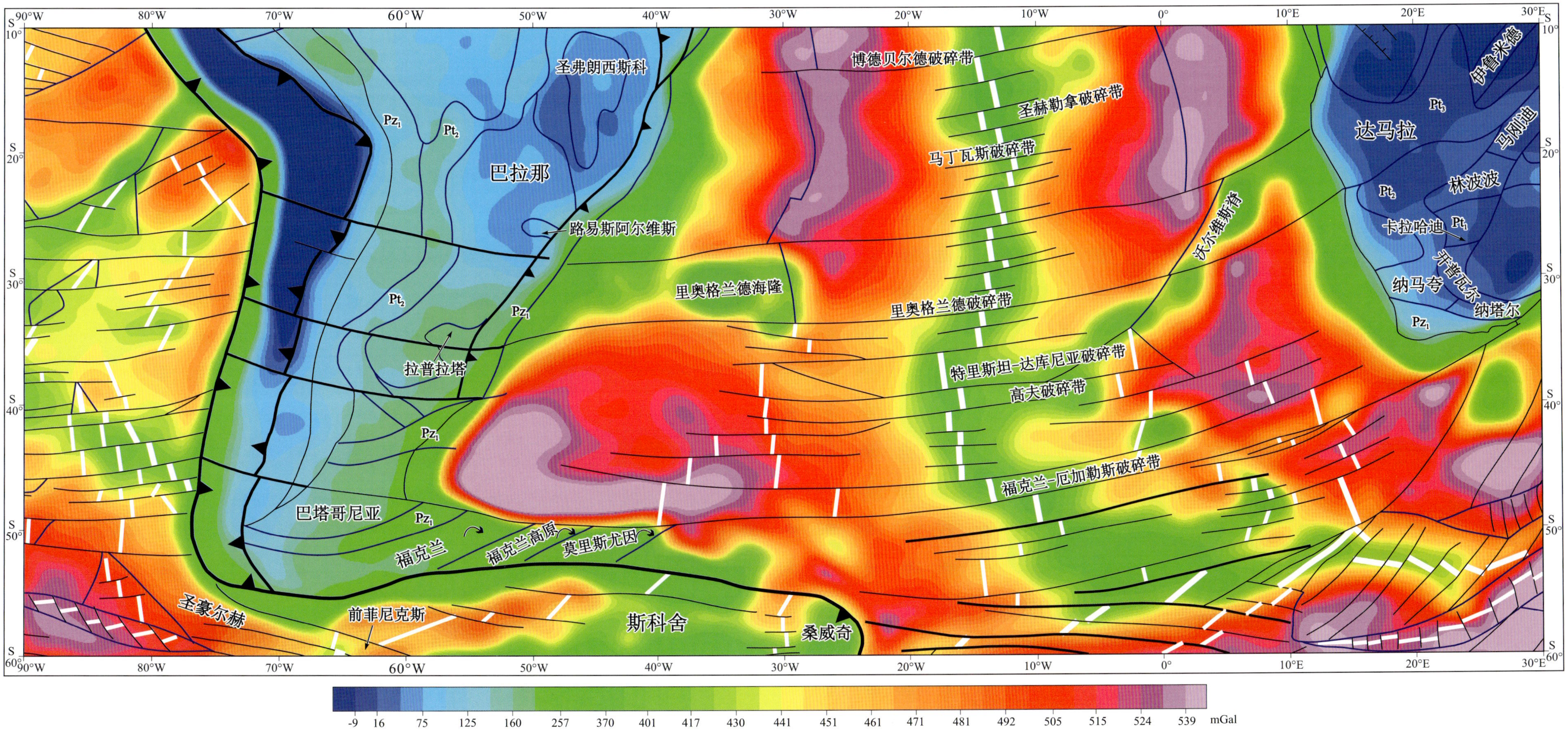

南大西洋布格重力异常小波分解8阶逼近场图

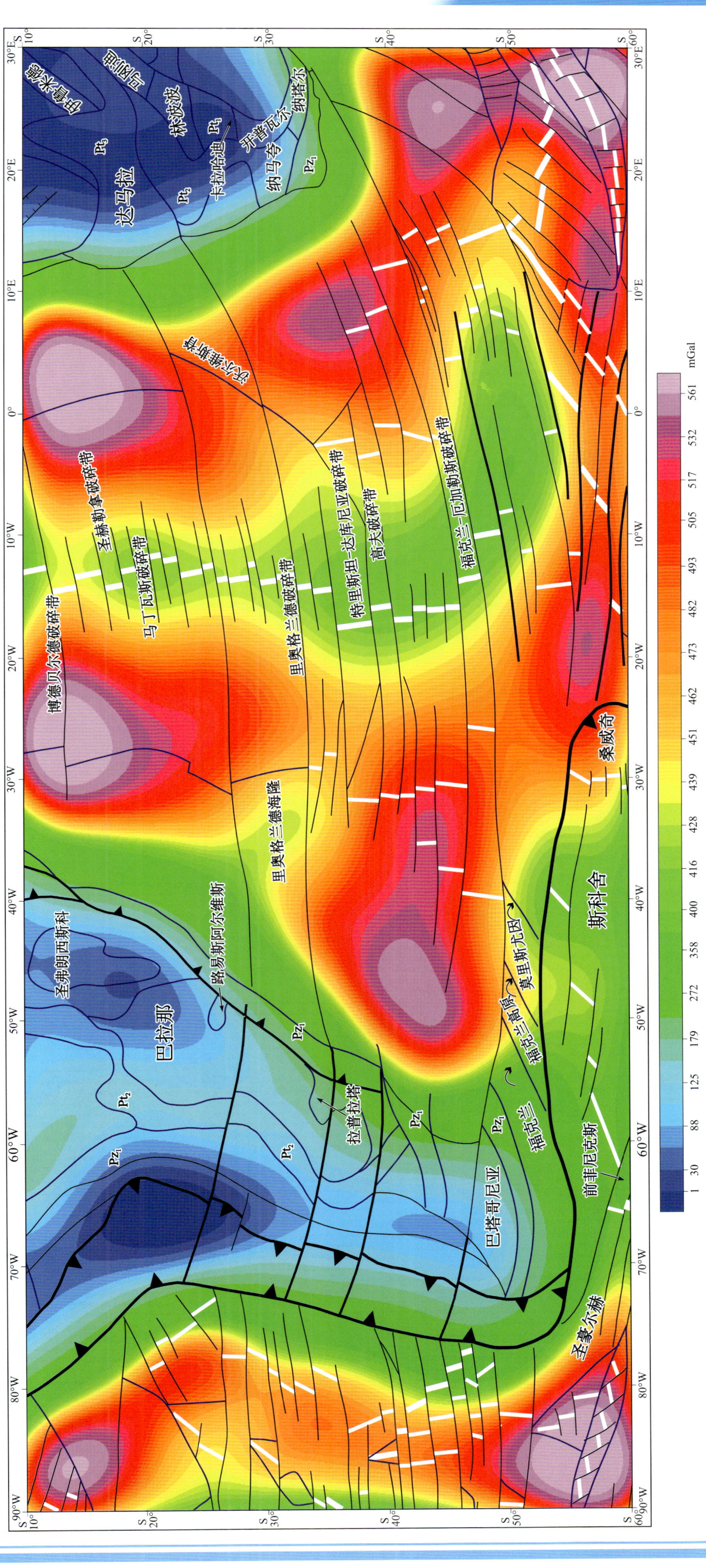

(图2-130)

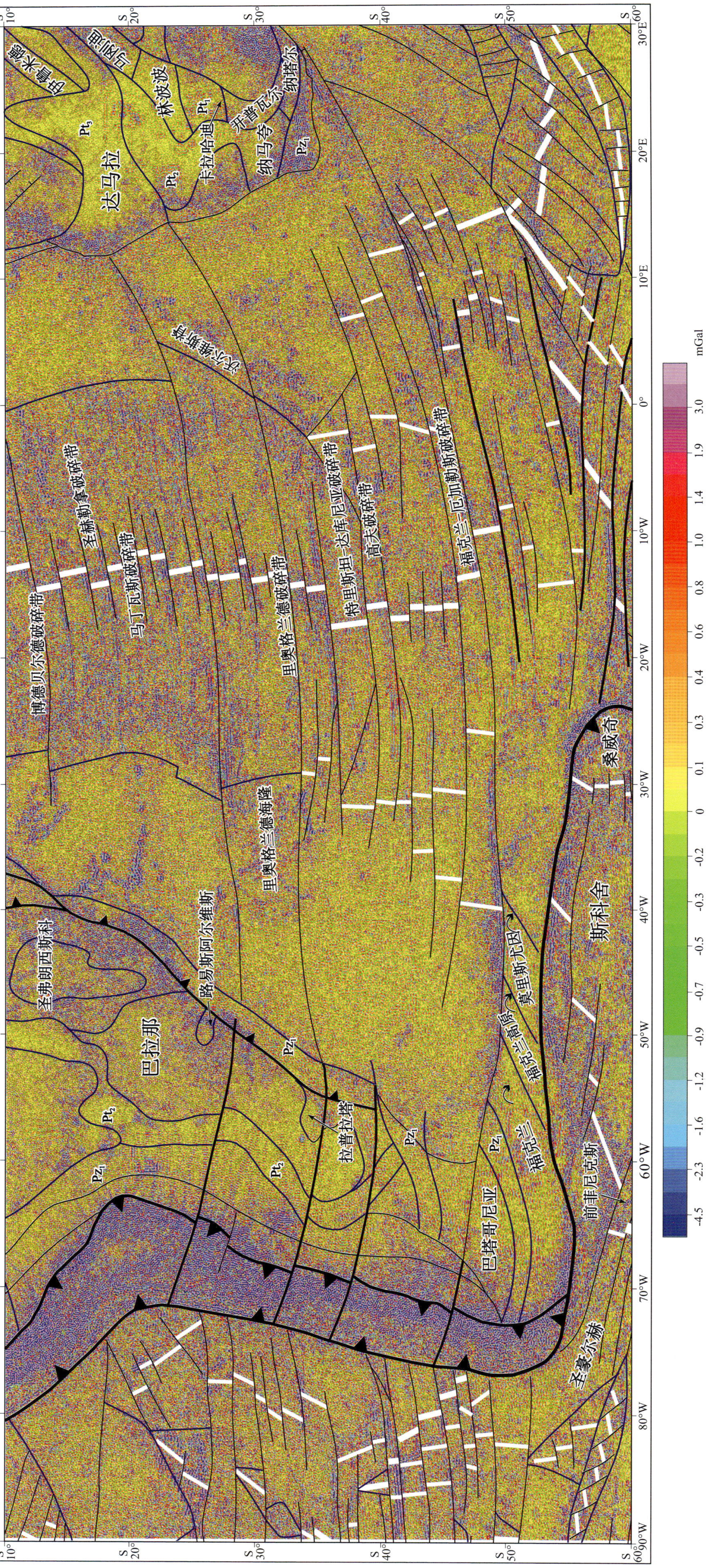

南大西洋布格重力异常小波分解2阶细节场图

(图2-131)

南大西洋布格重力异常小波分解4阶细节场图

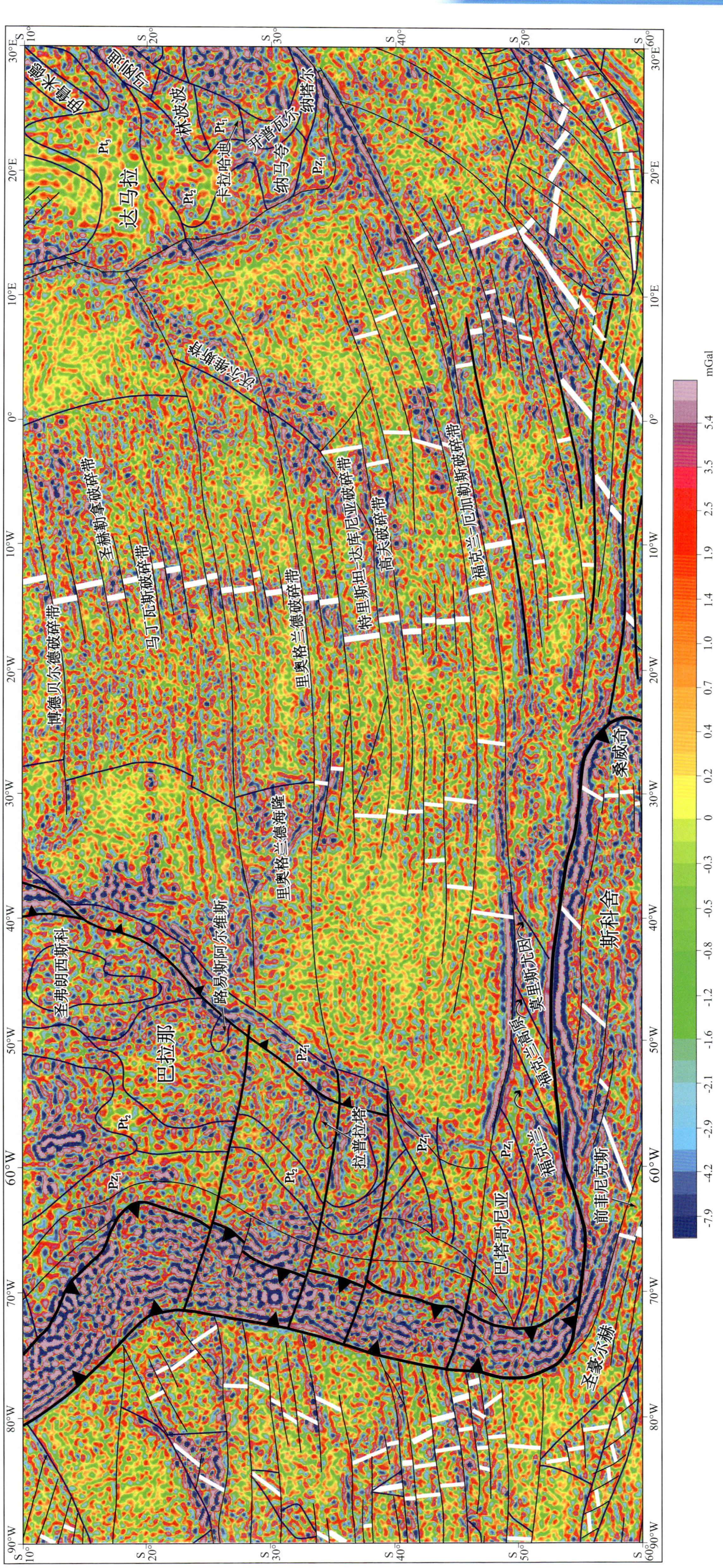

(图2-132)

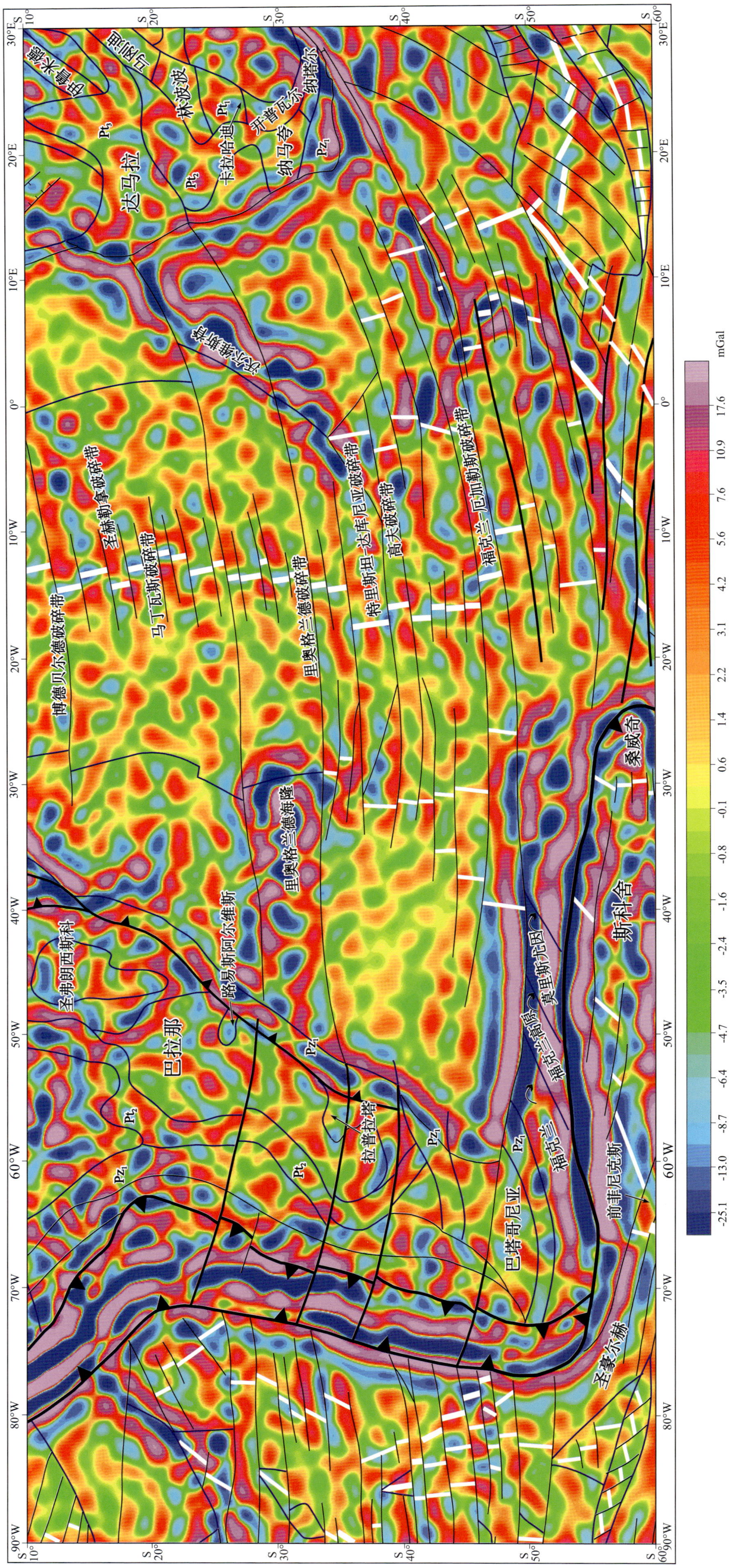

南大西洋布格重力异常小波分解6阶细节场图

（图2-133）

（图2-134）

南大西洋布格重力异常小波分解8阶细节场图

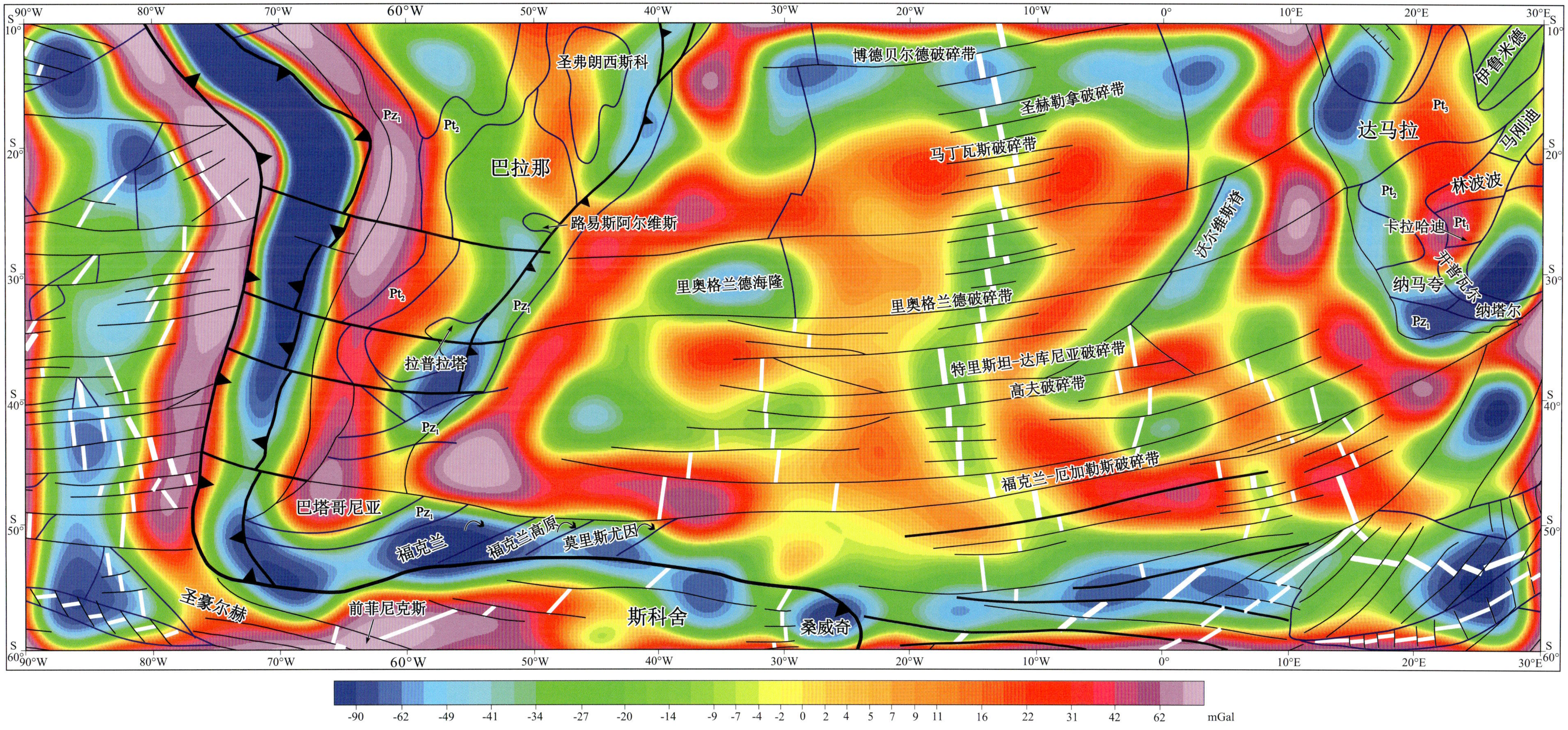

（1）整体特征

在自由空气重力异常场（图 2-135）中，坎贝尔高原（Campbell Plateau）微陆块内部呈现正异常值，转换断层附近呈现正负异常交替现象，洋中脊主要为正异常。东澳大利亚、塔斯马尼亚、南新西兰及坎贝尔高原内部主要为正异常。

与自由空气重力异常相比，坎贝尔高原和塔斯马尼亚微陆块（图 2-136）的均衡重力异常有明显差别，坎贝尔高原及塔斯马尼亚整体呈现负异常，但板块内部有正异常团块。

在自由空气重力异常 x 方向导数（图 2-137）中，转换断层呈正负异常间隔。此外，塔斯马尼亚岛和新西兰岛边界异常特征更加明显。

（2）微陆块特征

新西兰南部（S. New Zealand）：位于新西兰南岛的弧形走滑断层阿尔派恩断层（Alpine Fault）将其与新西兰北部隔开。在侏罗纪至晚白垩世时期，该断层以东至少发育了 7 个独立的火山岛。新西兰南部随后从晚白垩世到古新世成为被动陆缘，南面为坎贝尔高原。微陆块内部自由空气重力异常较高（图 2-135），

（图2-135） 新西兰自由空气重力异常图

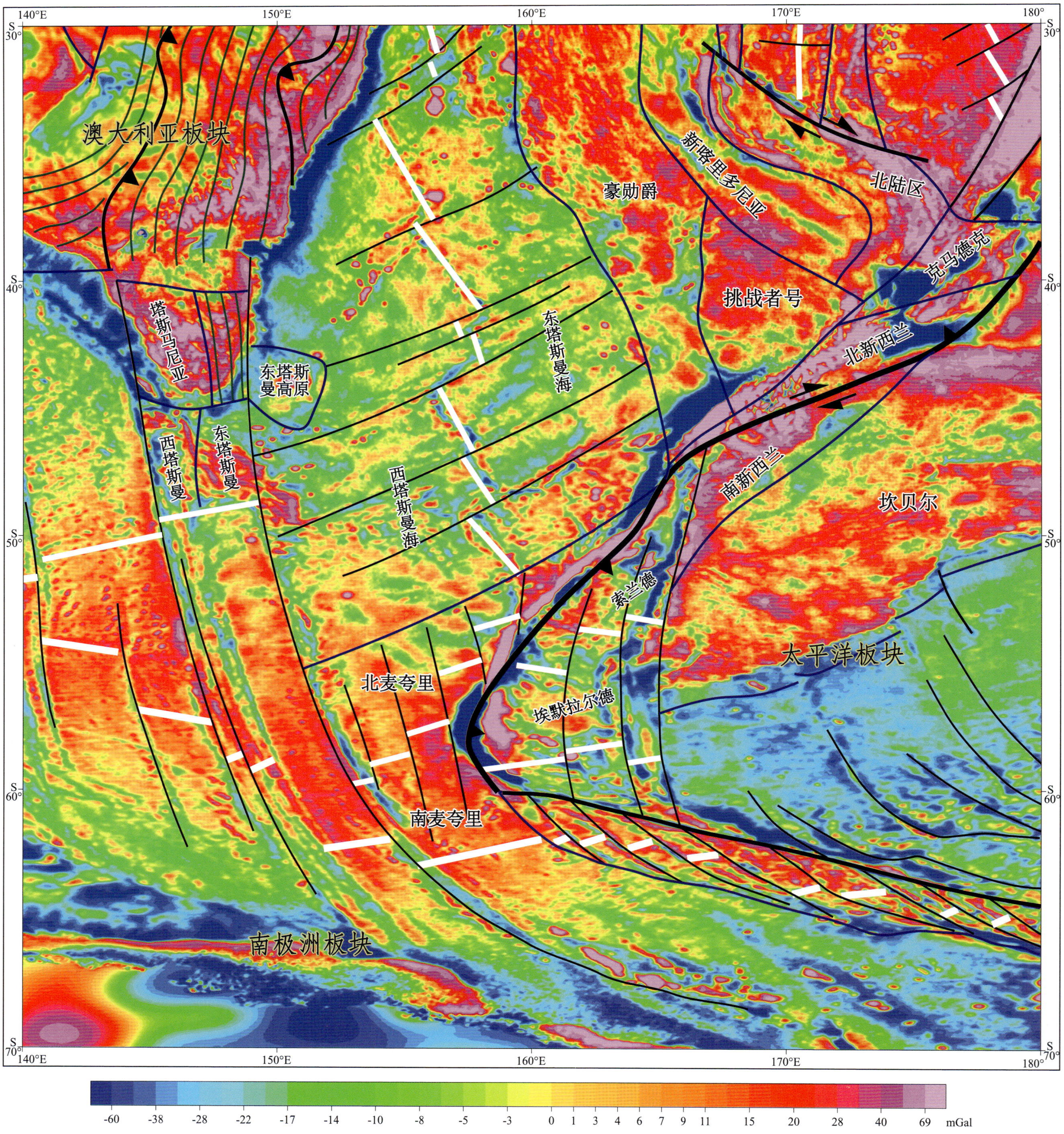

边缘有小范围负异常分布。

新西兰北部（N. New Zealand）：新西兰北岛以及南岛西北部微陆块（主要位于阿尔派恩走滑断层以西），是一个复合的微陆块，由几个中生代至现代火山岛组成。微陆块内部自由空气重力异常整体偏高（图 2-135），东北部有负异常分布。

塔斯马尼亚（Tasmania）：塔斯马尼亚岛的西部有变质的新元古代基底，不整合地覆盖着下古生界岩石，包括浅海和陆相沉积。东部有下古生界复理石和较浅的海相沉积，这两部分在早泥盆世至中泥盆世的塔伯拉伯（Tabberabberan）造山运动中是连在一体的。晚泥盆世花岗岩在 380~360Ma 侵入，二叠纪和中生代被广泛的侏罗纪辉绿岩侵入。板块内部自由空气重力异常值较高（图 2-135），自由空气重力异常上板块西南部呈负异常。

挑战者号高原（Challenger Plateau）：属于新西兰西北部，有片岩、花岗质岩石和杂砂岩出露，表明其具有陆壳特征。微板块内重力异常整体较高，自由空气重力异常范围在 -15~70mGal（图 2-135）。

（图2-136）

新西兰均衡重力异常图

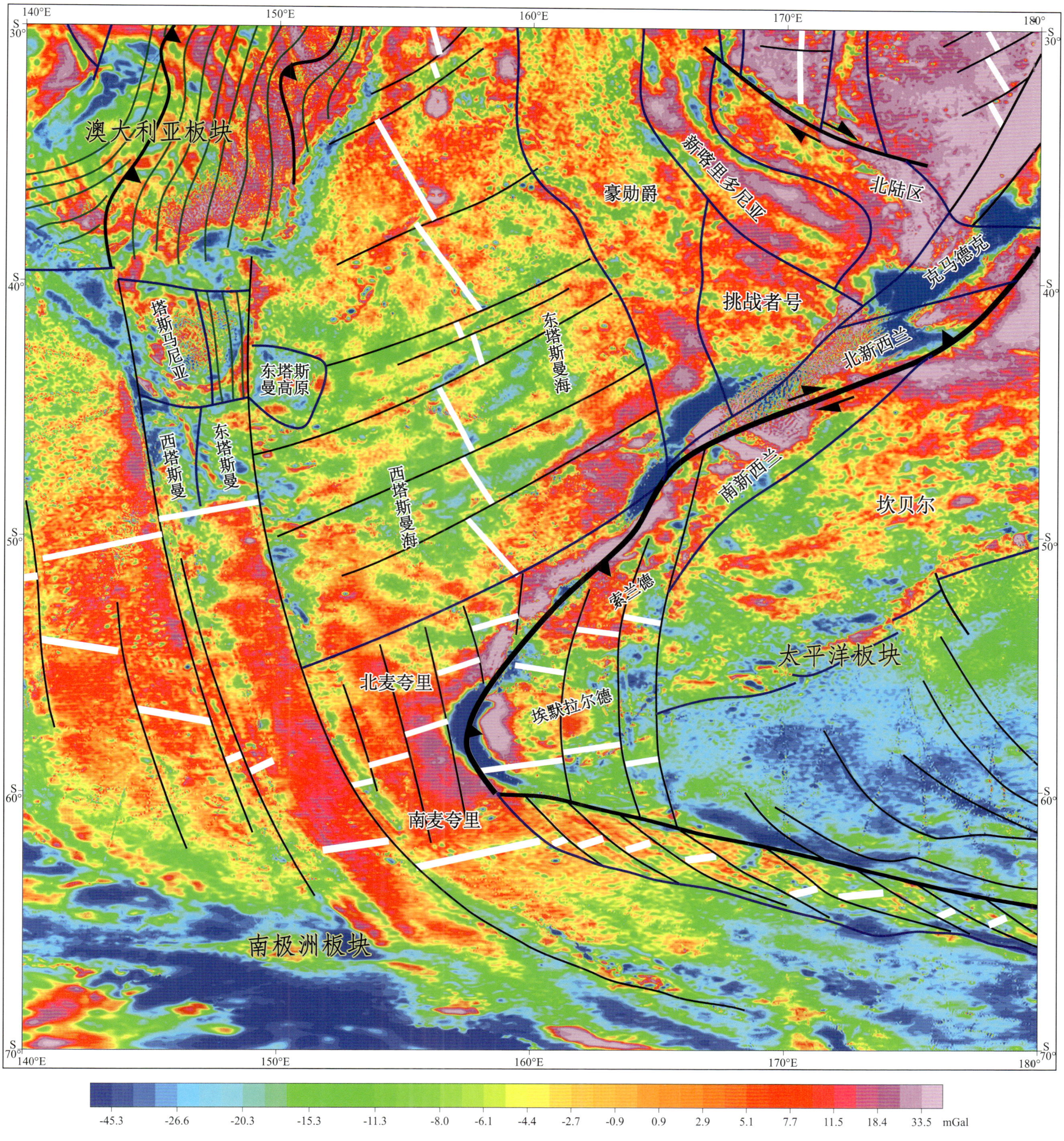

豪勋爵中央海隆（Central Lord Howe Rise）：包括新喀里多尼亚盆地（New Caledonia Basin）南部，是白垩纪期间（90~64Ma），从澳大利亚板块东部裂解成的独立微陆块。豪勋爵海隆可能代表澳大利亚东部古生代—中生代造山带和盆地的近海延伸（Gaina et al.，1998）。微板块内重力异常整体较高，自由空气重力异常图上有部分负异常低值分布（图 2-135）。

东塔斯曼和西塔斯曼（East and West Tasman Rise）：西塔斯曼海隆板块内部整体自由空气重力异常较低，北部有部分异常高值分布；东南塔斯曼海隆北部自由空气重力异常值较低，南部有较高的自由空气重力异常（图 2-135）。

（图2-137）

新西兰自由空气重力异常*x*方向导数图

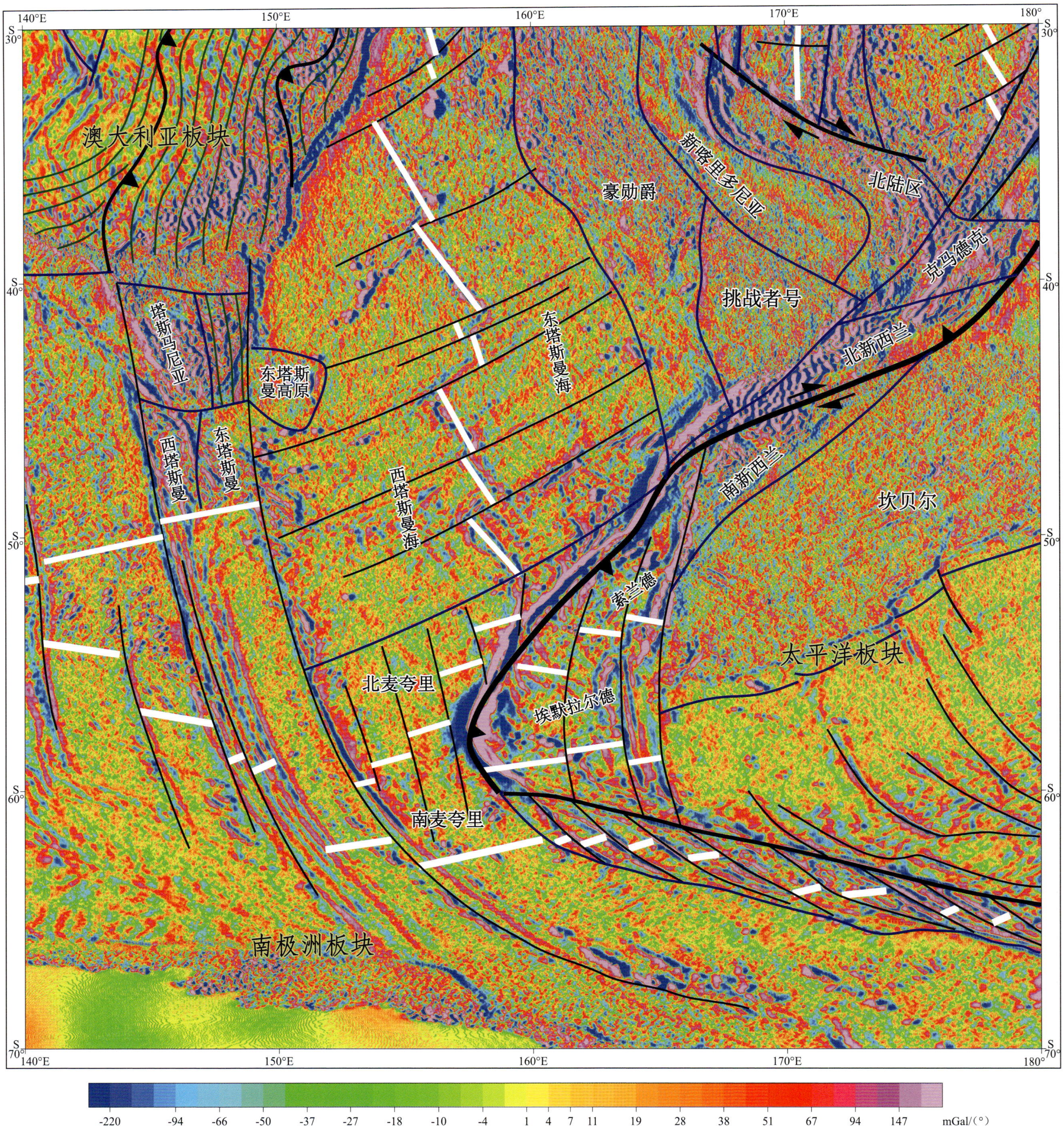

（图2-138）

新西兰自由空气重力异常y方向导数图

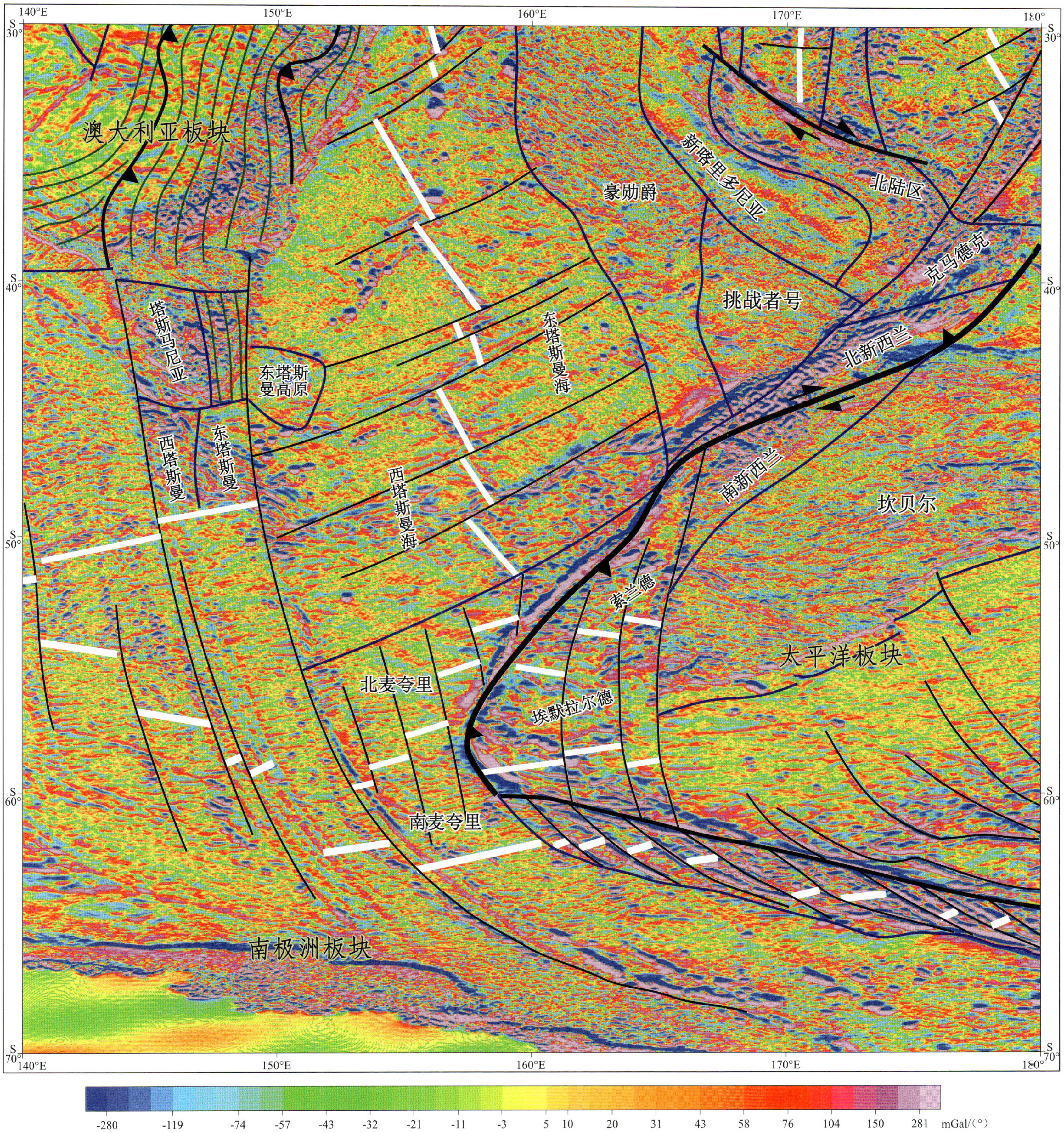

新西兰垂向重力梯度图（VGG）

（图2-139）

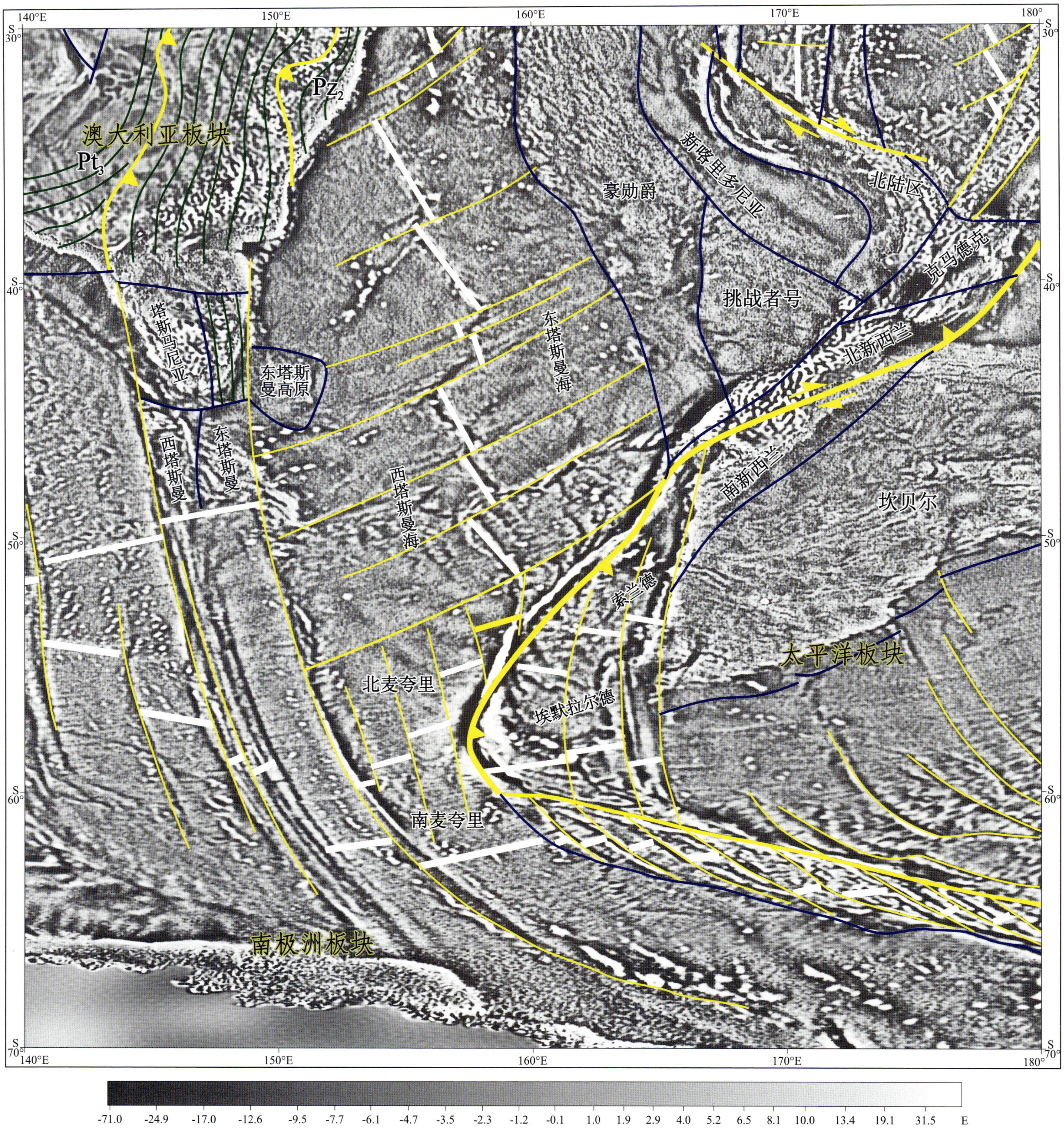

（图2-140）

新西兰布格重力异常图

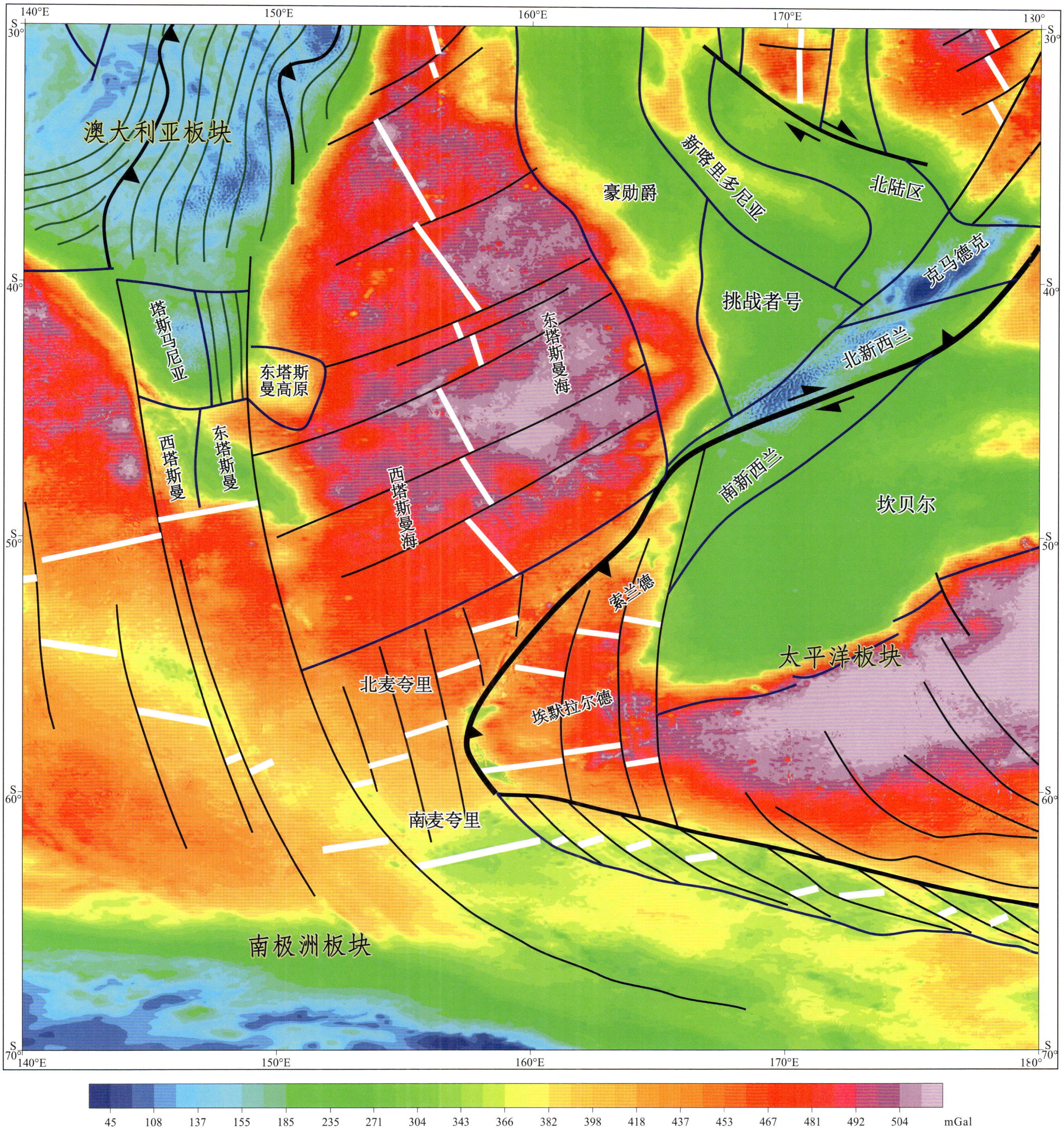

（图2-141）

新西兰布格重力异常小波分解2阶逼近场图

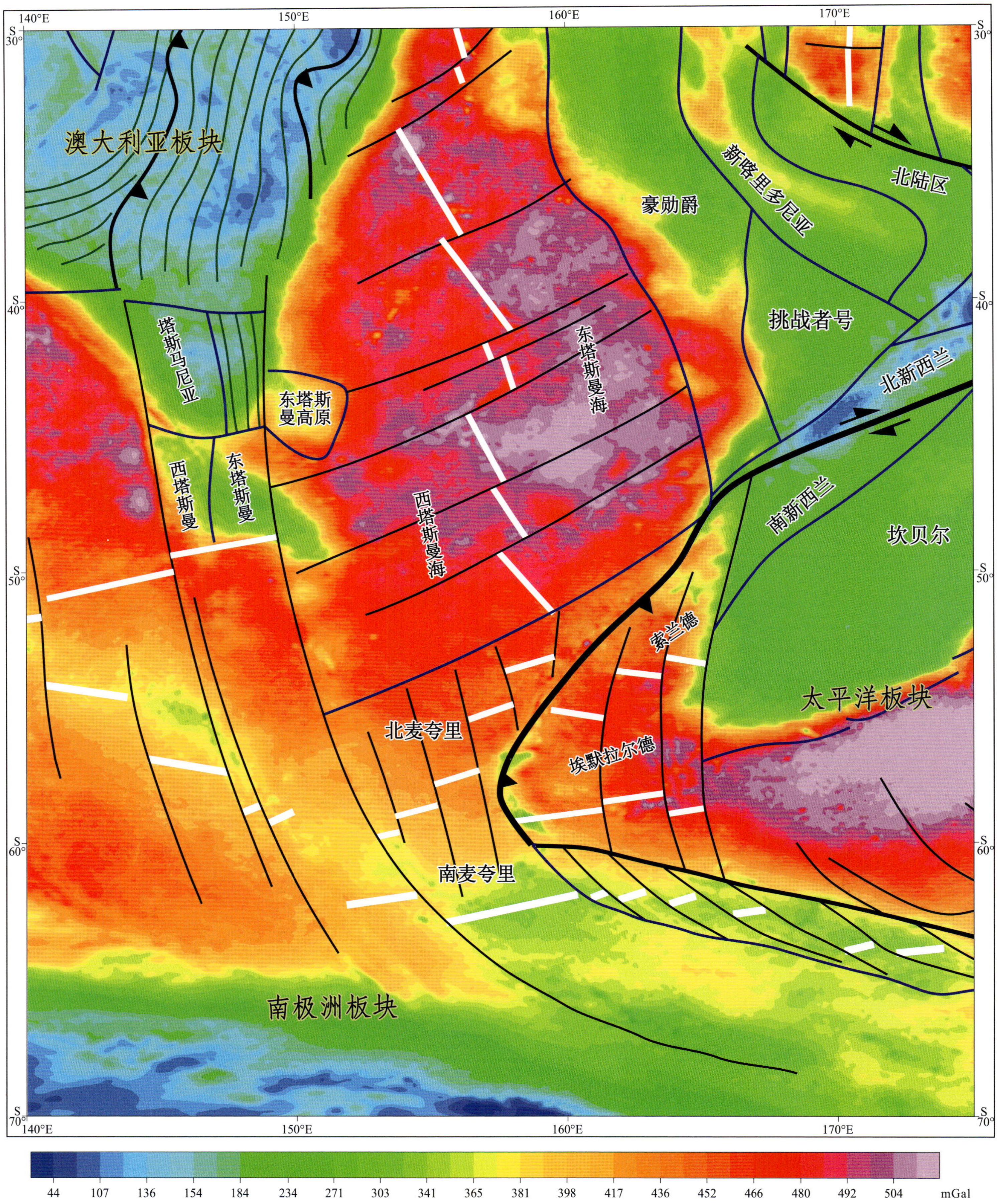

（图2-142）　新西兰布格重力异常小波分解4阶逼近场图

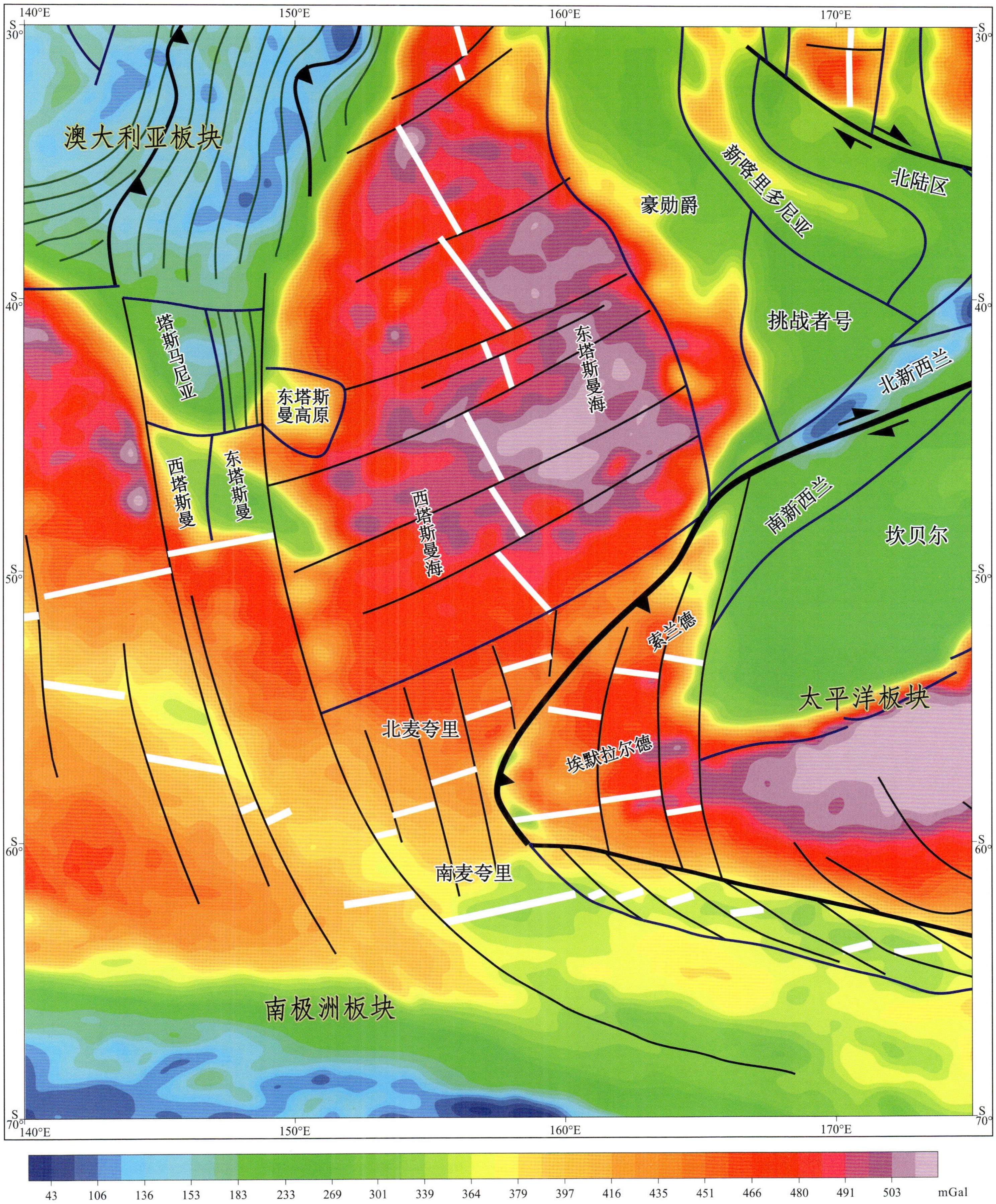

（图2-143）

新西兰布格重力异常小波分解6阶逼近场图

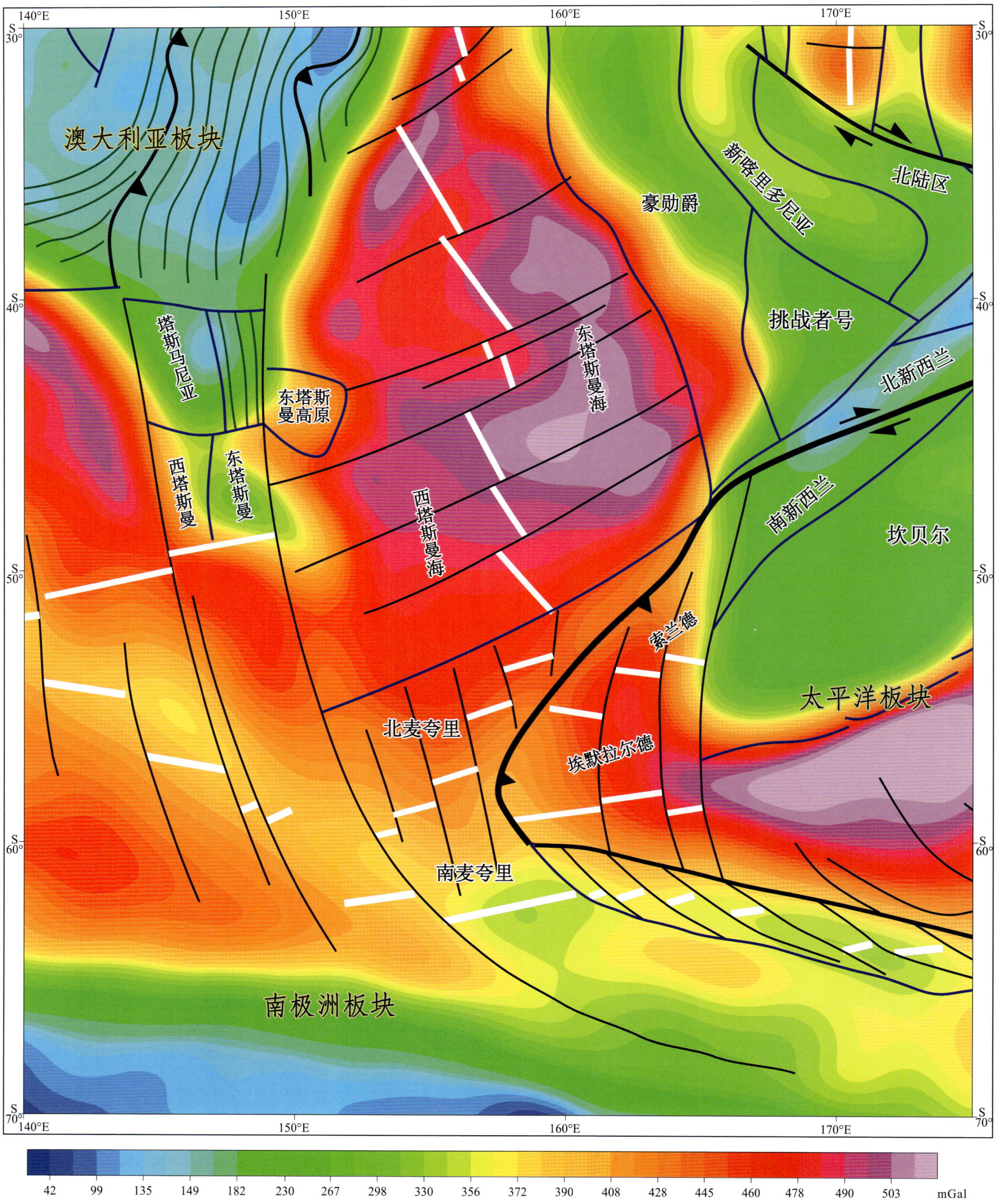

（图2-144） 新西兰布格重力异常小波分解2阶细节场图

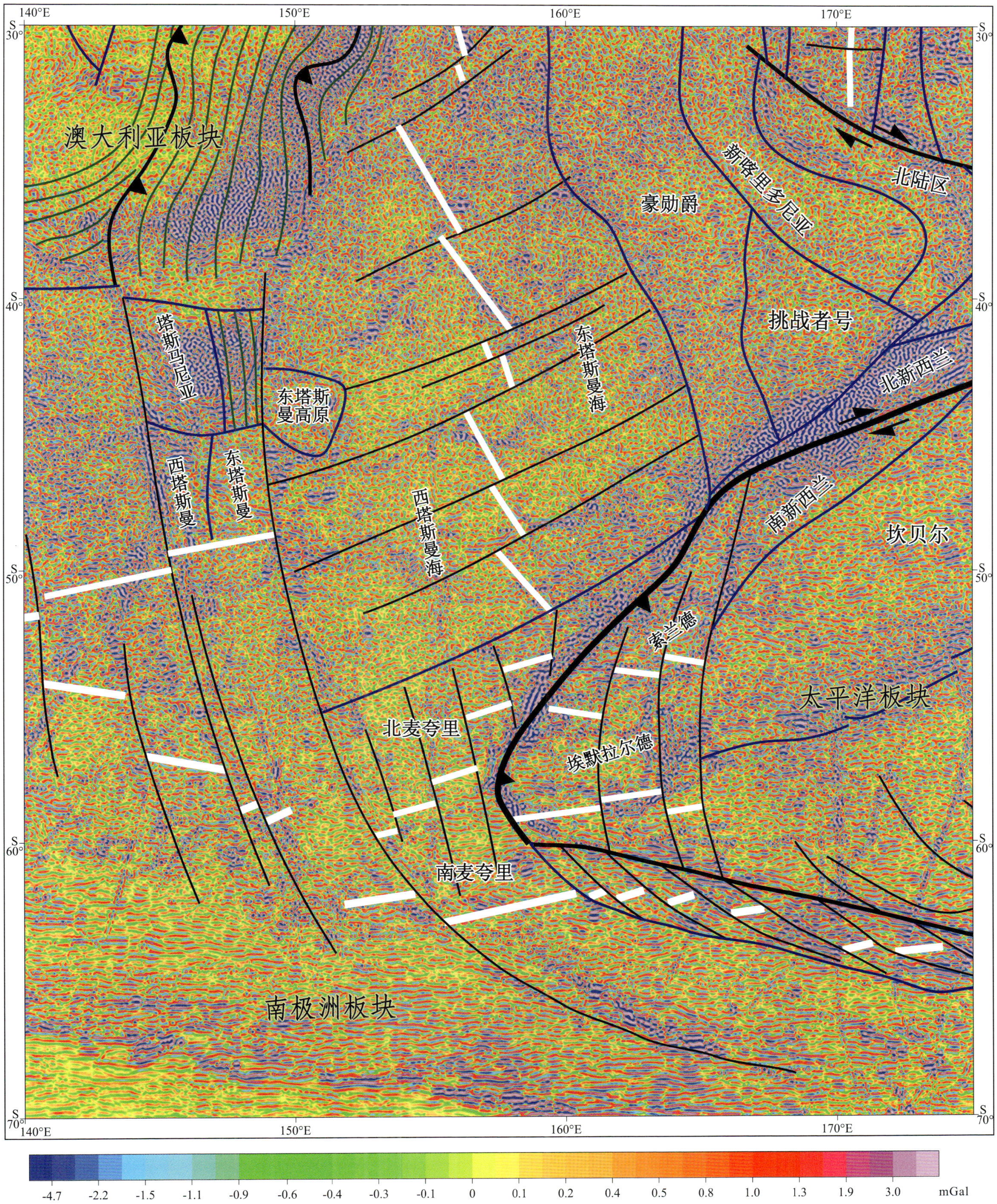

（图2-145）

新西兰布格重力异常小波分解4阶细节场图

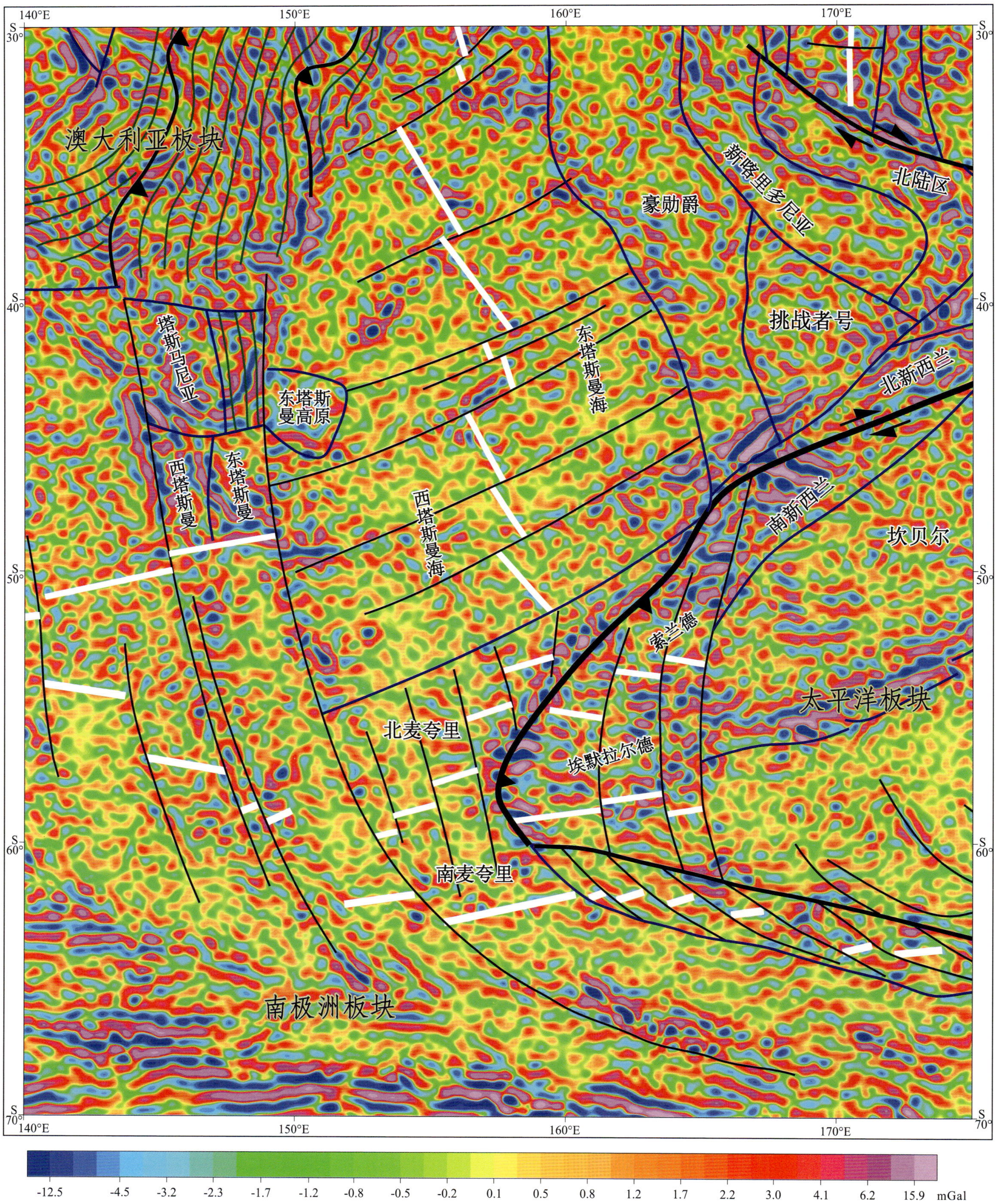

（图2-146） 新西兰布格重力异常小波分解6阶细节场图

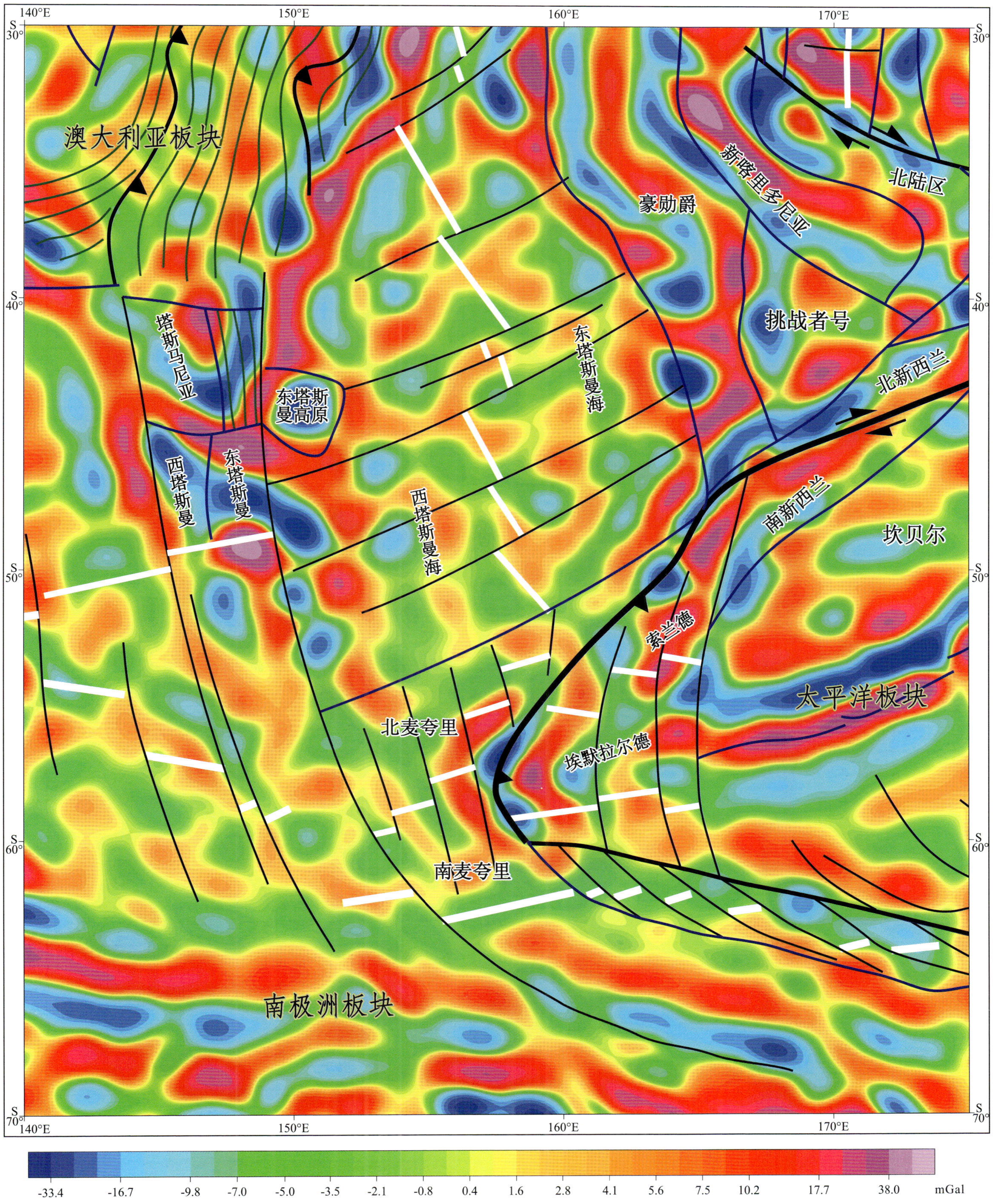

位于墨西哥湾东南部的加勒比海及其周缘地区，西邻太平洋的科科斯小板块和巴拿马微板块，东邻大西洋，北部和南部分别与北美板块和南美板块接壤。研究区域内多为岛弧和微洋块，西南和东南部为造山带。俯冲带的自由空气重力异常（图 2-147）和均衡重力异常（图 2-148）均为负值，岛弧的为高异常值；在布格重力异常图（图 2-153）上，造山带的异常值较低。

（1）造山带内的微陆块特征

尤卡坦半岛 (Yucatán)：墨西哥南部的尤卡坦半岛基底为早古生代火山岩和花岗岩类，它们可能为冈瓦纳古陆边缘地段或微板块。尤卡坦半岛上有新元古代变质岩，上覆晚石炭世至中二叠世碎屑岩、碳酸盐岩和火山岩、变质岩（Dickinson and Lawton, 2001）。在自由空气重力异常图上，微板块整体呈现正异常，异常值为 10~40mGal，微板块边缘呈负异常，重力异常值在 -20mGal 以下。

乔蒂斯（Chortis）：乔蒂斯微陆块位于墨西哥南部，在伯利兹、洪都拉斯和危地马拉出露零星的古生代露头，且大部分被中生代和新生代岩石覆盖，也可能为几个原本独立的地体，包括一些玛雅微板块，但在这里都被复合为乔蒂斯微陆块。伯利兹微板块含有元古代基底碎

(图2-147)

加勒比海自由空气重力异常图

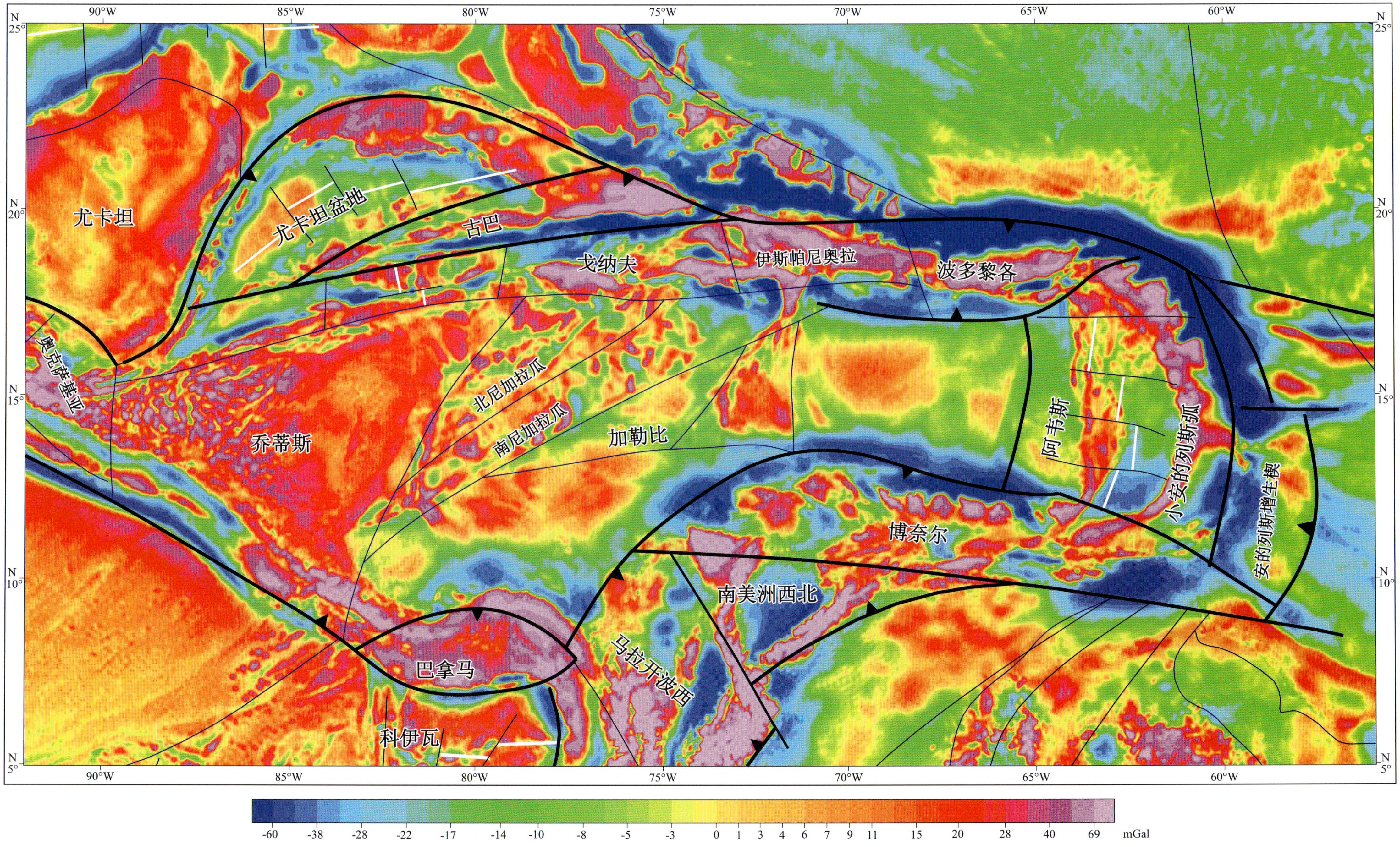

片、晚志留世（418Ma）花岗岩、晚石炭世和二叠纪碎屑岩，且不整合地覆盖着侏罗纪岩石（Dickinson and Lawton, 2001）。墨西哥北部的塔拉乌马拉（Tarahumara）微板块在石炭纪和二叠纪位于沃希托（Ouachita）前缘的正南，在二叠纪发生过构造形变，后来被晚侏罗世岩石不整合覆盖（Keppie, 2004）。与尤卡坦微陆块类似，乔蒂斯微陆块整体呈现正的自由空气重力异常（图 2-147），异常值为 30~60mGal，仅在一侧俯冲带边界上呈现较高值的负异常。

巴拿马（Panama）：巴拿马微板块位于北安第斯微板块的北部，由白垩纪及更新的安山岩、英安岩、闪长岩和花岗闪长岩组成。微板块内部自由空气重力异常呈现相对高值，大于 28mGal（图 2-147）。

马拉开波微板块西部（Maracaibo Micro-block West）：是位于南、北美洲板块西部的一个相对较小的微陆块。它目前正在缓慢地（6mm/a）远离南美洲。微陆块西部及东南部自由空气重力异常值相对较高（图 2-147），内部有一近南北向的负异常条带。微陆块西部及东南部均衡重力异常也呈现 NE 向分布，正负异常交替，异常值为 -25~30mGal。

南美洲西北部（NW South America）：位于马拉开波微陆块西部的东北。它包括梅里达－安第斯山脉和特立尼达等，已发现有晚奥陶世到泥盆纪的冈瓦纳型底栖海洋动物群。在北部，

(图2-148)

加勒比海均衡重力异常图

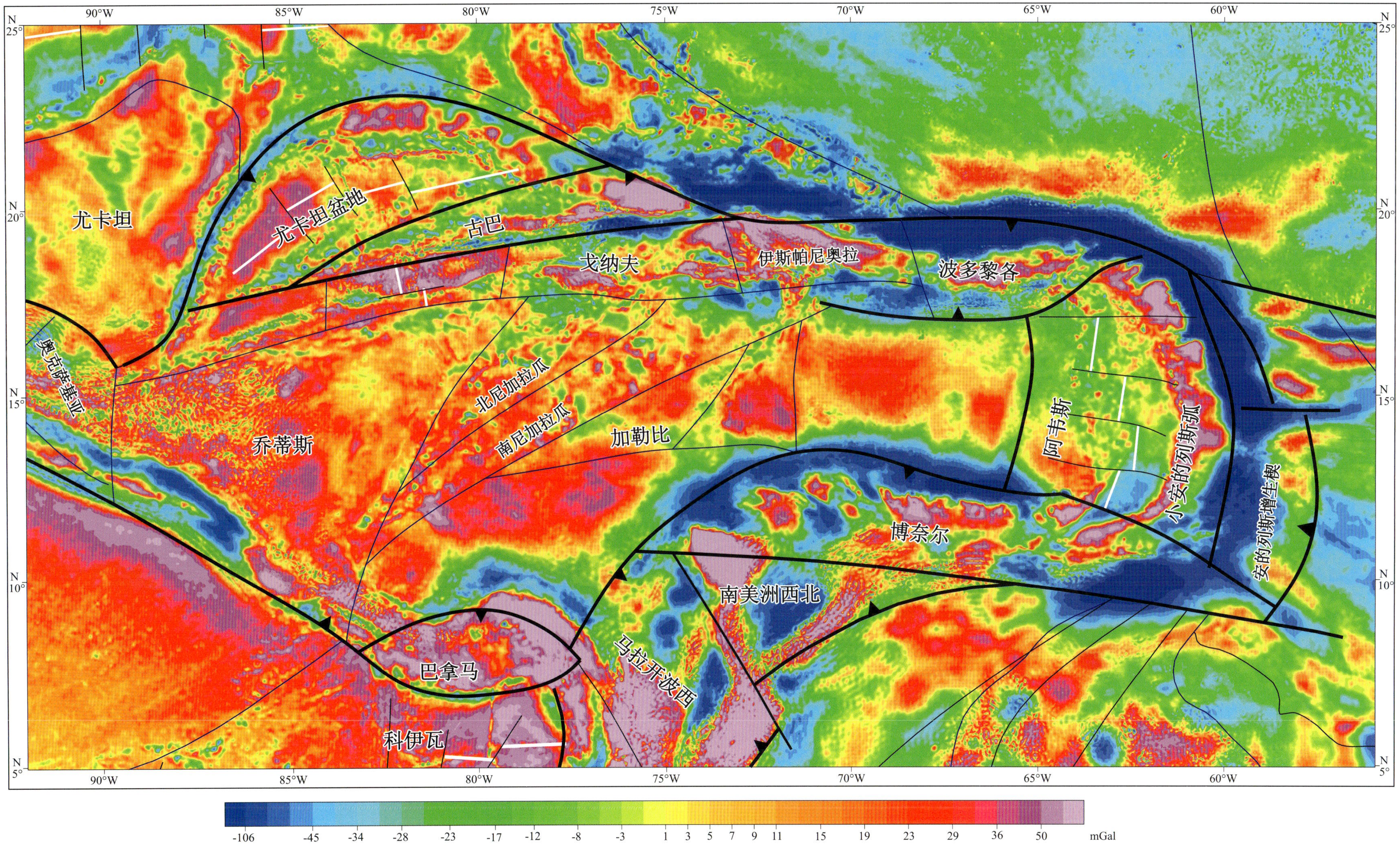

有早白垩世的火山弧，属于加勒比海大弧的一部分。南美洲经历了晚侏罗世至中白垩世的裂谷作用，从委内瑞拉到特立尼达的晚白垩世至中新世的俯冲作用，将上地壳的克拉通推覆至南美洲大陆，现已成为南美洲大陆边缘的一部分。该微陆块东西两侧呈现较高的正均衡重力异常（图2-148)，异常值为25~35mGal，其中部呈现负异常，异常值为-40~-30mGal。

博奈尔（Bonaire）：位于加勒比海南部，包括背风群岛和安的列斯群岛（阿鲁巴、库拉索岛和博奈尔），主要由白垩纪推覆体组成。推覆体之间为盆地，盆地内为渐新世至新生代地层。博奈尔微板块布格重力异常（图2-153）整体呈现较为均匀的正异常，异常值为150~210mGal。

伊斯帕尼奥拉岛（Hispaniola）：伊斯帕尼奥拉弧被Septentrional断层与北伊斯帕尼奥拉分割开来，是一条构造复杂的混杂岩带，覆盖着116Ma以来形成的蛇绿岩、板岩和岛弧火山岩。在弧前盆地中，有晚白垩世的未变质岩石，被晚始新世至现代的沉积物所覆盖。伊斯帕尼奥拉岛北部是北美大陆边缘的俯冲部分，包括变质岩、辉绿岩和蛇纹岩，被下白垩统至中

(图2-149)　加勒比海自由空气重力异常*x*方向导数图

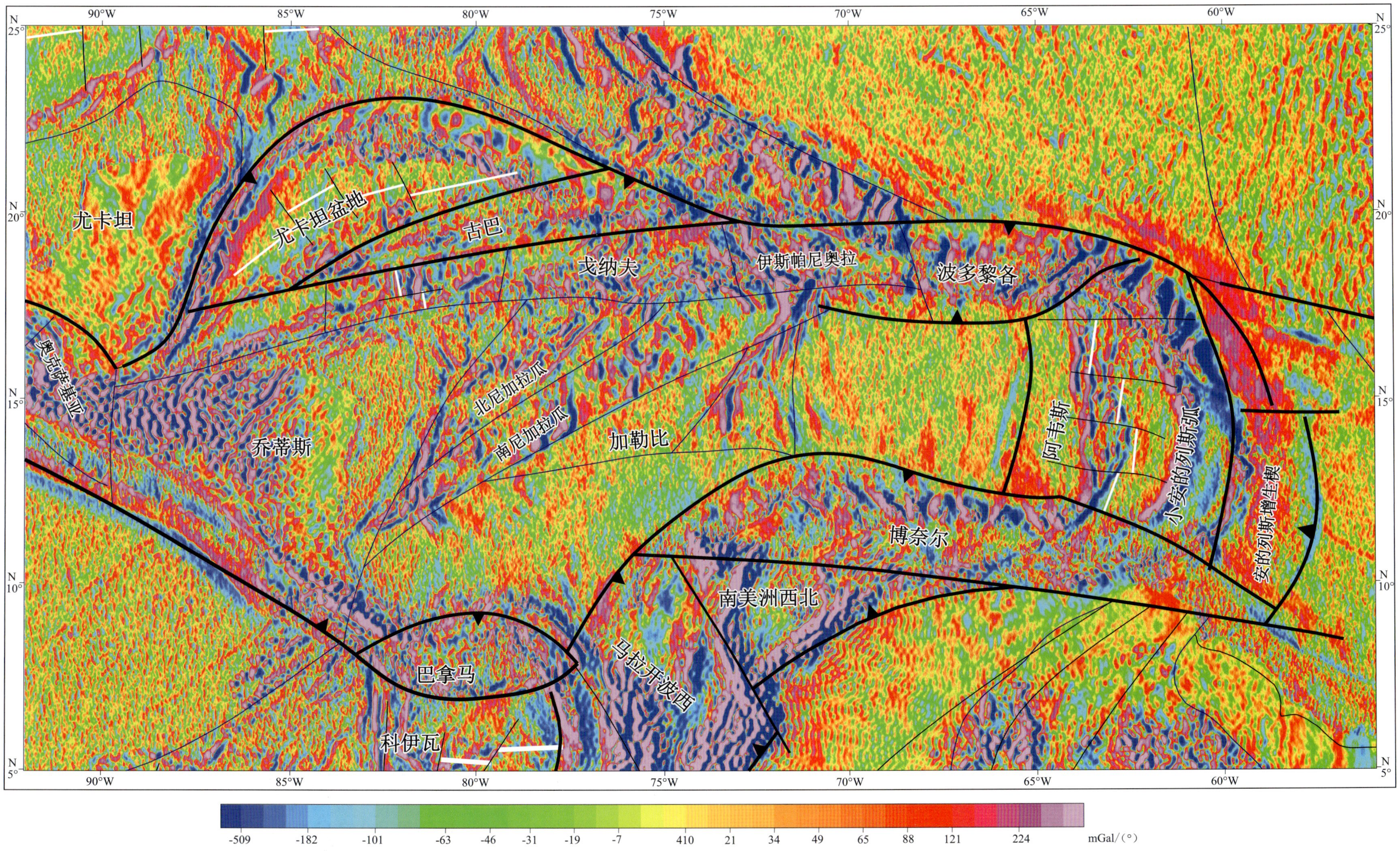

新统覆盖。板块内自由空气重力异常值较高（28~70mGal）（图 2-147），板块边缘呈现负异常低值。在垂向重力梯度图（图 2-152）上，呈现 NWW 向的正负异常条带交错分布。

波多黎各（Puerto Rico）：属于加勒比海岛弧的一部分，在始新世晚期与巴哈马地台发生碰撞之前一直是一个活跃的火山弧。白垩纪至始新世岛弧组成为下覆晚侏罗世至中白垩世蛇绿混杂岩，与上覆始新世至上新世沉积岩。微板块内自由空气重力异常值相对较高，大于 50mGal，微板块边缘俯冲带呈异常低值（图 2-147）。波多黎各微板块的剩余地壳重力异常整体呈现较高的负异常，异常值为 -20~-15mGal（图 2-154）。

（2）微洋块特征

阿韦斯海脊（Aves Ridge）：阿韦斯海脊为格林纳达盆地西部的一个残余岛弧，从晚白垩世到古新世构造运动活跃，以前也是加勒比海火山弧的一部分，包括背风群岛和安的列斯

（图2-150）

加勒比海自由空气重力异常 y 方向导数图

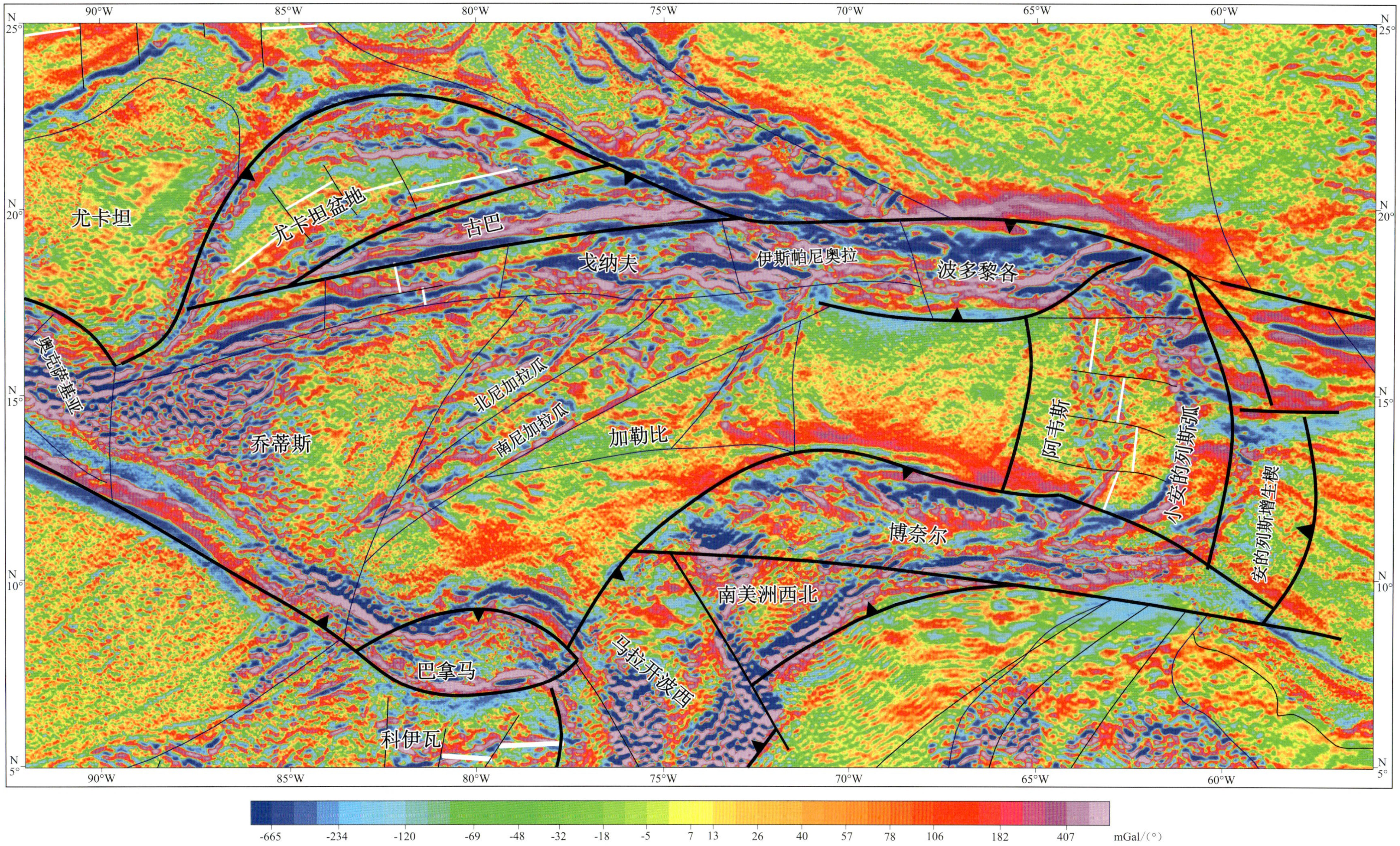

群岛的部分地区（拉斯阿韦斯（Las Aves）群岛、洛斯罗克斯（Los Roques）群岛、奥奇拉（La Orchilla）群岛、拉布兰基拉（La Blanquilla）群岛、赫尔曼诺斯（Los Hermanos）群岛和特斯蒂戈斯（Los Testigos）群岛）。微板块内自由空气重力异常值相对较低（图2-147），在-20~5mGal，微板块南部边缘带呈现异常低值。在剩余地壳重力异常（图2-154）上，阿韦斯海岭微板块南北两侧呈现较高的正异常，异常值为15~20mGal，中部和东部边界附近，呈现负异常，异常值为-20~-15mGal。

小安的列斯弧（Lesser Antilles Arc）：在格林纳达和多巴哥盆地之间，从早白垩世（阿尔比期）开始形成岛弧，火山弧活动仍在继续。东面是安的列斯群岛的增生棱柱体，包括巴巴多斯。板块内自由空气重力异常有弧状异常高值，板块边缘俯冲带呈负异常低值(图2-147)。

安的列斯增生楔（Accreted Antilles Prism）：加勒比海最东的部分，也称为巴巴多斯增生楔。它位于多巴哥盆地东部，其东部以小安的列斯海沟为界。微板块内部自由空气重力异常由中央向边缘减少（图2-147）。

(图2-151)

加勒比海自由空气重力异常z方向导数图

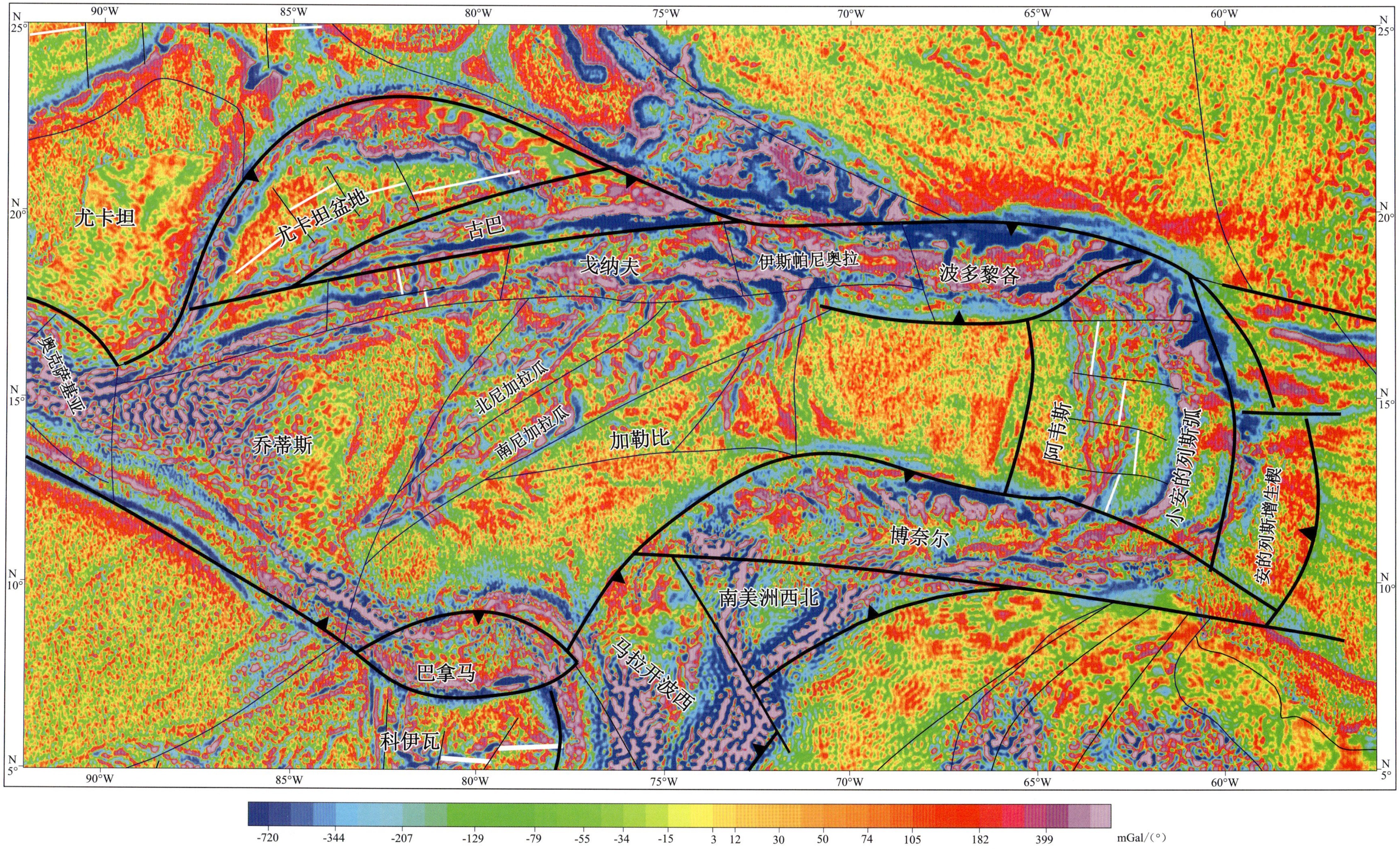

戈纳夫（Gonave）：位于伊斯帕尼奥拉西部（主要是海地区域），在中生代为大陆岩石圈地块，向西延伸至牙买加，并与北尼加拉瓜隆起合并。微板块北面为奥连带（Oriente）断层，南面是沃尔顿（Walton）断层和恩里基约－普兰廷加登（Enriquillo-Plantain Garden）断层。微板块内自由空气重力异常主要为负值（图 2-147），尤其是北部微板块边缘呈现明显的负异常，其内部具有近东西向的正异常条带，在均衡重力异常图（图 2-148）上，内部同样具有条带状的正异常特征，总体异常值为 -20~40mGal，表明该微板块后期构造较为活跃，具有微洋块的特征。

北尼加拉瓜部和南尼加拉瓜隆起（North Nicaraguan and South Nicaraguan Rise）：北尼加拉瓜隆起的北部为牙买加岛，由白垩纪和古近纪火山弧等杂岩基底组成，其中一些变质为蓝片岩，白垩纪是加勒比岛弧的一部分，后沉积有古近纪到现代的碳酸盐岩等。在垂向重力梯度图（图 2-152）中，呈现出正负异常交错，异常值为 -50~45E，且微板块边缘特征较为明显，有明显的负高值条带，可以很好地识别该微板块。微板块内自由空气重力异常为正负异常交替（图 2-147），整体在 -20~40mGal。

（图2-152）

加勒比海垂向重力梯度图（VGG）

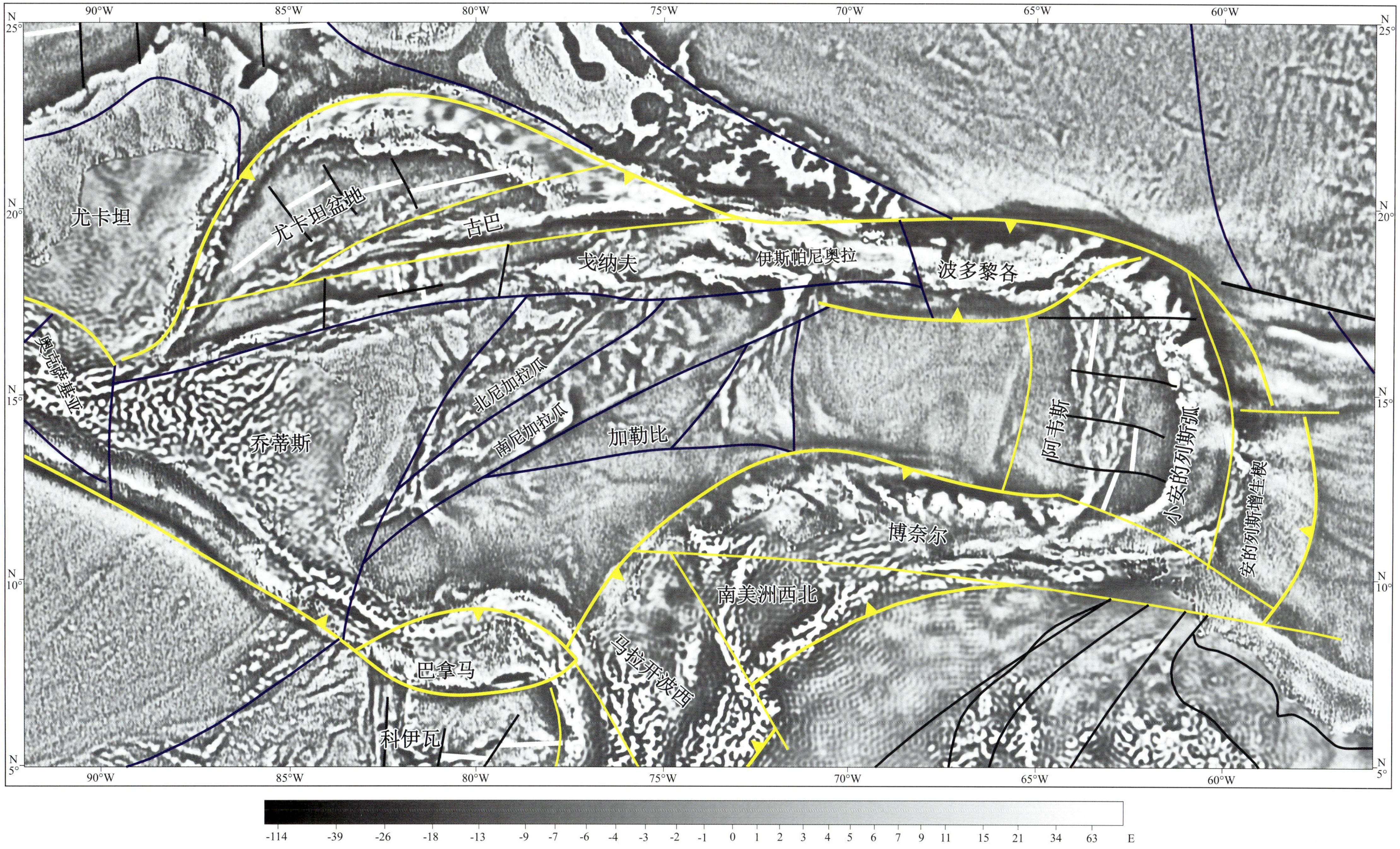

加勒比海布格重力异常图

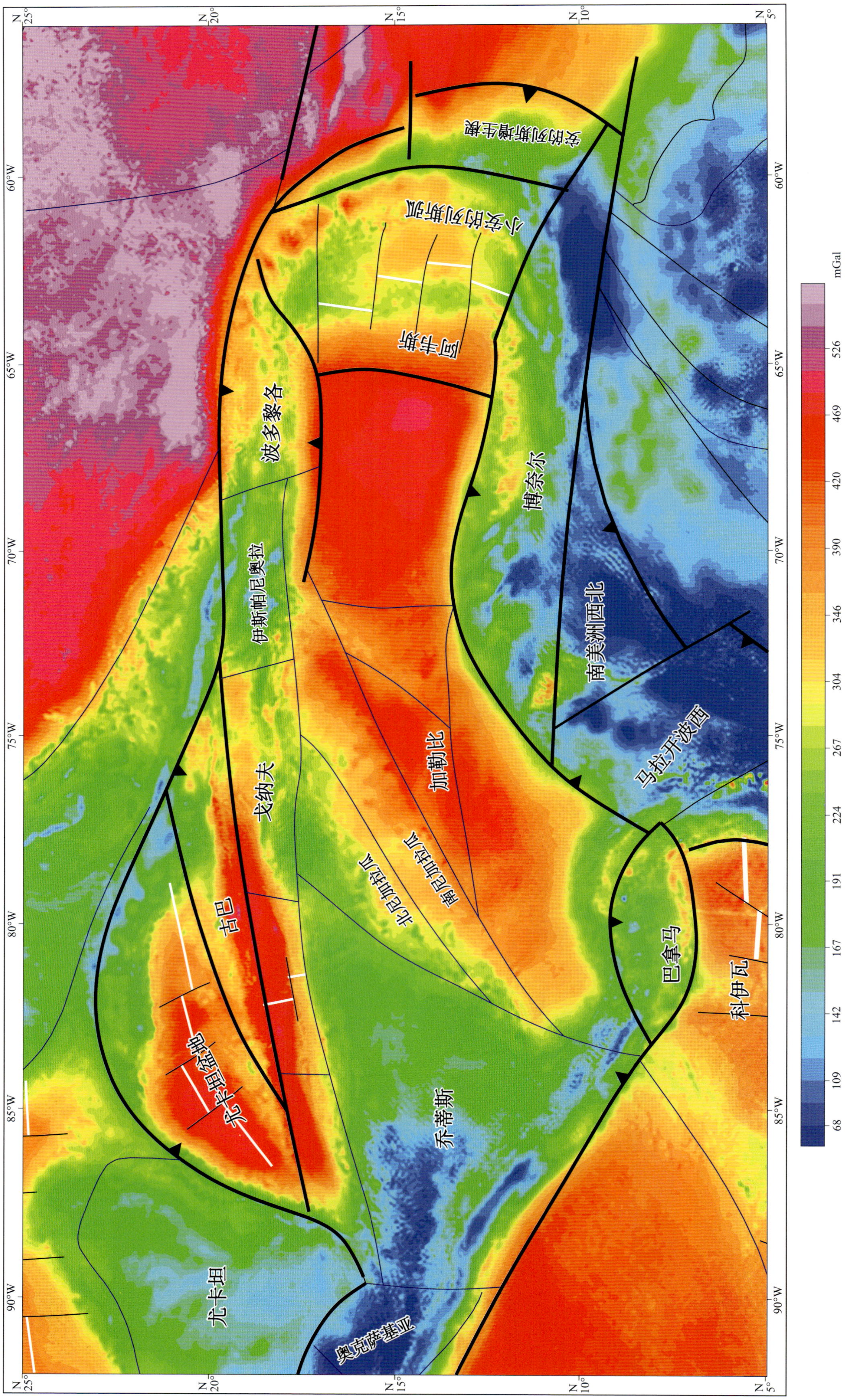

（图2-153）

加勒比海地壳剩余重力异常图

（图2-154）

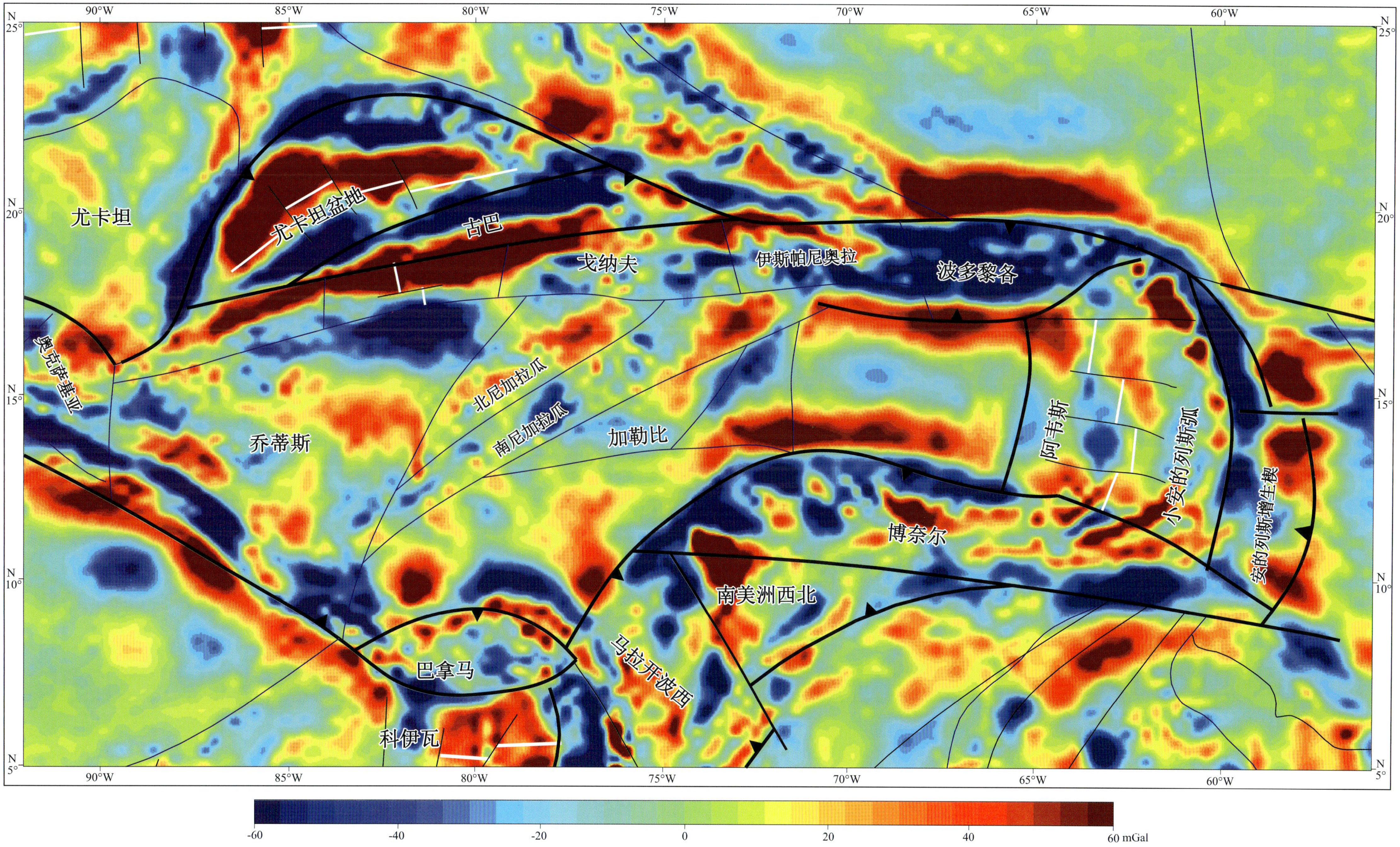

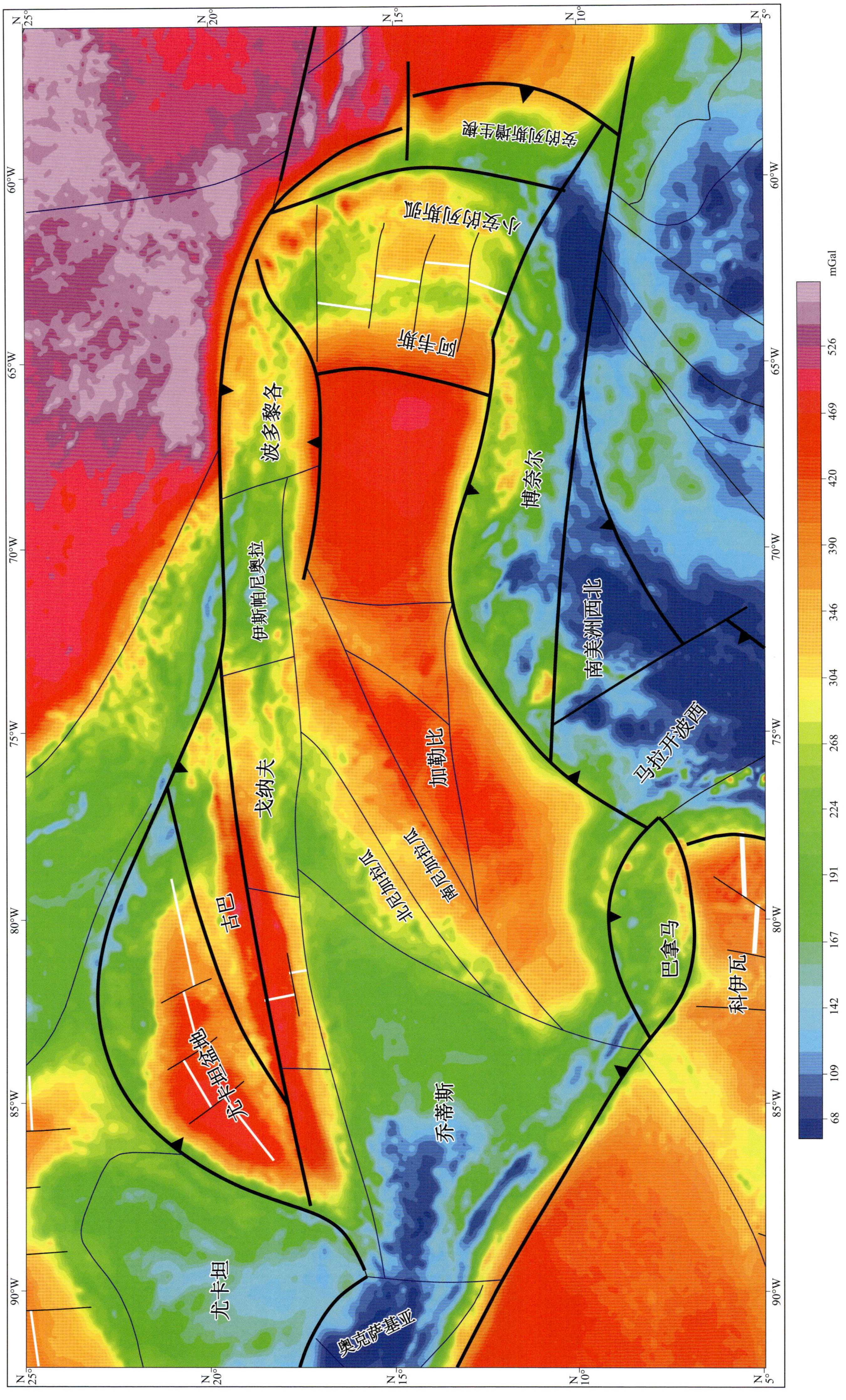

(图2-155)

加勒比海布格重力异常小波分解2阶逼近场图

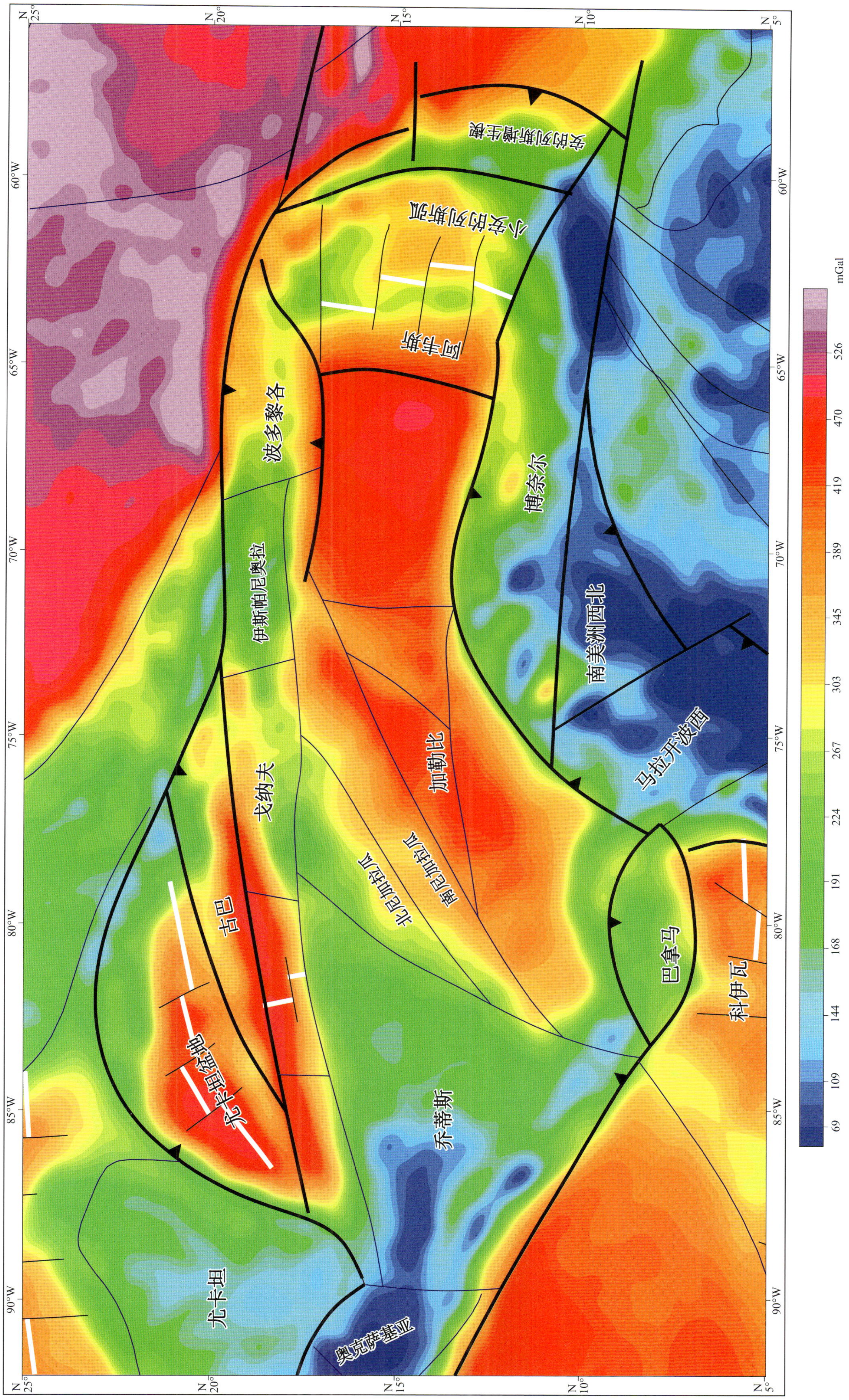

加勒比海布格重力异常小波分解4阶逼近场图

(图2-156)

（图2-157）

加勒比海布格重力异常小波分解6阶逼近场图

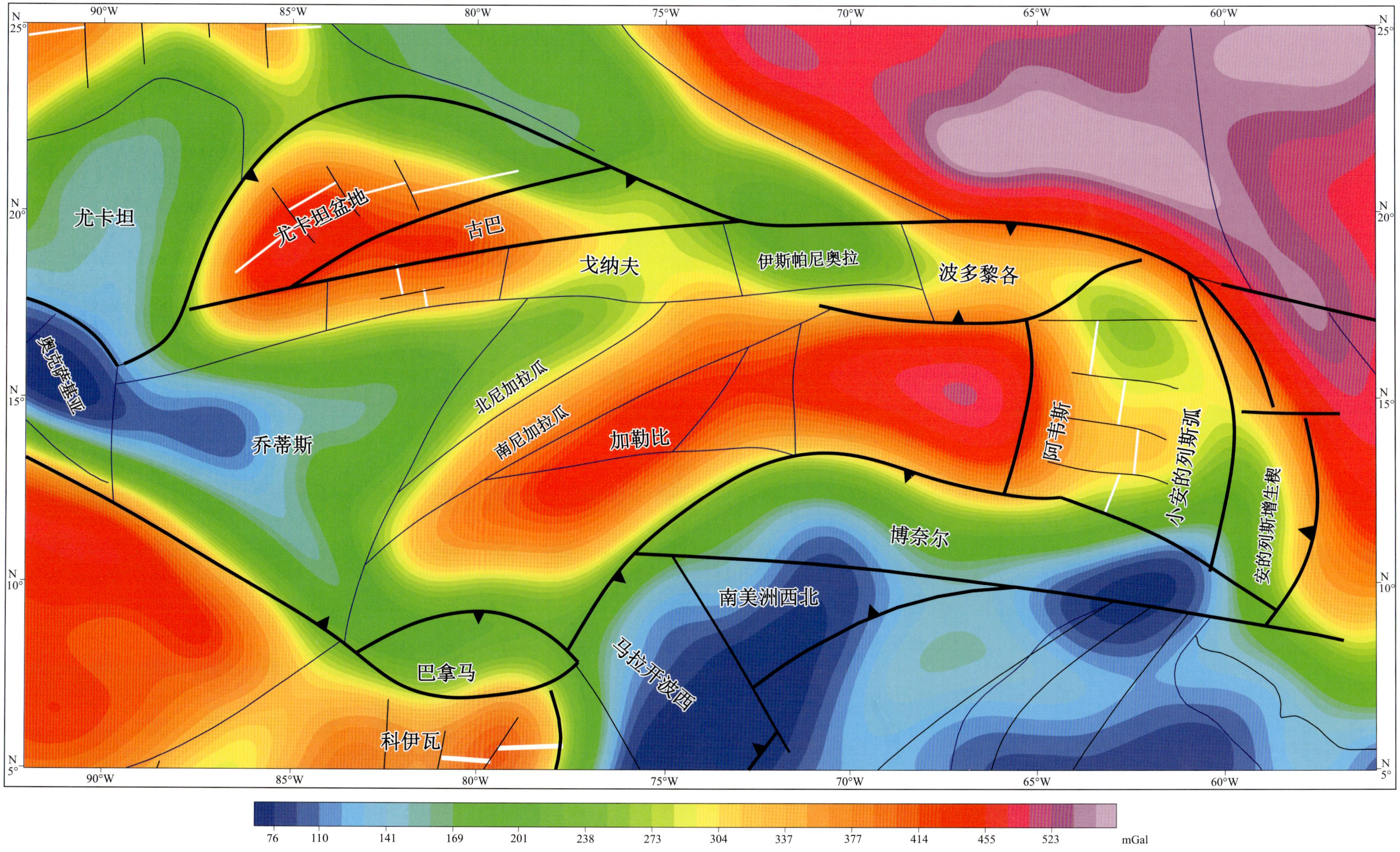

加勒比海布格重力异常小波分解8阶逼近场图

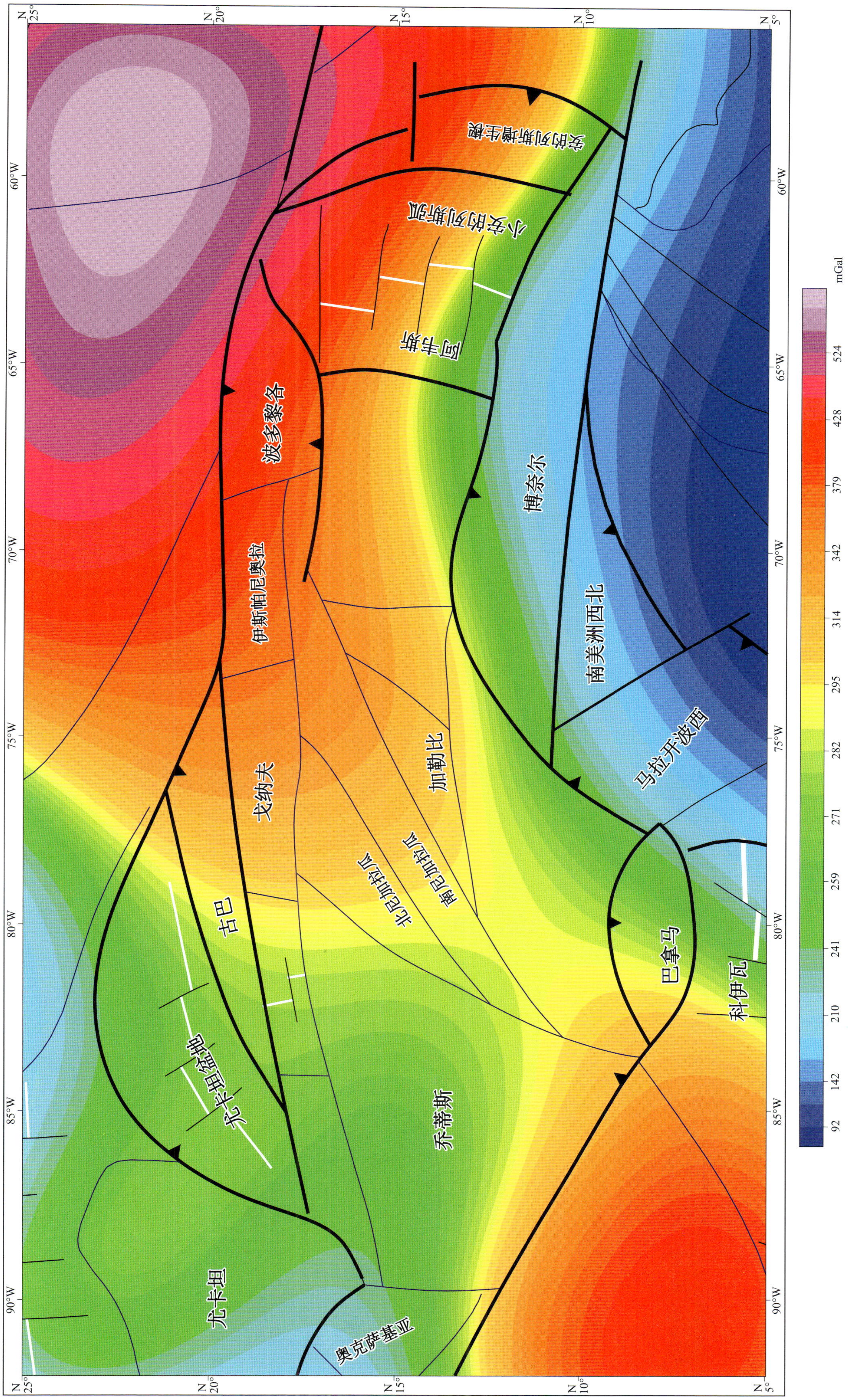

(图2-158)

加勒比海布格重力异常小波分解2阶细节场图

(图2-159)

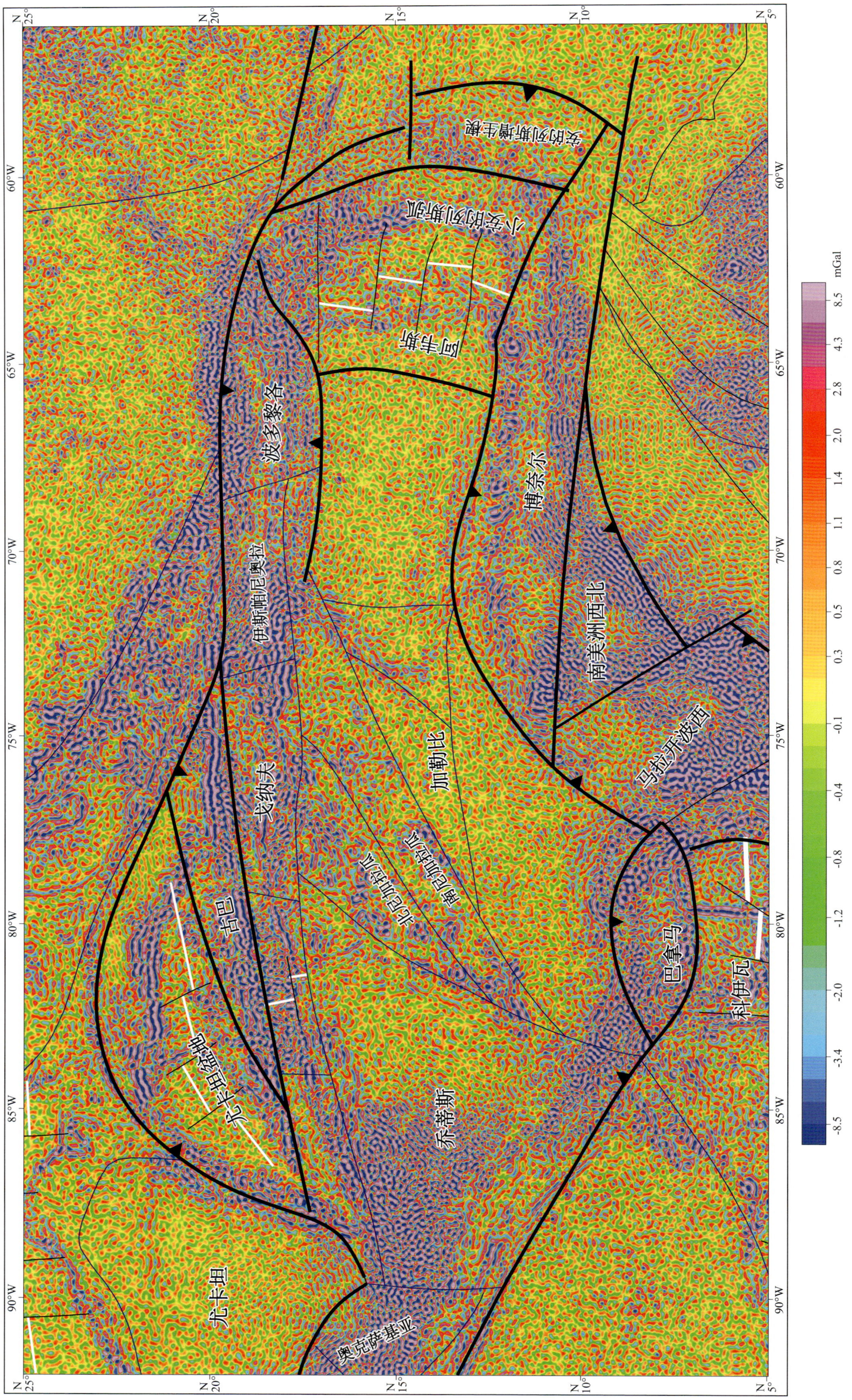

(图2-160)

加勒比海布格重力异常小波分解4阶细节场图

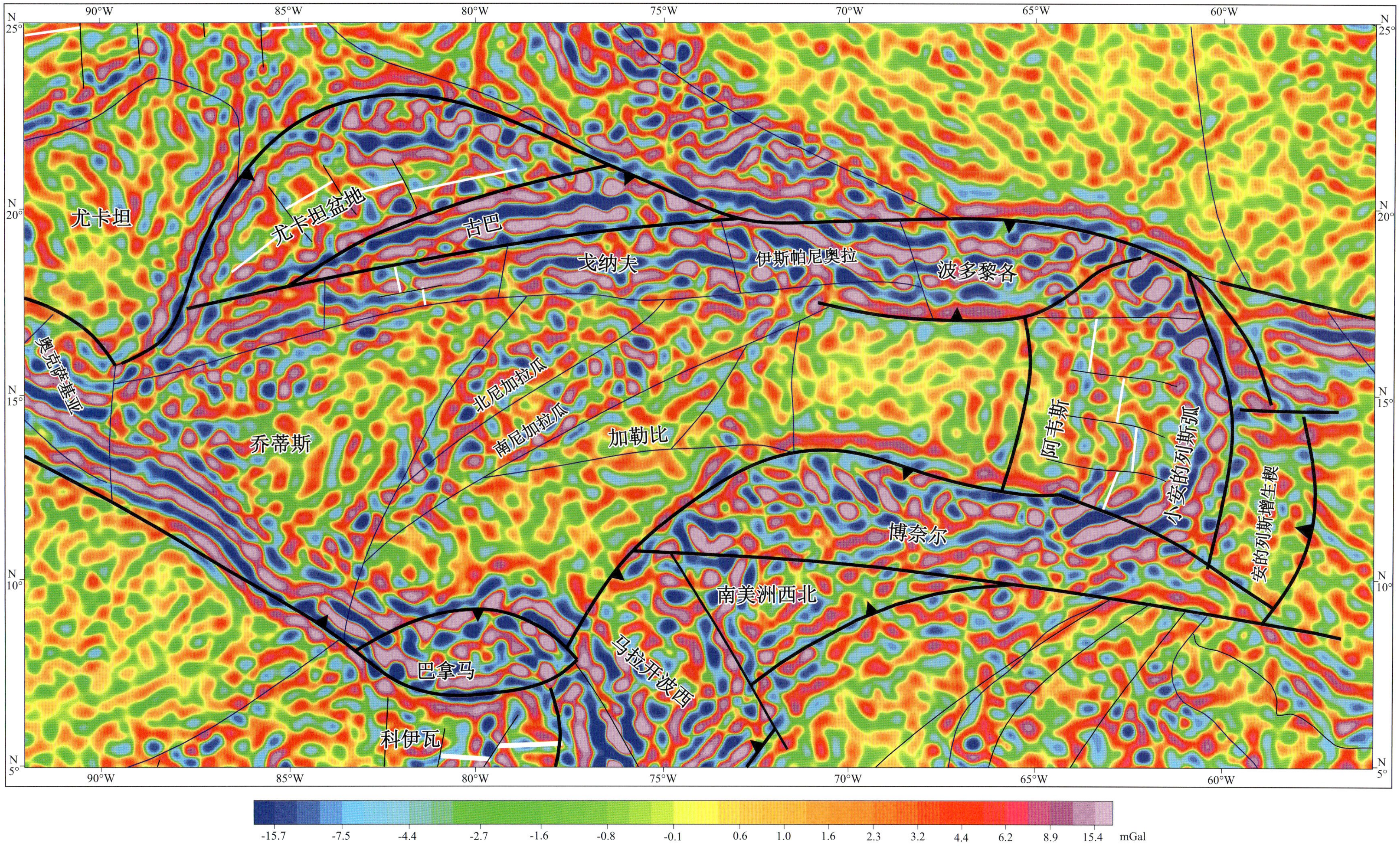

（图2-161）

加勒比海布格重力异常小波分解6阶细节场图

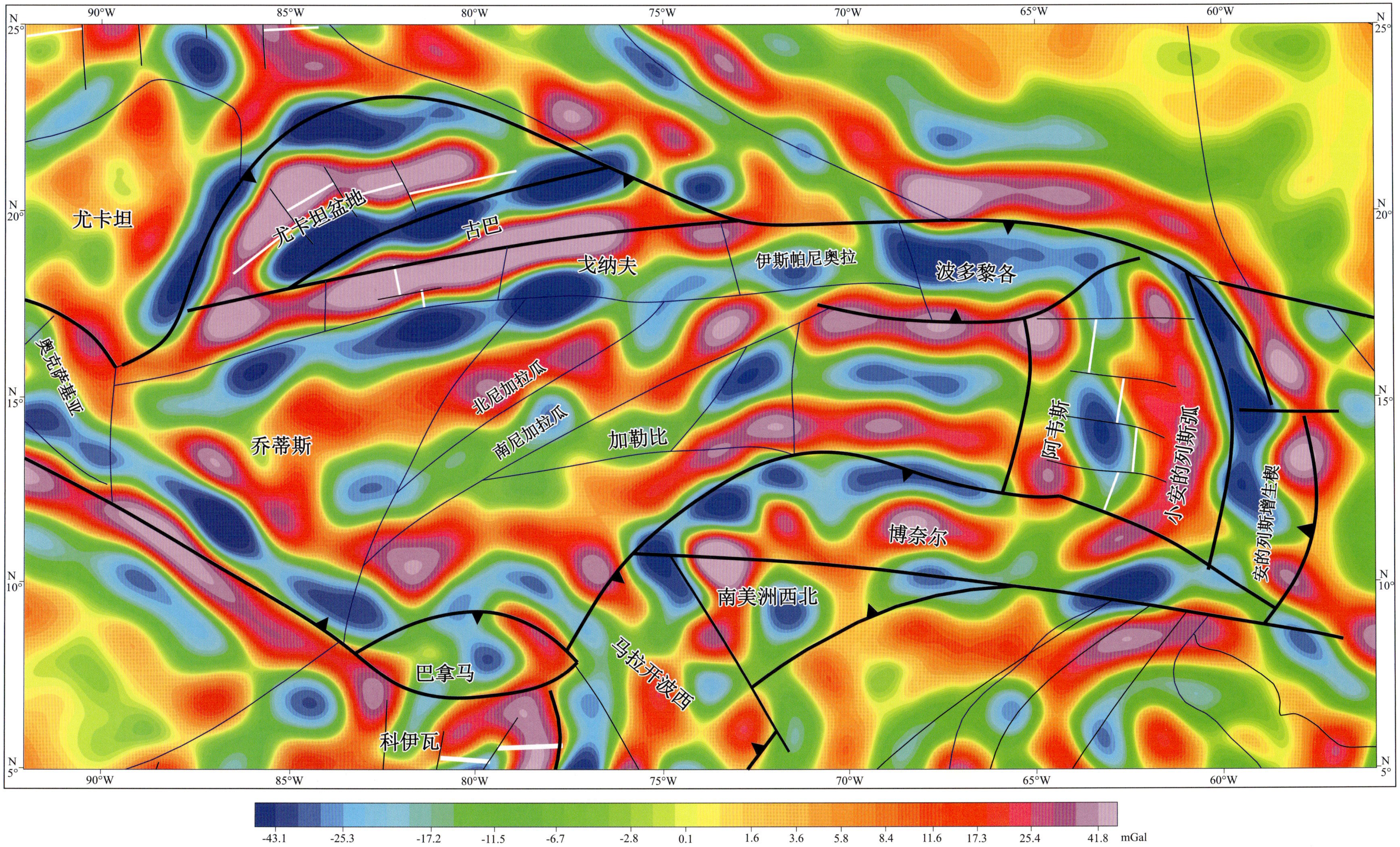

（图2-162）

加勒比海布格重力异常小波分解8阶细节场图

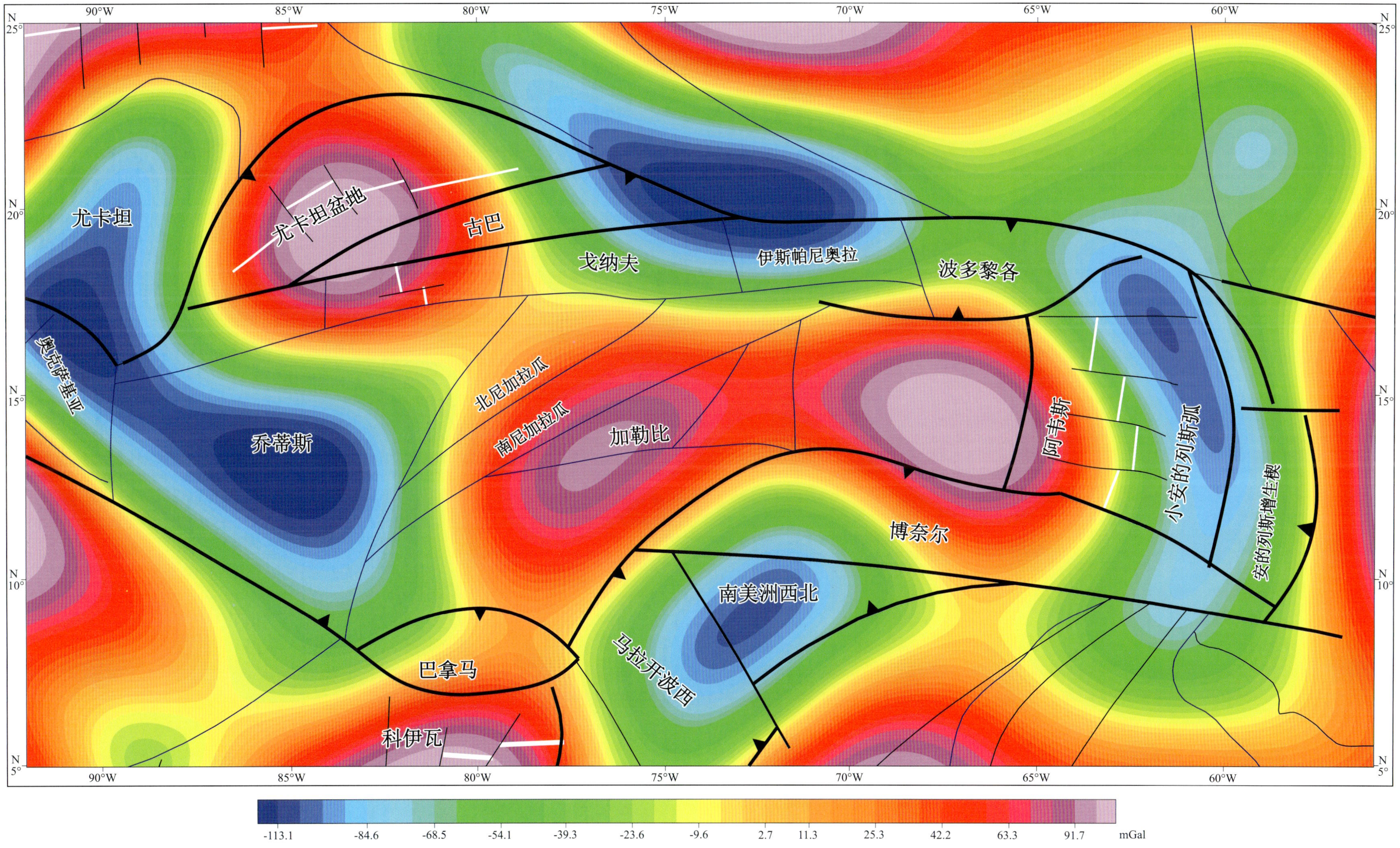

（1）伊朗高原造山带内微板块特征

卢特（Lut）：位于伊朗，其西缘有大量的安山岩、花岗岩和火山岩。卢特微板块自寒武纪从冈瓦纳古陆分离。该微板块在古生代可能代表卢特、厄尔布尔士（Alborz）和阿富汗微板块三个不同的早古生代微板块。卢特微板块中均衡重力异常（图2-164）表现为明显的正异常高值，表明该区域地壳补偿盈余。

阿富汗（Afghan）：阿富汗微板块与厄尔布尔士微板块一样，位于阿富汗境内，该微板块最初也是冈瓦纳古陆北缘部分，具有与厄尔布尔士微板块相同的泥盆纪和石炭纪腕足类动物群；在二叠纪，由于新特提斯洋的打开，卢特、厄尔布尔士和阿富汗微板块被中生代或更晚的增生楔（包括特提斯海生物群）分隔开。阿富汗微板块除南部小部分区域以外，均衡重力异常均表现为明显的正异常高值（图2-164），表明该区域地壳补偿盈余。

卡拉库姆（Karakum）：卡拉库姆微板块位于土库曼斯坦境内，并向东南延伸至巴基斯坦，露头可见前寒武纪和古生代地层，并于中石炭世增生到哈萨克斯坦。卡拉库姆微板块的中西部在自由空气重力异常图（图2-163）及均衡重力异常图（图2-164）中均表现为正异常值，表明该区域构造地壳补偿盈余。

莫克兰（Makran）：中生代毗邻喜马拉雅造山带，现位于伊朗南部和巴基斯坦，在西喜马拉雅和印度洋之间。莫克兰微板块在自由空气重力异常图（图2-163）和均衡重力异常图（图2-164）中整体表现为正异常，表明这部分地区地壳补偿盈余。中北部与阿富汗微板块接壤的小部分地区以及南部和东部的边界地带有明显的负异常值，表明这些区域地壳补偿亏损。

（图2-163） 青藏高原和伊朗高原自由空气重力异常图

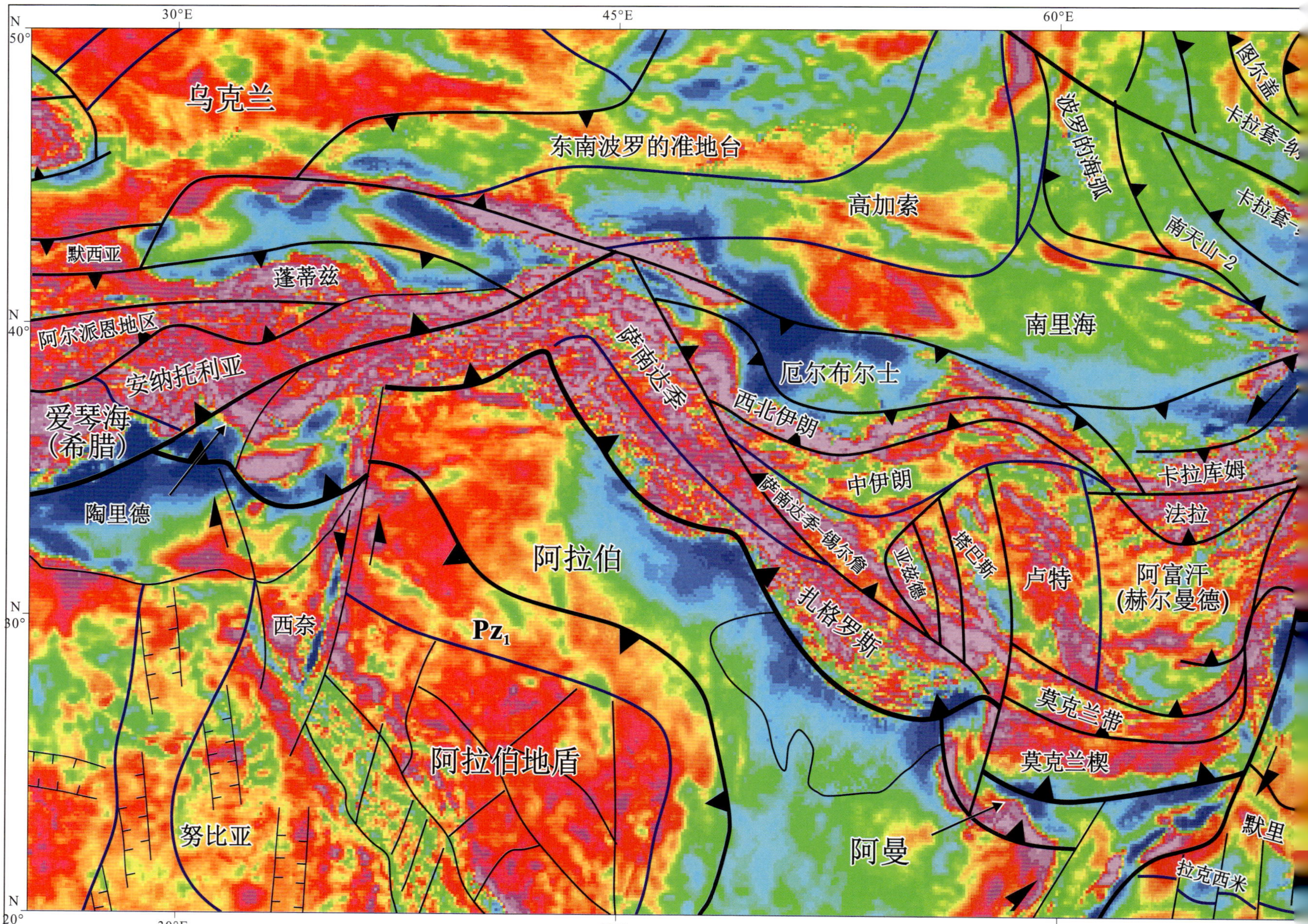

（2）青藏高原造山带内微陆块特征

柴达木（Qaidam）：柴达木是古生代独立的微陆块，发育寒武系和下奥陶统碳酸盐岩；在重力z方向导数异常（图2-167）上，柴达木微陆块正异常主要分布在内部，边缘地区表现为负异常，异常变化介于-100~-50mGal/（°），异常在整体上呈NWW向展布，与周缘地区有明显的边界特征。

拉萨（Lhasa）微陆块位于青藏高原的南部，在二叠纪新特提斯洋打开之前，它们是冈瓦纳古陆的组成部分。拉萨微陆块和北羌塘微陆块在古生代以前是一体的，在晚三叠世分离，随后在早白垩世重新拼合。拉萨微陆块在自由空气重力异常（图2-163）上表现为与断裂带走向基本一致的异常走向，整体表现为正异常高值，自北向南异常值逐渐减弱。

拉萨微陆块又可分成3个次级微陆块，分别是北拉萨、中拉萨和南拉萨，在均衡重力异常图（图2-164）上，北拉萨为负异常，而中拉萨和南拉萨为正异常。

北羌塘（North Qiangtang）：在二叠纪新特提斯洋打开之前，羌塘微陆块是冈瓦纳古陆北缘一部分。在均衡重力异常图（图2-164）上，北羌塘微陆块表现为负异常，但中拉萨和南拉萨微陆块的异常值明显高于北羌塘微陆块的。

安多（Amdo）微陆块位于班公湖－怒江缝合带中段和北拉萨和南羌塘微陆块之间，呈透镜状、长轴东西走向之间展布。该微陆块主要由二长片麻岩和斜长片麻岩组成，含斜长角闪岩，并有中生代花岗岩侵入体（Guynn et al.，2006）。在布格重力异常场（图2-169）中，安多微陆块表现透镜状长轴负异常场，异常值为-400~-300mGal。

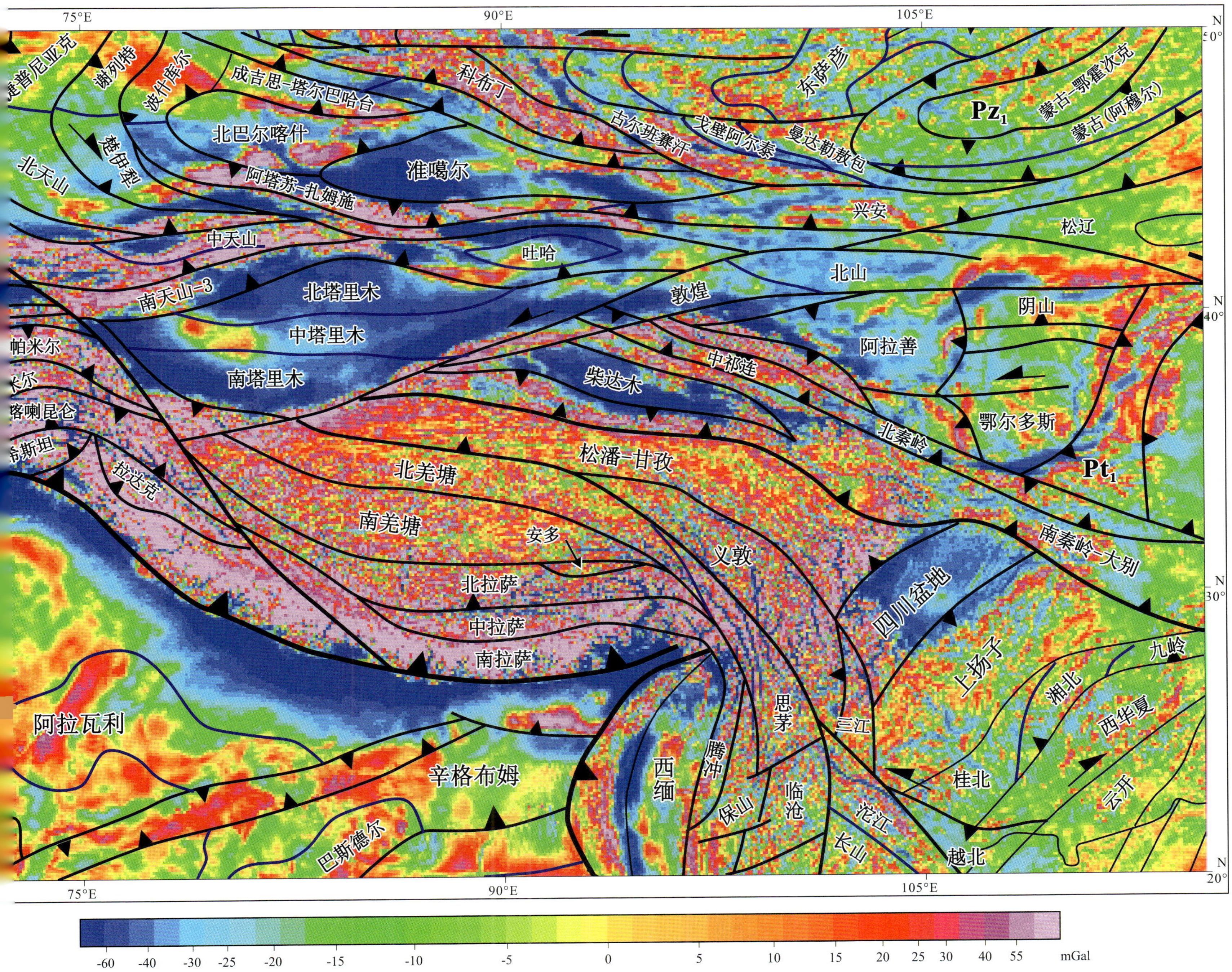

（图2-164） 青藏高原和伊朗高原均衡重力异常图

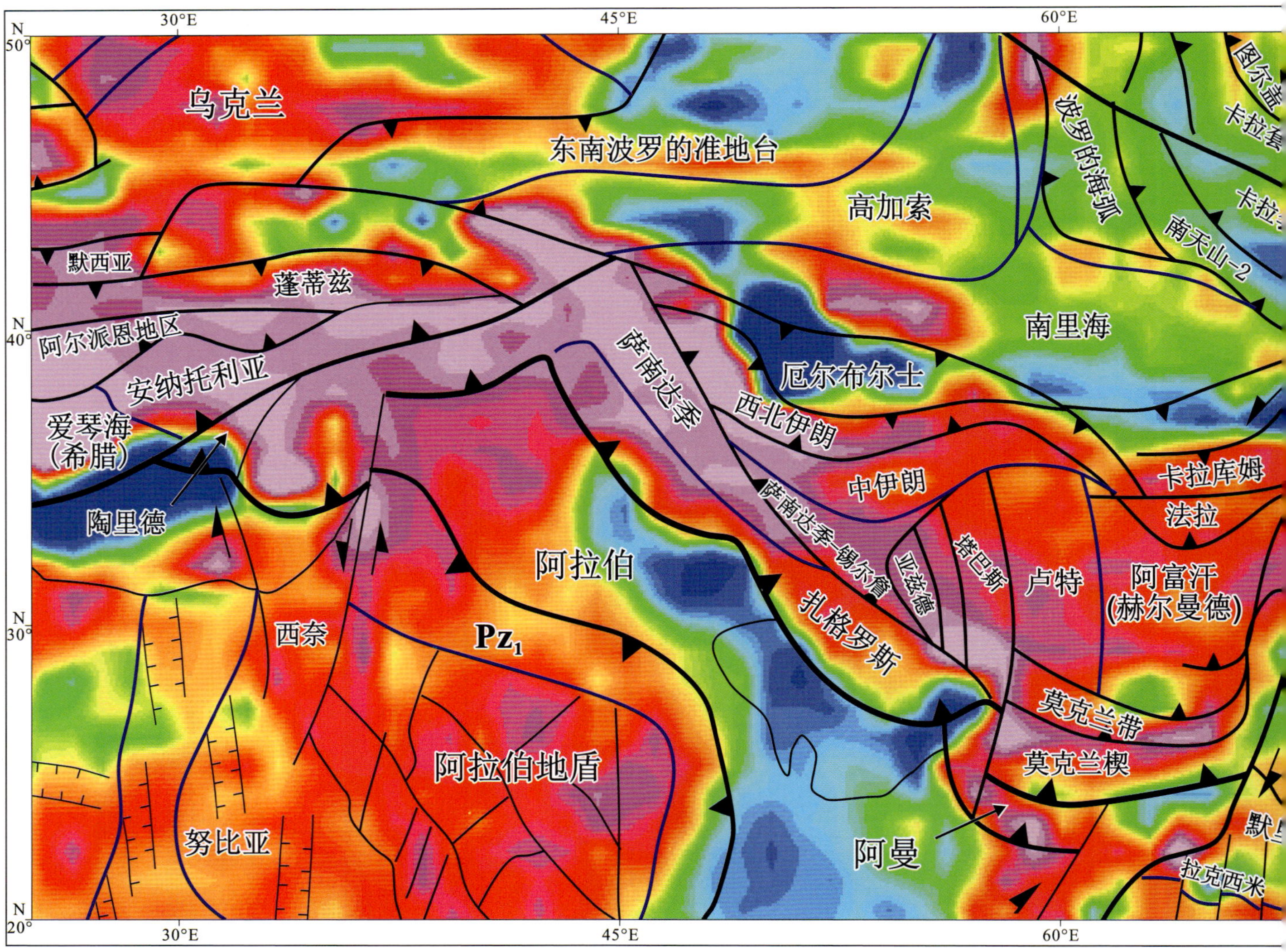

（图2-165） 青藏高原和伊朗高原自由空气重力异常x方向导数图

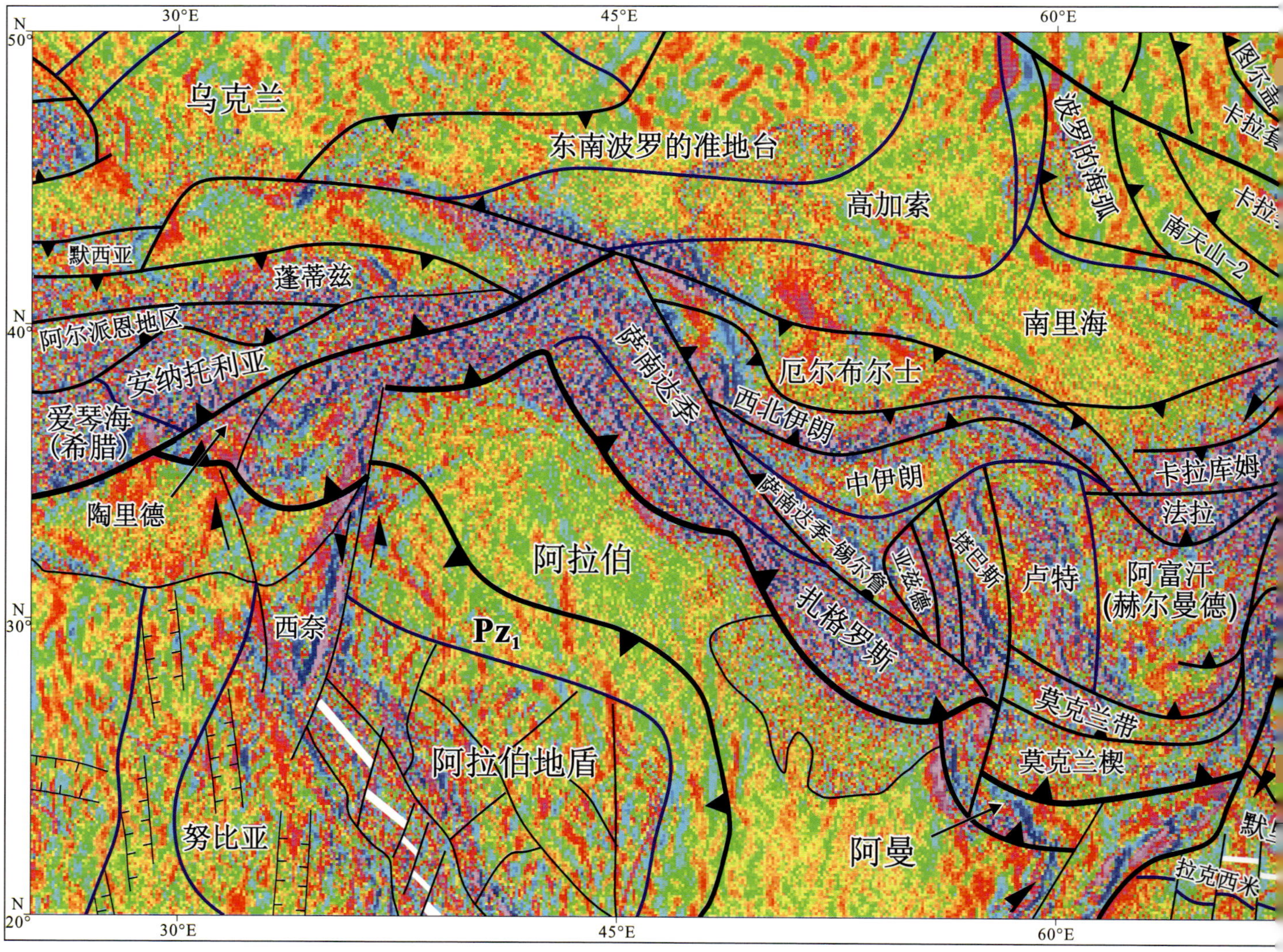

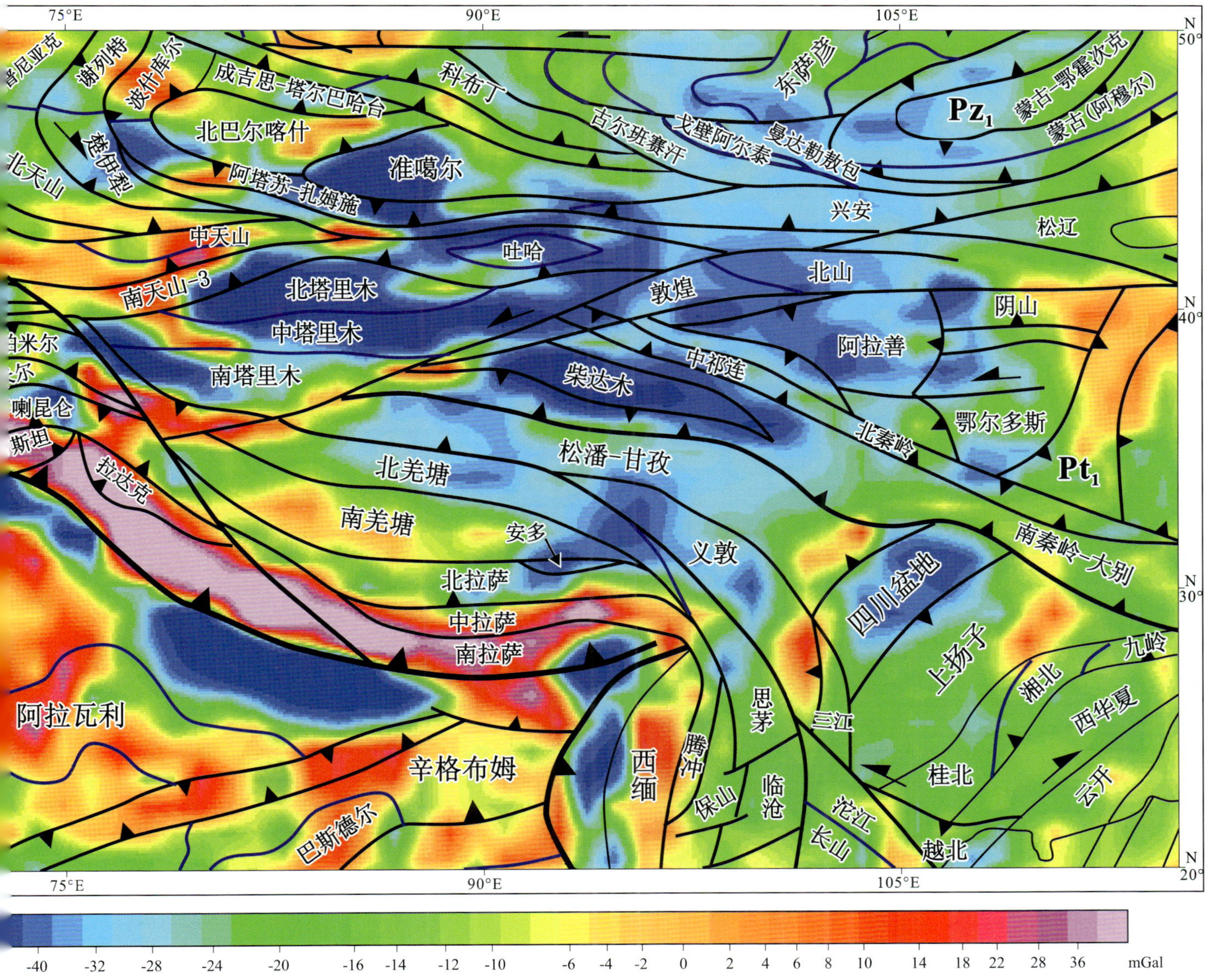
75°E
90°E
105°E
N 50°
N 40°
N 30°
N 20°
谢列特
波什库尔
成吉思-塔尔巴哈台
科布丁
东萨彦
蒙古-鄂霍次克
蒙古(阿穆尔)
Pz1
北巴尔喀什
准噶尔
古尔班赛汗
戈壁阿尔泰
曼达勒敖包
北天山
伊犁
阿塔苏-扎姆施
兴安
松辽
中天山
吐哈
北山
南天山-3
北塔里木
敦煌
阴山
中塔里木
阿拉善
南塔里木
柴达木
中祁连
鄂尔多斯
喀喇昆仑
北秦岭
拉达克
北羌塘
松潘-甘孜
Pt1
南羌塘
安多
义敦
南秦岭-大别
北拉萨
四川盆地
中拉萨
南拉萨
上扬子
九岭
阿拉瓦利
思茅
湘北
西华夏
三江
辛格布姆
西缅
腾冲
桂北
临沧
云开
保山
沱江
巴斯德尔
长山
越北
-40
-32
-28
-24
-20
-16
-14
-12
-10
-6
-4
-2
0
2
4
6
8
10
14
18
22
28
36
mGal

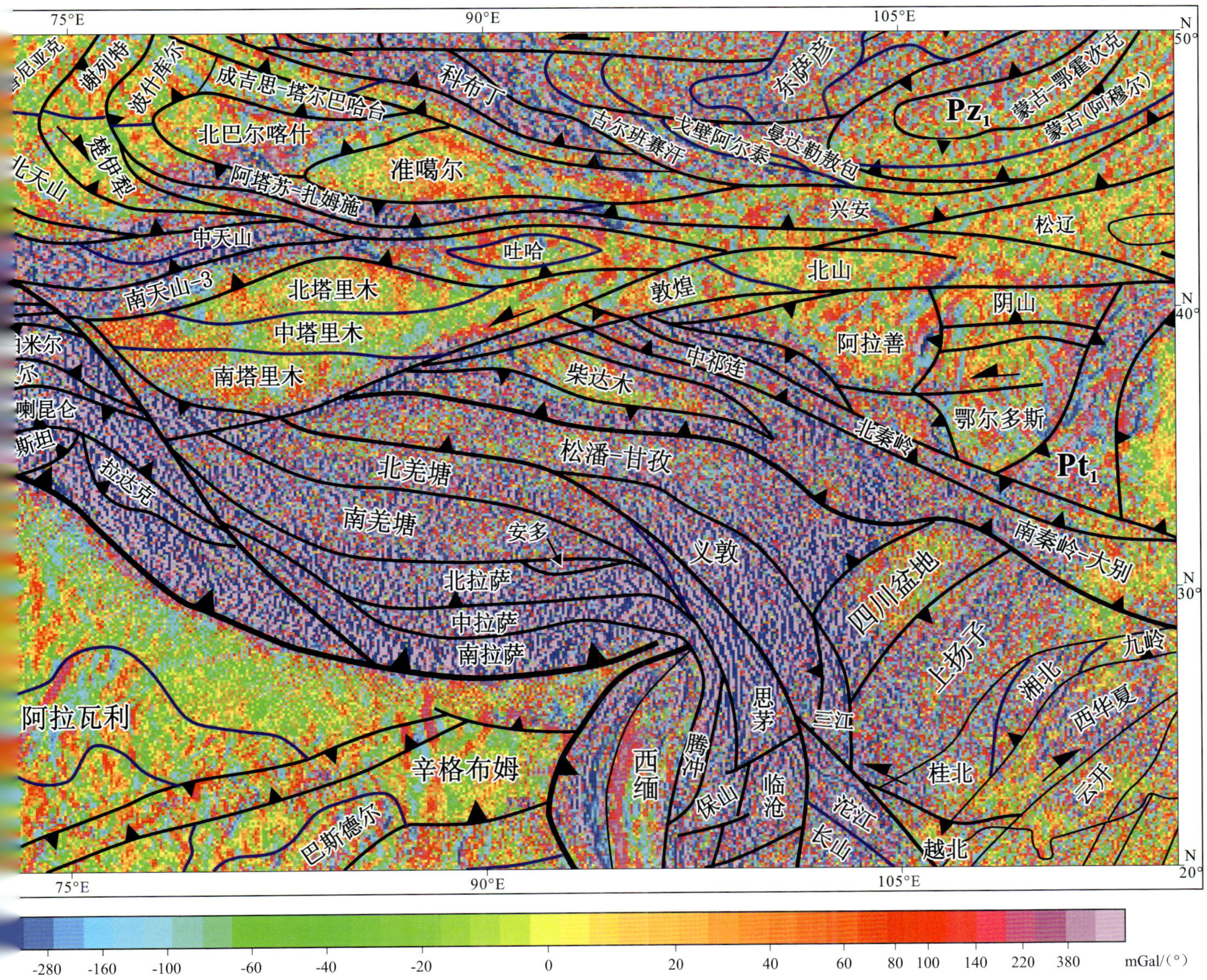
75°E
90°E
105°E
N 50°
N 40°
N 30°
N 20°
谢列特
波什库尔
成吉思-塔尔巴哈台
科布丁
东萨彦
蒙古-鄂霍次克
蒙古(阿穆尔)
Pz1
北巴尔喀什
准噶尔
古尔班赛汗
戈壁阿尔泰
曼达勒敖包
北天山
伊犁
阿塔苏-扎姆施
兴安
松辽
中天山
吐哈
北山
南天山-3
北塔里木
敦煌
阴山
中塔里木
阿拉善
南塔里木
柴达木
中祁连
鄂尔多斯
喇昆仑
北秦岭
拉达克
北羌塘
松潘-甘孜
Pt1
南羌塘
安多
义敦
南秦岭-大别
北拉萨
四川盆地
中拉萨
南拉萨
上扬子
九岭
阿拉瓦利
思茅
湘北
西华夏
三江
辛格布姆
西缅
腾冲
桂北
临沧
云开
保山
沱江
巴斯德尔
长山
越北
-280
-160
-100
-60
-40
-20
0
20
40
60
80
100
140
220
380
mGal/(°)

（图2-166） 青藏高原和伊朗高原自由空气重力异常y方向导数图

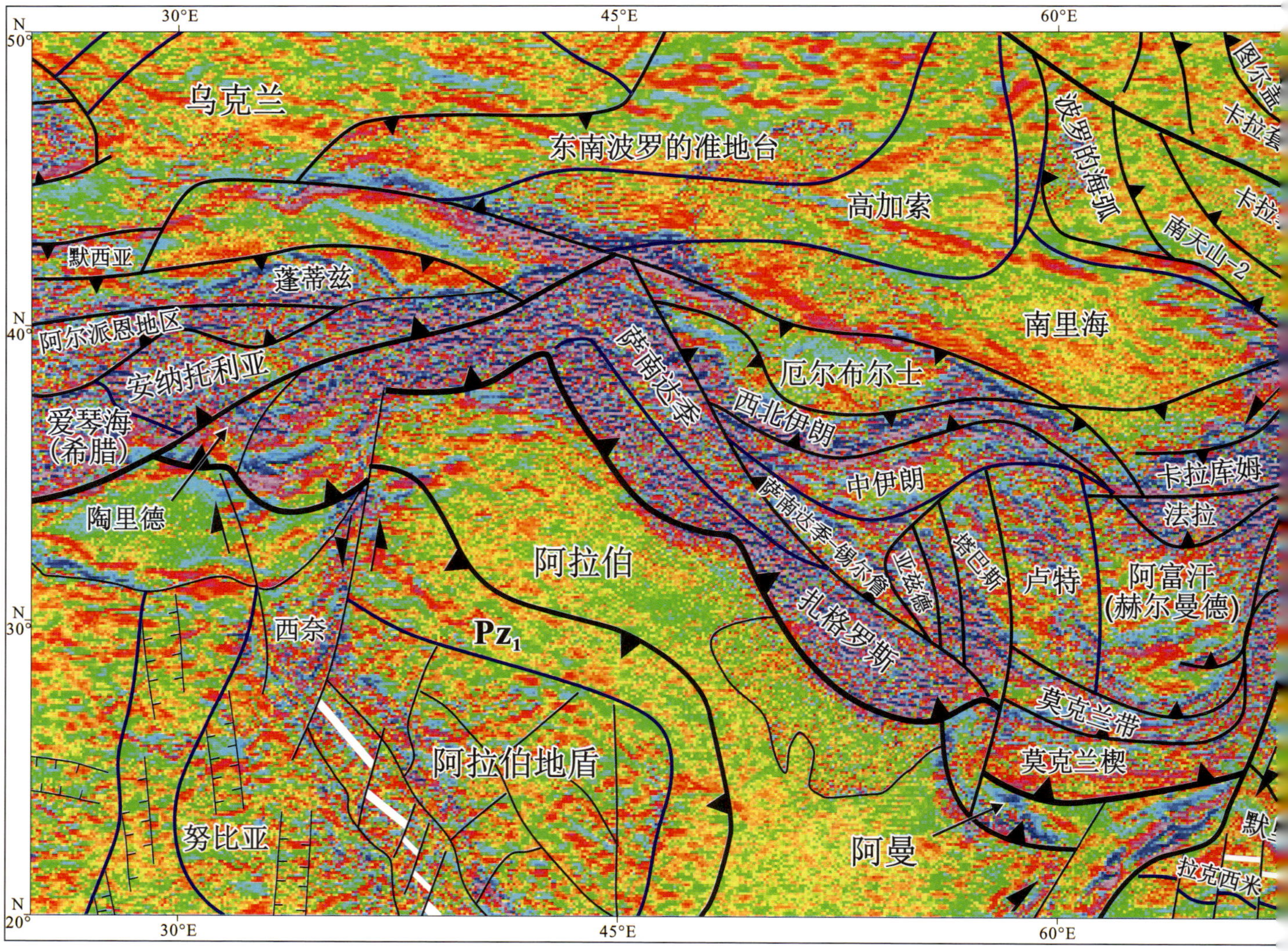

（图2-167） 青藏高原和伊朗高原自由空气重力异常z方向导数图

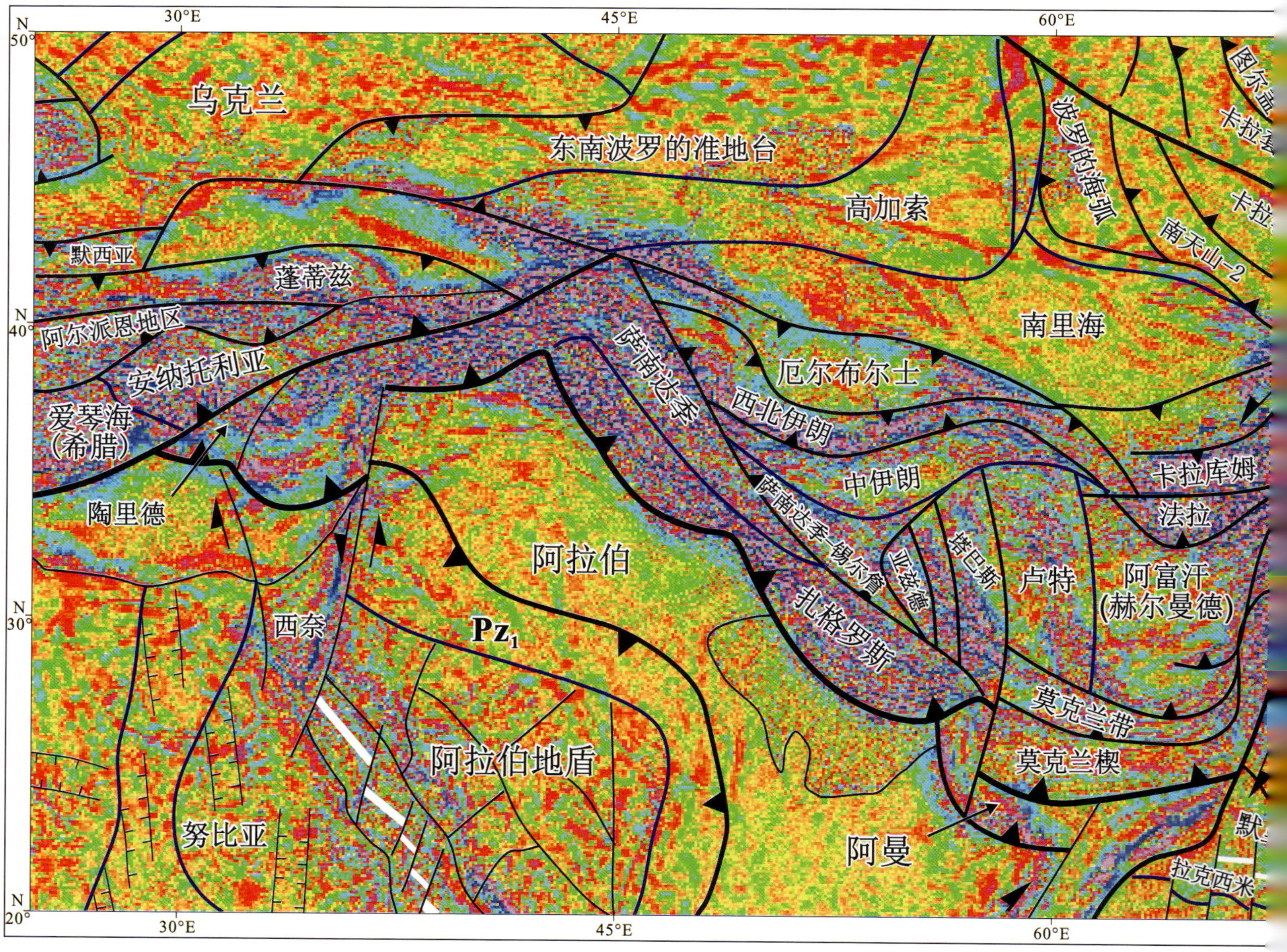

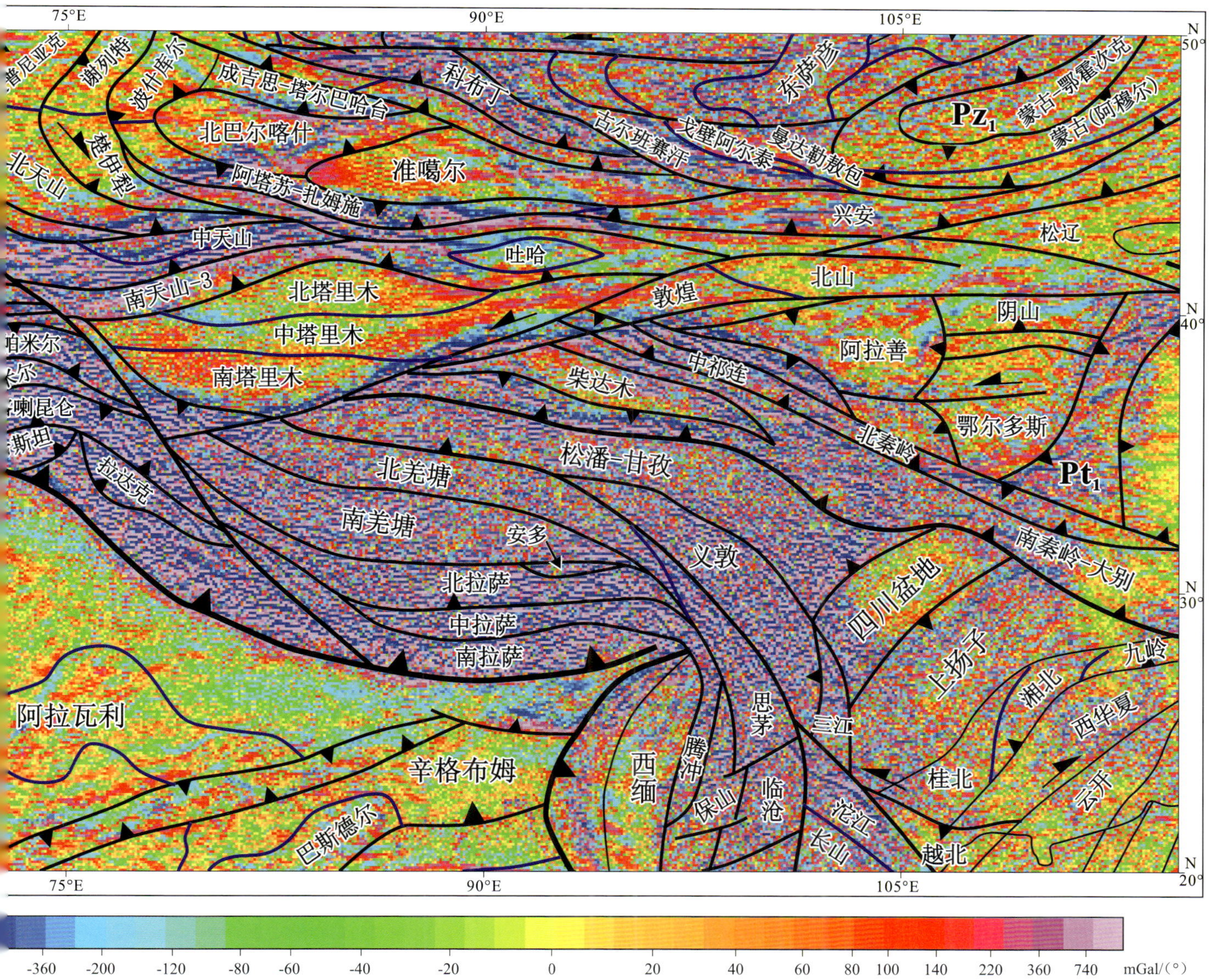
75°E
90°E
105°E
50°N
40°N
30°N
20°N
北天山
谢列特
波什库尔
成吉思-塔尔巴哈台
科布丁
东萨彦
蒙古-鄂霍次克
蒙古(阿穆尔)
Pz1
北巴尔喀什
准噶尔
阿塔苏-扎姆施
古尔班赛汗
戈壁阿尔泰
曼达勒敖包
兴安
松辽
中天山
吐哈
南天山-3
北塔里木
中塔里木
南塔里木
敦煌
北山
阴山
阿拉善
中祁连
柴达木
鄂尔多斯
北秦岭
Pt1
北羌塘
松潘-甘孜
南羌塘
安多
义敦
南秦岭-大别
北拉萨
中拉萨
南拉萨
四川盆地
上扬子
九岭
湘北
西华夏
阿拉瓦利
辛格布姆
西缅
腾冲
思茅
三江
桂北
保山
临沧
云开
巴斯德尔
宅江
长山
越北
拉达克
-360 -200 -120 -80 -60 -40 -20 0 20 40 60 80 100 140 220 360 740 mGal/(°)

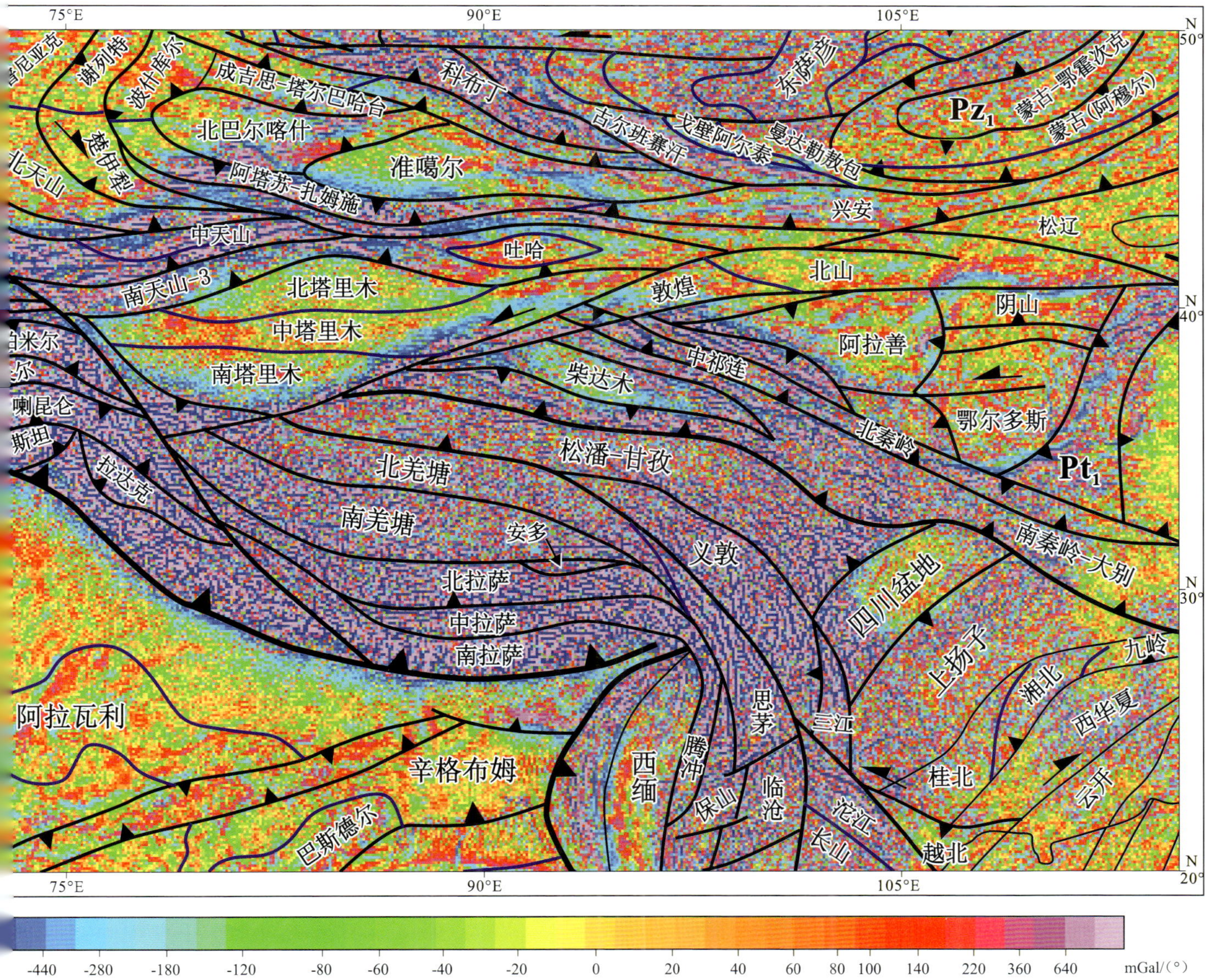
75°E
90°E
105°E
50°N
40°N
30°N
20°N
北天山
谢列特
波什库尔
成吉思-塔尔巴哈台
科布丁
东萨彦
蒙古-鄂霍次克
蒙古(阿穆尔)
Pz1
北巴尔喀什
准噶尔
阿塔苏-扎姆施
古尔班赛汗
戈壁阿尔泰
曼达勒敖包
兴安
松辽
中天山
吐哈
南天山-3
北塔里木
中塔里木
南塔里木
敦煌
北山
阴山
阿拉善
中祁连
柴达木
鄂尔多斯
北秦岭
Pt1
北羌塘
松潘-甘孜
南羌塘
安多
义敦
南秦岭-大别
北拉萨
中拉萨
南拉萨
四川盆地
上扬子
九岭
湘北
西华夏
阿拉瓦利
辛格布姆
西缅
腾冲
思茅
三江
桂北
保山
临沧
云开
巴斯德尔
宅江
长山
越北
拉达克
-440 -280 -180 -120 -80 -60 -40 -20 0 20 40 60 80 100 140 220 360 640 mGal/(°)

（图2-168）

青藏高原和伊朗高原垂向重力梯度图（VGG）

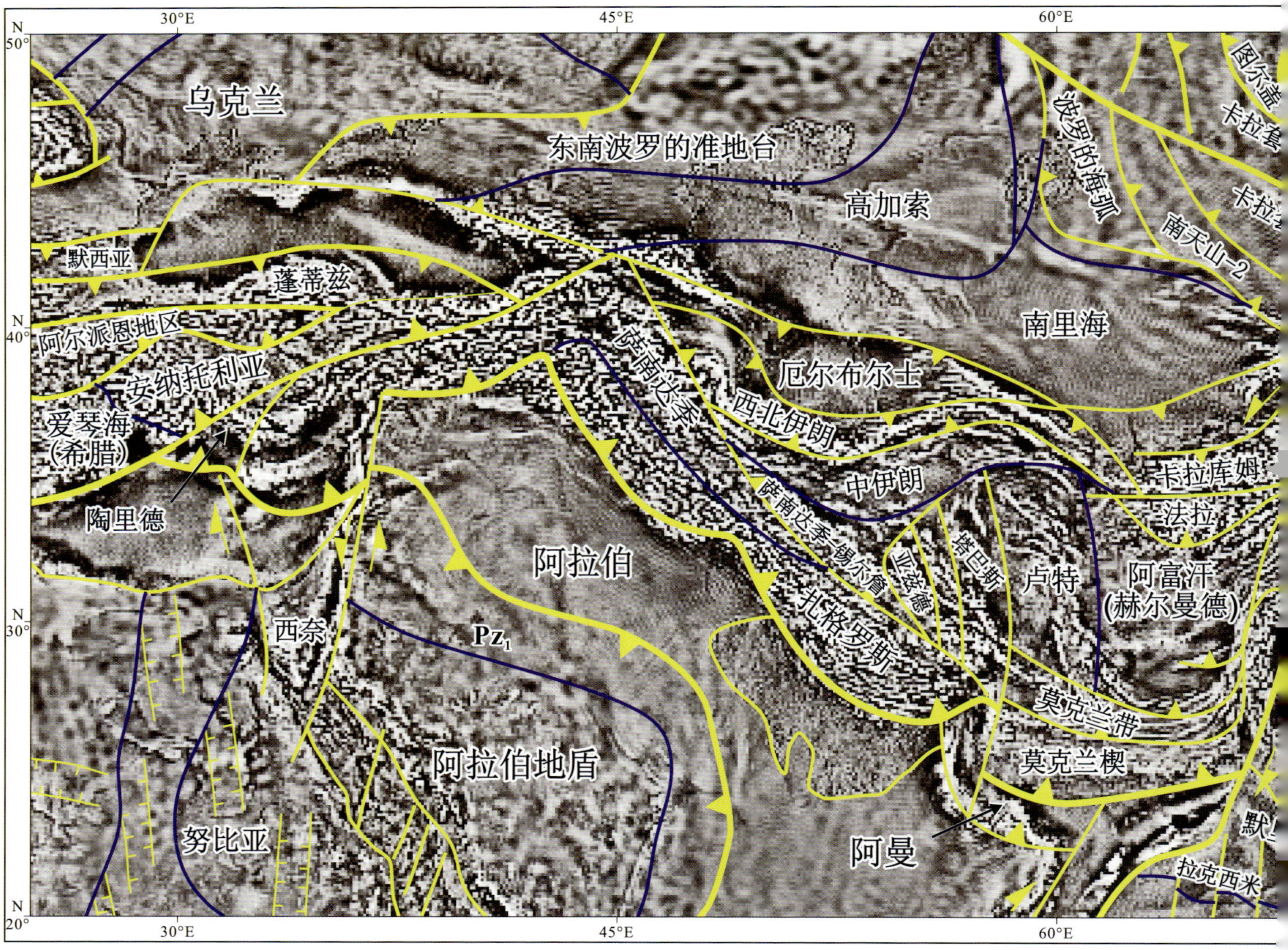

（图2-169）

青藏高原和伊朗高原布格重力异常图

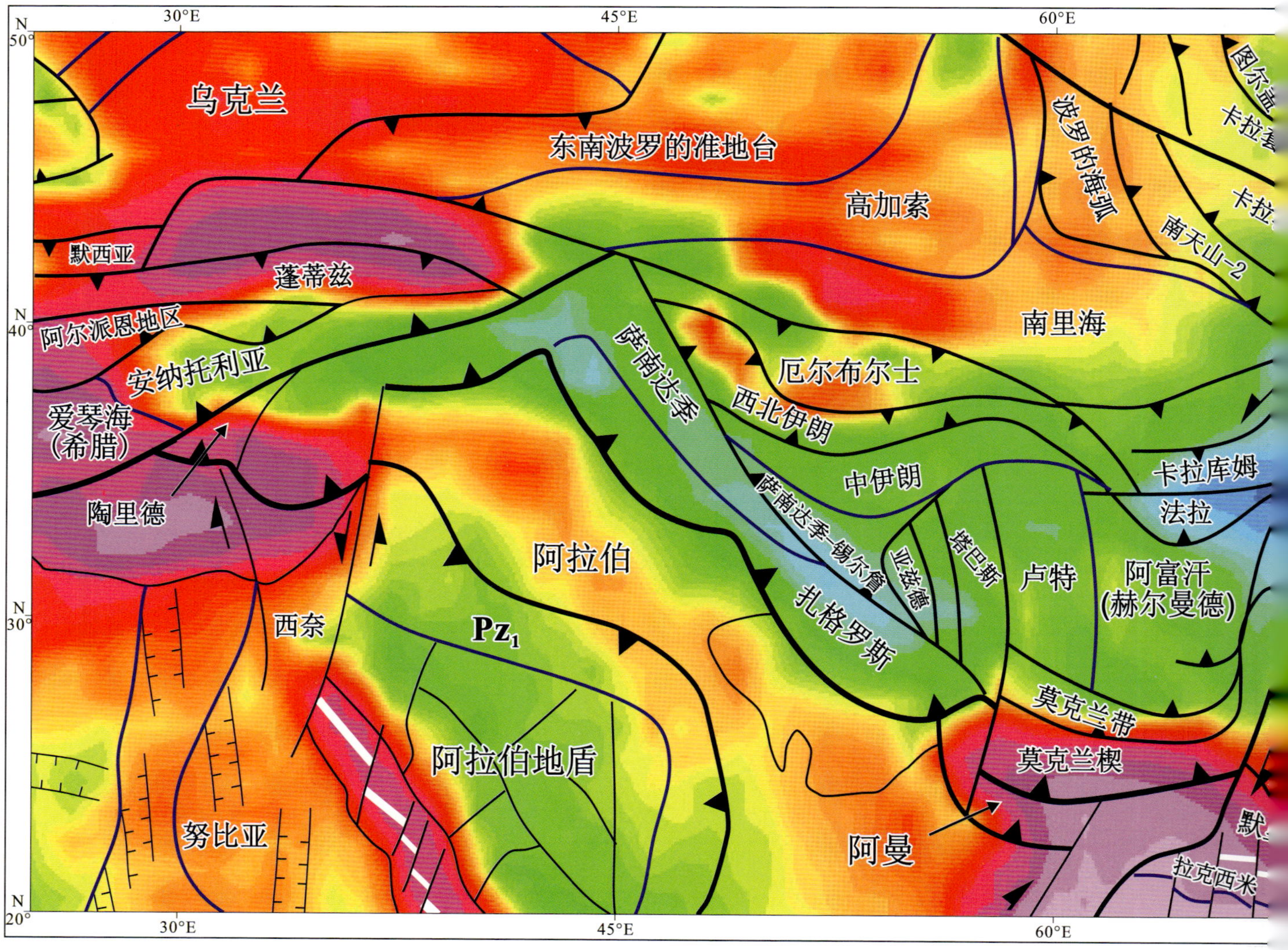

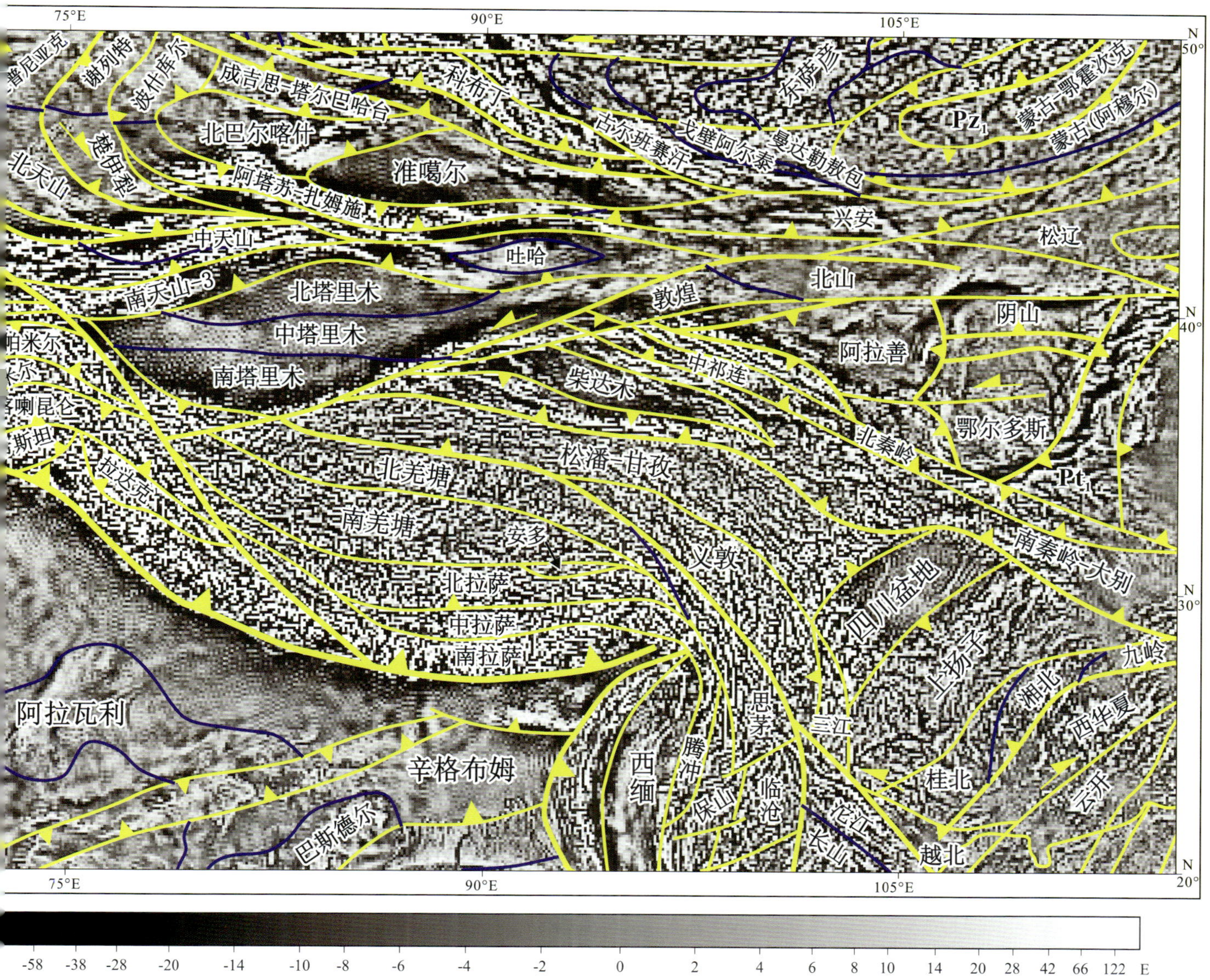
75°E
90°E
105°E
N 50°
N 40°
N 30°
N 20°
谢列特
波什库尔
成吉思-塔尔巴哈台
科布丁
东萨彦
蒙古-鄂霍次克
蒙古(阿穆尔)
Pz1
北巴尔喀什
准噶尔
古尔班赛汗
戈壁阿尔泰
曼达勒敖包
北天山
楚伊犁
阿塔苏-扎姆施
兴安
松辽
中天山
吐哈
北山
南天山-3
北塔里木
敦煌
阴山
中塔里木
阿拉善
南塔里木
柴达木
中祁连
鄂尔多斯
北秦岭
Pt1
拉达克
北羌塘
松潘-甘孜
南羌塘
安多
义敦
南秦岭-大别
北拉萨
四川盆地
中拉萨
南拉萨
上扬子
九岭
湘北
西华夏
阿拉瓦利
思茅
三江
辛格布姆
西缅
腾冲
保山
临沧
沱江
长山
桂北
云开
越北
巴斯德尔
-58 -38 -28 -20 -14 -10 -8 -6 -4 -2 0 2 4 6 8 10 14 20 28 42 66 122 E

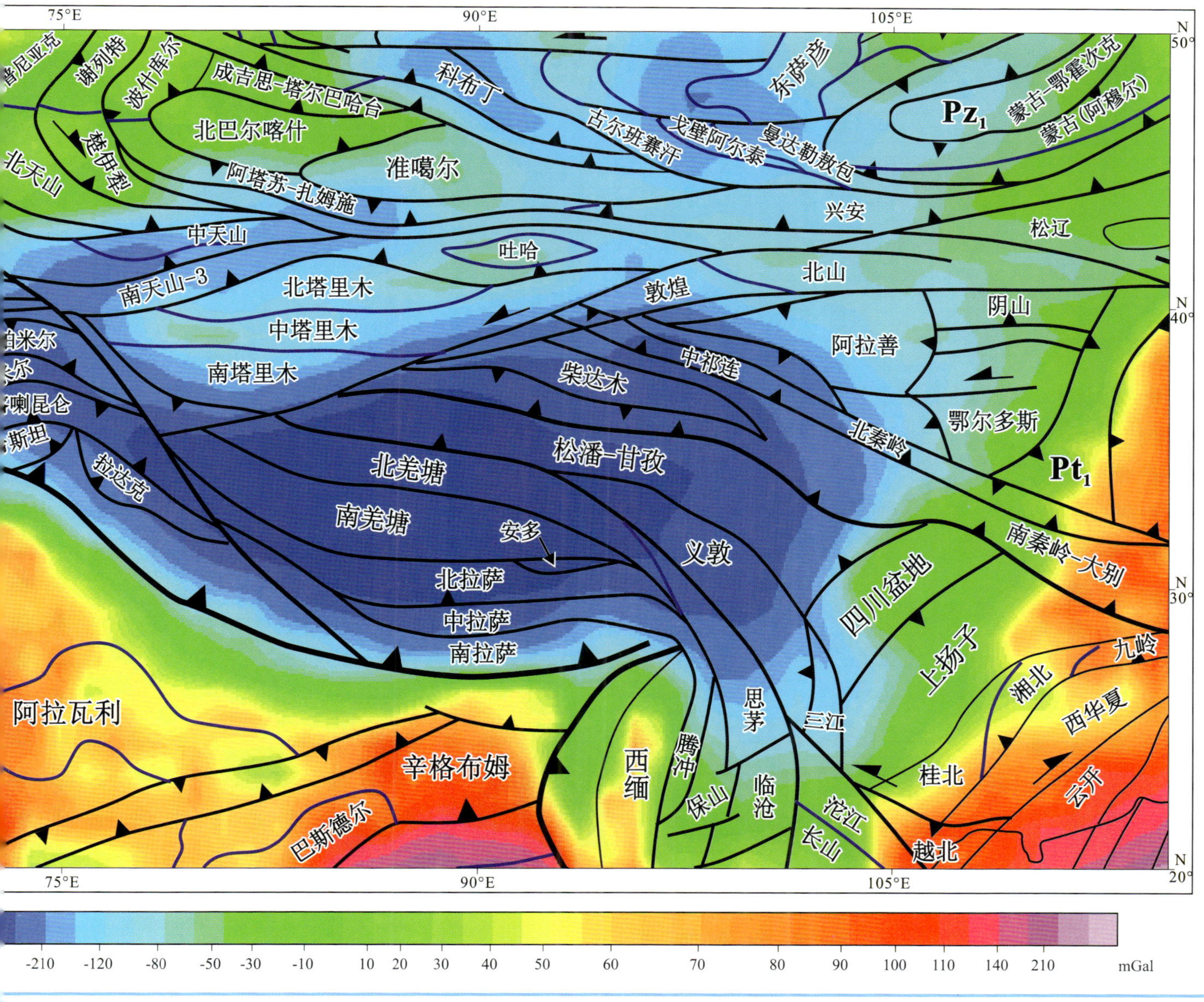
75°E
90°E
105°E
N 50°
N 40°
N 30°
N 20°
谢列特
波什库尔
成吉思-塔尔巴哈台
科布丁
东萨彦
蒙古-鄂霍次克
蒙古(阿穆尔)
Pz1
北巴尔喀什
准噶尔
古尔班赛汗
戈壁阿尔泰
曼达勒敖包
北天山
楚伊犁
阿塔苏-扎姆施
兴安
松辽
中天山
吐哈
北山
南天山-3
北塔里木
敦煌
阴山
中塔里木
阿拉善
南塔里木
柴达木
中祁连
鄂尔多斯
北秦岭
Pt1
拉达克
北羌塘
松潘-甘孜
南羌塘
安多
义敦
南秦岭-大别
北拉萨
四川盆地
中拉萨
南拉萨
上扬子
九岭
湘北
西华夏
阿拉瓦利
思茅
三江
辛格布姆
西缅
腾冲
保山
临沧
沱江
长山
桂北
云开
越北
巴斯德尔
-210 -120 -80 -50 -30 -10 10 20 30 40 50 60 70 80 90 100 110 140 210 mGal

（图2-170） 青藏高原和伊朗高原布格重力异常小波分解2阶逼

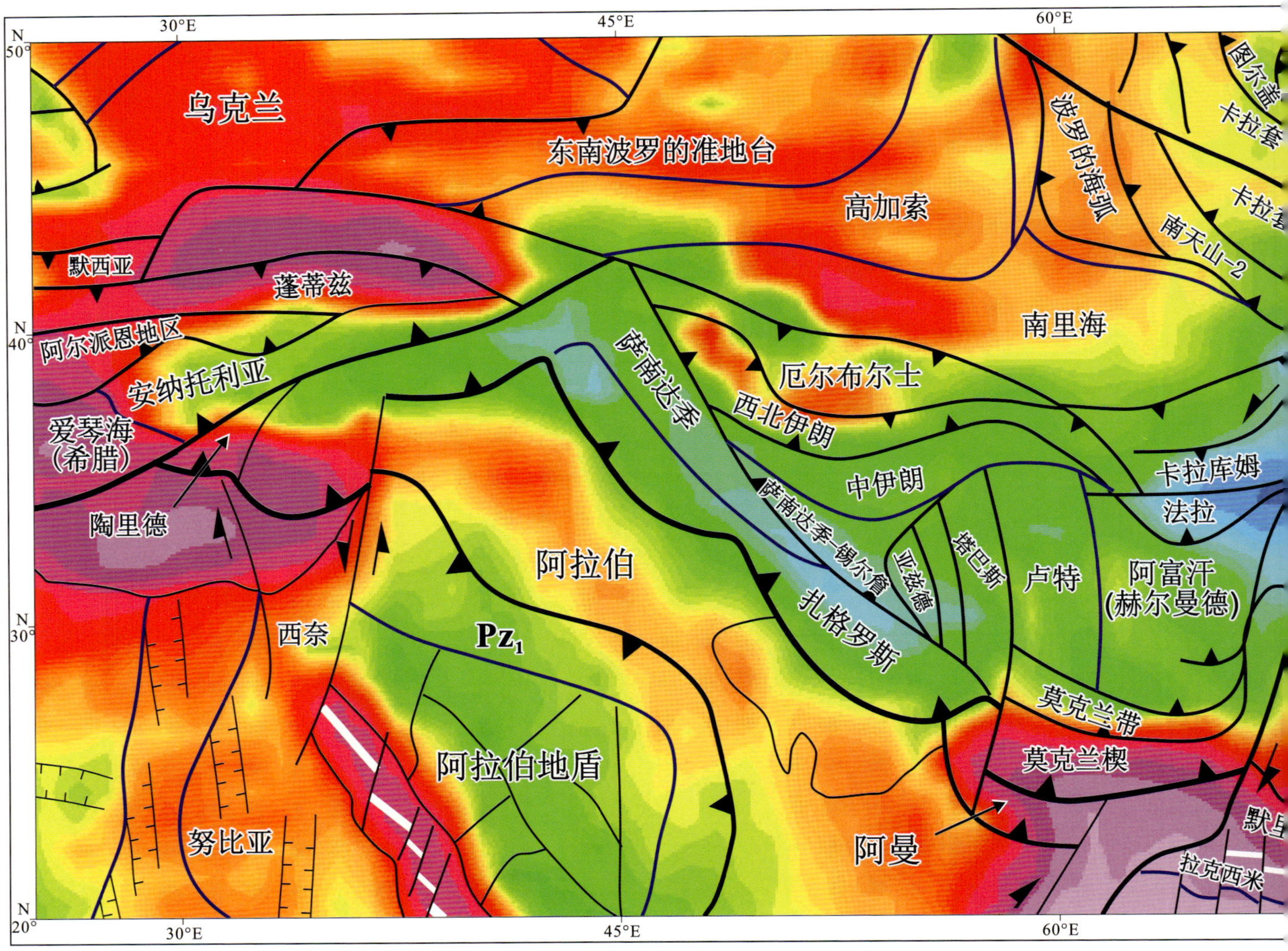

（图2-171） 青藏高原和伊朗高原布格重力异常小波分解4阶逼

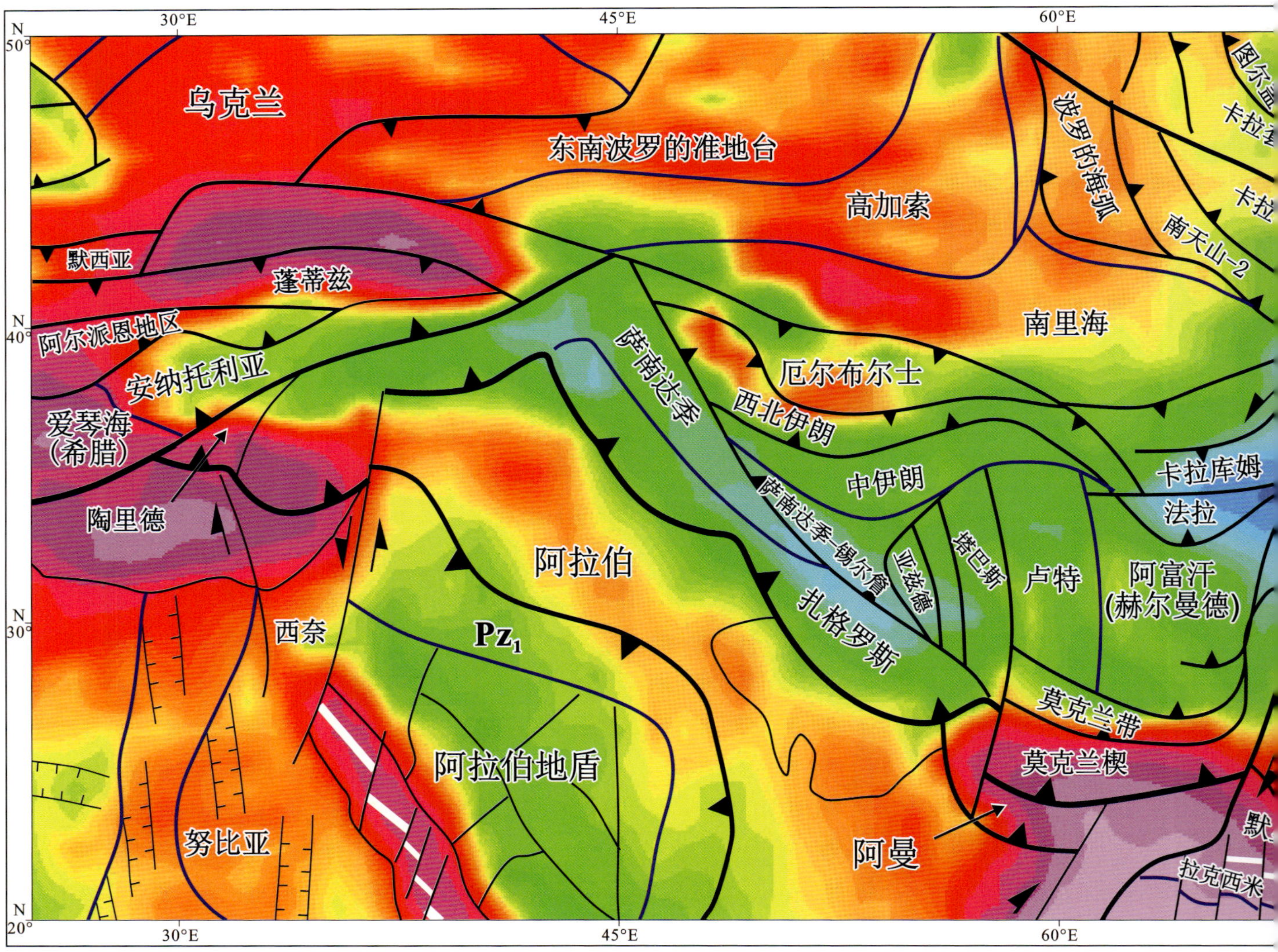

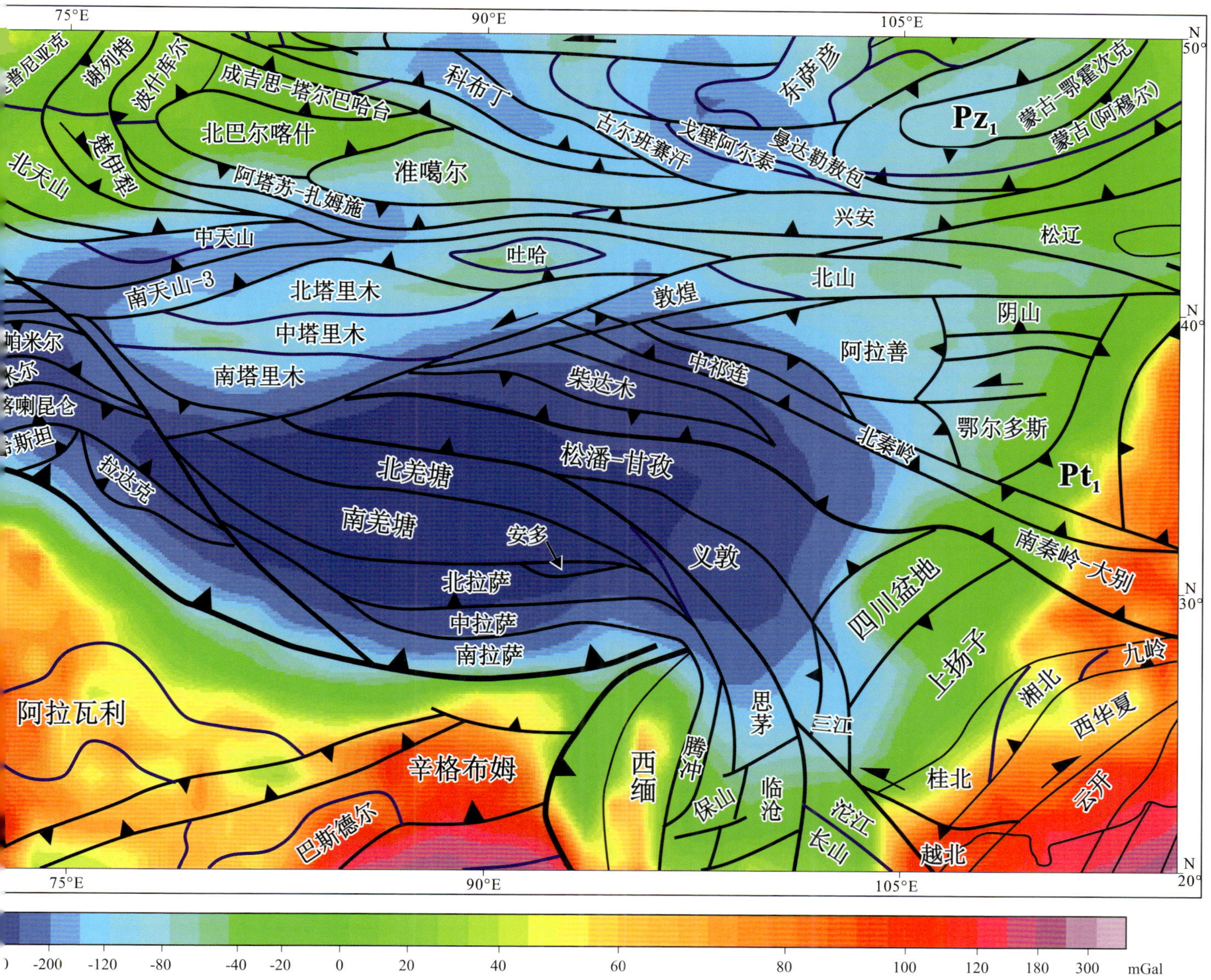
75°E
90°E
105°E
50°N
40°N
30°N
20°N
谢列特
波什库尔
成吉思-塔尔巴哈台
科布丁
东萨彦
Pz_1
蒙古-鄂霍次克
蒙古(阿穆尔)
古尔班赛汗
戈壁阿尔泰
曼达勒敖包
北巴尔喀什
楚伊犁
北天山
准噶尔
阿塔苏-扎姆施
兴安
松辽
中天山
吐哈
南天山-3
北塔里木
敦煌
北山
阴山
中塔里木
阿拉善
南塔里木
柴达木
中祁连
鄂尔多斯
北秦岭
拉达克
北羌塘
松潘-甘孜
Pt_1
南羌塘
安多
义敦
南秦岭-大别
北拉萨
四川盆地
中拉萨
南拉萨
上扬子
九岭
湘北
阿拉瓦利
思茅
三江
西华夏
辛格布姆
西缅
腾冲
桂北
保山
临沧
云开
巴斯德尔
沱江
长山
越北
-200
-120
-80
-40
-20
0
20
40
60
80
100
120
180
300
mGal

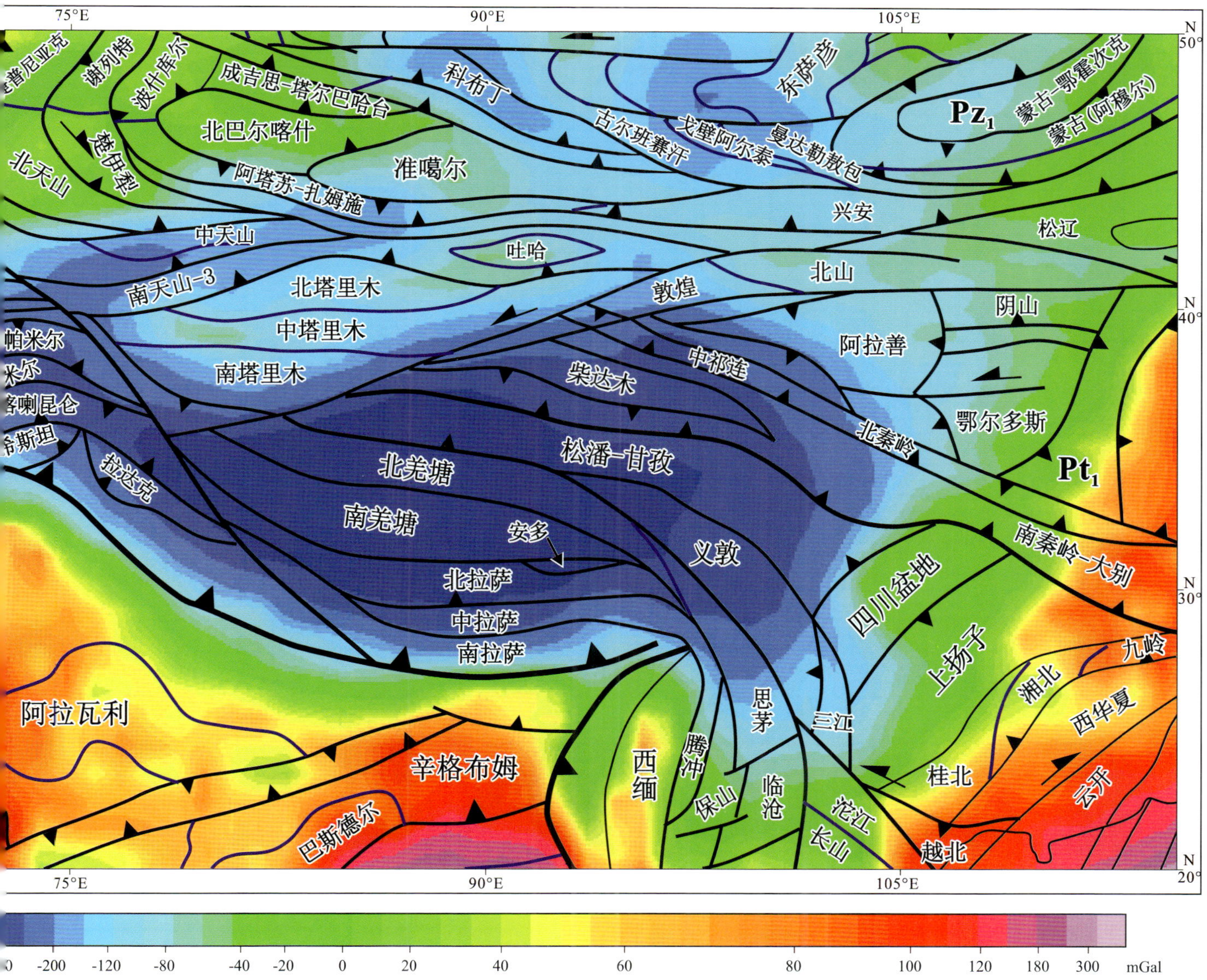
75°E
90°E
105°E
50°N
40°N
30°N
20°N
谢列特
波什库尔
成吉思-塔尔巴哈台
科布丁
东萨彦
Pz_1
蒙古-鄂霍次克
蒙古(阿穆尔)
古尔班赛汗
戈壁阿尔泰
曼达勒敖包
北巴尔喀什
楚伊犁
北天山
准噶尔
阿塔苏-扎姆施
兴安
松辽
中天山
吐哈
南天山-3
北塔里木
敦煌
北山
阴山
中塔里木
阿拉善
南塔里木
柴达木
中祁连
鄂尔多斯
北秦岭
拉达克
北羌塘
松潘-甘孜
Pt_1
南羌塘
安多
义敦
南秦岭-大别
北拉萨
四川盆地
中拉萨
南拉萨
上扬子
九岭
湘北
阿拉瓦利
思茅
三江
西华夏
辛格布姆
西缅
腾冲
桂北
保山
临沧
云开
巴斯德尔
沱江
长山
越北
-200
-120
-80
-40
-20
0
20
40
60
80
100
120
180
300
mGal

（图2-172） 青藏高原和伊朗高原布格重力异常小波分解6阶逼近

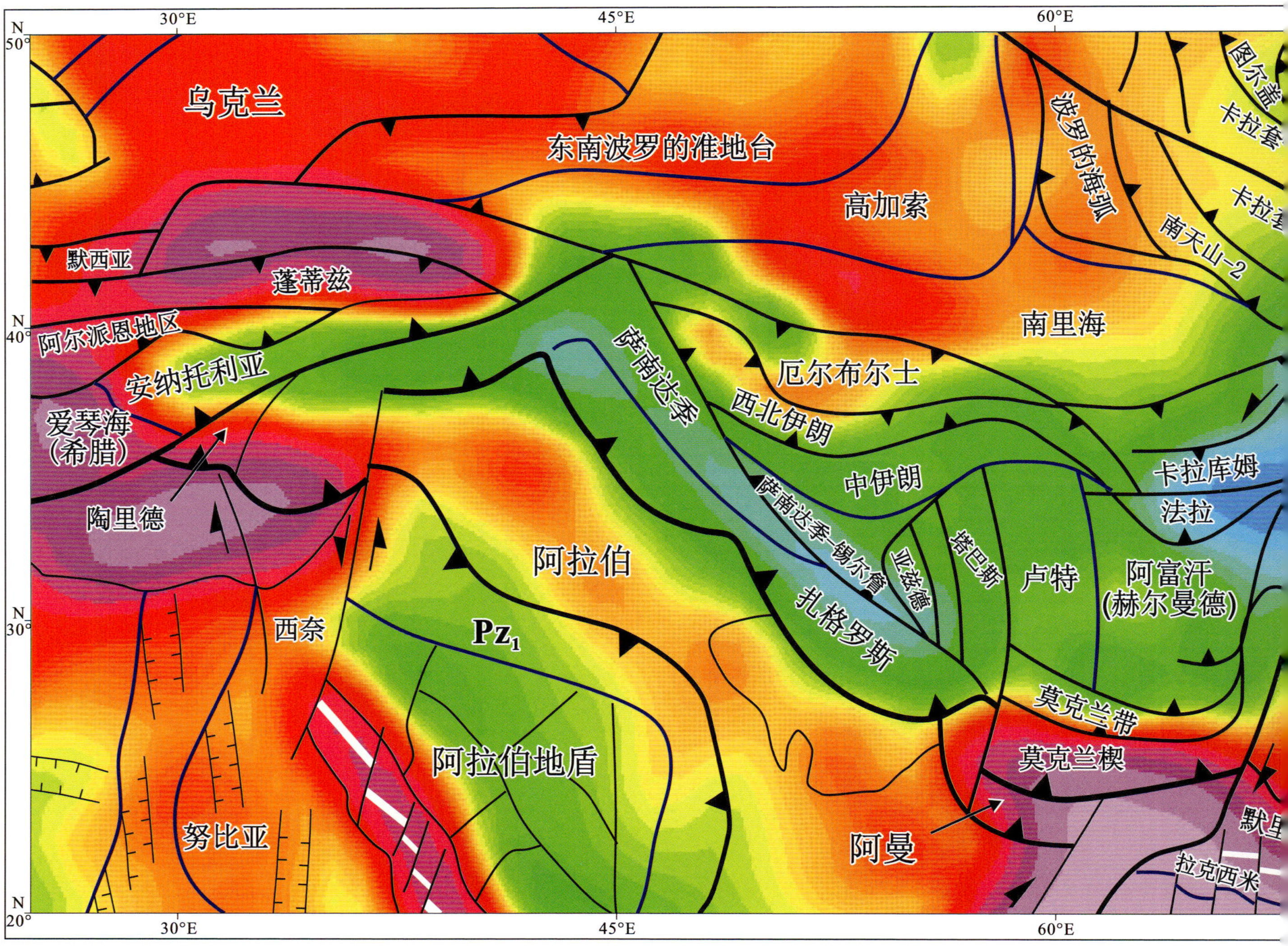

（图2-173） 青藏高原和伊朗高原布格重力异常小波分解2阶细节

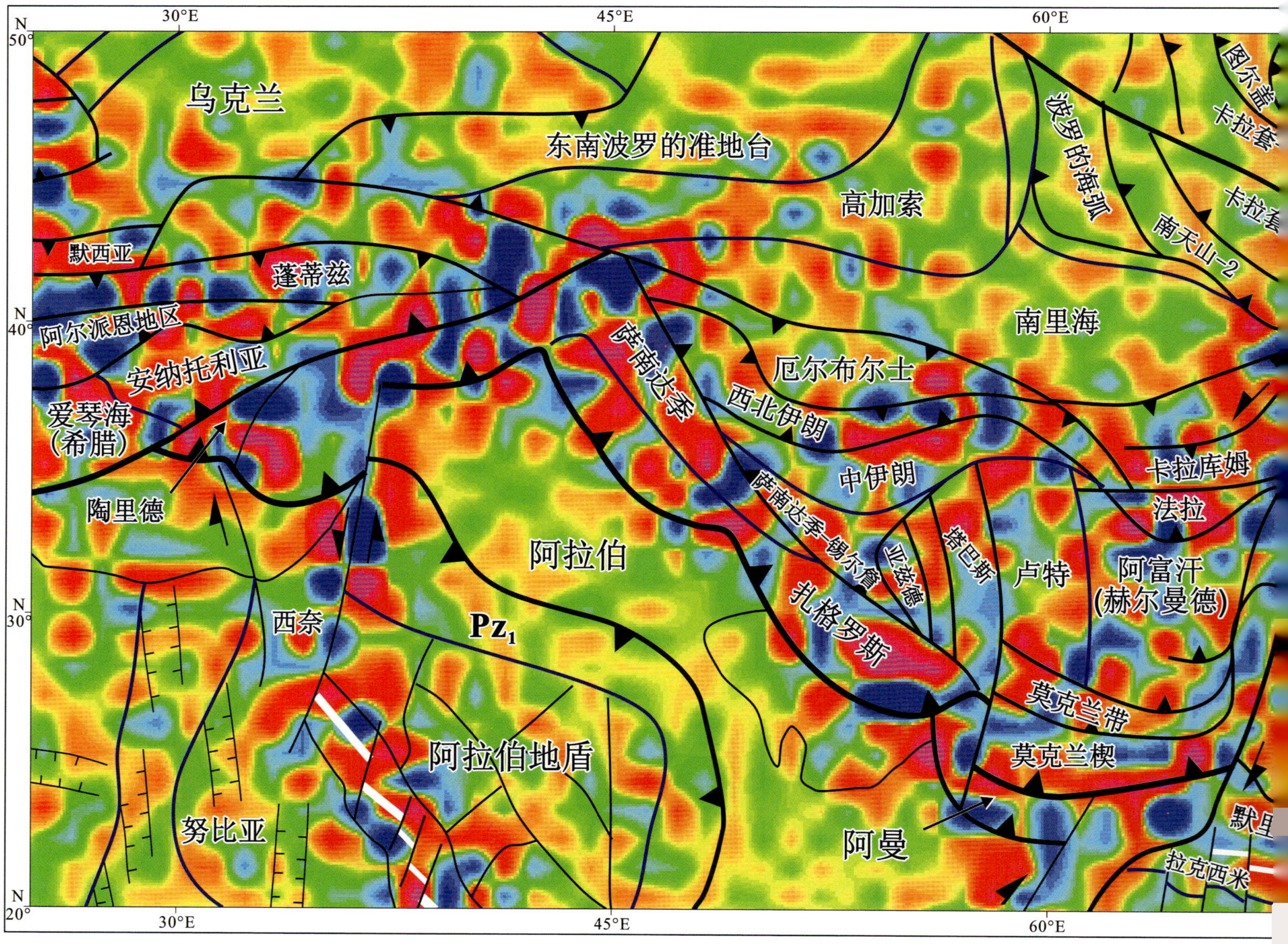

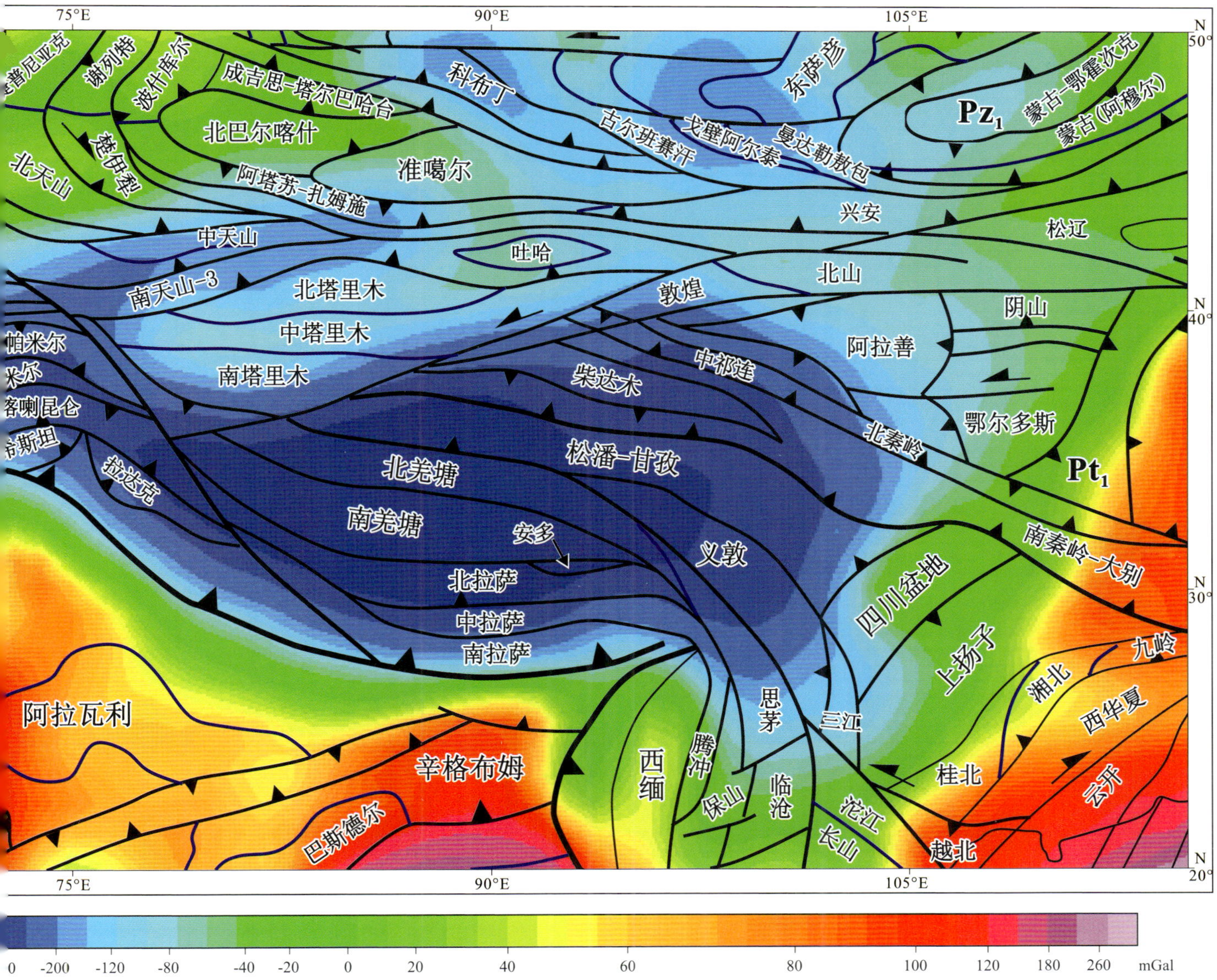

75°E
90°E
105°E
50°
40°
30°
20°
N
谢列特
波什库尔
成吉思–塔尔巴哈台
科布丁
东萨彦
Pz1
蒙古–鄂霍次克
蒙古（阿穆尔）
北巴尔喀什
准噶尔
古尔班赛汗
戈壁阿尔泰
曼达勒敖包
北天山
楚伊犁
阿塔苏–扎姆施
兴安
松辽
中天山
吐哈
北山
南天山-3
北塔里木
敦煌
阴山
中塔里木
南塔里木
柴达木
中祁连
阿拉善
鄂尔多斯
北秦岭
Pt1
拉达克
北羌塘
松潘–甘孜
南羌塘
安多
义敦
南秦岭–大别
北拉萨
中拉萨
南拉萨
四川盆地
上扬子
九岭
湘北
西华夏
阿拉瓦利
思茅
三江
辛格布姆
西缅
腾冲
保山
临沧
桂北
云开
巴斯德尔
沱江
长山
越北
0
-200
-120
-80
-40
-20
0
20
40
60
80
100
120
180
260
mGal

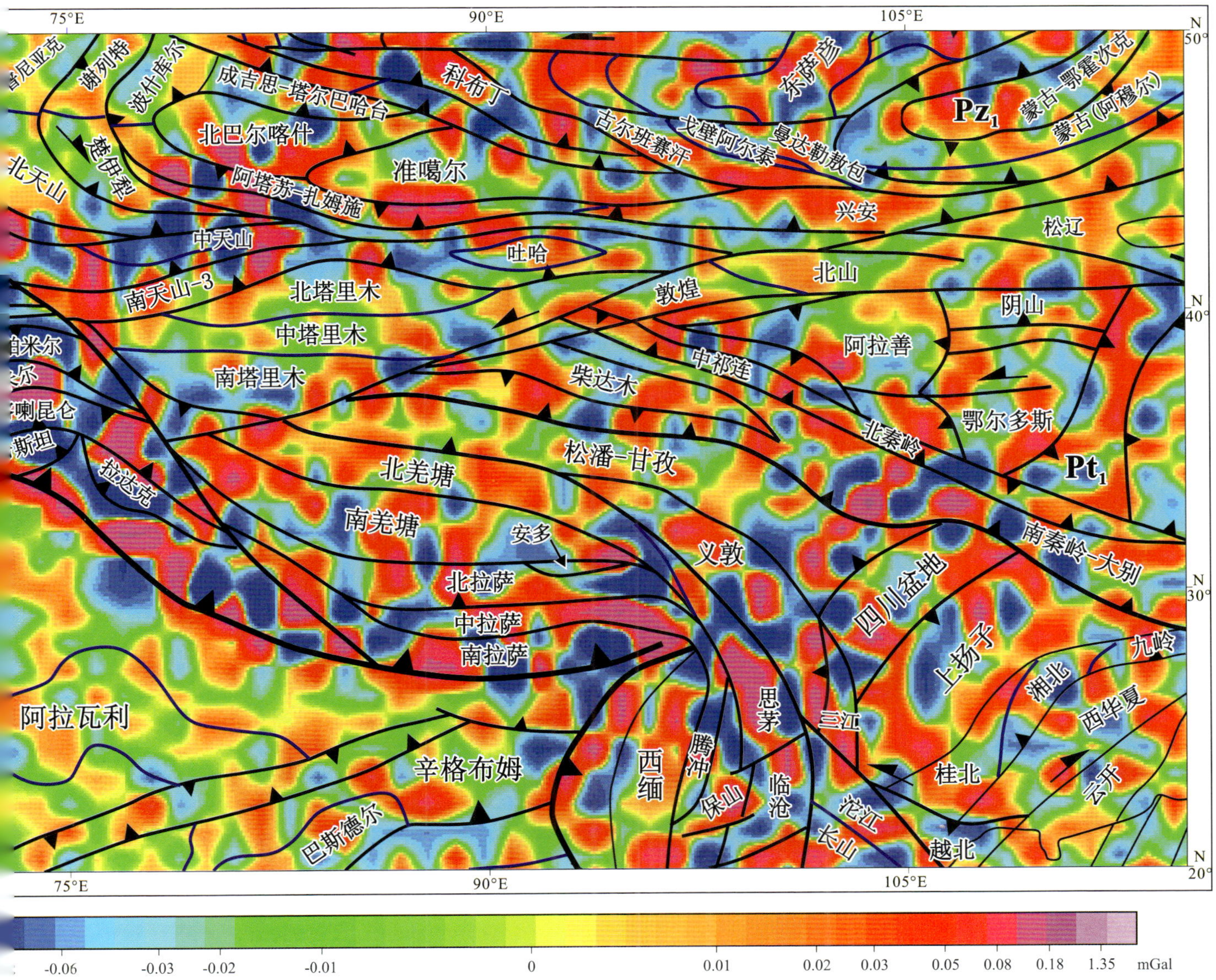

75°E
90°E
105°E
50°
40°
30°
20°
N
谢列特
波什库尔
成吉思–塔尔巴哈台
科布丁
东萨彦
Pz1
蒙古–鄂霍次克
蒙古（阿穆尔）
北巴尔喀什
准噶尔
古尔班赛汗
戈壁阿尔泰
曼达勒敖包
北天山
楚伊犁
阿塔苏–扎姆施
兴安
松辽
中天山
吐哈
北山
南天山-3
北塔里木
敦煌
阴山
中塔里木
南塔里木
柴达木
中祁连
阿拉善
鄂尔多斯
北秦岭
Pt1
拉达克
北羌塘
松潘–甘孜
南羌塘
安多
义敦
南秦岭–大别
北拉萨
中拉萨
南拉萨
四川盆地
上扬子
九岭
湘北
西华夏
阿拉瓦利
思茅
三江
辛格布姆
西缅
腾冲
保山
临沧
桂北
云开
巴斯德尔
沱江
长山
越北
-0.06
-0.03
-0.02
-0.01
0
0.01
0.02
0.03
0.05
0.08
0.18
1.35
mGal

（图2-174） 青藏高原和伊朗高原布格重力异常小波分解4阶细

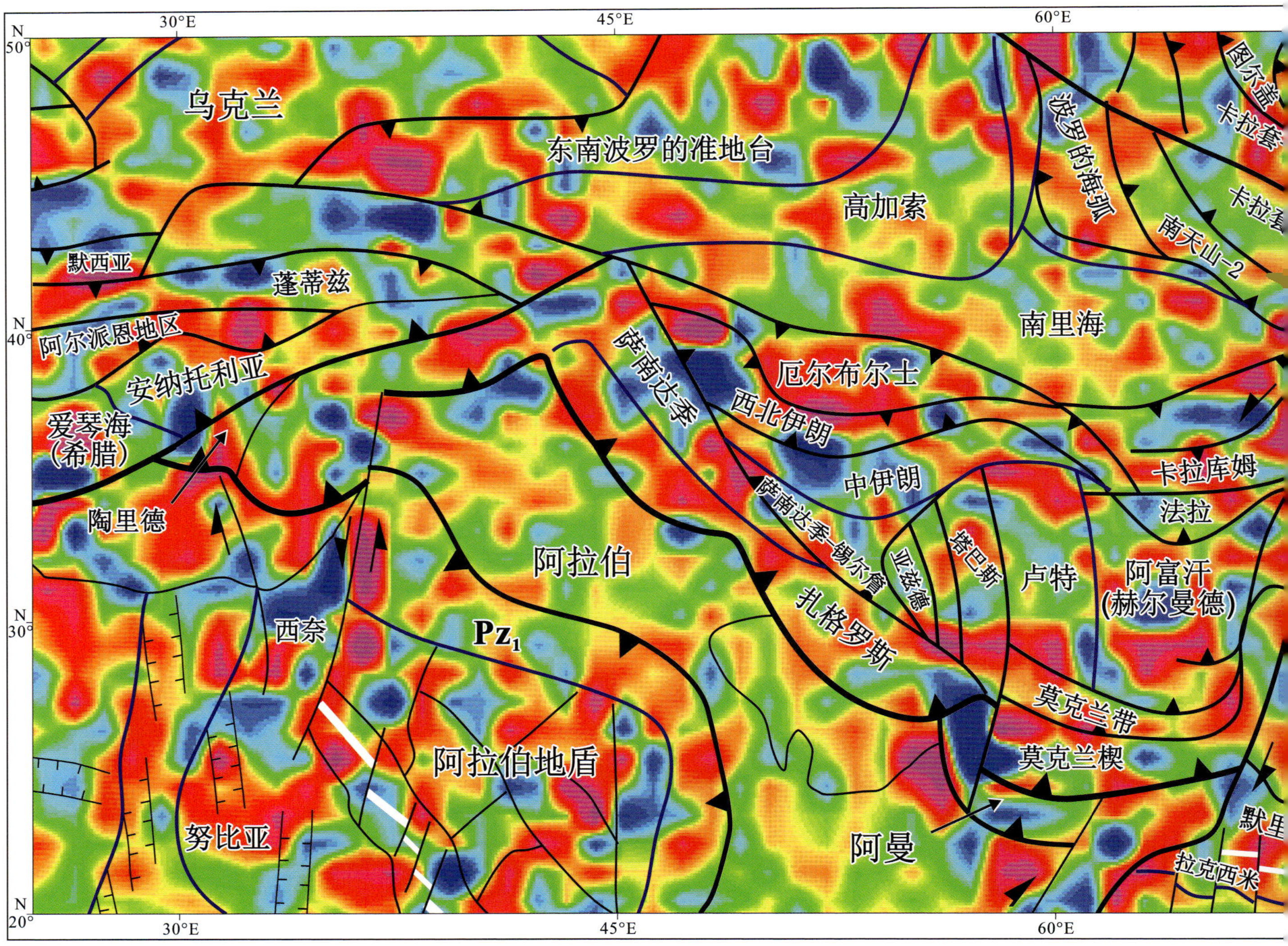

（图2-175） 青藏高原和伊朗高原布格重力异常小波分解6阶细

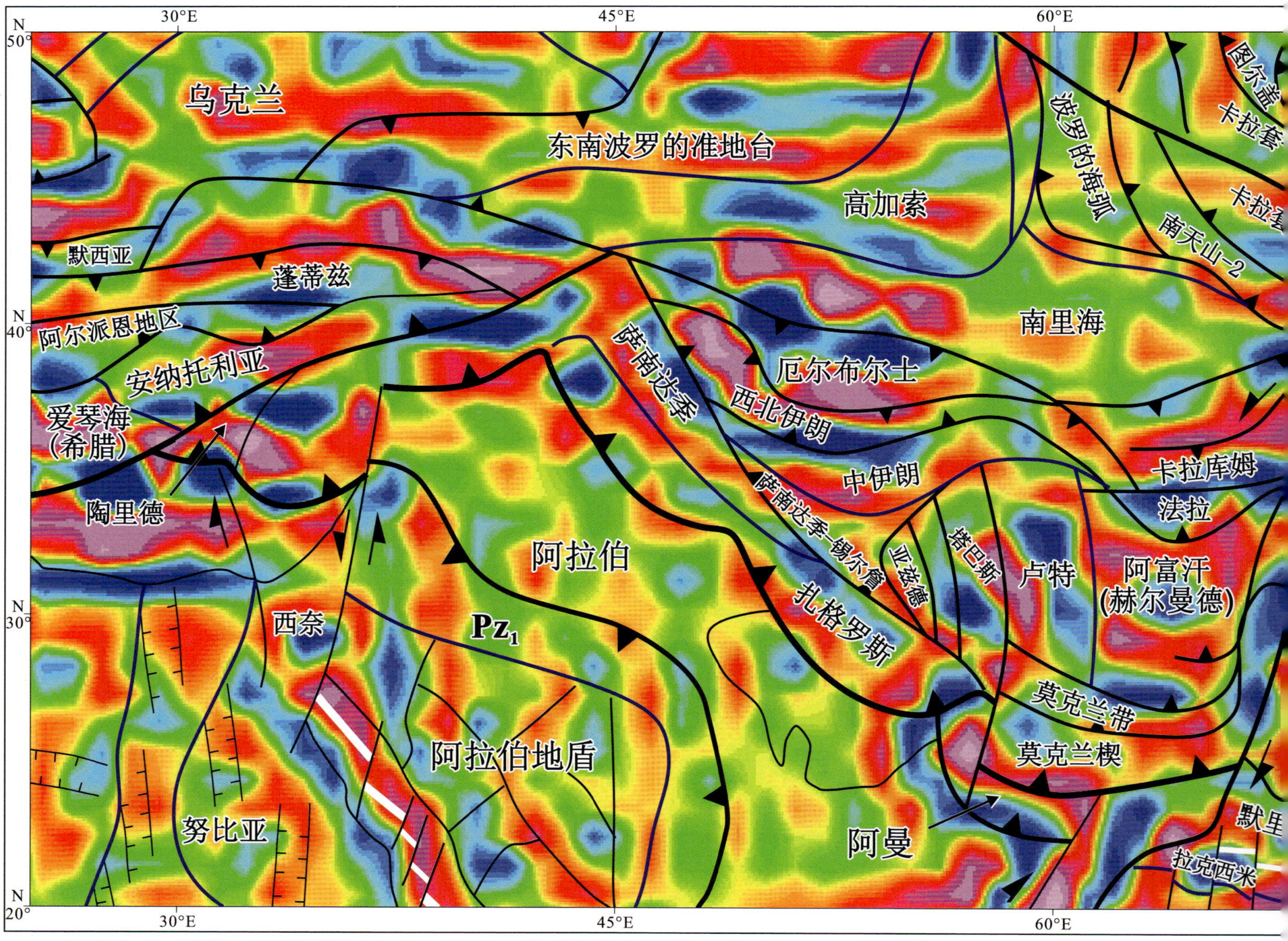

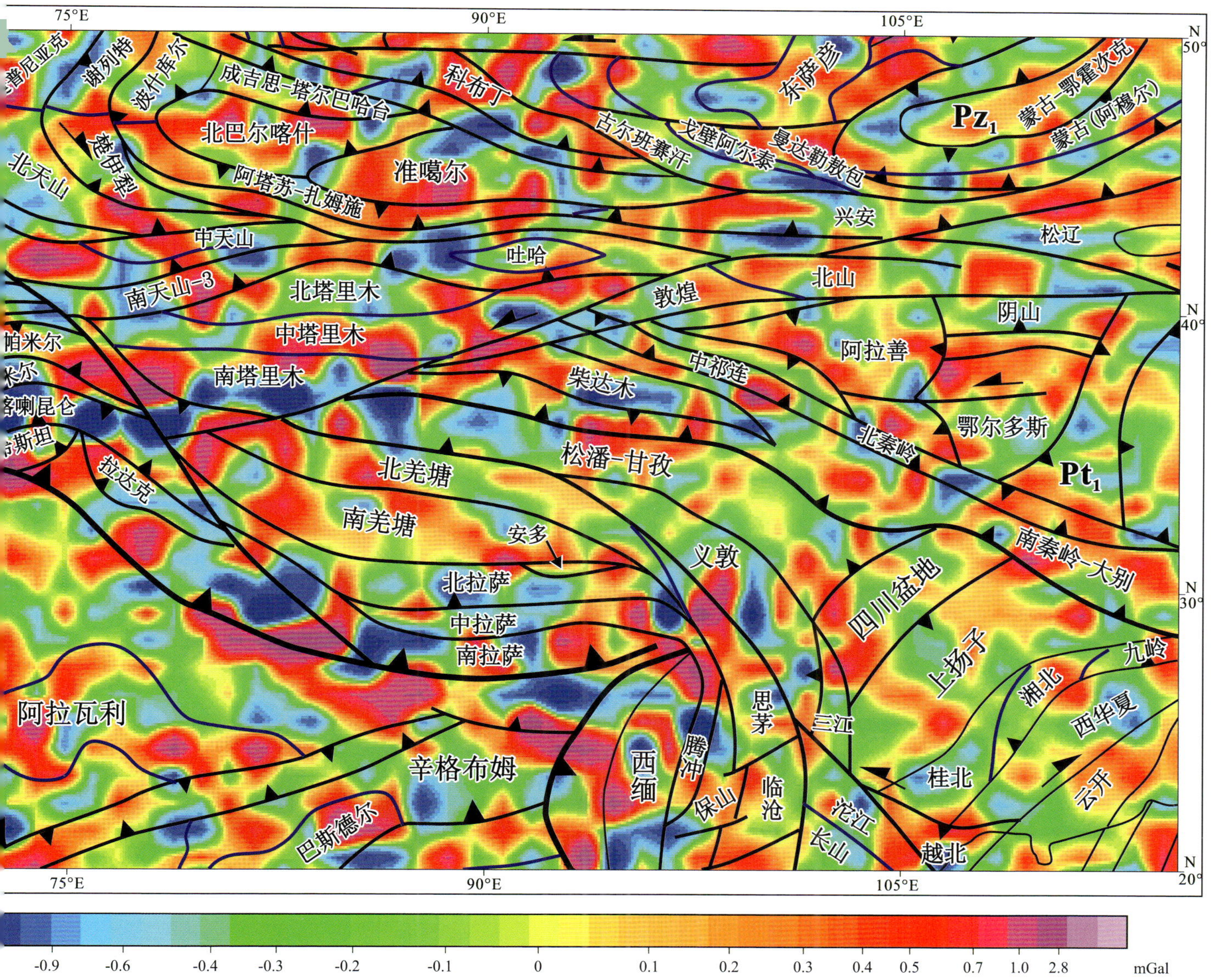

75°E
90°E
105°E
50°N
40°N
30°N
20°N
谢列特
波什库尔
成吉思-塔尔巴哈台
科布丁
东萨彦
蒙古-鄂霍次克
蒙古(阿穆尔)
Pz_1
北巴尔喀什
准噶尔
古尔班赛汗
戈壁阿尔泰
曼达勒敖包
北天山
楚伊犁
阿塔苏-扎姆施
兴安
松辽
中天山
吐哈
南天山-3
北塔里木
北山
敦煌
阴山
中塔里木
阿拉善
南塔里木
中祁连
柴达木
鄂尔多斯
北秦岭
松潘-甘孜
Pt_1
拉达克
北羌塘
南羌塘
安多
义敦
南秦岭-大别
北拉萨
中拉萨
南拉萨
四川盆地
上扬子
九岭
湘北
西华夏
阿拉瓦利
思茅
三江
辛格布姆
西缅
腾冲
临沧
保山
桂北
云开
沱江
长山
巴斯德尔
越北
-0.9
-0.6
-0.4
-0.3
-0.2
-0.1
0
0.1
0.2
0.3
0.4
0.5
0.7
1.0
2.8
mGal

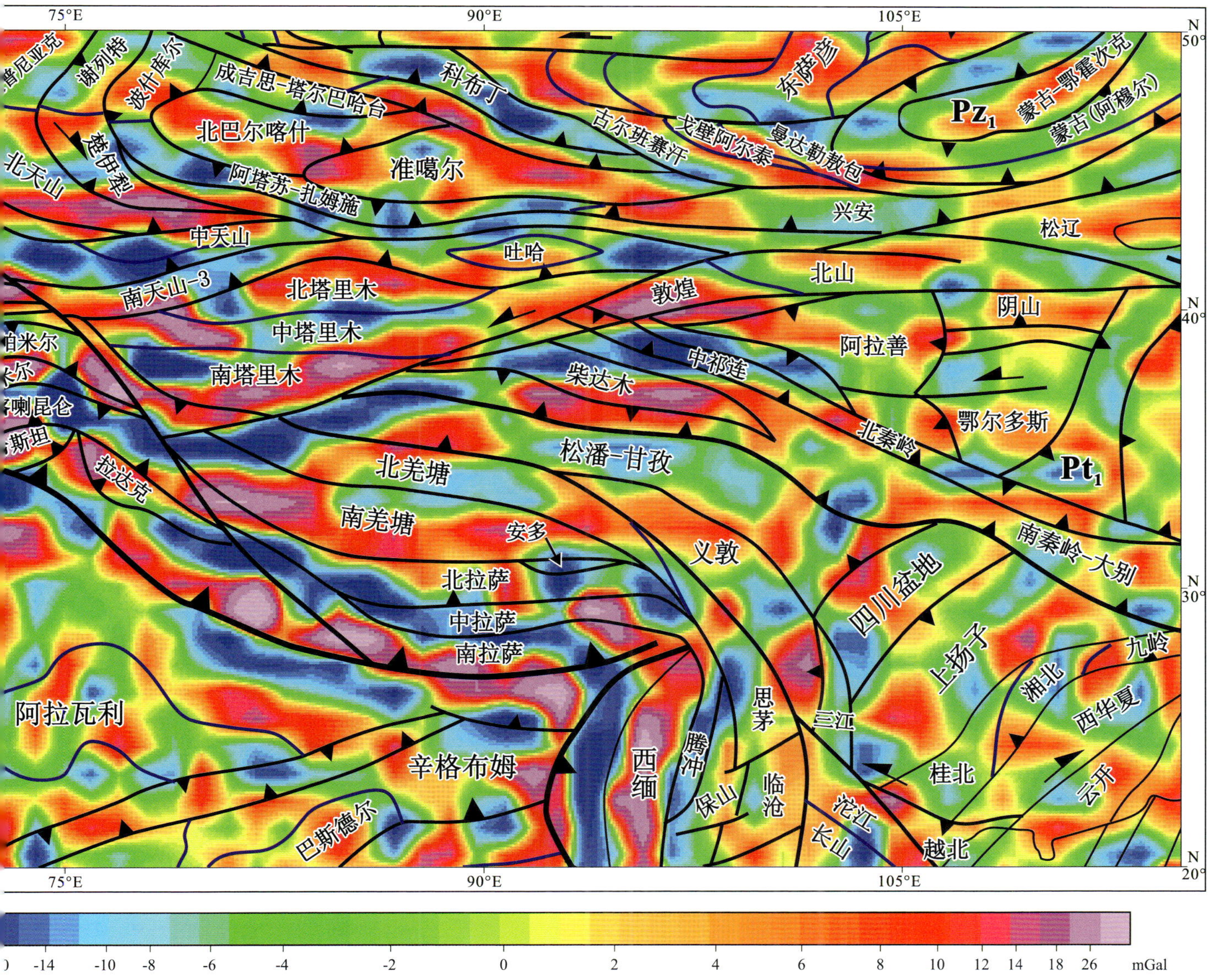

75°E
90°E
105°E
50°N
40°N
30°N
20°N
谢列特
波什库尔
成吉思-塔尔巴哈台
科布丁
东萨彦
蒙古-鄂霍次克
蒙古(阿穆尔)
Pz_1
北巴尔喀什
准噶尔
古尔班赛汗
戈壁阿尔泰
曼达勒敖包
北天山
楚伊犁
阿塔苏-扎姆施
兴安
松辽
中天山
吐哈
南天山-3
北塔里木
北山
敦煌
阴山
中塔里木
阿拉善
南塔里木
中祁连
柴达木
鄂尔多斯
北秦岭
松潘-甘孜
Pt_1
拉达克
北羌塘
南羌塘
安多
义敦
南秦岭-大别
北拉萨
中拉萨
南拉萨
四川盆地
上扬子
九岭
湘北
西华夏
阿拉瓦利
思茅
三江
辛格布姆
西缅
腾冲
临沧
保山
桂北
云开
沱江
长山
巴斯德尔
越北
-14
-10
-8
-6
-4
-2
0
2
4
6
8
10
12
14
18
26
mGal

（1）数据来源

由于磁异常记录了岩石形成时的磁场特征，因此磁异常也是地球动力学和区域构造演化研究，特别是洋底微洋块识别的重要证据支撑。磁异常的强弱与磁性体之间的相对位置有关，磁异常强弱的定义是：在作用于点偶极子的磁场中，将点偶极子从一个位置移动到另一个位置所做的功。地球的静磁场绝大部分时间呈现二极子的状态，是由于外核中的液态铁流动而产生的。地壳含铁矿物在形成时当温度降到居里温度以下会按照地球磁场的方向排列从而发生磁化而具有磁性，但是由于磁化率的差异，地磁场随地质时间发生变化（比如磁极倒转），构造事件导致的熔融或变质作用，以及板块相对于磁极位置的移动，不同时代和性质的岩石通常会具有磁力异常差异。这些差异反映了地下地质体、地质构造的物理化学性质或运动轨迹，因此，磁力异常场是解决地质问题的一种有效方法。磁异常解释的前提是目标地质体和围岩之间存在磁化率（或剩磁）的差异，地质上可应用于探测矿产、洞穴、微板块等地质体和地下构造的几何形状等（Mishra，2011； Zhang et al.，2018；Huang et al.，2018）

本图集采用的磁异常数据为地球磁异常（EMAG2，Earth Magnetic Anomaly Grid）数据，2009 年 3 月该数据由美国国家地理数据中心（National Geographic Data Center，NGDC，https://www.ngdc.noaa.gov）发布，由卫星、航空和船舶磁测量数据汇编而成，换算高度为 4 km，空间分辨率为 2 弧分（约 3.7 km）（Maus et al.，2009）。

（2）方法原理

A. 磁异常化极处理

海底磁异常的形状受磁性源磁化时的磁倾角和磁偏角、区域地球磁场的磁倾角和磁偏角以及相对于地磁北极磁源体的方向的影响。为简化这种磁异常形状，Baranov（1957）、Baranov 和 Naudy（1964）提出一种数学方法，即化极（reduction to the pole，RTP）。这种方法将观测到的磁异常转换为假定磁化和背景场都是垂直于观测到的磁异常，正如在地磁极观测到的磁异常。为了消除由于磁化场的倾角和偏角引起的磁异常形状的不对称性，也就是去掉纬度和磁性源走向对磁异常的影响，此时即需要进行化极处理 (Blakely and Cox，1972； Emilia and Heinrichs，1972；Schouten and McCamy，1972)。

一种简单的化极方法（Schouten and Cande，1976）是在频率域内乘以一个相位滤波算子 $e^{-i\theta}$，其中 $\theta=\Gamma+\Gamma_R-180$，这里 Γ 和 Γ_R 分别为背景场也就是地球磁场和剩余磁化矢量的有效磁倾角。有效磁倾角是矢量投影到垂直于磁性源的走向的倾角，这个参数可以去掉 θ 中的现在磁场的磁偏角（D）、剩磁偏角（D_R）和磁性源走向（A）这三个参数的影响。其中，坐标轴的 x 轴正向垂直于磁性层走向，z 轴正向垂直向下，N 为地磁北极。磁性源的走向是指地磁北极和顺时针到 x 轴正向之间的角度，则地球磁场和剩余磁化的有效倾角分别为

$$\tan\Gamma=\tan I/\sin(A-D)$$

$$\tan\Gamma_R=\tan I_R/\sin(A-D_R)$$

这个相位 θ 与磁性层的深度、厚度以及磁化强度都无关，只取决于背景场和剩磁的方向以及磁性层的走向。RTP 算子在低纬度非常不稳定，当磁源体走向和地磁倾角接近零时，RTP 算子出现奇异值。

为解决这个问题，很多学者提出等效源反演 / 压制噪声干扰的维纳滤波 / 高阻方向滤波等不同方法进行研究。Leu（1982）建议低纬度的磁异常化到赤道上而不是两极，这种方法可以克服不稳定性，但是磁异常的形状很难解释。

本章磁化极数据来源于 WDMAM（http://projects.gtk.fi/WDMAM）。除了作磁化极处理外，该数据集还在缺失航磁测量和船测数据区域填补了中距地球轨道卫星测量数据。

B. 磁异常向上延拓处理

向上延拓是指根据地面观测到的磁异常计算高于地面某一高度处的异常值。向上延拓压制高频异常，从而突出低频异常。也就是说，磁异常会随着延拓高度的增大而急剧衰减，而衰减速度主要取决于两个影响因素，即地质体的大小和埋藏深度。地质体体积和埋藏深度越大，异常衰减越慢，反之越快。向上延拓就是压制浅表引起磁异常的因素，突出区域性因素。此外，磁异常的变化与岩石磁性密切相关，通常火成岩磁性较高，由此可判断与断裂活动或俯冲活动相关的岩浆活动。磁异常向上延拓处理公式如下：

$$T(x,y,z)=\int_{-\infty}^{+\infty}\int_{-\infty}^{+\infty}S_T(u,v,0)\mathrm{e}^{2\pi\sqrt{u^2+v^2}\cdot z}\mathrm{e}^{2\pi i(ux+uy)}\,\mathrm{d}u\,\mathrm{d}v$$

式中，$T(x, y, z)$ 为磁场在某一位置的异常值；u 和 v 分别是 x 和 y 方向上的圆频率；z 为延拓高度，i 为 $S_T(u, v, 0)$ 的异常频谱。

因此，根据 $z=0$ 平面上的磁场值，求出它的傅里叶变换 $S_T(u, v, 0)$，由它乘以延拓因子 $\mathrm{e}^{2\pi\sqrt{u^2+v^2}\cdot z}$（$-\infty<z<H$，$z<0$ 时为向上延拓），然后通过反傅里叶变换就能求出 $z<H$ 空间内的磁场表达式。

C. 磁异常垂向一阶导数、斜导数及斜导数总水平导数处理

因为断裂或者微板块边界在重磁异常场中常常表现为梯度带，所以在方向导数场中会表现为极值，因此方向导数在识别微板块边界或者断裂带过程中非常

如古老地盾、沉积盆地和俯冲带等。磁异常能够明显地表现出陆地上重要的大型克拉通的平面分布特征，包括西伯利亚克拉通、波罗的克拉通、华北克拉通、塔里木克拉通、北美克拉通以及澳大利亚克拉通。在图 3-1 中，克拉通表现为磁性较为稳定和较强的区域，并与周围区域有明显的磁异常差异。在海域，磁异常呈条带状分布，平行于洋中脊轴以及洋壳年龄等时线，称之为海底磁异常条带，反映了洋壳的增生、扩张过程的时空演变，如扩张阶段及其方向变化等。

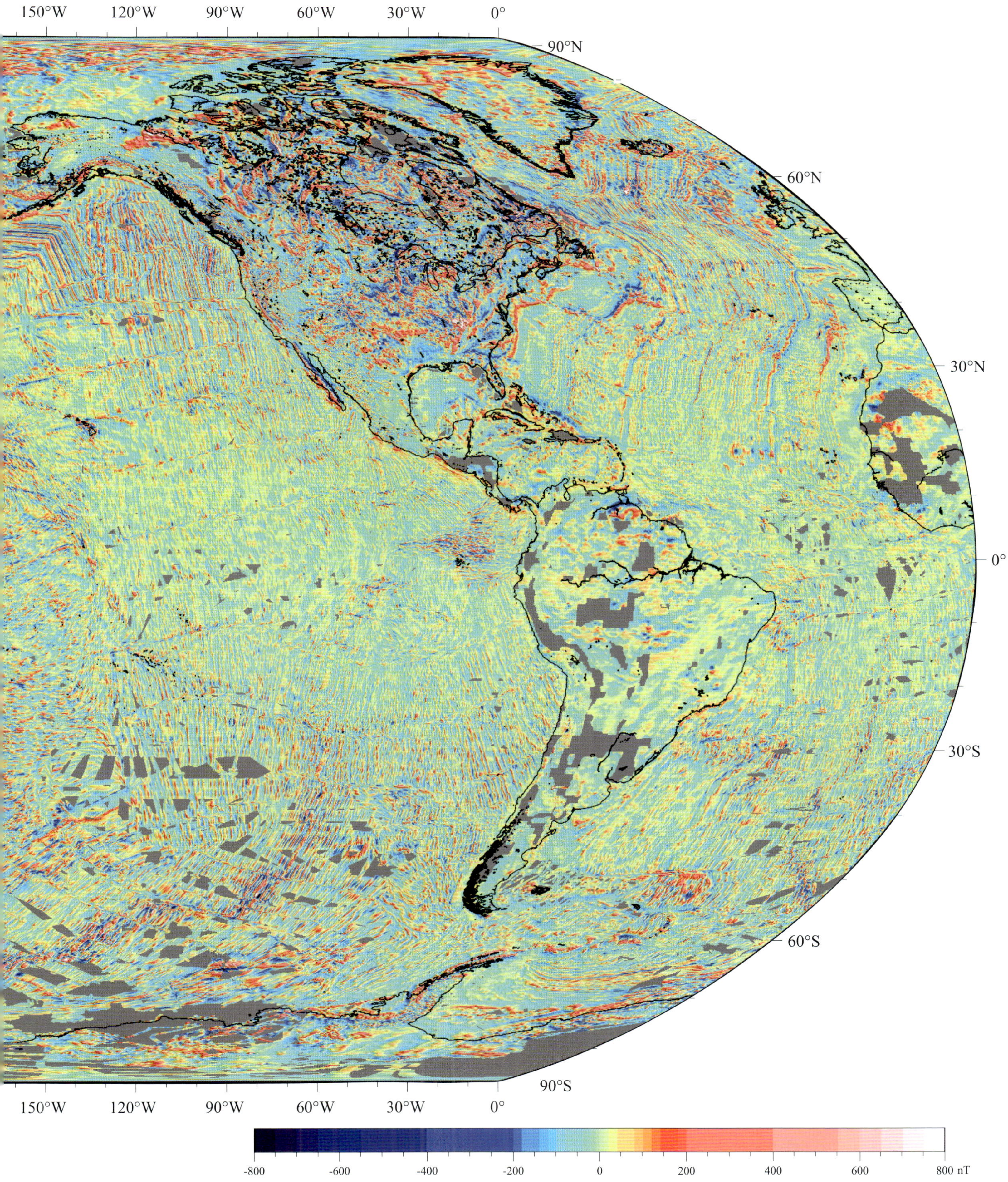

（2）断裂特征

断裂在磁异常图上也有明显的显示。海底转换断层及破碎带、陆地活动断裂在全球广泛分布，其长度有长有短，长的可达数百至数千千米。世界上著名的活动断裂有圣安德烈斯断层、安纳托利亚断层、阿尔派恩断层、塔拉斯－费尔干纳断层、菲律宾大断层、日本中央构造线以及中国的阿尔金断裂、红河断裂、龙门山断裂、郯庐断裂等。它们常引发强烈的地震活动灾害。全球活动断裂分布图显示，活动断裂形成的大地构造背景主要包括三类：①全球各主要的大板块边界，洋中脊附近的转换断层以及大板块之间的碰撞造山带（如阿尔卑斯－扎格罗斯－喜马拉雅造山带），均可

（图3-2）

全球磁化极异常分布图

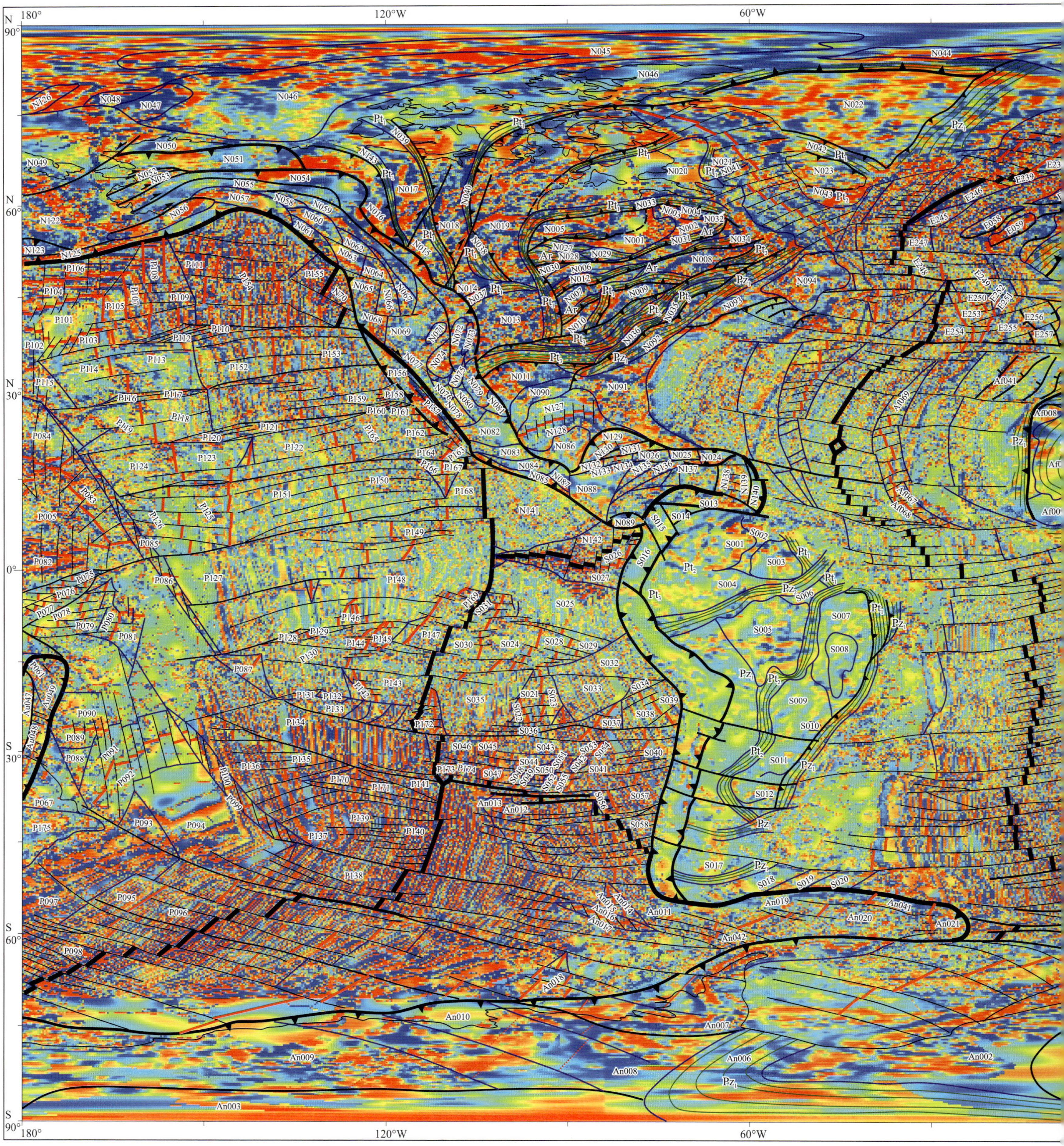

见大量活动断裂发育。②大板块内部微板块的边界断裂，如欧亚板块的青藏高原地区，是由多岛弧、多个微陆块长期拼贴碰撞形成的，各个微板块之间的断裂均可处于活动状态。③活动微陆块内部的活动断裂，此类断裂一般断距较小，存在于活动微陆块内部。与之相对应，稳定的微陆块内部，活动断裂一般较少发育，甚至不发育，如西伯利亚地台、东欧地台、非洲南部地台等，几乎没有较大的活动断裂，构造上长期稳定。

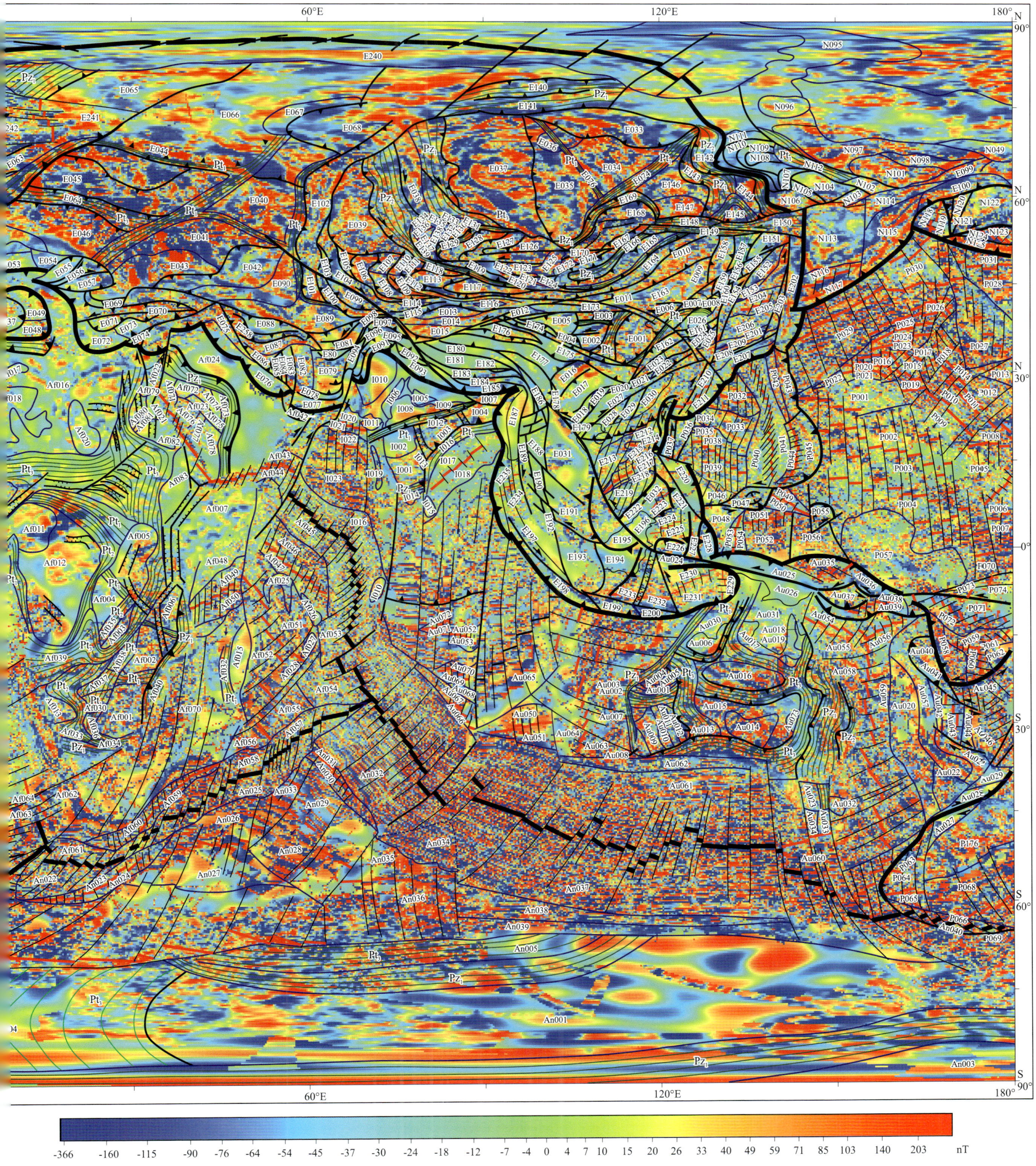

全球磁化极向上延拓20km磁异常分布图

（图3-3）

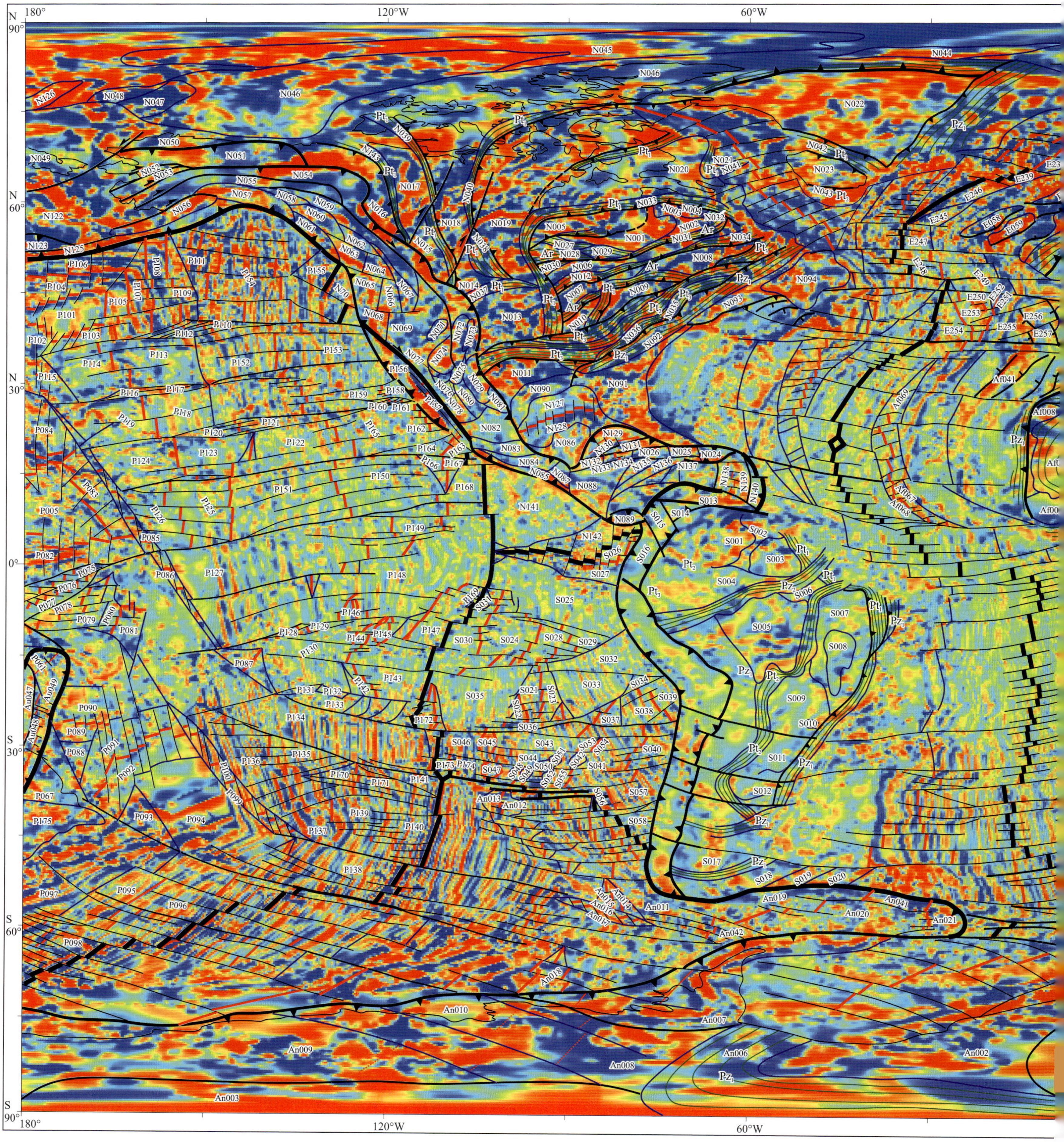

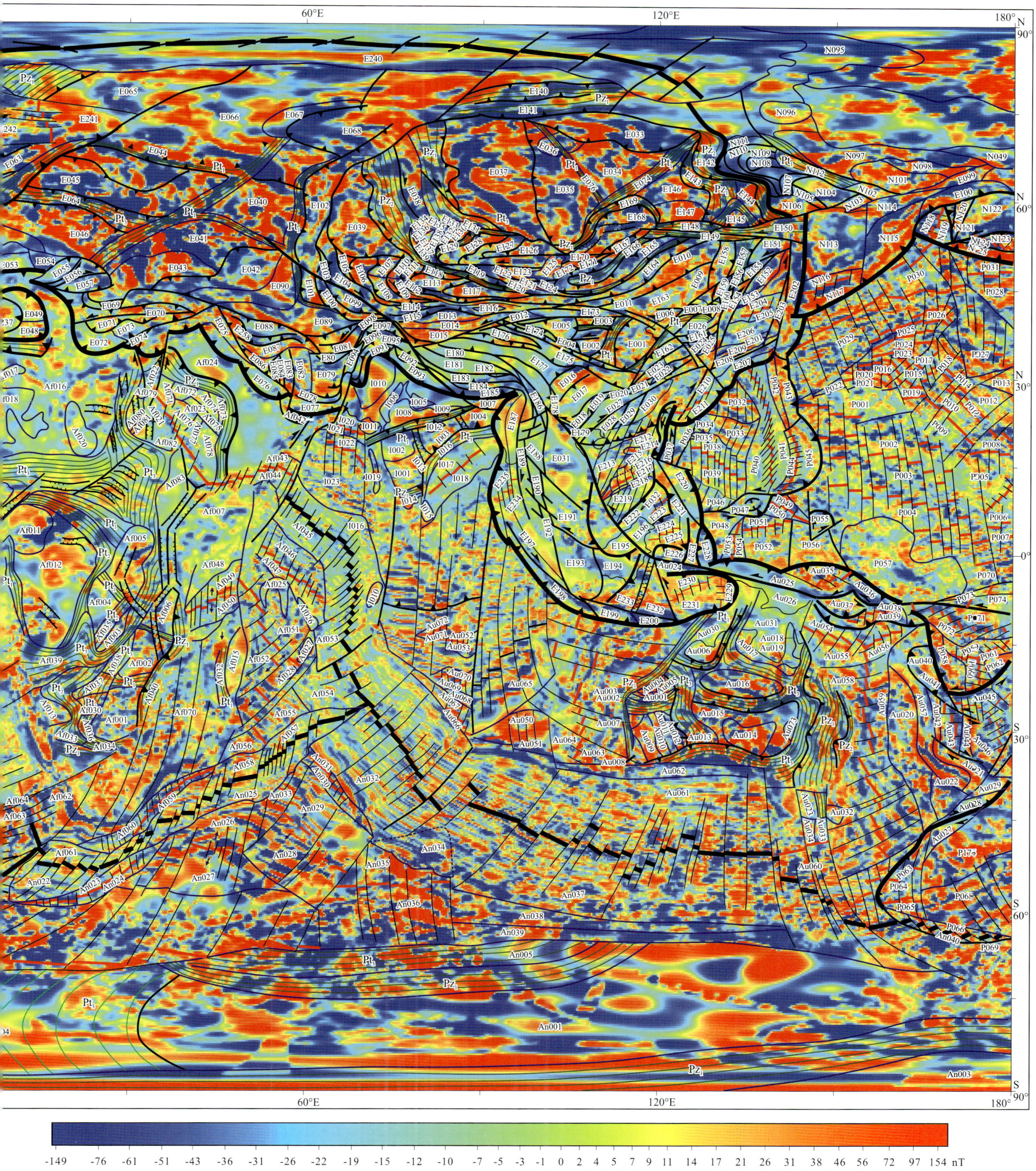
60°E
120°E
180°
N 90°
N 60°
N 30°
0°
S 30°
S 60°
S 90°
-149 -76 -61 -51 -43 -36 -31 -26 -22 -19 -15 -12 -10 -7 -5 -3 -1 0 2 4 5 7 9 11 14 17 21 26 31 38 46 56 72 97 154 nT

全球磁化极向上延拓40km磁异常分布图

（图3-4）

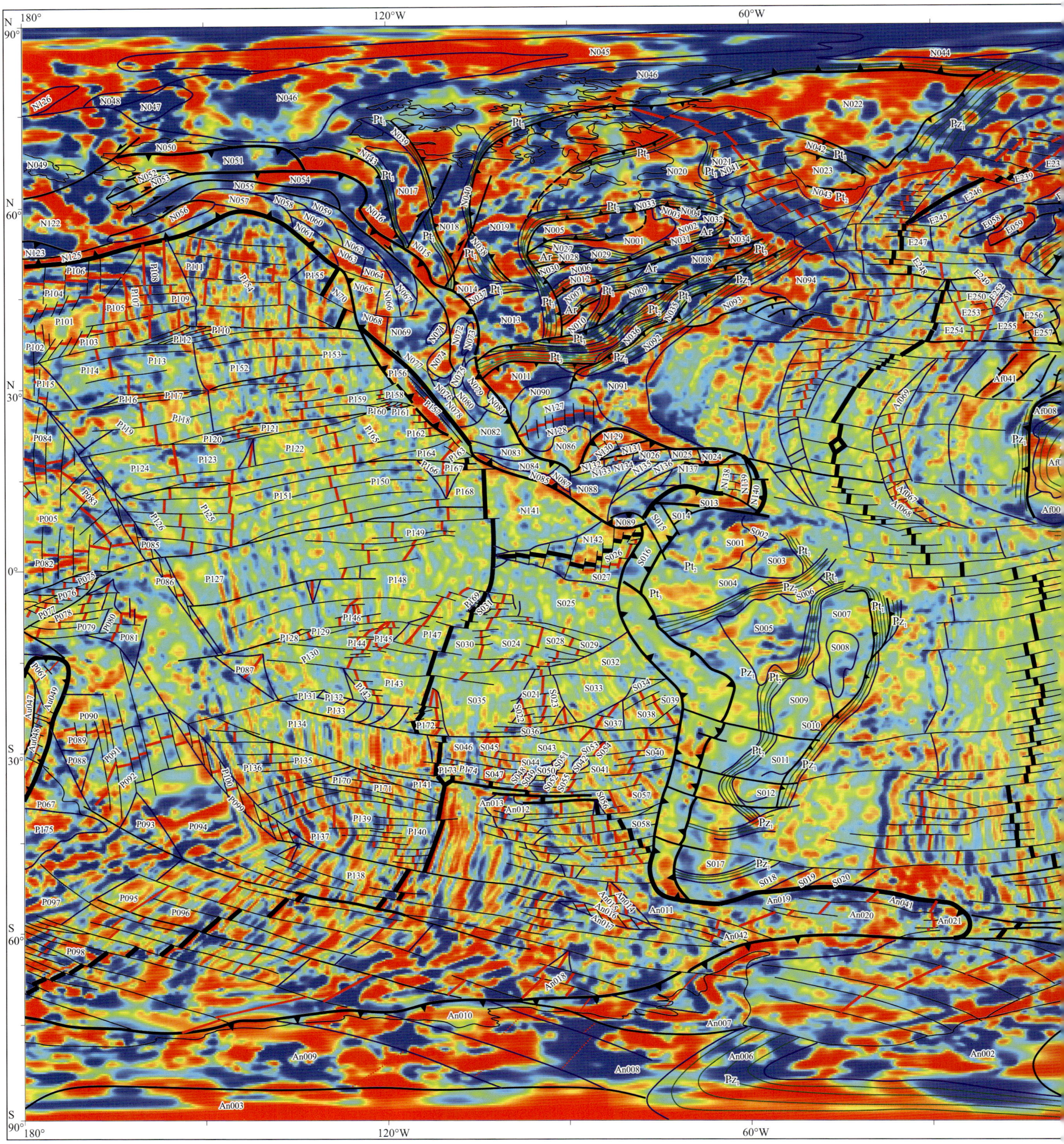

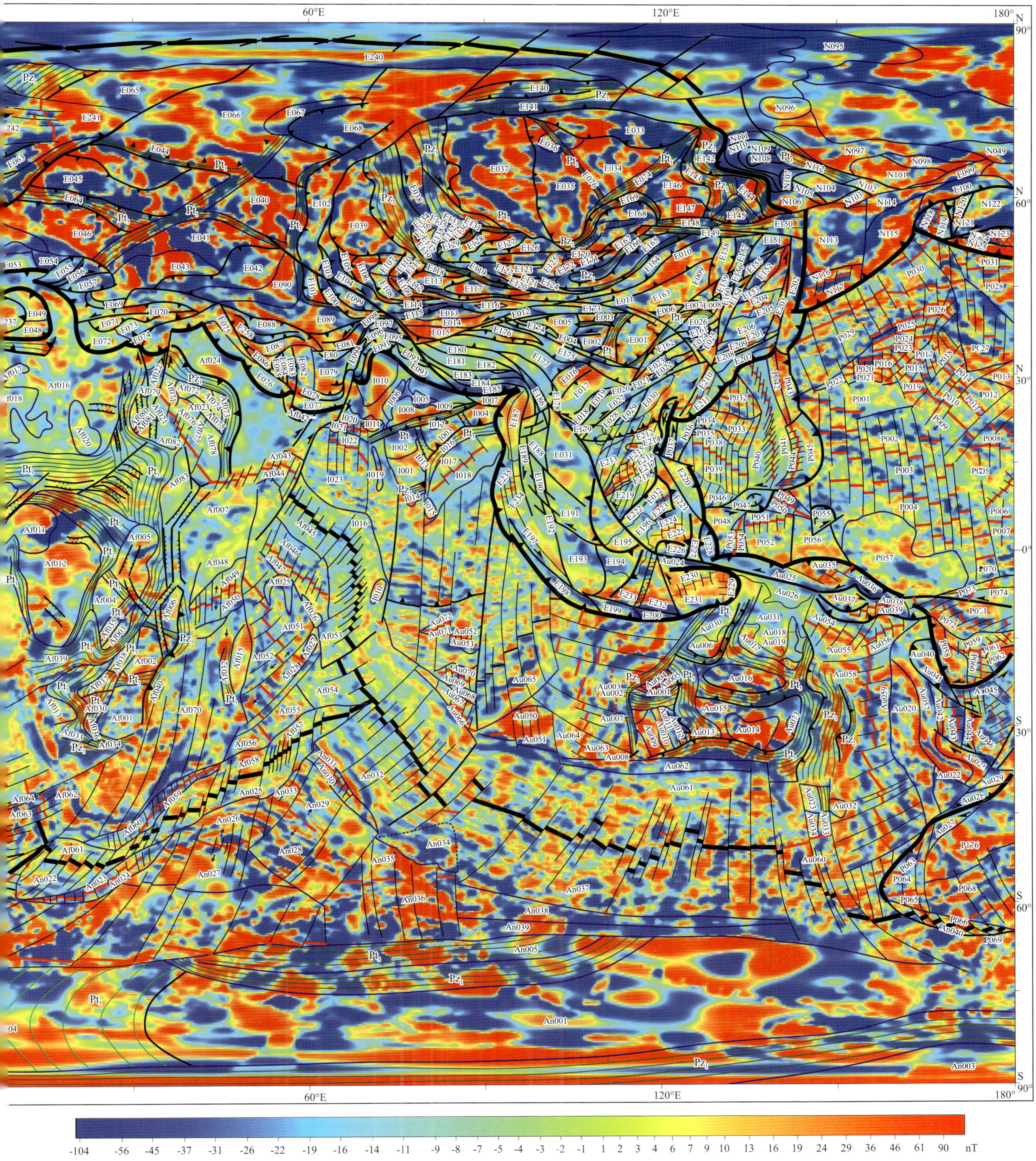
60°E
120°E
180°
N 90°
N 60°
N 30°
0°
S 30°
S 60°
S 90°
-104 -56 -45 -37 -31 -26 -22 -19 -16 -14 -11 -9 -8 -7 -5 -4 -3 -2 -1 1 2 3 4 6 7 9 10 13 16 19 24 29 36 46 61 90 nT

全球磁化极向上延拓60km磁异常分布图

（图3-5）

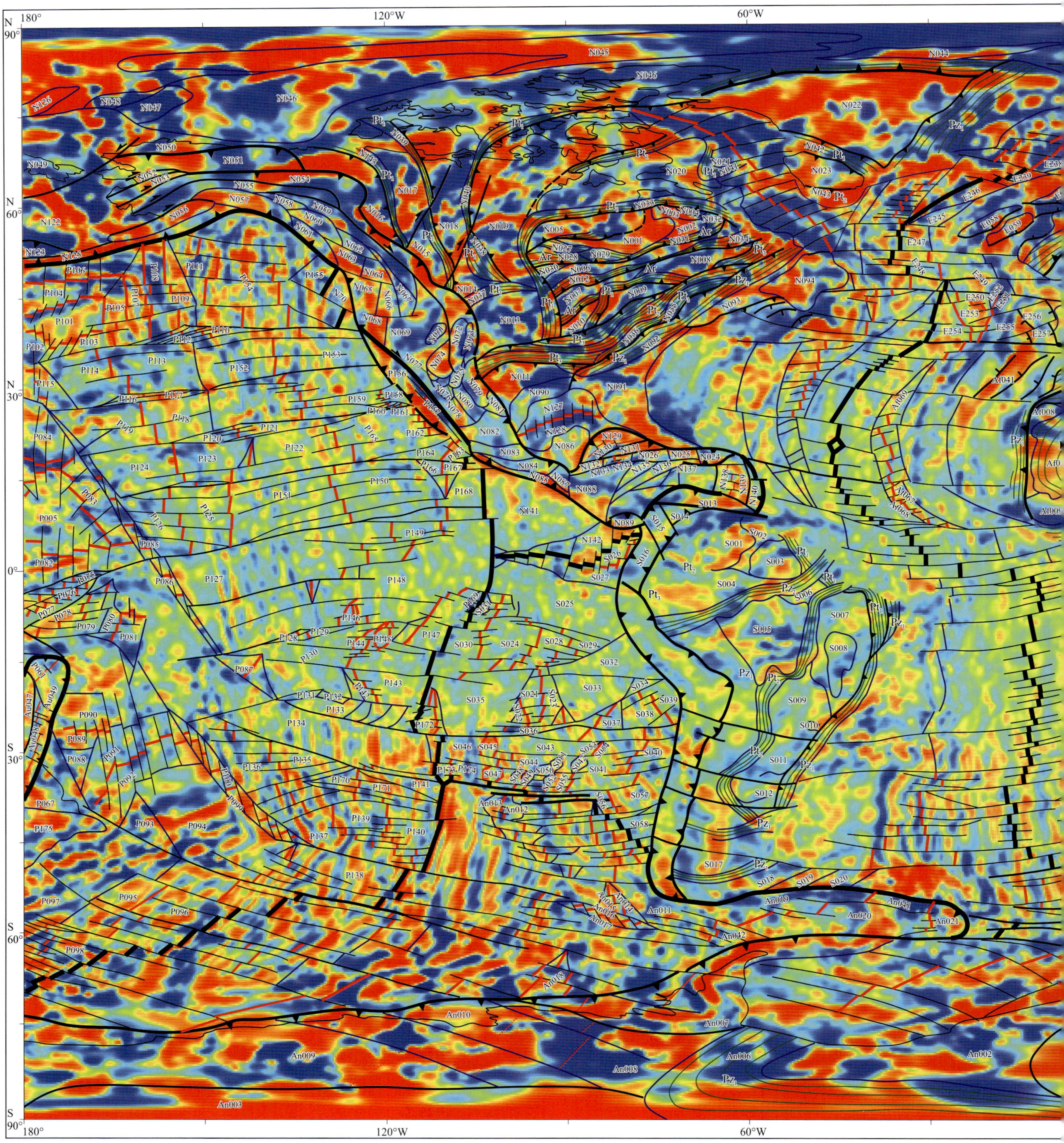

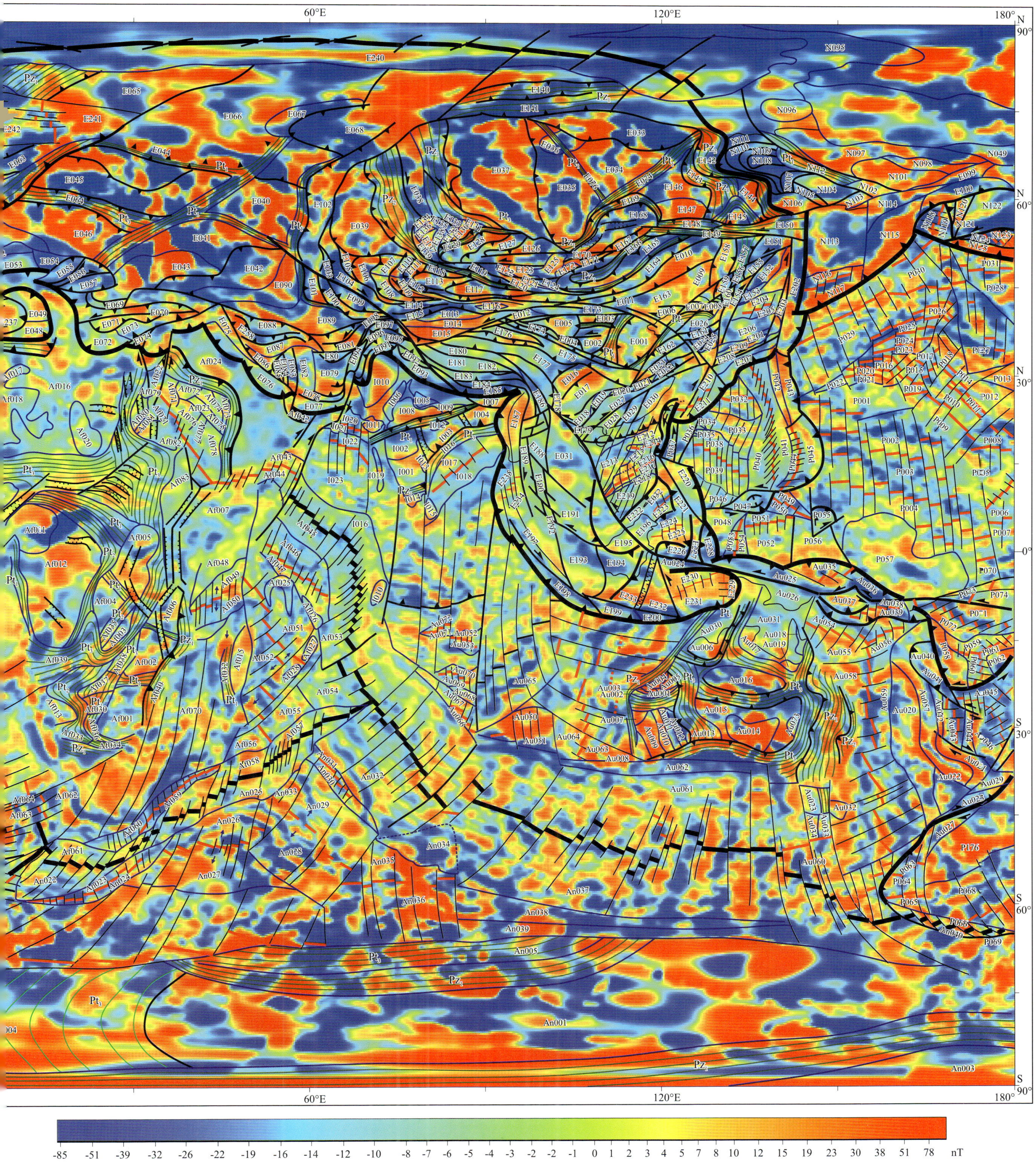
60°E
120°E
180°
N 90°
N 60°
N 30°
0°
S 30°
S 60°
S 90°
-85 -51 -39 -32 -26 -22 -19 -16 -14 -12 -10 -8 -7 -6 -5 -4 -3 -2 -2 -1 0 1 2 3 4 5 7 8 10 12 15 19 23 30 38 51 78
nT

（1）磁异常分布

中亚造山带整体的磁异常（图 3-6）以 NEE 向为主，北部整体正负磁异常变化较大，南部磁异常变化较小。这说明该区域岩石组成及地质构造的多样性与复杂性，导致磁异常表现为线性、串珠状、线性梯度带、异常错动带等多种类型，同时磁异常与区域深大断裂的展布及基底的起伏形态相关，正负磁异常呈条带状相间排列，并沿缝合线方向展布。准噶尔（Junggar）微板块与吐哈（Tu-Ha）微板块磁异常特征具有相似性，其南界大致位于乌鲁木齐、七角井一线，西宽东窄，磁异常总体呈 NWW 走向，主要包括准噶尔盆地及吐哈盆地。其磁异常特征底中部以块状正磁异常为主，强度为 50~300nT，四周被负异常围绕，强度为 -50~-250nT。准噶尔盆地内克拉玛依－乌鲁木齐－滴水泉一线构成环

（图3-6）

中亚造山带磁异常分布图

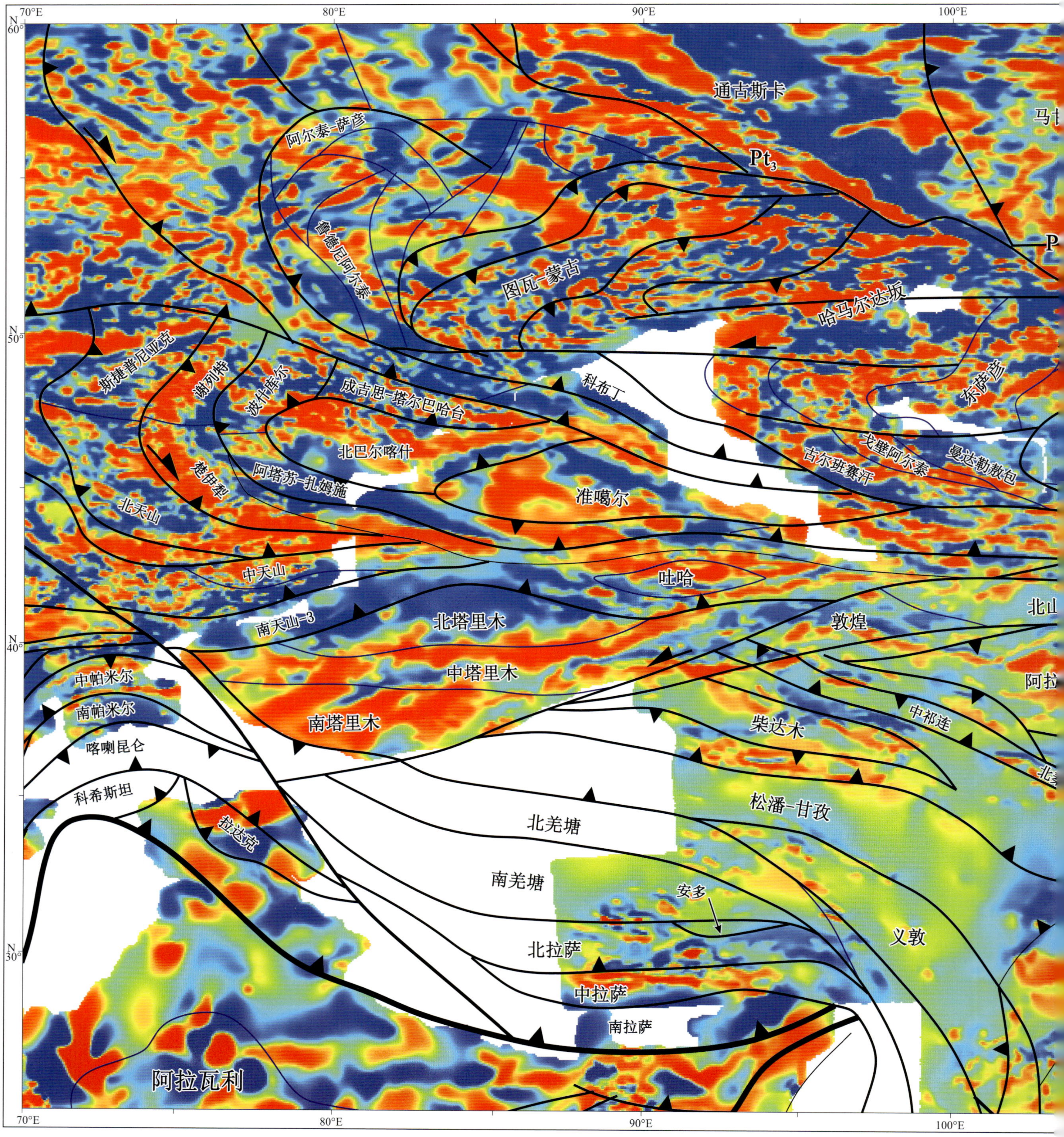

形磁异常区，与哈萨克斯坦弯山构造有关；环内主要由宽缓的磁异常构成，其中呈 NW 走向的磁力高值异常带是裂谷带的反映。推测准噶尔盆地的面状正磁异常应是具强磁性岩石的反映，其上可能覆盖有上古生界岩层，它们构成了该盆地的双层基底。四川盆地上扬子（Sichuan）、阴山（Yinshan）和鄂尔多斯（Ordos）等微板块主体呈现为正磁异常（图 3-6）。

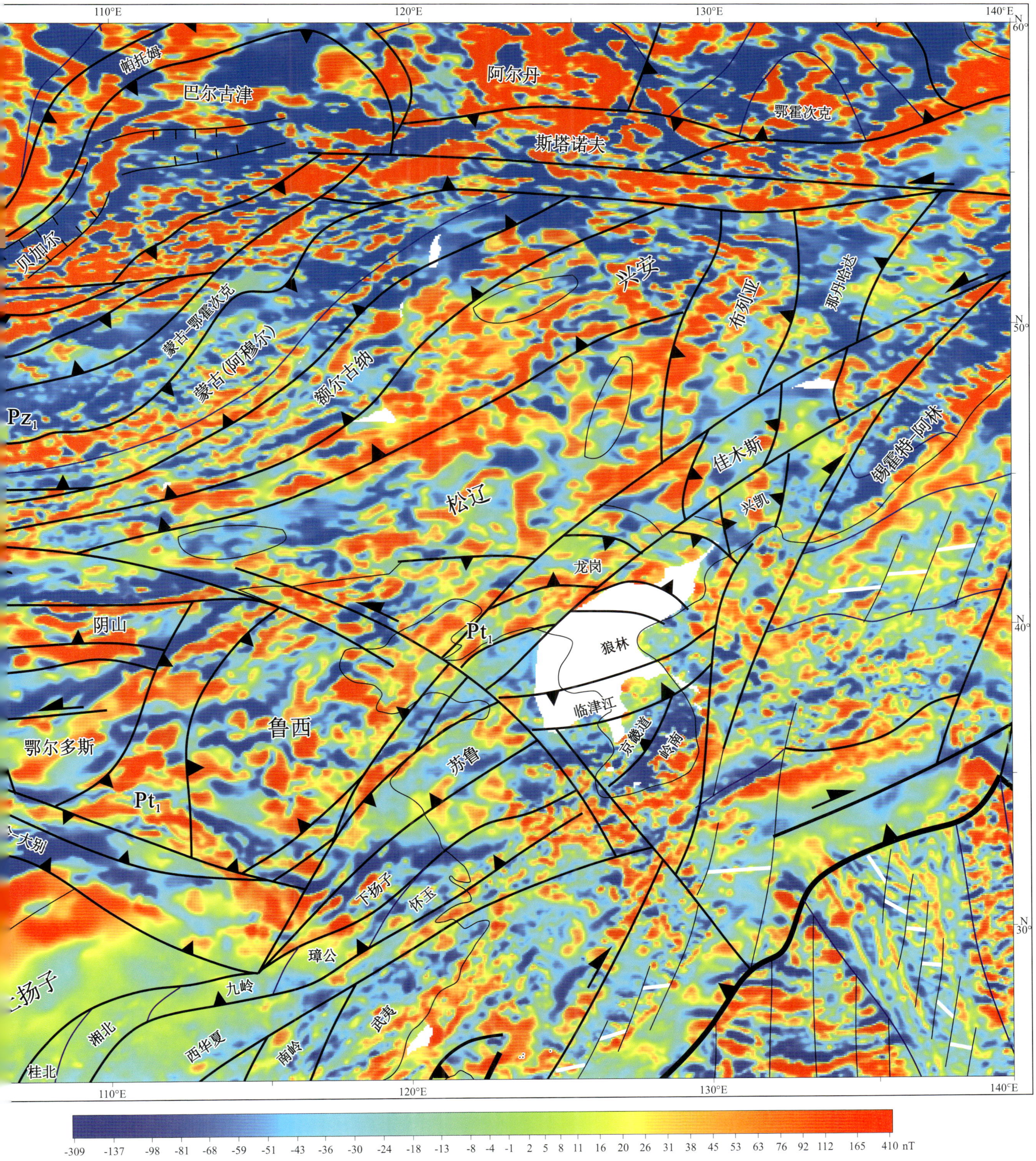

（2）磁化极异常分布

磁化极异常（图3-7）与磁异常特征相似，如北塔里木和中塔里木微板块交界处表现出块状正磁异常，异常值范围在50~150nT，北部和西南部为负异常，异常值基本呈东西走向，并且在塔里木微板块中部也存在负异常块体，呈现出NEE向展布。

（图3-7）

中亚造山带磁化极异常分布图

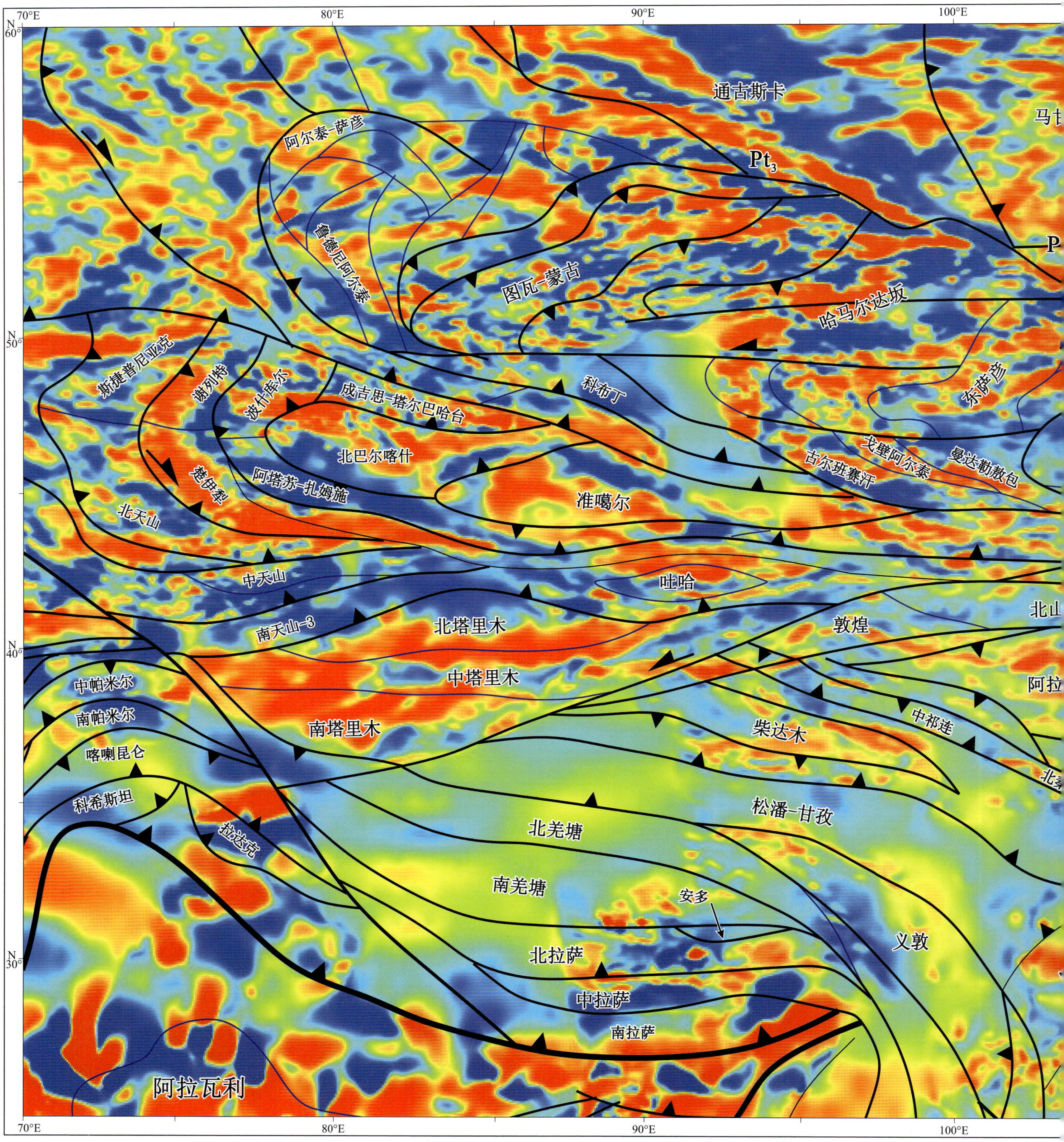

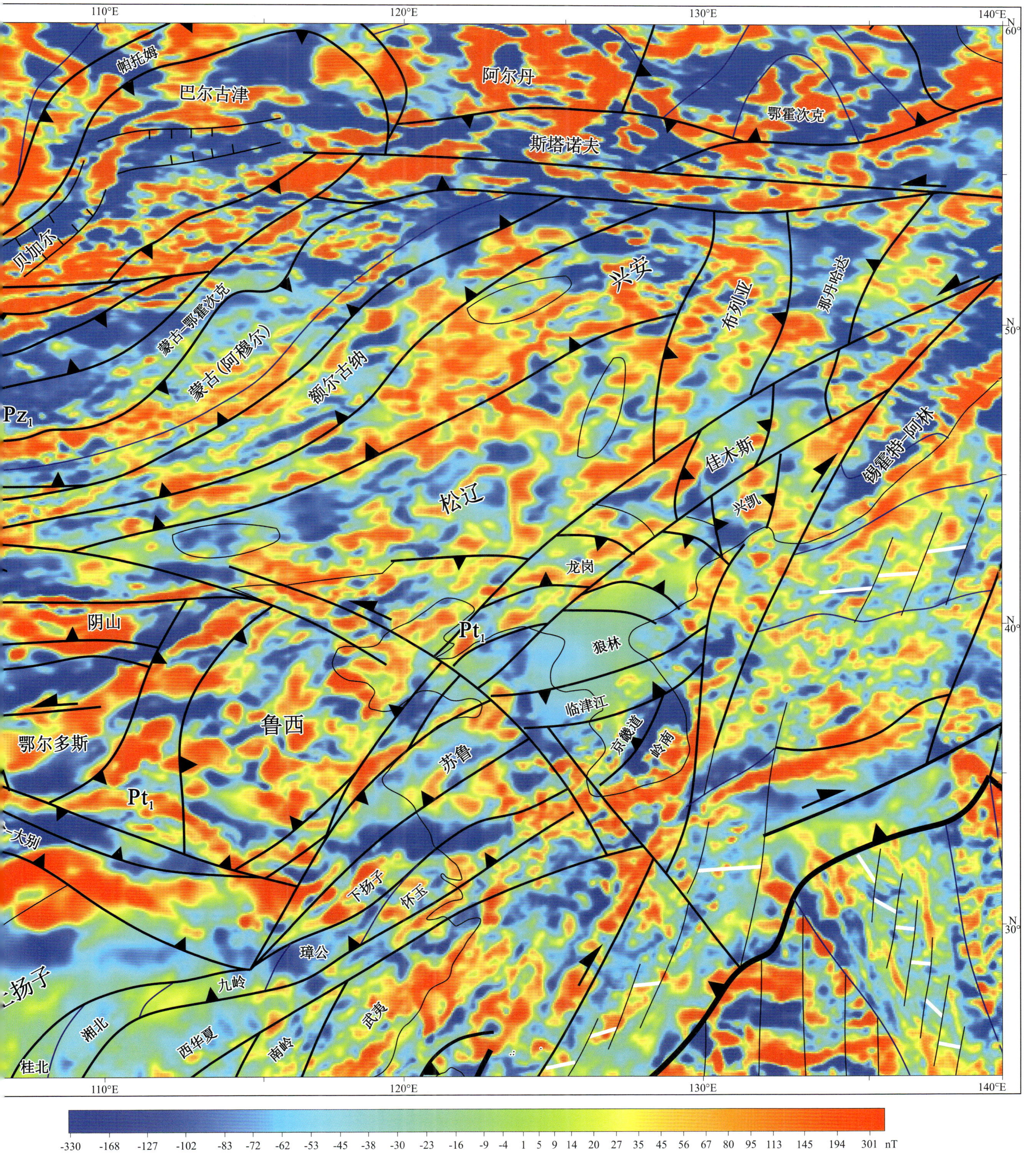
帕托姆
巴尔古津
阿尔丹
鄂霍次克
斯塔诺夫
贝加尔
兴安
布列亚
那丹哈达
蒙古-鄂霍次克
蒙古(阿穆尔)
额尔古纳
Pz1
佳木斯
锡霍特-阿林
松辽
兴凯
龙岗
阴山
Pt1
狼林
临津江
京畿道
岭南
鲁西
鄂尔多斯
苏鲁
Pt1
大别
下扬子
怀玉
扬子
璋公
九岭
湘北
西华夏
武夷
南岭
桂北
110°E
120°E
130°E
140°E
60°N
50°N
40°N
30°N
-330 -168 -127 -102 -83 -72 -62 -53 -45 -38 -30 -23 -16 -9 -4 1 5 9 14 20 27 35 45 56 67 80 95 113 145 194 301 nT

（3）磁化极斜导数及斜导数总水平导数

四川盆地（上扬子微板块）在磁化极斜导数图（图3-8）中呈现出正异常值，强度为0.2~1.4 rad，与周围微地块差别较大，可以通过磁异常磁化极斜导数很好地识别上扬子微板块。在磁化极斜导数总水平导数图（图3-9）中，上扬子微板块中部总体显示高值异常，异常值为7.1~13.1rad/（°），边缘被低值异常带包裹，边缘刻画效果明显。

（图3-8）

中亚造山带磁化极斜导数分布图

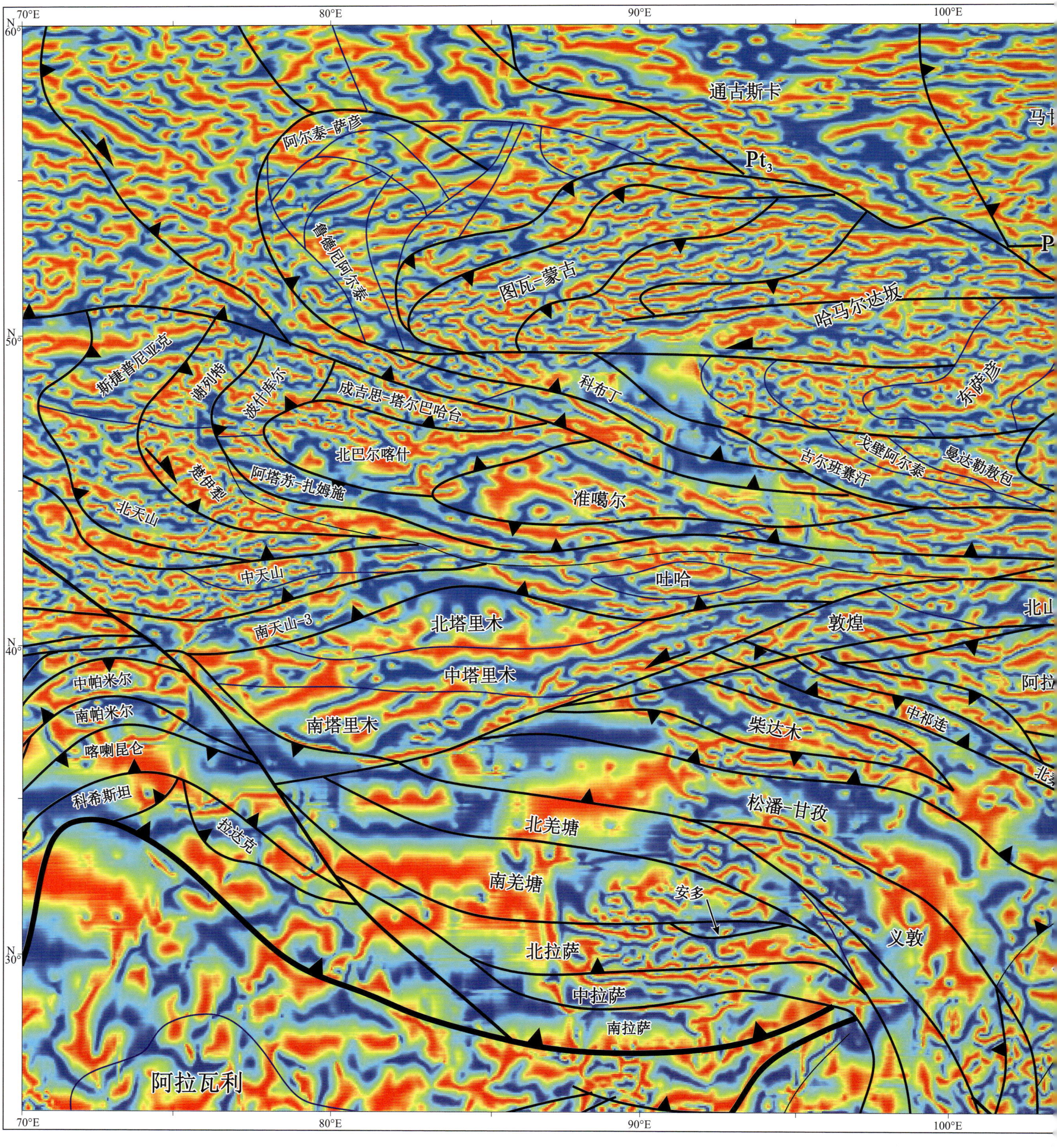

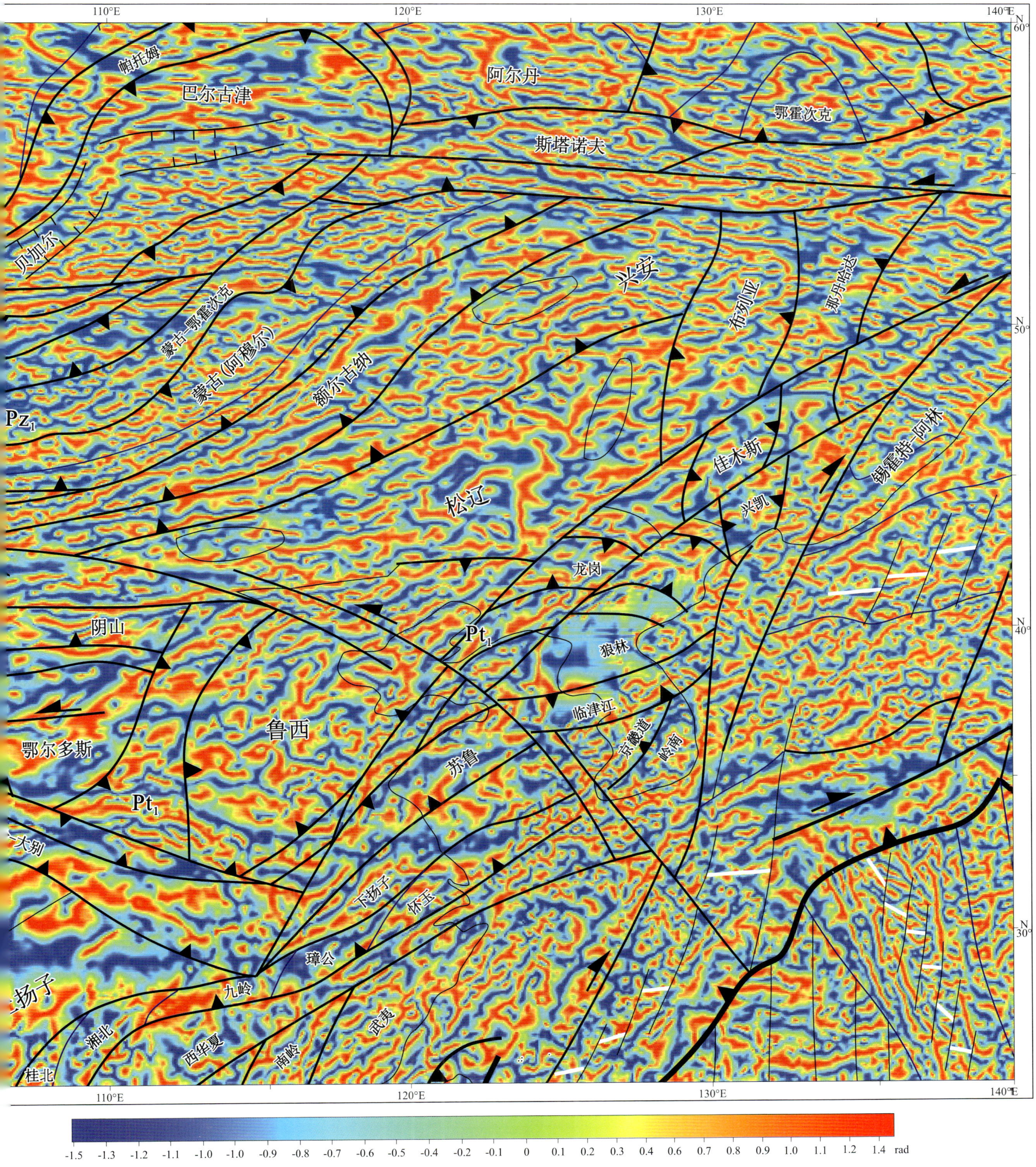
110°E
120°E
130°E
140°E
60°
50°
40°
30°
帕托姆
巴尔古津
阿尔丹
斯塔诺夫
鄂霍次克
贝加尔
蒙古-鄂霍次克
蒙古(阿穆尔)
额尔古纳
兴安
布列亚
那丹哈达
Pz1
佳木斯
锡霍特-阿林
松辽
兴凯
龙岗
阴山
Pt1
狼林
临津江
鲁西
鄂尔多斯
京畿道
岭南
苏鲁
Pt1
大别
下扬子
怀玉
璋公
扬子
九岭
湘北
武夷
西华夏
南岭
桂北
-1.5 -1.3 -1.2 -1.1 -1.0 -1.0 -0.9 -0.8 -0.7 -0.6 -0.5 -0.4 -0.2 -0.1 0 0.1 0.2 0.3 0.4 0.6 0.7 0.8 0.9 1.0 1.1 1.2 1.4 rad

(图3-9)

中亚造山带磁化极斜导数总水平导数分布图

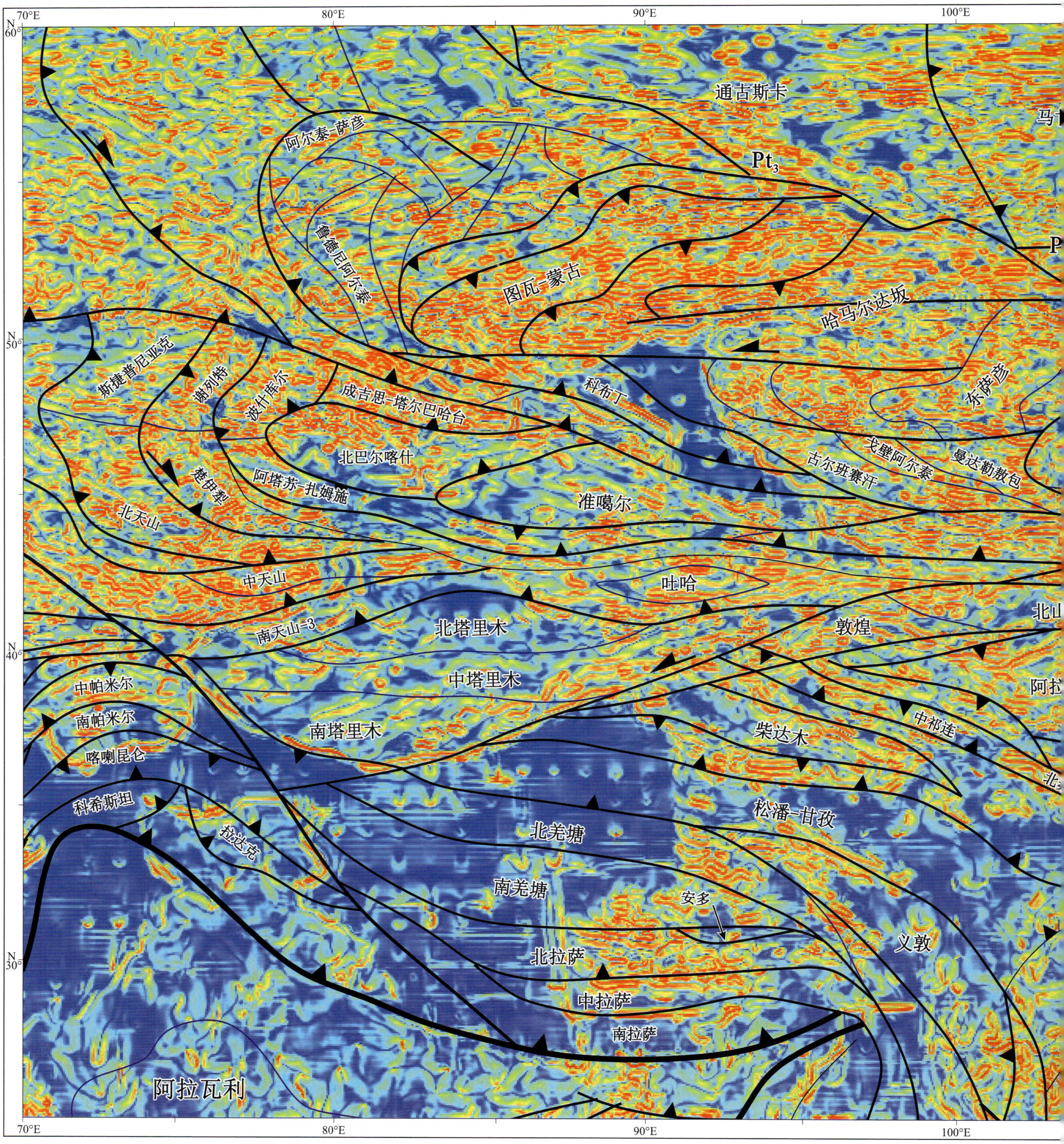

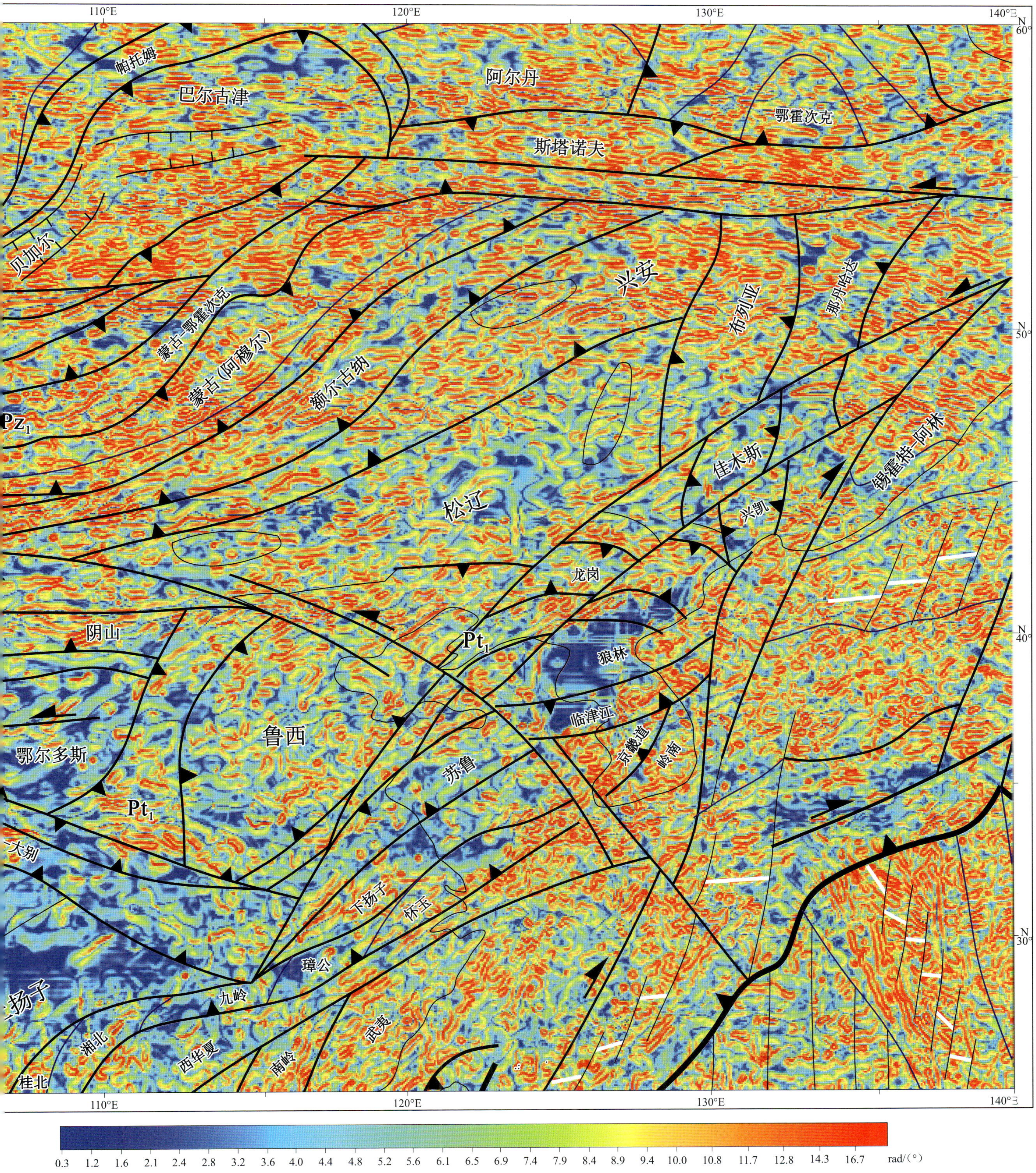
110°E
120°E
130°E
140°E
60°N
50°N
40°N
30°N
帕托姆
巴尔古津
阿尔丹
斯塔诺夫
鄂霍次克
贝加尔
兴安
布列亚
那丹哈达
蒙古-鄂霍次克
蒙古(阿穆尔)
额尔古纳
Pz_1
佳木斯
锡霍特-阿林
松辽
兴凯
龙岗
阴山
Pt_1
狼林
鲁西
临津江
京畿道
岭南
鄂尔多斯
苏鲁
Pt_1
大别
下扬子
怀玉
扬子
璋公
九岭
湘北
西华夏
南岭
武夷
桂北
0.3
1.2
1.6
2.1
2.4
2.8
3.2
3.6
4.0
4.4
4.8
5.2
5.6
6.1
6.5
6.9
7.4
7.9
8.4
8.9
9.4
10.0
10.8
11.7
12.8
14.3
16.7
rad/(°)

（4）磁化极解析信号分布

鄂霍次克(Okhotsk)造山带在磁化极解析信号异常图(图3-10)中呈现出高值异常，异常值在1000~2000nT/(°)，微板块边界缝合带呈现出中值异常条带，通过磁异常磁化极斜导数水平导数可以辅助识别该微板块。

（图3-10）

中亚造山带磁化极解析信号分布图

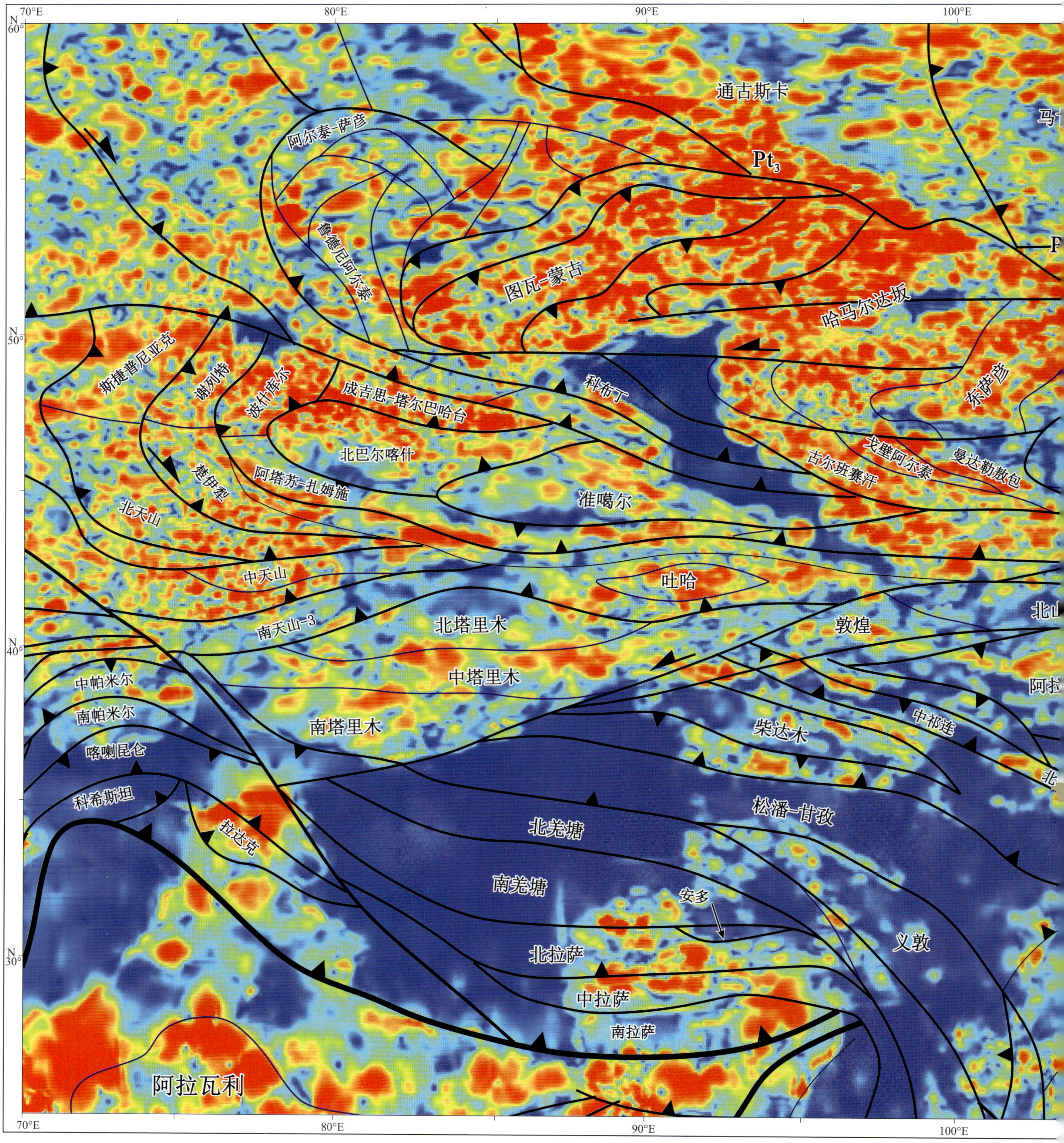

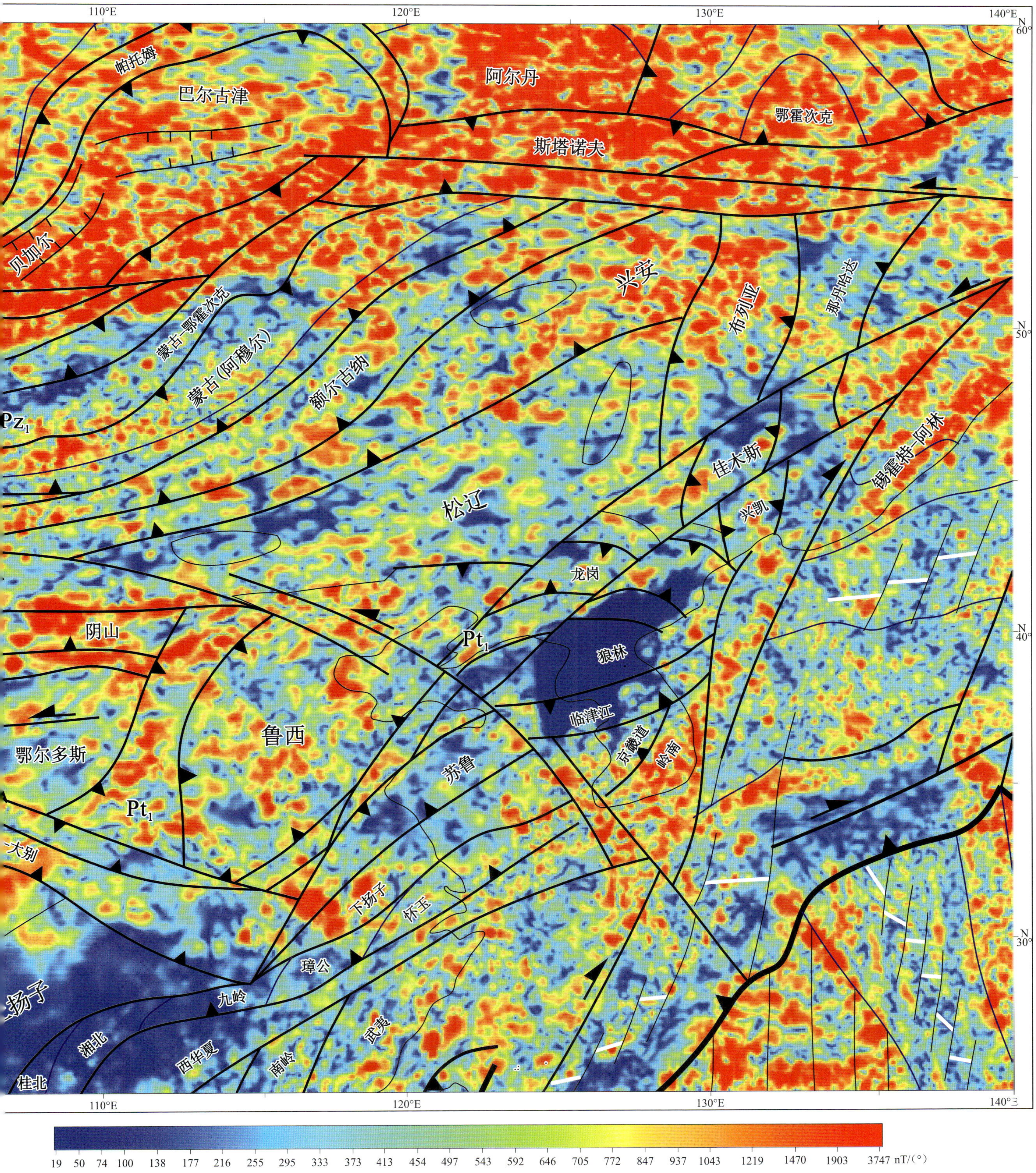
110°E
120°E
130°E
140°E
60°N
50°N
40°N
30°N
帕托姆
巴尔古津
阿尔丹
斯塔诺夫
鄂霍次克
贝加尔
蒙古-鄂霍次克
蒙古(阿穆尔)
额尔古纳
兴安
布列亚
那丹哈达
Pz_1
佳木斯
锡霍特-阿林
松辽
兴凯
龙岗
阴山
Pt_1
狼林
临津江
鄂尔多斯
鲁西
京畿道
岭南
苏鲁
Pt_1
大别
下扬子
怀玉
璋公
扬子
九岭
湘北
西华夏
南岭
武夷
桂北
19 50 74 100 138 177 216 255 295 333 373 413 454 497 543 592 646 705 772 847 937 1043 1219 1470 1903 3747 nT/(°)

（5）磁化极垂向一阶导数分布

图瓦－蒙古（Tuva-Mogolian）造山带是蒙古中西部的复合微板块，为图瓦－蒙古弯山构造，Badarch 等（2002）确定了该区有 16 个独立微板块，其中多为岛弧。地层年代从太古代到奥陶纪，也包括海洋沉积物等构成的混杂岩，推覆体十分发育。图瓦－蒙古复合微板块与中奥陶世西萨彦微板块碰撞（Sennikov, 2003），并在晚奥陶世晚期增生到西伯利亚克拉通。磁化极垂向一阶导数异常（图 3-11）中，典型微板块之一的图瓦微板块，其区域垂向一阶导数异常由一系列正、负异常呈条带状相间排列，反映为剧烈变化的异常体，异常强度大，梯度陡，异常强度为 -500~800nT/（°），互不相连呈 NE 向展布。

（图3-11）

中亚造山带磁化极垂向一阶导数分布图

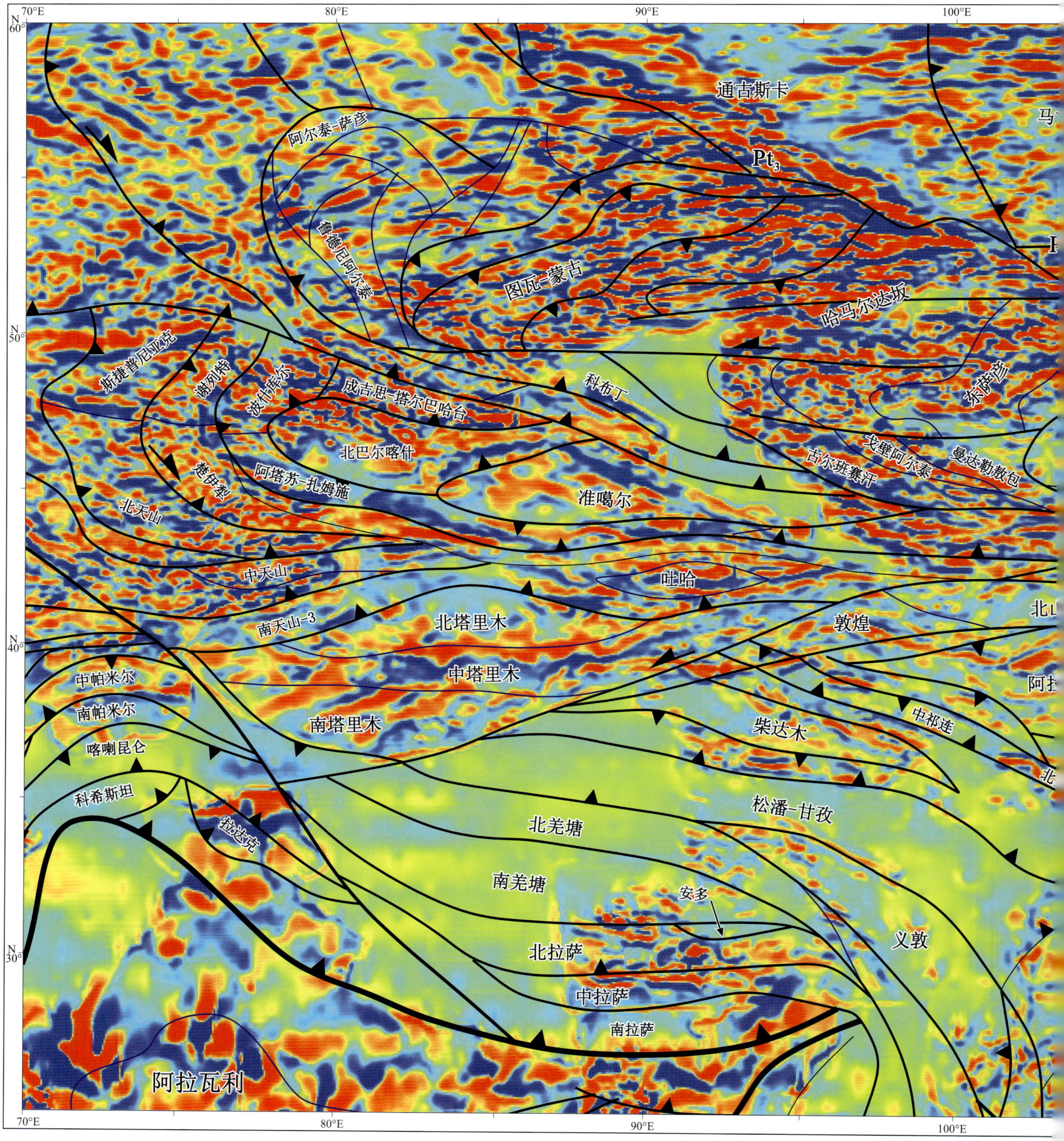

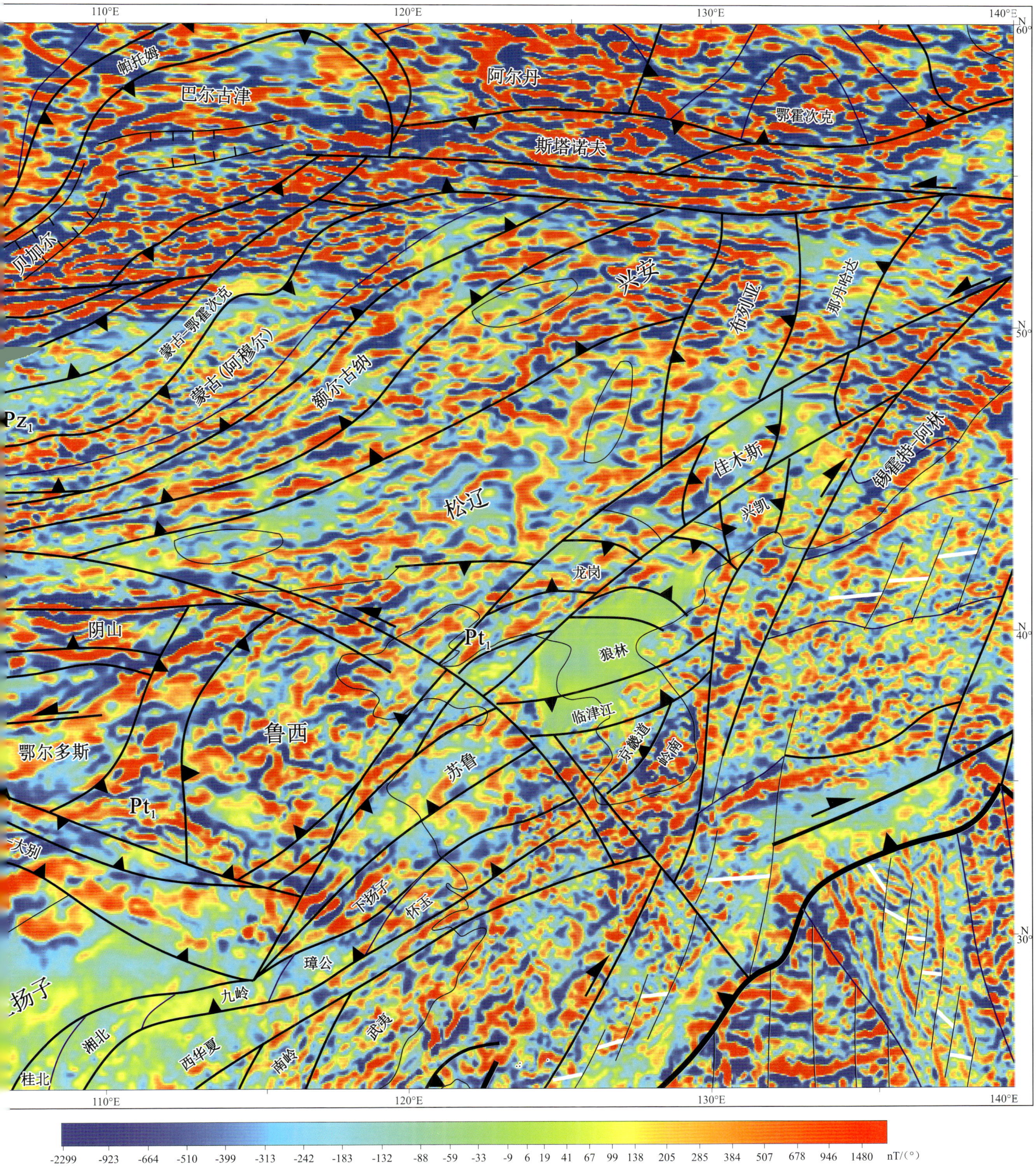
110°E
120°E
130°E
140°E
60°N
50°N
40°N
30°N
帕托姆
巴尔古津
阿尔丹
斯塔诺夫
鄂霍次克
贝加尔
兴安
布列亚
那丹哈达
蒙古-鄂霍次克
蒙古(阿穆尔)
额尔古纳
Pz_1
佳木斯
锡霍特-阿林
松辽
兴凯
龙岗
阴山
Pt_1
狼林
临津江
鲁西
京畿道
岭南
鄂尔多斯
苏鲁
Pt_1
大别
下扬子
怀玉
扬子
璋公
九岭
湘北
武夷
西华夏
南岭
桂北
-2299
-923
-664
-510
-399
-313
-242
-183
-132
-88
-59
-33
-9
6
19
41
67
99
138
205
285
384
507
678
946
1480
nT/(°)

特提斯构造域西部的磁异常值变化不大，阿摩里卡（Armorica）、波希米亚（Bohemian）和默西亚（Moesia）微板块的磁异常值一般在 -10~10nT 变化，蒂西亚（Tisia）微板块的负值异常稍大一点，约为 -50nT（图 3-12），在磁化极图（图 3-13）上具有相同的特征，磁化极异常和磁异常大体一致。

在磁化极解析信号分布图（图 3-15）中，阿摩里卡、波希米亚和默西亚等微板块的边界刻画更加清楚。

（1）磁异常分布

特提斯构造域西段的磁异常变化（图 3-12）较为平缓，整体变化不大，大部分地区的磁异常值均在 -10~10nT 变化，波希米亚微板块相对周缘地区具有较为明显的负异常高值，异常值范围在 -90~-50nT。

（图3-12）

特提斯构造域磁异常分布图

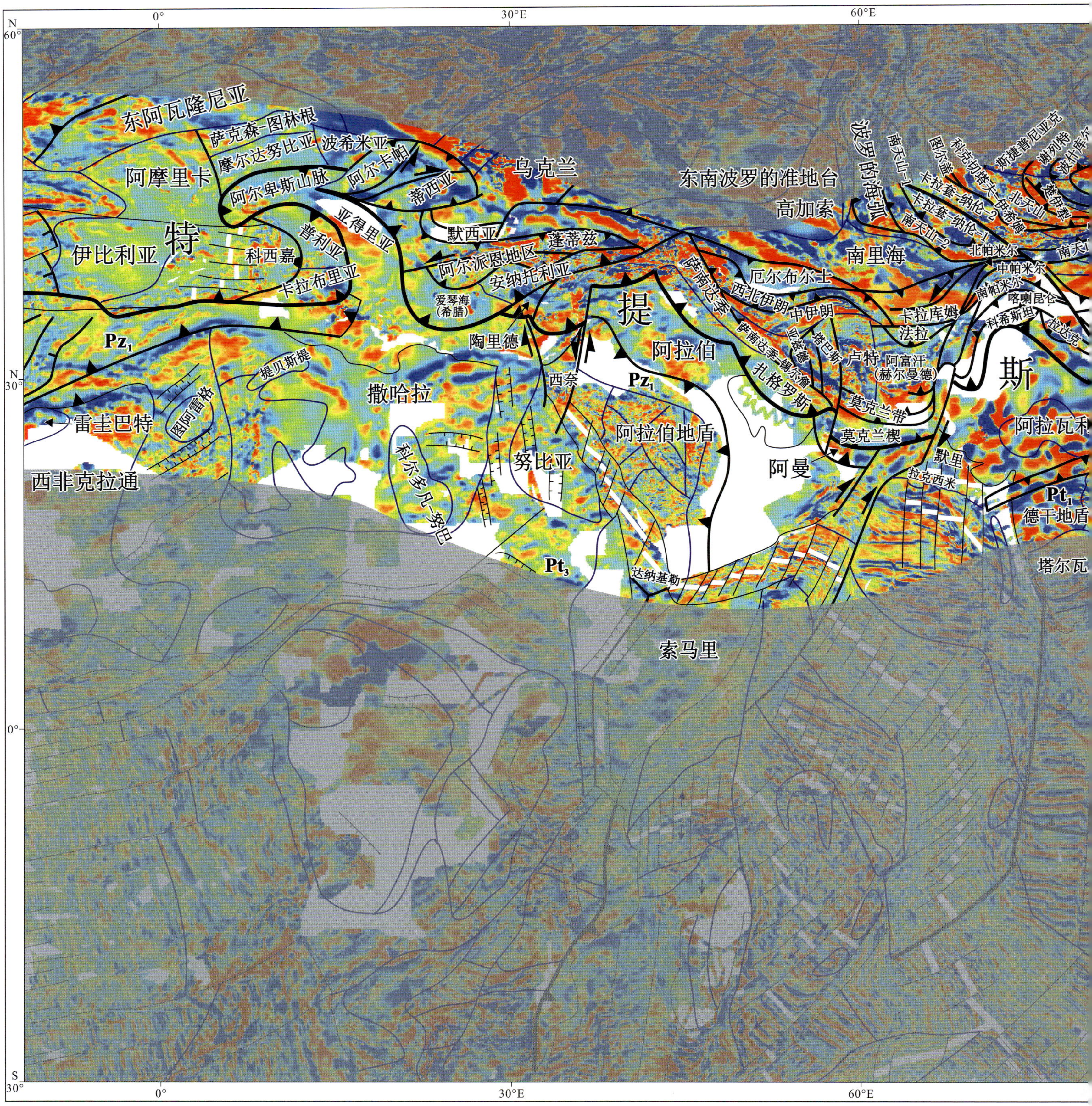

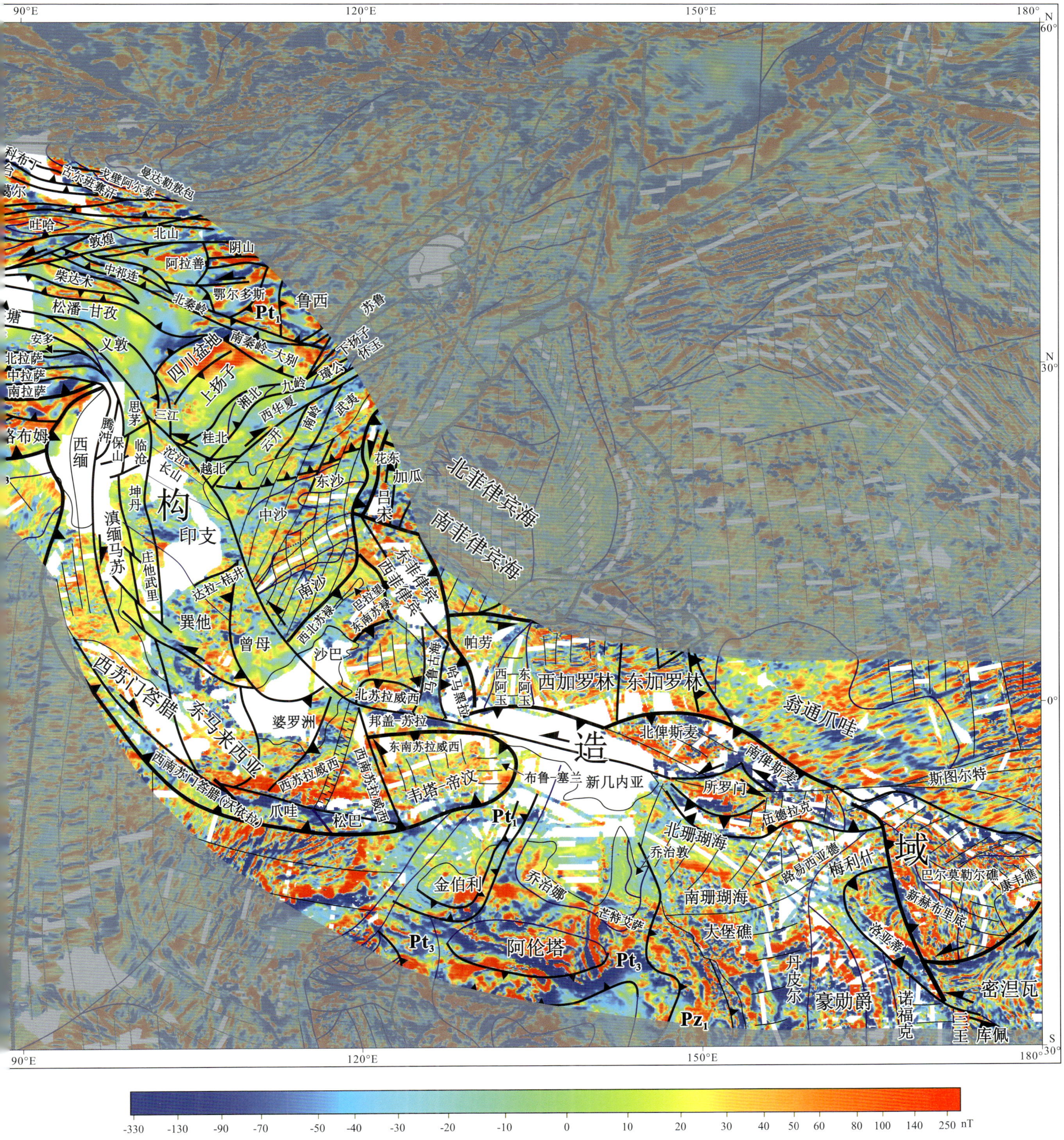
90°E
120°E
150°E
180°
N 60°
N 30°
0°
S 30°
北菲律宾海
南菲律宾海
构
造
域
四川盆地
上扬子
鄂尔多斯
鲁西
苏鲁
下扬子
怀玉
南秦岭-大别
北秦岭
阿拉善
阴山
北山
敦煌
中祁连
柴达木
松潘-甘孜
义敦
吐哈
北拉萨
中拉萨
南拉萨
西缅
滇缅马苏
印支
思茅
保山
腾冲
临沧
坤甸
庄他武里
达拉-桂井
巽他
曾母
南沙
中沙
东沙
吕宋
加瓜
花东
东菲律宾
西菲律宾
沙巴
婆罗洲
西苏门答腊
东马来西亚
西南苏门答腊(沃依拉)
爪哇
松巴
西苏拉威西
邦盖-苏拉
北苏拉威西
东南苏拉威西
韦塔-帝汶
布鲁-塞兰
新几内亚
帕劳
西加罗林
东加罗林
北俾斯麦
南俾斯麦
翁通爪哇
斯图尔特
所罗门
伍德拉克
北珊瑚海
南珊瑚海
乔治敦
路易西亚德
梅利什
大堡礁
金伯利
乔治娜
阿伦塔
芒特艾萨
丹皮尔
豪勋爵
诺福克
三王
库佩
密涅瓦
洛亚蒂
新赫布里底
巴尔莫勒尔礁
康韦礁
Pt$_1$
Pt$_3$
Pz$_1$
-330 -130 -90 -70 -50 -40 -30 -20 -10 0 10 20 30 40 50 60 80 100 140 250 nT

（2）磁化极异常分布

磁化极异常（图 3-13）与磁异常分布特征类似，如在蒂西亚微板块的中部和东部表现为较低的负异常值，在东部与波希米亚微板块相接的部位存在正异常团块，异常值范围在 20~40nT。

（图3-13）

特提斯构造域磁化极异常分布图

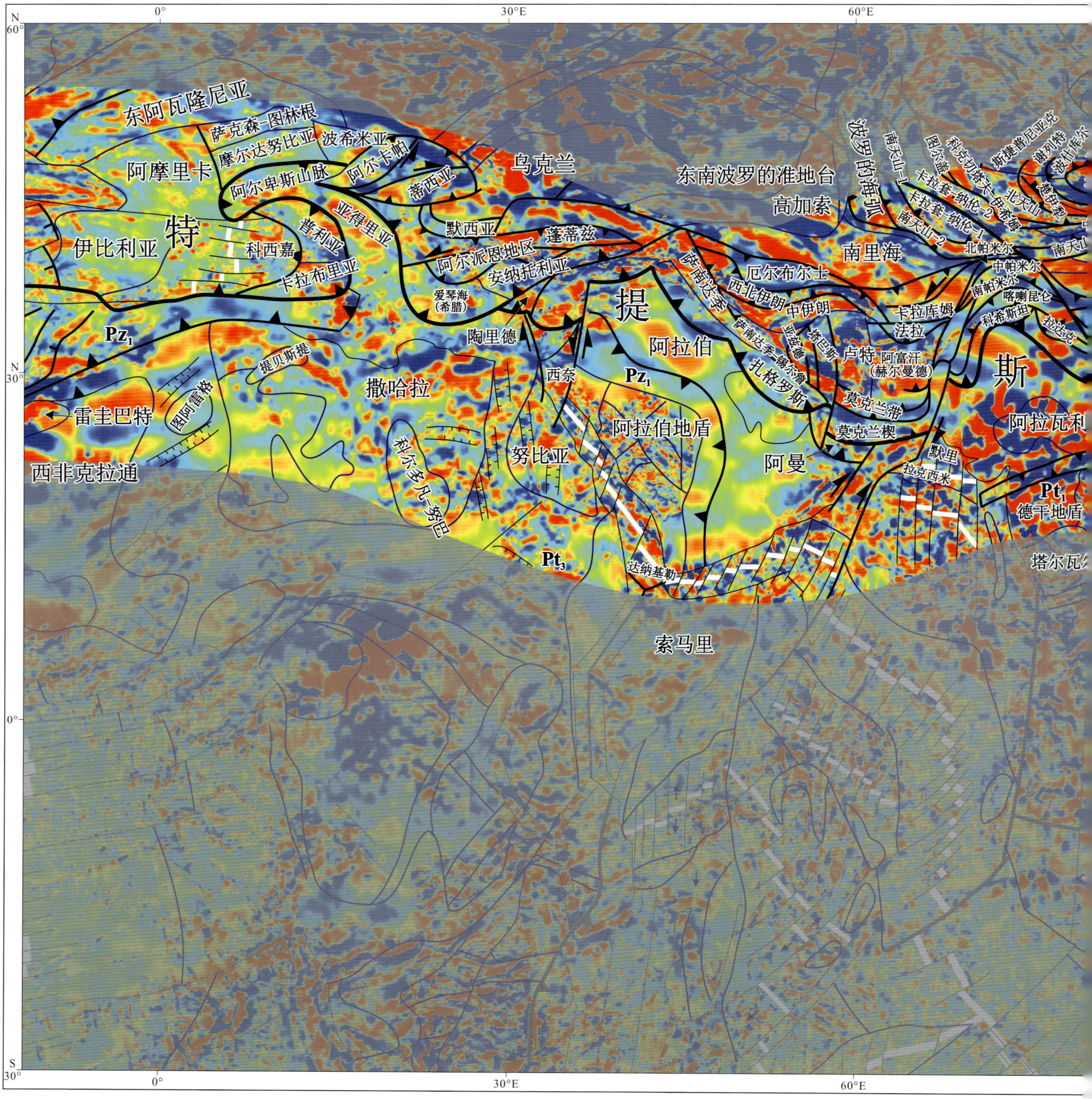

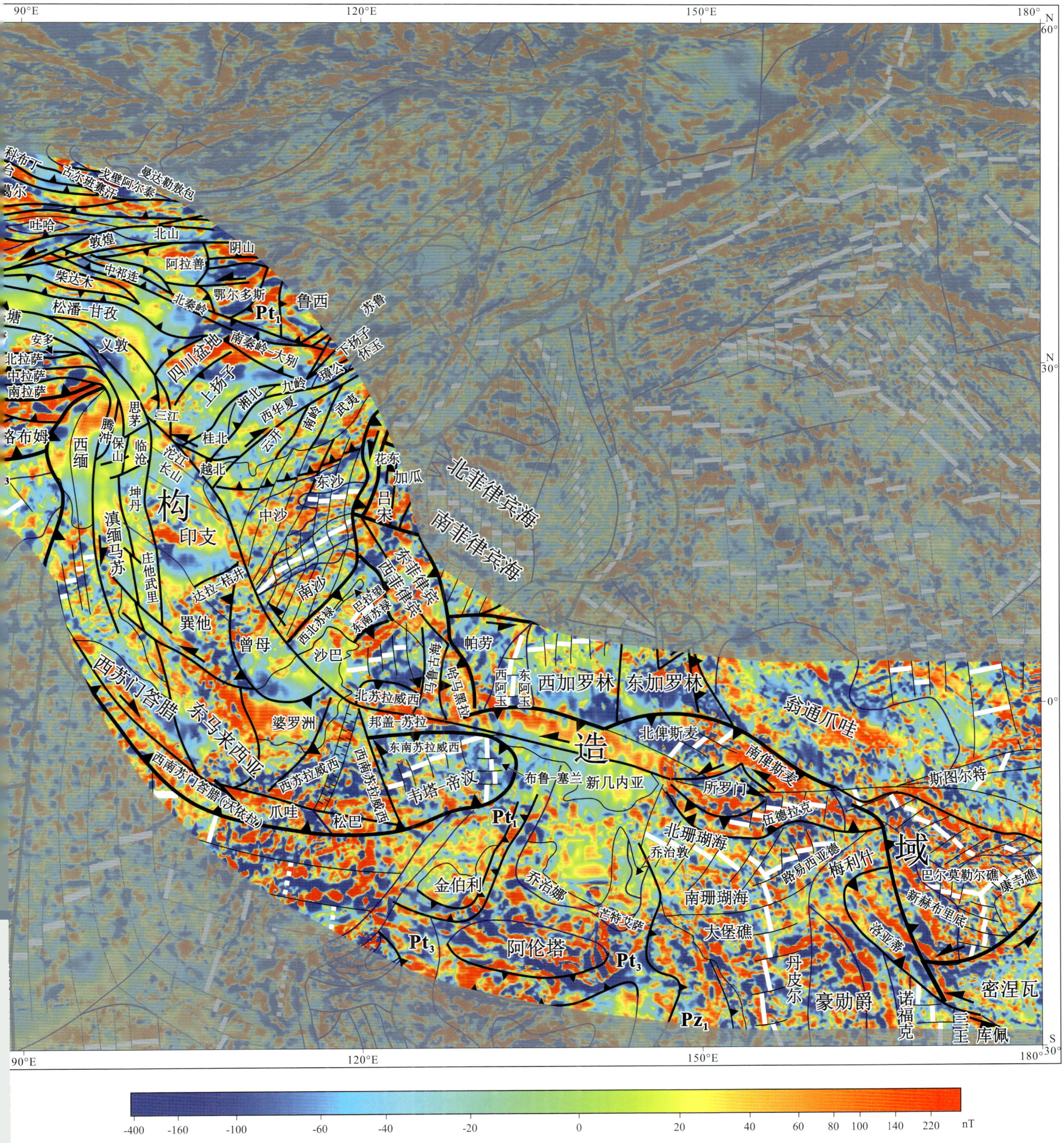
90°E
120°E
150°E
180°
N 60°
N 30°
0°
S 30°
科布丁
古尔班赛汗
戈壁阿尔泰
曼达勒敖包
吐哈
敦煌
北山
阴山
阿拉善
中祁连
柴达木
北秦岭
鄂尔多斯
Pt1
鲁西
苏鲁
松潘-甘孜
义敦
安多
北拉萨
中拉萨
南拉萨
四川盆地
南秦岭-大别
下扬子
怀玉
上扬子
九岭
璋公
湘北
西华夏
南岭
武夷
思茅
三江
腾冲
保山
临沧
西缅
桂北
云开
茫江
长山
越北
花东
加瓜
东沙
吕宋
北菲律宾海
南菲律宾海
构
印支
坤丹
中沙
滇缅马苏
庄他武里
达拉-桔井
南沙
东菲律宾
西菲律宾
巴拉望
东南苏禄
西北苏禄
异他
曾母
沙巴
帕劳
西阿玉
东阿玉
西加罗林
东加罗林
北苏拉威西
邦盖-苏拉
西苏门答腊
东马来西亚
婆罗洲
东南苏拉威西
西南苏拉威西
西苏拉威西
造
北俾斯麦
翁通爪哇
南俾斯麦
斯图尔特
韦塔-帝汶
布鲁-塞兰
新几内亚
所罗门
西南苏门答腊(沃依拉)
爪哇
松巴
Pt1
伍德拉克
北珊瑚海
乔治敦
域
梅利什
路易西亚德
巴尔莫勒尔礁
康吉礁
金伯利
乔治娜
南珊瑚海
新赫布里底
芒特艾萨
大堡礁
洛亚蒂
Pt3
阿伦塔
Pt3
丹皮尔
豪勋爵
诺福克
密涅瓦
三王
库佩
Pz1
-400
-160
-100
-60
-40
-20
0
20
40
60
80
100
140
220
nT

(3) 磁化极斜导数

特提斯构造域西段的磁化极斜导数异常分布（图3-14）在整体上变化不大，正负异常呈条带状相间分布，在摩尔达努比亚（Moldanubia）微板块中异常分布与边界方向基本一致，呈NEE向分布，与邻区相比，具有较为规律的异常分布特征。

（图3-14）

特提斯构造域磁化极斜导数分布图

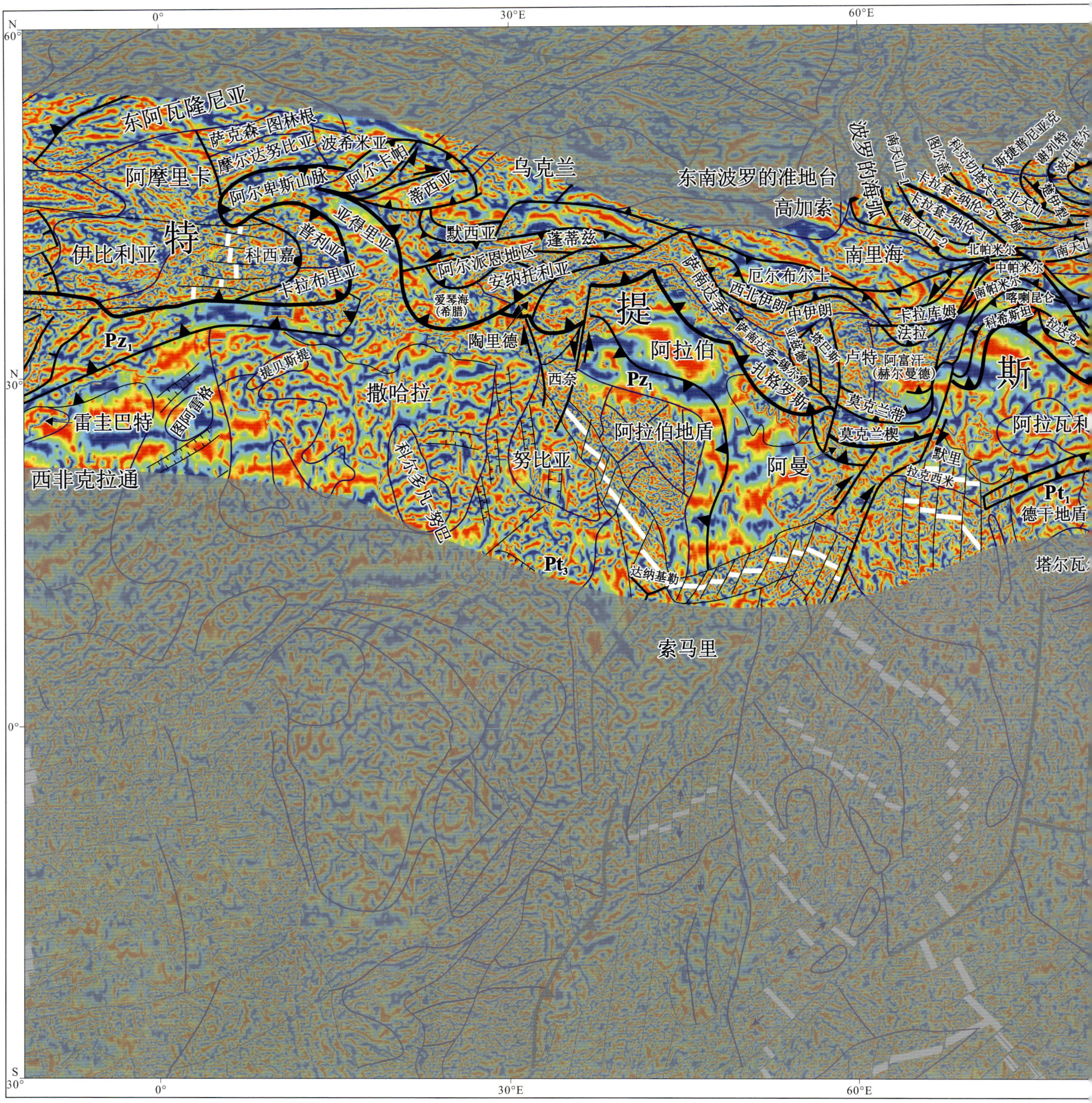

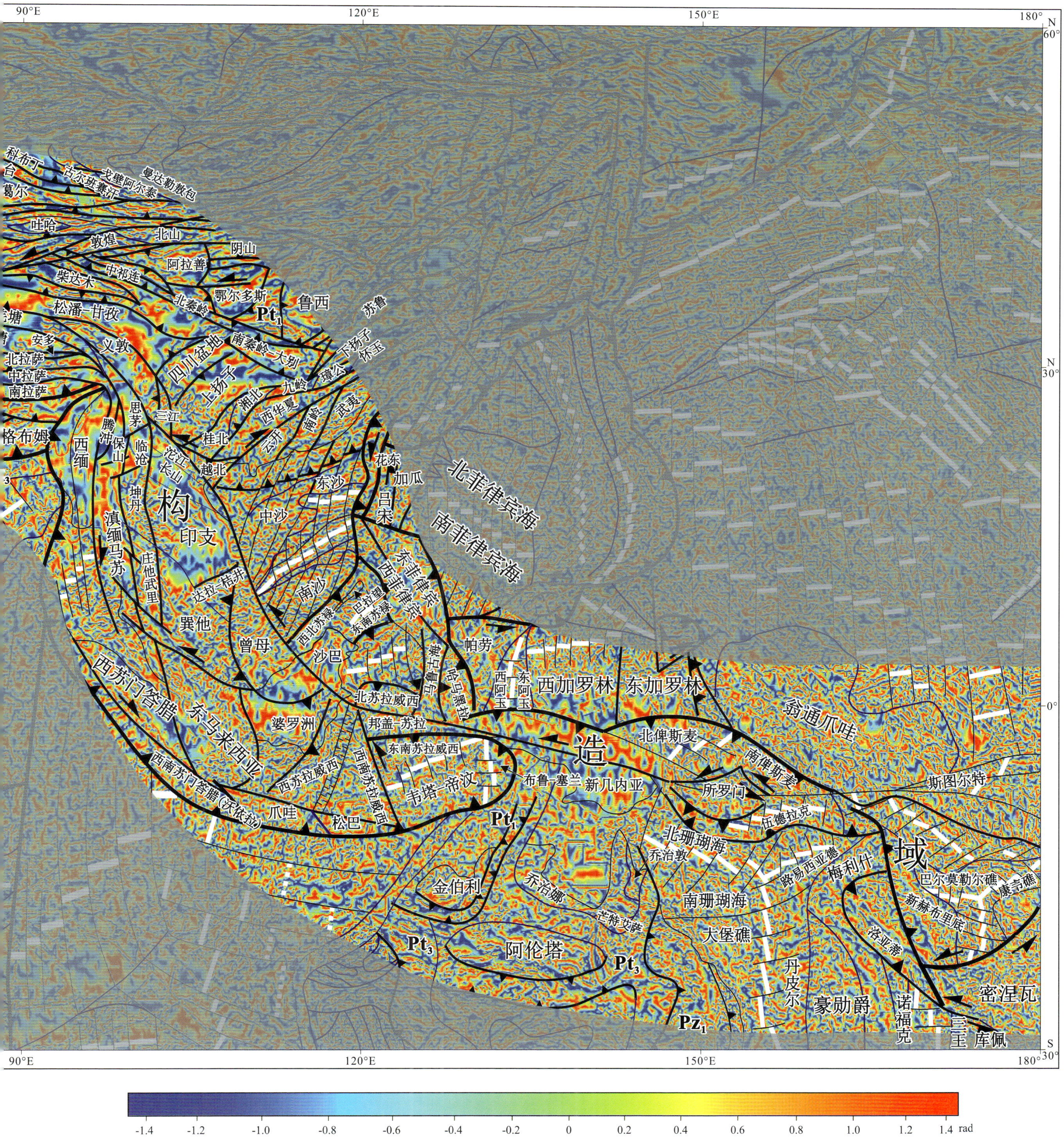
90°E
120°E
150°E
180°
60°
N
30°
0°
S
30°
科布丁
葛尔
古尔班赛汗
戈壁阿尔泰
曼达勒敖包
吐哈
敦煌
北山
阴山
柴达木
中祁连
阿拉善
鄂尔多斯
北秦岭
松潘-甘孜
鲁西
苏鲁
Pt1
安多
义敦
四川盆地
南秦岭-大别
下扬子
怀玉
北拉萨
中拉萨
南拉萨
上扬子
九岭
璋公
湘北
西华夏
思茅
三江
格布姆
西缅
腾冲
保山
临沧
桂北
云开
东华夏
武夷
沱江
长山
越北
花东
加瓜
东沙
坤丹
构
吕宋
北菲律宾海
南菲律宾海
中沙
滇缅马苏
印支
庄他武里
达拉-桔井
南沙
东菲律宾
西菲律宾
巽他
曾母
西北苏禄
巴拉望
东南苏禄
沙巴
帕劳
哈马黑拉
西阿玉
东阿玉
西加罗林
东加罗林
西苏门答腊
东马来西亚
婆罗洲
北苏拉威西
邦盖-苏拉
翁通爪哇
东南苏拉威西
造
北俾斯麦
西南苏门答腊(沃依拉)
西苏拉威西
西南苏拉威西
韦塔-帝汶
布鲁-塞兰
新几内亚
南俾斯麦
斯图尔特
所罗门
爪哇
松巴
Pt1
伍德拉克
北珊瑚海
域
乔治敦
路易西亚德
梅利什
巴尔莫勒尔礁
金伯利
乔治娜
南珊瑚海
新赫布里底
康吉礁
芒特艾萨
洛亚蒂
Pt3
阿伦塔
大堡礁
Pt3
丹皮尔
豪勋爵
诺福克
密涅瓦
Pz1
三王
库佩
-1.4
-1.2
-1.0
-0.8
-0.6
-0.4
-0.2
0
0.2
0.4
0.6
0.8
1.0
1.2
1.4
rad

（4）磁化极解析信号分布

在磁化极解析信号分布图（图3-15）上，特提斯构造域西段的整体异常分布东高西低，阿摩里卡、伊比利亚（Iberia）和默西亚微板块均以大范围的负异常值为特征，默西亚微板块内部存较大的负异常低值区，与周围地区边界明显。

（图3-15）

特提斯构造域磁化极解析信号分布图

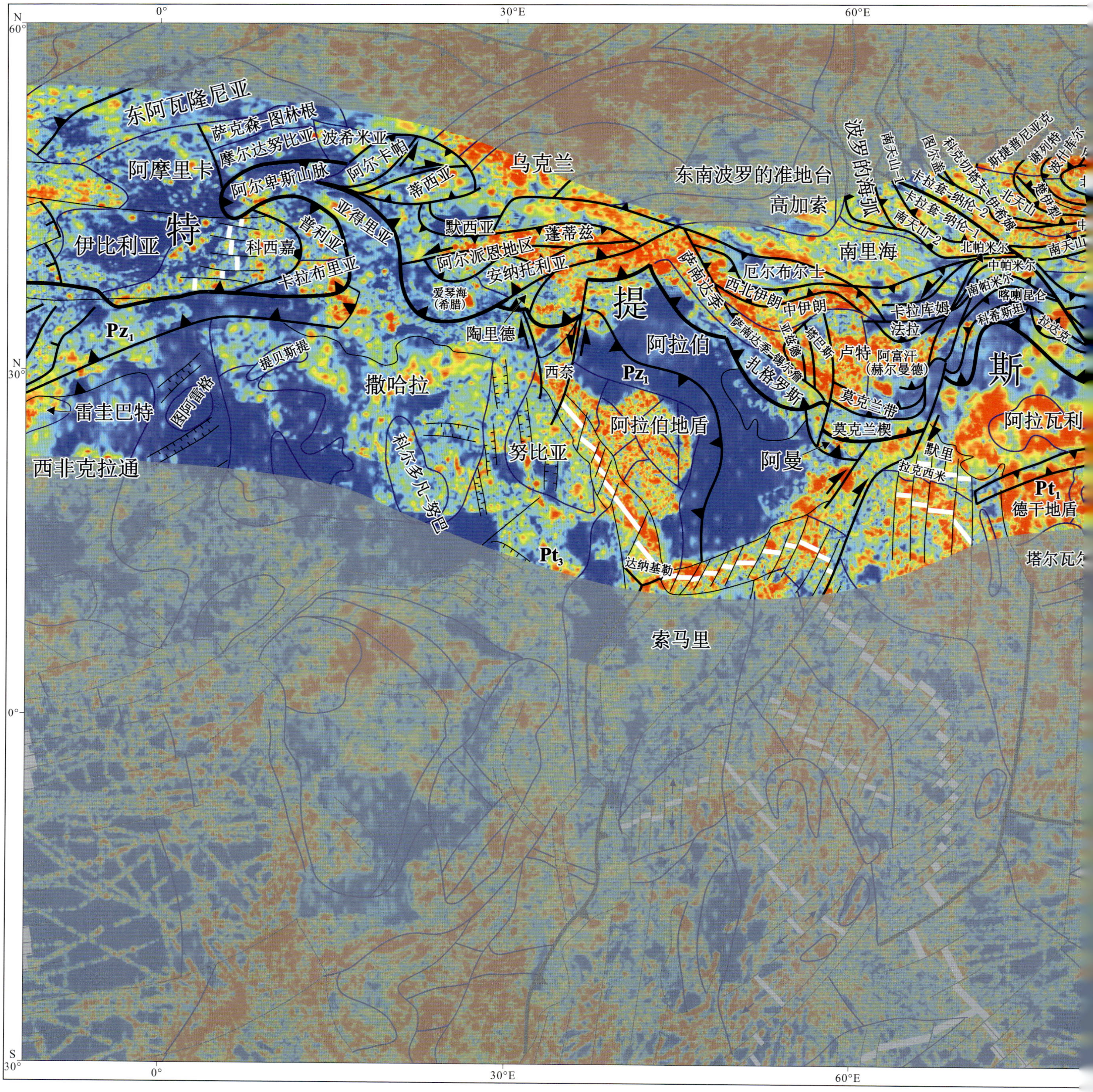

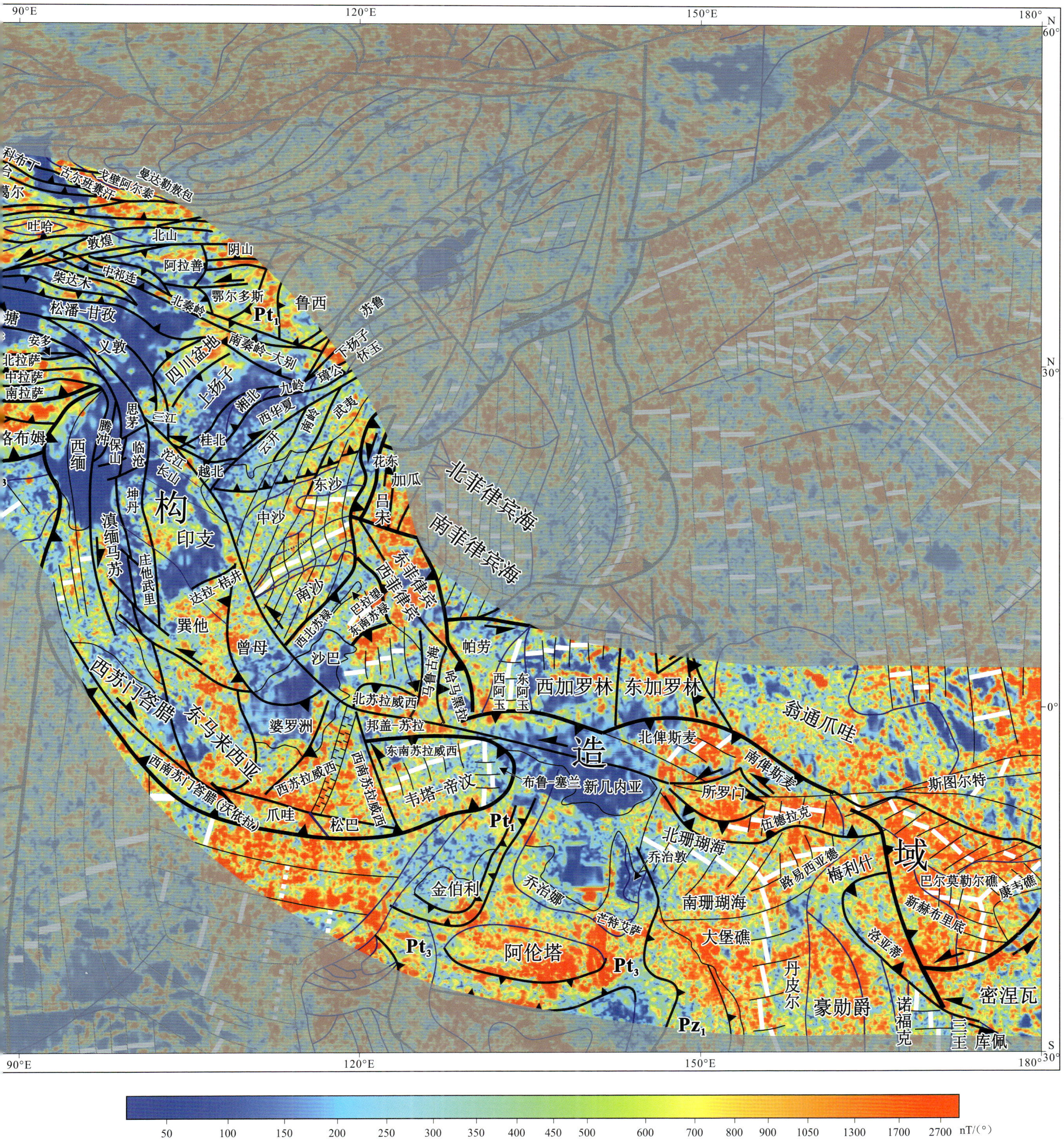
90°E
120°E
150°E
180°
N 60°
N 30°
0°
S 30°
戈壁阿尔泰
曼达勒敖包
古尔班赛汗
吐哈
敦煌
北山
阴山
阿拉善
中祁连
柴达木
鄂尔多斯
北秦岭
松潘-甘孜
Pt1
鲁西
苏鲁
安多
义敦
四川盆地
南秦岭-大别
下扬子
怀玉
北拉萨
中拉萨
南拉萨
上扬子
九岭
璋公
湘北
思茅
三江
西华夏
南岭
武夷
腾冲
保山
临沧
桂北
云开
洛布姆
西缅
沱江
长山
越北
花东
东沙
加瓜
构
坤丹
吕宋
北菲律宾海
中沙
滇缅马苏
印支
南菲律宾海
庄他武里
达拉-桔井
南沙
东菲律宾
西菲律宾
巽他
西北苏禄
巴拉望
东南苏禄
曾母
沙巴
帕劳
西苏门答腊
北苏拉威西
哈马黑拉
东马来西亚
婆罗洲
西阿玉
东阿玉
西加罗林
东加罗林
翁通爪哇
邦盖-苏拉
造
北俾斯麦
东南苏拉威西
南俾斯麦
西南苏门答腊(沃依拉)
西苏拉威西
西南苏拉威西
韦塔-帝汶
布鲁-塞兰
新几内亚
所罗门
斯图尔特
爪哇
松巴
Pt1
伍德拉克
北珊瑚海
域
乔治敦
路易西亚德
梅利什
巴尔莫勒尔礁
康韦礁
金伯利
乔治娜
南珊瑚海
新赫布里底
芒特艾萨
大堡礁
洛亚蒂
Pt3
阿伦塔
Pt3
丹皮尔
豪勋爵
密涅瓦
诺福克
Pz1
三王
库佩
50
100
150
200
250
300
350
400
450
500
600
700
800
900
1050
1300
1700
2700
nT/(°)

（5）磁化极垂向一阶导数分布

磁化极垂向一阶导数异常分布（图3-16）与磁化极解析信号较为相似，以大范围的负异常低值区为显著特征，阿摩里卡和伊比利亚微板块主要是负异常低值区，科西嘉岛(Corsica)和卡拉布里亚(Calabria)微板块内部正负异常高值相间分布，与周缘地区异常特征明显不同。

（图3-16） 特提斯构造域磁化极垂向一阶导数分布图

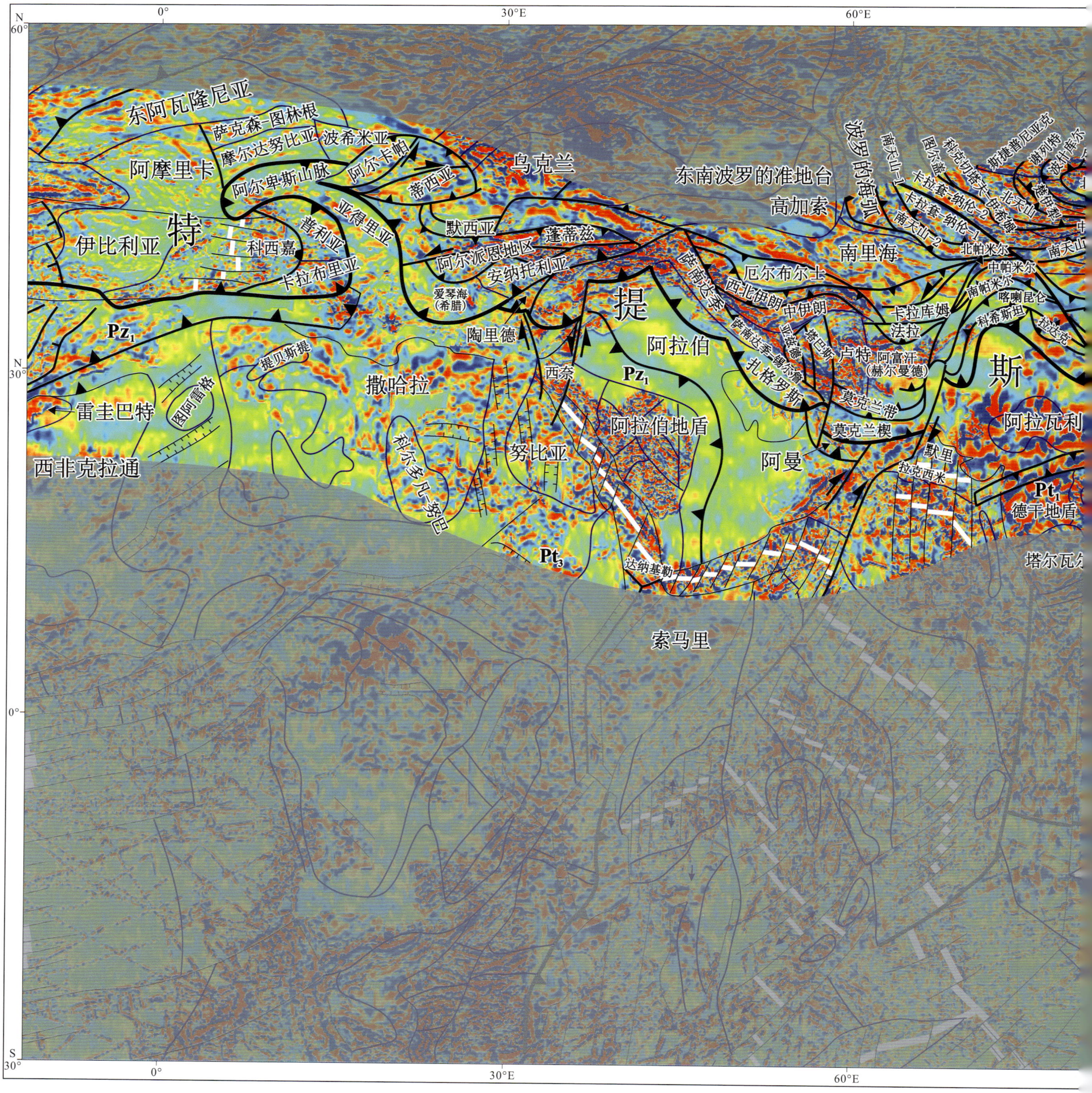

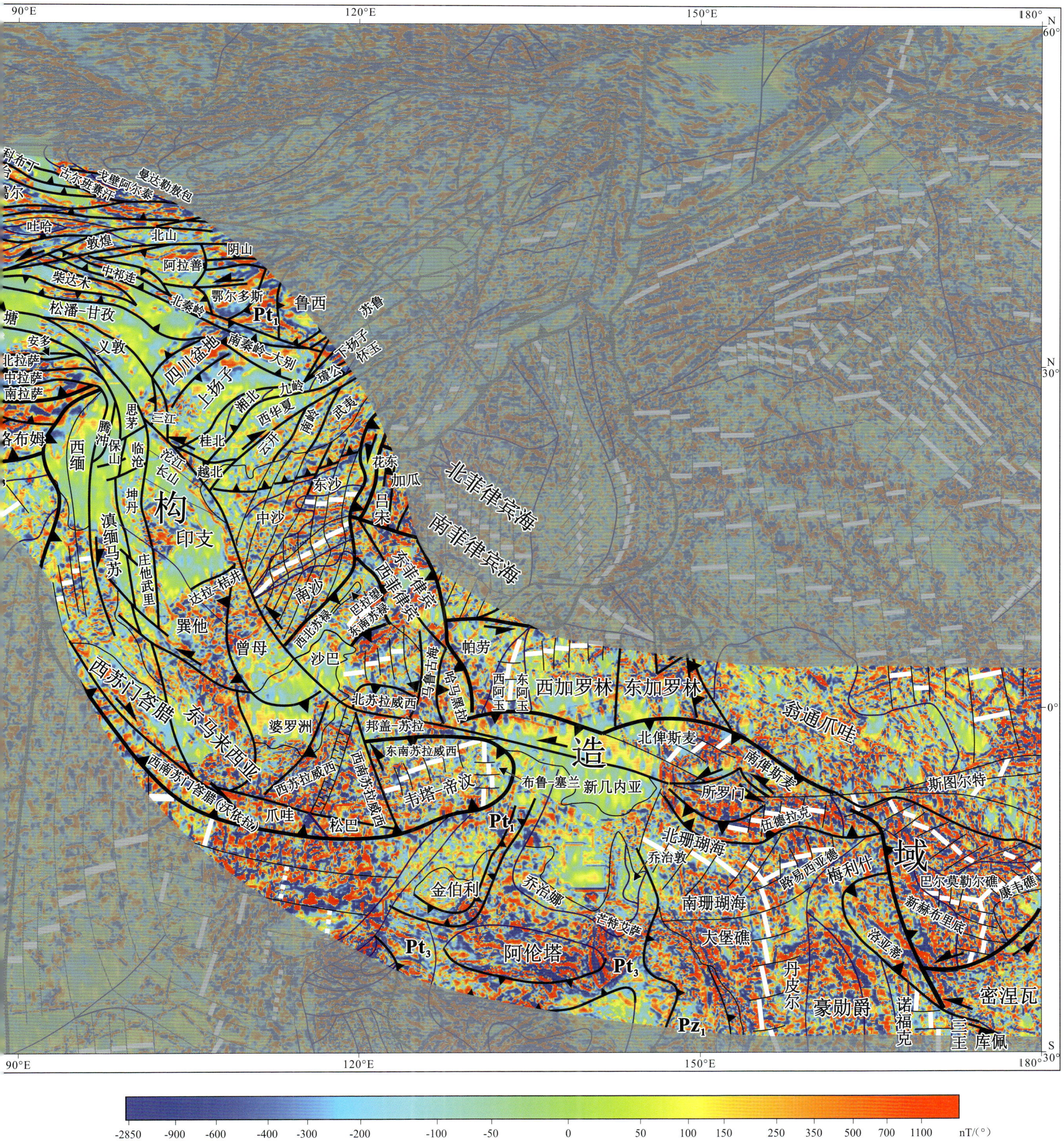
90°E
120°E
150°E
180°
N 60°
N 30°
0°
S 30°
科布丁
戈壁阿尔泰
古尔班赛汗
曼达勒敖包
吐哈
敦煌
北山
阴山
阿拉善
柴达木
中祁连
北秦岭
鄂尔多斯
鲁西
苏鲁
松潘-甘孜
Pt1
安多
义敦
四川盆地
南秦岭-大别
下扬子
怀玉
北拉萨
中拉萨
南拉萨
上扬子
九岭
璋公
湘北
西华夏
南岭
武夷
思茅
三江
腾冲
保山
临沧
桂北
云开
西缅
沱江
长山
越北
花东
加瓜
东沙
北菲律宾海
吕宋
坤丹
构
中沙
印支
南菲律宾海
滇缅马苏
庄他武里
东菲律宾
西菲律宾
达拉-桔井
南沙
巴拉望
巽他
曾母
西北苏禄
东南苏禄
帕劳
沙巴
哈马黑拉
西阿玉
东阿玉
西加罗林
东加罗林
西苏门答腊
东马来西亚
北苏拉威西
婆罗洲
邦盖-苏拉
翁通爪哇
北俾斯麦
造
东南苏拉威西
南俾斯麦
西南苏门答腊(沃伊拉)
西苏拉威西
西南苏拉威西
韦塔-帝汶
布鲁-塞兰
新几内亚
斯图尔特
所罗门
爪哇
松巴
Pt1
伍德拉克
北珊瑚海
域
乔治敦
金伯利
乔治娜
路易西亚德
梅利什
巴尔莫勒尔礁
康韦礁
南珊瑚海
新赫布里底
芒特艾萨
大堡礁
洛亚蒂
Pt3
阿伦塔
Pt3
丹皮尔
豪勋爵
诺福克
密涅瓦
Pz1
三王
库佩
-2850
-900
-600
-400
-300
-200
-100
-50
0
50
100
150
250
350
500
700
1100
nT/(°)

（1）磁异常分布

在西太平洋磁异常图（图3-17）中，太平洋区域磁异常呈三组条带状分布，分别为NEE走向的日本磁条带、NWW走向的夏威夷磁条带和近东西走向的菲尼克斯磁条带，它们与（古）洋中脊方向一致，平行于洋中脊轴以及洋壳年龄等时线，反映了洋壳扩张过程的时空演变。而东南亚环形俯冲带附近海底磁异常条带截断或消失，陆地一侧磁异常与海洋区域磁条带有明显差别。中西部俯冲带磁力数据有缺失，通过磁化极处理后，西南部等海洋区域磁异常条带不明显，但仍保留了太平洋区域磁异常条带。在磁异常图上显示如马里亚纳（Mariana）、爪哇（Java）、松巴（Sumba）等微板块内部大多呈正异常，但南俾斯麦（S. Bismark）微板块内部大部分区域呈负异常。

西太平洋磁异常分布图

（图3-17）

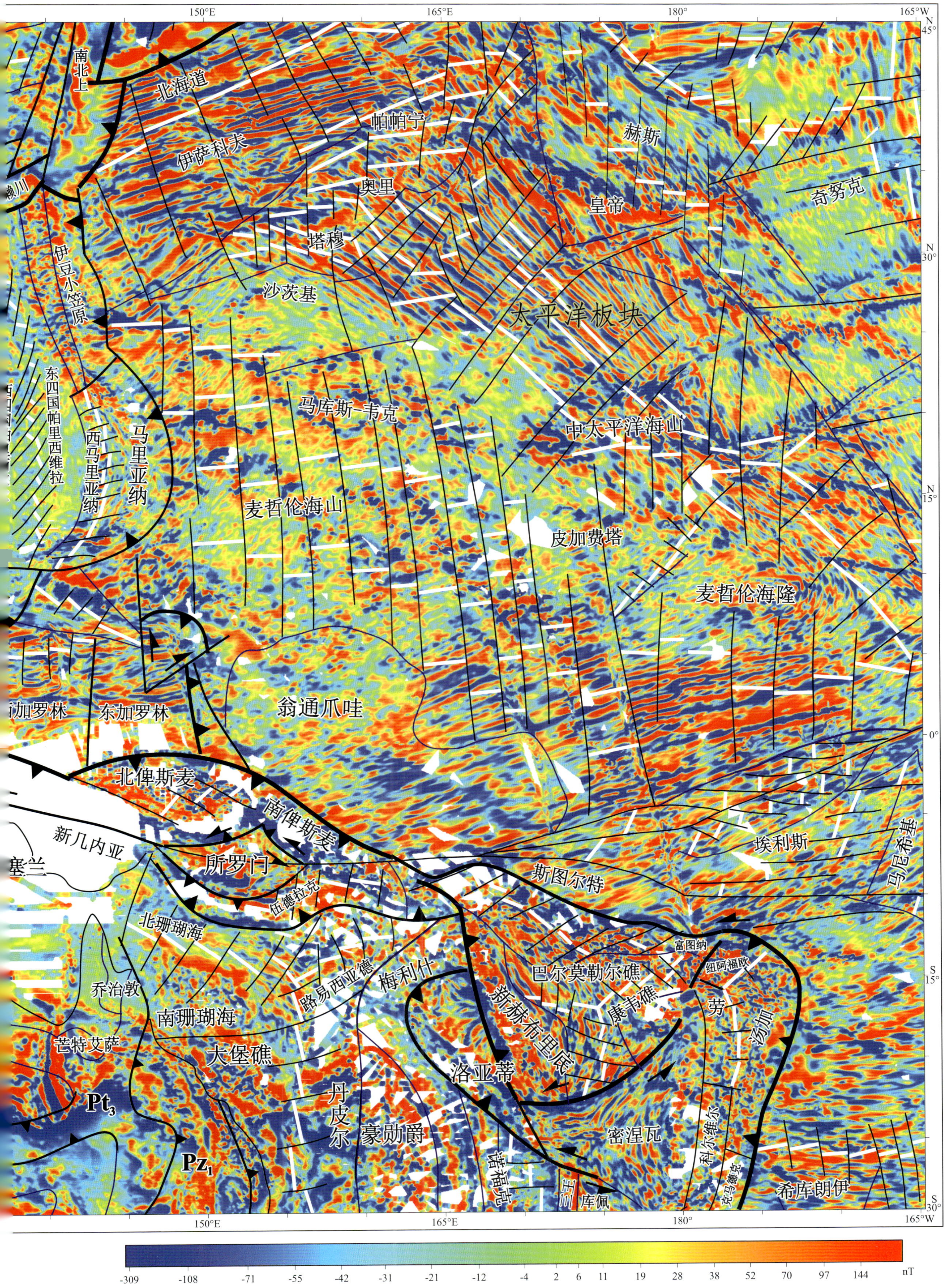
150°E
165°E
180°
165°W
N 45°
N 30°
N 15°
0°
S 15°
S 30°
南北上
北海道
伊萨科夫
帕帕宁
奥里
赫斯
皇帝
奇努克
塔穆
沙茨基
伊豆小笠原
太平洋板块
东四国帕里西维拉
西马里亚纳
马里亚纳
马库斯-韦克
中太平洋海山
麦哲伦海山
皮加费塔
麦哲伦海隆
翁通爪哇
东加罗林
北俾斯麦
南俾斯麦
新几内亚
塞兰
所罗门
伍德拉克
斯图尔特
埃利斯
马尼希基
北珊瑚海
乔治敦
南珊瑚海
芒特艾萨
路易西亚德
梅利什
巴尔莫勒尔礁
新赫布里底
康韦礁
富图纳
纽阿福欧
劳
汤加
大堡礁
洛亚蒂
Pt3
Pz1
丹皮尔
豪勋爵
密涅瓦
科尔维尔
克马德克
希库朗伊
诺福克
三王
库佩
-309
-108
-71
-55
-42
-31
-21
-12
-4
2
6
11
19
28
38
52
70
97
144
nT

（2）磁异常斜导数分布

在磁异常斜导数分布图（图3-18）上，保留了太平洋、印度洋磁条带异常基本特征，爪哇、松巴等微板块特征清晰。相较于磁异常斜导数（图3-19），在磁异常斜导数总水平导数异常分布图上，磁异常条带更为清晰，但俯冲带边界不够清晰。

（图3-18） 西太平洋磁化极异常分布图

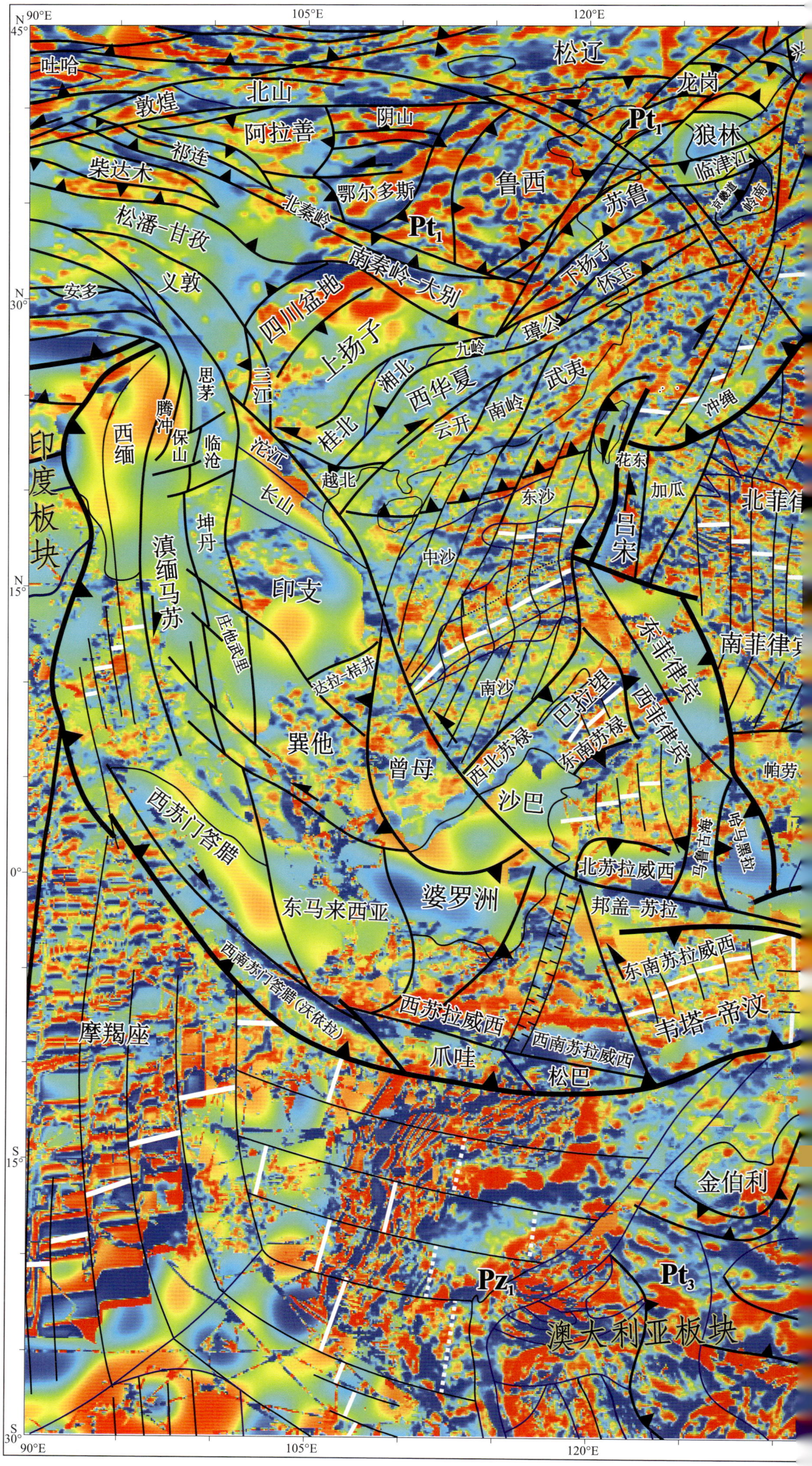

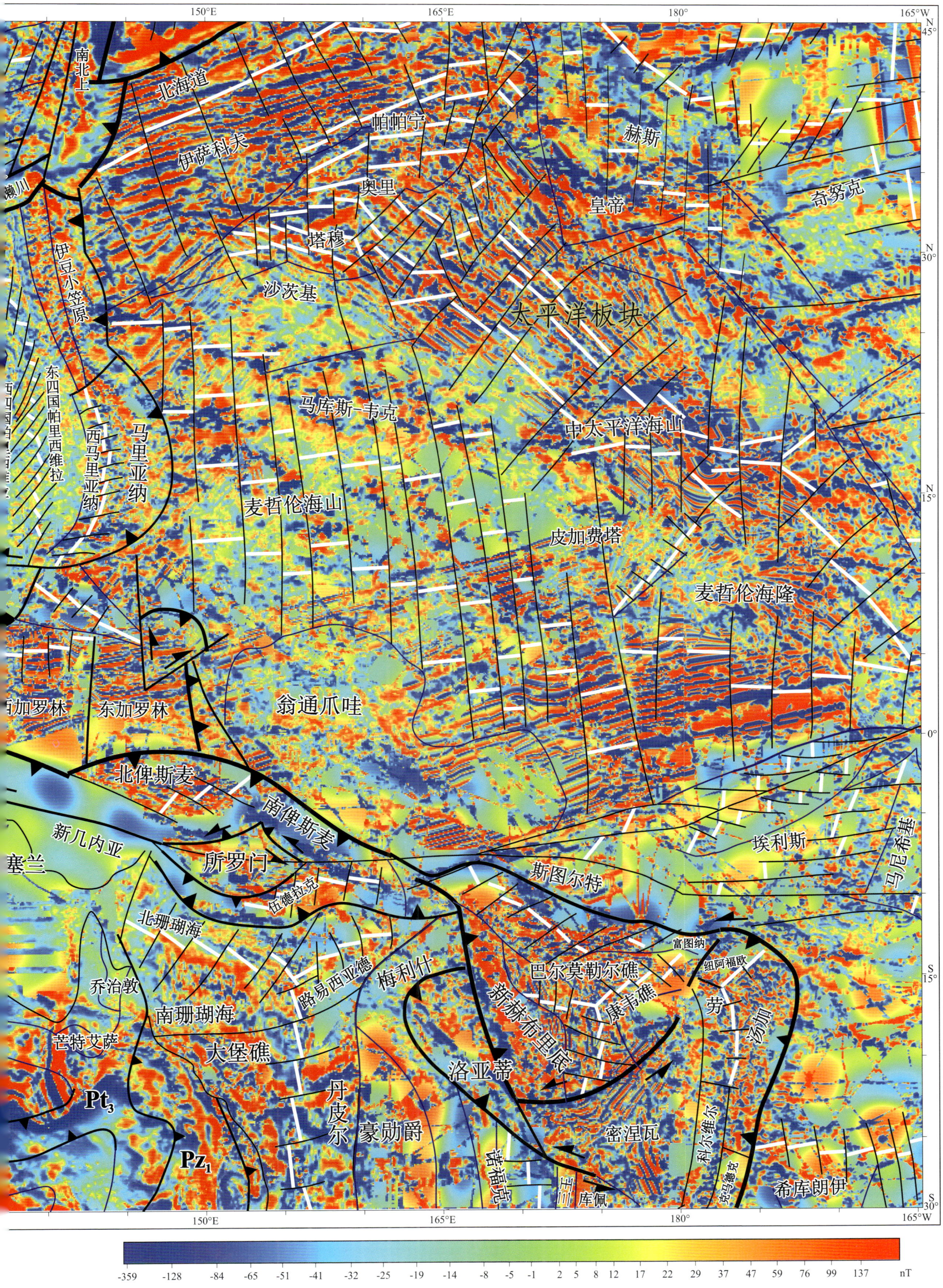
150°E
165°E
180°
165°W
N
45°
N
30°
N
15°
0°
S
15°
S
30°
南北上
北海道
伊萨科夫
帕帕宁
赫斯
奥里
皇帝
奇努克
濑川
伊豆小笠原
塔穆
沙茨基
太平洋板块
东四国帕里西维拉
西马里亚纳
马里亚纳
马库斯-韦克
中太平洋海山
麦哲伦海山
皮加费塔
麦哲伦海隆
东加罗林
翁通爪哇
北俾斯麦
南俾斯麦
新几内亚
所罗门
埃利斯
马尼希基
斯图尔特
伍德拉克
北珊瑚海
富图纳
纽阿福欧
巴尔莫勒尔礁
康韦礁
劳
汤加
乔治敦
南珊瑚海
路易西亚德
梅利什
新赫布里底
芒特艾萨
大堡礁
洛亚蒂
Pt3
Pz1
丹皮尔
豪勋爵
密涅瓦
诺福克
库佩
利尔维尔
希库朗伊
-359
-128
-84
-65
-51
-41
-32
-25
-19
-14
-8
-5
-1
2
5
8
12
17
22
29
37
47
59
76
99
137
nT

（图3-19）

西太平洋磁异常斜导数分布图

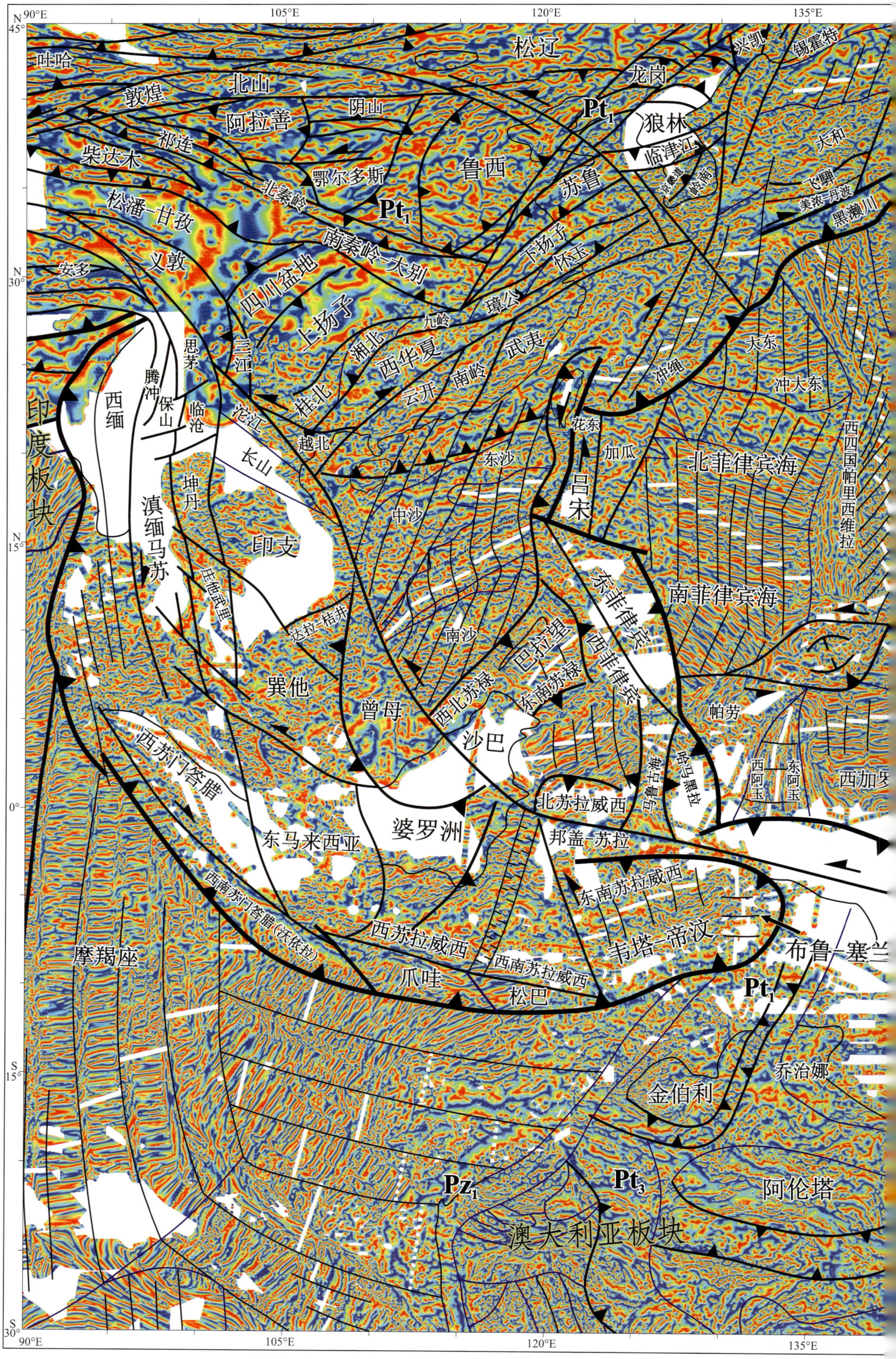

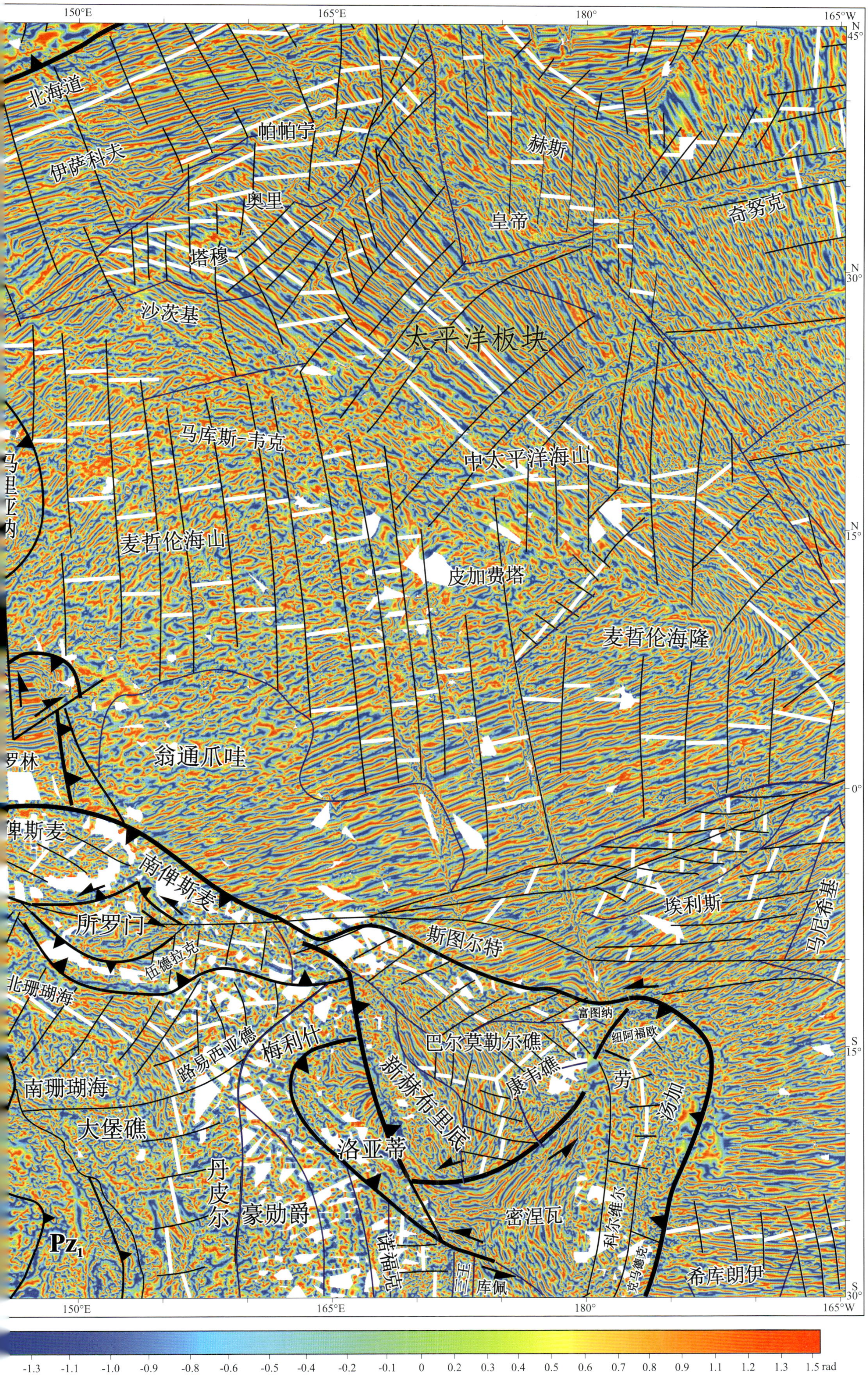

150°E
165°E
180°
165°W
N 45°
N 30°
N 15°
0°
S 15°
S 30°
北海道
伊萨科夫
帕帕宁
赫斯
奥里
皇帝
奇努克
塔穆
沙茨基
太平洋板块
马库斯-韦克
中太平洋海山
麦哲伦海山
皮加费塔
麦哲伦海隆
翁通爪哇
罗林
俾斯麦
南俾斯麦
所罗门
伍德拉克
北珊瑚海
斯图尔特
埃利斯
马尼希基
富图纳
纽阿福欧
巴尔莫勒尔礁
路易西亚德
梅利什
新赫布里底
康韦礁
劳
汤加
南珊瑚海
大堡礁
洛亚蒂
丹皮尔
豪勋爵
密涅瓦
利尔维尔
克马德克
诺福克
三王
库佩
希库朗伊
Pz1
-1.3 -1.1 -1.0 -0.9 -0.8 -0.6 -0.5 -0.4 -0.2 -0.1 0 0.2 0.3 0.4 0.5 0.6 0.7 0.8 0.9 1.1 1.2 1.3 1.5 rad

（3）磁异常解析信号分布

在磁异常解析信号分布图(图3-20)上，磁异常解析信号正负异常更为清晰，俯冲板块海底正异常遇环形俯冲带消失或截止，保留了部分海洋区域磁异常条带。爪哇、松巴、所罗门（Solomon）等微板块特征清晰，异常值较大。

（图3-20） 西太平洋磁异常解析信号分布图

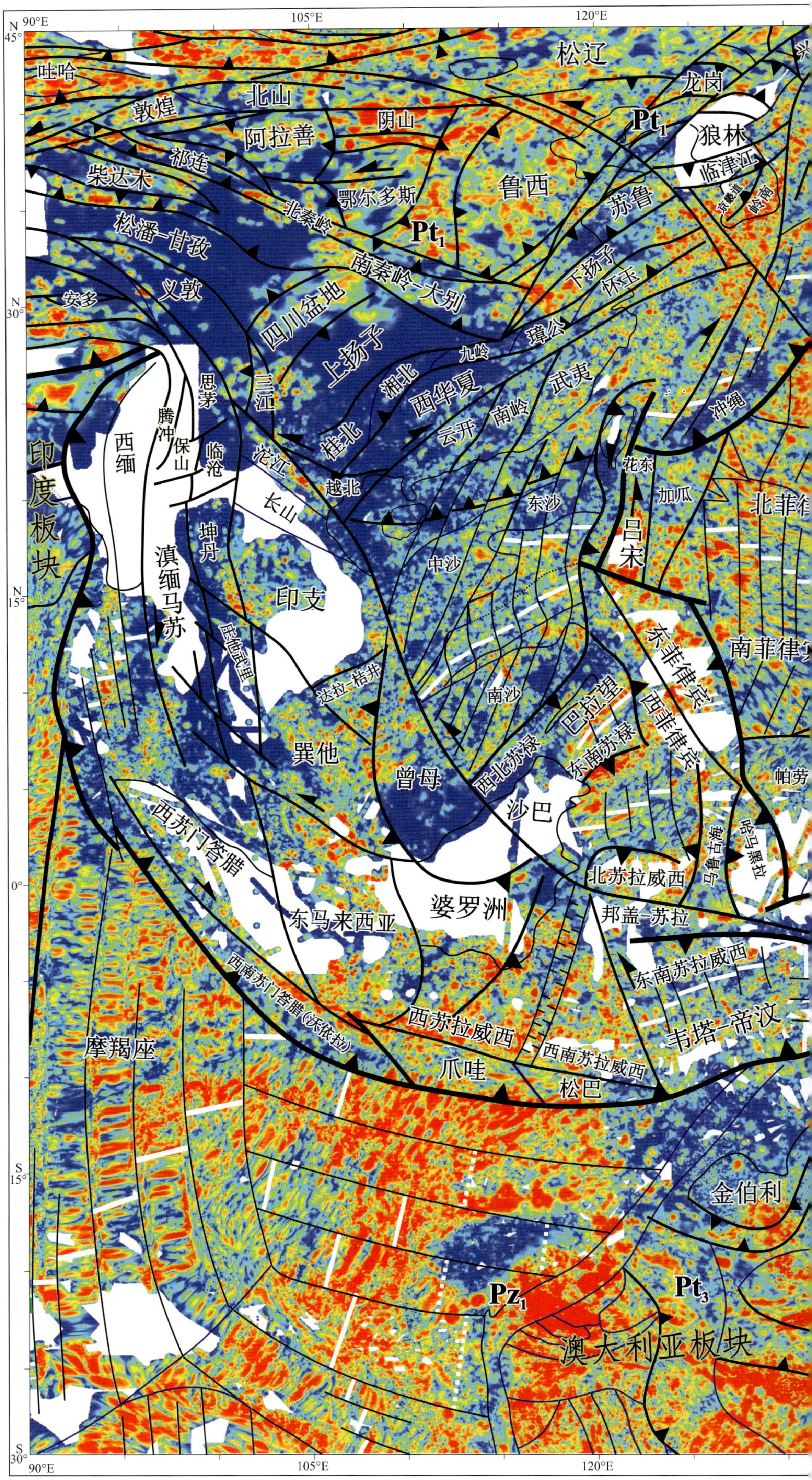

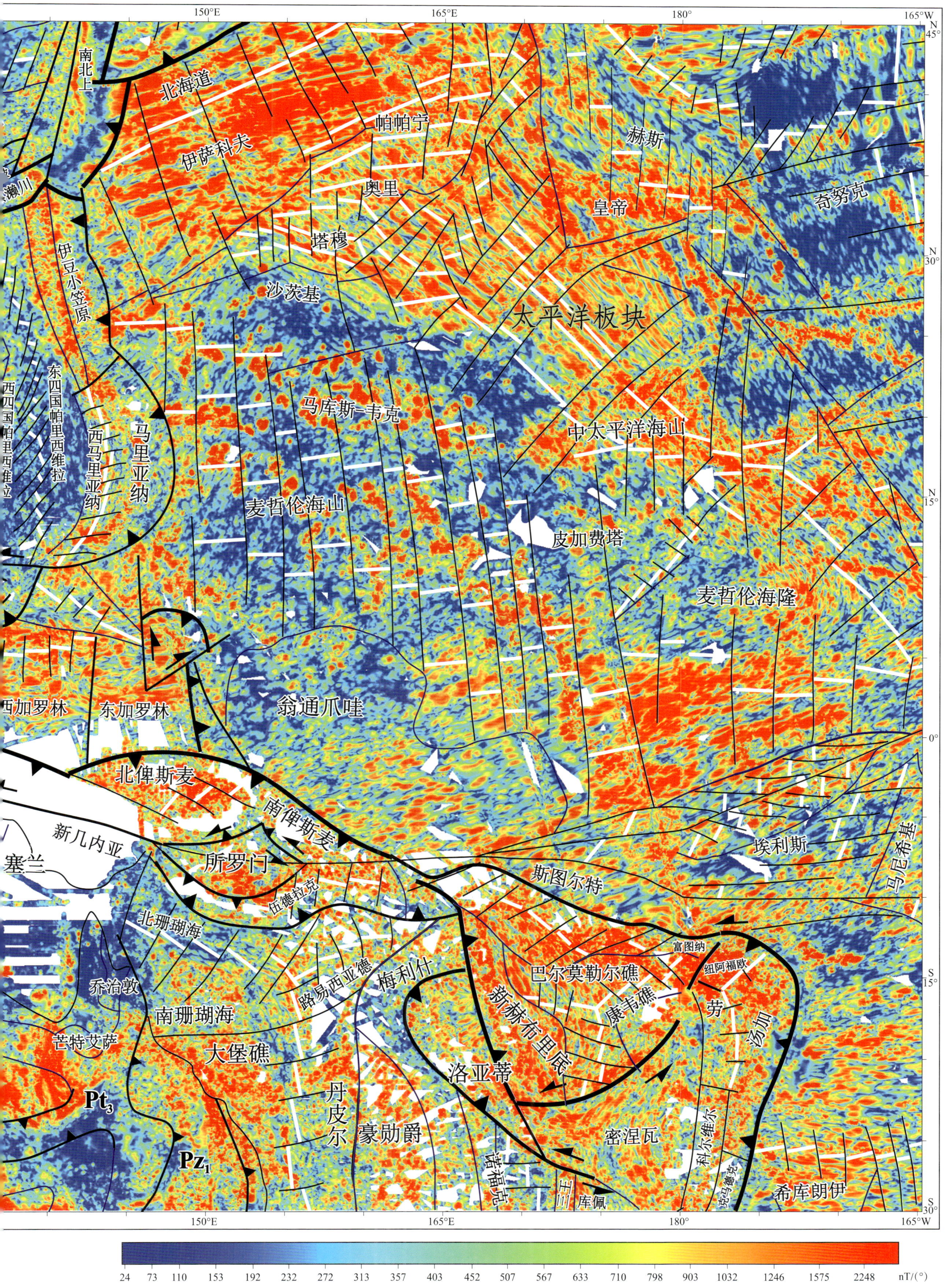
150°E
165°E
180°
165°W
N 45°
N 30°
N 15°
0°
S 15°
S 30°
南北上
北海道
伊萨科夫
帕帕宁
奥里
赫斯
皇帝
奇努克
塔穆
沙茨基
太平洋板块
濑川
伊豆小笠原
西四国帕里西维拉
东四国帕里西维拉
西马里亚纳
马里亚纳
马库斯-韦克
中太平洋海山
麦哲伦海山
皮加费塔
麦哲伦海隆
西加罗林
东加罗林
翁通爪哇
北俾斯麦
南俾斯麦
新几内亚
塞兰
所罗门
伍德拉克
北珊瑚海
乔治敦
南珊瑚海
芒特艾萨
大堡礁
路易西亚德
梅利什
丹皮尔
豪勋爵
洛亚蒂
新赫布里底
巴尔莫勒尔礁
康韦礁
富图纳
纽阿福欧
劳
汤加
斯图尔特
埃利斯
马尼希基
密涅瓦
科尔维尔
克马德克
希库朗伊
诺福克
三王
库佩
Pt_3
Pz_1
24 73 110 153 192 232 272 313 357 403 452 507 567 633 710 798 903 1032 1246 1575 2248 nT/(°)

（1）磁异常分布

东太平洋磁异常（图3-21）显示，在东部和西部，磁异常条带呈条带状，正负异常交错分布，基本与东太平洋海隆等洋中脊方向相近。中部的俯冲带附近因俯冲消减作用，可以看到磁异常条带的消失或截断。加拉帕戈斯的磁异常条带整体呈东西向，与东西部海底磁异常条带有明显差别。

数学家微板块为跃生型微板块，12~3Ma，该微洋块是活动的，位于数学家海岭和莫克特苏马（Moctezuma）海槽之间。数学家微板块的边界分别是西部的数学家海岭、北部的里韦拉（Rivera）破碎带、东部的莫克特苏马海槽以及南部的西奥戈曼破碎带。数学家微板块的磁异常沿洋中脊方向，呈条带状正负异常交替分布，异常值为 -45~70nT。

（图3-21）

东太平洋磁异常分布图

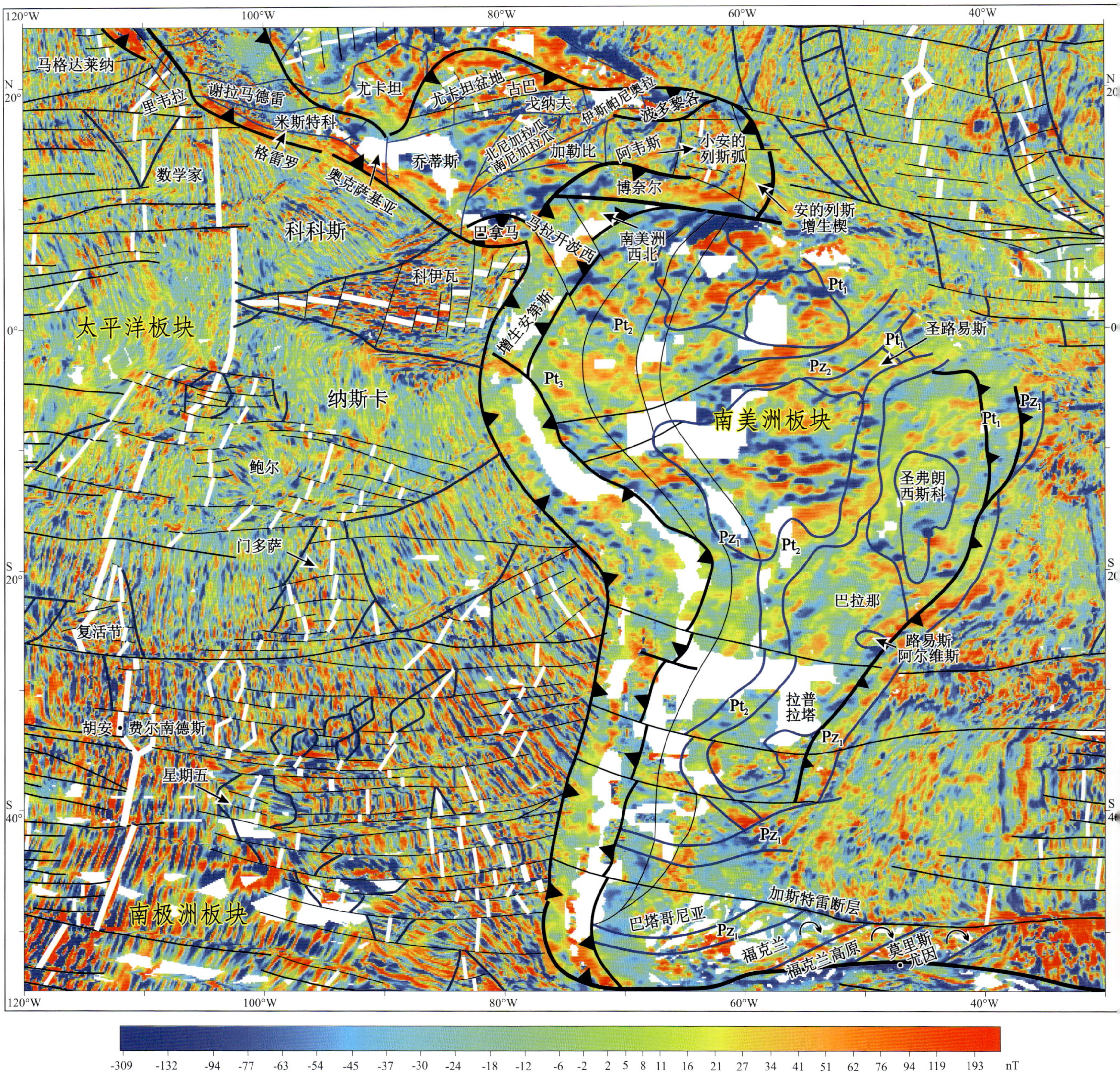

（2）磁化极异常分布

复活节微板块是位于东太平洋海隆分叉处的一个微洋块（550km×410km），其位于22° S~27° S，西部是太平洋板块，东部为纳斯卡板块（图3-22）。胡安•费尔南德斯微板块是位于东太平洋海隆分叉处的另一个微洋块（410km×270km），位于32° S~35° S，西侧是太平洋板块，东北侧是纳斯卡板块，东南侧是南极洲板块，具有正负异常相间错断的特征。

（图3-22）

东太平洋磁化极异常分布图

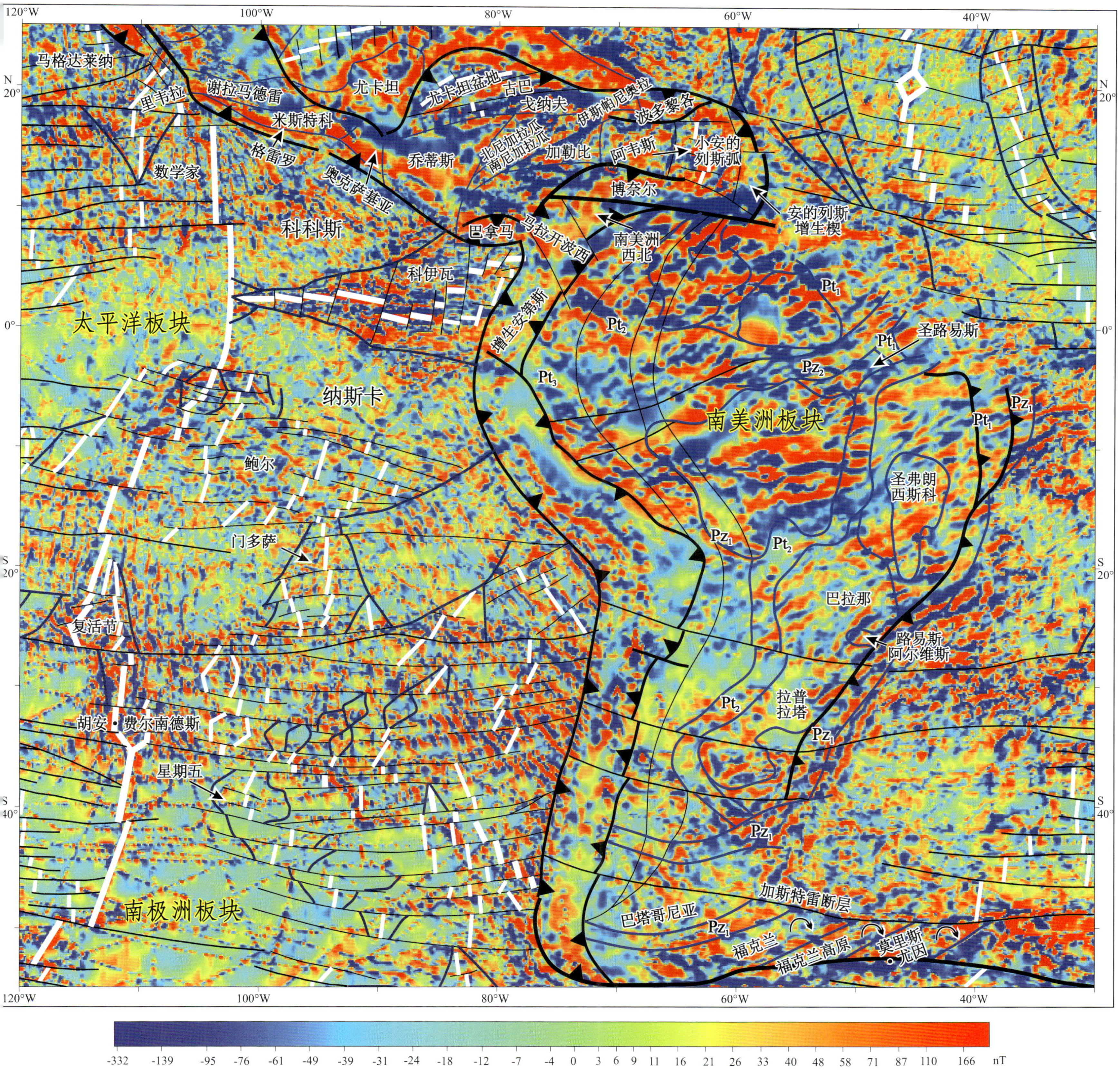

（3）磁异常斜导数及总水平导数分布

里韦拉微板块是典型的残生型微洋块，其位于东太平洋海隆（太平洋－里韦拉海隆）东侧，里韦拉转换断层北侧，中美洲海沟西南侧。尽管里韦拉微板块的南部在7.2~2.2Ma于洋内的科科斯造山带发生了变形，但目前该微板块的南部边界是里韦拉转换断层；然而在北部，里韦拉微板块的最北部在3.6~1.5Ma发生了转变，并与北美洲板块紧密连接在一起，使得现今活动的里韦拉－北美洲板块边界变为大洋汇聚边界；在东部，里韦拉－科科斯板块边界是左行的，但其准确位置还不确定。在磁异常斜导数图（图3-23）中，沿洋中脊呈现条带状正负异常交替特征，异常值为-1~1.2rad。

（图3-23） 东太平洋磁化极斜导数分布图

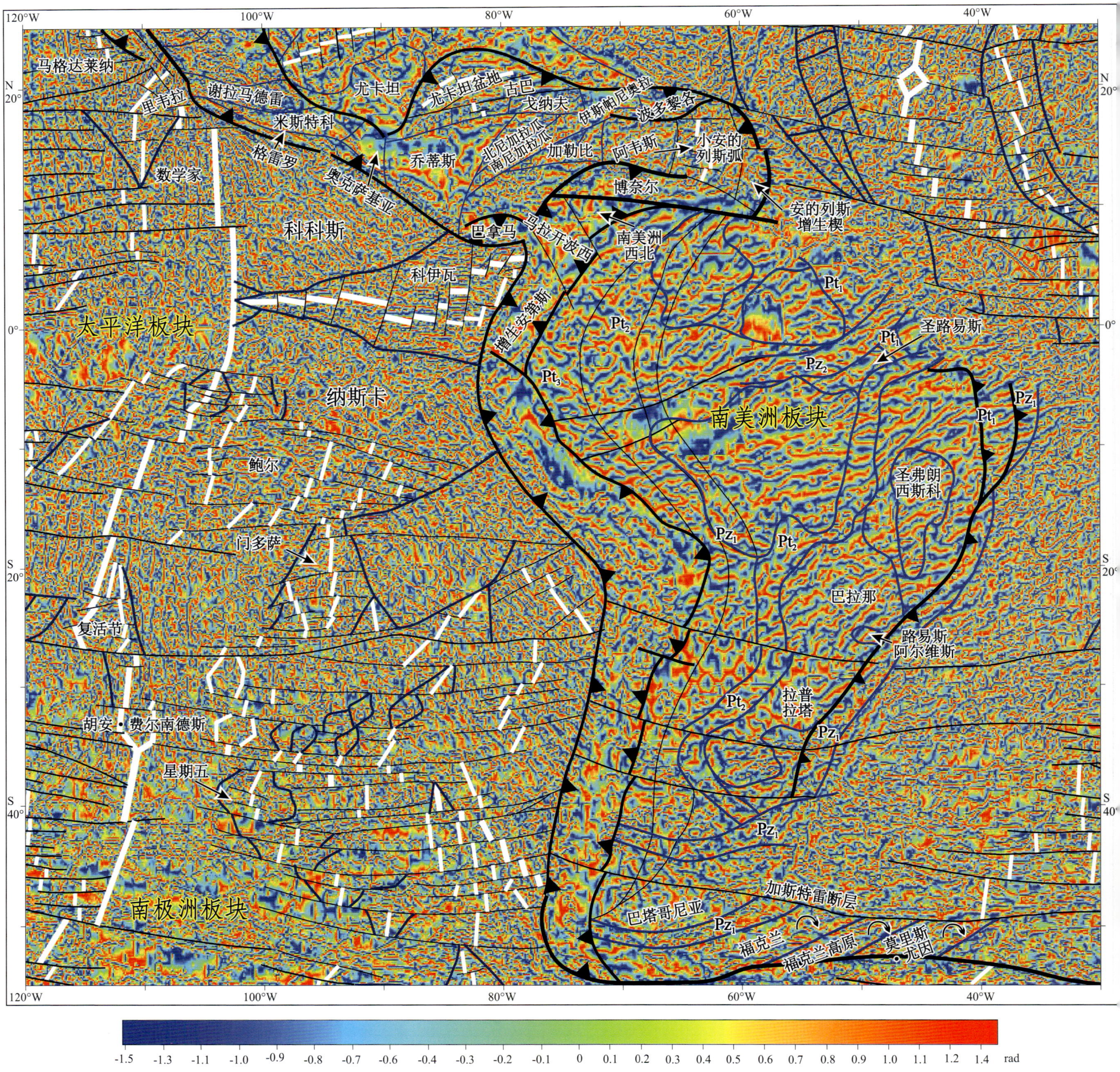

（图3-24）

东太平洋磁化极斜导数总水平导数分布图

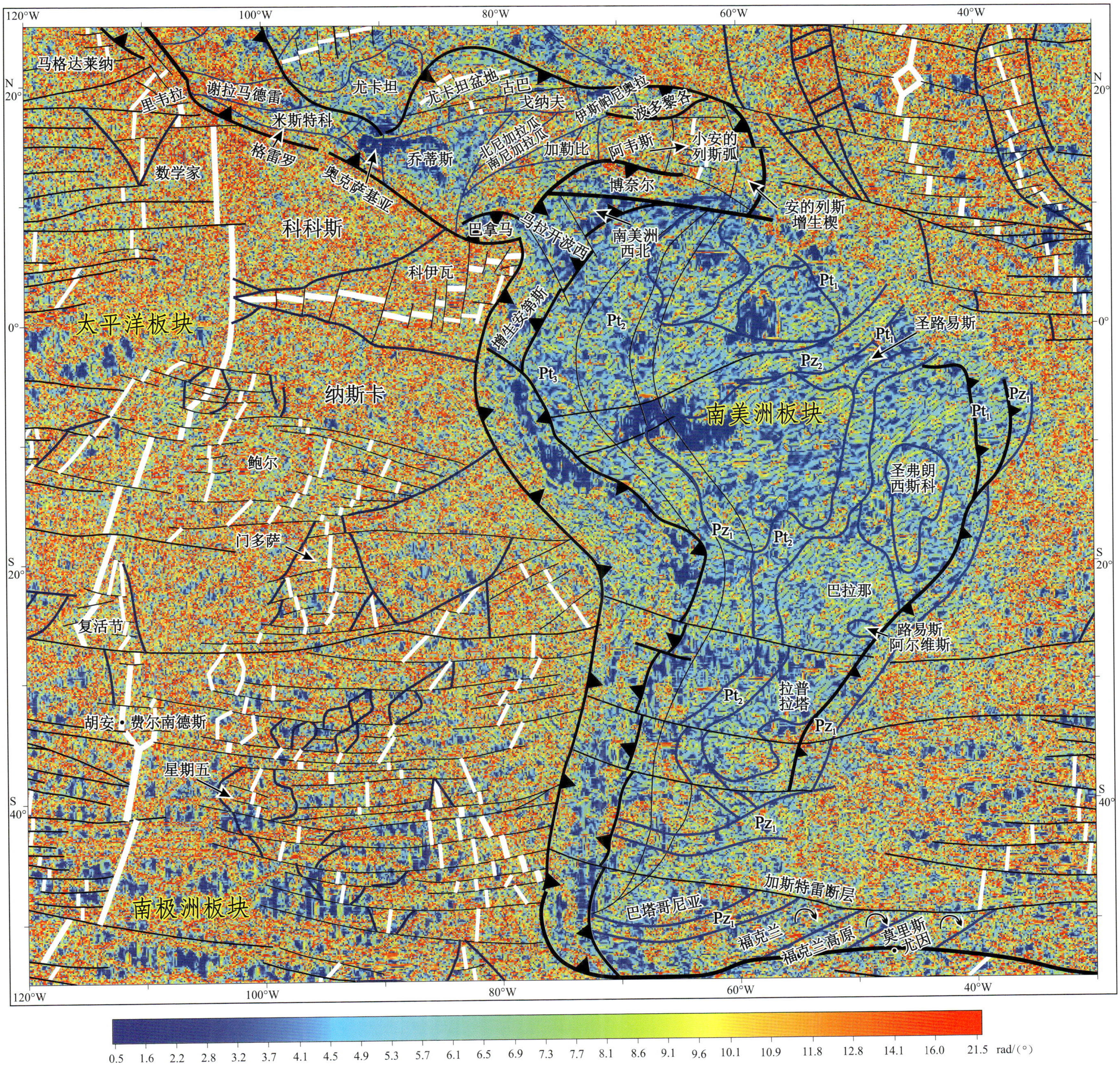

（4）磁异常解析信号分布

典型微板块胡安·费尔南德斯（由跃生型转为延生型）微板块旋转速度的持续降低以及太平洋－南极洲扩张脊相对于微板块的西移表明，该微板块“死亡”的过程可能已经开始。Bird等(1998)推测胡安·费尔南德斯微板块可能会在接下来的一百万年内结合到南极洲板块中。实际上，洋中脊跃迁模型产生的跃生型微洋块就是不再被活动板块边界所围限而死亡的延生型微洋块。在磁异常解析信号图（图3-25）中，呈现较高的正异常值，异常值为1100~1500nT/（°）。

（图3-25）

东太平洋磁化极解析信号分布图

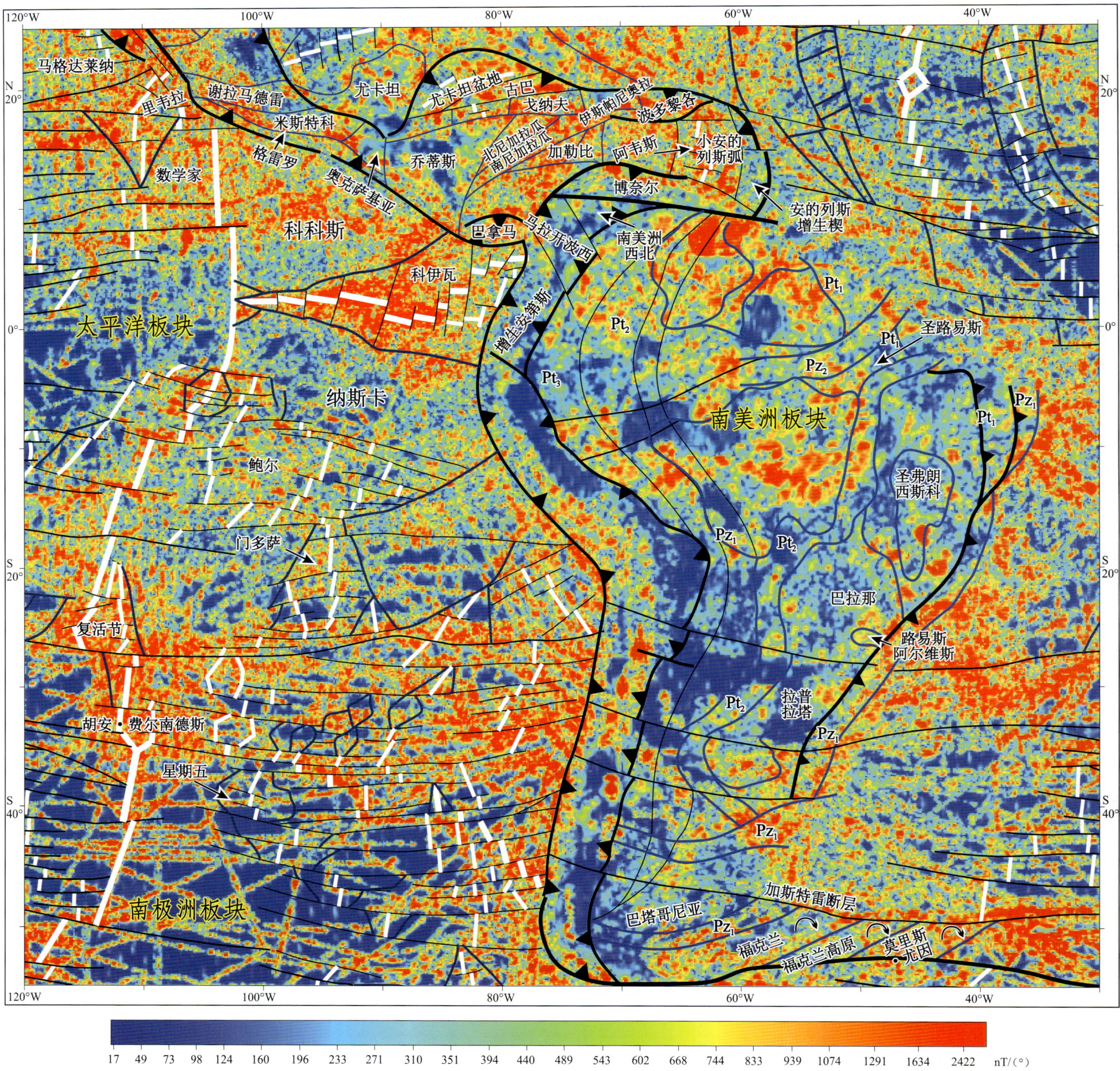

（5）磁化极垂向一阶导数分布

纳斯卡板块北部的科伊瓦（Coiba）微洋块是一个典型区域，其边界为大型转换/走滑边界，转换型边界的俯冲在浅部形成非稳定型三节点，使科伊瓦微洋块相对独立于相邻洋壳板块。区域内最重要的构造要素为科伊瓦海岭和四条板块边界。在磁化极垂向一阶导数图（图3-26）中，微板块内部呈现近NEE向的条带状正负异常交替存在，反映为剧烈变化的异常体，异常值为-500~600nT/（°）。

（图3-26）

东太平洋磁化极垂向一阶导数分布图

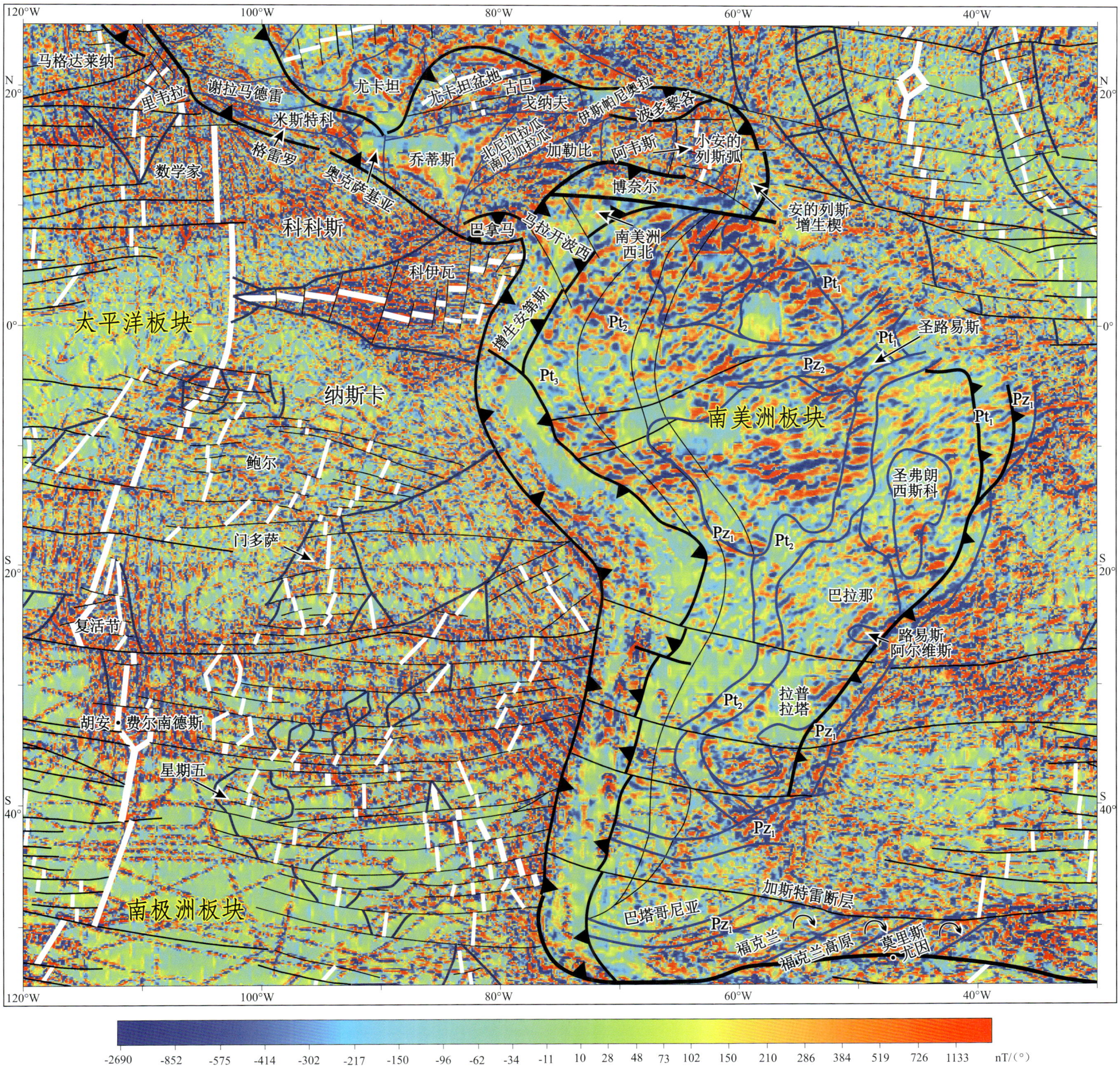

（1）磁异常分布

图幅的海域，西南部太平洋内磁异常条带（图3-27）大致呈南北向，与洋中脊方向大致平行，类似的在大西洋海域内也有明显的NE向条带分布，整体为较低的异常值，为-40~10nT，俯冲带附近有明显的磁异常条带截断特征。图幅的陆地区域，磁异常条带较为杂乱，大陆西部大致呈现NW向的不连续磁异常条带，中部及东部则大致呈NEE向，为近东西向的磁异常条带分布，正负异常相间分布，整体异常值较高，正负异常值分别为100~200nT和-170~-70nT。

（图3-27）

北美克拉通磁异常分布图

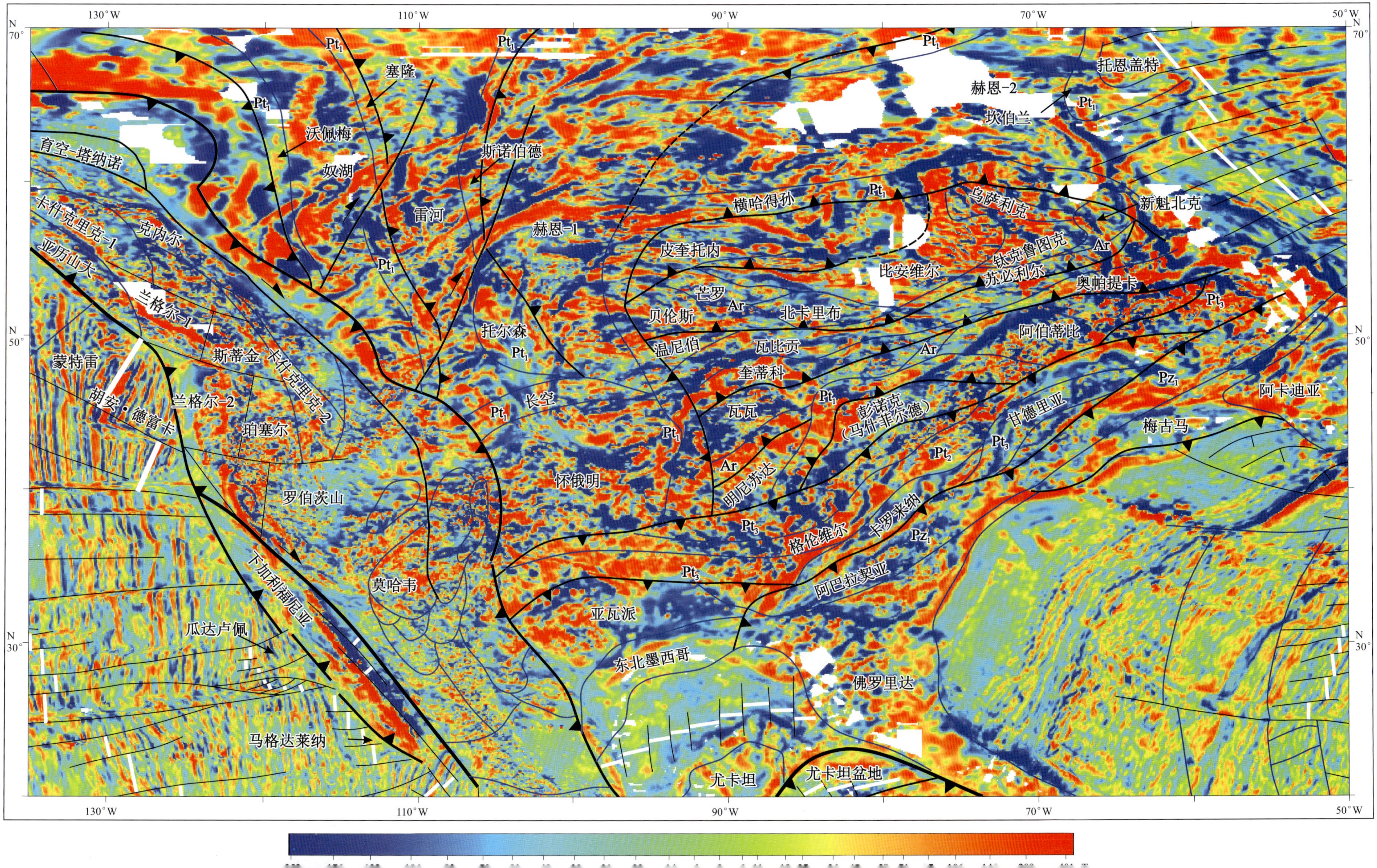

（2）磁化极异常分布

磁异常图和磁化极异常图（图 3-28）特征基本一致，在磁异常化极图中，阿卡迪亚（Acadia）、奎蒂科（Quetico）、佛罗里达（Florida）等微板块整体呈现正异常特征，甘德里亚（Ganderia）、瓦瓦（Wawa）等微板块整体呈现负异常特征。

（图3-28）

北美克拉通磁化极异常分布图

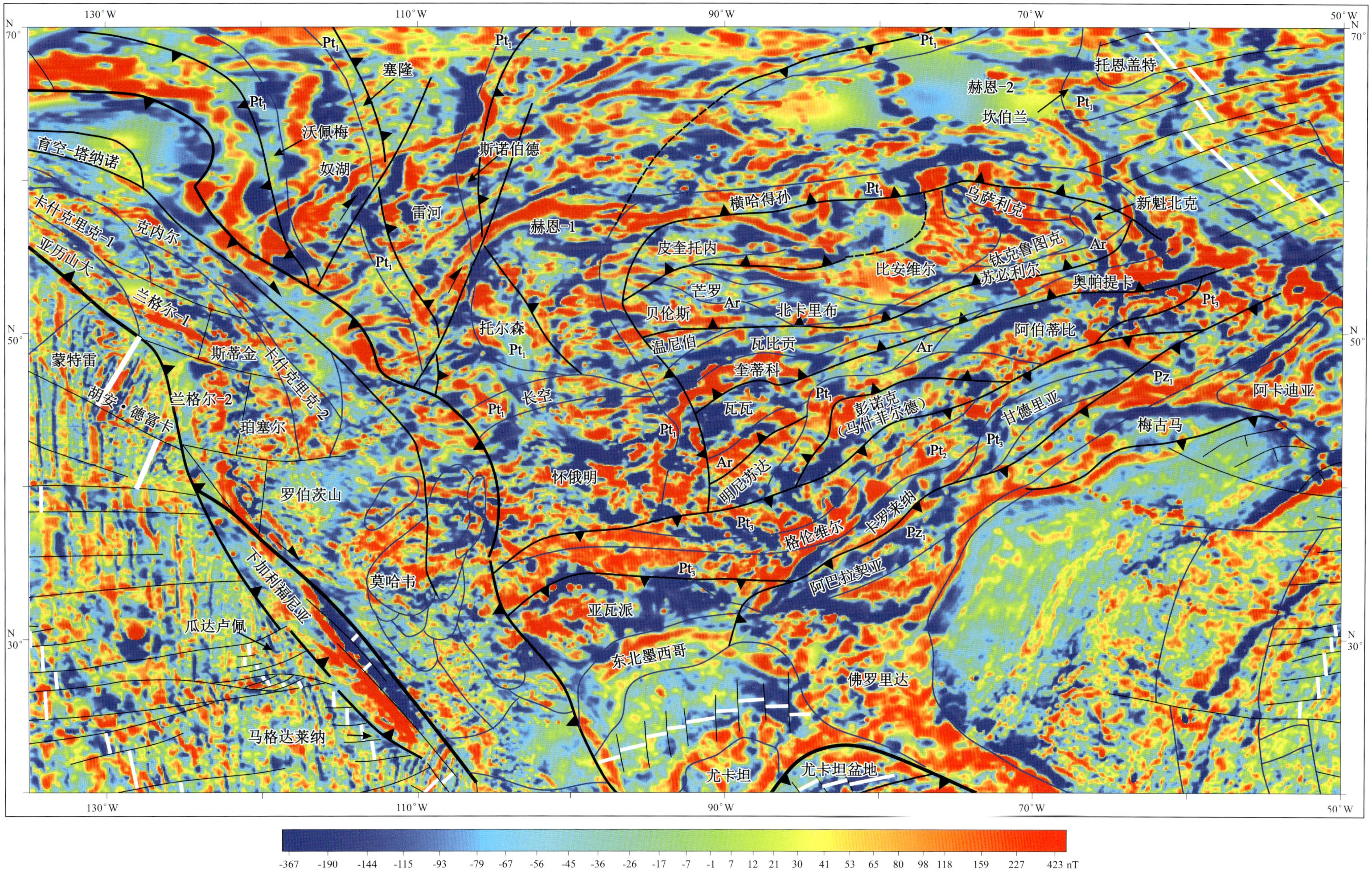

北美克拉通磁化极斜导数分布图

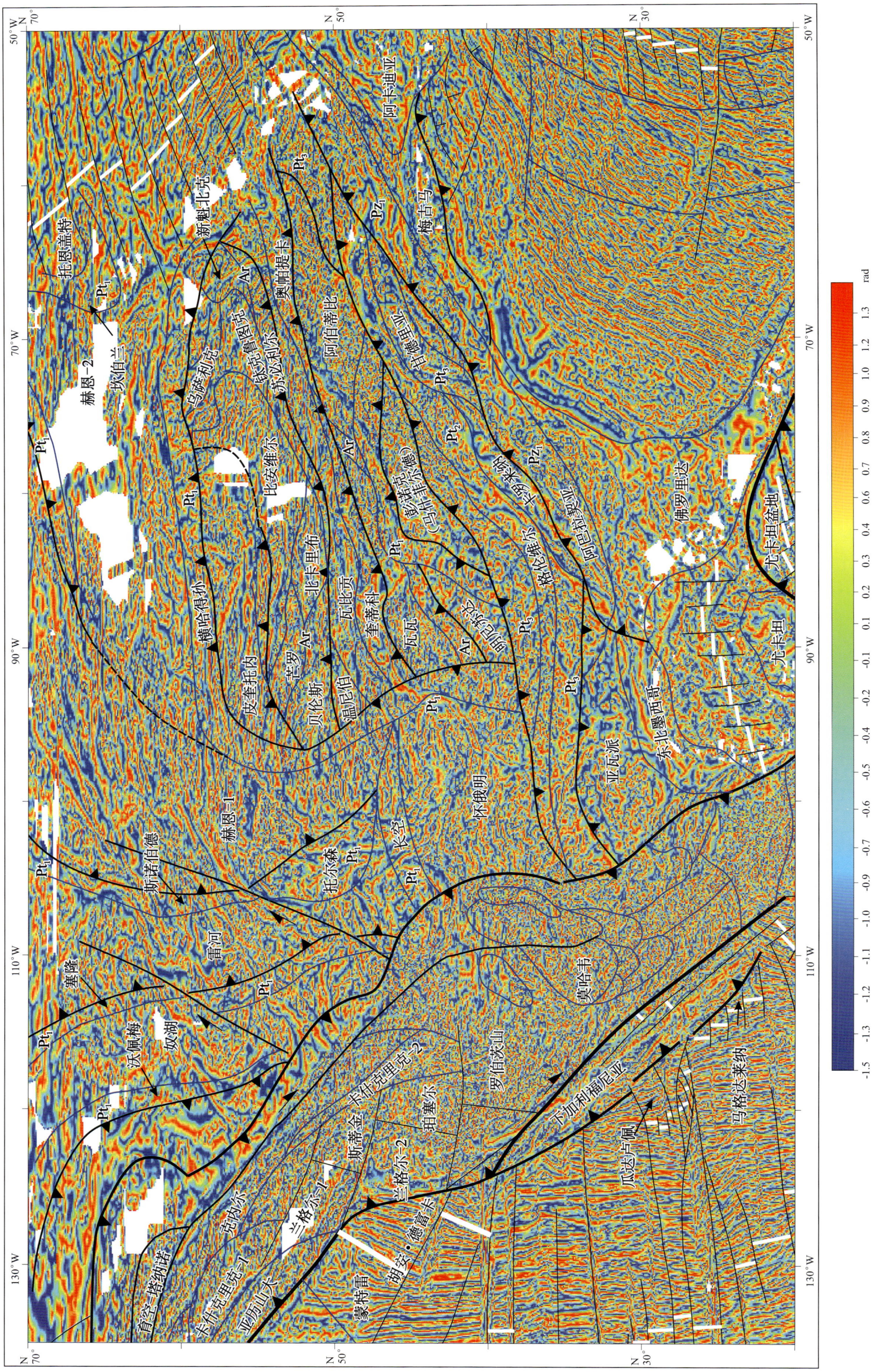

（图3-29）

（3）磁异常斜导数及总水平导数

育空－塔纳诺（Yukon-Tanana）微板块，位于阿拉斯加中东部和育空南部，为复合地体或复合微板块，包括大部分变质的古生代陆壳和岛弧型岩石及一些含泥盆纪化石的碳酸盐岩。在磁异常斜导数总水平导数图（图3-30）中，该微板块以正异常为主，异常值为15~25rad/（°）。

（图3-30）

北美克拉通磁化极斜导数总水平导数分布图

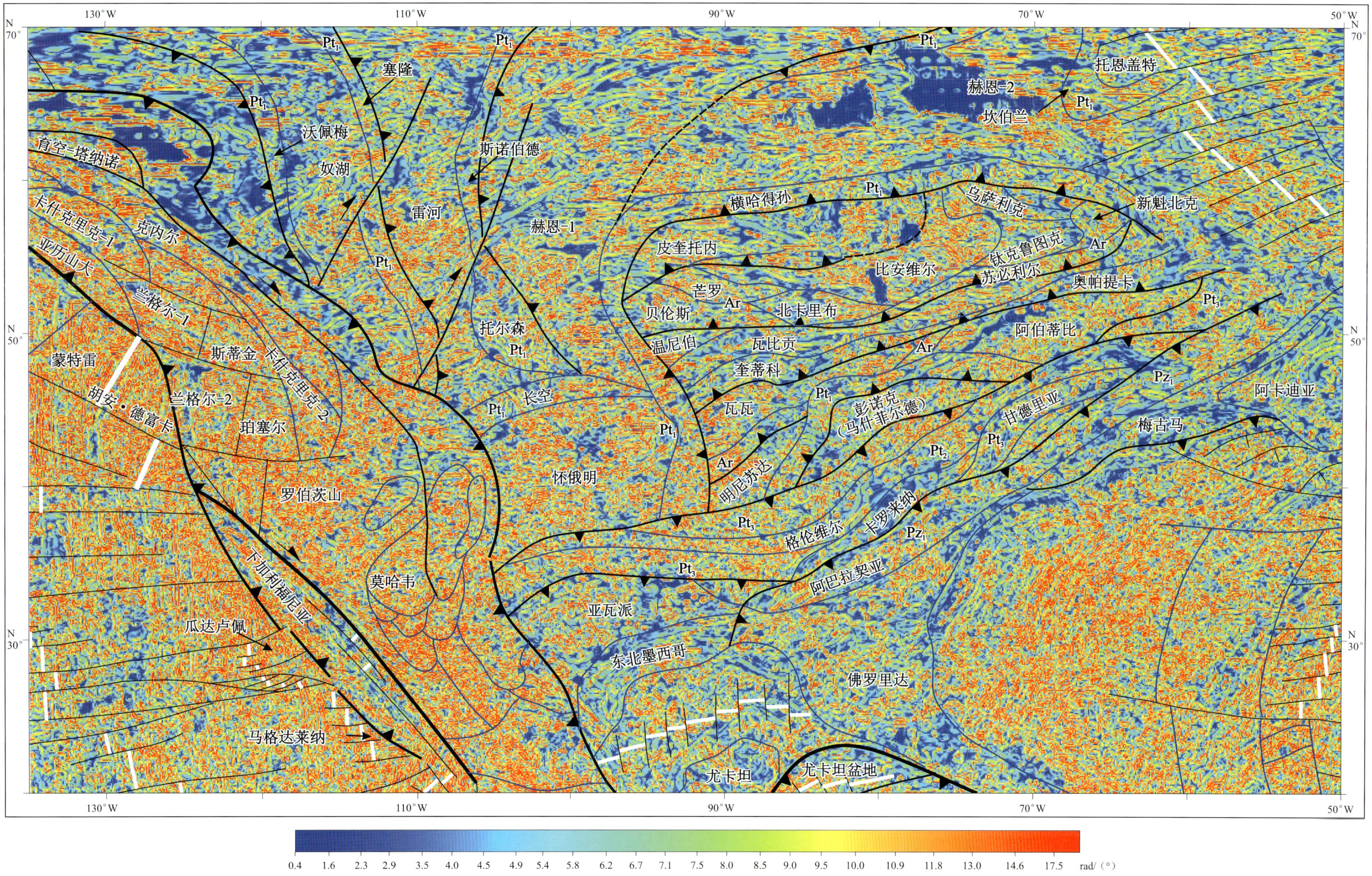

（4）磁异常解析信号

甘德里亚（Ganderia）微板块形成于新元古代晚期和古生代早期，甘德里亚、梅古马（Meguma）和卡罗莱纳(Carolinia)都属于冈瓦纳古陆。在磁异常解析信号图（图3-31）中，该微板块整体呈现较低的正异常，异常值为600~1000nT/（°）。

（图3-31）

北美克拉通磁化极解析信号分布图

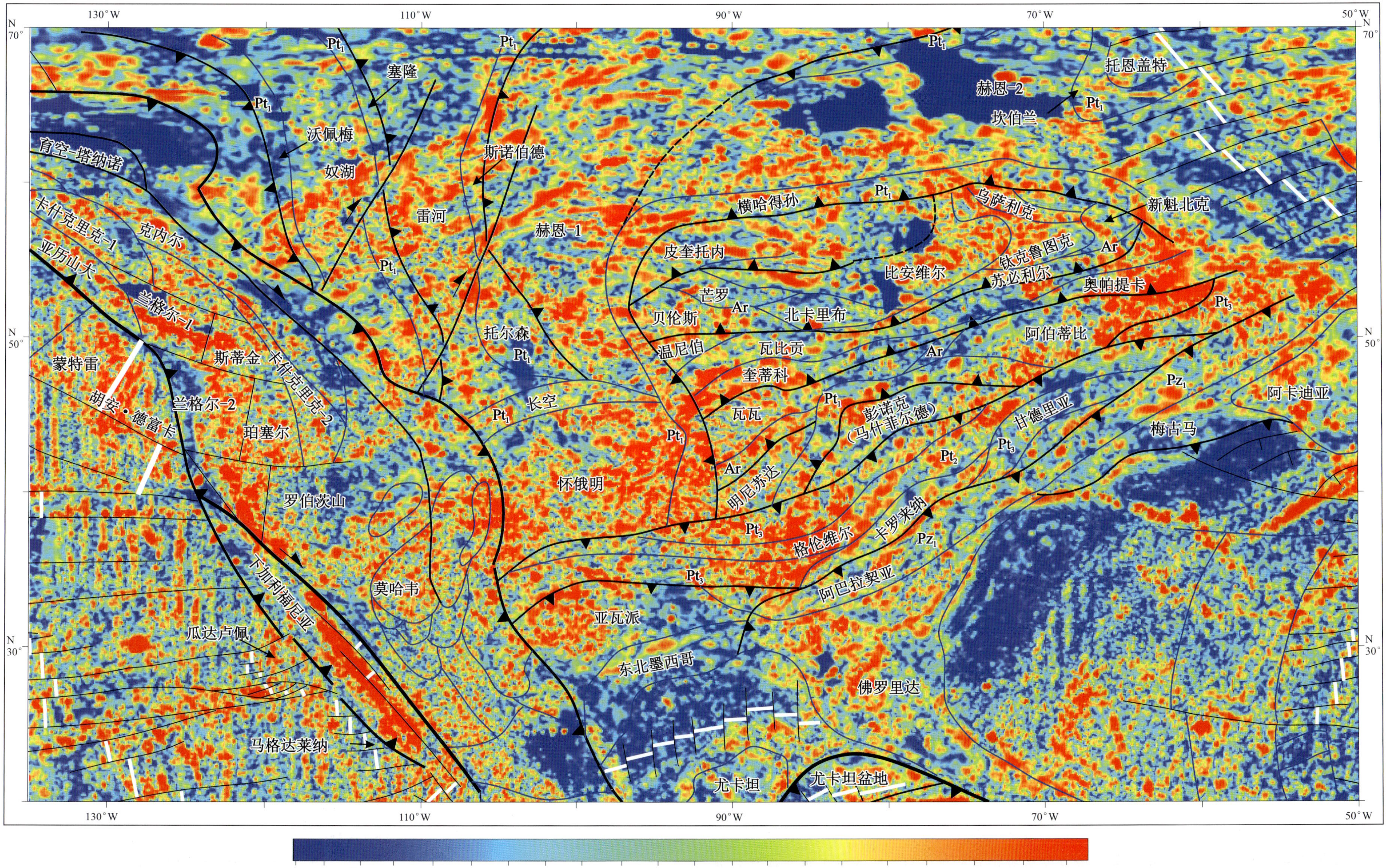

（5）磁化极垂向一阶导数

佛罗里达微陆块位于佛罗里达州的大部分地区及其东北部，属于北美板块南部陆缘。佛罗里达微陆块在石炭纪阿勒格尼期—奥伊奇塔造山运动之前是冈瓦纳古陆的一部分，直到侏罗纪大西洋打开，它才成为北美洲板块的一部分。在磁异常化极垂向一阶导数图（图 3-32）中，该微板块呈现较为杂乱的正负异常交替分布特征，与东西两侧均匀的磁异常条带分布情况有明显的差别。佛罗里达微板块内部正负异常值较高，正负异常值分别可达 950nT/（°）及 -1000nT/（°）。

（图3-32）

北美克拉通磁化极垂向一阶导数分布图

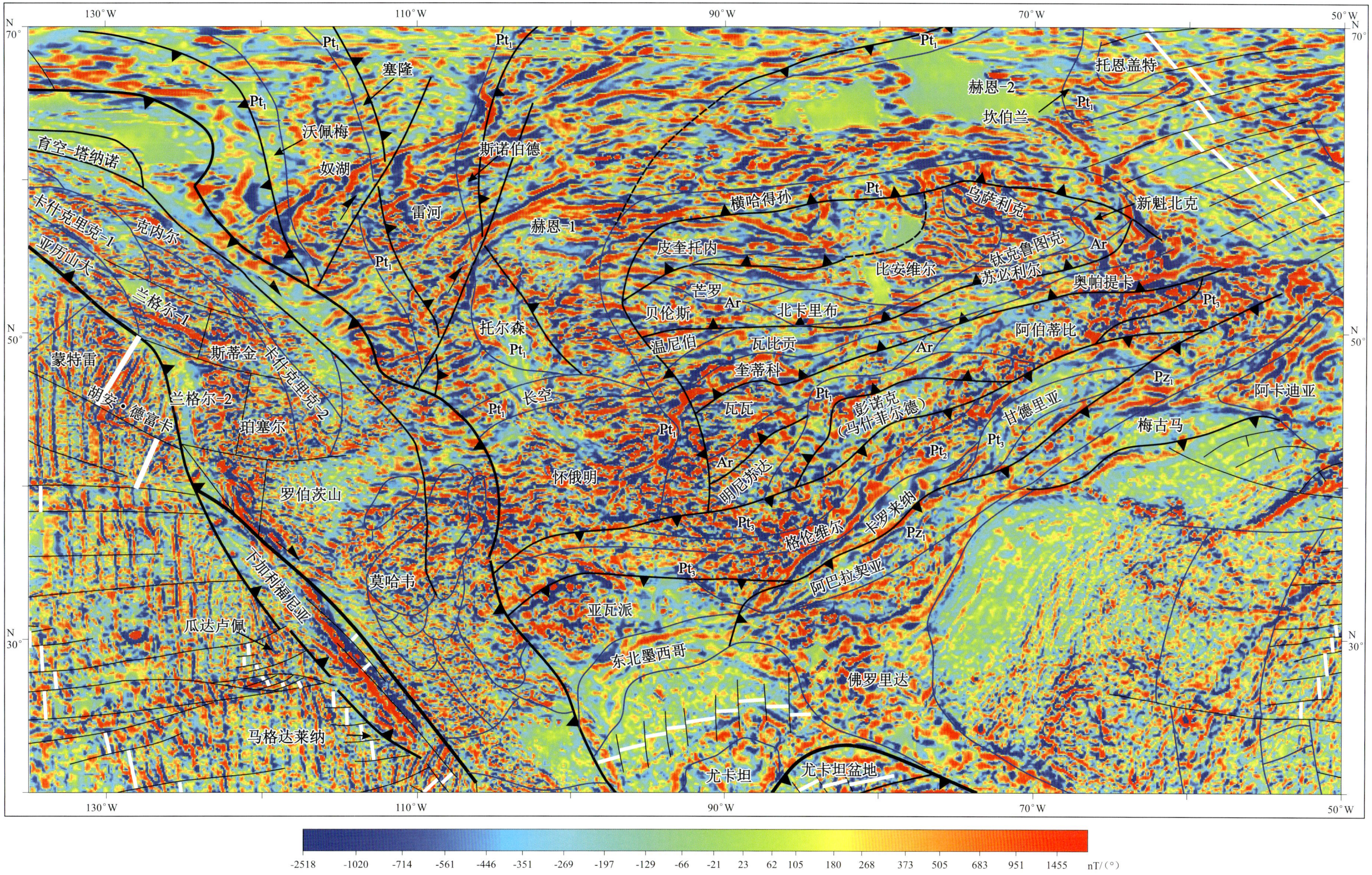

红海－亚丁湾磁异常（图3-33）总体特征：在红海、索马里（Somalia）北部亚丁湾之中以及塞舌尔群岛（Seychelles）两侧和马达加斯加（Madagascar）西北部，磁异常呈明显的条带状分布，正负异常交错，平行于洋中脊轴以及洋壳年龄等时线。

（图3-33）

红海-亚丁湾磁异常分布图

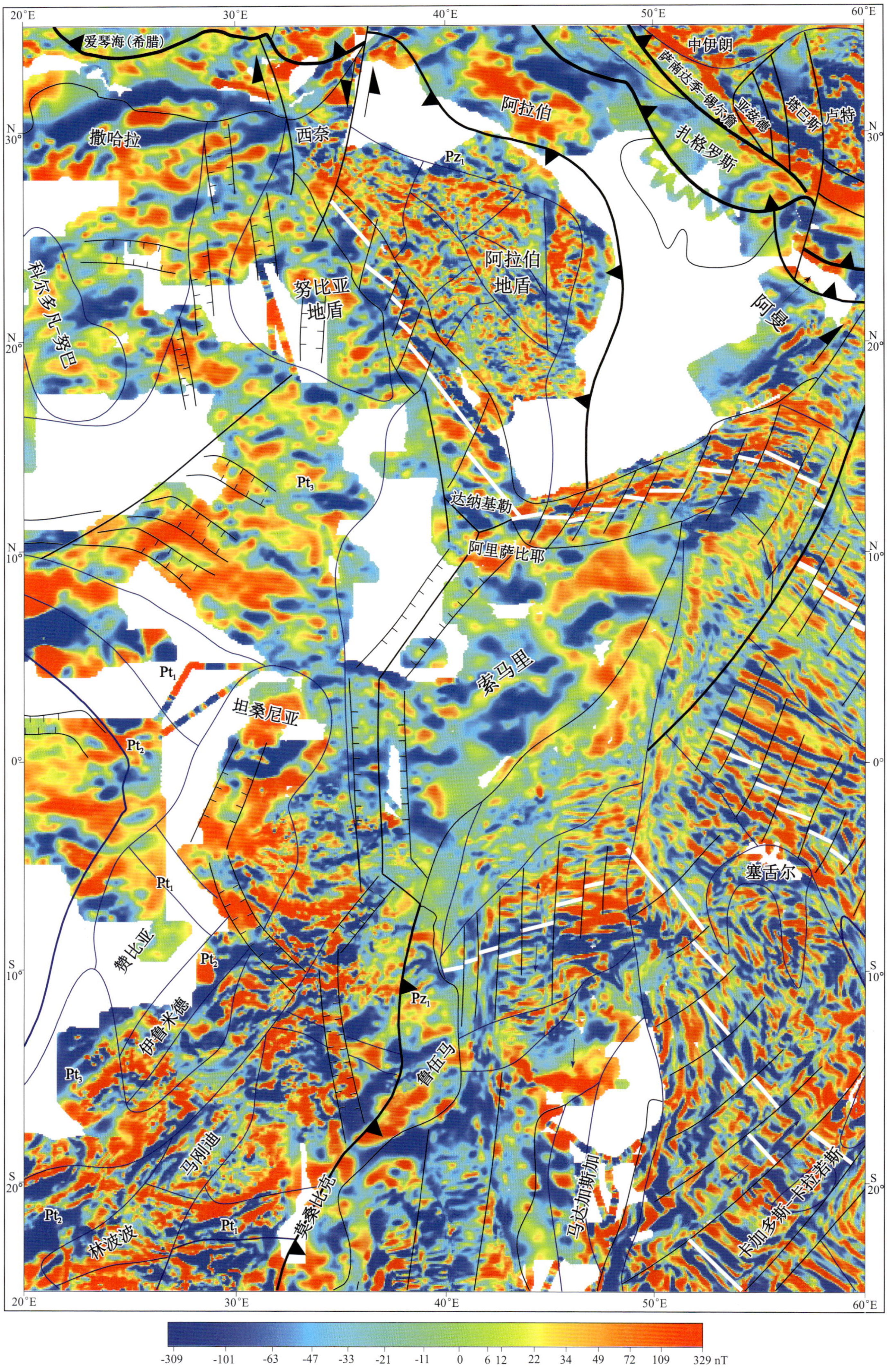

虽然原始磁异常数据在北部有部分缺失，但基本不影响对主要微板块的有效识别。阿拉伯地盾（Arabian Shield）在磁化极异常分布图（图3-34）中，中部以块状正异常为主，四周被负异常围绕，磁异常斜导数对该微板块边界识别较为清晰。同样，在磁异常解析信号分布图（图3-35）和磁化极垂向一阶导数分布图（图3-36）上，阿拉伯地盾特征也很清晰。

（图3-34） 红海-亚丁湾磁化极异常分布图

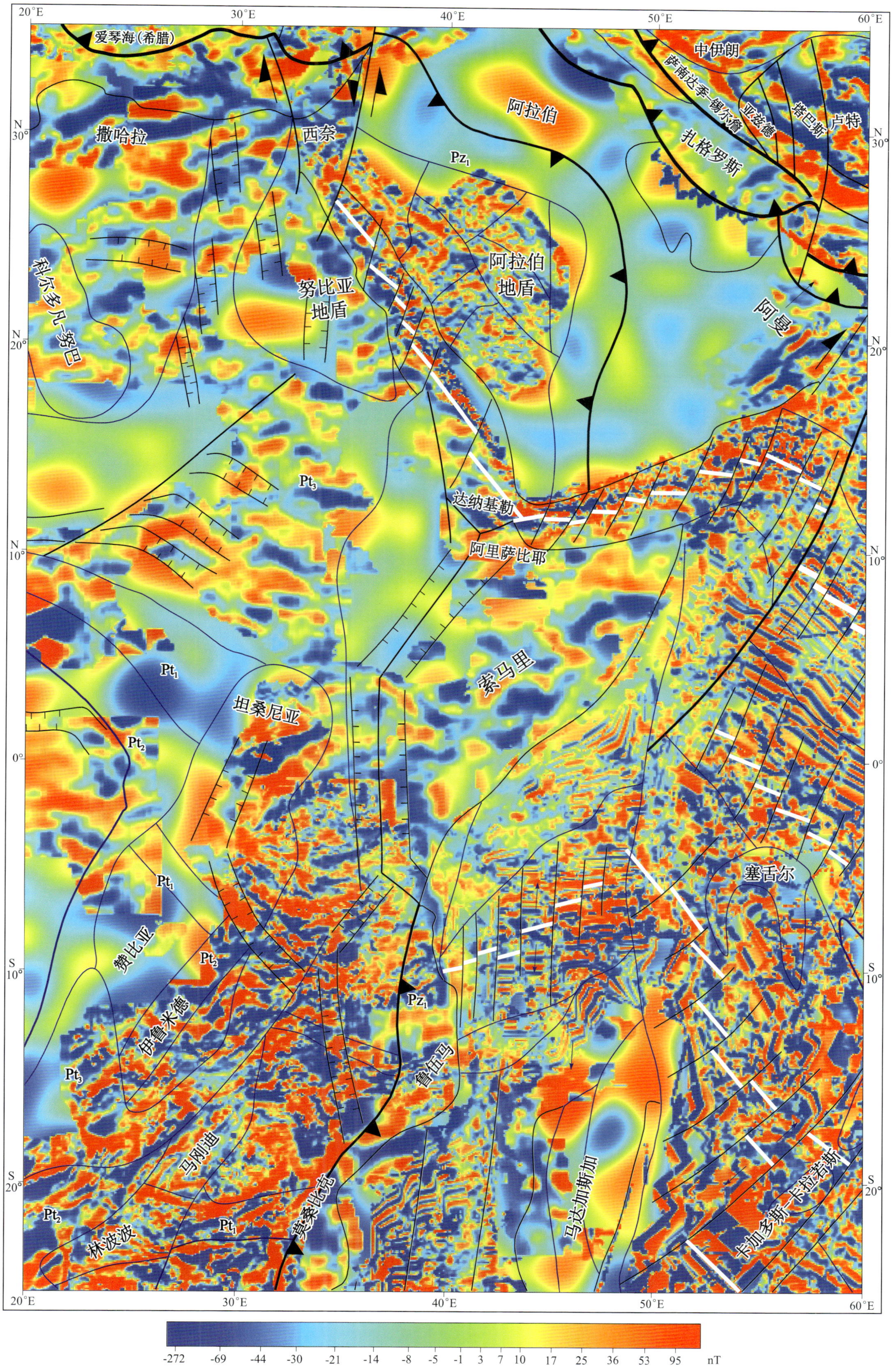

红海-亚丁湾磁异常解析信号分布图

(图3-35)

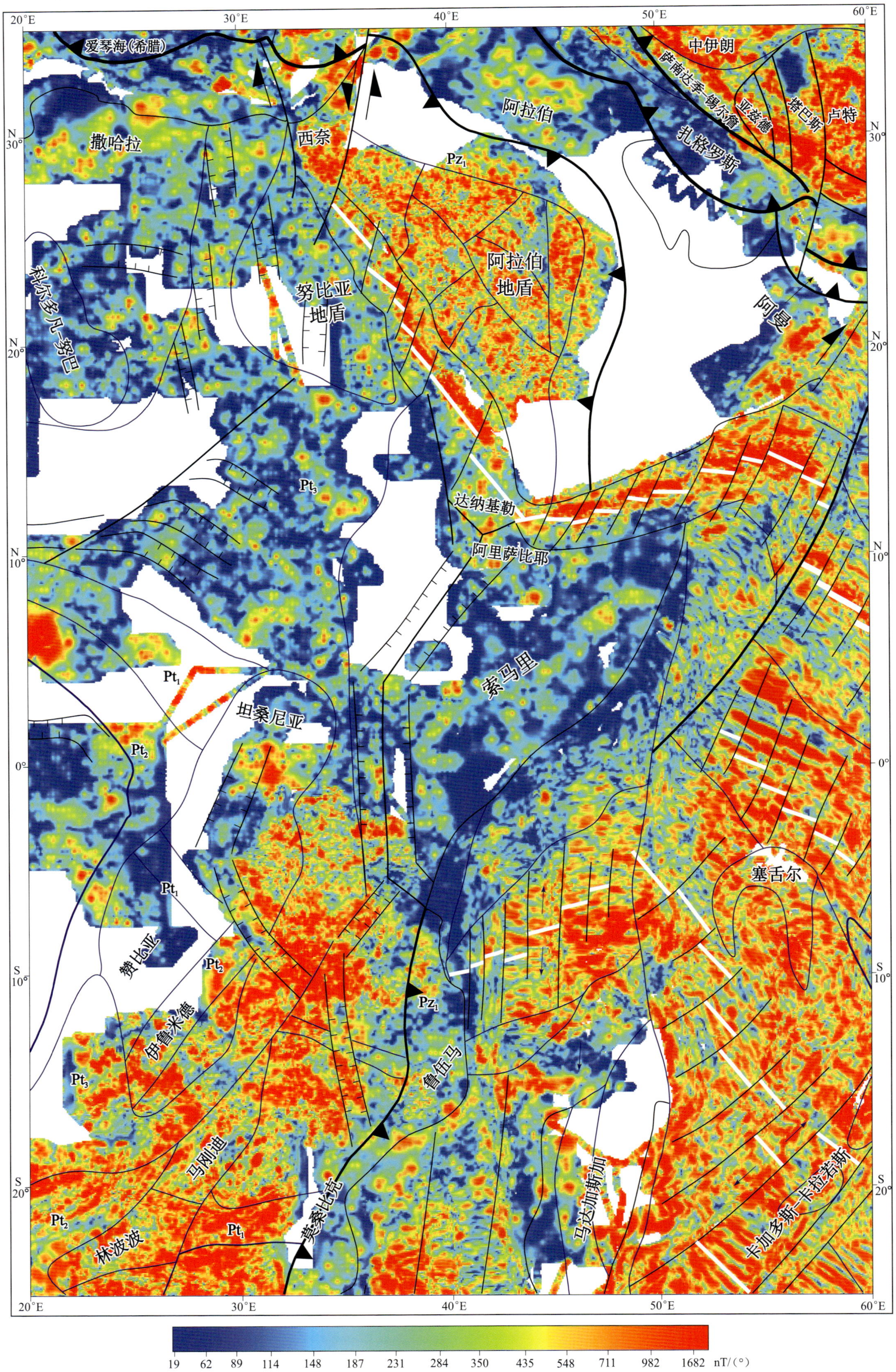

(图3-36) 红海-亚丁湾磁异常垂向一阶导数分布图

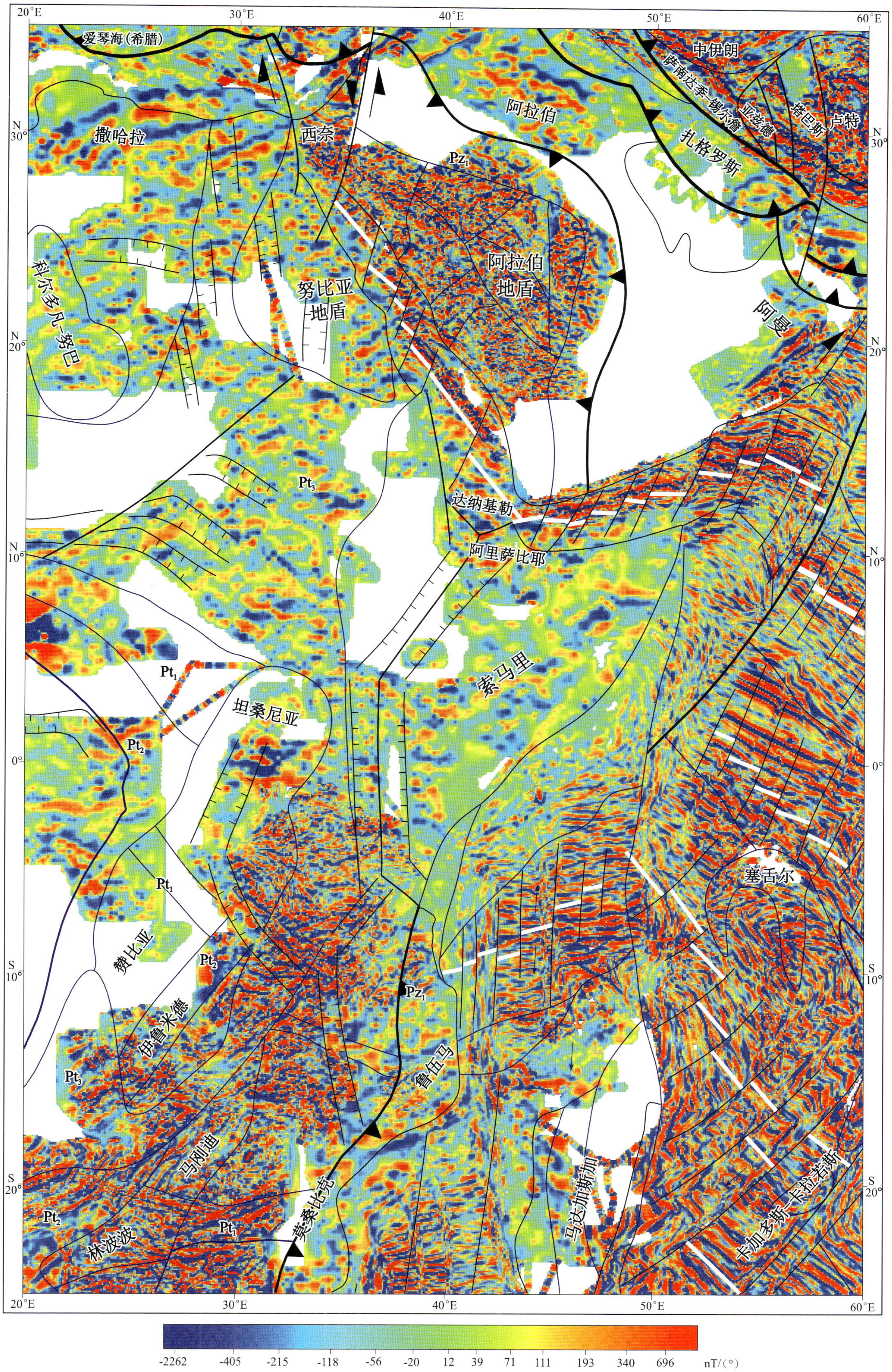

（1）北大西洋

北大西洋磁异常（图3-37）在海域呈条带状分布，正负异常交错，平行于洋中脊轴以及洋壳年龄等时线。伊比利亚（Iberia）和阿摩里卡（Armoica）微板块整体表现为弱磁特征，区域内典型微板块之一的萨克森－图林根（Saxothuringia）为拆离型微陆块，是一个位于海西期莱茵南部的狭长区域，包括一个志留纪至早泥盆世岛弧，该岛弧在华力西造山运动中高度变质，磁异常增强。

（图3-37）

北大西洋磁异常分布图

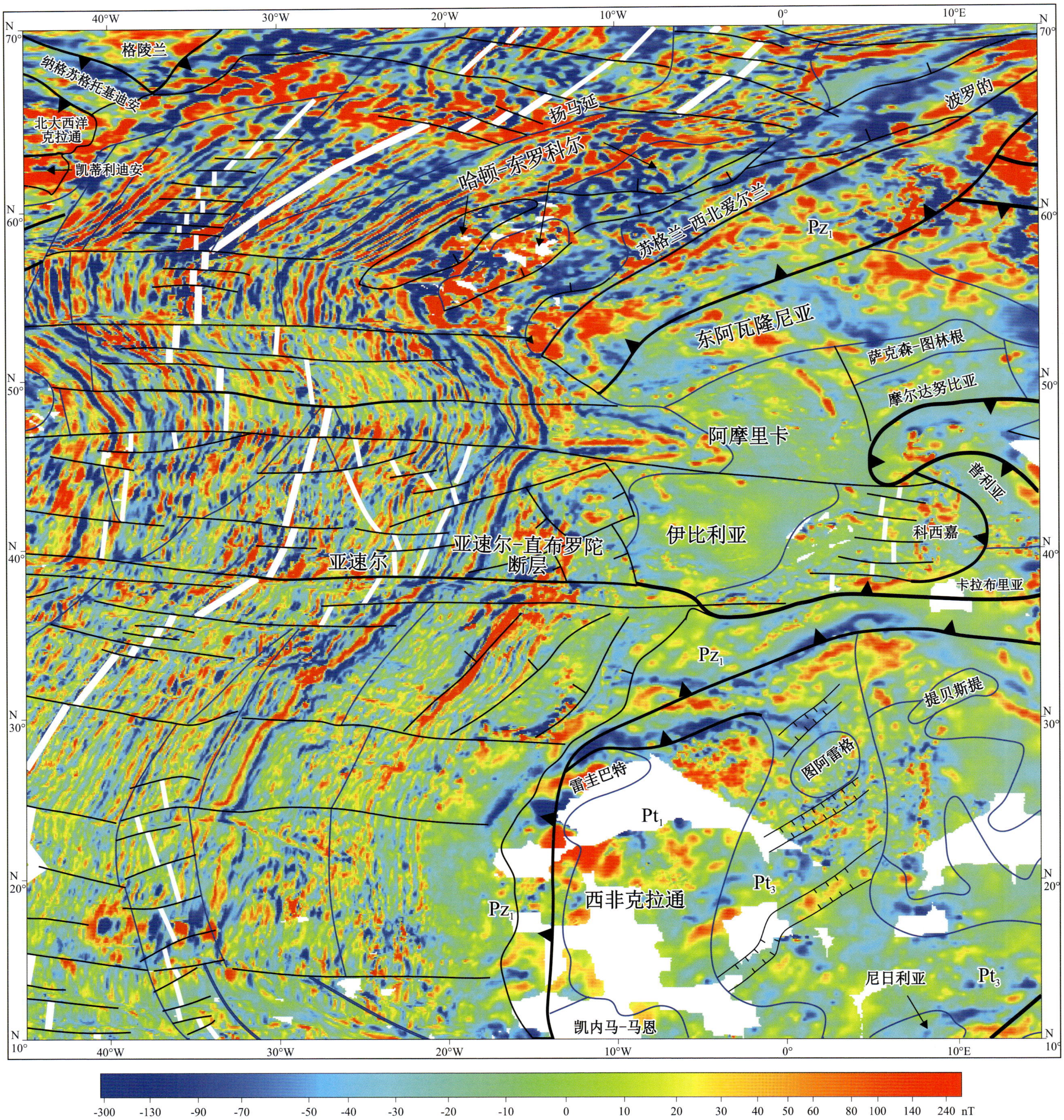

（图3-38）

北大西洋磁化极异常分布图

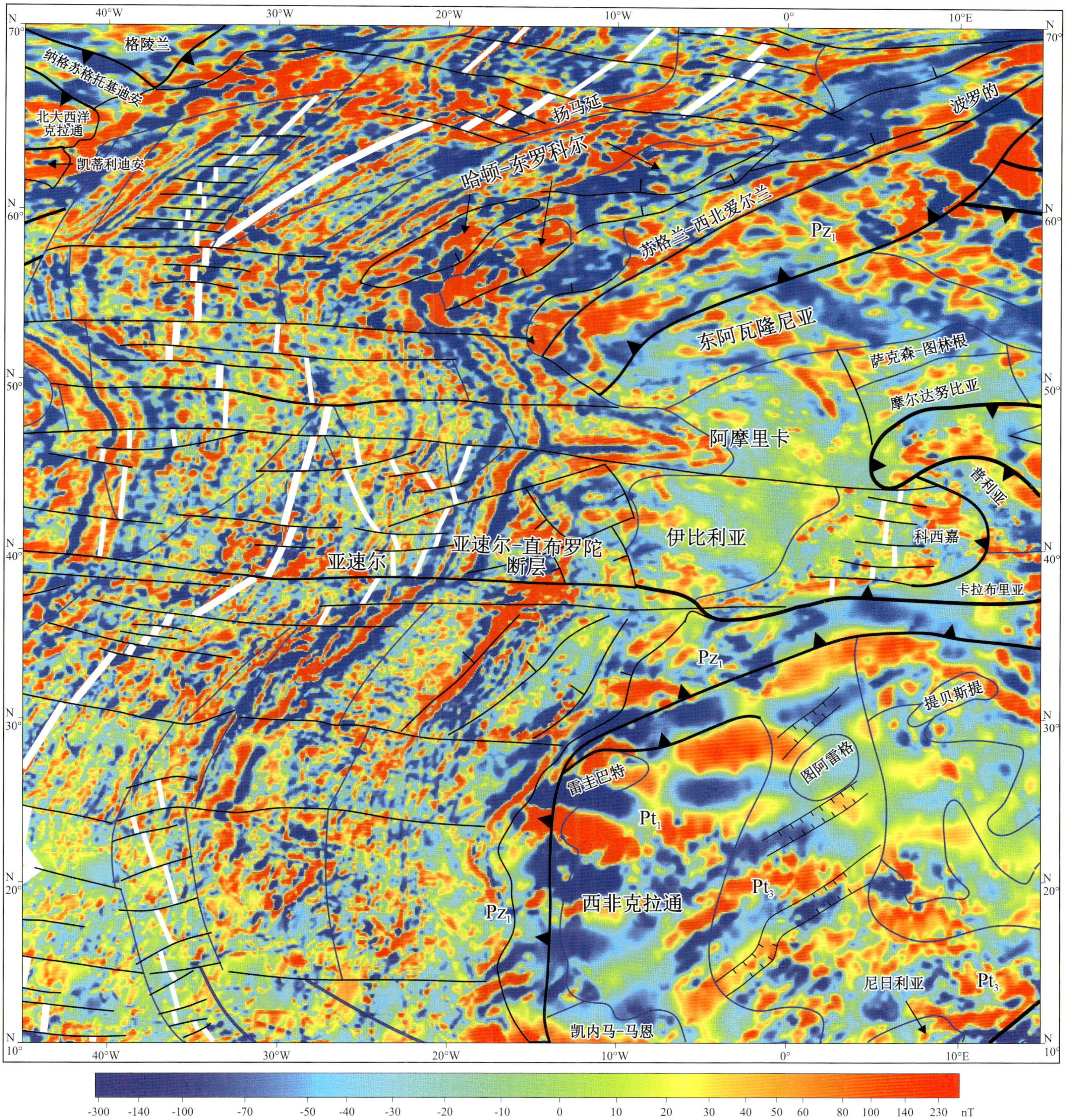

磁化极斜导数分布图（图3-39）上，典型微板块中的伊比利亚、阿摩里卡、凯内马－马恩（Kenema-Man）等微陆块的边界特征较为明显。

（图3-39）

北大西洋磁化极斜导数分布图

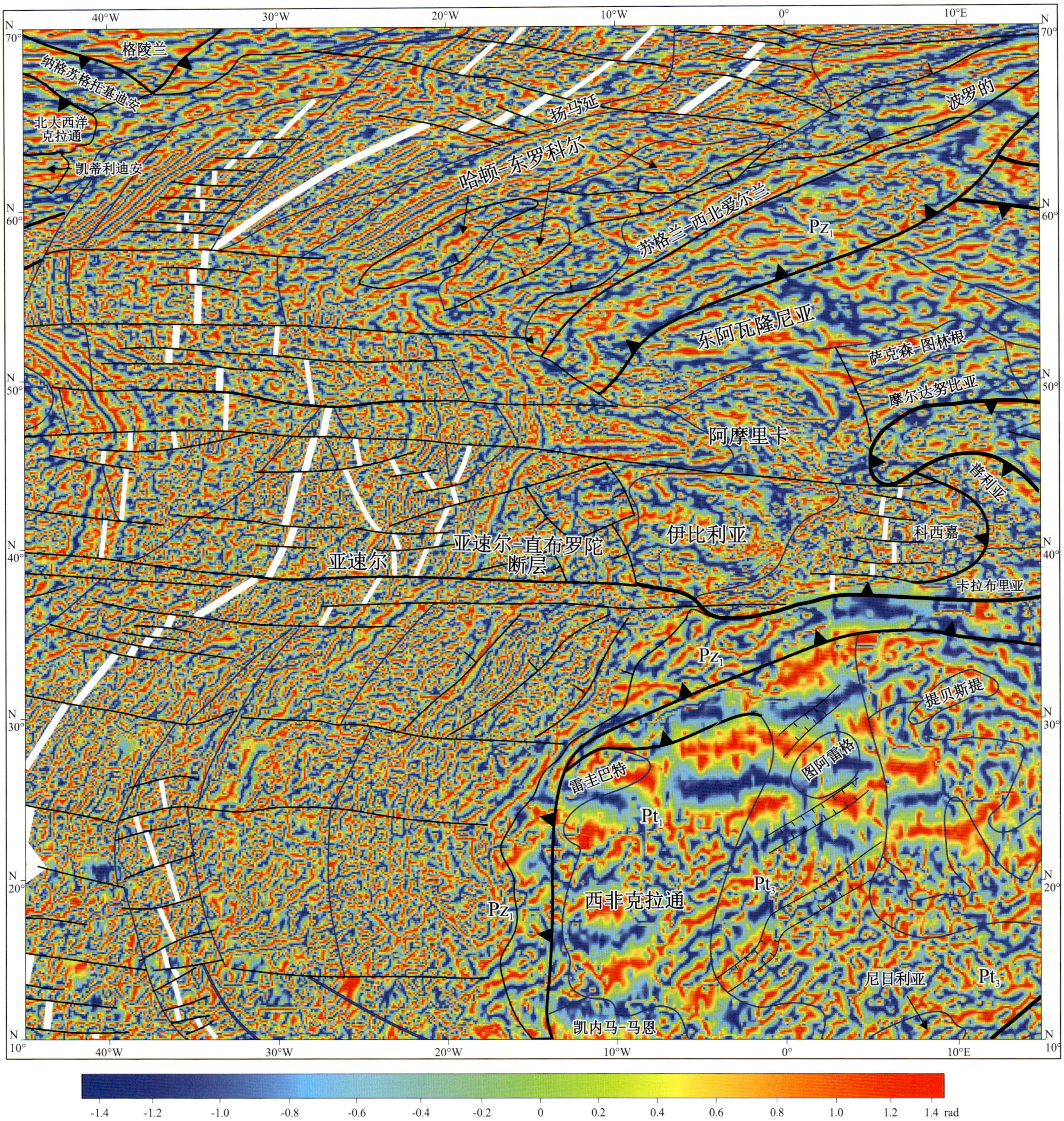

磁化极解析信号分布（图3-40）表明，陆地与海洋相比具有明显的低异常值，各个微陆块也呈现明显的低异常值。

（图3-40）

北大西洋磁化极解析信号分布图

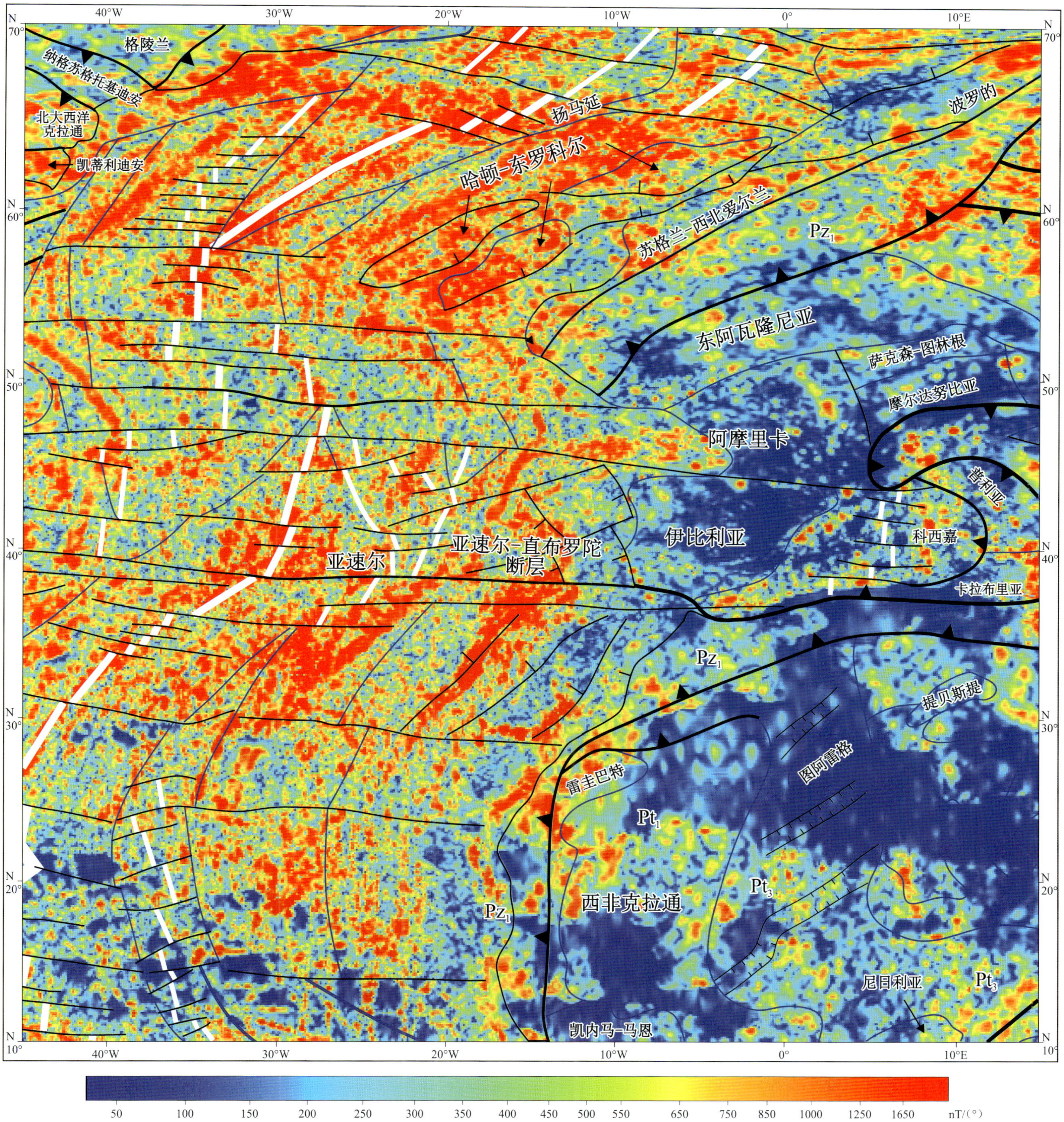

（2）中大西洋

中大西洋磁异常（图3-41）整体上呈现近SN向正负异常条带状相间排布，微洋块反映为变化剧烈的磁异常区，异常强度大、梯度陡，而微陆块整体呈现出块状磁异常区或环形磁异常区。

中大西洋中部微洋块在磁异常解析信号（图3-44）中整体呈现为块状异常体，且大陆边缘显示为高值异常条带，为大火成岩

中大西洋磁异常分布图

（图3-41）

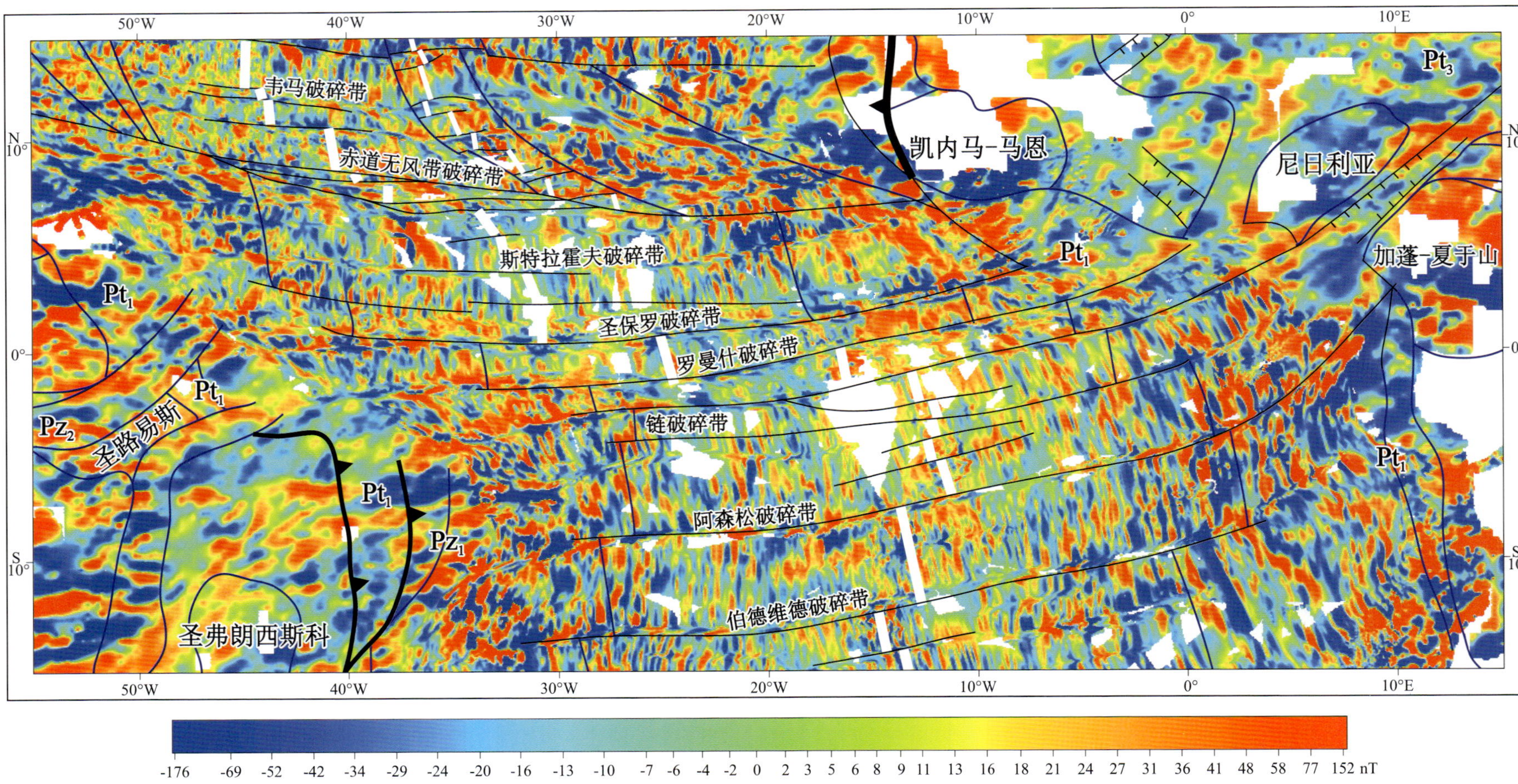

中大西洋磁化极异常分布图

（图3-42）

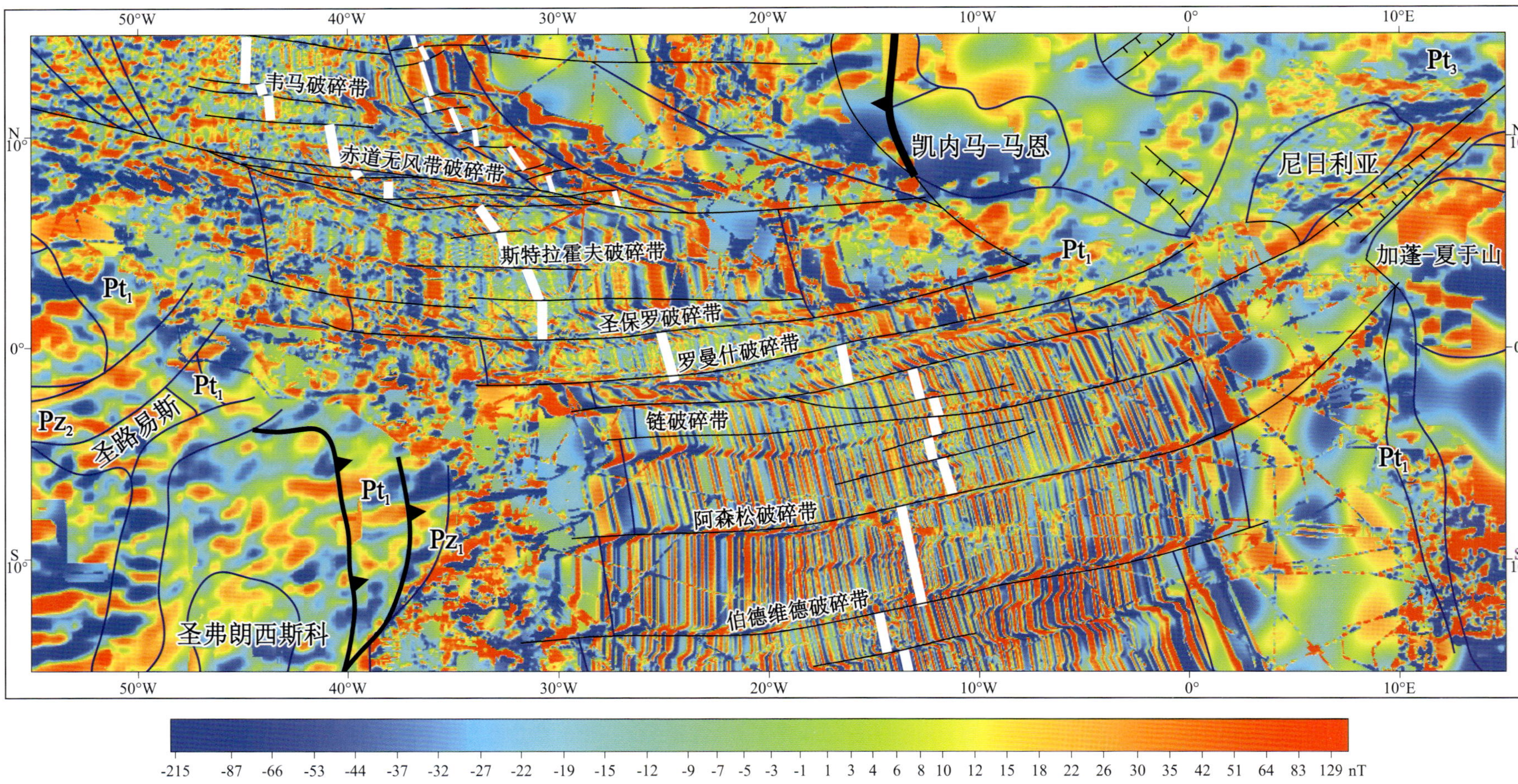

省发育区；西南局部呈现出环形低值异常区，为古老微陆块。

圣弗朗西斯科（São Francisco）微陆块为古老克拉通，与亚马孙克拉通合并成为新元古代冈瓦纳大陆的一部分。区域内大部分克拉通被显生宙沉积物覆盖，磁异常中呈现出NE向正负磁异常为特征，磁异常强度为-30~50nT。磁异常斜导数分布图（图3-43）中表现出近NE向磁异常条带，正负异常交接排布。

（图3-43）

中大西洋磁异常斜导数分布图

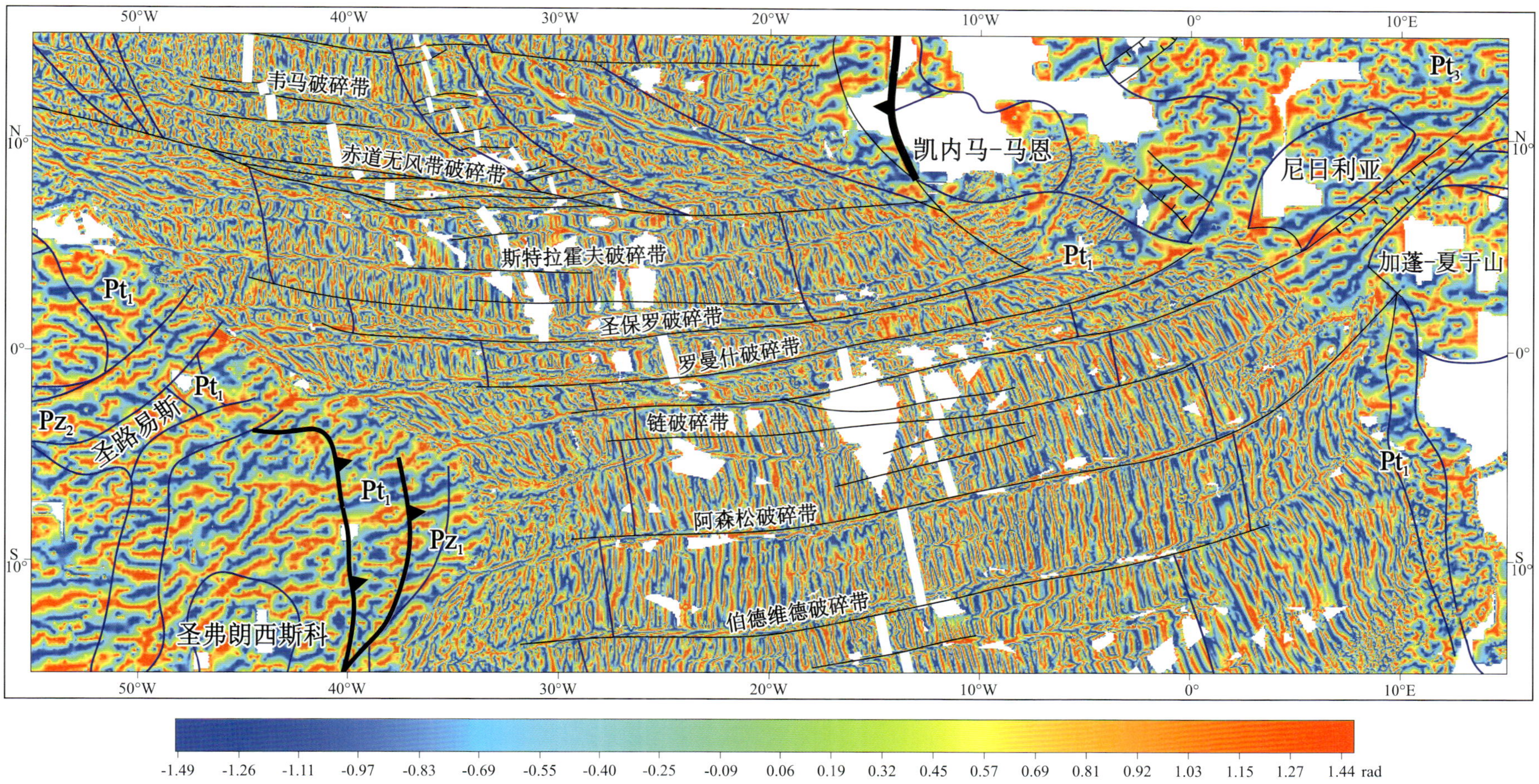

（图3-44）

中大西洋磁异常解析信号分布图

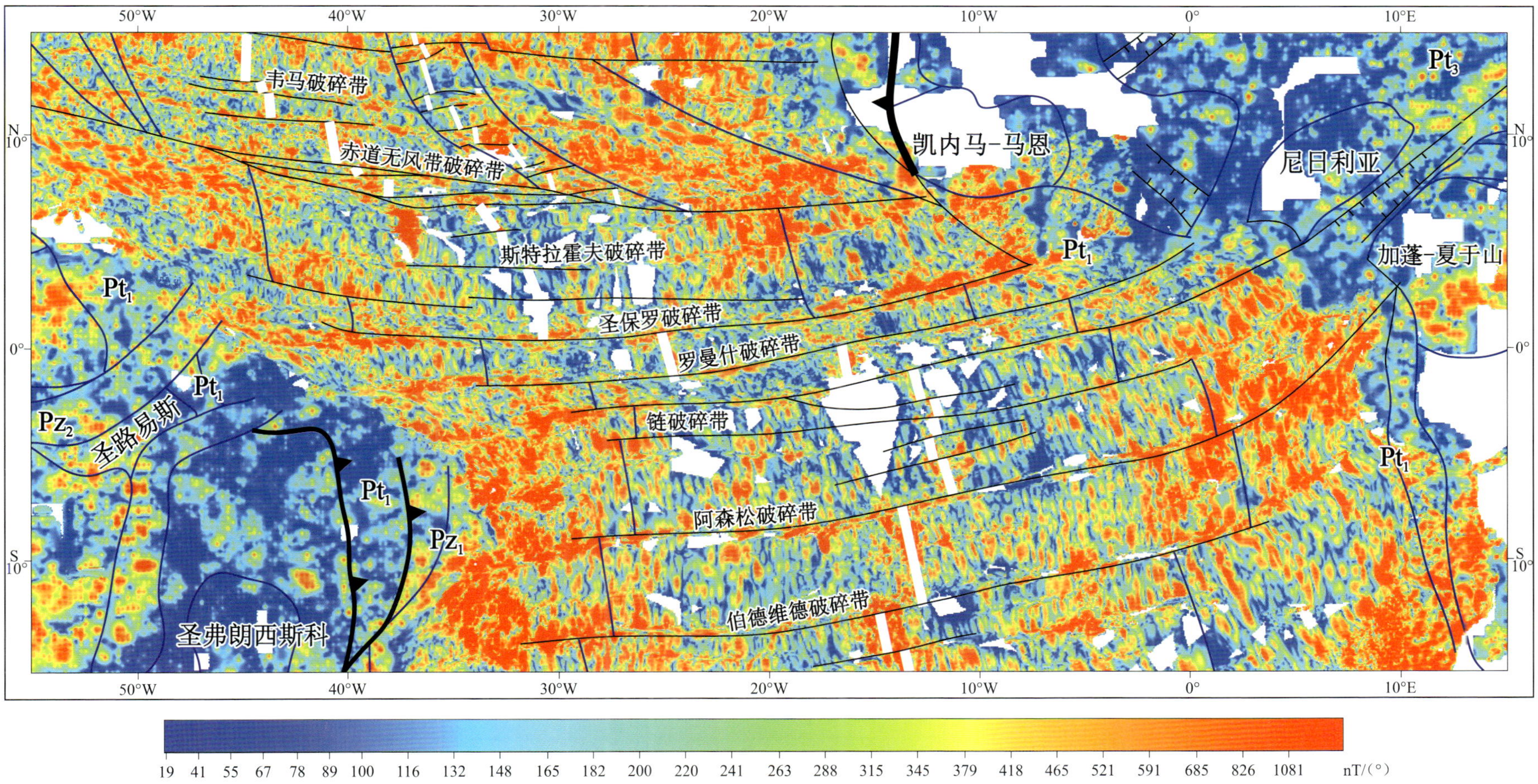

（3）南大西洋

巴塔哥尼亚（Patagonia）微洋块：磁异常（图 3-45）中部呈现正异常，异常值为 35~70nT，东西部呈负异常特征，异常值为 -50~-15nT。

福克兰（Falkland）微板块：该微板块的磁异常斜导数（图 3-47）整体呈现正负异常交错分布的特征，近 NEE 向的不完全相连的条带状，异常值为 -1~1.2rad。

福克兰和莫里斯•尤因浅滩（Falklands Plateau and Maurice Ewing Bank）微板块：位于福克兰微板块以东，虽然地球物理证据表明其为大陆岩石圈，但具体年龄范围仍不清楚。在磁异常斜导数图（图 3-47）中，整体近 NE 向条带状分布，正负异常交替，异常值为 -1~1.2rad。

（图3-45）

南大西洋磁异常分布图

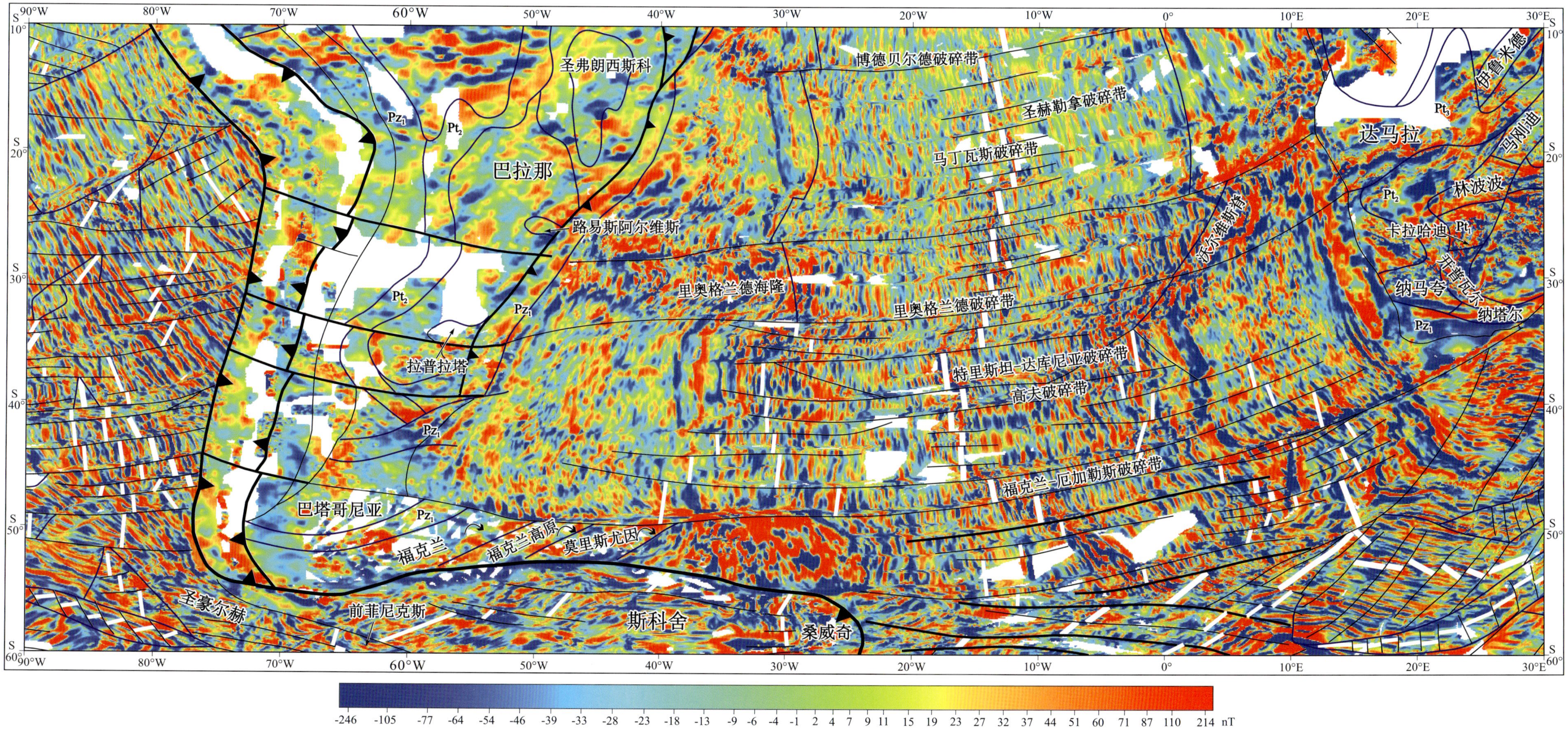

南大西洋磁化极异常分布图

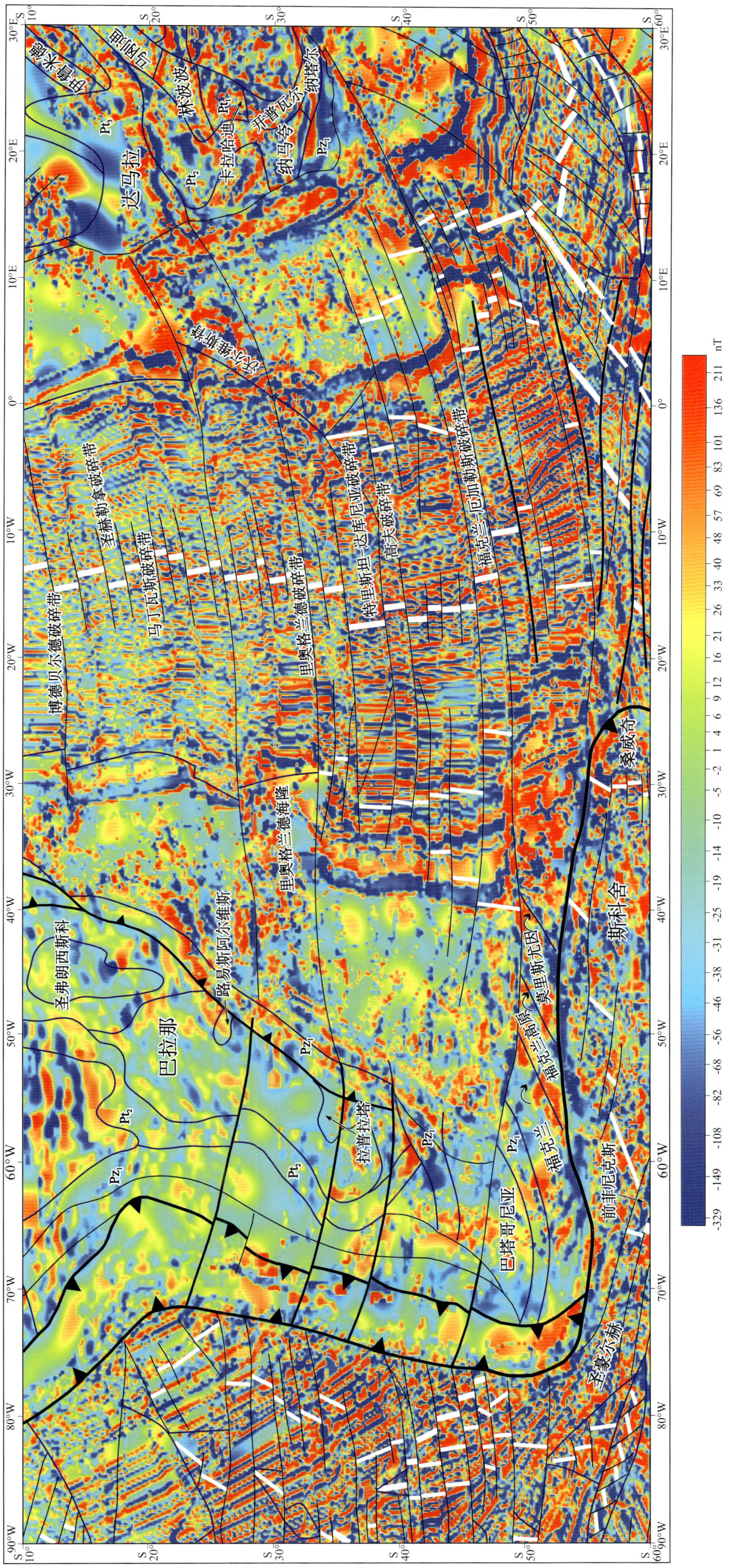

(图3-46)

南大西洋磁异常斜导数分布图

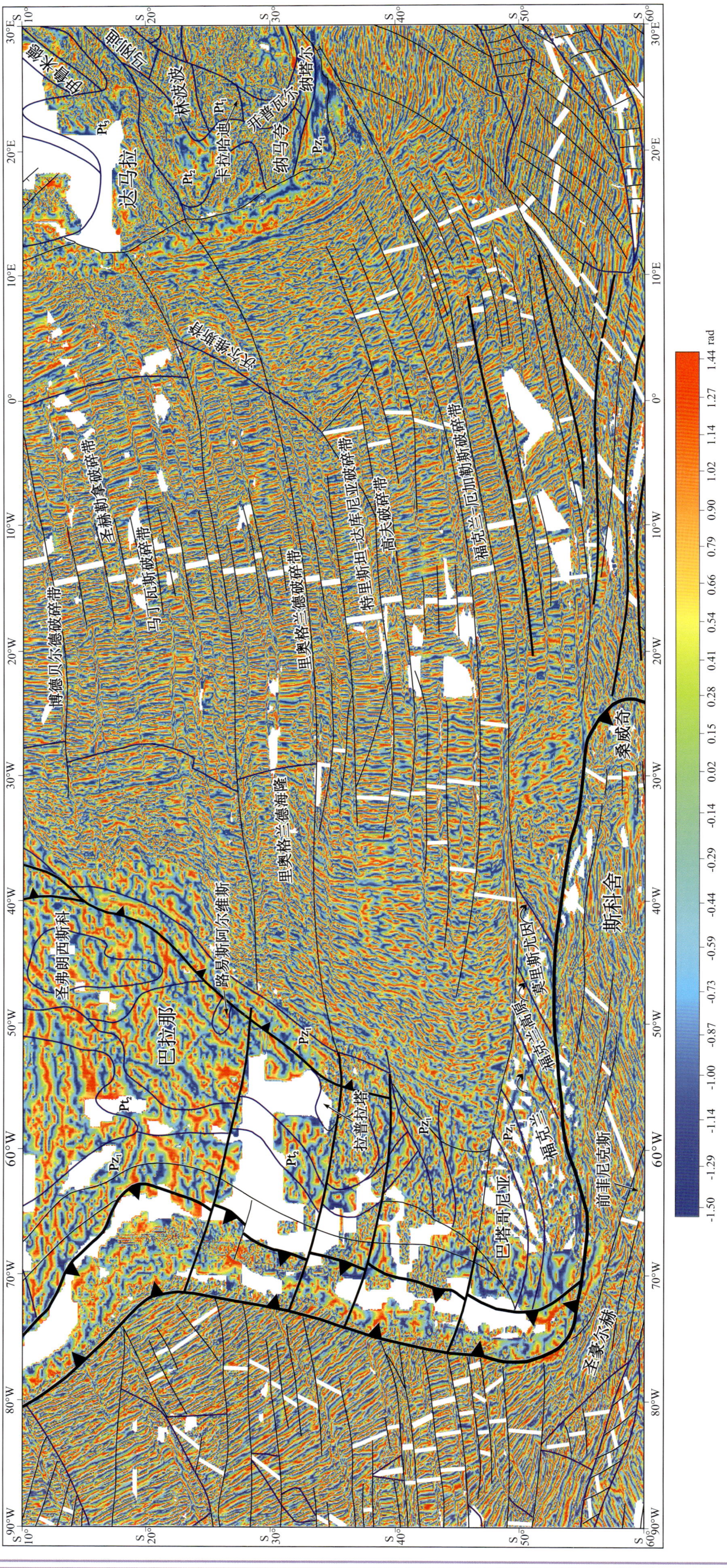

（图3-47）

南大西洋磁异常解析信号分布图

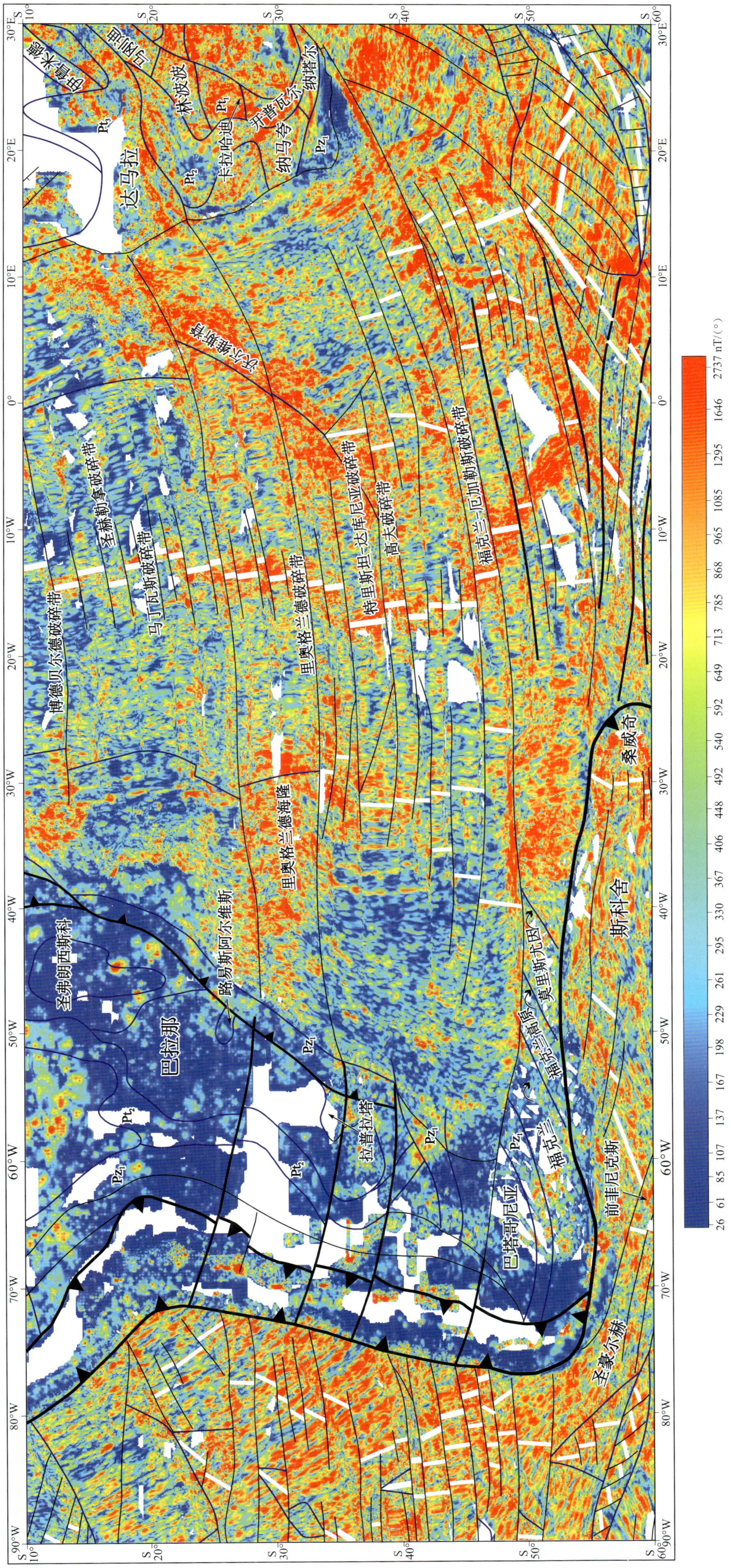

(图3-48)

（1）新西兰磁异常分布

磁异常在海洋区域，磁异常呈条带状分布，平行于洋中脊轴以及洋壳年龄等时线。磁异常条带遇转换断层错断或消失。磁异常图（图 3-49）上南新西兰微板块和北新西兰微板块磁异常差距明显，南新西兰微板块低值磁异常较多。东、西塔斯曼海隆微板块在磁异常上也差距明显，东塔斯曼海隆异常值较高。磁化极异常特征和磁异常的基本一致。

（图3-49） 新西兰磁异常分布图

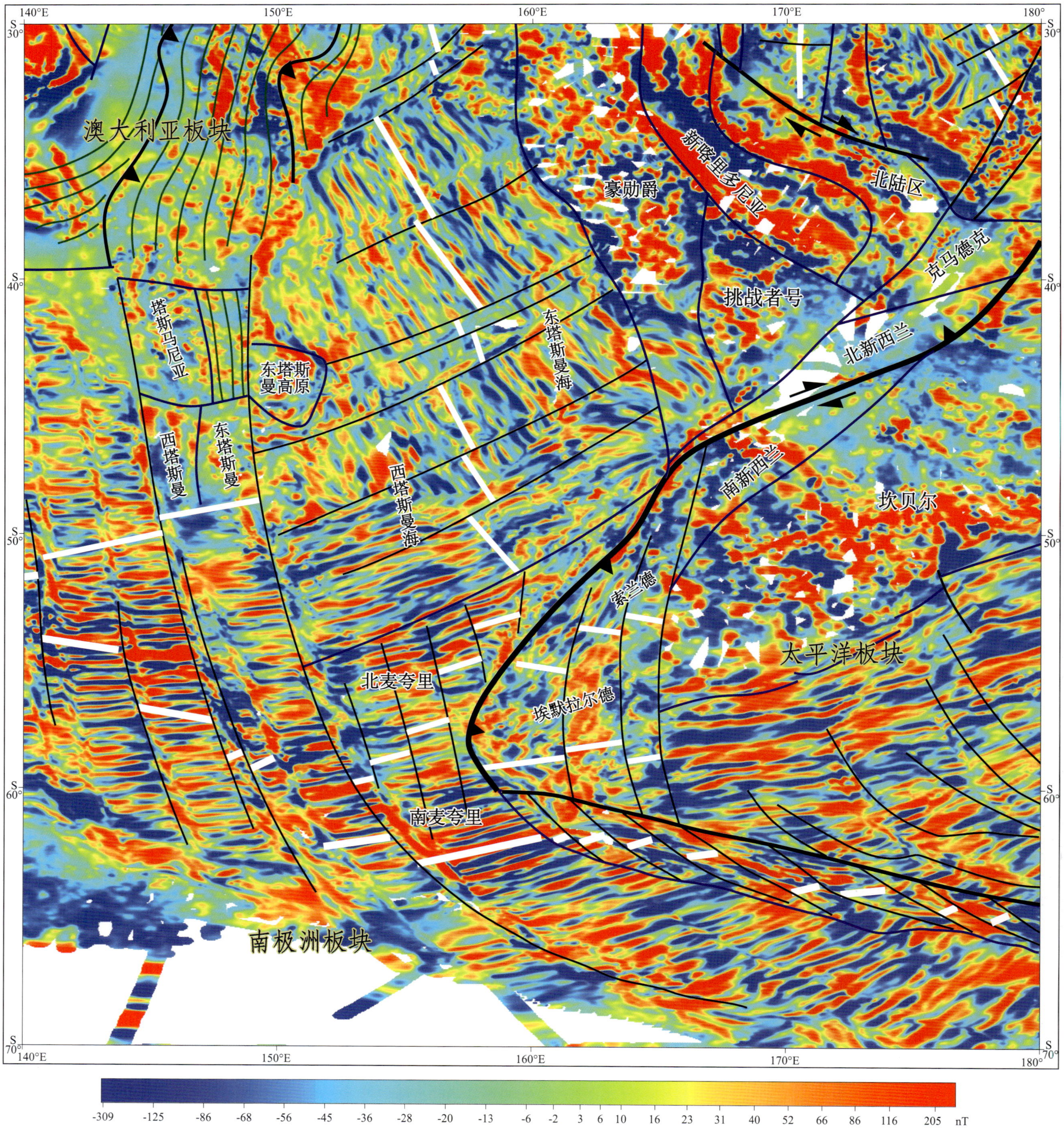

（2）磁异常斜导数及总水平导数分布

磁异常条带正负异常更清晰，板块边界较为明显，尤其是东塔斯曼海隆（East Tasman Plateau）微板块、北新西兰微板块及南新西兰微板块等。

（图3-50）

新西兰磁异常斜导数分布图

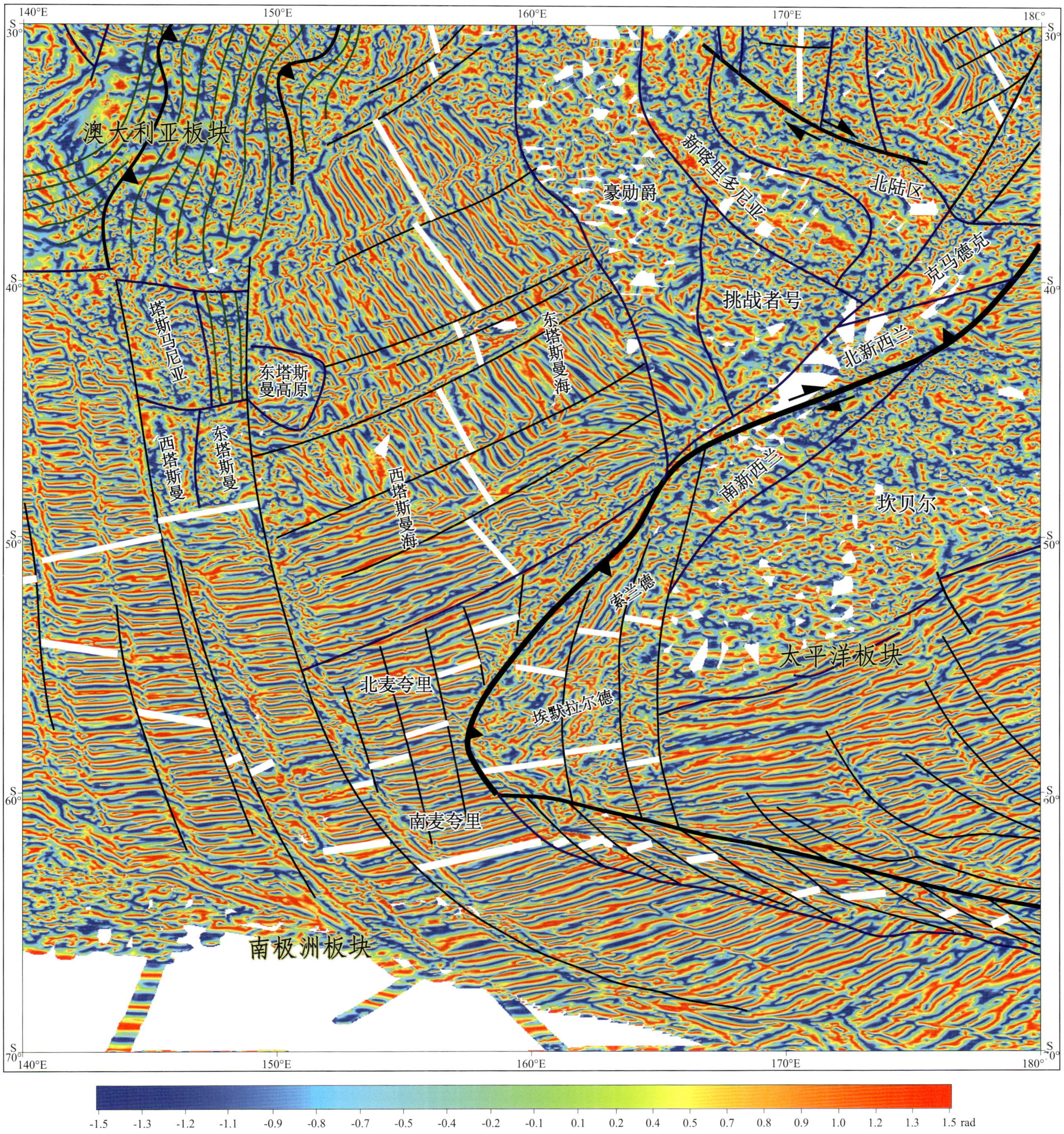

（图3-51）

新西兰磁异常斜导数总水平导数分布图

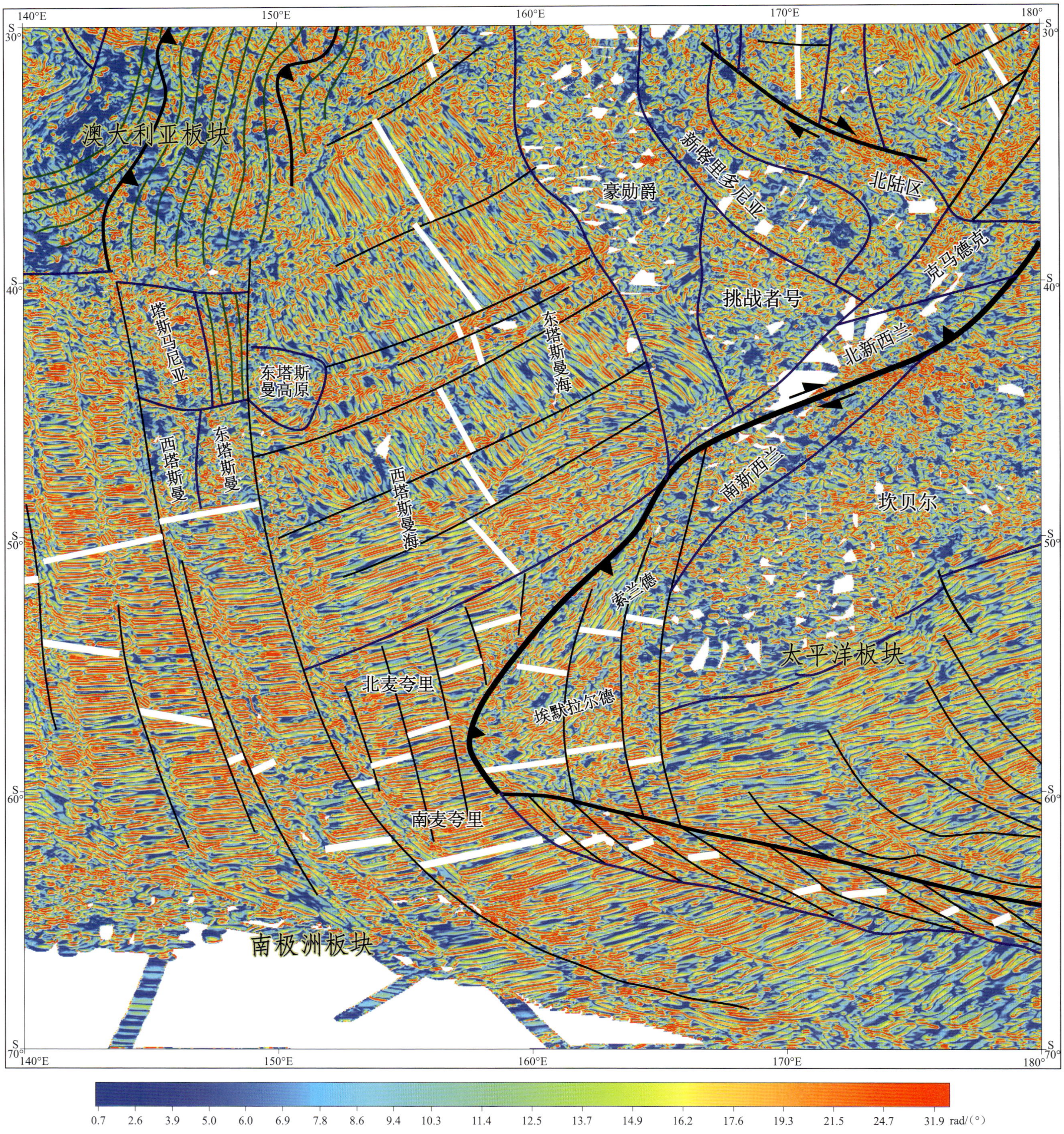

（3）磁异常解析信号异常分布

南新西兰、北新西兰微板块内部呈低值正异常，坎贝尔高原（Campbell Plateau）微板块主体呈正异常高值，北部异常值较低，其西部的西北部磁异常条带清晰，平行于洋中脊分布（图3-52）。

（图3-52）

新西兰磁异常解析信号分布图

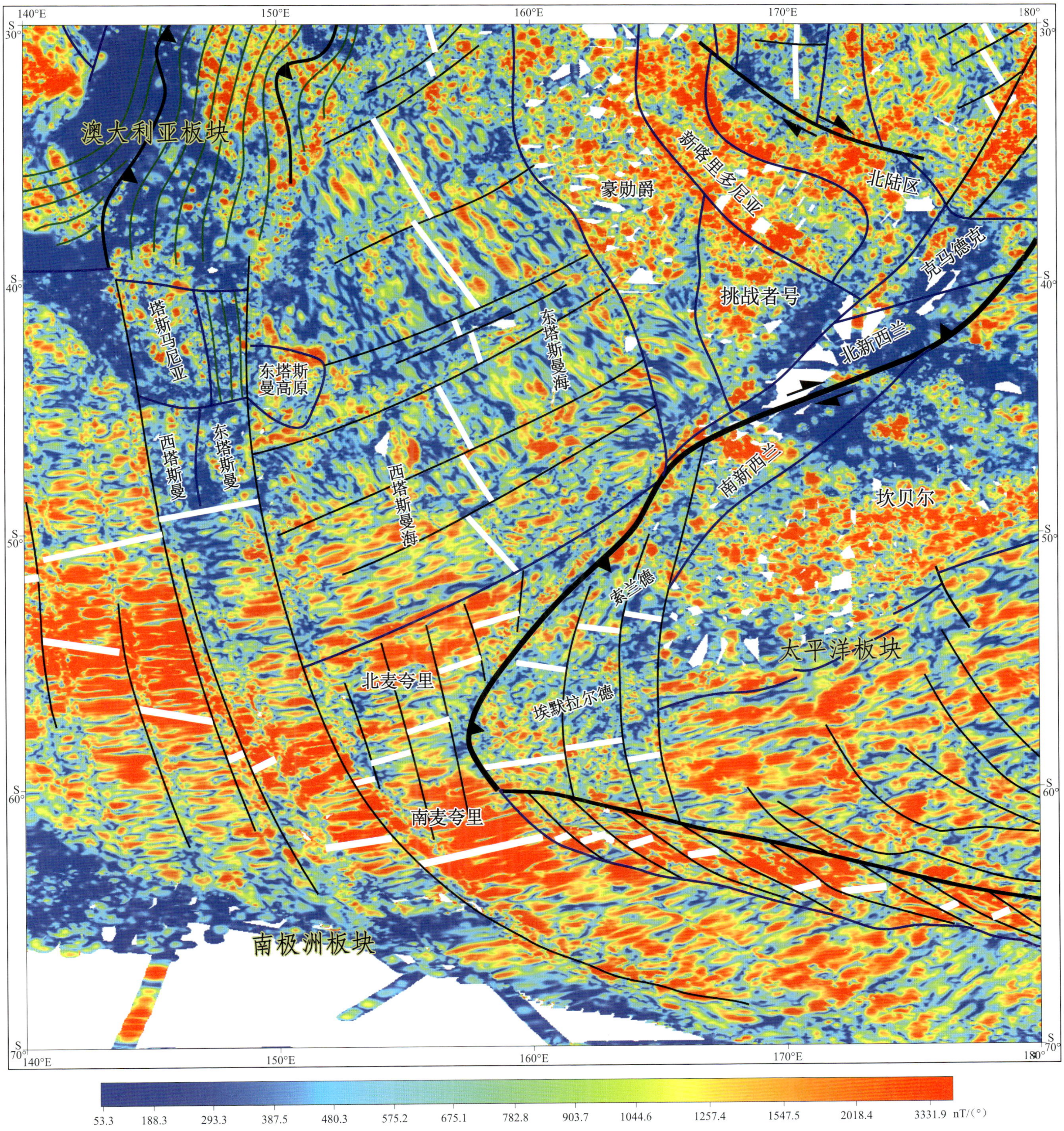

（1）加勒比海磁异常

俯冲带以外整体呈现正负异常条带状相间排布（图 3-53），反映为变化剧烈的磁异常区，异常强度大、梯度陡。微陆块整体呈现出块状磁异常区或环形磁异常区。

波多黎各（Puerto Rico）北部为负异常，磁异常强度为 -200~-100nT。南部为正异常，磁异常强度为 100~200nT，正负异常呈对称性。博奈尔（Bonaire）微洋块主体为正异常，磁异常强度为 30~150nT。巴拿马（Panama）微陆块北部为负异常，磁异常强度为 -200~-100nT，南部为正异常，磁异常强度为 50~200nT（图 3-53）。

（图3-53）

加勒比海磁异常分布图

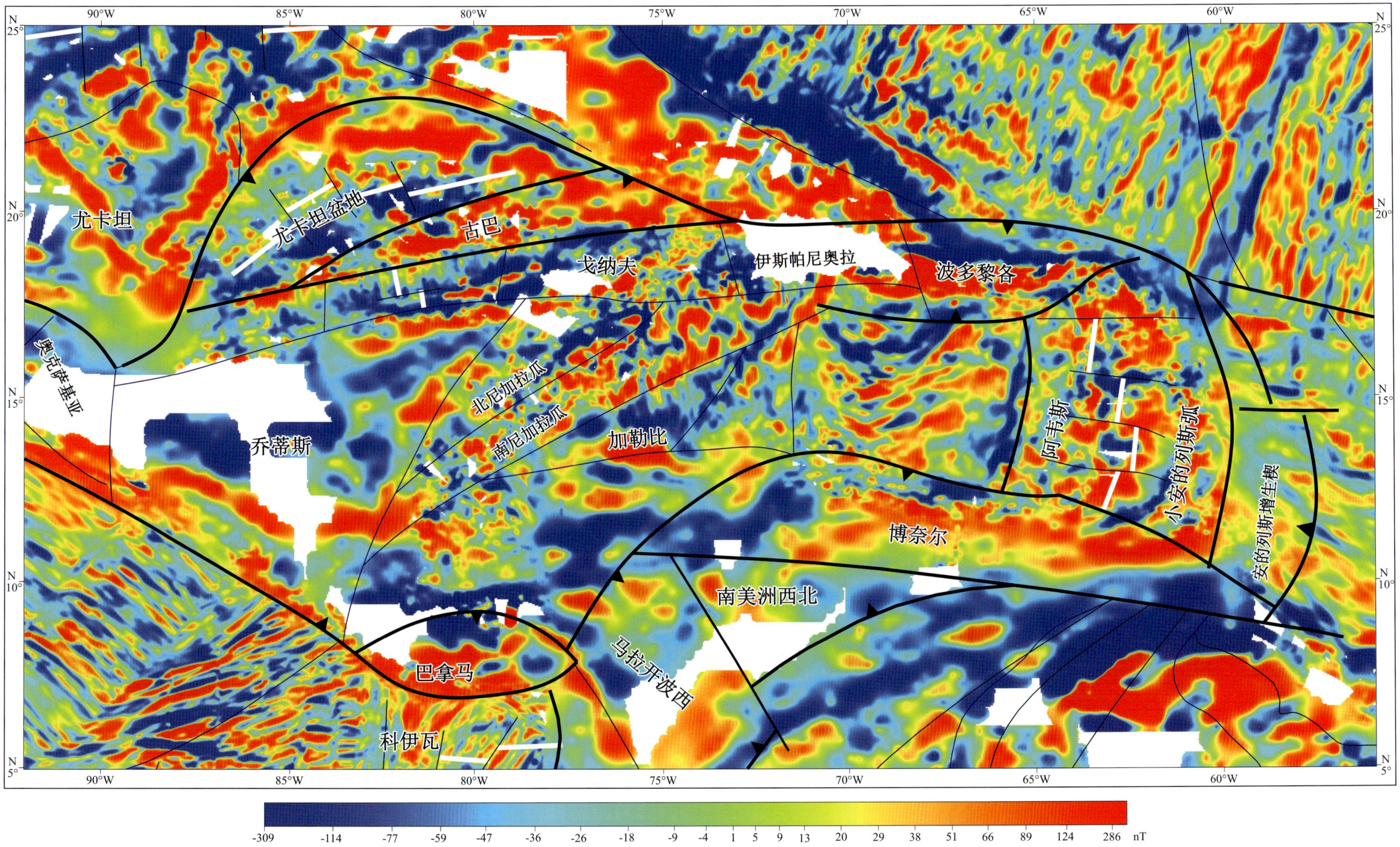

（2）磁异常斜导数分布

磁异常斜导数（图 3-54）上，微陆块整体呈现出环状异常分布，东北部为较高正异常特征，西北部为较低正异常特征。

(图3-54)

加勒比海磁异常斜导数分布图

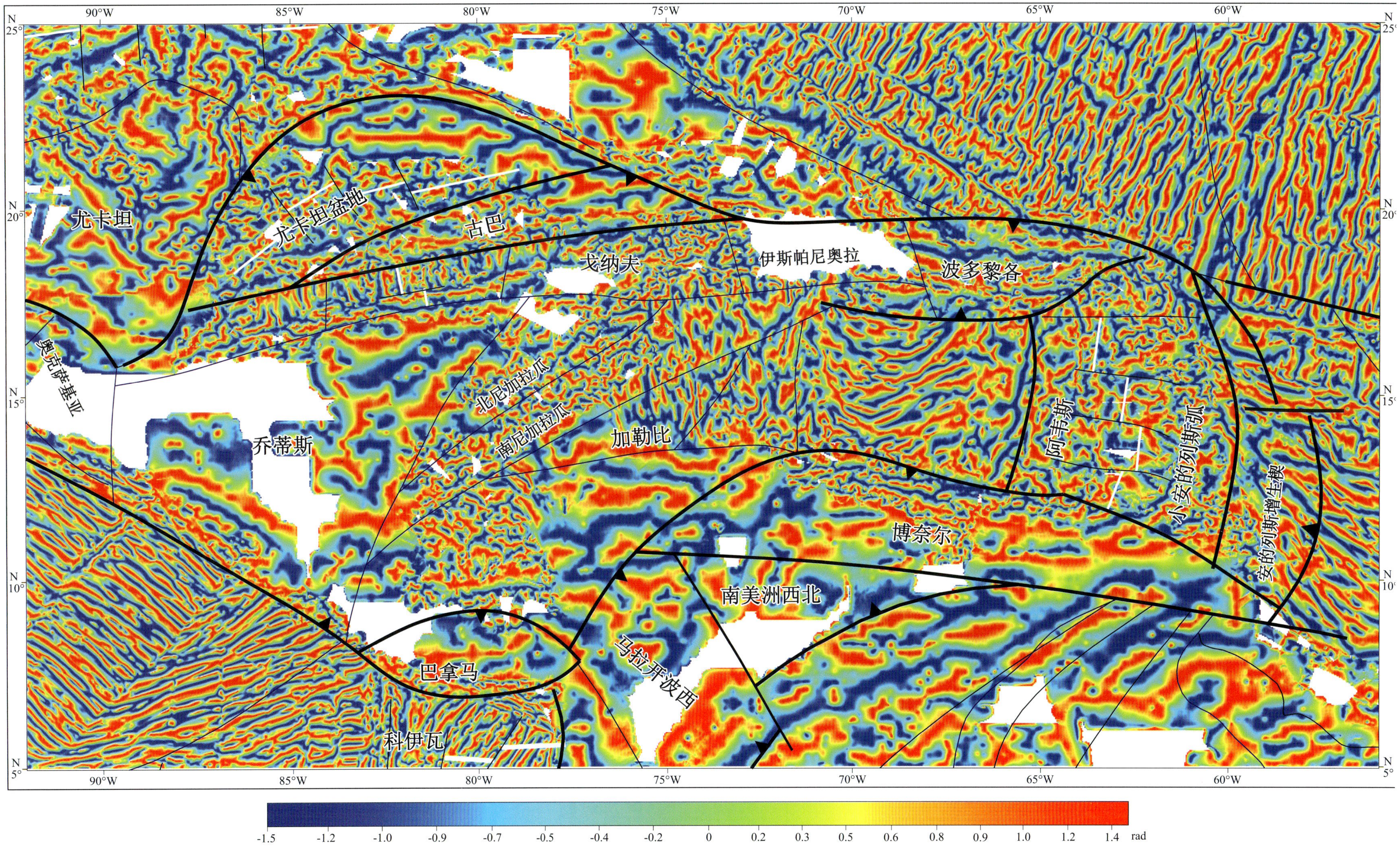

（3）磁异常解析信号分布

加勒比海中部整体呈现出正异常，俯冲带且边缘显示为负异常，南美洲西北部和乔蒂斯部分地区呈现出明显的低值异常区（图 3-55）。

(图3-55)

加勒比海磁异常解析信号分布图

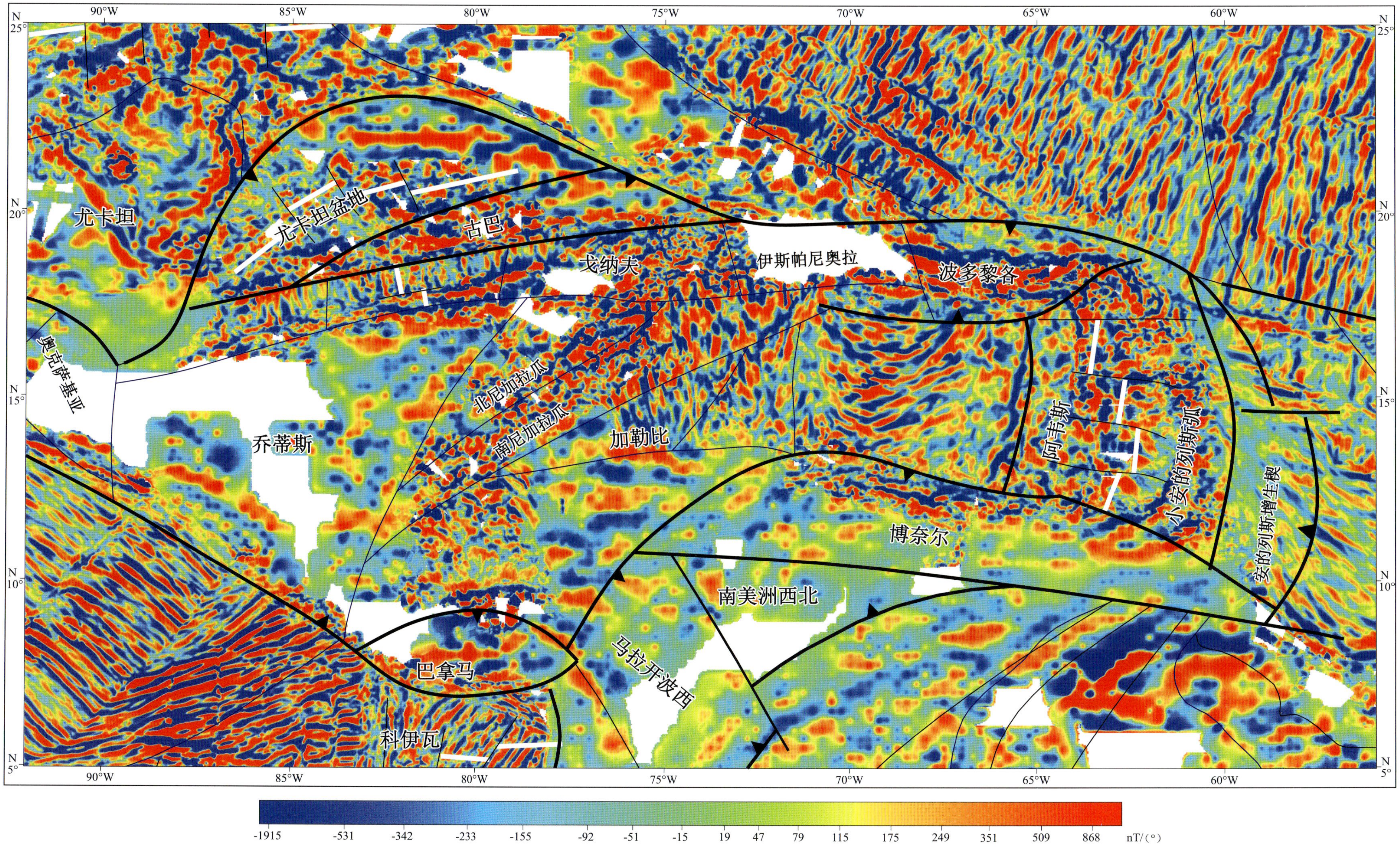

（4）磁异常垂向一阶导数分布

加勒比海中部整体呈现正负相间的块状异常体，俯冲带西侧磁异常特征变化明显，东南和西部局部的磁异常变化较弱（图 3-56）

(图3-56)

加勒比海磁异常垂向一阶导数分布图

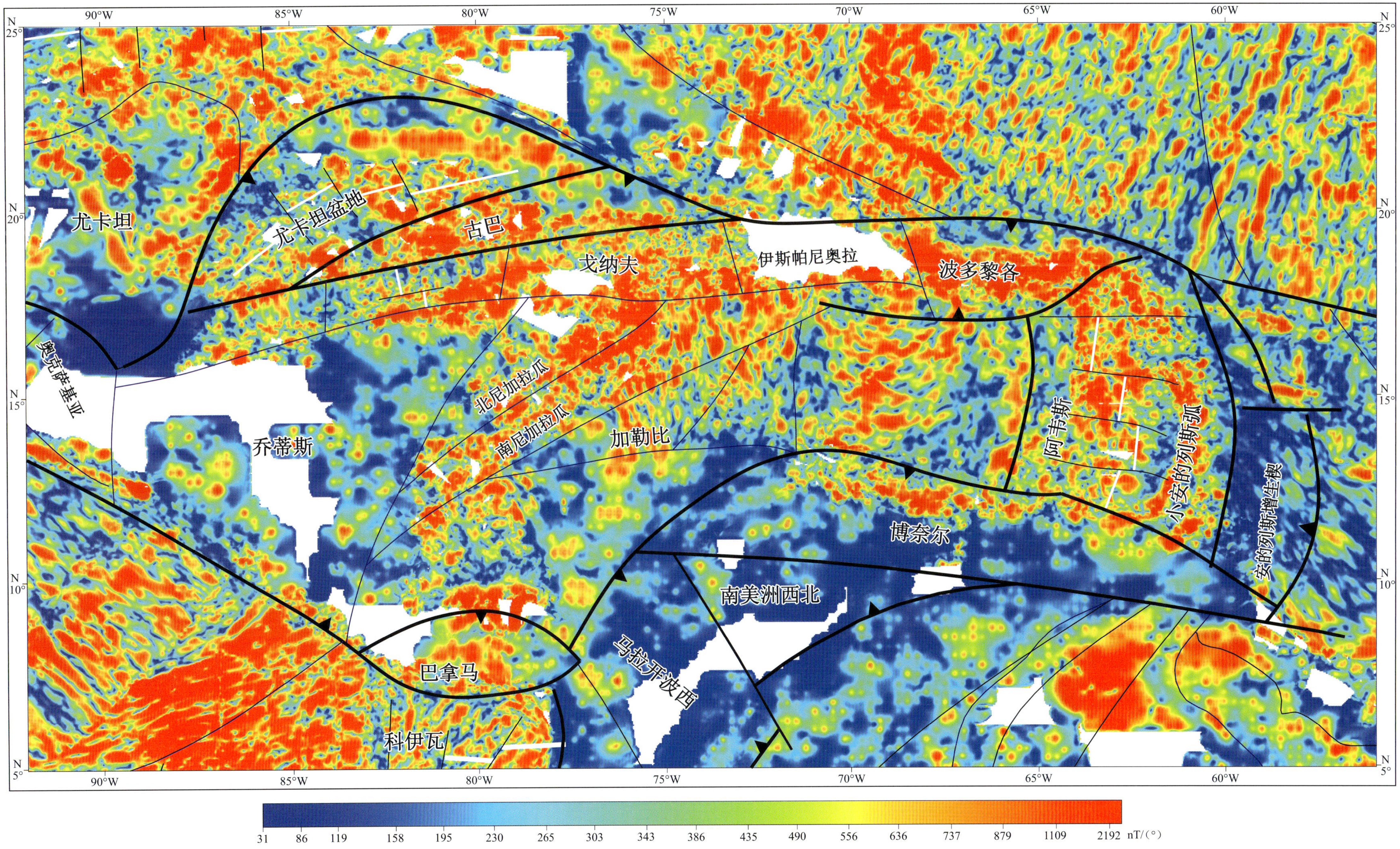

（1）伊朗高原磁异常特征

卢特（Lut）和阿富汗（Afghan）微板块具有相同的磁异常特征，为正负异常交替的块状特征（图3-57）。位于北部的卡拉库姆（Karakum）微板块主要为正异常。而位于南部的莫克兰（Makran）构造带主要为负异常。化极处理后（图3-58），卢特和阿富汗微板块中间的正异常特征较为突出，而边缘的负异常特征明显。厄尔布尔士（Alborz）微板块磁异常为负异常（图3-57），在磁化极图上负异常更加清晰（图3-58）。

在磁化极斜导数异常分布图（图3-59）上，这些微板块呈现出蚯蚓状的正负相间的异常特征，厄尔布尔士微板块中部以块状低值异常为主，四周被中高值异常围绕。

在磁化极解析信号图（图3-60）上，卢特和阿富汗微板块北部具有明显的正异常高值特征，卡拉库姆微板块主要为低值正异常，而南部的莫克兰增生楔在西部地区表现为高值正异常。厄尔布尔士微板块内部以块状低值正异常为主，四周被中高值正异常围绕。

（图3-57） 青藏高原和伊朗高原磁异常分布图

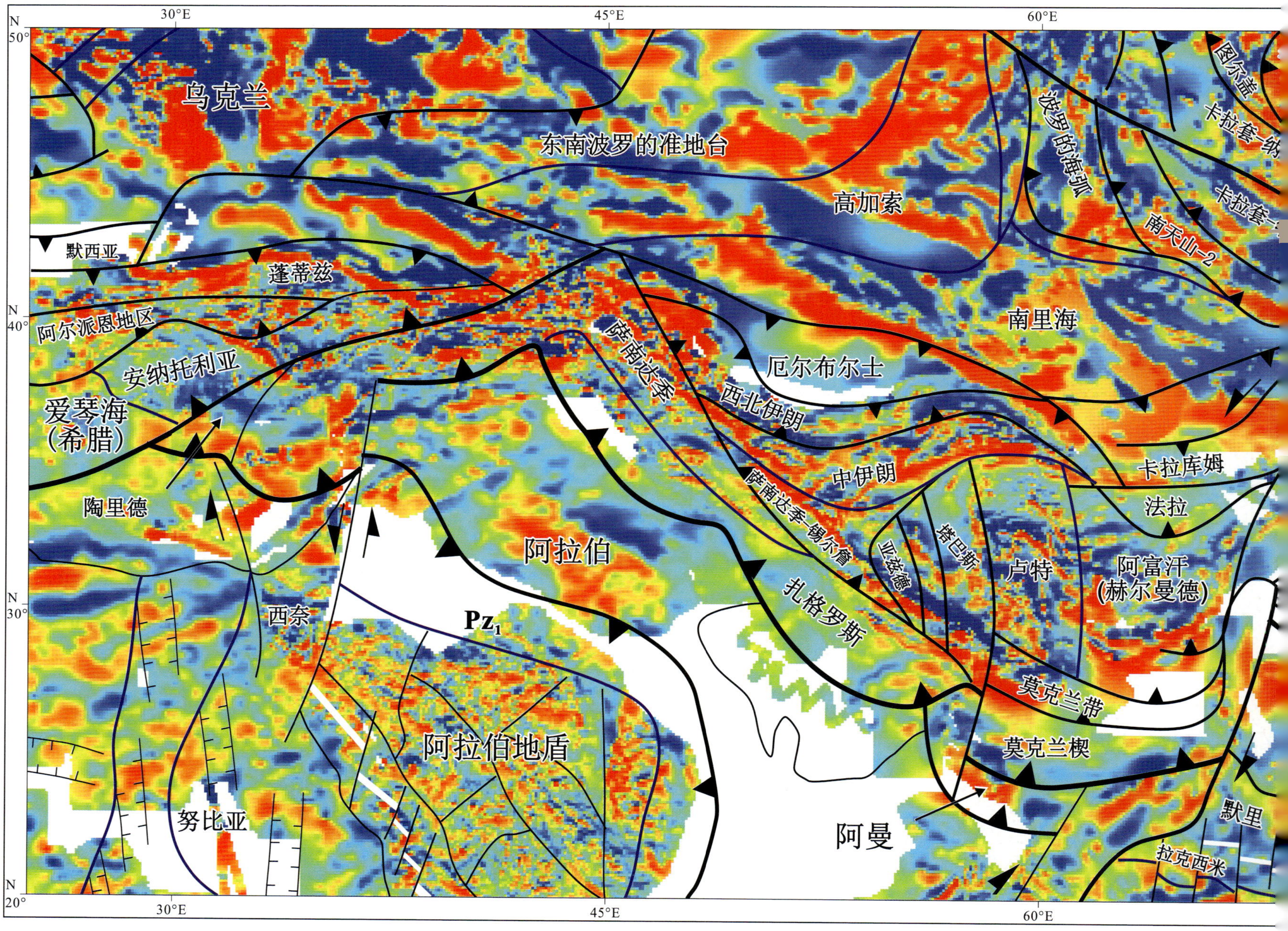

（2）青藏高原磁异常特征

青藏高原西部缺少原始的磁力数据（图 3-57），南羌塘和北羌塘微陆块磁异常分布较为一致，中拉萨微板块为正异常，南拉萨微板块具有明显的负异常。

位于青藏高原中部的安多微板块总体呈现出负异常，磁异常磁化极垂向积分（图 3-58）可以降低浅源的影响，通过磁异常磁化极垂向积分获得较为真实的深度信息，该地区基底较深。

柴达木微板块的中南部具有较高的正磁异常，北部表现为低值负异常，异常分布整体上与构造线方向基本一致（图 3-57）。在磁化极解析信号（图 3-60）和磁化极垂向一阶导数图（图 3-61）上，该微板块南部边界缝合带两侧呈现出明显的高低异常差异，据此可以很好地识别该微板块的南部边界。

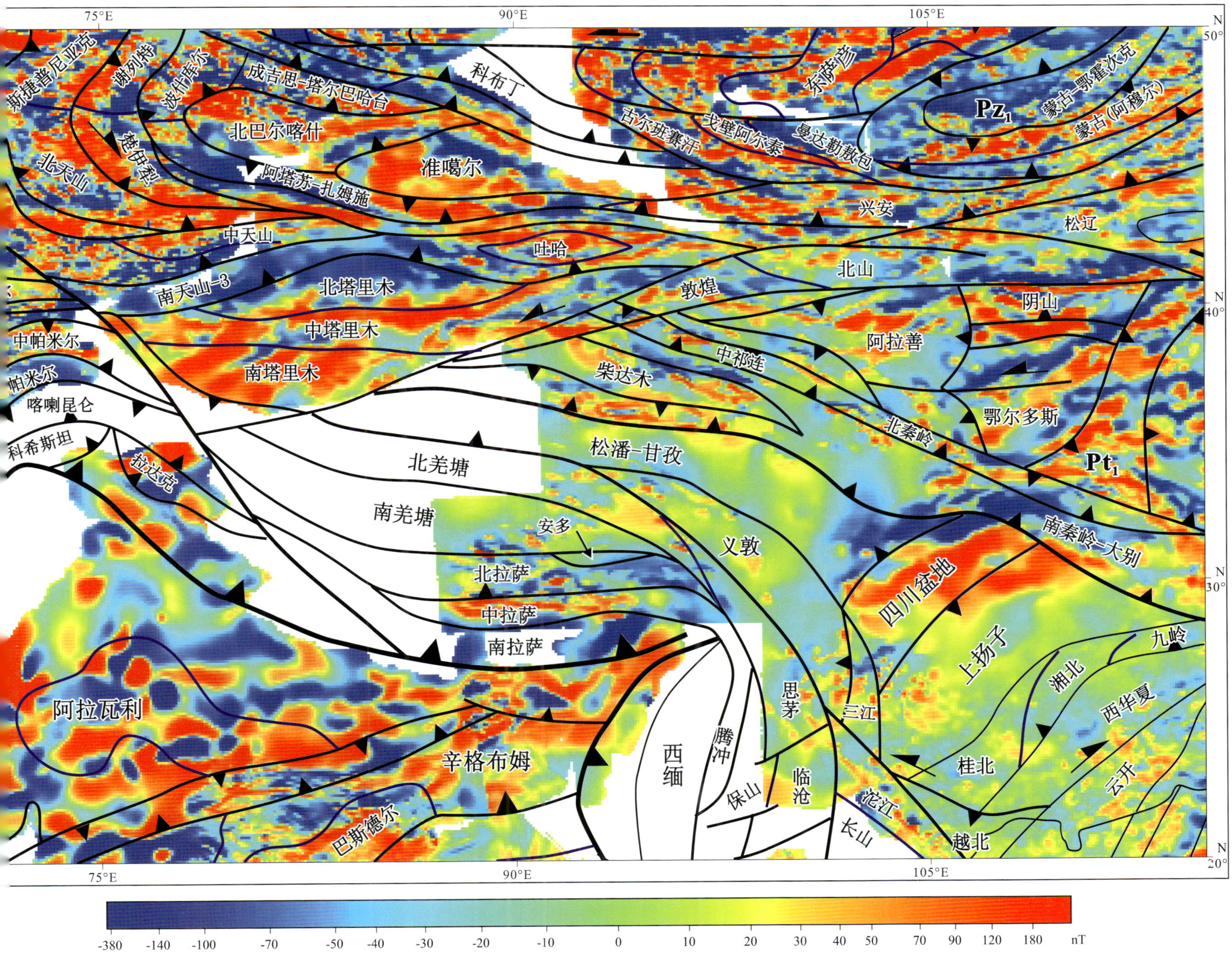

（图3-58） 青藏高原和伊朗高原磁化极异常分布图

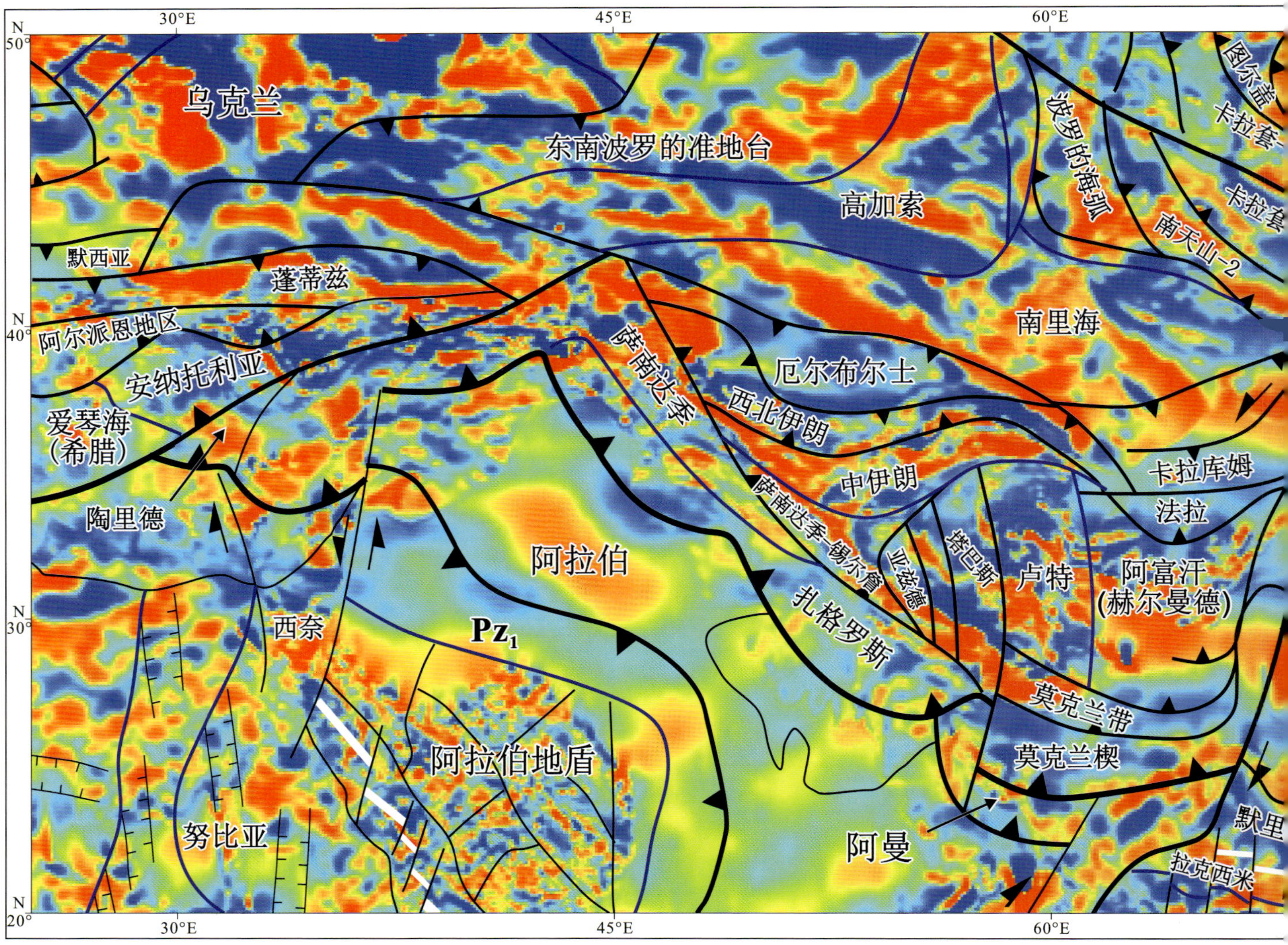

（图3-59） 青藏高原和伊朗高原磁化极斜导数分布图

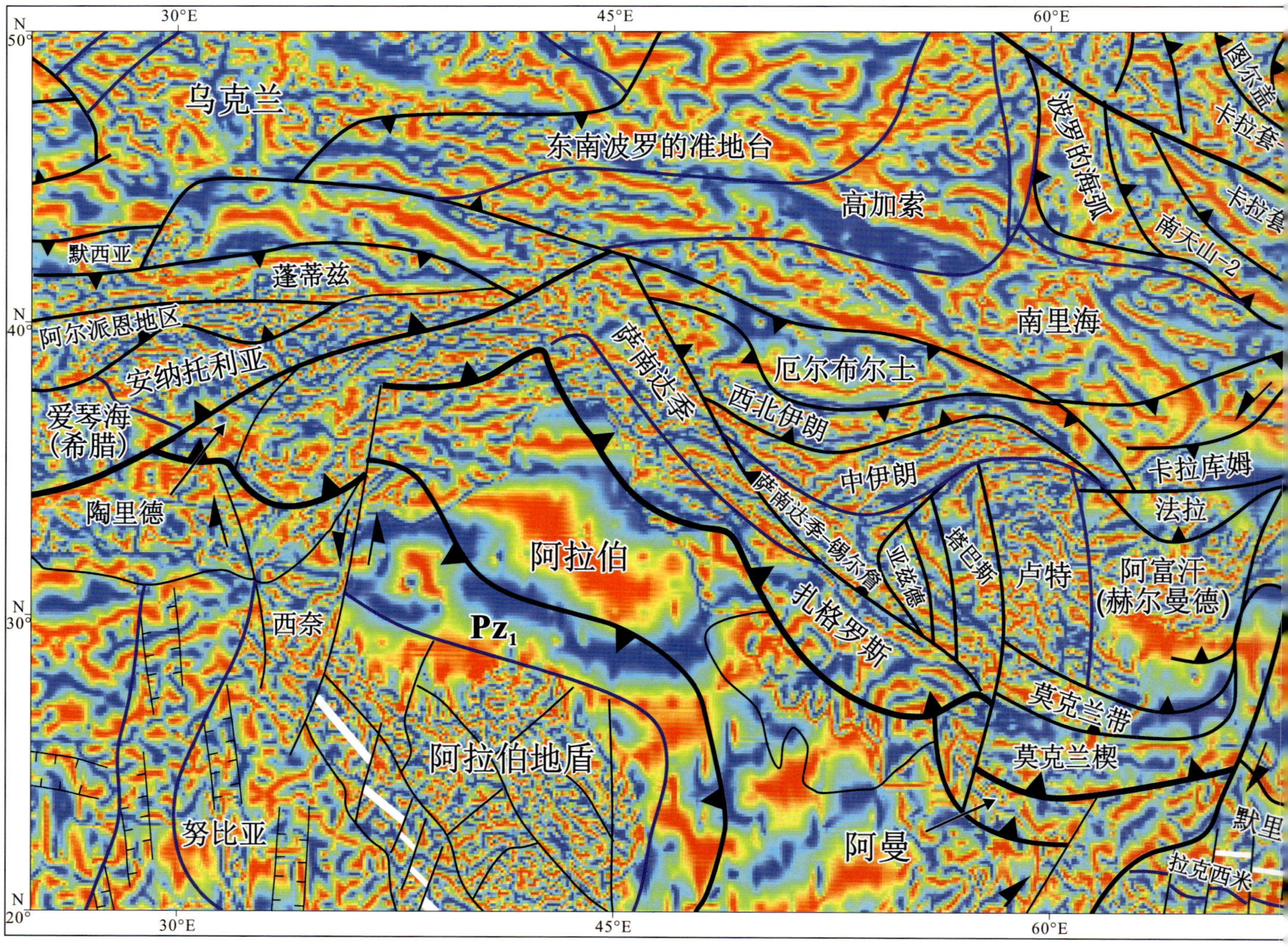

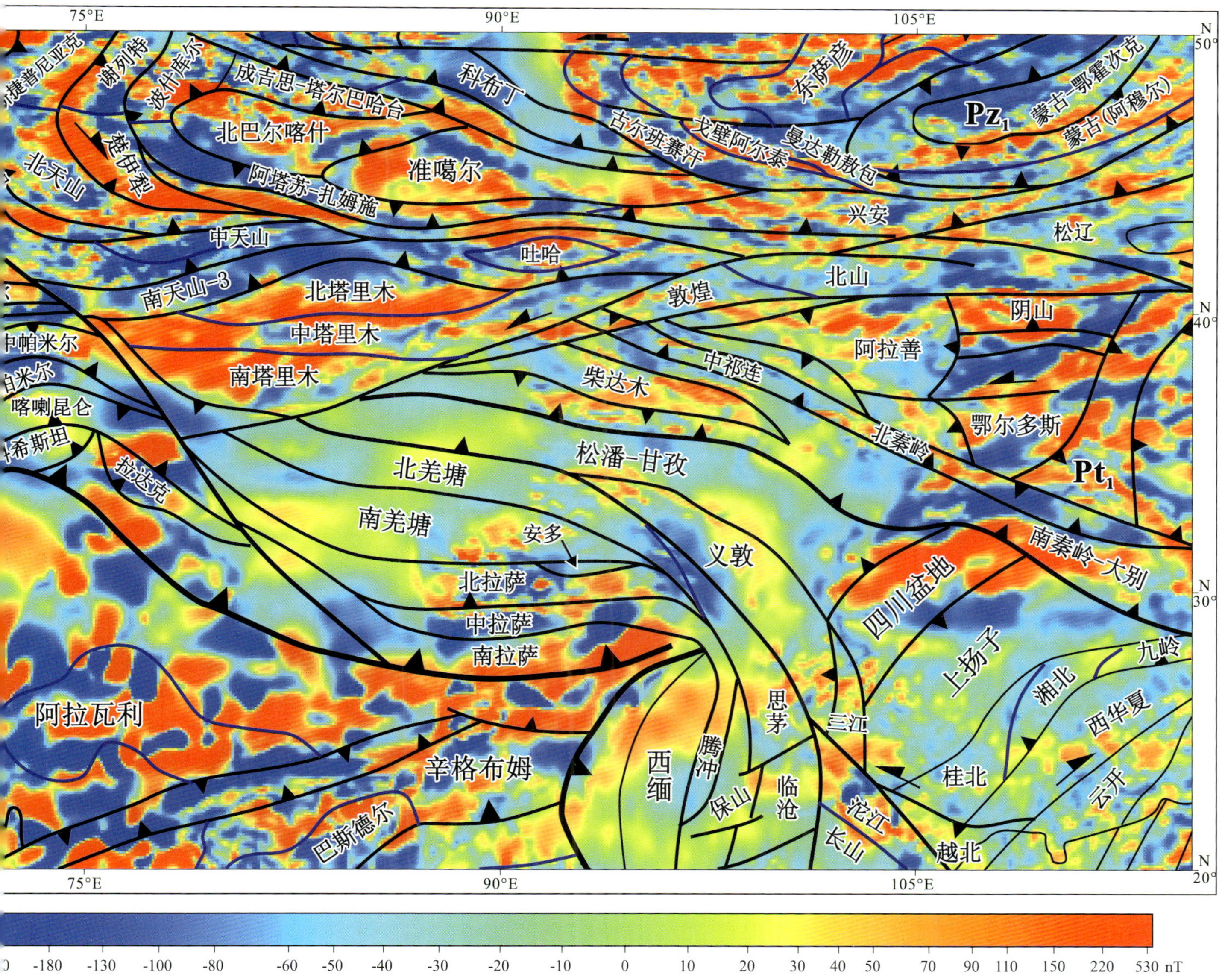
75°E
90°E
105°E
50°N
40°N
30°N
20°N
谢列特
波什库尔
成吉思-塔尔巴哈台
科布丁
东萨彦
Pz1
蒙古-鄂霍次克
蒙古(阿穆尔)
北巴尔喀什
楚伊犁
准噶尔
阿塔苏-扎姆施
古尔班赛汗
戈壁阿尔泰
曼达勒敖包
北天山
中天山
吐哈
兴安
松辽
南天山-3
北塔里木
中塔里木
南塔里木
敦煌
北山
阴山
阿拉善
柴达木
中祁连
鄂尔多斯
中帕米尔
喀喇昆仑
拉达克
北羌塘
南羌塘
松潘-甘孜
北秦岭
Pt1
安多
北拉萨
中拉萨
南拉萨
义敦
南秦岭-大别
四川盆地
上扬子
九岭
湘北
西华夏
阿拉瓦利
辛格布姆
西缅
腾冲
保山
思茅
临沧
三江
沱江
长山
桂北
云开
越北
巴斯德尔
-180 -130 -100 -80 -60 -50 -40 -30 -20 -10 0 10 20 30 40 50 70 90 110 150 220 530 nT

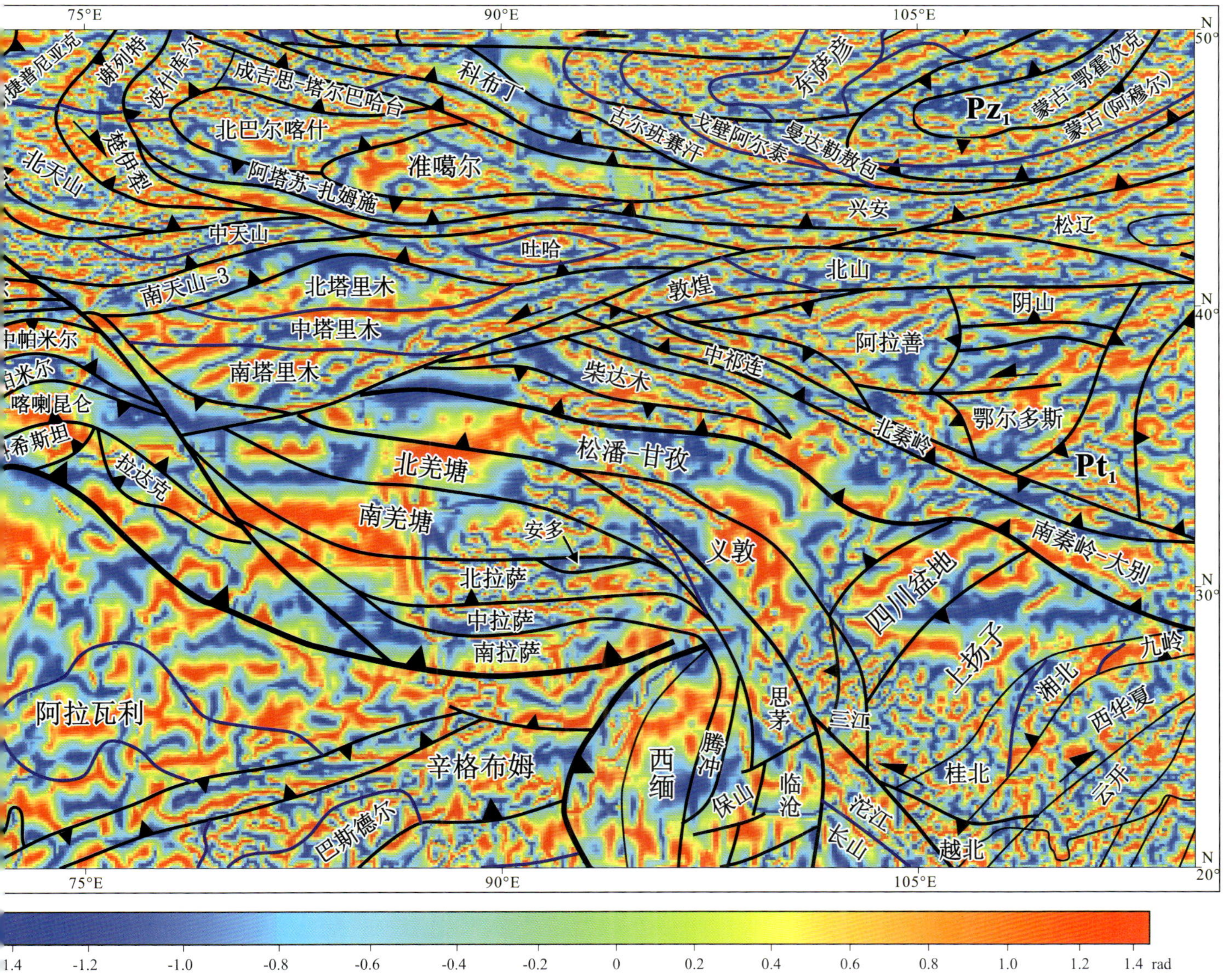
75°E
90°E
105°E
50°N
40°N
30°N
20°N
谢列特
波什库尔
成吉思-塔尔巴哈台
科布丁
东萨彦
Pz1
蒙古-鄂霍次克
蒙古(阿穆尔)
北巴尔喀什
楚伊犁
准噶尔
阿塔苏-扎姆施
古尔班赛汗
戈壁阿尔泰
曼达勒敖包
北天山
中天山
吐哈
兴安
松辽
南天山-3
北塔里木
中塔里木
南塔里木
敦煌
北山
阴山
阿拉善
柴达木
中祁连
鄂尔多斯
中帕米尔
喀喇昆仑
拉达克
北羌塘
南羌塘
松潘-甘孜
北秦岭
Pt1
安多
北拉萨
中拉萨
南拉萨
义敦
南秦岭-大别
四川盆地
上扬子
九岭
湘北
西华夏
阿拉瓦利
辛格布姆
西缅
腾冲
保山
思茅
临沧
三江
沱江
长山
桂北
云开
越北
巴斯德尔
-1.4 -1.2 -1.0 -0.8 -0.6 -0.4 -0.2 0 0.2 0.4 0.6 0.8 1.0 1.2 1.4 rad

青藏高原和伊朗高原磁化极解析信号分布图

（图3-60）

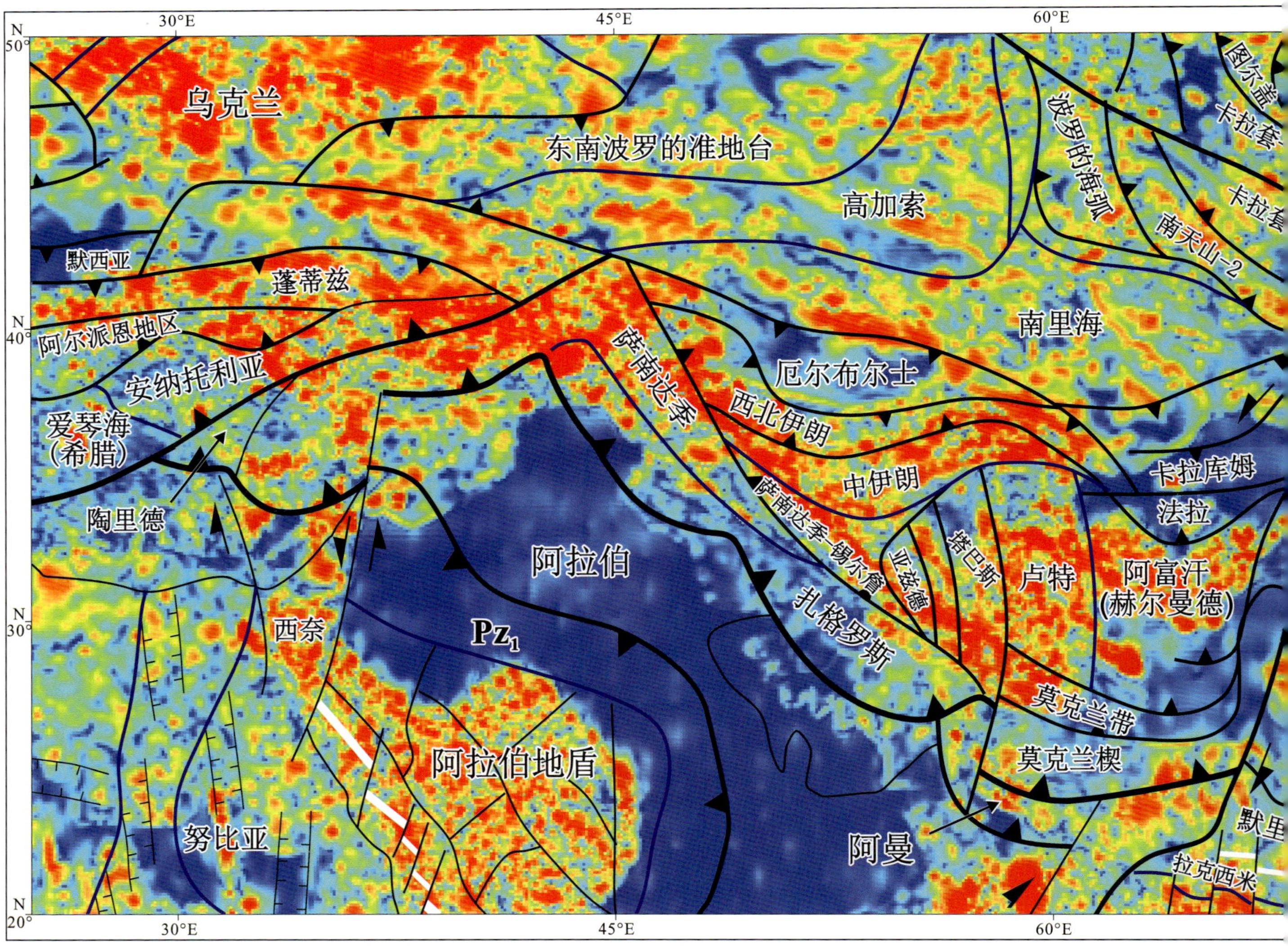

青藏高原和伊朗高原磁化极垂向一阶导数分布图

（图3-61）

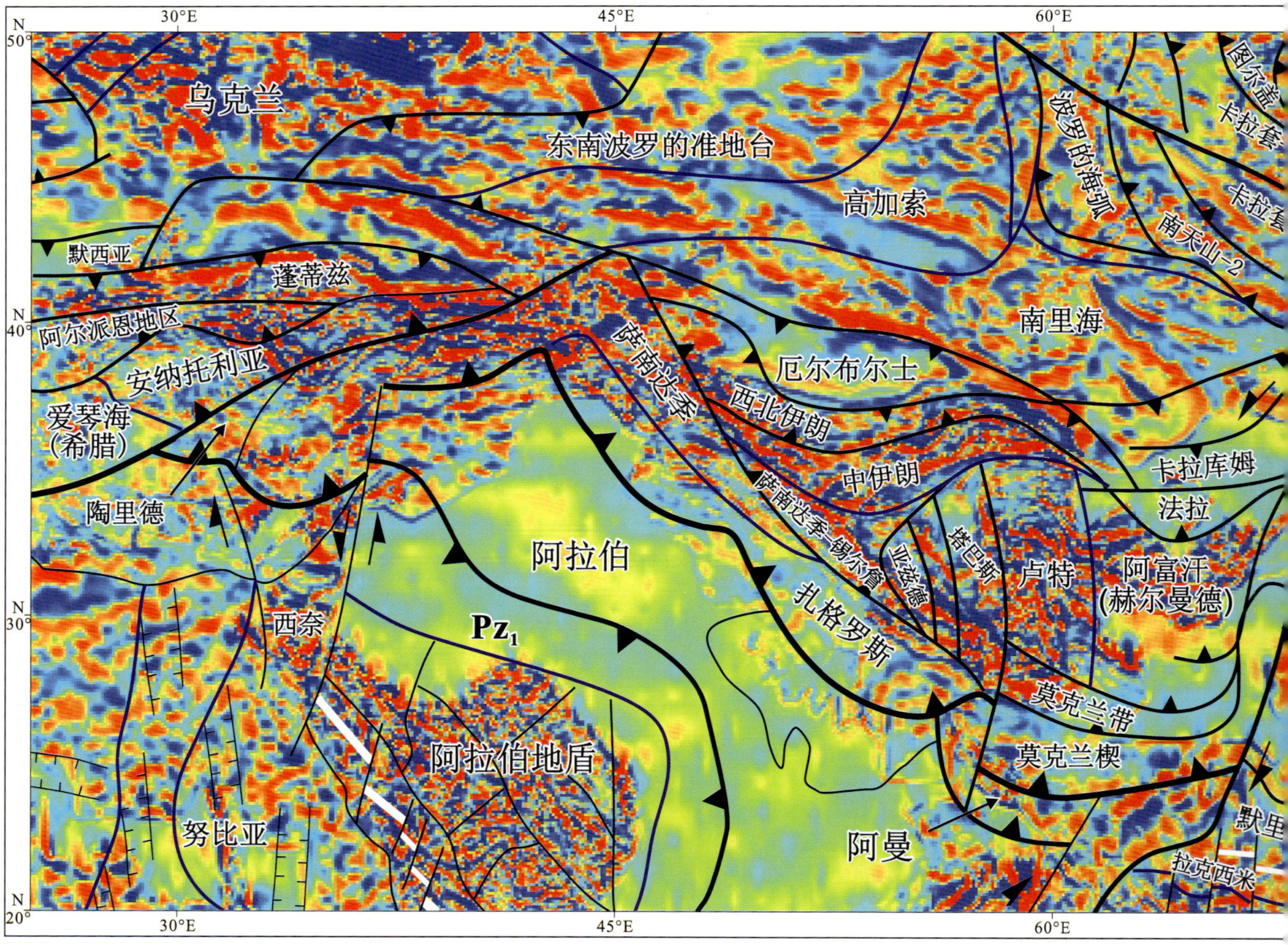

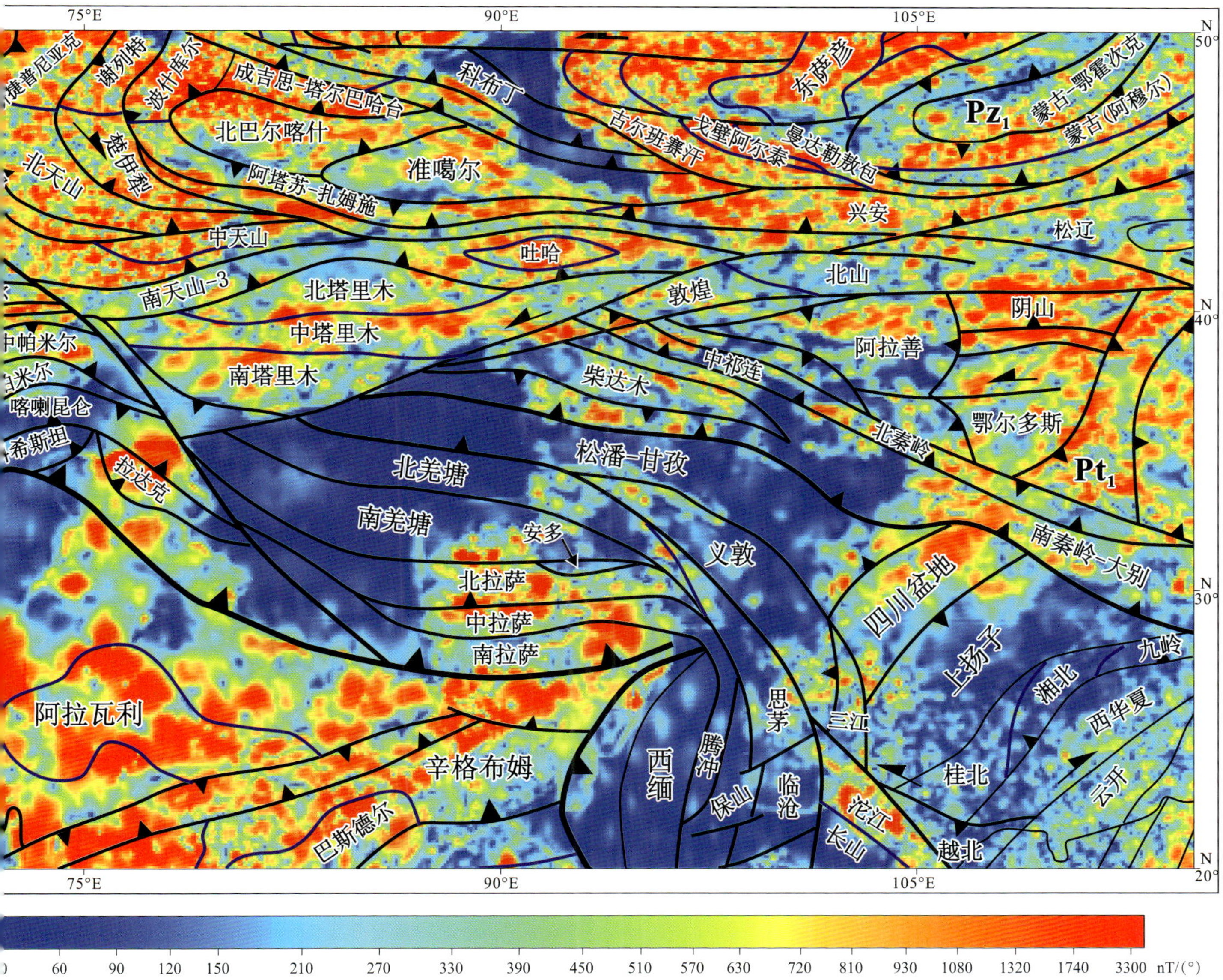
75°E
90°E
105°E
50°N
40°N
30°N
20°N
捷普尼亚克
谢列特
波什库尔
成吉思-塔尔巴哈台
科布丁
东萨彦
蒙古-鄂霍次克
蒙古(阿穆尔)
Pz_1
北巴尔喀什
准噶尔
古尔班赛汗
戈壁阿尔泰
曼达勒散包
北天山
楚伊犁
阿塔苏-扎姆施
兴安
松辽
中天山
吐哈
北山
南天山-3
北塔里木
敦煌
阴山
中帕米尔
中塔里木
阿拉善
南塔里木
柴达木
中祁连
喀喇昆仑
鄂尔多斯
北秦岭
拉达克
北羌塘
松潘-甘孜
Pt_1
南羌塘
安多
义敦
南秦岭-大别
北拉萨
四川盆地
中拉萨
南拉萨
上扬子
九岭
湘北
阿拉瓦利
思茅
三江
西华夏
西缅
腾冲
辛格布姆
桂北
保山
临沧
云开
巴斯德尔
沱江
长山
越北
60
90
120
150
210
270
330
390
450
510
570
630
720
810
930
1080
1320
1740
3300
nT/(°)

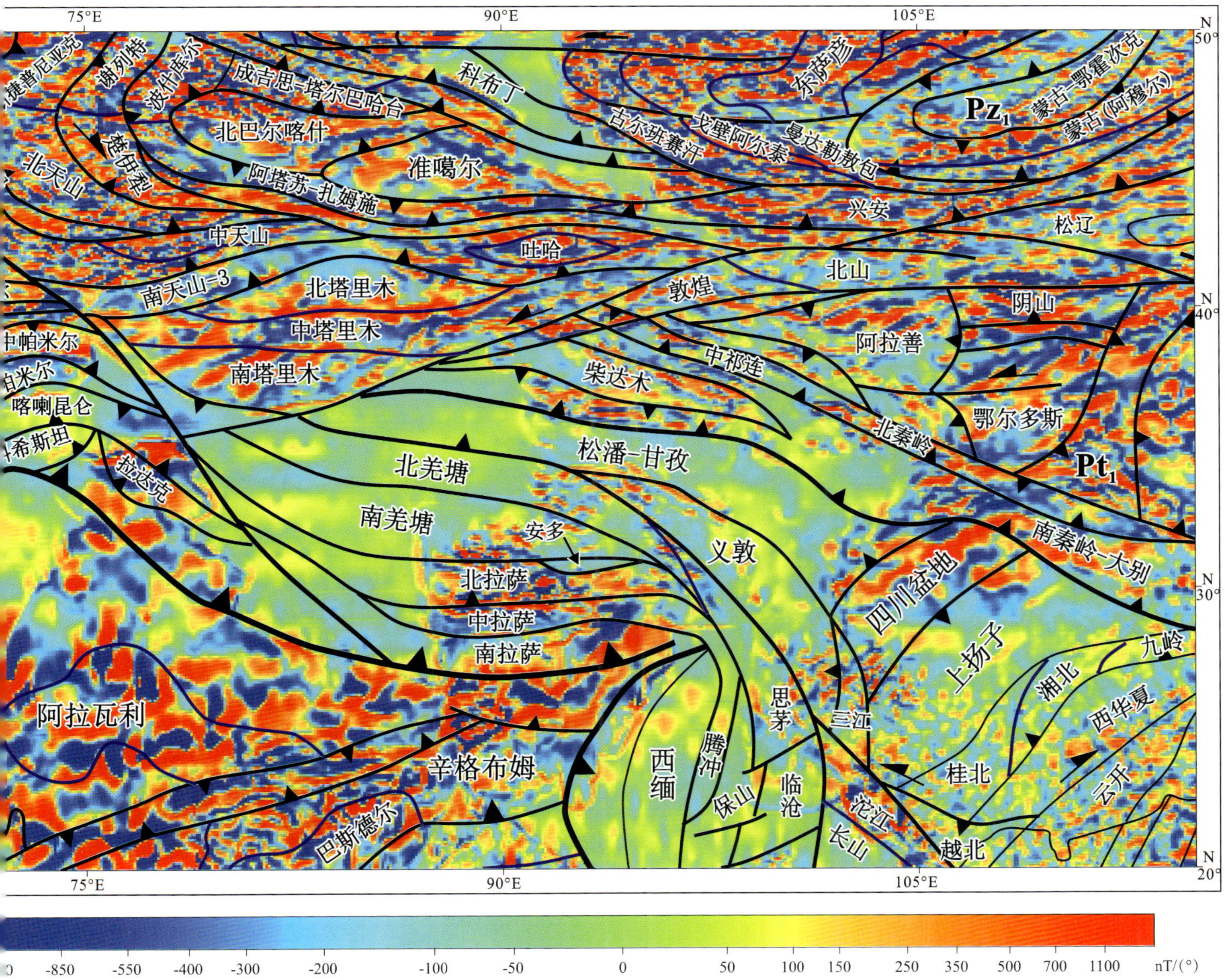
75°E
90°E
105°E
50°N
40°N
30°N
20°N
捷普尼亚克
谢列特
波什库尔
成吉思-塔尔巴哈台
科布丁
东萨彦
蒙古-鄂霍次克
蒙古(阿穆尔)
Pz_1
北巴尔喀什
准噶尔
古尔班赛汗
戈壁阿尔泰
曼达勒散包
北天山
楚伊犁
阿塔苏-扎姆施
兴安
松辽
中天山
吐哈
北山
南天山-3
北塔里木
敦煌
阴山
中帕米尔
中塔里木
阿拉善
南塔里木
柴达木
中祁连
喀喇昆仑
鄂尔多斯
北秦岭
拉达克
北羌塘
松潘-甘孜
Pt_1
南羌塘
安多
义敦
南秦岭-大别
北拉萨
四川盆地
中拉萨
南拉萨
上扬子
九岭
湘北
阿拉瓦利
思茅
三江
西华夏
西缅
腾冲
辛格布姆
桂北
保山
临沧
云开
巴斯德尔
沱江
长山
越北
-850
-550
-400
-300
-200
-100
-50
0
50
100
150
250
350
500
700
1100
nT/(°)

参考文献

Antonio Schettino，Eugenio Turco. 2011. Tectonic history of the western Tethys since the Late Triassic. GSA Bulletin，123（1-2）89-105.

Anderson-Fontana S，Engeln J F，Lundgren P，et al. 1986. Tectonics and evolution of the Juan Fernandez microplate at the Pacific-Nazca-Antarctic plate junction. Journal of Geophysical Research，91：2005-2018.

Badarch G，Cunningham W D，Windley B F. 2002. A new terrane subdivision for Mongolia：Implications for the Phanerozoic crustal growth of central Asia. Journal of Asian Earth Sciences，2：87-110.

Baranov V. 1957. A New Method for Interpretation of Aeromagnetic Maps：Pseudo-Gravimetric Anomalies. Geophysics，22（2）：359-382.

Baranov V，Naudy H. 1964. Numerical calculation of the formula of reduction to the magnetic pole. Geophysics，29（1）：67.

Bennett S E，Oskin M E，Dorsey R J. 2013. Transtensional rifting in the late Proto-Gulf of California near Bahía Kino，Sonora，México. Bulletin of the Geological Society of America，125（11-12）：1752-1782.

Bird P. 2003. An updated digital model of plate boundaries. Geochemistry，Geophysics，Geosystem，4：1027.

Bird R T，Naar D F，Larson R L，et al. 1998. Plate tectonic reconstructions of the Juan-Fernandez microplate：Transformation from internal shear to rigid rotation. Journal of Geophysical Research：Solid Earth，103（B4）：7049-7067.

Blais A，Gente P，Maia M，et al. 2002. A history of the selkirk paleomicroplate. Tectonophysics，359（1-2）：157-169.

Blakely R，Cox A. 1972. Identification of short polarity events by transforming marine magnetic profiles to the pole. Journal of Geophysical Research，77（23）：4339-4349.

Chen T，Zhang G. 2002. NHF as an Edge Detector of Potential Field Data and Its Application in the Yili Basin. Minerals，12（2）：149.

Craig H，Kim K R，Franchetau J. 1983. Active ridge crest mapping on the Juan Fernandez micro-plate：The use of Sea Beam-controlled hydrothermal plume surveys（abstract）. Eos Trans AGU，64：45.

Dickinson W R，Lawton T F. 2001. Carboniferous to Cretaceous assembly and fragmentation of Mexico. Geological Society of America Bulletin，113：1142-1160.

Emilia D A，Heinrichs D F. 1972. Paleomagnetic events in the brunhes and Matuyama epochs identified from magnetic profiles reduced to the pole. Marine Geophysical Researches，1（4）：436-444.

Engeln J F，Stein S. 1984. Tectonics of the Easter plate. Earth and Planetary Science Letters，68：259-270.

Escalona A，Yang W. 2013. Subsidence controls on foreland basin development of northwestern offshore Cuba，southeastern Gulf of Mexico. Aapg Bulletin，97（1）：1-25.

Fletcher J M，Grove M，Kimbrough D，et al. 2007. Ridge-trench interactions and the Neogene tectonic evolution of the Magdalena shelf and southern Gulf of California：Insights from detrital zircon U-Pb ages from the Magdalena fan and adjacent areas. Geological Society of America Bulletin，119（11-12）：1313-1336.

Forsyth D W. 1972. Mechansims of earthquakes and plate motions in the East Pacific. Earth and Planetary Science Letters，17：189-193.

Francheteau J，Patriat P，Segoufin J，et al. 1988. Pito and Orongo fracture zones：The northern and southern boundaries of the Easter microplate（Southeast Pacific）. Earth and Planetary Science Letters，89（3）：363-374.

Gaina C，Müller D R，Royer J Y，et al. 1998. The tectonic history of the Tasman Sea：A puzzle with 13 pieces. Journal of Geophysical Research，103：12413-12433.

Golynsky A V，Morris P，Kovacs L C，et al. 2002a. A new magnetic map of the Weddell Sea and the Antarctic Peninsula. Tectonophysics，347（1-3）：3-11.

Golynsky A V，Alyavdin S V，Masolov V N，et al. 2002b. The composite magnetic anomaly map of the East Antarctic. Tectonophysics，347（1-3）：109-120.

Goff J A，Cochran J R. 1996. The Bauer scarp ridge jump：A complex tectonic sequence revealed in satellite altimetry. Earth and Planetary Science Letters，141（1-4）：21-33.

Guynn J H，Kapp P，Pullen A，et al. 2006. Tibetan basement rocks near Amdo reveal "missing" Mesozoic tectonism along the Bangong suture，central Tibet. Geology，34：505-508.

Harrison C. 2016. The present-day number of tectonic plates. Earth，Planets and Space，68（1）：1-14.

Hall R.2012. Late Jurassic-Cenozoic reconstructions of the Indonesian region and the Indian Ocean. Tectonophysics，570：1-41.

Herron E M. 1972. Two small crustal plates in the South Pacific near Easter Island. Nature，240：35-37.

Huang Y M，Sager W W，Masako T，et al. 2018. Magnetic anomaly map of Ori Massif and its implications for oceanic plateau formation. Earth and Planetary Science Letters，501（2018）：46-55.

Johnson D P，Maillet P C，Price R. 1993. Regional setting of a complex backarc：New Hebrides Arc，northern Vanatu-eastern Solomon Islands. Geo-Marine Letters，13（2）：82-89.

Keppie J D. 2004. Terranes of Mexico revisited：A 1.3 Billion year Odyssey. International Geology Review，46：765-794.
Kumar U，Pal S K，Sahoo S D，et al. 2018. Lineament Mapping over Sir Creek Offshore and its Surroundings using High Resolution EGM2008 Gravity Data：An Integrated Derivative Approach. Journal of the Geological Society of India，91：671-678.
Larson R L，Searle R C，Kleinrock M C，et al. 1992. Roller-bearing tectonic evolution of the Juan Fernandez microplate. Nature，356（6370）：571-576.
Laske G，Masters G，Ma Z，et al. 2012. CRUST1.0：An updated global model of Earth's crust. Geophysical Research Abstracts，14：3743.
Lei J P，Jiang S H，Li S Z，et al. 2016. Gravity anomaly in the southern south china sea：A connection of Moho depth to the nature of the sedimentary basins' crust. Geological Journal，51（S1）：244-262.
Leu L K. 1982. Use of reduction-to-the-equator process for magnetic data interpretation. 51st Annual International Meeting. Geophysics，47：445.
Liu Z G. 1996. The Origin and Evolution of the Easter Seamount Chain. University of South Florida Doctoral Dissertation，1-211.
Li S Z，Jahn B M，Zhao S J，et al. 2017. Triassic southeastward subduction of North China Block to South China Block：Insights from new geological，geophysical and geochemical data. Earth-Science Reviews，166：270-285.
Li S Z，Suo Y H，Li X Y，et al. 2018a. Microplate Tectonics：New insights from micro-blocks in the global oceans，continental margins and deep mantle. Earth-Science Reviews，185：1029-1064.
Li S Z，Zhao S J，Liu X，et al. 2018b. Closure of the Proto-Tethys Ocean and Early Paleozoic amalgamation of microcontinental blocks in East Asia. Earth-Science Reviews，186：37-75.
Li S Z，Li X Y，Wang G Z，et al. 2019a. Global Meso-Neoproterozoic plate reconstruction and formation mechanism for Precambrian basins：Constraints from three cratons in China. Earth-Science Reviews，198：102946.
Li S Z，Suo Y H，Li X Y，et al. 2019b. Mesozoic tectono-magmatic evolution in the East Asian ocean-continent connection zone and its relationship with Paleo-Pacific Plate subduction. Earth-Science Reviews，192：91-137.
Martín A，Fletcher J M，López-Martí Nez M，et al. 2000. Waning Miocene subduction and arc volcanism in Baja California：The San Luis Gonzaga volcanic field. Tectonophysics，318（1）：27-51.
Maus S. 2009. EMAG2：A 2-arc min resolution Earth Magnetic Anomaly Grid compiled from satellite，airborne，and marine magnetic measurements. Geochemistry，Geophysics，Geosystems，10：Q08005.
Metcalfe I. 2006. Palaeozoic and Mesozoic tectonic evolution and palaeogeography of East Asian crustal fragments：the Korean Peninsula in context. Gondwana Research，9（1-2）：24-46.
Mishra D C. 2011. Gravity and magnetic methods for geological studies：Principles，integrated exploration and plate tectonics. New York：CRC BS Publications.
Miller H G，Singh V. 1994. Potential tilt-A new concept for location of potential field sources. Journal of Applied Geophysics，32（2）：213-217.
Naar D F，Hey R N. 1991. Tectonic evolution of the Easter microplate. Journal of Geophysical Research：Solid Earth，96（B5）：7961-7993.
Nicholson C，Sorlien C C，Atwater T，et al. 1994. Microplate capture，rotation of the western Transverse Ranges，and initiation of the San Andreas transform as a low-angle fault system. Geology，22（6）：491-495.
Pindell J L，Kennan L. 2009. Tectonic evolution of the Gulf of Mexico，Caribbean and northern South America in the mantle reference frame：An update. Geological Society London Special Publications，328（1）：1-55.
Plattner C，Malservisi R，Dixon T H，et al. 2007. New constraints on relative motion between the Pacific plate and Baja California microplate（Mexico）from GPS measurements. Geophysical Journal International，170（3）：1373-1380.
Ridd M F，Barber A J，Crow M J. 2011. The Geology of Thailand. London：Geological Society.
Schouten H，Mccamy K. 1972. Filtering marine magnetic anomalies. Journal of Geophysical Research，77（35）：7089-7099.
Schouten H，Cande S C. 1976. Palaeomagnetic poles from marine magnetic anomalies. Geophysical Journal International，44（3）：567-575.
Sdrolias M，Roest W R，Müller R D. 2004. An expression of Philippine Sea plate rotation：the Parece Vela and Shikoku Basins. Tectonophysics，394（1-2）：69-86.
Sennikov N V. 2003. Ordovician events in Altai-Sayan-Kuznesty and Tuva basins and their influence on the sedimentary facies and marine biota（Siberia，Russia）. INSUGEO Serie Correlación Geológica，17：461-465.
Smith W H F，Sandwell D T. 1997. Global sea floor topography from satellite altimetry and ship depth soundings. Science，277：1956-1962.

Suess E. 1893. Are great ocean depths permanent? Natural Science，2：180-187.
Szederkényi T，Haas J，Nagymarosy A，et al. 2012. Geology and history of evolution of the Tisza mega-unit Geology of Hungary. Heidelberg：Springer，103-148.
Verduzco B，Fairhead J D，Green C M，et al. 2004. New insights into magnetic derivatives for structural mapping. The Leading Edge，23（2）：116-119.
Wang G，Jiang S，Wang P，et al. 2021. Mesozoic subduction-related accretion of micro-blocks in the East Asian Ocean-Continent Connection Zone. Earth-Science Reviews，216：103575.
Wilder D T. 2003. Relative motion history of the Pacific-Nazca（Farallon） plates since 30 million years ago. University of South Florida，Master Dissertation.
Xiao W，Ao S，Yang L，et al. 2017. Anatomy of composition and nature of plate convergence：Insights for alternative thoughts for terminal India-Eurasia collision. Science China Earth Sciences，60：1015-1039.
Xiao W，Huang B，Han C，et al. 2010. A review of the western part of the Altaids：A key to understanding the architecture of accretionary orogens. Gondwana Research，18：253-273.
Zhang J G，Yang X D，et al. 2018. An analysis of the characteristics of crustal magnetic anomaly in China based on CHAMP satellite data. Geodesy and Geodynamics，9（2018）：328-333.
Ziegler P A. 1989. Evolution of Laurussia：A study in late Palaeozoic plate tectonics. Dordrecht：Kluwer.
罗凡，严加永，付光明，等 . 2020. Crust1.0 地壳模型及其应用：以长江中下游成矿带为例 . 地质学报，94（2）：648-660.
姜文亮，张景发 . 2012. 首都圈地区精细地壳结构 – 基于重力场的反演 . 地球物理学报，55（05）：1646-1661.
李江海，程雅琳，李维波，等 . 2013. 中国及邻区沉积盆地群结构与构造演化探讨—来自长剖面的研究对比 . 中国地质，40（01）：74-85.
李三忠，吕海青，侯方辉，等 . 2004. 板块三节点 . 海洋地质前沿，20（11）：29-39.
李三忠，戴黎明，张臻，等 . 2015. 前寒武纪地球动力学（Ⅳ）：前板块体制 . 地学前缘，22（6）：46-64.
李三忠，索艳慧，刘博，等 . 2018. 微板块构造理论：全球洋内与陆缘微地块研究的启示 . 地学前缘，25（5）：324-355.
李三忠，曹现志，王光增，等 . 2019a. 太平洋板块中 – 新生代构造演化及板块重建 . 地质力学学报，25（5）：642-677.
李三忠，索艳慧，王光增，等 . 2019b. 海底“三极”与地表“三极”：动力学关联 . 海洋地质与第四纪地质，39（5）：1-22.
李三忠，王光增，索艳慧，等 . 2019c. 板块驱动力：问题本源与本质 . 大地构造与成矿学，43（4）：605-643.
李三忠，索艳慧，周洁，等 . 2022. 微板块与大板块：基本原理与范式转换 . 地质学报，doi：10.19762/j.cnki.dizhixuebao.2022147.
李阳，李三忠，郭玲莉，等 . 2019. 拆离型微地块：洋陆转换带和洋中脊变形机制 . 大地构造与成矿学，43（4）：779-794.
刘金平，李三忠，索艳慧，等 . 2019. 残生微洋块：俯冲消减系统下盘的复杂演化 . 大地构造与成矿学，43（4）：762-778.
孟繁，李三忠，索艳慧，等 . 2019. 跃生型微地块：离散型板块边界的复杂演化 . 大地构造与成矿学，43（4）：644-664.
牟墩玲，李三忠，索艳慧，等 . 2019. 裂生微地块构造特征及成因模式：来自西太平洋弧后扩张作用的启示 . 大地构造与成矿学，43（4）：665-677.
汪刚，李三忠，姜素华，等 . 2019. 增生型微地块的成因模式及演化 . 大地构造与成矿学，43（4）：745-761.
吴福元，万博，赵亮，等 . 2020. 特提斯地球动力学 . 岩石学报，36：1627-1674.
曾普胜，李睿哲，刘斯文，等 . 2021. 中国东部燕山期大火成岩省：岩浆 – 构造 – 资源 – 环境效应 . 地球学报，42（6）：721-748.
周洁，李三忠，索艳慧，等 . 2019. 碰生型微地块的分类及其形成机制 . 大地构造与成矿学，43（4）：795-823.
张国伟，郭安林，董云鹏，等 . 2011. 大陆地质与大陆构造和大陆动力学 . 地学前缘，18（3）：1-12.
赵国春，张国伟 . 2021. 大陆的起源. 地质学报，95（1）：1-19.
赵林涛，李三忠，索艳慧，等 . 2019. 延生微地块：洋脊增生系统的复杂过程 . 大地构造与成矿学，43（4）：715-729.
甄立冰，李三忠，郭玲莉，等 . 2019. 延生型微板块成因机制模拟研究进展 . 大地构造与成矿学，43（4）：730-744.
郑永飞，陈伊翔，戴立群，等 . 2015. 发展板块构造理论：从洋壳俯冲带到碰撞造山带 . 中国科学：地球科学，45（6）：711-735.
朱日祥，徐义刚 . 2019. 西太平洋板块俯冲与华北克拉通破坏 . 中国科学：地球科学，49（9）：1346-1356.
朱日祥，赵盼，赵亮 . 2022. 新特提斯洋演化与动力过程 . 中国科学：地球科学，52（1）：1-25.

后　记

微板块（Microplate）或微地块（Micro-block）一词，并非新名词，板块构造理论提出之初就已经被提出。1968 年以来，板块被分为大、中、小、微四级。微板块构造（Microplate Tectonics）也并非新术语，2016 年一篇发表在 *Nature* 的文章专门讨论了微板块构造，2018 年该词被 Ronald Martin 纳入其出版的 *Earth's Evolving Systems: The History of Planet Earth* 教材中，并专门设立了一节来介绍。

我围绕微板块开展研究，已逾 30 年。自 1988 年至 1996 年博士毕业，我已进行了 8 年多华北克拉通早前寒武纪微板块集结过程的调查研究。1996 年 10 月我到西北大学做博士后，在张国伟院士指导下开始研究秦岭造山带南部的勉略带，之后逐渐关注秦岭造山带中的碧口、鱼洞子、南秦岭、北秦岭、中祁连、欧龙布鲁克、柴达木等微板块，分析这些微板块在造山过程中的聚散过程。当时的研究主要是通过传统的构造解析、地质学对比等手段，结合造山带构造演化历史，对其聚散过程进行定性的恢复研究。我对这个显生宙期间微板块聚散过程的研究，一直持续到 2017 年，算起来我对微板块的研究又持续了 21 年。近几年，我陆续承担了多个相关的国家和省部级自然科学基金项目，包括国家自然科学基金重大计划课题“原特提斯洋—陆格局与微地块早古生代拼合”（41190072）及山东省泰山学者攀登计划“微板块—微循环动力过程及资环效应”（tspd20210305）等，始终围绕微板块“生、消、聚、散”展开研究。基于以上支持，我对微板块的研究逐渐系统化、理论化。在此期间，我也笔耕不辍，发表了一些学术论文。同时，我着实花了一些精力仔细调查中国除新疆之外其他所有省份的地质构造，也借助各种研究和学习机会，对中国境内及周邻国家的微板块开展了系统的对比与分析。1998 年我来到中国海洋大学工作以后，开启了海底的微板块研究。这不仅拓宽了我的学术视野，也开辟了我地质生涯的一个新路径。近年来，我逐渐组建起一支多学科交叉的创新团队围绕微板块开展研究，目前团队核心成员已有近 20 位教授和 30 位副教授。

多年的积累终于结出硕果，2018 年，我们在《地学前缘》、*Earth-Science Reviews* 撰文系统概括了微板块构造的方方面面，接着 2019 年在《大地构造与成矿学》出版了微板块构造专辑，初步构建了微板块构造理论框架。但我们并没有满足于此，也从未停歇。怀着对微板块研究的持久热爱，在提出这个理论框架 4 年后，2022 年，中国地质学会成立 100 周年纪念之际，我们发展和补充了传统板块构造理论，进一步深入论述了“微板块与大板块”的本质区别，提出了更多让人深思的关键科学问题与创新发展方向。我仔细核实全球每个微板块的具体地质特征，经过反复对比和检验，完成了《全球微板块重磁图集》《全球微幔块层析成像图集》两本图集的编辑，并即将以中、英文形式出版。我们期待这两本图集给人留下深刻印象，也向国际同行展现中国学者的学术自信、自主、自强，向他们展示中国学者面对世界难题提出的中国方案，并以此体现中国创造。

中国是一个多造山带的国家，造山带类型多样而复杂，我们继承前人研究基础，在研究错综复杂、多时代的造山带同时，更多地从这些造山带分割的微地块或微板块角度，来认识不同块体间相互作用下的造山带、微地块，力求视角新颖、把握全面。这要求我们需要付出更多。只有这样，成果才更为坚实。这两本图集提供了更多微地块或微板块的信息，从某种程度上说，是试图另辟蹊径开拓创新研究新范式。

《全球微板块重磁图集》《全球微幔块层析成像图集》两本图集的编制力求编撰细致、内容丰富、图件精美，而且试图分别按照区域构造特色、大地构造环境、大型古构造带等，编制出具有鲜明特色的全球或区域构造图件，具体体现在：①这两本图集中微板块划分有着坚实的地球物理资料支撑，基于此，我们团队还采用当今最为先进的 Gplates 板块重建技术和 CitcomS 地幔动力学模拟技术，动态再现了地球 18 亿年以来的四维地球演化历程，以及微板块聚散过程和微板块聚集为当今八大板块的过程，开辟了“深时”构造研究的新领域、新思路；②团队利用层析成像技术，深挖微板块三种类型之一的微幔块，揭示出微幔块的动态演化历程，弥补了地球物理方法难以确定深部地幔结构形成年龄的缺陷，采用板块构造重建与地幔动力学紧密耦合的方法，将传统板块构造理论适用范围从岩石圈拓展到软流圈，乃至下地幔、核幔边界，开辟了“深地”构造研究的新空间、新手段。

总之，这两本图集是我们长期锲而不舍不断研究微板块或微地块的阶段性成果与结晶，是我们献给国内和国际构造界的一份薄礼。同时，我们也期待以此邀请广大科研人员共同探讨并深入发展微板块构造。全球微板块千千万万，需要更多的地质学家、地球化学家、地球物理学家、地球系统科学家等从更多角度倾注更多精力，来一个个研究得更深入、更透彻，如此必将促进“智能感知、精准勘探、数字预测”的地球科学调查与研究新范式的实现。

人们对地球微板块的认知在深入，对天地宇宙中其他星球构造的认知在深化，希望这两本图集能够推动更多地质工作者在深地、深海、深时、深空的微板块领域锐意创新，催生令人印象更加深刻的新手段与新方法。

2022 年 9 月